Risikomanagement in der Logistik

Michael Huth • Frank Romeike
(Hrsg.)

Risikomanagement in der Logistik

Konzepte – Instrumente – Anwendungsbeispiele

Springer Gabler

Herausgeber
Michael Huth
Hochschule Fulda
Fulda
Deutschland

Frank Romeike
RiskNET GmbH
Brannenburg
Deutschland

ISBN 978-3-658-05895-1
ISBN 978-3-658-05896-8 (eBook)
DOI 10.1007/978-3-658-05896-8

Die Deutsche Nationalbibliothek verzeichnet diese Publikation in der Deutschen Nationalbibliografie; detaillierte bibliografische Daten sind im Internet über http://dnb.d-nb.de abrufbar.

Springer Gabler

Lektorat: Susanne Kramer
Copyright Cartoons: RiskNET GmbH/Frank Romeike/Alexander Holzach

Springer Fachmedien Wiesbaden ist Teil der Fachverlagsgruppe Springer Science+Business Media (www.springer.com)

Vorwort

Scio me nihil scire

Der ehemalige US-Verteidigungsminister Donald Henry Rumsfeld wies seine Zuhörer auf einer Pressekonferenz am 12. Februar 2002 darauf hin, dass es Dinge gibt, von denen wir nicht wissen, dass wir sie nicht wissen: „There are known knowns; there are things we know we know. We also know there are known unknowns; that is to say we know there are some things we do not know. But there are also unknown unknowns – there are things we do not know we don't know."

Rumsfelds Äußerung wurde zunächst als sprachlicher Fehler oder unverständliches Geschwafel belächelt. Die meisten Zuhörer waren mit seiner Aussage völlig überfordert. „Unbekannte Unbekannte" wurde schnell als sprachlicher Unsinn abgetan. Wie kann man nach etwas suchen, von dem man gar nicht weiß, dass es existiert? Mit dieser Situation haben Risikomanager immer wieder zu tun. Sie beschäftigen sich mit zukünftigen Risiken und Szenarien, ohne dass ihnen eine Kristallkugel zur Verfügung steht. Auch der im Risikomanagement bekannte „schwarze Schwan" ist eine „unbekannte Unbekannte". Auch im Risikomanagement gilt: Das Gegenteil von Nichtwissen (sich nicht bewusst sein) ist Wissen (sich bewusst sein). Und damit ist auch das Ziel dieses Buches bereits klar umrissen. Es geht um Wissen!

Wer hatte sich vor Nine-Eleven vorstellen können, dass Terroristen drei amerikanische Verkehrsflugzeuge auf Inlandsflügen entführen und zwei davon in die Türme des World Trade Centers in New York City und eines in das Pentagon in Arlington (Virginia) fliegen? Wer hatte vor März 2011 die Auswirkungen der Nuklearkatastrophe von Fukushima in der Folge schwerer Störfälle im japanischen Kernkraftwerk Fukushima Daiichi auf seinem Risikoradar?

Nur allzu gern werden solche Szenarien als „unbekannte Unbekannte" oder „schwarze Schwäne" abgetan. Der Grund liegt häufig darin, dass Risikomanager das Risikomanagement so konstruieren, als gäbe es nur Sonnentage. Potenzielle Stressszenarien werden nicht selten ausgeblendet. Menschen neigen dazu, mögliche Ereignisse beziehungsweise Ergebnisse, deren Eintritt als sehr unwahrscheinlich angesehen wird, zu ignorieren. Und auch wenn die Existenz von Risiken im Allgemeinen zwar eingestanden wird, erfolgt ein

Abstreiten einer persönlichen Betroffenheit (unrealistischer Optimismus). Man orientiert sich an Artikel 2 und 3 des Rheinischen Grundgesetzes:

Artikel 2: Et kütt wie et kütt. („Es kommt, wie es kommt.")

Artikel 3: Et hätt noch emmer joot jejange. („Es ist bisher noch immer gut gegangen.")

Der Autor Nassim N. Taleb behauptet in diesem Kontext, dass wir systematisch die schmerzhaften Folgen von Extremereignissen unterschätzen. Talebs Analyse ist einfach und schlicht: Wir denken in schlüssigen Geschichten, verknüpfen Fakten zu einem stimmigen Bild, nehmen die Vergangenheit als Modell für die Zukunft. So schaffen wir uns eine Welt, in der wir uns zurechtfinden. Aber die Wirklichkeit ist anders: chaotisch, überraschend, unberechenbar.

Der US-amerikanische Stratege, Kybernetiker und Futurologe Herman Kahn hat uns dies bereits vor vielen Jahrzehnten vor Augen geführt: „Aus der Vergangenheit kann jeder lernen. Heute kommt es darauf an, aus der Zukunft zu lernen."

Ein Blick auf die Reaktorkatastrophe von Fukushima sowie die globalen Wirkungen unter anderem auch auf die Wertschöpfungsnetze und die Logistik zeigt recht deutlich, dass derartige Ereignisse keinesfalls „schwarze Schwäne" außerhalb unserer Vorstellungswelt sind. Erdbeben und Tsunamis sind in Japan alles andere als unbekannt. In der Region Nord-Japans findet man Hunderte von historischen Tsunami-Steinen („Tsunami-seki"), die zum Teil über 600 Jahre alt sind. Sie markieren die Stelle, wo die Wellen des Tsunami endeten. So steht ein Tsunami-Stein in der Nähe der Ortschaft Kensennuma, etwa 200 km nördlich von Fukushima. Die Inschrift soll lauten: „Sei immer auf überraschende Tsunamis vorbereitet. Entscheide Dich fürs Leben, anstatt für Besitz und Wertsachen".

Fakt ist, dass die Gefahr von Erdbeben mit einem nachfolgenden Tsunami massiv unterschätzt wurde. So wurde unter anderem der Bauplatz von Fukushima, der ursprünglich auf einer Anhöhe von 35 m. ü. M. stand, auf 10 m. ü. M. abgesenkt. Die Gründe: 1. Kostenersparnis für Meerwasserpumpen, 2. höhere Erdbebensicherheit des stabileren Grundgesteins und 3. einfachere Übernahme der 500 Tonnen schweren Druckbehälter bei Anlieferung per Schiff über das Meer. Bei der Dimensionierung der Schutzmauer wurden historische Erfahrungen ausgeblendet. Damit wird deutlich, dass Fukushima alles anderes als ein „schwarzer Schwan" war, der außerhalb unserer Vorstellungswelt existierte.

Je komplexer ein System, desto schwieriger fällt es uns, „unbekannte Unbekannte" zu antizipieren. Dies gilt im Besonderen für komplexe Wertschöpfungsketten in einem globalen Dorf. Während auf der einen Seite Kunden und Lieferanten als unmittelbar nah wahrgenommen werden, ist die Komplexität im Hintergrund unbeschreiblich groß. Hierbei darf Komplexität nicht mit Kompliziertheit verwechselt werden. Auch soll der Hinweis auf Komplexität nicht als Kassandraruf verstanden werden. Die Besonderheit eines komplexen Systems liegt vor allem in der variablen Zahl von Elementen mit nicht klar prognostizierbaren Wechselwirkungen, die nicht linear, sondern simultan und mit Rückkoppelungen auftreten. Ein Logistiksystem oder auch ein globales Supply Chain-Netzwerk ist ein exzellentes Beispiel für solche Rückkoppelungen und dynamischen Wechselwirkungen zwischen vielen Akteuren. Erschwerend hinzu kommen unterschiedliche Strategien und Ziele (zum Beispiel Single Sourcing versus Multi Sourcing). Exogene Faktoren, wie schwankende Nachfrage, neue Liefermodelle (beispielsweise Same-Day-Delivery und Multi-Channel-Strategien), kürzere Produktlebenszyklen, höhere Kundenerwartungen und ein steigender Kostendruck erhöhen die Dynamik des Systems.

Können komplexe Systeme nur mit noch mehr Komplexität beherrscht werden („only complexity absorbs complexity"), wie viele Experten behaupten? Hierbei wird häufig vergessen, dass komplexe Systeme in unserer Wahrnehmung im tieferen Inneren gar nicht so komplex sind – nur unser Gehirn mit den Abhängigkeiten und Rückkoppelungsschleifen überfordert ist. So haben wir etwa durch den Mathematiker und Erfinder der fraktalen Geometrie, Benoît B. Mandelbrot, gelernt, dass komplexe und chaotische Phänomene häufig durch die Wiederholung der immer gleichen, einfachen Anweisungen entstehen. Oder umgekehrt: Simple Regeln erzeugen extrem komplexe und unüberschaubare Systeme. Bekannt wurde Mandelbrot unter anderem für das komplexe Apfelmännchen, eine Computergrafik, die auf selbstähnlichen Strukturen basiert. Das Kuriose am Apfelmännchen ist, dass die dahinter steckende Gleichung alles andere als komplex ist: $f(z)=z_n^2+c$. Die Mandelbrot-Menge M ist die Menge aller komplexen Zahlen c, für die die rekursiv definierte Folge komplexer Zahlen z_0, z_1, z_2... mit dem Bildungsgesetz $z_{n+1}:=z_n^2+c$ und der Anfangsbedingung $z_0:=0$ beschränkt bleibt, das heißt, der Betrag der Folgenglieder wächst nicht über alle Grenzen. Basierend auf relativ einfachen Formeln produzierte Mandelbrot komplexe Schneeflocken, Farnblätter, Baumgeäst, zerklüftete Gebirgszüge und Blumenkohl auf den Computerbildschirm.

Doch was hat dies alles mit diesem Buch zu tun? Auch im Risikomanagement geht es um das Management von Unsicherheit und Komplexität. unserem Buch „Risikomanagement in der Logistik" verknüpfen wir die beiden Themen Logistik und Risikomanagement miteinander. In der Logistik geht es um Gestaltung, Planung, Steuerung, Bereitstellung, Optimierung und Sicherung des Material- und Warenflusses und der damit einhergehenden Informationen von der Entwicklung eines Produktes, beginnend beim Lieferanten, bis zum Absatz an den Endabnehmer. Häufig wird Logistik mit den „7 R" beschrieben: Es geht darum, das richtige Produkt zur richtigen Zeit, am richtigen Ort, in der richtigen Menge, in der richtigen Qualität und zu den richtigen Kosten zum richtigen Kunden zu bringen.

Alle Aktivitäten des Unternehmens im Umgang mit Risiken werden als Risikomanagement bezeichnet. Dazu gehören vor allem die Identifikation, Bewertung, Aggregation und Überwachung von Risiko sowie die Risikobewältigung. Es ist eine Aufgabe des Risikomanagements, die Streuung beziehungsweise die Schwankungsbreite von Gewinn und Cashflow zu reduzieren. Dies führt zu folgenden Vorteilen für das Unternehmen:

1. Die Reduzierung der Schwankungen erhöht die Planbarkeit und Steuerbarkeit eines Unternehmens, was einen positiven Nebeneffekt auf das erwartete Ertragsniveau hat und die Robustheit eines Unternehmens insgesamt erhöht.
2. Eine Verminderung der risikobedingten Schwankungsbreite der zukünftigen Zahlungsströme senkt die Kapitalkosten und wirkt sich positiv auf den Unternehmenswert aus.
3. Eine stabile Gewinnentwicklung mit einer hohen Wahrscheinlichkeit für eine ausreichende Kapitaldienstfähigkeit ist im Interesse der Fremdkapitalgeber, was sich in

einem guten und stabilen Rating, einem vergleichsweise hohen Finanzierungsrahmen und günstigen Kreditkonditionen widerspiegelt.
4. Eine stabile Gewinnentwicklung reduziert die Wahrscheinlichkeit einer Insolvenz und damit den Erwartungswert der Konkurskosten.
5. Eine stabile Gewinnentwicklung sowie eine niedrigere Insolvenzwahrscheinlichkeit sind im Interesse von Arbeitnehmern, Kunden und Lieferanten, was es erleichtert, qualifizierte Mitarbeiter zu gewinnen und langfristige Beziehungen zu Kunden und Lieferanten aufzubauen.
6. Bei einem progressiven Steuertarif haben zudem Unternehmen mit schwankenden Gewinnen Nachteile gegenüber Unternehmen mit kontinuierlicher Gewinnentwicklung.
7. Eine prognostizierbare Entwicklung des Cashflows reduziert die Wahrscheinlichkeit, unerwartet auf teure externe Finanzierungsquellen zurückgreifen zu müssen oder interessante Investitionen nicht durchführen zu können.
8. Risikomanagement bietet insgesamt vor allem eine Erhöhung der Planungssicherheit und eine nachhaltige Steigerung des Unternehmenswerts.

Es gibt demnach viele Gründe sich – auch im Bereich der Logistik – mit einem professionellen Management von Risiken zu beschäftigen. Ein Blick in die Praxis zeigt neben methodischen Schwächen im Werkzeugkasten des Risikomanagements vor allem rein formal ausgerichtete Risikomanagement-Systeme (um die gesetzlichen Anforderungen zu erfüllen). Derartige Risikomanagement-Systeme bieten in der Regel keinerlei ökonomischen Nutzen und führen zu keinerlei Akzeptanz in einer Organisation.

Daher soll dieses Buch auch keine trockene Beschreibung der theoretischen Anwendung von Logistik-Risikomanagement sein, sondern eine Arbeitshilfe für Praktiker. Wenn es auf Ihrem Schreibtisch liegt und Ihnen Ideen und Anhaltspunkte für Ihre Arbeit bietet, haben wir unser Ziel erreicht. Regelmäßige Ergänzungen und Diskussionen zu einzelnen Themen finden Sie im RiskNETwork (vgl. https://www.RiskNETwork.net, Rubrik: Logistik-Risikomanagement).

An dieser Stelle möchten wir die Gelegenheit nutzen, um denjenigen Personen zu danken, die zum Gelingen unseres Buches ganz wesentlich beigetragen haben. Wir bedanken uns bei allen (Mit-) Autoren für ihre spontane und bleibende Bereitschaft zur Mitarbeit. Wir wissen es zu würdigen, wenn neben einem vollgepackten Schreibtisch und einer übervollen To-do-Liste noch Zeit für das Schreiben eines Fachartikels abgezweigt wird.

Frank Romeike dankt vor allem Anette, Lotta-Sophie und Moritz Heinrich für ihr äußerst strapaziertes Verständnis, dass die Arbeit vor dem Notebook (einmal wieder) in den vergangenen Monaten Vorrang hatte vor gemeinsamen Biketouren auf die Gipfel der umliegenden Berge und gemeinsame Wer-fängt-Hubi-Abende. Michael Huth dankt seinen Risikomanagerinnen Petra, Veronika und Jette für ihr genauso strapaziertes Verständnis und ihre Geduld.

Gemeinsam bedanken wir uns auch bei unserer Lektorin Susanne Kramer vom Springer Gabler Verlag, die uns intensiv und motivierend begleitet hat. Lena Bührke hat sich jedem einzelnen Beitrag des Buches gewidmet, ihn formatiert, angepasst und darauf geachtet, dass er stimmig ist und alle formalen Anforderungen einhält. Daneben hat sie eine Vielzahl von Abbildungen erstellt. Auch dafür herzlichen Dank.

Einige Cartoons begleiten uns als zusätzlicher Pfad der Erkenntnis und dienen gleichzeitig als unterhaltsame Wegzehrung beim Gang durch die einzelnen Themenfelder. Alexander Holzach gebührt unser Dank für die wieder einmal überaus produktive und angenehme Zusammenarbeit.

Das Autorenteam wünscht Ihnen viele neue Erkenntnisse beim Lesen und eine erfolgreiche Umsetzung des Gelesenen in die Praxis. Schreiben Sie uns Ihre Meinung an logistik@risknet.de. Machen wir uns auf den Weg zu einer spannenden Reise in die Welt des Logistik-Risikomanagements.

Zum Abschluss noch ein Zitat aus dem 13. Jahrhundert. Der despersisch-tadschikische Poet Ibn-i-Yamin (1286–1368) unterteilte die Menschen in vier bestimmte Typen: 1. Diejenigen, die wissen und wissen, dass sie wissen… Sein Pferd der Weisheit wird den Himmel erreichen. 2. Diejenigen, die wissen, aber nicht wissen, dass sie wissen… Er schläft schnell ein, so dass man ihn aufwecken muss. 3. Diejenigen, die nicht wissen, aber wissen, dass sie nichts wissen… Sein lahmendes Maultier wird ihn schließlich nach Hause bringen. 4. Diejenigen, die nicht wissen, und nicht wissen, dass sie nichts wissen… Er wird auf ewig in seiner Vergessenheit verloren sein.

Wir hoffen, dass Sie bei der Lektüre weder einschlafen noch sich mit einem lahmenden Maultier quälen müssen und auch nicht in ihrer Vergessenheit verloren gehen.

Fulda und Brannenburg/Wendelstein *Michael Huth und Frank Romeike*

Inhaltsverzeichnis

Abbildungsverzeichnis

Tabellenverzeichnis

Teil I
Institutionelle Aspekte des Logistik-Risikomanagements

Einleitung 1

Michael Huth und Frank Romeike

Inhaltsverzeichnis

M. Huth (✉)
Hochschule Fulda, Fulda, Deutschland
E-Mail: michael.huth@w.hs-fulda.de

F. Romeike
RiskNET GmbH, Brannenburg, Deutschland
E-Mail: office@risknet.de

M. Huth, F. Romeike (Hrsg.), *Risikomanagement in der Logistik*,
DOI 10.1007/978-3-658-05896-8_1

„Risiken? Et hätt noch emmer joot jejange!"

1.1 Wenn Risiken Realität werden

Im März 2000 brach in einer relativ kleinen Mikrochip-Fabrik des niederländischen Elektronikkonzerns Philips im US-amerikanischen Albuquerque in New Mexico ein Feuer im Produktionsbereich aus. Dieser Brand konnte nach wenigen Minuten gelöscht werden, so dass die Auswirkungen zunächst gering schienen. Dennoch hatte er erhebliche Folgen für die nachfolgenden Wertschöpfungsketten. Sowohl die Produktionsanlagen als auch die Lagerbestände an Halbleitern und Mikrochips waren durch Rauchpartikel erheblich verschmutzt. Die zunächst taxierte Reinigungsdauer erwies sich als zu optimistisch. Das Ergebnis: Die Betriebsunterbrechung dauerte um einiges länger, als nach dem Brand ursprünglich geschätzt worden war.

Zwei direkte Kunden von Philips, die beiden europäischen Technologieunternehmen Nokia und Ericsson, reagierten jedoch höchst unterschiedlich auf die noch spärlichen Informationen aus den USA. Ericsson auf der einen Seite vertraute den übermittelten Informationen und ging davon aus, dass das Problem in kurzer Zeit gelöst werden könne. Weitere Aktionen schienen nicht notwendig zu sein. Nokia auf der anderen Seite reagierte deutlich sensibler und kommunizierte intensiv mit Philips. Nokia verfügte über ein proaktives Krisenmanagement. Das Nokia-Management war damit in der Lage, die Dringlichkeit weiterer Aktivitäten zu erkennen. Durch Produktionsverlagerungen sowohl innerhalb des Produktionsnetzwerks von Philips als auch zu Lohnfertigern konnte eine länger andauernde Lieferunterbrechung vermieden werden. Für Ericsson dagegen hatte der Versorgungsstopp gravierende Folgen; so mussten ein entgangener Umsatz von rund US$ 400 Mio. und ein Rückgang des Marktanteils um drei Prozentpunkte verzeichnet werden (Sheffi 2005, S. 3–10). Aus einem zehnminütigen Feuer resultierte für Ericsson ein wirtschaftlicher Verlust von rund US$ 400 Mio. Ericsson-Manager waren davon überrascht, dass die Ursachen für den Schaden relativ weit vom Kernprozess entfernt waren und sich außerhalb der direkten Kontrolle des Unternehmens befanden. Im Gegensatz zu Ericsson, das kein präventives Supply Chain Risk Management (SCRM) nutzte, verfügte Nokia über ein integriertes SCRM. Das Management der Risiken in der Supply Chain[1] war fester Bestandteil des unternehmensweiten Risikomanagements. Ziel war der Aufbau einer widerstandsfähigen (resilienten) Supply Chain zur Minderung potenzieller Schadenszenarien sowie die Gestaltung flexibler und agiler Supply Chains zur schnellen Reaktion.

Viele Unternehmen haben uns in den vergangenen Jahren Beispiele für ein nicht adäquates und damit wenig effektives Risikomanagement in der Logistik geliefert. So war Toyota über viele Jahre der „Musterknabe" für ein exzellentes Supply Chain Management. Nach dem großen Tōhoku-Erdbeben im Jahre 2011 benötigte Toyota sechs Monate, um die Produktion wieder auf das ursprüngliche Niveau zu bringen. Dies war nur durch einen

[1] Im Folgenden verwenden wir die Begriffe Supply Chain und Lieferkette synonym. Da wir bei Supply Chains vornehmlich auf logistische Aspekte eingehen, werden wir in geeigneten Fällen auch Logistikkette als Synonym verwenden. In derselben Form werden wir auch Logistik-Risikomanagement und Supply Chain Risk Management in passenden Fällen bedeutungsähnlich verwenden.

enormen Aufwand möglich. Ein primärer Grund für die Produktionsausfälle war das Single-Sourcing einer Microcontroller-Einheit des 1-Tier-Lieferanten Denso vom Vorlieferanten Renesas Electronics Corp (vgl. Park et al. 2013, S. 77).

Renesas Electronics ist der Zusammenschluss der ausgegliederten Halbleiterbereiche von Hitachi, Mitsubishi Electric und NEC. Renesas produziert Mikrocontroller unter anderem für Toyota. Im Zeitraum des Tōhoku-Erdbebens basierte die Supply Chain auf einem Just-in-time-Mechanismus mit einem zeitlichen Puffer von sechs Minuten (vgl. Harrington 2013, S. 2). Renesas produzierte die Computerchips für Toyota in einer Produktionsstätte in Japan, die in der Folge des Tsunamis zerstört wurde. Dies hatte zur Konsequenz, dass Toyota die Produktion in allen Werken weltweit reduzieren beziehungsweise einstellen musste.

Der US-Wettbewerber General Motors (GM) hatte exakt die gleiche Exponierung, allerdings mit einem wichtigen Unterschied. GM hatte präventiv eine Redundanz in der Supply Chain berücksichtigt und verfügte über einen zweiten Lieferanten, der die Lücke von Renesas schließen konnte.

Das Ergebnis: Der Vorstandsvorsitzende von GM konnte im dritten und vierten Quartal 2011 berichten, dass die Katastrophe in Japan keinerlei Einfluss auf die wirtschaftlichen Ergebnisse hat. Toyota hingegen verzeichnete im Zeitraum März 2011 bis März 2012 einen Verlust von US$ 3,5 Mrd. (vgl. Abb. 1.1). Im Monat nach der Katastrophe ging im April 2011 die weltweite Produktion von Toyota um 48,1 % zurück, während der Produktionsrückgang in Japan selbst mit 74,5 % angegeben wird.

Diese beinahe klassischen Beispiele zeigen exemplarisch die Bedeutung eines proaktiven und professionellen Risikomanagements in der Logistik. Durch das vorausschauende Identifizieren von Risiken in der Lieferkette waren Nokia und auch General Motors in der Lage, Alternativpläne aufzustellen. Die Auswirkungen des Brandes beziehungsweise der Betriebsunterbrechung konnten damit deutlich eingeschränkt werden.

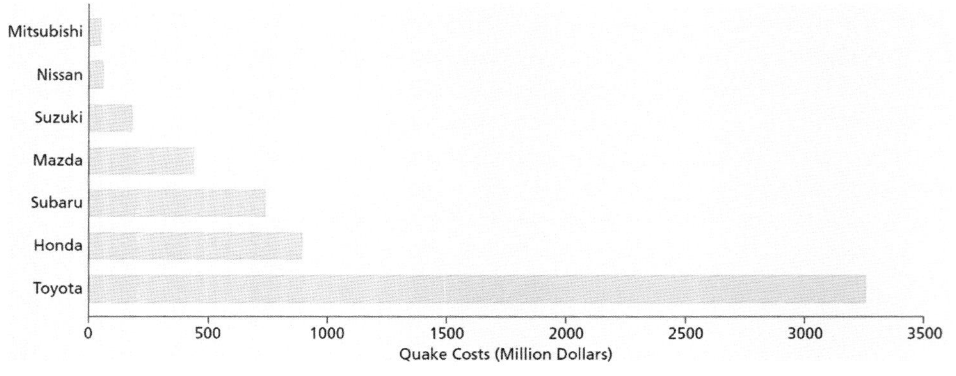

Abb. 1.1 Finanzieller Schaden der sieben größten japanischen Automobilhersteller (11. März 2011 bis 31. März 2012). (Quelle: U.S. Department of Energy, 16. April 2012)

Risiken in der Logistik können auch hausgemacht sein: So führte beispielsweise der Wechsel auf ein neues Software-System in der Logistik zu erheblichen Problemen in der Ersatzteil-Logistikkette bei BMW. Aufgrund der technischen Schwierigkeiten ergaben sich für rund 300 Werkstätten in Deutschland Lieferverzögerungen von mehreren Wochen, da rund zehn Prozent der Ersatzteile im Zentrallager Dingolfing nicht zur Verfügung standen. Weil auch die Bestelleingänge der 40 internationalen Distributionszentren in Dingolfing zusammenlaufen, konnten auch Ersatzteillieferungen ins Ausland, beispielsweise in die USA oder nach China, nur mit Verzögerungen durchgeführt werden. BMW versuchte durch Sonderschichten die Konsequenzen der Lieferprobleme zu reduzieren; dies gelang jedoch nur teilweise (vgl. Kiewitt 2013).

Die Beispiele verdeutlichen, welche Risiken in der Logistik schlummern und welche Konsequenzen drohen, wenn unerwünschte Ereignisse eintreten. Die ersten beiden Beispiele zeigen aber auch, in welchem Maße ein angewandtes und präventives Risikomanagement dazu beitragen kann, die Auswirkungen realisierter Risiken abzufedern. Einem strukturierten und effektiven Risikomanagement in der Logistik kommt damit eine erhebliche Bedeutung zu, logistische Ketten stabil und resistent zu halten.

Trotz der Bedeutung des Risikomanagements in der Logistik ist der Umsetzungs- und Anwendungsgrad noch relativ gering. So wendet beispielsweise nur gut die Hälfte der Logistikdienstleister Risikomanagement aktiv an (Huth und Lohre 2014). Auch in der aktuellen „Third-Party Logistics Study“ wird die Anwendung von Risikomanagement-Methoden und -Instrumenten äußerst kritisch gesehen: „Companies lack a tactical approach to identifying the biggest risks across their supply networks, as well as processes for actively mitigating and monitoring these risks“ (Langley 2012, S. 24).

Lisa Harrington, Associate Director of the Supply Chain Management Center der University of Maryland, fasst den Mehrwert eines präventiven SCRM wie folgt zusammen: „Those companies that embrace the ‚new normal‘ of continuous – and sometimes radical – supply chain volatility and risk, and put the processes and systems in place to better manage both, regularly outperform their competitors. Companies that ignore or lag behind in addressing supply chain volatility do so at the peril of their bottom lines and their shareholder confidence.“ (Harrington 2013, S. 14).

Laut dem Supply Chain Resilience Report 2012 waren über 70 % der befragten Unternehmen von mindestens einer Störung in der Supply Chain betroffen. Der Haupteffekt von Störungen in Lieferketten war eine verminderte Produktivität (60 %). Bei 20 % der Unternehmen überstiegen die Kosten der Störung eine Mio. EUR. Erstaunlich ist in diesem Kontext, dass die Mehrzahl der Unternehmen erst mit der Einführung eines präventiven Supply Chain Risk Managements begonnen hat. Auf der anderen Seite verfügen 25 % der Unternehmen über keinerlei Prozesse oder Methoden zum Management von Risiken in der Logistik.

Zusammenfassend können wir festhalten: Auf der einen Seite werden Logistiknetze und logistische Prozessketten länger und gleichzeitig komplexer. Parallel dazu nehmen die Anforderungen an logistische Leistungen hinsichtlich Kosten, Zeit und Qualität zu. Diese Ansprüche an höhere Effizienzniveaus führen zu „schlankeren“ Logistikketten, indem jede mögliche Verschwendung, beispielsweise aufgrund von Redundanzen wie Zwischenlager, vermieden wird. Beide Tendenzen führen dazu, dass Logistikketten anfälliger für potenzielle Störungen sind. Mit anderen Worten: Die Risiken, die mit der Erbringung logistischer Leistungen verbunden sind, nehmen zu.

Auf der anderen Seite wird deutlich, dass zwar rechtliche Rahmenbedingungen zum Aufbau und zur Anwendung eines Risikomanagements geschaffen wurden. Diese gesetzlichen Anforderungen werden auch weitgehend erfüllt. Oftmals allerdings wird Risikomanagement allein aufgrund derartiger extrinsischer Anreize betrieben. Das Ergebnis ist dann nicht selten eine „rückspiegelorientierte" Risikobuchhaltung ohne jeglichen ökonomischen Mehrwert. Risikomanagement ist dann eher vergleichbar mit einem „potemkinschen Dorf", benannt nach dem Feldmarschall Reichsfürst Grigori Alexandrowitsch Potjomkin. Oberflächlich wirkt das Risikomanagement fundiert und beeindruckend (siehe externer Risikobericht), es fehlt aber jegliche Substanz hinsichtlich Methodik oder auch gelebter Risikokultur.

Die intrinsische Motivation eines Unternehmens, Risiken proaktiv zu erkennen und ihnen sinnvoll zu begegnen, ist oftmals nur wenig ausgeprägt, so dass Risiken zu oft reaktiv und damit zu spät begegnet wird. Selbst wenn für bestimmte Unternehmensfunktionen ein Risikomanagement umgesetzt ist, so wird die Logistik hinsichtlich einer strukturierten Risikoerkennung und -behandlung zumeist stiefmütterlich behandelt.

Damit besteht eine erhebliche Lücke zwischen den Anforderungen, ein Risikomanagement für die Logistik zu betreiben, und der tatsächlichen Umsetzung und Anwendung. Diese Lücke können wir durch eigene (allerdings statistisch nur bedingt belastbare) Erfahrungen bestätigen. Sie lässt sich aber auch durch empirische Untersuchungen fundieren, auf die wir im Laufe des Buchs verweisen werden.

1.2 Zielsetzungen und Aufbau des Buchs

Mit dem vorliegenden Buch möchten wir bewusst dazu beitragen, die angesprochene Lücke zwischen Anforderungen und Realität im Logistik-Risikomanagement zu schließen. Verbunden damit sind die folgenden Zielsetzungen des Buchs:

- Der relativ geringe Anwendungsgrad des Risikomanagements in der Logistik lässt sich zum Teil auch auf eine zu geringe Sensibilisierung von Unternehmen hinsichtlich logistischer Risiken zurückführen. **Wir möchten daher zunächst Ihr Bewusstsein für Risiken in der Logistik schärfen.**
- Für die Umsetzung eines Logistik-Risikomanagements im Unternehmen lässt sich auf ein umfangreiches Instrumentarium zurückgreifen. Dieses Instrumentarium beginnt beim Phasenkonzept des Risikomanagements und den innerhalb der einzelnen Phasen anwendbaren Methoden und endet mit der Einbindung des Risikomanagements in die Aufbau- und Ablauforganisation eines Unternehmens. Verbunden damit sind auch existierende internationale Standards für das Risikomanagement und rechtliche

Rahmenbedingungen. **Wir möchten Ihnen sowohl die Rahmenbedingungen für das Risikomanagement vermitteln als auch Gestaltungsempfehlungen an die Hand geben, wie ein Risikomanagement idealtypisch implementiert und betrieben wird beziehungsweise welche Handlungsalternativen bestehen.**

- Risiken in der Logistik lassen sich, das werden wir zeigen, durch unterschiedliche Maßnahmen begegnen. In der Logistik haben sowohl rechtliche Vereinbarungen als auch die Nutzung von Versicherungen eine besondere Bedeutung. **Wir möchten Ihnen als Entscheidungsträgern in Risikomanagement und Logistikmanagement daher das Instrumentarium der rechtlichen und der versicherungsbezogenen Maßnahmen vermitteln.**
- Unterschiedliche Branchen weisen unterschiedliche logistische Risiken auf. Diese Unterschiede basieren auf Branchenstruktur und -größe, auf Kundenanforderungen, auf der regionalen Verteilung von Wertschöpfungsketten und einer Vielzahl weiterer Faktoren. Sie können Einfluss auf die Ausgestaltung des logistisch-orientieren Risikomanagements eines Unternehmens ausüben. Wir möchten daher auf der einen Seite auf die Besonderheiten einzelner Branchen eingehen. Auf der anderen Seite möchten wir durch Best-Practice-Beispiele aufzeigen, wie Top-Unternehmen unterschiedlicher Branchen und verschiedener Größe strukturiert logistische Risiken handhaben. **Durch die branchenbezogenen Anwendungs- und Umsetzungsbeispiele erhalten Sie konkrete Hinweise zu Aufbau und Betrieb eines Logistik-Risikomanagements.**
- Trotz einer Differenzierung nach verarbeitender Industrie, Handel und Logistikdienstleistern lassen sich nicht alle Besonderheiten einzelner Wertschöpfungsketten abbilden. **Daher möchten wir Ihnen durch weitere Beispiele zur Umsetzung eines Logistik-Risikomanagements für spezifische Aufgabenstellungen Anregungen und konkrete Handlungsoptionen an die Hand geben.**
- **Letztendlich werden Sie nach der Lektüre des Buchs in der Lage sein, bei Aufbau und Betrieb eines logistikbezogenen Risikomanagements aktiv mitzuwirken.**

Um diese Zielsetzungen zu erreichen, haben wir das Buch in zwei Teile gegliedert. In Teil I beschäftigen wir uns intensiv mit *institutionellen Aspekten des Logistik-Risikomanagements*, während wir in Teil II auf *branchenbezogene Aspekte des Logistik-Risikomanagements* eingehen werden.

Wir beginnen mit den institutionellen Aspekten des Risikomanagements, um Ihnen die wesentlichen Gestaltungsparameter an die Hand zu geben und um ein effektives logistikbezogenes Risikomanagement aufzubauen und zu betreiben. Dazu ist es sinnvoll, anhand zweier umfangreicher Beispiele zunächst auf die *Grundlagen des Risikomanagements in der Logistik* einzugehen, insbesondere auf logistikbezogene Risiken sowie die Bedeutung, die ein Risikomanagement in der Logistik einnimmt (Kap. 2). Anschließend gehen wir in Kap. 3 auf die *Struktur des Logistik-Risikomanagements* ein und erläutern die verschiedenen Phasen des Risikomanagement-Kreislaufs. Für die Umsetzung eines Logistik-Risikomanagements lassen sich an verschiedenen Stellschrauben Einstellungen vornehmen; in Kap. 4 werden wir daher auf die *aufbau- und ablauforganisatorische Einbindung* sowie auf die Anforderungen an EDV-Anwendungen zur Unterstützung des Risikomanagements eingehen.

Insbesondere bei strategischen Handlungsalternativen in der Logistik sind Risikoaspekte zu berücksichtigen. Dementsprechend wichtig ist es, *Risiken richtig zu aggregieren und bei der Bewertung der Handlungsoptionen zu berücksichtigen*; dieser Thematik widmen wir uns in Kap. 5. Insbesondere in Logistik und Supply Chain Management, die durch Komplexität und Dynamik gekennzeichnet sind, ist die Ermittlung entscheidungsrelevanter Risikowerte oftmals schwierig. Als geeignetes Instrument lassen sich *Simulationsmethoden einsetzen*, auf deren Anwendung wir in Kap. 6 eingehen. Zwar gelten für Umsetzung und Anwendung des Risikomanagements oftmals nationale Gesetze, wichtig jedoch ist, dabei zu erkennen, welchen *Nutzen internationale Standards* für das Logistik-Risikomanagement aufweisen; diesem Thema nähern wir uns in Kap. 7. Unabhängig von den Standards, die für das Risikomanagement von Bedeutung sind, stellt sich doch die Frage, welcher *rechtliche Rahmen für das Logistik-Risikomanagement* gilt; Kap. 8 geht daher detailliert auf rechtliche Aspekte ein. Insbesondere im Transport- und Logistikbereich spielen Versicherungen eine wesentliche Rolle als risikopolitische Maßnahme. In Kap. 9 werden wir nicht nur auf die klassische *Transportversicherung* eingehen, sondern auch auf *neue Ansätze zur Versicherung von Betriebsunterbrechungen.*

Die logistischen Risiken, die für einen Fahrzeughersteller mit globalem Produktionsnetzwerk von besonderer Bedeutung sind, mögen für einen Logistikdienstleister, der für die regionale Distribution von Lebensmitteln verantwortlich ist, weniger relevant sein – stattdessen spielen für den Lebensmittellogistiker andere Risiken eine Rolle. Die wahrgenommene Bedeutung bestimmter logistischer Risiken gilt auch für den Handel. Um die unterschiedlichen Risiken und die daraus abgeleiteten Anforderungen an ein Risikomanagement in der Logistik angemessen zu würdigen, gehen wir in Teil II des Buchs auf *branchenbezogene Aspekte des Logistik-Risikomanagements* ein. Für die verarbeitende Industrie, für den Handel und für Logistikdienstleister werden wir zunächst jeweils branchenspezifisch auf Struktur, Besonderheiten und Risiken eingehen (Kap. 10: verarbeitende Industrie, Kap. 12: Handel, Kap. 14: Logistikdienstleistungsbranche). Anschließend werden wir für ausgewählte Branchen Best-Practice-Ansätze darstellen, die verdeutlichen, wie Unternehmen der jeweiligen Branche mit der zunehmenden Risikosituation umgehen können und sollten – oder bereits konkret reagiert haben. Diese Beispiele umfassen:

- *Vergleich der subjektiven versus objektiven Bewertung von Supply Chain-Risiken* (Kap. 11).
- *Reduktion von Inventurdifferenzen* im Handel durch die ECR Shrinkage Roadmap (Kap. 13).
- Präventives *Risikomanagement in der Kontraktlogistik* mittels der „Contract Logistics Delivery Method“ (Kap. 15).
- Risikomanagement beim *Outsourcing von Logistikprozessen* (Kap. 16).
- Einbindung eines *Katastrophen- und Risikomanagements* in die humanitäre Logistik (Kap. 17).

Die folgenden 16 Kapitel geben Ihnen damit einen breiten Überblick, gleichzeitig aber auch tiefen Einblick, wie Risikomanagement in der Logistik ausgestaltet sein sollte, um als präventiver Ansatz effektiv zu funktionieren.

Literatur

Glendon, L.: 4th Annual Survey – Supply Chain Resilience 2012. The Business Continuity Institute. http://www.mypurchasingcenter.com/files/8213/9567/7107/BCI-Supply-Chain-Resilience-2012-Published-Version-pdf.pdf (2012). Zugegriffen: 28. Mai 2015

Glendon, L., Bird, L.: 5th Annual Survey – Supply Chain Resilience 2013. The Business Continuity Institute. http://www.zurich.com.au/content/dam/marine/supply-chain-survey-report-2013.pdf (2013). Zugegriffen: 28. Mai 2015

Harrington, L.: Lean and resilient: the new automotive supply chain hybrid. Exel und DHL Supply Chain, Bonn (2013)

Huth, M., Lohre, D.: Risk management in logistics enterprises: Findings from the 2013 empirical study. Logist. Transp. **2**(22), 5–12 (2014)

Kiewitt, A.: Ersatzteillogistik: Riss in der Lieferkette. BMW leidet weiter unter weltweitem Lieferengpass bei Ersatzteilen. LOGISTIK HEUTE. http://http–www.logistik-heute.de/Logistik-News-Logistik-Nachrichten/Markt-News/10761/BMW-leidet-weiter-unter-weltweitem-Lieferengpass-bei-Ersatzteilen-Ersatzteil (2013). Zugegriffen: 28. Mai 2015

Langley, C.J.: 2013 third-party logistics study: The state of logistics outsourcing – Results and findings of the 17th annual study. Capgemini Consulting. http://www.capgemini.com/resource-file-access/resource/pdf/2013_Third-Party_Logistics_Study.pdf (2012). Zugegriffen: 4. März 2015

Park, Y., Hong, P., Roh, J.J.: Supply chain lessons from the catastrophic natural disaster in Japan. Bus. Horiz. **56**(1), 75–85 (2013)

Sheffi, Y.: The resilient enterprise – overcoming vulnerability for competitive advantage. The MIT Press, Cambridge (2005)

Prof. Dr. Michael Huth ist seit 2006 Professor für Allgemeine Betriebswirtschaftslehre, insbesondere Logistik, an der Hochschule Fulda. Dort war er von 2009 bis 2011 Prodekan, von 2011 bis 2014 leitete er als Dekan den Fachbereich Wirtschaft. Die Internationalität seiner Aktivitäten zeigt Prof. Dr. Michael Huth unter anderem durch längere Lehr- und Forschungsaufenthalte an der University of the Sunshine Coast (Australien) und an der California State University San Bernardino (USA). Neben der fachbezogenen Lehre beschäftigt er sich seit mehr als 15 Jahren mit den Themen Risikomanagement, Notfallplanung und Sicherheit. Gemeinsam mit Prof. Dr. Dirk Lohre von der Hochschule Heilbronn führt er seit 2008 empirische Untersuchungen zum Stand des Risikomanagements in der Logistikbranche durch. Vor seinem Engagement an der Hochschule Fulda war er geschäftsführender Gesellschafter der Hulocon GmbH, einer Unternehmensberatung mit Fokus Logistik- und Risikomanagement. Er kann auf viele erfolgreiche Beratungsprojekte in Industrie, Handel und dem Dienstleistungssektor verweisen. Prof. Dr. Michael Huth hat an der Goethe-Universität in Frankfurt am Main und an der Southampton University (Großbritannien) Betriebswirtschaftslehre studiert.

Frank Romeike ist Gründer des Kompetenzzentrums RiskNET – The Risk Management Network. Er ist Geschäftsführer und Eigentümer der RiskNET GmbH sowie Gründer und Gesellschafter von RiskNET Advisory & Partner. Außerdem ist er verantwortlicher Chefredakteur (V. i. S. d. P.) der Zeitschrift „RISIKO MANAGER", die alle 14 Tage erscheint und sich schwerpunktmäßig mit den Themen Kreditrisiko, Marktrisiko, Operationelles Risiko und Enterprise Risk Management (ERM) auseinandersetzt. Er zählt international zu den renommiertesten und führenden Experten für Risiko- und Chancenmanagement und coacht seit rund 20 Jahren Unternehmen aller Branchen und Unternehmensgrößen rund um die Themengebiete Risiko- bzw. Chancenmanagement und Wertorientierte Unternehmenssteuerung. Im Rahmen von Intensiv- und Inhouse-Seminaren der Risk Academy hat er mehr als 7500 Risikomanager ausgebildet bzw. gecoacht. An der HDU ist er fachlicher Leiter des akkreditierten Masterstudiengangs „Risiko- und Compliancemanagement". In seiner beruflichen Vergangenheit war er Chief Risk Officer bei der IBM Central Europe, wo er u. a. an der Einführung des weltweiten Risk-Management-Prozesses der IBM beteiligt war und mehrere internationale Projekte leitete. Er hat u. a. ein wirtschaftswissenschaftliches Studium (mit Schwerpunkt Versicherungsmathematik) in Köln und Norwich/UK abgeschlossen. Im Anschluss hat er Politikwissenschaften, Psychologie und Philosophie studiert. Außerdem hat er ein exekutives Masterstudium im Bereich Risiko- und Compliancemanagement abgeschlossen. Frank Romeike hat u. a. Lehraufträge (Adjunct Professor) an der Ludwig-Maximilians-Universität München (Seminar für Finanzökonometrie), der Hochschule Coburg (MBA-Studiengang Versicherungsmanagement; Schwerpunkt: Risikomanagement in Versicherungsunternehmen) sowie der Technischen Hochschule Deggendorf (Masterprogramm Risiko- und Compliancemanagement, hierbei handelt es sich um ein gemeinsames Projekt des TÜV Süd, der Technischen Hochschule Deggendorf und RiskNET) angenommen. Frank Romeike ist Mitglied des Vorstands beim Institut für Risikomanagement und Regulierung e. V. (Frankfurt am Main) und verantwortet dort unter anderem das Thema Öffentlichkeitsarbeit.

Grundlagen des Risikomanagements in der Logistik

2

Michael Huth und Frank Romeike

Inhaltsverzeichnis

M. Huth (✉)
Hochschule Fulda, Fulda, Deutschland
E-Mail: michael.huth@w.hs-fulda.de

F. Romeike
RiskNET GmbH, Brannenburg, Deutschland
E-Mail: office@risknet.de

M. Huth, F. Romeike (Hrsg.), *Risikomanagement in der Logistik*,
DOI 10.1007/978-3-658-05896-8_2

Risikowahrnehmung

2.1 Warum mit Risiken beschäftigen?

Nicht erst seit Kurzem beschäftigen sich Unternehmen intensiv mit Risiken. Die Identifikation, Analyse und Bewertung von Risiken sowie Maßnahmen zum Umgang mit Risiken waren seit jeher ein wichtiges Thema für Unternehmen. Etymologisch kann daher Risiko sowohl auf das frühitalienische *risco* (für „die Klippe“) zurückverfolgt werden als auch auf das griechische „ριζα“ („rhíza“) für „Wurzel“ (Romeike und Hager 2013, S. 11). Sowohl eine zu umschiffende „Klippe“ als auch eine aus dem Boden herausragende „Wurzel“ können ein Risiko darstellen.

Der heutige Begriff „Risiko“ tauchte im 14. Jahrhundert das erste Mal in den norditalienischen Stadtstaaten auf (vgl. Romeike und Hager 2013, S. 12). Der aufblühende Seehandel führte zu einem neuen Bewusstsein für die proaktive Steuerung von Risiken sowie die Diversifikation von Risiken auf mehrere Schultern. Dies führte parallel auch zur Entstehung des Seeversicherungswesens. Risiko bezeichnet die damals wie heute existierende Gefahr, dass ein Schiff sinken könne, etwa weil es an einer Klippe zerschellt oder von Piraten gekapert wird, sprich: es zu ungeplanten Zielabweichungen in der Logistik kommt. Das „Risiko“ quantifiziert das Ausmaß einer Unsicherheit und ermöglicht den kontrollierten Umgang damit. (In Kap. 3 werden wir uns noch intensiver mit der inhaltlichen Abgrenzung des Risikobegriffs auseinandersetzen.)

Für Unternehmen ist ein sicherer und zugleich professioneller Umgang mit Risiken (und damit auch Chancen) aus existenziellen Gründen unumgänglich. Ohne das Eingehen von Risiken gäbe es auch keinerlei Chancen. Der verantwortungsvolle Umgang mit Risiken stellt einen wesentlichen Werttreiber für das Unternehmen und damit auch für alle Stakeholder dar. Chancen („upside risk“) und Wagnisse („downside risk“) sind die zwei Seiten ein und derselben Medaille. Um Werte für ein Unternehmen zu schaffen, müssen Risiken eingegangen werden. Unternehmen werden gegründet, um etwas zu „unternehmen“ und Chancen zu ergreifen, und nicht etwa, um Risiken zu vermeiden. Der Erfolg eines Unternehmens ist jedoch maßgeblich dadurch bestimmt, dass die „richtigen“ Risiken („upside risk“) eingegangen werden. Risiken zu managen, heißt auch, die richtigen Strategien zu entwickeln und entsprechend effektive und effiziente Geschäftsprozesse zu definieren.

Das präventive Management von Chancen und Risiken zählte schon immer zu den originären Leitungsaufgaben eines Vorstands beziehungsweise Geschäftsführers. Insbesondere die „Business Judgement Rule“ regelt im deutschen Gesellschaftsrecht als Teil der Organhaftung, nach welchen Verstößen der Vorstand oder Aufsichtsrat für begangene schuldhafte Pflichtverletzungen persönlich haftet und den entstandenen Schaden ersetzen muss (Romeike 2014, S. 70–72). So muss der Geschäftsführer beziehungsweise Vorstand beispielsweise im Einzelfall nachweisen, dass er seine Entscheidung auf der Grundlage angemessener Information getroffen hat – und daher auch Wetterwarnungen auf dem Radar hatte. Hierzu gehört insbesondere, dass die zukünftigen Chancen und Risiken proaktiv bewertet und abgewogen werden. Dazu gehört auch, dass er die vorhandenen Werkzeuge und Methoden zur Analyse von Risiken – basierend auf dem Stand von Wissenschaft und Technik – kennt und anwendet.

In der Folge der Umsetzung des Gesetzes zur Kontrolle und Transparenz im Unternehmensbereich (KonTraG) legt § 91 Abs. 2 AktG fest, dass der Vorstand einer Aktiengesellschaft beziehungsweise über die Ausstrahlungswirkung auch die Geschäftsleitung beispielsweise einer Gesellschaft mit beschränkter Haftung (GmbH) geeignete Maßnahmen zu treffen hat, insbesondere ein Überwachungssystem einzurichten hat, damit den Fortbestand des Unternehmens gefährdende Entwicklungen früh erkannt werden:

> Der Vorstand hat geeignete Maßnahmen zu treffen, insbesondere ein Überwachungssystem einzurichten, damit den Fortbestand der Gesellschaft gefährdende Entwicklungen früh erkannt werden. (§ 91 Abs. 2 AktG)

Bereits in der Gesetzesbegründung wird darauf hingewiesen, dass mit dieser Vorschrift keine neue Leitungsaufgabe für den Vorstand geschaffen worden ist, sondern lediglich eine Aufgabe besonders hervorgehoben werden sollte. Zum § 91 Abs. 2 AktG hat der Gesetzgeber keine Entsprechung im GmbH- oder Personengesellschaftsrecht geschaffen. Allerdings wird in der Gesetzesbegründung ausdrücklich auf eine „Ausstrahlungswirkung" auf andere Gesellschaftsformen hingewiesen. Die Intensität dieser Ausstrahlungswirkung ist allerdings von der Größe und der Komplexität der jeweiligen Unternehmensstruktur abhängig.

In der Literatur wird diskutiert, ob durch § 91 Abs. 2 AktG eine ausdrückliche Pflicht begründet wird, ein umfassendes Risikomanagementsystem einzurichten. Einige Kommentatoren sind der Ansicht, dass allenfalls eine Komponente eines Risikomanagement-Systems gefordert wird, nämlich die Einrichtung eines Überwachungssystems zur Früherkennung von bestandsgefährdenden Entwicklungen. Im Gesetzeswortlaut wird der Begriff „Risiko" nicht verwendet. Vielmehr wird von „den Fortbestand der Gesellschaft gefährdende Entwicklungen" gesprochen. Nach Einschätzung des Gesetzgebers gehören zu den Entwicklungen, die den Fortbestand der Gesellschaft gefährden können, insbesondere risikobehaftete Geschäfte, Unrichtigkeiten der Rechnungslegung und Verstöße gegen gesetzliche Vorschriften, die sich auf die Vermögens-, Finanz- und Ertragslage der Gesellschaft oder des Konzerns wesentlich auswirken.

Insgesamt wird jedoch vor allem im betriebswirtschaftlichen Schrifttum beziehungsweise in der Prüfungspraxis überwiegend die Auffassung vertreten, dass § 91 Abs. 2 AktG die Grundlage für eine Verpflichtung der Unternehmen zur Einführung eines umfassenden Risikomanagementsystems darstellt. Ein solches besteht aus einem Frühwarnsystem, aus einem internen Überwachungssystem und dem Controlling (vgl. dazu auch Abb. 2.1).

Selbst wenn man § 91 Abs. 2 AktG – wie einige Kommentatoren – so interpretiert, dass sich aus dem Gesetzestext keine Verpflichtung zur Einrichtung von umfassenden Risikomanagement-Systemen ergibt, verlangt § 76 Abs. 1 AktG und der anzulegende Sorgfaltsmaßstab den angemessenen Umgang des Vorstandes mit Risiken. Daraus ergibt sich, wie bereits erläutert, dass das Risikomanagement eine originäre Leitungspflicht des Vorstands darstellt.

Ergänzend fordert § 93 Abs. 1 AktG eine gebotene Sorgfalt bei der Geschäftsführung, hierzu gehört auch die Bewertung und Steuerung von Risiken, die den Fortbestand der Gesellschaft gefährden könnten:

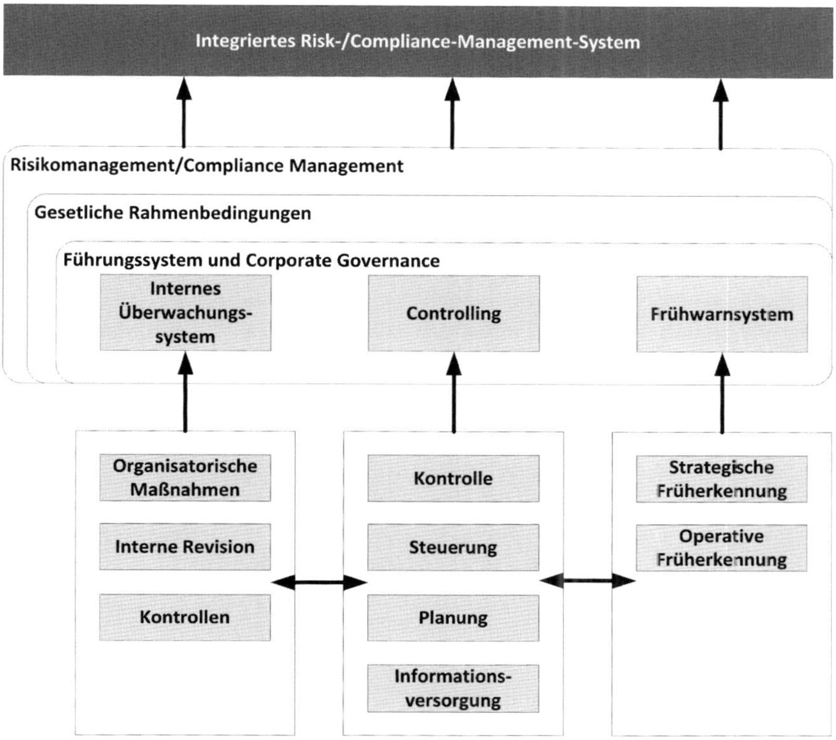

Abb. 2.1 Risikomanagement im Kontext Corporate Governance. (Quelle: Romeike 2013, S. 215)

> Die Vorstandsmitglieder haben bei ihrer Geschäftsführung die Sorgfalt eines ordentlichen und gewissenhaften Geschäftsleiters anzuwenden. Eine Pflichtverletzung liegt nicht vor, wenn das Vorstandsmitglied bei einer unternehmerischen Entscheidung vernünftigerweise annehmen durfte, auf der Grundlage angemessener Information zum Wohle der Gesellschaft zu handeln. (§ 93 Abs. 1 AktG)

Eine ähnliche Regelung findet sich in § 347 Abs. 1 HGB:

> Wer aus einem Geschäft, das auf seiner Seite ein Handelsgeschäft ist, einem anderen zur Sorgfalt verpflichtet ist, hat für die Sorgfalt eines ordentlichen Kaufmanns einzustehen. (§ 347 Abs. 1 HGB)

Neben branchenspezifischen Gesetzen (Versicherungsaufsichtsgesetz, Kreditwesengesetz etc.) fordert auch der Deutsche Corporate Governance Kodex (DCGK) die Einrichtung eines Risikomanagements. Er enthält eine Reihe von Regelungen, die sich mit dem Risikomanagement befassen:

- Punkt 3.4: Der Vorstand informiert den Aufsichtsrat regelmäßig, zeitnah und umfassend über alle für das Unternehmen relevanten Fragen der Planung, der Geschäftsentwicklung, der Risikolage, des Risikomanagements und der Compliance. Er geht auf

Abweichungen des Geschäftsverlaufs von den aufgestellten Plänen und Zielen unter Angabe von Gründen ein.

- Punkt 4.1.4: Der Vorstand sorgt für ein angemessenes Risikomanagement und Risikocontrolling im Unternehmen.
- Punkt 5.2: Der Aufsichtsratsvorsitzende soll mit dem Vorstand, insbesondere mit dem Vorsitzenden beziehungsweise Sprecher des Vorstands, regelmäßig Kontakt halten und mit ihm die Strategie, die Geschäftsentwicklung und das Risikomanagement des Unternehmens beraten.
- Punkt 5.3.2: Der Aufsichtsrat soll einen Prüfungsausschuss (Audit Committee) einrichten, der sich insbesondere mit Fragen der Rechnungslegung, des Risikomanagements und der Compliance, der erforderlichen Unabhängigkeit des Abschlussprüfers, der Erteilung des Prüfungsauftrags an den Abschlussprüfer, der Bestimmung von Prüfungsschwerpunkten und der Honorarvereinbarung befasst.

Fazit: Risikomanagement ist eine Führungsaufgabe und darf weder vom Vorstand einer Aktiengesellschaft (börsennotiert oder nicht börsennotiert) noch von den entsprechenden Organen anderer Unternehmensformen vernachlässigt werden.

Eine Geschäftsleitung, die die Implementierung eines umfassenden und präventiven Risikomanagements unterlässt und dennoch für sich in Anspruch nimmt, ordentlich und gewissenhaft im Sinne des § 93 Abs. 1 Satz 1 AktG zu handeln, sieht sich bei der Realisierung eines Risikos hinsichtlich seines Unterlassens einem immensen Rechtfertigungsdruck sowie einer potenziellen persönlichen Haftung ausgesetzt.

Gemäß § 84 des österreichischen Aktiengesetzes (AktG) und § 25 des österreichischen GmbH-Gesetzes (GmbHG) haben Vorstandsmitglieder und Geschäftsführer bei der Geschäftsführung die Sorgfalt eines ordentlichen und gewissenhaften Geschäftsleiters anzuwenden. Was diese konkretisierungsbedürftige Generalklausel „ordentlicher und gewissenhafter Geschäftsleiter" im Einzelnen bedeutet, wird im konkreten Fall nach der Übung des redlichen Verkehrs unter Zugrundelegung der besonderen Verhältnisse der Gesellschaft (beispielsweise Größe, eingesetztes Vermögen, Art des Gesellschaftsgegenstandes, jeweilige wirtschaftliche Lage, Konkurrenzsituation) zu bestimmen sein. Hierbei ist insbesondere der objektiv-normative (vgl. § 1299 ABGB Sachverständigenhaftung) und letztlich durch die allgemeine Verkehrsauffassung bestimmte Begriff relevant.

Auch in der Schweiz orientiert sich die Organhaftung nach dem Aktienrecht und ist entsprechend auch für andere Gesellschaftsformen anwendbar:

- Art. 753 Obligationenrecht: Haftung der Gründer einer Aktiengesellschaft;
- Art. 754 Obligationenrecht: Persönliche Haftung des Verwaltungsrats und der obersten Geschäftsleitung einer Aktiengesellschaft;
- Art. 728a Obligationenrecht: Ordentliche Revision (entsprechend der 8. EU-Richtlinie).

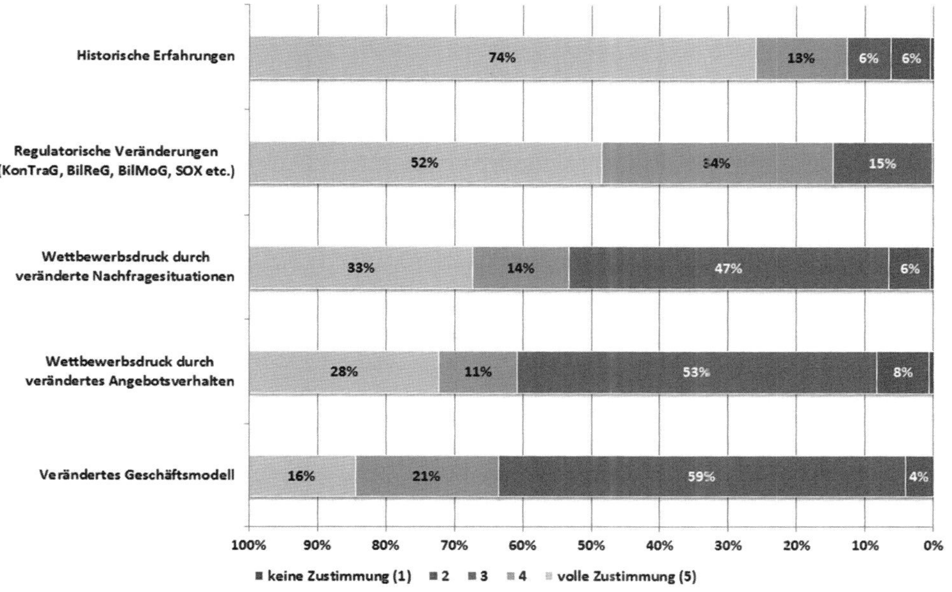

Abb. 2.2 Motivatoren für die Etablierung eines Risikomanagements beziehungsweise Compliance Managements. (Quelle: RiskNET und Thomson Reuters 2013)

Eine empirische Studie des Kompetenzportals RiskNET und des Medienkonzerns Thomson Reuters zeigt, dass bei rund 74 % der rund 600 befragten Risikomanager eigene historische Erfahrungen, beispielsweise eine Krisensituation, als Hauptmotiv für das Etablieren eines Risikomanagements oder Compliance Management in der eigenen Organisation überwiegen – quer durch alle Branchen (vgl. RiskNET und Thomson Reuters 2013). Diesem primären Motiv folgen regulatorische Veränderungen mit rund 52 % (304), getragen im Wesentlichen vom Finanzdienstleistungsumfeld der Banken und Versicherer. 192 Befragte gaben an, dass sie den Wettbewerbsdruck durch veränderte Nachfragesituation als einen wesentlichen Motivator sehen. Eine hohe Zustimmung fand auch der Motivationsgrund des Wettbewerbsdrucks durch ein verändertes Angebotsverhalten mit 163 vollen Zustimmungen. Keine Rolle spielte dagegen das Thema eines geänderten Geschäftsmodells als Hauptgrund für ein Risiko- und Compliance Management. Weitere Motivatoren, wie zum Beispiel eine zunehmende Haftung (38) oder die Reduzierung des „Total Cost of Risk" (18), spielten laut der Ergebnisse der Studie nur eine untergeordnete Rolle. Abbildung 2.2 verdeutlicht die Studienergebnisse in grafischer Form.

Obwohl die Bedeutung des Risikomanagements durch das KonTraG sowie ähnliche Gesetze und Verordnungen in anderen Staaten (wie zum Beispiel der seit 2002 geltende Sarbanes-Oxley Act in den USA) gestiegen ist, werden doch häufig elementare Funktionen eines Unternehmens nicht abgedeckt. Die Logistik beziehungsweise das Supply Chain Management sind Funktionen, die nur selten unter den Schirm des Risikomanagements fallen.

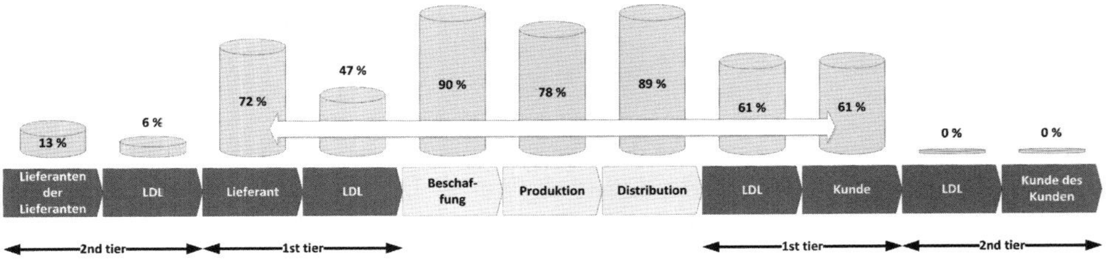

Abb. 2.3 Status Quo Supply Chain Risk Management. (Quelle: RiskNET basierend auf Pfohl 2008)

Eine von der Bundesvereinigung Logistik durchgeführte Studie ergab, dass folgende Hindernisse für die Umsetzung eines unternehmensübergreifenden SCRM zu berücksichtigen sind (vgl. Pfohl 2008):

- mangelndes Vertrauen zwischen den aktuellen Akteuren,
- fehlende Transparenz der externen Supply Chain-Prozesse,
- fehlendes einheitliches Verständnis über Risiken.

In Abb. 2.3 sind die Ergebnisse dieser Studie dargestellt. Nur eine geringe Anzahl an Unternehmen haben ihre Logistikdienstleister (sechs Prozent im Bereich Beschaffung bzw. null Prozent in der Distribution) und Lieferanten (13 % im Bereich Beschaffung bzw. null Prozent in der Distribution) auf dem Radar des Risikomanagements. Damit wird deutlich, dass zwar eine Transparenz bezüglich des Risikos bei unmittelbaren Lieferanten gegeben ist, weitergehende Transparenz jedoch fehlt. Noch gravierender gilt dies auf Kundenseite.

Die Studie verdeutlicht weiterhin, dass die Mehrzahl der Unternehmen überwiegend (Experten-)Schätzungen einsetzt, obwohl die befragten Experten diese für relativ ungeeignet halten. Kreativitätsmethoden beziehungsweise quantitative Methoden werden kaum eingesetzt. Dies wird auch durch die empirische Studie „Chancen-Risiko-Radar 2013" des Kompetenzportals RiskNET und des Medienkonzerns Thomson Reuters untermauert (vgl. RiskNET und Thomson Reuters 2013). Die Mehrzahl der Unternehmen verwendet Werkzeuge, die zwar eine rückspiegelorientierte Dokumentation identifizierter Risiken („Risikobuchhaltung" beziehungsweise Risikoinventarisierung) unterstützen, aber eben kein präventives und in die Zukunft gerichtetes Management von (Logistik-) Risiken. Die Studie zeigt auch, dass nicht wenige Risikomanager ihr Risikomanagement so konstruieren, als gäbe es nur Sonnentage und keinerlei Schlechtwetterwarnungen (siehe Tōhoku-Erdbeben 2011). Ein Blick auf Unternehmenskrisen in den vergangenen Jahren zeigt ein anderes Bild: Das Risikomanagement muss sich vor allem mit Extremszenarien und nur schlecht greifbaren Risiken – etwa im Bereich der Logistik und Strategie – beschäftigen. Das Risikomanagement muss sich auf das konzentrieren, was im eigenen Unternehmen zu existenzbedrohenden Krisen führen kann.

Dass Risiken in der Logistik oftmals nicht in strukturierter und regelmäßiger Form begegnet wird, überrascht – denn für Industrie- und Handelsunternehmen ist eine effektive

Logistik ein wesentlicher Erfolgsfaktor. So sorgt die Beschaffungslogistik dafür, dass alle für die Produktion benötigten Materialien rechtzeitig zur Verfügung stehen und dass in einem Versorgungslager des Handels ausreichende Mengen an Gütern vorhanden sind. Die Distributionslogistik wiederum stellt sicher, dass Erzeugnisse an Kunden ausgeliefert werden und dass die Supermarktregale gefüllt werden. Ohne eine funktionierende Logistik kann es zu sogenannten Out-of-stock- oder Out-of-shelf-Situationen kommen – und damit zu unerwünschten Ereignissen, die die Produktions- und Lieferfähigkeit eines Unternehmens beeinträchtigen und in der Regel weitere negative Konsequenzen nach sich ziehen. Diese und ähnliche Risiken in der Logistik werden im diesem Kapitel intensiver analysiert.

Der nachfolgende Beitrag verfolgt mehrere Zielsetzungen: Zum einen werden wir anhand von Beispielen aufzeigen, zu welchen Konsequenzen Risiken in der Logistik führen können. Mit anderen Worten: Wir möchten Sie für die in Logistikketten schlummernden Risiken sensibilisieren. Zum anderen möchten wir Ihnen die Besonderheiten logistischer Risiken erläutern. Damit kennen Sie die Anforderungen, die für den Aufbau eines Logistik-Risikomanagement existieren.

Um diese Ziele zu erreichen, haben wir das Kapitel wie folgt gegliedert: In Abschn. 2.2 werden wir Beispiele aufgreifen, bei denen Risiken in der Logistik realisiert wurden. Zunächst gehen wir auf die logistischen Konsequenzen ein, die sich durch den Eintritt einer Naturkatastrophe ergeben; wir betrachten dazu das Beispiel des japanischen Automobilherstellers Toyota nach dem Tōhoku-Erdbeben im Jahr 2011. Als ein weiteres Beispiel fungiert die gestörte Lieferkette für Sonys PlayStations im Jahr 2004. Hierbei werden Risiken in Planung und Steuerung einer logistischen Kette deutlich.

In Abschn. 2.3 werden wir die Besonderheiten erarbeiten, die sich für logistische Risiken ergeben. Diese ergeben sich vor allem aus den Charakteristika der Logistik, vornehmlich aus der Prozessorientierung, aber auch aus logistischen Ketten, das heißt aus den logistischen Beziehungen der Unternehmen innerhalb einer Wertschöpfungskette.

Die für das Risikomanagement wichtige Charakterisierung von Logistik und Supply Chain Management wird in Abschn. 2.4 durch Trends und Entwicklungen ergänzt, die nicht nur Auswirkungen auf Logistikprozesse und Wertschöpfungsketten haben, sondern auch auf die damit verbundene Risikosituation. Abschließend werden wir die für das Logistik-Risikomanagement wichtigsten Erkenntnisse in Abschn. 2.5 zusammenfassen.

2.2 „Learning from history" – die Bedeutung logistischer Risiken

2.2.1 Toyota und das Tōhoku-Erdbeben

Am 11. März 2011, 14:46 Uhr, fand in 24 km Tiefe und rund 370 km in nordöstlicher Richtung entfernt von Tokio die Initialzündung für das große Erdbeben von Tōhoku statt. Das Beben wies eine Stärke von 9,0 auf der nach oben offenen Richter-Skala auf und ist damit eines der stärksten der bisher weltweit registrierten Erdbeben. Innerhalb von

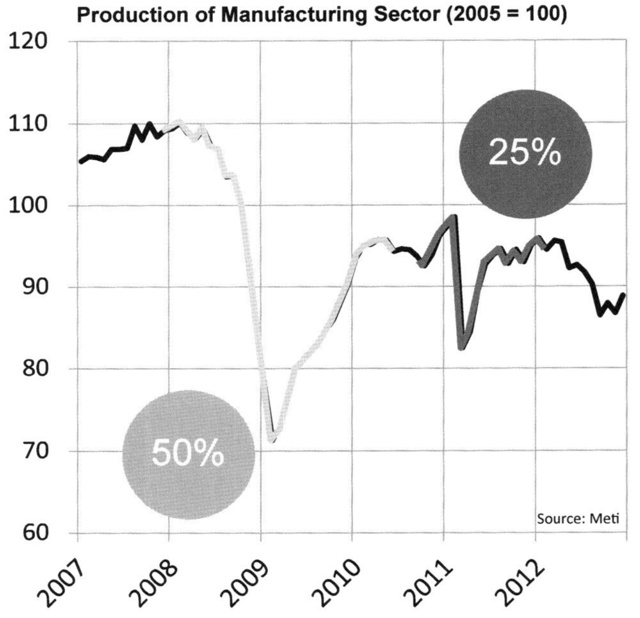

Abb. 2.4 Auswirkungen des Tōhoku-Erdbebens in Japan auf den Sektor der produzierenden Industrie. (Quelle: Ministry of Economy, Trade and Industry, Tokio, Japan, 2012)

2½ min erreichten die unterirdischen Veränderungen eine linsenförmige Ausbreitung von über 40 km Länge und 200 km Breite. Die Konsequenzen des Erdbebens blieben, unter anderem aufgrund des Warnsystems und der erdbebenresistenten Bauweise, relativ gering. Durch das Erdbeben wurde allerdings auch ein Tsunami erzeugt, der lokal eine Höhe von bis zu 23 m erreicht haben soll (vgl. Sauer 2011).

Die unmittelbaren Schäden durch diese Riesenwelle waren deutlich höher als diejenigen des Erdbebens. Neben mehr als 16.000 t wurden die Kosten der direkten Schäden auf rund 16,9 Trillionen Yen geschätzt – ein Wert, der rund 3,5 % des japanischen Bruttosozialprodukts entspricht (Van der Putten 2012, S. 11). Japans Verkehrsinfrastruktur – inklusive des Flughafens Sendai – wurde durch das Erdbeben massiv gestört. So wurden beispielsweise 4200 Straßen und 116 Brücken beschädigt. Auch der Einfluss auf die japanische Produktion war beachtlich, wie Abb. 2.4 verdeutlicht.

Im Folgenden beschreiben wir anhand von Beispielen, welche Auswirkungen das Erdbeben und der Tsunami auf die Supply Chain der Toyota Motor Corporation hatten. Dazu betrachten wir zunächst die Supply Chain von Toyota, die wir als Ausschnitt in stilisierter Form in Abb. 2.5 dargestellt haben.

Im Jahr vor dem Erdbeben produzierte Toyota Motor Corporation rund 60 % der gesamten Produktionsmenge in Japan, wobei rund 25 % der Absatzmenge auf den japanischen Markt entfielen (vgl. Team 2011). Durch die Naturkatastrophe waren unter anderem

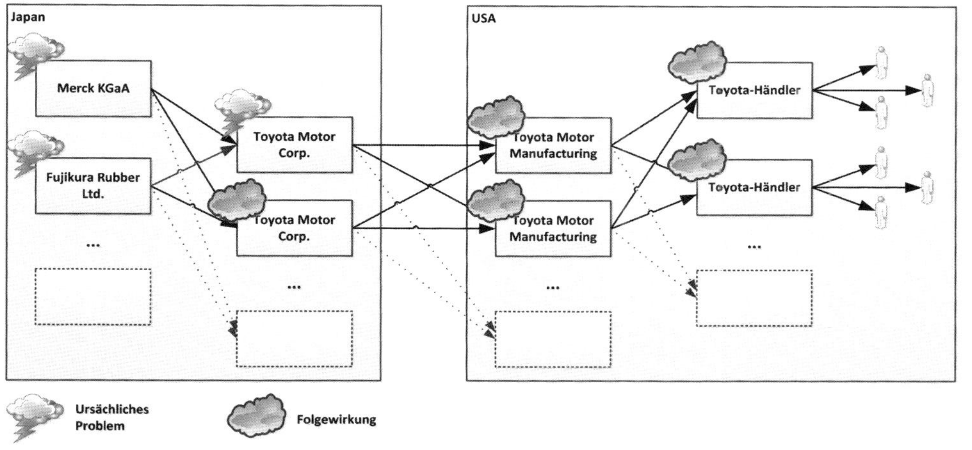

Abb. 2.5 Stilisierte Supply Chain der Toyota Motor Corporation. (Quelle: Eigene Darstellung)

vier Werke von Toyota in Japan direkt betroffen, in denen entweder Fahrzeuge oder Fahrzeugteile produziert wurden (Team 2011).

Die Schäden in den eigenen Werken konnten relativ schnell behoben werden. Und bereits am 4. April lief in zwei Werken, in denen drei verschiedene Modelle mit Hybridantrieb gefertigt wurden, die Produktion wieder an. Dagegen waren rund zwei Drittel von Toyotas Zulieferbetrieben im Nordwesten Japans noch nicht in der Lage zu produzieren (vgl. Team 2011).

Einer der Lieferanten in der Supply Chain von Toyota, der durch das Erdbeben und den Tsunami besonders stark betroffen war, war Fujikura Rubber Ltd., ein Produzent industrieller Gummiprodukte. Fujikura Rubbers Odeka-Werk lag in der Evakuierungszone rund um das Atomkraftwerk in Fukushima; es war daher nicht möglich, die Produktion in diesem Werk wieder anlaufen zu lassen. Um die Lieferfähigkeit von Fujikura Rubber wiederherzustellen, wurde die Entscheidung getroffen, dass die zur Toyota-Gruppe gehörende Denso Corp., einer der weltweit größten Teilelieferanten in der Automobilbranche, Teile eines eigenen Werks für den Zeitraum eines Jahres Fujikura Rubber für deren Produktion zur Verfügung stellen würde (Treece 2011). Gut zwei Monate nach dem Erdbeben und dem Tsunami nahm Fujikura Rubber die Produktionsprozesse in diesem Werk auf (Denso Corp. 2011).

Die Probleme für die Produktionsfähigkeit der japanischen Automobilindustrie wurden dadurch verstärkt, dass häufig ein „Single Sourcing" betrieben wurde: Einzelne Rohmaterialien, Teile, Komponenten oder Baugruppen werden nur von einem einzigen Lieferanten bezogen. Bei bestimmten Produkten, die von Lieferanten eingekauft werden, ist ein Single Sourcing-Ansatz jedoch der einzig gangbare Weg: So gab einen Monat nach der Katastrophe knapp die Hälfte der Prozessindustrie an, keine alternativen Lieferanten nutzen zu können (vgl. Van der Putten 2012, S. 13). Diese Einschränkung lag unter anderem auch

Abb. 2.6 Single Sourcing von Renesas. (Quelle: RiskNET GmbH, Seminarunterlagen Supply Chain Risk Management)

daran, dass viele der High-end-Komponenten oder -Technologien sowie die entsprechenden Herstellprozesse von japanischen Unternehmen patentiert sind; eine Verlagerung auf andere Zulieferer ist damit nicht möglich (vgl. Sinha 2011).

So verwies Toyotas Executive Vice President Takeshi Uchiyamada auf das Beispiel Renesas Electronics (vgl. Abb. 2.6). Renesas Electronics ist einer der führenden Hersteller von Mikrocontroller-Prozessoren für die Automobil-Elektronik; das Unternehmen basiert auf einem Zusammenschluss der ausgegliederten Halbleiterbereiche von Hitachi, Mitsubishi Electric und NEC. Wie bei vielen anderen Komponenten und Baugruppen setzte Toyota auch bei den Halbleitern auf einen Single-Sourcing-Ansatz. Durch die dreifache Katastrophe aus Erdbeben, Tsunami und Kernreaktorschaden ergaben sich massive Konsequenzen für Renesas Electronics, so dass in dessen Werk in Hitachinaka für eine Zeitdauer von rund sechs Monaten nicht produziert werden konnte. Uchiyamada machte deutlich: „[...] in the end, our biggest problem was electronics." (vgl. Schreffler 2012). Die Schwierigkeiten, die sich bei einem Ausfall eines Single Sourcing-Lieferanten ergeben, sind auch dann von großem Einfluss, wenn der Single Sourcing-Ansatz auf einer niedrigeren Zulieferstufen erfolgt, dem eigentlichen Hersteller aber nicht bekannt ist. In diesem Kontext wird ein Toyota-Manager mit der folgenden Aussage zitiert: „We thought our supply chain was pyramid shaped, but it turned out to be barrel-shaped." (o. V. 2011). Deutlich wird hier, dass dem Management bei Toyota die Struktur der Supply Chain auf tieferen Stufen nicht bekannt ist – es fehlt an der „Supply Chain Visibility".

Dass ein derartiges Szenario bei Lieferproblemen des Lieferanten nahezu unweigerlich zu Konsequenzen beim Abnehmer führt, zeigt das Beispiel der Merck KGaA. Merck stellt unter anderem mit Xirallic ein Farbpigment her, das besondere Glitzereffekte und hohe Farbstärken verspricht. Das damals einzige Werk für Xirallic stand in Onahama und damit mitten im Erdbebengebiet. Auch wurden einzig und allein dort Sicherheitsbestände an Xirallic vorgehalten (vgl. Greimel 2012). Aufgrund der Konsequenzen der Naturkatastrophe konnte an dem Standort zwei Monate lang nicht produziert werden (Schreffler 2012). Für die Automobilhersteller, unter anderem Toyota in Japan, hatte das gravierende

Konsequenzen: Eine Vielzahl von Metallic-Lackierungen konnte nicht mehr gemischt werden; bestimmte Lacke standen daher für eine Weile nicht mehr zur Verfügung, ohne dass die Automobilhersteller auf andere Lieferanten hätten ausweichen können (vgl. Brückner 2011). Fahrzeughersteller konnten damit bestimmte Farbvarianten nicht anbieten (vgl. Canis 2011, S. 7–8). Parallel zu den Aufräum- und Reparaturarbeiten im japanischen Werk, die die Wiederaufnahme der Produktion Anfang Mai 2011 ermöglichten, plante Merck die Versorgungssicherheit dadurch zu erhöhen, dass ein zweiter Standort für die Produktion von Xirallic bis Ende 2011 in Deutschland errichtet werden sollte (vgl. Merck KGaA 2011).

Mit Single Sourcing lassen sich einige relevante Vorteile erzielen (vgl. die Übersicht über Stärken und Schwächen bei Huth 2012, S. 58–60): So lassen sich mit einer Single-Sourcing-Strategie vor allem günstigere Einkaufspreise aufgrund der Abnahme größerer Mengen realisieren. Eine Dual Sourcing- oder Multiple Sourcing-Strategie führt in der Regel zu höheren Einkaufspreisen. Außerdem kann eine Single Sourcing-Strategie mit einem reduzierten Verhandlungs-, Kommunikations- und Logistikaufwand verbunden sein, wenn beispielweise mit dem Single Sourcing-Lieferanten Rahmenverträge geschlossen werden. Die Transaktionskosten lassen sich damit reduzieren. „Weiche" Faktoren, die sich aus einem Single Sourcing ergeben, sind eine einfachere Kommunikation, aber auch verbesserte Möglichkeiten, gemeinsam neue Produkte und/oder Dienstleistungen zu entwickeln. Auch aus Sicht des Risikomanagements kann eine Single Sourcing-Strategie ein sinnvoller Weg sein, da Single Sourcing-Kunden (mit einem entsprechenden Volumen) bei Lieferengpässen, Qualitätsproblemen, eiligen Aufträgen oder Sonderwünschen bevorzugt behandelt werden. Das „Commitment" des Lieferanten wird bei einem Single Sourcing tendenziell höher sein.

Gleichzeitig steigen die logistischen Risiken durch Single Sourcing: Bei einer Störung in dieser Versorgungskette sind keine kurzfristigen Alternativen einsetzbar, so dass eine Out-of-Stock-Situation droht. Toyota setzte bei vielen Teilen, Komponenten oder Baugruppen auf einen Single-Sourcing-Ansatz und versuchte, weitere Skaleneffekte dadurch zu realisieren, derartige Beziehungen über die gesamte Breite des Produktsortiments in unterschiedlichen Märkten zu etablieren (o. V. 2010). Allerdings wurden bereits vor dem Tōhoku-Erdbeben Risiken dieses Ansatzes sichtbar: „In the aftermath of Toyota's crisis, the industry is now asking itself whether sole-sourcing has gone too far. ‚It may be safer not to have all your eggs in one basket, but to have maybe three suppliers for major components who can benchmark each other'." (o. V. 2010). Die Risiken sind Toyota allerdings auch bewusst: So geht der Jahresbericht 2011 nicht nur auf die Single Sourcing-Beziehungen von Toyota ein, sondern auch auf Konstellationen, bei denen Toyota Lieferanten einbindet, die wiederum bestimmte Materialien oder Teile von Single Sourcing-Lieferanten beziehen (Toyota Motor Corporation 2011).

Durch die Produktionseinschränkungen bei den Lieferanten ergaben sich Versorgungsprobleme vor allem für die Toyota-Standorte in Japan, die zu Produktionsdrosselungen führten. Die Probleme für die japanische Industrie wurden nicht geringer, als im Mai 2011 die japanische Regierung ein weiteres Atomkraftwerk aufgrund von Sicherheitsbedenken bei einem möglichen weiteren Erdbeben außer Betrieb setzen ließ. Dieses Atomkraftwerk versorgte unter anderem die Hälfte der 18 japanischen Werke von Toyota mit Energie. Für Sommer 2011 rechnete man daher mit einer Verknappung der Energiekapazität von rund 25 % im Vergleich zum bisherigen Energieangebot (vgl. Canis 2011, S. 9).

Durch die Stillstände in den japanischen Werken von Toyota oder ihren Zulieferbetrieben ergaben sich daneben auch Probleme für Toyota-Werke in anderen Ländern, deren Produktion und Montage auf Lieferungen aus Japan angewiesen waren (vgl. Nanto et al. 2011, S. 12). So fehlten in Toyotas US-amerikanischen Betriebsstätten für mehrere Wochen rund 150 verschiedene Teile, so dass die verfügbare Produktionskapazität nur zu 30 % ausgelastet wurde (vgl. Canis 2011, S. 11).

Auch in der Auslieferung von Fahrzeugen, die in Japan produziert wurden, an Händler in den USA gab es massive Rückgänge. So mussten die Lieferungen für die erste Mai-Hälfte vollständig gestrichen werden; für die zweite Mai-Hälfte wurde für die Region der Bundesstaaten Michigan, Ohio, Kentucky und Tennessee eine Ausliefermenge in Höhe von 400 bis 600 Fahrzeugen erwartet – anstelle der üblichen 2000 bis 3000 Einheiten (vgl. Stein 2011).

Tatsächlich war Nordamerika die Region, in der Toyota nach der Dreifachkatastrophe des Jahres 2011 in Japan die größten Versorgungs-, Produktions- und Auslieferprobleme realisieren musste. Den finanziellen Schaden in Bezug auf das operative Jahresergebnis bezifferte Toyota mit einem Betrag in Höhe von 880 Mio. US-Dollar (vgl. Schweinsberg 2012).

Aus dem dargelegten Beispiel lassen sich die folgenden Schlussfolgerungen ziehen:

- Die Auswirkungen von Naturkatastrophen können auch für betriebliche und technische Systeme und damit für globale Supply Chains gravierend sein. Es handelt sich dabei in der Regel um Risiken, die eine sehr geringe Eintrittswahrscheinlichkeit aufweisen. Derartige „low probability/high consequence risks" (beziehungsweise „low probability/high severity risks") dürfen daher trotz der oftmals außerordentlich geringen Eintrittswahrscheinlichkeit keinesfalls außer Acht gelassen werden. Ansonsten besteht die Gefahr, dass diese gravierenden Risiken die Existenz des Unternehmens bedrohen können. Die in der Praxis nicht selten anzutreffende Methodik der Multiplikation von Eintrittswahrscheinlichkeiten und Schadensausmaß führt daher zu einem völlig falschen Bild. Auf dieses „Wegmultiplizieren" von Risiken kommen wir bei der Bewertung von Logistikrisiken noch einmal zurück. Ergänzende Informationen enthält vor allem Kap 5 „Methoden zur Risikobewertung im Bereich Supply Chain-Risikomanagement".
- Die Komplexität von Supply Chains vermindert aufgrund der Stufigkeit und der großen Anzahl involvierter Akteure deren Transparenz (oder besser: Visibility). Risiken lassen sich daher auch im Vorfeld oftmals nur schwer identifizieren. Für Unternehmen stellt sich daher die Anforderung, die „Visibility" herzustellen beziehungsweise zu erhöhen. Dies gilt nicht nur für die unmittelbaren Partner in einer Supply Chain, sprich: die direkten Kunden und Lieferanten. Am Beispiel Toyotas wird deutlich, dass Risiken auch auf vorgelagerten Stufen schlummern – daher muss die Transparenz für alle Stufen der Supply Chain sichergestellt sein.

- Auch globale Produktionsnetzwerke sind vor den Auswirkungen von Katastrophen nicht gefeit. Risiken in lieferantenseitigen Stufen können Auswirkungen auf marktnähere Stufen haben, selbst wenn sich diese Stufen auf anderen Kontinenten befinden. Risiken beachten keine politischen oder geografischen Grenzen. Risiken können allerdings regional sehr unterschiedlich ausgeprägt sein: So ist die Gefahr eines Erdbebens in Japan deutlich höher als beispielsweise in Mitteleuropa.
- Single Sourcing weist eine Vielzahl von betriebswirtschaftlichen und organisatorischen Vorteilen auf. Auf der anderen Seite steigt die Anfälligkeit einer Lieferkette für Versorgungsprobleme jedoch an. Zwar ist die Wahrscheinlichkeit eines unerwünschten Ereignisses geringer als bei einem Multiple Sourcing-Ansatz, aber der potenzielle Schaden eines solchen Ereignisses wird deutlich höher sein (Blome und Henke 2008). In Verbindung mit einer niedrigen „Visibility" können Risiken aufgrund von Single Sourcing auch in der vorgelagerten Supply Chain (das heißt bei eigenen Lieferanten oder deren Zulieferunternehmen) auftreten.
- Die Bündelung von Lagerbeständen an einem einzigen Standort kann dann problematisch werden, wenn dieser eine Lagerstandort nicht lieferfähig ist. Auch hier ist der betriebswirtschaftlich oftmals sinnvolle Ansatz, auf der einen Seite Bestände durch Zentralisierung zu reduzieren und auf der anderen Seite durch eine Bündelung Skaleneffekte zu erzielen, unter Risikoaspekten mit Ausfallgefahren behaftet. Eine Risikostreuung kann durch weitere, geografisch verteilte Lagerstandorte erzielt werden.
- Schlanke Supply Chains, bei denen Verschwendung (beispielsweise aufgrund von Lagerbeständen) so weit wie möglich vermieden wird und in denen Abnehmer „just in time" versorgt werden, sind ebenfalls anfälliger für Out-of-Stock-Situationen. Es ist daher zwischen den eingesparten Kosten und den möglichen Folgekosten für den Fall abzuwägen, dass Risiken realisiert werden sollten. Pufferbestände können, insbesondere bei Risiken mit höherer Eintrittswahrscheinlichkeit, hilfreich sein.
- Eine Supply Chain kann nur als Ganzes gesehen werden und muss daher auch als komplexes Ursache-Wirkungs-Geflecht aus der Perspektive des Risikomanagements analysiert werden. Beim Ausfall eines Akteurs kann die gesamte Kette ins Stocken geraten. Nach einer derartigen Katastrophe können kooperative Ansätze wie die temporäre Überlassung von Betriebsmitteln helfen, die Produktionsfähigkeit der Supply Chain-Partner und damit die Lieferfähigkeit der gesamten Kette schnell wieder herzustellen. Notfallpläne verkürzen die Reaktionszeit nach einer Katastrophe oder einem Großschadenereignis; es kann daher durchaus sinnvoll sein, für bestimmte Risiken proaktiv Notfallpläne zu entwickeln.

2.2.2 Sony und der blockierte Suez-Kanal

Der Markt für Unterhaltungselektronik (Consumer Electronics) ist ein hart umkämpfter Markt. Sowohl weltweit als auch in Deutschland wachsen die Umsätze nur gering oder stagnieren gar: Weltweit gab es im Zeitraum von 2010 bis 2012 eine moderate Umsatz-

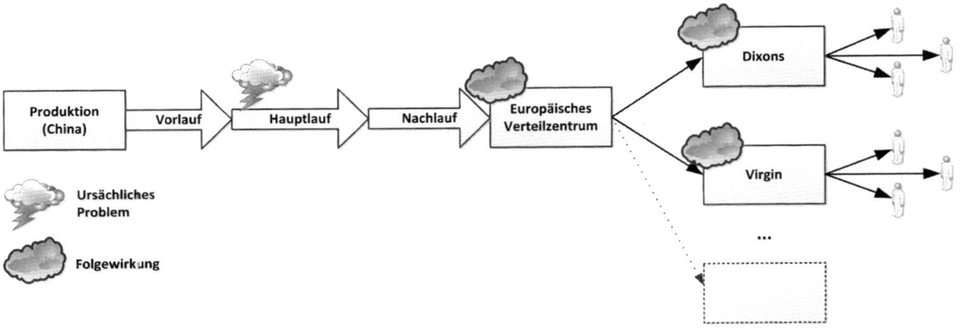

Abb. 2.7 Stilisierte Supply Chain der Sony Corporation. (Quelle: Eigene Darstellung)

steigerung von 351 auf 361 Mrd. US$ (Statista GmbH 2014a). Im deutschen Markt hatte sich zunächst zwar ein Wachstum ergeben, das jedoch durch einen Umsatzrückgang auf 10,9 Mrd. € im Jahr 2014– und damit auf das Niveau von 2006– zunichte gemacht wurde (Statista GmbH 2014b). Der Markt ist gekennzeichnet durch ein fragmentiertes Umfeld, in dem es keine Unternehmen gibt, die nachhaltig hohe Marktanteile erzielen können (HHL und Roland Berger Strategy Consultants 2012, S. 6). Aus dieser Situation wird ein Großteil des Wettbewerbs über den Preis ausgemacht (HHL und Roland Berger Strategy Consultants 2012, S. 15). Der Preisverfall – und damit auch die stetige Reduktion der Margen – ist in keinem Segment des Einzelhandels so drastisch wie im Bereich der Unterhaltungselektronik (Lux 2012, S. 17). Damit muss für eine definierte Rendite ein deutlich höherer Umsatz erwirtschaftet werden.

Vor diesem Hintergrund ist eine hohe Verfügbarkeit der Produkte für den Kunden existenziell für Handelsunternehmen und Produzenten, um einen adäquaten Absatz zu ermöglichen. Dies gilt vor allem in der Vorweihnachtszeit. Bei derartigen Anforderungen kann die Störung der logistischen Kette erhebliche monetäre und nicht-monetäre Auswirkungen nach sich ziehen.

Und genau das passierte Anfang November 2011 (vgl. dazu auch Abb. 2.7): Der 244 Meter lange Öltanker „Tropic", der den Suez-Kanal in einer Gruppe von 19 Frachtschiffen Richtung Süden durchquerte, setzte nach Problemen mit der Ruderanlage bei Kilometer 73 des 194 km langen Wasserwegs auf Grund. Auch wenn einzelne Bereiche des Suez-Kanals bis zu 270 m breit sind und damit zwei Fahrrinnen bieten, gibt es andere Passagen, die jeweils nur ein einzelnes Schiff passieren kann – und in einer solchen Passage havarierte die „Tropic". Auch wenn erste Befürchtungen von einer länger andauernden Sperrung des Kanals ausgingen, konnte der Kanal nach wenigen Tagen wieder für die Schifffahrt geöffnet werden. Dennoch resultierte aus der Sperrung für die Betreibergesellschaft ein entgangener Umsatz von rund 7 Mio. US$ pro Tag (vgl. Ibrahim 2004).

Für den Frachtverkehr auf See hat der Suez-Kanal eine eminente Bedeutung: Rund 7,5 % des weltweiten Seeverkehrs nutzt den Kanal, der die Fahrt um den afrikanischen Kontinent – und damit rund 8000 Seemeilen – erspart (vgl. Kröger 2004).

Durch die Sperrung des Kanals aufgrund der Havarie waren sowohl die 39 Schiffe an der Weiterfahrt blockiert, die sich bereits zu beiden Seiten des Unglücksortes im Suezkanals befanden, als auch die 113 Frachter, die sich an den beiden Eingängen in Suez und Port Said befanden (vgl. Ibrahim 2004). Auch für die Reeder entstanden so erhebliche Mehrkosten: So sei laut einem Experten bei großen Containerschiffen ein Verlust in Höhe von bis zu 100.000 US$ pro Tag anzusetzen; dennoch lohne sich bei einer relativ kurzen Verzögerung der Umweg um das Kap der guten Hoffnung nicht (vgl. Kröger 2004).

Eines der Frachtschiffe, das durch die Sperrung des Suezkanals blockiert war, sollte eine große Menge der erst kurz zuvor im Markt eingeführten PlayStation 2 (PS2) der Sony Corporation von China nach Europa transportieren.[1] In den Niederlanden befindet sich das primäre Distributionszentrum von Sony für Europa; von diesem Verteilzentrum werden jeden Monat mehr als 100.000 PlayStations in die einzelnen Märkte distribuiert (vgl. Ferrari 2011). Die meisten der Konsolen auf dem blockierten Frachtschiff waren für das Weihnachtsgeschäft in Großbritannien vorgesehen. In Großbritannien war zu der Zeit der Bedarf an PS2 größer als in anderen europäischen Ländern, da Sony zuvor die Nachfrage fälschlicherweise deutlich zu gering prognostiziert hatte (o. V. 2004).

Damit hatten sich in kurzer Zeit zwei Risiken realisiert: auf der einen Seite die falschen Planannahmen hinsichtlich Absatzmengen, auf der anderen Seite die Lieferverzögerung durch die Havarie im Suez-Kanal. Obwohl der Suez-Kanal nach wenigen Tagen wieder freigegeben war, dauerte der Abbau des Staus in beide Richtungen doch deutlich länger: So teilte ein Sony-Sprecher mit, dass die Gesamtverzögerung rund zwei Wochen betragen hätte (vgl. Jarvis und Hutton 2004). Die Kombination dieser beiden Probleme führte zu erheblichen Konsequenzen: Kurz nach dem Verkaufsstart im November wurden in Großbritannien wöchentlich rund 70 000 PS2 verkauft; aufgrund der falschen Prognosewerte und der Lieferverzögerung konnten dagegen in der ersten Dezemberwoche 2004 und damit im umsatzträchtigen Weihnachtsgeschäft nur rund 6000 Einheiten abgesetzt werden (vgl. Elliott und Theodoulou 2004). Die Kombination der beiden realisierten Risiken führte damit zu einer um mehr als 90 % reduzierten Absatzmenge.

Um die Konsequenzen dieser Probleme abzumildern, entschied sich Sony kurzfristig, russische Transportflugzeuge des Typs Antonov AN-124 zu chartern, um durch direkte Transportflüge von China nach Großbritannien möglichst rasch die dortige Nachfrage bedienen zu können (vgl. Elliott und Theodoulou 2004). Eine Maschine dieses Typs kann bis zu 120 Tonnen Fracht fassen; sie hat ein Fassungsvermögen von etwa 40 000 PS2 (o. V. 2004). Mindestens zweimal pro Woche landete eine Maschine in Stansted beziehungsweise Gatwick (vgl. Elliott und Theodoulou 2004). Insgesamt waren rund 100 Flüge geplant (vgl. Jarvis und Hutton 2004). Das entspricht einer Transportmenge von rund 4 Mio. PlayStations. Trotz dieses Aufwands sahen Analysten die Wachstumsmöglichkeiten für Sony als kritisch an (o. V. 2004). Auch die britischen Händler litten unter den Konsequenzen der „Suez-Krise“: So fiel der Aktienkurs des britischen Spielehändlers „Game“

[1] Fragen nach der Anzahl der auf dem Schiff transportieren PS2 wurden jedoch von Sony abgewiesen (vgl. Jarvis und Hutton 2004).

zwischen Mitte November und Anfang Dezember um 12 % und Analysten prognostizierten einen um knapp 6 % niedrigeren Gewinn vor Steuern (vgl. Jarvis und Hutton 2004).

Aus dem beschriebenen Beispiel lassen sich die folgenden Schlussfolgerungen ziehen:

- Eine logistische Kette besteht aus einer Vielzahl von seriellen und/oder parallelen Prozessen. Damit bestehen Risiken für jeden einzelnen der logistischen Prozesse. Um diese Risiken innerhalb der logistischen Kette aufzudecken, ist eine prozessbezogene Risikoidentifikation sinnvoll. Dazu kann die vorhandene Prozessdokumentation als Grundlage verwendet werden.
- Logistische Risiken können „hausgemacht“ oder fremdverschuldet sein (Waters 2007). Die Gefahr nicht-zutreffender Prognosewerte sind interne Risiken, die sich beispielsweise aufgrund fehlender Standards, nicht-geeigneter Methoden oder einem fehlenden Vier-Augen-Prinzip bei der Kontrolle der Planwerte ergeben können. Die Havarie eines fremden Schiffes in einer Infrastruktur mit deutlich begrenzter Kapazität ist dagegen ein externes Risiko, das negative Auswirkungen auf das eigene Unternehmen aufweist. Die möglichen risikopolitischen Maßnahmen im Rahmen der Risikosteuerung müssen dies berücksichtigen.
- Auch wenn es unwahrscheinlich ist, dass zwei unabhängige Risiken mit jeweils geringer Eintrittswahrscheinlichkeit gemeinsam eintreten, so ist dies dennoch möglich. Derartige Risiken, die unabhängig voneinander sind und damit in keinem direkten Ursache-Wirkungs-Zusammenhang stehen, können dennoch gleichzeitig realisiert werden. Im ungünstigsten Fall verstärken sie sich dann in erheblicher Weise.
- Präventive Notfallpläne ermöglichen, im Notfall (das heißt bei eingetretenen Risiken) schnell zu reagieren. Damit lassen sich Versorgungsengpässe bei überschaubaren Kosten vor allem schnell beheben. Ohne Notfallplan schnellen die Kosten für „Feuerwehreinsätze“ – wie die dann notwendigen Transportflüge – leicht in die Höhe.

2.3 Besonderheiten logistischer Risiken

Um die Besonderheiten logistischer Risiken zu erkennen, ist es sinnvoll, sich mit den charakteristischen Eigenschaften der Logistik zu beschäftigen. Wir werden daher sowohl den Logistikbegriff als auch den Begriff der Supply Chain inhaltlich abgrenzen. Weiterhin werden wir auf wichtige Trends eingehen und aufzeigen, welche Risiken dadurch induziert werden.

Für den Logistikbegriff lassen sich drei unterschiedliche Definitionsansätze unterscheiden: Es existieren flussorientierte, lebenszyklusorientierte und dienstleistungsorientierte Definitionen der Logistik (Pfohl 2010, S. 12–14). In der wissenschaftlichen Debatte hat sich die flussorientierte Definition weitgehend durchgesetzt; wir gehen daher vertieft auf diesen Ansatz ein.

Danach gehören zur Logistik „alle Tätigkeiten, durch die die raumzeitliche Gütertransformation und die damit zusammenhängenden Transformationen hinsichtlich der

7 R der Logistik	Beispiel	Risiko
Das richtige *Produkt*	Spielekonsole Alpha 3	Falsches Produkt
In der richtigen *Menge*	1.500 Stück	Abweichende Menge
In der richtigen *Qualität*	Getestet, ohne Fehler	Qualitätsmängel
Zur richtigen *Zeit*	14.12.2014, 14-16 Uhr	Zu späte (oder auch: verfrühte) Lieferung
Am richtigen *Ort*	Distributionszentrum West, Tor 24	Falsche Abliefersteile
Beim richtigen *Kunden*	Sigma Elektronik GmbH	Falscher Kunde
Zu den richtigen *Kosten*	418.950 EUR	Höhere Kosten als geplant

Abb. 2.8 Sieben „R" der Logistik. (Quelle: Eigene Darstellung)

Gütermengen und -sorten, der Güterhandhabungseigenschaften sowie der logistischen Determiniertheit der Güter geplant, gesteuert, realisiert oder kontrolliert werden. Durch das Zusammenwirken dieser Tätigkeiten soll ein Güterfluss in Gang gesetzt werden, der einen Lieferpunkt mit einem Empfangspunkt möglichst effizient verbindet" (Pfohl 2010, S. 12). Einzelne logistische Aktivitäten werden damit zu einer Kette verknüpft, die zu einem durchgängigen Waren- und Informationsfluss führt. Der Begriff der Aktivität deutet auf die Prozessorientierung der Logistik. So gestaltet die Logistik die notwendigen Prozesse, um Sachgüter, Personen, Informationen und Energie (kurz: Logistikobjekte) bedarfsgerecht zur Verfügung zu stellen (Isermann 1998, S. 34). Die Verknüpfung der Prozesse führt zu logistischen Prozessketten (Isermann 1998, S. 39). Das beabsichtigte Ergebnis einer Prozesskette lässt sich durch die sieben „R" der Logistik charakterisieren, nach denen das richtige Produkt in der richtigen Menge in der richtigen Qualität zur richtigen Zeit am richtigen Ort für den richtigen Kunden zu den „richtigen" Kosten bereitgestellt wird (beispielsweise Gleißner und Femerling 2008, S. 4–5, siehe dazu auch Abb. 2.8).

Für das logistisch ausgerichtete Risikomanagement lassen sich aus dieser ersten Charakterisierung zwei Schlussfolgerungen ableiten:

1. Risiken in der Logistik bestehen hinsichtlich der Zielerreichung von Logistikketten. Mit anderen Worten: Mögliche Abweichungen von den sieben „R", das heißt vom beabsichtigten Ergebnis logistischer Prozesse, sind als Risiken anzusehen (siehe dazu Abb. 2.8 sowie auch die inhaltliche Abgrenzung von Risiken im nachfolgenden Kap. 3). Während bei betrieblichen Entscheidungen häufig auf das „klassische magische Dreieck" hinsichtlich Kosten, Qualität und Zeit fokussiert wird, ergeben sich aufgrund der sieben „R" weitaus mehr Dimensionen für Risiken. Für einen Versender ergeben sich

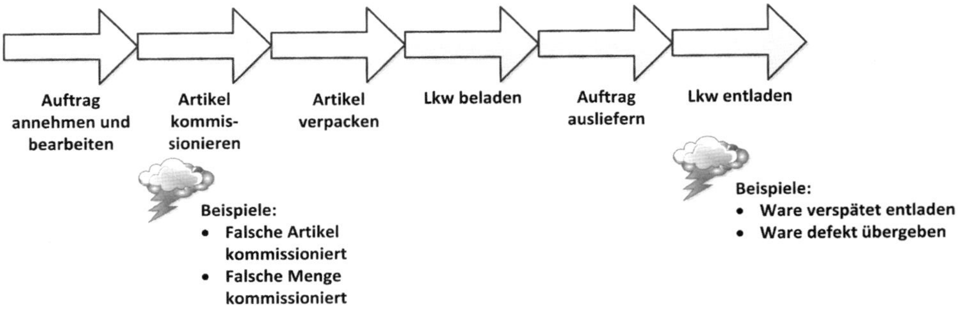

Abb. 2.9 Beispiel einer logistischen Prozesskette. (Quelle: Eigene Darstellung in Anlehnung an Huth 2012, S. 16)

damit zum Beispiel Risiken, Produkte an einen falschen Kunden auszuliefern. Innerhalb einer „Just-in-time"-Lieferkette ergeben sich Risiken, Produkte nicht rechtzeitig (das heißt nicht zur richtigen Zeit) bereitzustellen.

2. Die Quelle für Risiken liegt in den zugrundeliegenden Logistikprozessen. Das bedeutet: Wenn Risiken hinsichtlich der sieben „R" identifiziert und gehandhabt werden wollen, ist es notwendig, sich mit den logistischen Prozessen zu beschäftigen, die zur Leistungserfüllung beitragen. Diese Thematik werden wir in Kapitel 3 intensiver beleuchten, wenn wir uns mit der Struktur des Risikomanagements in der Logistik beschäftigen und unter anderem auf die Risikoidentifikation und -bewertung eingehen.

Anhand eines einfachen Beispiels sollen die beiden Schlussfolgerungen verdeutlicht werden: Abb. 2.9 stellt eine simplifizierte, serielle Prozesskette dar, in der logistische Prozesse von der Auftragsannahme bis zur Auslieferung eines Auftrags beim Kunden aufgeführt sind. Für die Logistikkette als Ganzes und damit auch für den finalen Prozess der Entladung des Lkw beim Kunden gilt es, die sieben „R" zu erfüllen. Es bestehen Risiken, diese Ziele nicht zu erfüllen, beispielsweise durch eine verspätete Auslieferung oder durch Lieferung beschädigter Ware.

Nicht nur die Logistikkette als Ganzes ist jedoch durch die Erfüllung der sieben „R" gekennzeichnet. Jeder logistische Prozess hat einen geplanten Output, der zwar nicht zwangsläufig alle sieben „R" umfasst, aber zumindest eine Teilmenge dieser Ziele beinhaltet. Beispielsweise sollen durch die Kommissionierung die richtigen Produkte in der richtigen Menge und richtigen Qualität am richtigen Packplatz bereitgestellt werden. Damit existieren auch innerhalb der logistischen Kette, das heißt für jeden einzelnen Prozess, Risiken: So besteht beispielsweise das Risiko, die falschen Produkte oder zwar die richtigen Produkte, diese jedoch in der falschen Menge, zu kommissionieren.

Indem neben den unterschiedlichen Aktivitäten und Flüssen auch die beteiligten Akteure genannt werden, definiert Schulte Logistik als die „markorientierte, integrierte Planung, Gestaltung, Abwicklung und Kontrolle des gesamten Material- und dazugehörigen Informationsflusses zwischen einem Unternehmen und seinen Lieferanten, innerhalb eines Unternehmens sowie zwischen einem Unternehmen und seinen Kunden" (Schulte 2012, S. 1). Damit wird ein weiteres Charakteristikum der Logistik deutlich: die Beziehung eines Unternehmens zu anderen Unternehmen, die in der Wertschöpfungskette vor- oder nachgelagert sind. Dabei sollten jedoch nicht nur Kunden und Lieferanten betrachtet werden, sondern auch Dienstleister (in der Regel Logistikdienstleister), die aufgrund zunehmender Fremdvergabe wesentliche Logistikprozesse übernehmen.

In diesem Zusammenhang erweitern wir unseren Betrachtungshorizont, indem wir nicht nur auf (direkte) Kunden und Lieferanten fokussieren, sondern auf die gesamte Wertschöpfungskette, die sehr häufig mit dem englischsprachigen Begriff der Supply Chain beschrieben wird. Dabei wird eine Supply Chain im weiteren Sinne aus all denjenigen Unternehmen gebildet, die daran beteiligt sind, einen Kundenwunsch zu erfüllen (Chopra und Meindl 2013, S. 13). Auch wenn diese Charakterisierung sehr allgemein und in der betrieblichen Praxis kaum realistisch ist, zeigt sie doch einen wesentlichen Aspekt, der für die Logistik relevant ist: Bei der Betrachtung der Beziehungen sind nicht nur die direkten Lieferanten und Kunden zu beachten, sondern auch die indirekten Zulieferer und Abnehmer. Diese Relevanz wurde durch den Fall von Toyota (Abschn. 2.2.1) verdeutlicht: Toyota war vor dem Erdbeben nicht bewusst, welche logistischen Risiken, insbesondere durch Single Sourcing, auf der dritten, vierten oder gar fünften Lieferantenebene schlummerten. Indem der Betrachtungshorizont auf eine ganze Supply Chain ausgeweitet wird, lassen sich auch Risiken identifizieren und handhaben, die in der Wertschöpfungskette weit vor- oder nachgelagert sind.

Mit der Betrachtung von Supply Chains verbunden ist eine weitere wesentliche Eigenschaft der Logistik – das Systemdenken (Grant et al. 2006, S. 6). Als System lässt sich eine Menge von Elementen verstehen, die miteinander in Beziehung stehen. Einzelne Systemelemente können dabei nicht isoliert verändert werden; vielmehr haben diese Anpassungen aufgrund der oftmals vielfältigen Beziehungen zu anderen Elementen ebenfalls Auswirkungen auf diese Elemente (Schulte 2012, S. 3). So hat die Anpassung der Produktionsnetzwerke von Mazda, Honda und Nissan, die zu einem stärkeren Engagement in Mexiko führte, unweigerlich Auswirkungen auf ihre direkten Zulieferer. Für die Zulieferer können sich dadurch andere Bedarfsmengen, vor allem aber veränderte Destinationen der Bedarfe, ergeben; dies wiederum hat Auswirkungen auf Transportentfernungen, Transportwege, Transportkosten sowie Lieferzeiten und Sicherheitsbestände. Als Folge dieser Anpassungen wurde allein für das zweite Halbjahr 2013 mit einem Zuzug japanischer Lieferanten und dem Aufbau von über 8000 neuen Arbeitsplätzen gerechnet (Buerstedde 2013). Dies zeigt, dass eine ganzheitliche und damit systemische Betrachtung der Supply Chain notwendig ist (Fleischmann 2008, S. 3).

Abbildung 2.10 zeigt das Beispiel einer stilisierten Supply Chain. Trotz der starken Vereinfachung wird ein Aspekt deutlich: Supply Chains und damit logistische Lieferketten sind in ihrer Struktur komplex. Auch wenn Unternehmen versuchen, die Komplexität durch unterschiedliche Maßnahmen zu reduzieren, sind Supply Chains doch Gebilde, bei denen allein die Anzahl der beteiligten Akteure immens ist:

- Im Jahr 2009 erschreckte Siemens seine Zulieferer mit der Meldung, sich von 20 % seiner Lieferanten trennen zu wollen: Von den damals 370.000 Lieferanten sollten nach Umsetzung der Maßnahme „nur noch" knapp 300.000 Zulieferer aktiv bleiben (Köhn 2009).

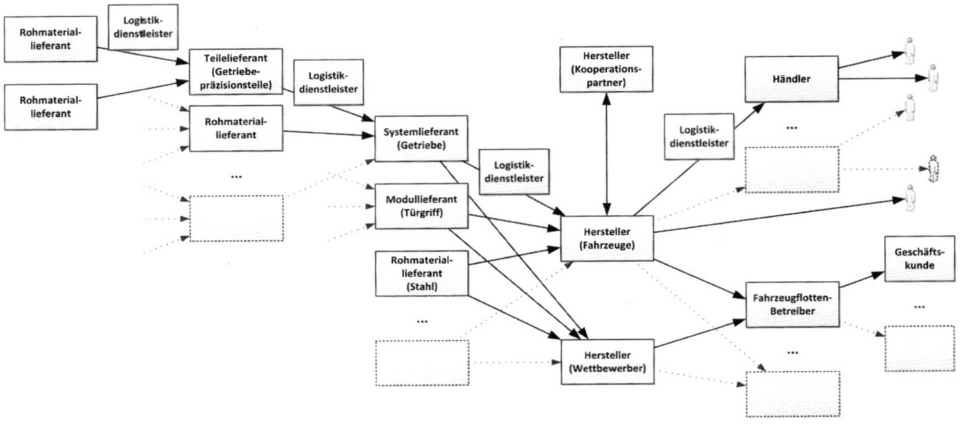

Abb. 2.10 Beispiel einer stilisierten Supply Chain. (Quelle: Eigene Darstellung)

- Auch wenn der Kostendruck auf die Lieferanten steigen wird, beabsichtigt Mercedes, weiterhin auf eine Anzahl von rund 1500 Lieferanten zurückzugreifen (Krust 2012).
- In der Systemgastronomie werden diese Komplexitätsausmaße anscheinend nicht erreicht: McDonald's beispielsweise weist für das Jahr 2013 eine Lieferantenanzahl von rund 150 für ca 1150 Lebensmittel- und Verpackungsprodukte aus (McDonald's Deutschland Inc. 2014, S. 12). Die Komplexität der Supply Chain wird aber an der Zahl der indirekten Zulieferer deutlich: So bezieht McDonald's Rindfleisch von rund 80000 Bauernhöfen (McDonald's Deutschland Inc. 2014, S. 14). Auch die Zahl der zu beliefernden Filialen verdeutlicht die Komplexität: 2012 waren knapp 1500 Filialen Akteure in der Supply Chain (McDonald's Deutschland Inc. 2014, S. 2).

Neben der Komplexität, die aus der Struktur, der Breite und Tiefe sowie den Beziehungen einer Supply Chain resultiert, ergibt sich eine weitere Facette der Komplexität aus dem Produktprogramm sowie den eigentlichen Produkten – und damit aus den Logistikobjekten, die durch eine Supply Chain fließen. Am Beispiel Toyota wird allein bei dem Blick auf das Produkt- und Marktspektrum die Komplexität deutlich: So bot Toyota im Jahr 2012 rund 70 unterschiedliche Modellreihen mit jeweils drei oder vier Modellen (nicht Varianten!) an und belieferte mehr als 100 verschiedene Märkte mit sowohl links- als auch rechtsgesteuerten Fahrzeugen (Schreffler 2012).

Abbildung 2.11 verdeutlicht, wie sich die Komplexität von Supply Chains innerhalb der vergangenen Jahre entwickelt hat. Diese Komplexität hat in den vergangenen Jahrzehnten massiv zugenommen und wird auch in der Zukunft weiter ansteigen (unter anderem Waters 2007). Inwieweit eine steigende Komplexität zu einer Zunahme der Risiken führt, wird auch intensiv bei Romeike und Hager 2013, S. 55–84, diskutiert.

Die Verbindung der Supply Chain-inhärenten und der produktbezogenen Komplexität verdeutlicht die Risiken in Supply Chains. Ein Personenkraftwagen besteht beispielsweise aus vielen Tausend Teilen: Pro Fahrzeug werden zwischen 3000 und 6000

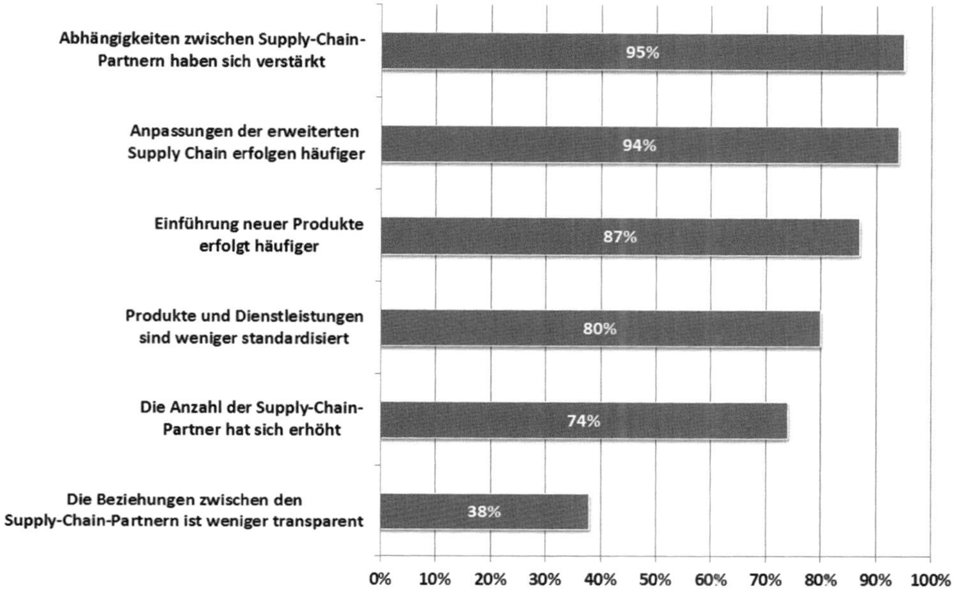

Abb. 2.11 Entwicklung der Supply Chain-Komplexität. (Quelle: Strom et al. 2013, S. 5)

Materialpositionen verbaut (Klug 2010, S. 41). Andere Schätzungen gehen von bis zu 10.000 Einzelteilen aus (Zellner 2010). Bei einer Fertigungstiefe, die 1980 noch bei deutlich über 35 % lag und kontinuierlich auf einen Wert von knapp oberhalb 20 % abgesunken ist (Verband der Automobilindustrie e. V. 2008, S. 78), bedeutet dies eine ständig steigende Verlagerung von wertschöpfenden Tätigkeiten auf die Lieferantenstufen innerhalb einer Supply Chain. Ein OEM in der Automobilindustrie kennt in der Regel nicht alle an der Supply Chain beteiligten Unternehmen – vor allem nicht diejenigen am Anfang der Supply Chain, also die kleinen, oftmals lokalen Zulieferbetriebe (Van der Putten 2012, S. 13). Die Transparenz der Supply Chain – oder besser: die „Visibility" – ist somit oftmals nicht oder nur in geringem Maße gegeben. So gab ein leitender Einkaufsmanager eines OEM zu: „There's a need for visibility, but we don't always have it" (o. V. 2010). Nach der Dreifachkatastrophe im Jahr 2011 in Japan wurde dieses Thema auch für Toyota relevant. So hat sich zwar an der Supply Chain von Toyota strukturell wenig geändert; allerdings hat Toyota eine deutlich stärkere Kontrolle über die gesamte Supply Chain gewonnen und damit auch die Transparenz der Supply Chain bis zu den Third-Tier- und Fourth-Tier-Lieferanten erhöht (Schreffler 2012).

Lassen Sie uns die Ergebnisse kurz zusammenfassen: Logistiksysteme und Supply Chains bergen Risiken hinsichtlich ihrer Zielerreichung, die sich vereinfacht durch die sieben „R" ausdrücken lassen. Die für unsere weitere Analyse relevante, flussorientierte Charakterisierung der Logistik fokussiert auf logistische Prozesse und Prozessketten, die für die Leistungserbringung relevant sind und die zu Material-, Informations- und

Finanzflüssen führen. Ursachen für Risiken in der Logistik können damit in den Logistikprozessen liegen. Ursachen für Logistikrisiken können aber auch in der Komplexität liegen, die für Supply Chains charakteristisch ist. Wir werden in den späteren Kapiteln diese Besonderheiten der Logistik berücksichtigen, wenn wir auf die Struktur und Ausgestaltung des Logistik-Risikomanagements eingehen.

2.4 Risikorelevante Trends in Logistik und Supply Chain Management

Abschließend möchten wir darstellen, inwieweit Trends, die für Logistik und Supply Chain Management bedeutsam sind, Konsequenzen für die logistikbezogene Risikosituation eines Unternehmens haben. Zu diesen relevanten Entwicklungen zählen

- Globalisierungstendenzen,
- der Trend zu weiterem Outsourcing von Geschäftsprozessen,
- eine Veränderung der Zulieferstrukturen hin zu Systemlieferanten,
- eine ständige Reduzierung von Zykluszeiten,
- eine intensivere Nutzung von Informations- und Kommunikationssystemen (IuK-Systemen),
- „Mass Customization", das heißt die Individualisierung von Produkten unter Bedingungen der Massenfertigung,
- die Veränderung der Nachfragemärkte,
- ein anhaltender Kostendruck,
- die Umsetzung von „Lean Management"-Ansätzen und
- die stärkere Fokussierung auf Skaleneffekte (Trent und Roberts 2010, S. 112–123; Hendricks und Singhal 2011, S. 63–64; Huth 2012, S. 21–23).

Eine Vielzahl an Faktoren führt zu einer weiter steigenden Globalisierung (Handfield et al. 2013, S. 15). Zu diesen Faktoren zählen unter anderem das Fallen politischer Grenzen, der damit verbundene leichtere Zugang zu neuen Beschaffungs- und Absatzmärkten, technologische Entwicklungen, insbesondere im Bereich der IuK-Systeme (siehe auch unsere Ausführungen zur Veränderung der Märkte durch das Internet), regionale Kostenunterschiede sowie der Aufbau internationaler Wertschöpfungsketten (Kille 2008, S. 952). Eine Globalisierung von Geschäftsaktivitäten hat sowohl Auswirkungen auf die lieferantenseitigen Elemente, Beziehungen und Prozesse einer Supply Chain als auch auf die kundenseitigen. Die lieferantenseitige Supply Chain ändert sich, wenn Unternehmen Produktionsstätten neu aufbauen, schließen oder verlagern und dementsprechend ihre Zuliefernetzwerke und Materialflüsse anpassen. Die „Inbound Supply Chain" verändert sich auch, wenn Unternehmen die benötigten Materialien und Komponenten von Zulieferern aus zum Teil weit entfernten Ländern beziehen. Die kundenseitige Wertschöpfungskette wird dagegen angepasst, wenn ein Unternehmen seine Produkte auf (regional gesehen) neuen Märkten anbietet. Mit einer weiterhin zunehmenden Globalisierung sind mehrere risikorelevante

Implikationen verbunden: Zunächst steigt aufgrund der größeren Zahl an Märkten und Marktteilnehmern die Wettbewerbsintensität. In einer empirischen Erhebung von McKinsey wurde dies als bedeutendste Herausforderung der kommenden fünf Jahre angesehen (Gyorey et al. 2010). Oftmals führen globalisierte Supply Chains, wenn nicht auf lokal ansässige Lieferanten zurückgegriffen wird, auch zu längeren Transportstrecken, damit längeren Transportdauern und aufgestockten Sicherheitsbeständen, die dann wiederum zu höheren Kosten beitragen (Trent und Roberts 2010, S. 113). Daneben können Risiken aufgrund von Währungsschwankungen auftreten (Präuer und Bernecker 2006, S. 26).

Derartige Risiken lassen sich dann reduzieren, wenn auch die Lieferantenbasis entsprechend angepasst wird. Ein Beispiel hierfür bietet die Automobilindustrie mit Fokus auf den nord- und mittelamerikanischen Markt, bei der statt einer weiteren Globalisierung als Strategie die Regionalisierung der Supply Chain gewählt wird (siehe dazu auch Chopra und Sodhi 2014, S. 74). So ist seit kurzer Zeit Mexiko ein bevorzugtes Land für Automobilhersteller und, in ihrem Gefolge, deren First-Tier-Supplier, insbesondere im Hinblick auf den nordamerikanischen Absatzmarkt. Durch eine Verlagerung der Produktion nach Mexiko reduziert sich beispielsweise für den japanischen Hersteller Mitsubishi das Risiko von Währungsschwankungen; parallel lassen sich Transportzeiten von sechs bis acht Wochen deutlich verkürzen (Sedgwick 2013, S. 10). Auf der anderen Seite steigen, insbesondere im Grenzgebiet zu den Vereinigten Staaten, sicherheitsbezogene Risiken: So berichteten rund 28 % der Unternehmen von Sicherheitsproblemen hinsichtlich der Werke oder des Personals (Sedgwick 2013, S. 10).

Auch wenn es vereinzelte Berichte gibt, in denen Beispiele für ein „Insourcing" geliefert werden, ist doch der Trend zu einem weiteren Outsourcing ungebrochen. Insbesondere dann, wenn Geschäftsprozesse keine Kernkompetenz darstellen und für ein Unternehmen nicht kritisch sind, kann eine Fremdvergabe an ein drittes Unternehmen betriebswirtschaftlich sinnvoll sein. Dies gilt insbesondere für Logistikprozesse, für die weiterhin ein großes Outsourcing-Potenzial gesehen wird. Gleichzeitig sind mit einer Fremdvergabe logistischer Prozesse Risiken verbunden. Hierzu zählen unter anderem

- Schlecht- oder gar Nichtleistung,
- „Sand im Getriebe", das heißt Probleme in der Anlaufphase,
- ein genereller Motivationsverlust beim eigenen Personal in der Übergangsphase,
- möglicherweise höhere Kosten am neuen Standort als geplant,
- zusätzliche Kosten für Koordination und Qualitätsmanagement (Müller-Dauppert und Jung 2008, S. 173).

Zwei weitere Risiken sind mit einem Outsourcing verbunden: Zum einen erhöht sich durch den zusätzlichen Akteur innerhalb der Supply Chain deren Komplexität. Zum anderen bestehen Risiken in den Prozessen des Lieferanten oder Dienstleisters, deren Sichtbarkeit eingeschränkt ist und die nicht mehr im unmittelbaren Einflussbereich des vergebenden Unternehmens liegen (Hopkin 2012; siehe dazu auch die ausführlichen Erläuterungen im vorherigen Abschn. 2.3).

Supply Chains verändern sich – und mit ihnen die Rolle einzelner Akteure innerhalb einer Supply Chain. So zeigen unabhängige Studien für die Automobil- und Luftfahrtindustrie deutlich die Trendwende der Zulieferer vom Systemlieferanten hin zur Systemintegration. Zulieferer sollen immer häufiger als sogenannte Risk Sharing-Partner agieren. In der Folge verändert sich auch die Organisation der Supply Chain. Bisher agierten viele Zulieferunternehmen auf einer nachgelagerten Wertschöpfungsebene als fertigungsorientierte Zulieferunternehmen (Tier 1) für die Systemführer (Tier 0). Heute übernehmen sie mehr und mehr selbst in weltweiten Supply Chains die Verantwortung für die Integration von kompletten Teilsystemen, inklusive deren Design und Entwicklung (Risk Sharing Partnership), also eine Tier-0-Rolle.

So hat beispielsweise Airbus mit dem A350-Programm den mit dem A380 eingeleiteten Weg zur Einbeziehung von starken Risk-Sharing-Partnern fortgeführt. Insbesondere wird von den Zulieferern explizit das Eingehen von Risk-and-Revenue-Sharing-Partnerschaften verlangt. In Risk-and-Revenue-Sharing-Partnerships (RRSP) beteiligen sie sich zunehmend an Entwicklungskosten und -risiken der neuen Projekte der Systemführer. Dies bedeutet, dass das Risiko auf gemeinsame Schultern verlagert werden soll. Dies wiederum erfordert eine adäquate Risikotragfähigkeit der häufig mittelständischen Unternehmen, was allerdings durch deren Kapitalausstattung limitiert ist. Diese neuen Anforderungen haben bereits in den USA, Großbritannien und Frankreich eigenständige große, global agierende Konzerne auf Zuliefererebene entstehen lassen. Die skizzierten Entwicklungen verdeutlichen die zunehmende Relevanz eines präventiven Risikomanagements für die (Zuliefer-) Industrie beziehungsweise den „risk sharing partner".

Insbesondere in Dienstleistungsbranchen oder bei Produkten, bei denen eine rein produktbezogene Differenzierung schwierig ist, spielen Serviceaspekte eine große Rolle, um sich von Wettbewerbern positiv abzuheben. Aus Kundensicht bedeutsam ist dabei die Lieferzeit, weil sie Auswirkungen auf die Lagerbestände und die Flexibilität des Kunden hat. Dies bedeutet für ein Unternehmen, eine hoch flexible, schnell reagierende Supply Chain aufzubauen. Oftmals müssen dazu die Durchlaufzeiten der eigenen Prozesse weiter verkürzt werden. In ähnlicher Form gilt dies auch für Lebenszyklus- und Entwicklungszeiten: Auch für diese Zeiten besteht ein ständiger Druck, sie weiter zu verkürzen (Wrobleski et al. 2008, S. 3). Bei steigenden Anforderungen wächst jedoch auch die Gefahr an, die geplante Zeitdauer zu überschreiten.

Um kürzere Zykluszeiten zu ermöglichen, müssen auch die Informationsflüsse beschleunigt werden, wobei häufig ein Datenaustausch mit Kunden und/oder Lieferanten real-time oder near-time angestrebt wird. Logistische Risiken liegen dabei unter anderem in der grundsätzlichen Qualität der verfügbaren Daten, im Datenaustausch (beziehungsweise den Schnittstellen zwischen zwei IuK-Systemen) sowie in der Eignung der genutzten IuK-Systeme.

Eine der bedeutendsten Entwicklungen der jüngeren Vergangenheit ist der Trend zu „Mass Customization", der Produktion individualisierter Produkte unter Nutzung der Vorteile einer Massen- oder Großserienfertigung. „Mass Customization" (oder auch „kundenspezifische Massenfertigung") ermöglicht es einem Unternehmen, eine Vielzahl von Kundenwünschen hinsichtlich Produktgestaltung oder sonstigen Produkteigenschaften zu berücksichtigen und damit die Kundenzufriedenheit zu erhöhen (Pollard et al. 2008, S. 78). Damit wird eine große Bandbreite an Varianten eines Produkts erzeugt. Beispiele für „Mass Customization“ für Konsumgüter sind personalisierte Sportkleidung bei Adidas oder Nike oder individuell gemischtes Müsli bei mymuesli (Pauli 2012). Voraussetzung für die Umsetzung von „Mass Customization“ sind unter anderem hochgradig flexible Produktionssysteme, die eine kosteneffiziente Produktion auch kleiner Losgrößen (bis hinunter zur „Losgröße eins“) ermöglichen. Auch ein „Postponement“ unterstützt die Umsetzung eines „Mass Customization“-Ansatzes. Dabei werden die Varianten erst dann gebildet, wenn der konkrete Kundenauftrag mit der detaillierten Spezifikation vorliegt.

Aufgrund der großen Anzahl an Varianten führt „Mass Customization“ allerdings zu einer deutlich höheren Produktkomplexität (siehe dazu auch die Ausführungen im vorherigen Abschn. 2.3). Außerdem kann „Mass Customization“ zu einer erheblichen Zunahme des Lagerbestands führen: Das Beispiel eines US-amerikanischen Unternehmens für langlebige Gebrauchsgüter zeigt, dass es sich bei 65 % der Artikelnummern, die dazu nur zu 10 % des Gewinns beitrugen, um Langsamdreher mit gleichzeitig hoher Volatilität der Nachfrage handelte (Malik et al. 2011). „Mass Customization“ in Verbindung mit dem oben angesprochenen Trend zu kürzeren Lebenszykluszeiten führt ebenfalls zu einem erheblichen Anstieg des Lagerbestands: So stiegen die Sortimentspositionen der VW-Ersatzteilzentren von rund 160.000 Artikelnummern im Jahr 1995 auf geschätzte 450.000 im Jahr 2010 (Volkswagen AG 2008, S. 12) – ein Anstieg um 180 % innerhalb von 15 Jahren.

Vor allem aufgrund der technischen Möglichkeiten, die das Internet bietet, haben sich Märkte verändert. Kunden können nahezu jedes Produkt in beinahe jedem Land zu jeder Uhrzeit bestellen. Aufgrund der verfügbaren Informationen lassen sich Produkte und Preise vergleichen. Dies führt zu neuen Anforderungen an Unternehmen: Zum Ersten steigt tendenziell der Preisdruck, so dass Unternehmen kontinuierlich nach Möglichkeiten suchen, Kosten zu reduzieren (Handfield et al. 2013, S. 20). Zum Zweiten wird es schwieriger, die Kundennachfrage möglichst genau zu prognostizieren und damit auch Angebot und Nachfrage miteinander in Einklang zu bringen. Drittens steigen die Erwartungen der Kunden, Produkte schnell zu erhalten – die Lieferzeit ist damit ein entscheidender Leistungsparameter (wie oben dargestellt). Und viertens führen diese Veränderungen zu geringeren Transportmengen bei einer gleichzeitig steigenden Transportfrequenz. Kurz gefasst führen diese Anforderungen unweigerlich zur Entwicklung hochgradig flexibler, reaktiver Supply Chains.

Die Einflussfaktoren, die für den Preisdruck verantwortlich sind, hatten wir oben schon genannt: Unter anderem ergibt sich der Preisdruck aufgrund eines Wettbewerbs, der durch Globalisierung und internetbasierte neue Geschäftsmodelle und Geschäftsbeziehungen intensiver geworden ist. Die Suche nach Einsparmöglichkeiten kann jedoch auch neue Risiken induzieren. Zum Beispiel können Kapitalbindungskosten reduziert werden, indem Lagerbestände vermindert werden; hierbei besteht jedoch das Risiko einer Out-of-Stock-Situation, das heißt die Gefahr, nicht lieferfähig zu sein. Die Wahl eines neuen Logistikdienstleisters einzig auf Basis von Kosten beinhaltet Risiken hinsichtlich der logistischen Servicequalität.

Eine Strategie, Kosten weiter zu reduzieren, besteht in der Anwendung eines Lean Management-Ansatzes. Dieser Ansatz, der den Prinzipien des Toyota Produktionssystems folgt, verfolgt das Ziel, jegliche Verschwendung innerhalb eines Systems beziehungsweise innerhalb der entsprechenden Prozesse zu vermeiden. Beispielsweise werden Lagerbestände als Verschwendung angesehen, so dass ein Unternehmen versuchen sollte, diese Bestände zu reduzieren oder gar gänzlich zu vermeiden. Die Anwendung von Lean Management kann zu erheblichen Kosteneinsparungen führen: So werden über realisierte Einsparungen im Lagerbereich zwischen 20 und 50 % sowie im Transportbereich von bis zu 40 % berichtet (Alicke und Lösch 2010, S. 2).

Damit verbunden ist die Entwicklung von Just-in-time-Anlieferungen (auch als produktionssynchrone Beschaffung bezeichnet). Vorreiter für derartige Entwicklungen war erneut Toyota mit dem Toyota-Produktionssystem. Die damit verbundenen Risiken wurden bereits in den Abschn. 2.2 und 2.3 erläutert. Die generelle Entwicklung zu „Null-Lagerbestand-Konzepten" muss daher in Frage gestellt werden (Sinha 2011). In diesem Zusammenhang können Bestände durchaus zur Wertschöpfung beitragen, indem sie Dominoeffekte bei Störungen in einer Lieferkette reduzieren (Bretzke 2011, S. 1). Treffend lässt sich zusammenfassen: „Schlankheit erhöht die Überlebenswahrscheinlichkeit, Magersucht setzt sie dagegen aufs Spiel." (Bretzke 2011, S. 2)

Ein anderer Ansatz, Kosten zu reduzieren, besteht darin, Größendegressionseffekte – sogenannte „Economies of Scale" – zu realisieren. Derartige Effekte können beispielsweise erzielt werden, wenn Prozesse zentralisiert und damit akkumuliert durchgeführt werden. Durch eine Zentralisierung von Prozessen können logistische Systeme allerdings auch anfälliger für Störungen werden. Ein Beispiel aus der Luftfracht verdeutlicht derartige Risiken: Sowohl DHL, FedEx, TNT als auch UPS haben ihre Netze nach dem Hub-and-spoke-System aufgebaut, jeweils mit Hubs in Nordamerika, Europa und der Asien-Pazifik-Region. Die Störung eines dieser Zentren führt nahezu unweigerlich zu weltweiten Verzögerungen in der Belieferung mit Luftfrachtsendungen, wie nach dem Ausbruch des isländischen Vulkans Eyjafjallajökull im Jahr 2010 deutlich wurde (OECD 2011, S. 6–7). Auch nehmen die potenziellen Schäden zu, wenn versucht wird, Skaleneffekte durch Nutzung größerer Transportmittel zu erzielen: Bereits 2009, also noch vor dem Bau des mit 18.270 TEU Kapazität größten Containerschiffstyp, der Triple-E-Klasse der dänischen Reederei Maersk Line, gab es Schätzungen zu den möglichen Schäden bei der Havarie oder Kollision von Containerschiffen. So wurde damals der durchschnittliche Wert der Ladung bei 11.000 beladenen und 4000 Leercontainern mit rund einer halben Milliarde Euro taxiert, zusätzlich der Schiffswert in Höhe von 200 bis 300 Mio. € (Eggert 2009).

Größendegressionseffekte lassen sich auch durch geeignete Beschaffungsstrategien realisieren (Heß 2008, S. 212), und zwar sowohl hinsichtlich der Lieferanten von Material und Komponenten als auch bezüglich der Logistikdienstleister. Grundsätzlich lassen sich dabei Single Sourcing und Multiple Sourcing unterscheiden (Huth 2012, S. 57). Tatsächlich existieren aber auch Ansätze wie Dual Sourcing zwischen diesen gegensätzlichen Beschaffungsstrategien, die versuchen, die Stärken zu kombinieren. Bei Wahl eines Single-Sourcing-Ansatzes, der zu „Economies of Scale" führen soll, ergeben sich ähnliche

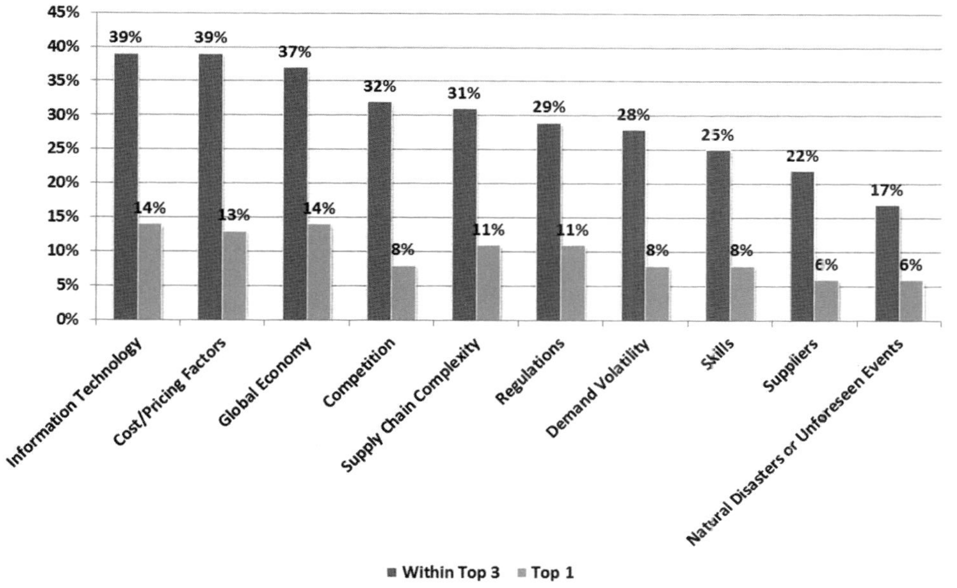

Abb. 2.12 Wesentliche Risikoquellen innerhalb des Supply Chain Managements. (Quelle: Accenture 2014, S. 5)

Risiken wie bereits oben skizziert: Ein kurzzeitiger Ausfall eines Lieferanten, beispielsweise aufgrund technischer Probleme oder aus Kapazitätsgründen, kann zu kurzfristigen Bestandsproblemen und Bandstoppern führen. Gravierend ist dagegen, wenn ein Single-Sourcing-Lieferant, beispielsweise durch Insolvenz, auch längerfristig auszufallen droht. Damit ist die Versorgungssicherheit über einen längeren Zeitraum gravierend gefährdet. Beispiele für die Risiken aus Single Sourcing-Beziehungen sind die Lieferschwierigkeiten von Kiekert an Ford im Jahr 1998, die Insolvenz von Peguform im Jahr 2002, deren gravierende Auswirkungen nur durch eine konzertierte Rettungsaktion der führenden Autohersteller gemildert werden konnte, und die Probleme von Nissan bei der Beschaffung benötigter Stahlmengen im Jahr 2004 (Präuer und Bernecker 2006, S. 25).

Dass die in den vorherigen Ausführungen genannten Risiken und Einflussfaktoren reale Bedrohungen für Unternehmen darstellen, zeigt eine aktuelle Studie. Befragt nach den wesentlichsten Risikoquellen für ihre Supply Chains, antworteten mehr als 1000 befragte Senior Manager, dass vor allem Informationstechnologie, Kosten beziehungsweise Preise, die globale Weltwirtschaft, der herrschende Wettbewerb sowie die Komplexität innerhalb der Supply Chain maßgeblich seien (vgl. Abb. 2.12).

2.5 Fazit/Schlussfolgerungen/Ausblick

Anhand der vorherigen Ausführungen sollte deutlich geworden sein:

- Logistische Ketten können eine Vielzahl unterschiedlicher Risiken beherbergen.
- Diese Risiken ergeben sich teilweise aus der Struktur einer Supply Chain, insbesondere ihrer Komplexität.
- Sie ergeben sich aber auch aus den unterschiedlichen Entwicklungstendenzen, die beobachtbar sind.
- Die Risiken können gravierende Auswirkungen innerhalb der Supply Chain aufweisen, das heißt auf das eigene sowie die verbundenen Unternehmen. Sie können im Extremfall existenzbedrohend sein.
- „Feuerwehreinsätze", die nach der Realisierung eines Risikos notwendig werden können, sind mit erheblichen Kosten verbunden.
- Ein proaktives Risikomanagement kann dazu beitragen, die Risikosituation zu erkennen und zu bewerten, um darauf aufbauend vorausschauend risikopolitische Maßnahmen zu treffen, die zu einer Reduktion der Risiken beitragen.

Im nachfolgenden Kap. 3 werden wir uns daher dem Risikomanagement widmen. Wir werden uns eingehend mit den einzelnen Phasen des Risikomanagements beschäftigen und wirkungsvolle Methoden erläutern, die sich problemlos umsetzen lassen. In Kap. 4 werden wir darauf eingehen, wie sich ein logistikbezogenes Risikomanagement auch in Ihrem Unternehmen aufbauen und nutzen lässt.

Literatur

Accenture: Don't play it safe when it comes to supply chain risk management – Accenture global operations megatrends study. http://www.accenture.com/SiteCollectionDocuments/PDF/Accenture-Global-Megatrends-Operations-Supply-Chain-Risk-Management.pdf (2014). Zugegriffen: 13. Okt. 2014

Alicke, K., Lösch, M.: Lean and mean: How does your supply chain shape up? McKinsey & Company. http://www.mckinsey.com/client_service/pharmaceuticals_and_medical_products/people/~/media/b2bade17415540b69ef0f5c71c6953c7.ashx (2010). Zugegriffen: 30. Jan. 2015

Blome, C., Henke, M.: Single versus multiple sourcing: A supply risk management perspective. In: Zsidisin, G.A., Ritchie, B. (Hrsg.) Supply Chain Risk – A Handbook of Assessment, Management, and Performance, S. 127–135. Springer, New York (2008)

Bretzke, W.-R.: Der schmale Grat zur Magersucht. DVZ Dtsch Logist-Ztg. **44**, 1–2 (2011)

Brückner, F.: Autobauern gehen die Farben aus – Folgen des Bebens in Japan. Verlagsgruppe Handelsblatt GmbH & Co. KG. http://www.handelsblatt.com/unternehmen/industrie/folgen-des-bebens-in-japan-autobauern-gehen-die-farben-aus/3996440.html (2011). Zugegriffen: 30. Jan. 2015

Buerstedde, P.: Kfz-Zulieferer folgen neuen Fabriken nach Mexiko. Germany Trade and Invest. http://www.gtai.de/GTAI/Navigation/DE/Trade/maerkte,did=800212.html (2013). Zugegriffen: 30. Jan. 2015

Canis, B.: The motor vehicle supply chain: Effects of the Japanese earthquake and tsunami. Congressional Research Service. http://fas.org/sgp/crs/misc/R41831.pdf (2011). Zugegriffen: 30. Jan. 2015

Chopra, S., Meindl, P.: Supply Chain Management – Strategy, Planning, & Operation, 5. Aufl. Pearson, Harlow (2013)

Chopra, S., Sodhi, M. S.: Reducing the risk of supply chain disruptions. MIT Sloan Manage. Rev. **55**(3), 73–80 (2014)

Denso Corp.: CSR Report 2011 – Aiming to be a trustworthy company in harmony with society. http://www.globaldenso.com/en/csr/report/2011/documents/e2011.pdf (2011). Zugegriffen: 30. Jan. 2015

Eggert, M.: Risiko Containerfracht – Ungeheuer der Meere. GDV Gesamtverband der Deutschen Versicherungswirtschaft. http://www.gdv.de/2009/02/hintergrund-ungeheuer-der-meere/ (2009). Zugegriffen: 30. Jan. 2015

Elliott, V., Theodoulou, M.: Merry Christmas, your PlayStation 2 is stuck in Suez. The Times. http://www.timesonline.co.uk/tol/news/uk/article400887.ece (2004). Zugegriffen: 10. Okt. 2011

Ferrari, B.: Sony deals with potential interruption in european distribution of PS3's. Supply Chain Matters. http://www.theferrarigroup.com/supply-chain-matters/2011/03/07/sony-deals-with-potential-interruption-in-european-distribution-of-ps3s/ (2011). Zugegriffen: 30. Jan. 2015

Fleischmann, B.: Begriffliche Grundlagen – „Ziele". In: Arnold, D. et al. (Hrsg.) Handbuch Logistik, 3. Aufl., S. 3–12. Springer, Berlin (2008)

Gleißner, H.; Femerling, J. C.: Logistik: Grundlagen – Übungen – Fallbeispiele, Gabler Verlag, Wiesbaden (2008)

Grant, D.B. et al.: Fundamentals of Logistics Management. McGraw-Hill Education, Maidenhead (2006)

Greimel, H.: How 2 suppliers are getting ready for the next disaster. Automotive News. http://www.autonews.com/article/20120312/OEM01/303129961/how-2-suppliers-are-getting-ready-for-the-next-disaster (2012). Zugegriffen: 30. Jan. 2015

Gyorey, T., Jochim, M., Norton, S.: The challenges ahead for supply chains: McKinsey Global Survey results. McKinsey & Company. http://www.mckinsey.com/insights/operations/the_challenges_ahead_for_supply_chains_mckinsey_global_survey_results (2010). Zugegriffen: 30. Jan. 2015

Handelshochschule Leipzig (HHL), Roland Berger Strategy Consultants: Der Markt für Unterhaltungselektronik in Deutschland – Szenarien als Basis für erfolgreiche Wachstumsstrategien. http://www.rolandberger.de/media/pdf/Roland_Berger_Unterhaltungselektronik_in_Deutschland_20120521.pdf (2012). Zugegriffen: 10. Okt. 2014

Handfield, R. et al.: Trends and strategies in logistics and supply chain management: Embracing global logistics complexity to drive market advantage. DVV Media Group, Hamburg (2013)

Heß, G.: Supply-Strategien in Einkauf und Beschaffung: Systematischer Ansatz und Praxisfälle. Gabler, Wiesbaden (2008)

Hendricks, K.B., Singhal, V.R.: The effect of supply chain disruptions on corporate performance. In: Kouvelis, P., et al. (Hrsg.) Handbook of Integrated Risk Management in Global Supply Chains, S. 51–78. Wiley, Hoboken (2011)

Hopkin, P.: Fundamentals of Risk Management – Understanding, Evaluating and Implementing Effective Risk Management, 2. Aufl. KoganPage, London (2012)

Huth, M.: Einführung in die Logistik. Ventus Publishing, London (2012)

Ibrahim, A.: Canal traffic jam. Al-Ahram Weekly. http://weekly.ahram.org.eg/2004/716/eg7.htm (2004). Zugegriffen: 30. Jan. 2015

Isermann, H.: Grundlagen eines systemorientierten Logistikmanagements. In: Isermann, H. (Hrsg.): Logistik – Gestaltung von Logistiksystemen. 2. Aufl., S. 21–60. mi, Verl. Moderne Industrie, Landsberg/Lech (1998)

Jarvis, P., Hutton, D.: Sony uses Russian jets to ease PlayStation shortage (correct). Bloomberg. http://www.bloomberg.com/apps/news?pid=21070001&sid=aqjFBo3PyPs0 (2004). Zugegriffen: 30. Jan. 2015

Kille, C.: Märkte für logistische Leistungen. In: Arnold, D. et al. (Hrsg.) Handbuch Logistik, 3. Aufl., S. 947–969. Springer, Berlin (2008)

Klug, F.: Logistikmanagement in der Automobilindustrie: Grundlagen der Logistik im Automobilbau. Springer, Berlin (2010)

Köhn, R.: Siemens trennt sich von 74.000 Lieferanten. Frankfurter Allgemeine Zeitung. http://www.faz.net/aktuell/wirtschaft/unternehmen/sparkurs-siemens-trennt-sich-von-74-000-lieferanten-1926487.html (2009). Zugegriffen: 30. Jan. 2015

Kröger, M.: Havarie: Tanker blockiert Suez-Kanal. Spiegel Online. http://www.spiegel.de/wirtschaft/havarie-tanker-blockiert-suez-kanal-a-327001.html (2004). Zugegriffen: 30. Jan. 2015

Krust, M.: Mercedes verschärft Druck auf Zulieferer. Automobilwoche. http://www.automobilwoche.de/apps/pbcs.dll/article?AID=/20120708/NACHRICHTEN/120709933/1098/mercedes-verscharft-druck-auf-zulieferer (2012). Zugegriffen: 30. Jan. 2015

Lux, W.: Innovationen im Handel: Verpassen wir die Megatrends der Zukunft? Springer Gabler, Berlin (2012)

Malik, Y., Niemeyer, A., Ruwadi, B.: Building the supply chain of the future. McKinsey & Company. http://www.mckinsey.com/~/media/McKinsey/dotcom/Insights/Operations/Building%20the%20supply%20chain%20of%20the%20future/Building%20the%20supply%20chain%20of%20the%20future.ashx (2011). Zugegriffen: 30. Jan. 2015

McDonald's Deutschland Inc.: McDonald's corporate responsibility report 2013. http://www.mcdonalds.de/documents/10180/2998334/McD-CR-Report-2013.pdf/f08beedc-d81d-4d3e-93fa-f735b6044391 (2014). Zugegriffen: 30. Jan. 2015

Merck KGaA: Xirallic-Produktion in Japan wieder aufgenommen. Pressemitteilung vom 10.05.2011. http://news.merck.de/N/0/DA8C049280EE64D4C125788B0053D5E5/$File/Japan-DE.pdf (2011). Zugegriffen: 30. Jan. 2015

Ministry of Economy, Trade and Industry: Statistics, http://www.meti.go.jp/english/statistics/, Tokio (2012). Zugegriffen: 02. Feb. 2015

Müller-Dauppert, B., Jung, K.-P.: Risikomanagement beim Outsourcing aus Sicht des Kunden. In: Pfohl, H.-C. (Hrsg.) Sicherheit und Risikomanagement in der Supply Chain – Gestaltungsansätze und praktische Umsetzung, S. 169–191. DVV Media Group, Hamburg (2008)

Nanto, D.K. et al.: Japan's 2011 earthquake and tsunami: Economic effects and implications for the United States. Congressional Research Service. http://fas.org/sgp/crs/row/R41702.pdf (2011). Zugegriffen: 30. Jan. 2015

o. V.: Sony airlifting PS2s to Europe and North America. Eurogamer. http://www.eurogamer.net/articles/news101204sonyairlift (2004). Zugegriffen: 30. Jan. 2015

o. V.: Toyota's overstretched supply chain: The machine that ran too hot. The Economist. http://www.economist.com/node/15581072 (2010). Zugegriffen: 30. Jan. 2015

o. V.: Manufacturers expect lasting quake impact – Perils of relying on limited suppliers come to the fore. The Japan Times. http://www.japantimes.co.jp/news/2011/05/20/business/manufacturers-expect-lasting-quake-impact/ (2011). Zugegriffen: 28. Jan. 2015

Pauli, K.: „Mass Customization" – Massenware nach Maß. Frankfurter Allgemeine Zeitung. http://www.faz.net/aktuell/wirtschaft/unternehmen/mass-customization-massenware-nach-mass-11900853.html (2012). Zugegriffen: 30. Jan. 2015

Pfohl, H.-C. (Hrsg.): Sicherheit und Risikomanagement in der Supply Chain: Gestaltungsansätze und praktische Umsetzung. BVL Bundesvereinigung Logistik. DVV Media Group, Hamburg (2008)

Pfohl, H.-C.: Logistik – Betriebswirtschaftliche Grundlagen, 8. Aufl. Springer, Heidelberg (2010)

Pollard, D., Chuo, S., Lee, B.: Strategies for mass customization. J. Bus. Econ. Res. **6**(7), 77–85 (2008)

Präuer, A., Bernecker, T.: Erfolgsfaktoren eines Risikomanagements in Supply-Netzwerken: Professioneller Umgang mit Risiken. Beschaff Aktuell. **2**, 25–27 (2006)

RiskNET, Thomson Reuters: Chancen-/Risiko-Radar 2013 – Status quo einer risiko- und chancenorientierten Unternehmenssteuerung. RiskNET GmbH, Brannenburg (2013)

Romeike, F.: Risikomanagement im Kontext Compliance – Grundlagen, Prozesse, Verantwortlichkeiten und Methoden. In: Inderst, C., Bannenberg, B., Poppe, S. (Hrsg.) Compliance: Aufbau – Management – Risikobereiche, 2. Aufl., S. 195–218. Verlag C. F. Müller, Heidelberg (2013)

Romeike, F.: Risikomanagement im Kontext von Corporate Governance. Aufsichtsrat. **05/2014**, 70–72 (2014)

Romeike, F., Hager, P.: Erfolgsfaktor Risiko-Management 3.0 – Methoden, Beispiele, Checklisten, Praxishandbuch für Industrie und Handel, 3. Aufl. Springer Gabler, Wiesbaden (2013)

Sauer, H. D.: Das große Beben von Tohoku: Vorläufige Rekonstruktion des Geschehens. Neue Zürcher Zeitung. http://www.nzz.ch/aktuell/startseite/das-grosse-beben-von-tohoku-1.9994656 (2011). Zugegriffen: 30. Jan. 2015

Schreffler, R.: Quake changes little in Toyota's supply-chain strategy. WardsAuto. http://wardsauto.com/supply-chain/quake-changes-little-toyota-s-supply-chain-strategy-0 (2012). Zugegriffen: 30. Jan. 2015

Schulte, C.: Logistik – Wege zur Optimierung der Supply Chain, 6. Aufl. Franz Vahlen, München (2012)

Schweinsberg, C.: Toyota says toll from earthquake cost 70 billion in fiscal 2012. WardsAuto. http://wardsauto.com/auto-makers/toyota-says-toll-earthquake-cost-70-billion-fiscal-2012 (2012). Zugegriffen: 30. Jan. 2015

Sedgwick, D.: Mexico beckons global suppliers. Supplement to Automotive News. June 17, 2013, S. 10. http://www.autonews.com/assets/PDF/CA89220617.PDF (2013). Zugegriffen: 30. Jan. 2015

Sinha, N.: A Pandora's Box for the global automotive electronics industry. Frost & Sullivan Market Insight. http://www.frost.com/prod/servlet/market-insight-print.pag?docid=239487264 (2011). Zugegriffen: 30. Jan. 2015

Statista GmbH: Umsatz der Hersteller mit Consumer Electronics weltweit von 2008 bis 2012 (in Milliarden US-Dollar). http://de.statista.com/statistik/daten/studie/188287/umfrage/umsatz-mit-consumer-electronics-weltweit/ (2014a). Zugegriffen: 10. Okt. 2014

Statista GmbH: Umsatz im Bereich ITK und Consumer Electronics in Deutschland von 2006 bis 2014 nach Segment (in Milliarden Euro). http://de.statista.com/statistik/daten/studie/39410/umfrage/umsatz-itk-in-deutschland-seit-2007-nach-segmenten/ (2014b). Zugegriffen: 10. Okt. 2014

Stein, J.: Massive cuts for Toyota, Nissan. Automotive News. http://www.autonews.com/article/20110418/OEM01/304189958/massive-cuts-for-toyota-nissan (2011). Zugegriffen: 30. Jan. 2015

Strom, M., et al.: PwC and the MIT forum for supply chain innovation: Making the right risk decisions to strengthen operations performance. PwC/MIT Forum for Supply Chain Innovation. http://www.pwc.com/en_GX/gx/operations-consulting-services/pdf/pwc-and-the-mit-forum-for-supply-chain-innovation_making-the-right-risk-decisions-to-strengthen-operations-performance_st-13-0060.pdf (2013). Zugegriffen: 10. Okt. 2014

Team, T.: Japan quake, tsunami take – Heavy toll on Toyota. Forbes Magazine. http://www.forbes.com/sites/greatspeculations/2011/04/08/japan-quake-tsunami-take-heavy-toll-on-toyota/ (2011). Zugegriffen: 30. Jan. 2015

Toyota Motor Corporation: Annual Report 2011. http://www.toyota-global.com/investors/ir_library/annual/pdf/2011/ar11_e.pdf (2011). Zugegriffen: 30. Jan. 2015

Treece, J.B.: Denso to lend plant to quake-damaged Fujikura Rubber. Automotive News. http://www.autonews.com/article/20110428/OEM10/110429868/denso-to-lend-plant-to-quake-damaged-fujikura-rubber (2011). Zugegriffen: 30. Jan. 2015

Trent, R.J., Roberts, L.R.: Managing Global Supply and Risk – Best Practices, Concepts, and Strategies. J. Ross Publishing Inc., Fort Lauderdale (2010)

Verband der Automobilindustrie e. V. (VDA): Auto Jahresbericht 2008. https://www.vda.de/de/downloads/489/ (2008). Zugegriffen: 30. Jan. 2015

Volkswagen AG: Vertrieb Original Teile: Wir sichern Mobilität. http://www.volkswagen.de/content/medialib/vwd4/de/ServiceZubehoer/VolkswagenOriginalTeile/dokumente/vertrieb_originalteile/_jcr_content/renditions/rendition.file/vertrieb_original.pdf (2008). Zugegriffen: 30. Jan. 2015

Van der Putten, R.: Japan: One year after the Tohoku earthquake. Conjoncture. http://cib.bnpparibas.com/01/MyDocuments/C1203_A2.pdf (2012). Zugegriffen: 30. Jan. 2015

Waters, D.: Supply Chain Risk Management: Vulnerability and Resilience in Logistics. Kogan Page, London (2007)

Wrobleski, T. et al.: Achieving organizational resilience through supply chain risk management. BearingPoint. http://theicor.org/art/present/art/ARSC00039.pdf (2008). Zugegriffen: 30. Jan. 2015

Zellner, M.: Rückrufaktionen – Pfusch ab Werk. Süddeutsche Zeitung. http://www.sueddeutsche.de/auto/rueckrufaktionen-pfusch-ab-werk-1.16544 (2010). Zugegriffen: 30. Jan. 2015

Prof. Dr. Michael Huth ist seit 2006 Professor für Allgemeine Betriebswirtschaftslehre, insbesondere Logistik, an der Hochschule Fulda. Dort war er von 2009 bis 2011 Prodekan, von 2011 bis 2014 leitete er als Dekan den Fachbereich Wirtschaft. Die Internationalität seiner Aktivitäten zeigt Prof. Dr. Michael Huth unter anderem durch längere Lehr- und Forschungsaufenthalte an der University of the Sunshine Coast (Australien) und an der California State University San Bernardino (USA). Neben der fachbezogenen Lehre beschäftigt er sich seit mehr als 15 Jahren mit den Themen Risikomanagement, Notfallplanung und Sicherheit. Gemeinsam mit Prof. Dr. Dirk Lohre von der Hochschule Heilbronn führt er seit 2008 empirische Untersuchungen zum Stand des Risikomanagements in der Logistikbranche durch. Vor seinem Engagement an der Hochschule Fulda war er geschäftsführender Gesellschafter der Hulocon GmbH, einer Unternehmensberatung mit Fokus Logistik- und Risikomanagement. Er kann auf viele erfolgreiche Beratungsprojekte in Industrie, Handel und dem Dienstleistungssektor verweisen. Prof. Dr. Michael Huth hat an der Goethe-Universität in Frankfurt am Main und an der Southampton University (Großbritannien) Betriebswirtschaftslehre studiert.

Frank Romeike ist Gründer des Kompetenzzentrums RiskNET – The Risk Management Network. Er ist Geschäftsführer und Eigentümer der RiskNET GmbH sowie Gründer und Gesellschafter von RiskNET Advisory & Partner. Außerdem ist er verantwortlicher Chefredakteur (V. i. S. d. P.) der Zeitschrift „RISIKO MANAGER", die alle 14 Tage erscheint und sich schwerpunktmäßig mit den Themen Kreditrisiko, Marktrisiko, Operationelles Risiko und Enterprise Risk Management (ERM) auseinandersetzt. Er zählt international zu den renommiertesten und führenden Experten für Risiko- und Chancenmanagement und coacht seit rund 20 Jahren Unternehmen aller Branchen und Unternehmensgrößen rund um die Themengebiete Risiko- bzw. Chancenmanagement und Wertorientierte Unternehmenssteuerung. Im Rahmen von Intensiv- und Inhouse-Seminaren der Risk Academy hat er mehr als 7500 Risikomanager ausgebildet bzw. gecoacht. An der HDU ist er fachlicher Leiter des akkreditierten Masterstudiengangs „Risiko- und Compliancemanagement". In seiner beruflichen Vergangenheit war er Chief Risk Officer bei der IBM Central Europe, wo er u. a. an der Einführung des weltweiten Risk-Management-Prozesses der IBM beteiligt war und mehrere internationale Projekte leitete. Er hat u. a. ein wirtschaftswissenschaftliches Studium (mit Schwerpunkt Versicherungsmathematik) in Köln und Norwich/UK abgeschlossen. Im Anschluss hat er Politikwissenschaften, Psychologie und Philosophie studiert. Außerdem hat er ein exekutives Masterstudium im Bereich Risiko- und Compliancemanagement abgeschlossen. Frank Romeike hat u. a. Lehraufträge (Adjunct Professor) an der Ludwig-Maximilians-Universität München (Seminar für Finanzökonometrie), der Hochschule Coburg (MBA-Studiengang Versicherungsmanagement; Schwerpunkt: Risikomanagement in Versicherungsunternehmen) sowie der Technischen Hochschule Deggendorf (Masterprogramm Risiko- und Compliancemanagement, hierbei handelt es sich um ein gemeinsames Projekt des TÜV Süd, der Technischen Hochschule Deggendorf und RiskNET) angenommen. Frank Romeike ist Mitglied des Vorstands beim Institut für Risikomanagement und Regulierung e. V. (Frankfurt am Main) und verantwortet dort unter anderem das Thema Öffentlichkeitsarbeit.

Struktur des Risikomanagements in der Logistik

3

Frank Romeike und Michael Huth

Inhaltsverzeichnis

F. Romeike (✉)
RiskNET GmbH, Brannenburg, Deutschland
E-Mail: office@risknet.de

M. Huth
Hochschule Fulda, Fulda, Deutschland
E-Mail: michael.huth@w.hs-fulda.de

M. Huth, F. Romeike (Hrsg.), *Risikomanagement in der Logistik*,
DOI 10.1007/978-3-658-05896-8_3

Risikoanalyse

3.1 Einleitung

Im vorherigen Kap. 3 haben wir Sie anhand zweier Beispiele dafür sensibilisiert, welche Risiken in der Logistik und in Supply Chains schlummern und zu welchen Auswirkungen diese Risiken führen können. Wir haben auch verdeutlicht, wie durch ein proaktives Risikomanagement diesen Risiken im Vorfeld so begegnet werden kann, dass sie entweder überhaupt nicht realisiert werden oder zumindest Eintrittswahrscheinlichkeit und/oder potenzielle Schäden reduziert werden.

Wie jedoch sollte ein Risikomanagement aufgebaut sein, wie sollte es wirken, welche Methoden sollten zur Identifikation und Bewertung von Risiken genutzt werden, wie sollte Risiken begegnet werden? Diesen Fragen stellen wir uns in diesem Kapitel.

Zunächst ist es wichtig, den Begriff Risiko, der im Alltag nahezu ubiquitär genutzt wird, inhaltlich abzugrenzen. Anschließend gehen wir auf den Nutzen ein, den ein proaktives Risikomanagement aufweist. Ebenfalls diskutieren wir Ansätze, wie Risiken kategorisiert werden können, um ihre Identifikation und Handhabung zu erleichtern. Um zu erkennen, an welchen Stellen in einem Unternehmen Risikomanagement „platziert" werden sollte, gehen wir auf drei sogenannte Verteidigungslinien ein. Die drei nachfolgenden Abschnitte bilden den Kern des Kapitels:

- Zunächst fokussieren wir auf den Rahmen für das operative Risikomanagement, der durch die Risikomanagement-Strategie gebildet wird.
- Anschließend stellen wir die einzelnen Phasen des Risikomanagement-Kreislaufs vor. Der Risikomanagement-Kreislauf beschreibt damit die operativen Prozesse, mit denen Logistik- und Supply Chain-Risiken identifiziert, bewertet, gesteuert und überwacht werden.
- Last, not least erläutern wir geeignete Methoden, die in den einzelnen Phasen des Risikomanagement-Kreislaufs eingesetzt werden können, bevor wir das Kapitel mit einem Fazit beschließen.

3.2 Was ist Risiko?

Völlig unabhängig von jeglichen regulatorischen Vorgaben zählt das präventive Management von Chancen und Risiken schon immer zu den originären Leitungsaufgaben eines Vorstands beziehungsweise Geschäftsführers – und zwar in allen Branchen. Insbesondere die in vielen Ländern geltende „Business Judgement Rule" regelt im Gesellschaftsrecht als Teil der Organhaftung, nach welchen Verstößen der Vorstand oder Aufsichtsrat für begangene schuldhafte Pflichtverletzungen persönlich haftet und den entstandenen Schaden ersetzen muss. So muss der Geschäftsführer beziehungsweise Vorstand im Einzelfall nachweisen, dass er seine Entscheidung auf der Grundlage angemessener Informationen getroffen hat – und daher auch Wetterwarnungen auf dem Radar hatte. Hierzu gehört insbesondere, dass die zukünftigen Chancen und Risiken proaktiv bewertet und abgewogen werden (vgl. Romeike 2014; Romeike 2008; sowie Scherer 2012).

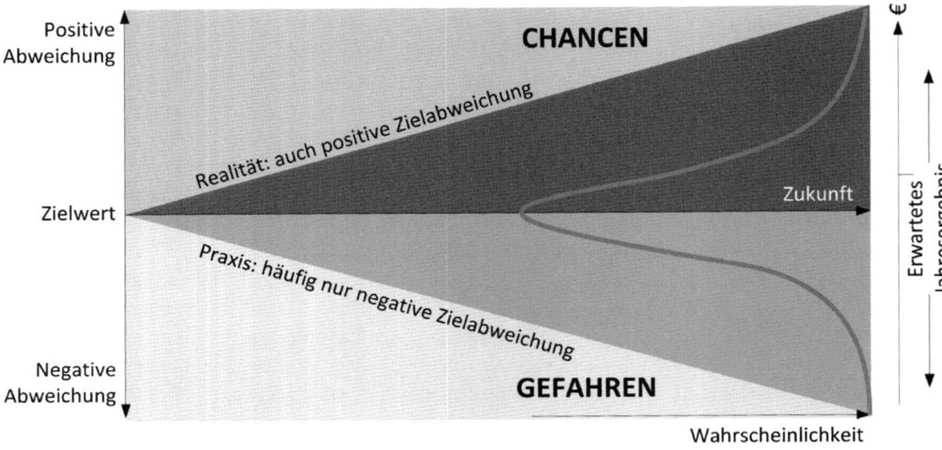

Abb. 3.1 Upside- und Downside-Risiken. (Quelle: Gleißner und Romeike 2005, S. 27)

Risiken sind die aus der Unvorhersehbarkeit der Zukunft resultierenden, durch „zufällige" Störungen verursachten Möglichkeiten, von geplanten Zielwerten abzuweichen. Risiken können daher auch als „Streuung" um einen Erwartungs- oder Zielwert betrachtet werden (vgl. Abb. 3.1). Dementsprechend sind Risiken immer nur in direktem Zusammenhang mit der Planung eines Unternehmens zu interpretieren. Im Umkehrschluss bedeutet dies, dass Unternehmen, die keine Strategie beziehungsweise strategischen Ziele definiert haben, auch keine Zielabweichungen haben können. In diesem Kontext ist der Aufbau eines Risikomanagements nicht möglich, da beispielsweise auch nicht bewertet werden kann, welche Maßnahmen überhaupt umgesetzt werden sollen und betriebswirtschaftlich sinnvoll sind.

Mögliche Abweichungen von den geplanten Zielen stellen Risiken dar – und zwar sowohl negative Abweichungen („Gefahren") wie auch positive („Chancen") (vgl. Gleißner und Romeike 2005, S. 27). Dies gilt gleichermaßen auch für logistische Risiken. Wenn beispielsweise im Rahmen eines Kontraktlogistikprojekts ein Logistikdienstleister die Vorgabe hat, für einen definierten Zeitraum eine Liefertermintreue von 99,5 % zu erreichen, besteht das Risiko, eine niedrigere und damit schlechtere Liefertermintreue zu realisieren. Allerdings existiert auch die Chance, dass die tatsächliche Liefertermintreue höher als 99,5 % ist. Diese Chancen und Risiken manifestieren sich im Übrigen sowohl für den Logistikdienstleister als auch für das beauftragende Unternehmen.

In der Logistik gibt es eine Ausnahme von der Verteilung von Chancen und Risiken rund um einen Zielwert, und zwar bei der produktionssynchronen Belieferung, die unter dem geläufigeren Namen „Just-in-time-Belieferung" (oder kurz: JIT) bekannt ist. Der wesentliche Zielwert bei JIT ist, neben der Vollständigkeit der Lieferung sowie der 100-prozentigen Qualität, der Zeitpunkt der Anlieferung. Eine Verspätung kann zu Problemen in den nachfolgenden Prozessen führen und ist damit ein Risiko. Bei JIT ist allerdings auch

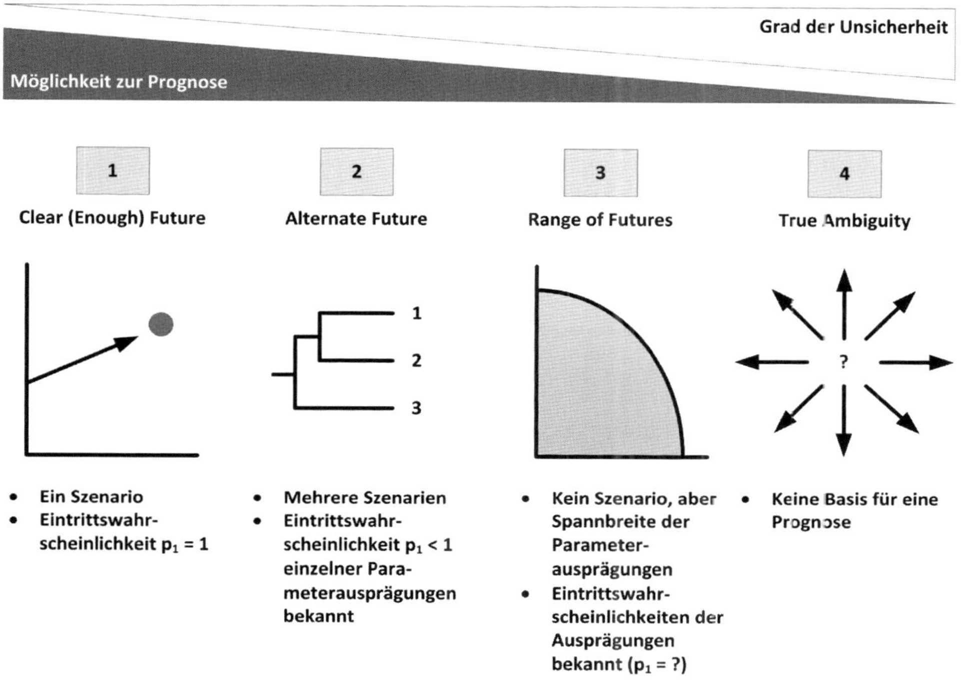

Abb. 3.2 Entscheidungen unter Sicherheit, Risiko beziehungsweise Unsicherheit. (Quelle: In Anlehnung an Weber et al. 1999, S. 13)

die verfrühte Anlieferung als Risiko anzusehen. Der Grund dafür: JIT basiert darauf, dass benötigte Produkte zu dem Zeitpunkt angeliefert werden, wenn sie in den nachfolgenden Prozessen gebraucht werden. Damit kann auf eine Zwischenlagerung verzichtet werden. Wenn Waren allerdings verfrüht geliefert werden, sind sie „im Weg" – damit werden Ein- oder Auslagerprozesse notwendig oder es besteht die Gefahr, dass Produkte während der Zwischenlagerung beschädigt werden. Außerdem entstehen für das Unternehmen erhöhte Kosten, was wiederum als Planabweichung interpretiert werden kann.

Nach dieser Definition sind Risiken klar von Entscheidungen unter Sicherheit abzugrenzen (vgl. Abb. 3.2). Bei Entscheidungen unter Sicherheit fehlt das Charakteristikum der „Zufälligkeit", da ein Ereignis sicher eintritt. Die Eintrittswahrscheinlichkeit dieses Ereignisses p beträgt somit 100 Prozent. Risikomanagement konzentriert sich daher auf Entscheidungen unter Risiko sowie Entscheidungen unter Unsicherheit. Bei Entscheidungen unter Unsicherheit sind die möglichen Szenarien mit ihren Auswirkungen nicht oder nicht vollständig bekannt; auch können für die Szenarien keine Eintrittswahrscheinlichkeiten angegeben werden. Bei Entscheidungen unter Risiko dagegen sind Informationen sowohl über die möglichen zukünftigen Alternativen als auch über ihre Eintrittswahrscheinlichkeiten vorhanden.

3.3 Nutzen eines proaktiven Risikomanagements

Es ist eine Aufgabe des Risikomanagements bei Unternehmen, die Streuung beziehungsweise die Schwankungsbreite wesentlicher Planungs- und Steuerungsgrößen (auch als Key Performance Indicators bezeichnet) zu reduzieren. Aus Sicht der Unternehmensleitung zielt die Verminderung der Streuung vor allem auch auf Gewinn und Cashflow. Eine Reduktion der Schwankungsbreite – und damit eine Risikoverminderung – führt unter anderem zu folgenden Vorteilen für Unternehmen (vgl. Romeike und Hager 2013, S. 88 f.):

- Die Reduzierung der Schwankungen erhöht die Planbarkeit und Steuerbarkeit eines Unternehmens, was einen positiven Nebeneffekt auf das erwartete Ertragsniveau hat. Dies gilt vor allem auch für Risiken im Bereich Logistik.
- Eine prognostizierbare Entwicklung der Zahlungsströme reduziert die Wahrscheinlichkeit, unerwartet auf teure externe Finanzierungsquellen zurückgreifen zu müssen.
- Eine Verminderung der risikobedingten Schwankungsbreite der zukünftigen Zahlungsströme senkt die Kapitalkosten und wirkt sich positiv auf den Unternehmenswert aus.
- Eine stabile Gewinnentwicklung mit einer hohen Wahrscheinlichkeit für eine ausreichende Kapitaldienstfähigkeit ist im Interesse der Kapitalmärkte, was sich in einem guten Rating, einem vergleichsweise hohen Finanzierungsrahmen und günstigen Konditionen widerspiegelt.
- Eine stabile Gewinnentwicklung sowie eine hohe Risikotragfähigkeit (Eigenmittelausstattung) reduzieren die Wahrscheinlichkeit einer Insolvenz.
- Eine stabile Gewinnentwicklung sowie eine niedrigere Insolvenzwahrscheinlichkeit sind im Interesse von Arbeitnehmern, Kunden und Lieferanten, was es erleichtert, qualifizierte Mitarbeiter zu gewinnen und langfristige Beziehungen zu Kunden und Lieferanten aufzubauen.
- Bei einem progressiven Steuertarif haben zudem Unternehmen mit schwankenden Gewinnen Nachteile gegenüber Unternehmen mit kontinuierlicher beziehungsweise stabiler Gewinnentwicklung.
- Die Verhinderung von wirtschaftskriminellen Handlungen verringert finanzielle Schäden.
- Ein präventives Risiko- und Compliance-Management reduziert das Risiko von Reputationsschäden und schützt die Marke sowie den Unternehmenswert.

Im Rahmen der Logistik, die sich mit der Planung und Steuerung von Material- und Informationsflüssen beschäftigt, ergeben sich noch weitere Vorteile. Wenn die „7 R“ der Logistik, also das richtige Produkt in der richtigen Menge und der richtigen Qualität zur richtigen Zeit für den richtigen Kunden am richtigen Ort zu den „richtigen“ Kosten im Vordergrund stehen, müssen aufgrund der Unsicherheiten in den Prozessen gewisse „Sicherungen“ in eine Prozesskette eingebaut werden. Mit Unsicherheiten in den Prozessen ist die vorne angesprochene Schwankungsbreite hinsichtlich der Zielwerte gemeint. Hinsichtlich des zeitlichen Zielwertes, also beispielsweise dem Lieferzeitpunkt, kann dies bedeuten, dass eine Lieferung in Abhängigkeit der Verkehrslage früher oder später als geplant beim Kunden eintrifft. Auch das Mengenziel kann verfehlt werden, wenn bei Kommissionierung oder Beladung Fehler gemacht werden und weniger Teile an einen Kunden ausgeliefert werden als geplant (oder natürlich auch mehr).

In jedem Fall führen derartige Unsicherheiten in logistischen Prozessketten dazu, dass Puffer einzubauen sind, um die Schwankungen um den Zielwert, vor allem jedoch negative Zielabweichungen, zu vermeiden. Diese Puffer bestehen häufig in Zwischenlagern. Damit sind Kosten verbunden: Auf der einen Seite Kosten für die Bereitstellung und Bewirtschaftung eines Zwischenlagers (Miete oder Abschreibungen, Energiekosten, Personalkosten etc.), auf der anderen Seite Kapitalbindungskosten für die eingelagerten Produkte. Dazu kommen mögliche Wertverluste durch die Lagerung, Schwund und/oder Verderb. Im Transportbereich können Puffer zum Beispiel durch zusätzliche Transportmittel oder Fahrer gebildet werden. Auch hier ergeben sich zusätzliche Kosten.

Je größer die Schwankungsbreite um den logistischen Zielwert ist, desto größer muss tendenziell der Puffer gestaltet sein und desto höhere Kosten sind zu tragen. Proaktives Risikomanagement, das die Streuung um den Zielwert reduziert, führt dann dazu, dass Pufferlager kleiner gestaltet werden können, dass weniger Material zwischengelagert werden muss oder dass zusätzliche (Notfalleinsatz-) Transportmittel überflüssig werden. Damit führt ein wirksames logistikbezogenes Risikomanagement unmittelbar zu einer Verringerung logistischer Kosten und trägt ebenfalls zu den oben aufgeführten Vorteilen bei.

Ein proaktives Risikomanagement bietet vor allem den Vorteil einer erhöhten Planungssicherheit sowie einer nachhaltigen Steigerung des Unternehmenswerts. Die in den vorangegangenen Kapiteln skizzierten Beispiele im Kontext Logistik-Risikomanagement verdeutlichen diese positiven Effekte eines präventiven Risikomanagements.

3.4 Ansätze zur Klassifizierung von Risiken

Risiken können sehr unterschiedlich kategorisiert werden. In Abb. 3.3 ist ein Beispiel für eine mögliche Klassifizierung wiedergegeben. *Finanzrisiken* können allgemein in Marktrisiken und Gegenparteirisiken (Kreditrisiken) untergliedert werden. *Strategische Risiken* in einem Unternehmen können zum einen aus der Strategieentwicklung (falsches Instrumentarium etc.), aus der Strategieimplementierung (mangelhafte Projektorganisation, keine adäquaten Personalkapazitäten, mangelnde strategische Konsequenz, falsche Ressourcenallokation etc.) und aus dem strategischen Controlling (fehlendes Instrumentarium, keine adäquate Organisation etc.) entstehen. Zum anderen können strategische Risiken auch aus einer fehlerhaften beziehungsweise nicht adäquaten Informationsanalyse (Umweltanalyse, Marktanalyse, Wettbewerbsanalyse, Unternehmensanalyse etc.) resultieren. Durch die immer engere Verzahnung der Geschäftsprozesse mit den Logistikprozessen haben in den vergangenen Jahren insbesondere auch eine effiziente und transparente Logistik-Strategie beziehungsweise Supply Chain-Strategien sowie das Management der damit verbundenen Risiken an Bedeutung gewonnen.

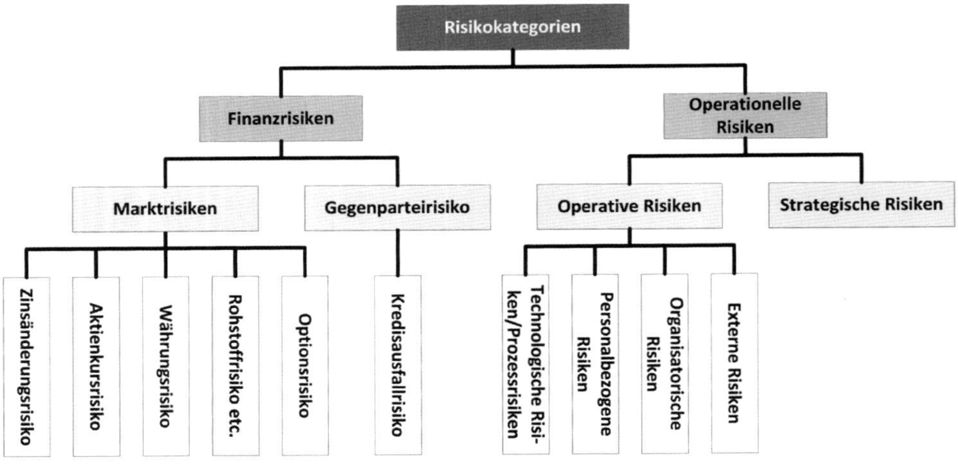

Abb. 3.3 Risikokategorien im Überblick. (Quelle: Romeike und Hager 2013, S. 91)

Empirische Studien zeigen, dass Unternehmenszusammenbrüche oder Beinahe-Zusammenbrüche primär auf strategische oder operative Risiken zurückgeführt werden können. Strategische und operative Risiken zusammen werden auch als operationelle Risiken bezeichnet (vgl. Romeike und Hager 2013, S. 90 ff.).

Operative Risiken sind Gefährdungen, die durch technisches oder menschliches Versagen, durch natürliche Beeinträchtigung der Betriebstätigkeit oder sonstige Entwicklungen im externen Umfeld des Unternehmens hervorgerufen werden. Dazu zählen auch Ereignisse, die Schadenersatzansprüche von dritter Seite begründen, oder kriminelle Akte wie Sabotage oder Unterschlagung.

Alternativ lassen sich unternehmensbezogene Risiken in die drei Hauptkategorien leistungswirtschaftliche Risiken, finanzwirtschaftliche Risiken sowie Risiken aus Corporate Governance unterteilen. Zu den Risiken des leistungswirtschaftlichen Bereichs werden alle Beschaffungs-, Produktions-, Absatz- und Technologierisiken gezählt (und damit auch die Logistikrisiken). Die Risiken des finanzwirtschaftlichen Bereichs können weiter in Liquiditätsrisiken, Marktpreisrisiken, politische Risiken, Ausfallrisiken und Kapitalstrukturrisiken gegliedert werden. Auch diese Gefahren können zu Störungen in Supply Chains führen. Die Risiken aus Corporate Governance und dem Management umfassen alle Risiken, die mit dem Ziel einer guten, verantwortungsvollen und auf langfristige Wertschöpfung ausgerichteten Unternehmensführung und Kontrolle verknüpft sind.

Des Weiteren können Risiken durch externe oder interne Ereignisse und Störungen verursacht werden. So kann etwa ein Beschaffungsrisiko einerseits auf Schwierigkeiten im Beschaffungsprozess zurückgeführt werden (=internes Ereignis). Das Risiko kann aber auch bestehen, weil durch ein externes Schadensereignis (Erdbeben, Überschwemmung etc.) bestimmte Produkte auf dem Weltmarkt nicht mehr oder nur zu höheren Preisen verfügbar sind.

Abb. 3.4 Typische Risiken im Kontext Supply Chain. (Quelle: Seminarunterlagen RiskNET GmbH 2015)

Die Abgrenzung zwischen den einzelnen Risikokategorien ist allerdings aufgrund der Vielschichtigkeit und Komplexität häufig problematisch. Insbesondere die komplexe Verknüpfung der Einzelrisiken beziehungsweise Wirkungstreiber ist von besonderer Bedeutung für das Management strategischer und operativer Risiken. Risikokategorien dürfen nicht losgelöst voneinander erfasst und analysiert werden, da Risiken durch positive und negative Rückkopplungen miteinander verbunden sind. Dies ist insbesondere bei der Analyse der Komplexität der Ursache-Wirkungsketten von Logistik- und Supply Chain-Risiken zu berücksichtigen.

Sehr häufig ist ein ganzes Bündel von unterschiedlichen Wirkungsketten und Einzelrisiken für beispielsweise eine Unterbrechung der Logistikkette verantwortlich. Vor diesem Hintergrund wird auch die Bedeutung einer integrierten Gesamtrisikosteuerung deutlich. In Abb. 3.4 sind exemplarisch einige wesentliche Supply Chain-Risiken zusammengefasst. Eine umfangreiche Übersicht über die Systematisierung von Risiken bieten Götze und Mikus 2007.

3.5 Drei Verteidigungslinien in der Praxis

Es ist weder neu noch innovativ, dass Risiken an ihrem Entstehungsort am effektivsten erkannt und gesteuert werden können (wir werden hierauf in Abschn. 3.7 noch einmal zurückkommen). Nicht selten wird in der Unternehmenspraxis der Risikomanager als der „Manager von Risiken" missverstanden. Der Risikomanager ist jedoch vielmehr der Koordinator im Unternehmen beziehungsweise derjenige, der die „Werkzeugkiste" im Risikomanagement zusammenstellt und die operativen Einheiten beim Management der relevanten Risiken unterstützt. Ein präventives Risikomanagement sollte dezentral in den operativen Einheiten eines Unternehmens verankert und gelebt werden, beispielsweise im Bereich Logistik.

Nicht erst die Finanzkrise und diverse Unternehmensskandale haben Unternehmen vor Augen geführt, dass das Corporate Governance-System zu modifizieren und vor allem Kontrollmechanismen einzuführen sind, um potenzielle und bestandsgefährdende Risiken früher zu erkennen. In diesem Zusammenhang wurde in der Praxis das Organisationsmodell „Three Lines of Defence" (kurz TLoD) als funktionsfähiges Kontroll- und Überwachungssystem in vielen Unternehmen eingeführt (vgl. Abb. 3.5). Was steckt genau dahinter?

Die „erste Verteidigungslinie" bilden die operativen Einheiten, das heißt die Risikoeigentümer (oder auch „Risk Owner") in den operativen Bereichen wie Logistik, Produktion etc. Sie verantworten für ihren Bereich die Balance zwischen Risiken und Chancen beziehungsweise zwischen Risiken und Risikotragfähigkeit.

Auf der „zweiten Verteidigungslinie" finden die operativen Kontrollen statt. Dies ist vor allem das Betätigungsfeld der Unternehmensbereiche Risikomanagement, Unternehmenssicherheit, Compliance, IT-Security etc. Als eine Art „Inhouse-Berater" stellen sie für die operativen Einheiten Werkzeuge und Prozesse zur Verfügung. Außerdem nehmen sie Einfluss auf die Risikopolitik und schlagen erforderliche Kontrollen zur Beachtung von risikobehafteten Prozessen vor. Des Weiteren sind sie das Sprachrohr gegenüber der

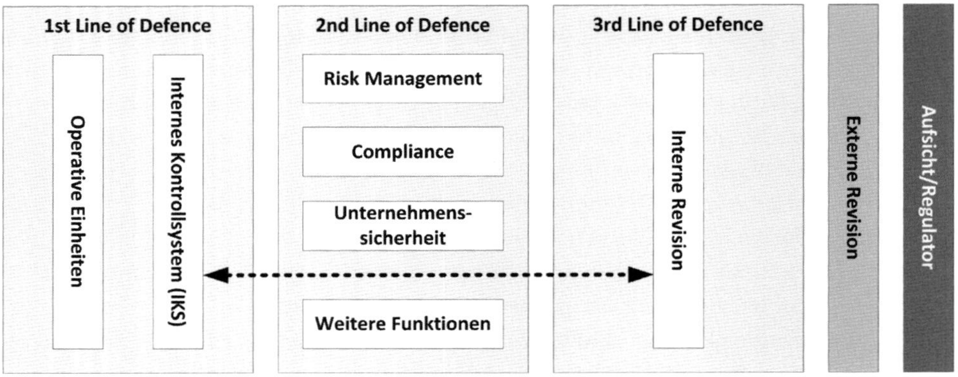

Abb. 3.5 Three-Lines-of-Defence-Ansatz. (Quelle: RiskNET GmbH 2015)

Geschäftsleitung, führen alle Unternehmensrisiken (und Chancen) zu einem Gesamtbild zusammen (Risikoaggregation) und unterstützen die Geschäftsleitung bei der Umsetzung einer chancen- und risikoorientierten – und damit wertorientierten – Unternehmensführung. Eine höhere Transparenz über Chancen und Risiken sollte dann in der Konsequenz auch zu besseren Entscheidungen führen.

Die „dritte Verteidigungslinie" stellt eine weitere unabhängige Organisationseinheit dar, die Vorstand und Aufsichtsrat bei der abschließenden Überwachung und Kontrolle bestehender und potenzieller Risiken unterstützt. In der Praxis ist dies in der Regel die interne Revision, die die untergeordneten Verteidigungslinien überwacht und unterstützt.

3.6 Risikomanagement-Strategie im Kontext Logistik

Bereits der römische Philosoph, Dramatiker, Naturforscher und Staatsmann Lucius Annaeus Seneca erkannte: „Wenn ein Kapitän nicht weiß, welches Ufer er ansteuern soll, dann ist kein Wind der richtige."

Das strategische Risikomanagement bildet den Kern und damit das Fundament des gesamten Risikomanagement-Prozesses. Es beinhaltet vor allem die Formulierung von Risikomanagement-Zielen in Form einer Risikostrategie. Bevor das Risikomanagement als kontinuierlicher Prozess eingeführt und gelebt werden kann, müssen zunächst die Grundlagen bezüglich der Rahmenbedingungen (etwa Risk Policy Statement beziehungsweise Risikostrategie), Organisation (etwa Funktionen, Verantwortlichkeiten und Informationsfluss) und die eigentlichen Prozessphasen definiert werden (vgl. Abb. 3.6).

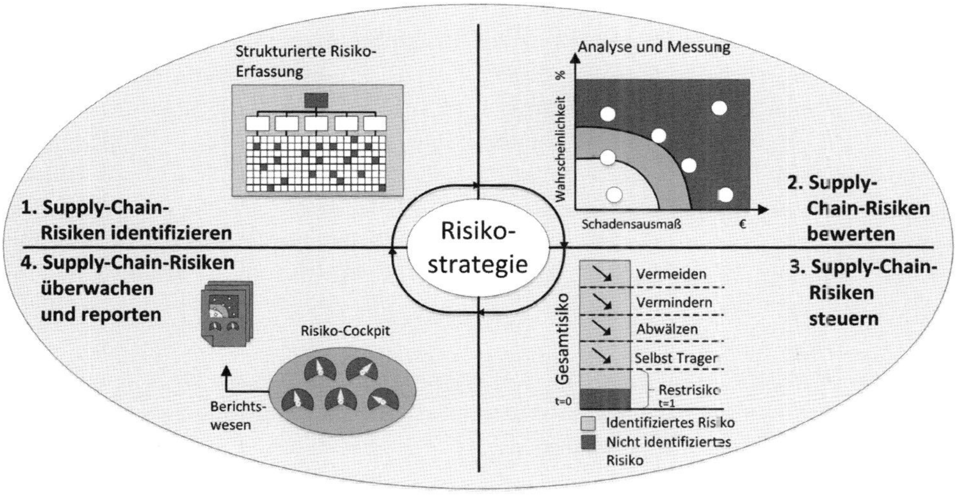

Abb. 3.6 Der Regelkreis des Logistik-Risikomanagements. (Quelle: Romeike und Hager 2013, S. 102)

Ohne die Unterstützung der Unternehmensleitung oder auch des Aufsichtsrates wird die Einführung eines integrierten Risikomanagement-Systems nicht möglich sein; daher ist die Definition und schriftliche Fixierung einer klaren Strategie im Risikomanagement von wesentlicher Bedeutung. Nachfolgend sind einige wesentliche Gründe für die Definition einer klaren Risikomanagement-Strategie sowohl grundsätzlich als auch im Speziellen im Bereich Logistik und Supply Chain Management skizziert:

- Risikomanagement berührt diverse Verantwortungsbereiche und Zuständigkeiten. Damit sind Interessen- und Zielkonflikte häufig unumgänglich. So könnte beispielsweise der Einkauf eine Single Sourcing-Strategie präferieren, um Skaleneffekte und damit Kostenvorteile zu realisieren. Supply Chain Management und Risikomanagement präferieren konträr hierzu aber gegebenenfalls eine Multi Sourcing-Strategie, um einzelne Beschaffungsrisiken und damit auch das aggregierte Gesamtrisiko zu reduzieren.
- Eine klar definierte Risikomanagement-Strategie stellt sicher, dass das Risikomanagement die Ziele der Geschäftsstrategie unterstützt. Erfolgskritische Risiken werden analysiert und aktiv gesteuert, damit die Geschäftsstrategie erreicht werden kann. Da die Logistik- oder Supply Chain-Strategie als funktionale Strategie von der Geschäftsstrategie abgeleitet sein sollte, sollten sich damit auch keine Divergenzen zur Risikomanagement-Strategie ergeben.
- Eine gute Dokumentation in Form einer Risikomanagement-Strategie ist von wesentlicher Bedeutung für eine dauerhafte (auch personenunabhängige) Funktionsfähigkeit des Risikomanagements.
- Der Erfolg eines (Logistik-)Risikomanagements ist vor allem von der Kommunikation und den Informationen aller Personen und Funktionen abhängig. Erst die Aggregation der verschiedenen Informationen führt in der Regel zu einem effizienten Risiko-Management. Eine Risikomanagement-Strategie stellt sicher, dass hier alle Akteure in die gleiche Richtung denken und agieren. Die Risikomanagement-Strategie ist damit ein Verbindungsglied zwischen der Geschäftsstrategie, den strategischen Zielen sowie den damit verbundenen Chancen (upside risk) und Risiken (downside risk).
- Der Erfolg des Risikomanagements hängt davon ab, wie das präventive Management von Risiken im Unternehmen von allen Personen gelebt wird. Erst eine gelebte Risikomanagementkultur und eine effiziente Steuerung von Chancen und Risiken werden Garanten für einen langfristigen Erfolg und eine wertorientierte Unternehmenssteuerung sein. Voraussetzung für eine gelebte Risikokultur ist eine klar und transparent definierte Risikostrategie, abgeleitet aus der Geschäftsstrategie.

Die Risikostrategie soll die aus der Geschäftsstrategie resultierenden Risiken darstellen und so gestaltet sein, dass die operative Steuerung der Risiken an diese anknüpfen kann. Die Risikostrategie muss auf

- die Art (welche Risiken sollen überhaupt eingegangen werden?),
- die Risikotoleranz (welche Höhe des Risikos ist akzeptabel?),
- die Herkunft (woher stammt das Risiko?),
- den Zeithorizont der Risiken (welche Risiken sollen in welcher Zeitperiode mit der vorhandenen Risikodeckung bewältigt werden?) und
- die Risikotragfähigkeit

eingehen (vgl. Korte und Romeike 2011, S. 51 ff.).

Mit Hilfe der nachfolgenden Fragen kann jedes Unternehmen überprüfen, ob die wesentlichen Rahmenparameter im Kontext Risikostrategie beachtet wurden:

- Sind Geschäfts-, Logistik- beziehungsweise Supply Chain- und Risikostrategie des Unternehmens konsistent zueinander formuliert und ausführlich schriftlich dokumentiert (zum Beispiel als Teil eines Unternehmens-Handbuchs oder einer schriftlich fixierten Geschäfts- und Risikostrategie)?
- Ist die Risikostrategie allen Beteiligten kommuniziert?
- Wurde die Risikostrategie vor ihrer Umsetzung mit dem Aufsichtsrat/Aufsichtsorgan (oder einem – speziell hierfür eingerichteten – Ausschuss) abgestimmt?
- Ist der Bezug der Risikostrategie zum Risikotragfähigkeitskonzept des Unternehmens klar erkennbar und im Idealfall direkt überleitbar?
- Sind die einzugehenden Risiken klar eingegrenzt beziehungsweise Ausschlüsse als solche fix definiert?
- Ist die (erwartete) Wirkungsdauer der Risiken definiert?
- Wird die Risikostrategie soweit operationalisiert, dass eine Steuerung auf operativer Ebene möglich ist?
- Erfolgt vor dem Markteintritt mit neuen Geschäftsfeldern oder Märkten eine Prüfung der er-warteten Auswirkungen auf das Gesamtrisikoprofil und damit auf die Be- beziehungsweise Entlastung der Risikotragfähigkeit des Unternehmens durch diese Produkte/Märkte?
- Existiert ein definierter Prozess zur regelmäßigen jährlichen Überprüfung der Geschäfts-, der Logistik- beziehungsweise Supply Chain- und der Risikostrategie?
- Lösen substanzielle Änderungen des Gesamtrisikoprofils, zum Beispiel durch gravierende Veränderungen des Umfelds oder wesentlicher Marktparameter beziehungsweise Erwartungen zu diesen, den Prozess zur Überprüfung der Risikostrategie aus?

In Tab. 3.1 sind die wesentlichen Inhalte einer Risikomanagement-Strategie zusammengefasst.

Tab. 3.1 Inhalte einer Risikomanagement-Strategie. (In Anlehnung an Korte und Romeike 2011, S. 72)

Inhalte einer Risikostrategie
Präambel, Vorwort des Vorstands-/Aufsichtsratsvorsitzenden Das Vorwort dokumentiert die Bedeutung des Risikomanagements für die Verantwortlichen der Unternehmensführung
Einordnung in die Corporate Governance An dieser Stelle kann eine Einordnung zu anderen internen Leitlinien (soweit vorhanden) vorgenommen werden. Die Richtlinienlandschaft sollte basierend auf einer Normenpyramide erfolgen. Ausgehend von einem Code of Conduct (Grundpflichten-Heft) und strategischen Leitlinien sollte in einer nächsten Stufe die operative Umsetzung in detaillierteren Richtlinien erfolgen. Außerhalb der Richtlinienlandschaft dürfen keine „Satelliten-Richtlinien" existieren • Überleitung von der Mission und Vision des Unternehmens „Wir wollen Benchmark der Branche sein" • Bezug zur Mission des Unternehmens „Unsere Kunden können ruhig schlafen, weil …"
Fokus der Geschäftsstrategie sowie der Logistik- beziehungsweise Supply Chain-Strategie Aus dem Fokus der Geschäftsstrategie und auch der Logistik- beziehungsweise Supply Chain-Strategie resultieren Rahmenbedingungen und Implikationen für die Formulierung der Risikostrategie. Dabei ist nicht die gesamte Strategie neu aufzubereiten, sondern nur die für die Konsistenz zur Risikostrategie wesentlichen Punkte darzustellen. Außerdem sollte ein klarer Verweis auf die Dokumentation der Geschäfts- sowie der Logistik- beziehungsweise Supply Chain-Strategie, beispielsweise in einem Unternehmenshandbuch, erfolgen
Fokus der Risikostrategie • Art/Herkunft der einzugehenden Risiken • Umfang der einzugehenden Risiken • Zeithorizont der einzugehenden Risiken
Überleitung der Risikotragfähigkeit • Bestimmung der Risikotragfähigkeit Es sollte erkennbar sein, mit welchen Modellen beziehungsweise Methoden die Risikotragfähigkeit bestimmt wird. Zu Details sollte ein Verweis auf technische Dokumente ausreichen • Stresstests (Sensitivität des Unternehmens gegenüber Umfeldveränderungen) Dieser Punkt ist besonders wichtig, wenn eine starke Exposition des Unternehmens zu bestimmten Risiken (zum Beispiel Währungen) besteht • Versicherung/Risikosteuerung Werden Risiken zum Beispiel durch Versicherung von vornherein ausgeschlossen oder begrenzt, sollte dies ebenfalls sofort erkennbar sein
Risikostrategische Ziele • Übergeordnetes Sicherheitsziel (Kapitaladäquanz) • Globale Risikolimite • Verzinsung von Risikokapital/RORAC-Ansätze etc. • Weitere Kennzahlen sowie Messgrößen der Zielerreichung
Geltungsbereich, Inkraftsetzung
Dokumentenhistorie, Verteiler etc.

3.7 Der Regelkreis des Risikomanagements in der Praxis

Ein wirkungsvoller Risikomanagement-Prozess orientiert sich an einem klassischen Regelkreis. Dieser fungiert als selbstständiges System zur Steuerung von Zuständen. Das Risikomanagement überprüft dabei regelmäßig Soll- und Ist-Zustand der in der Risikomanagement-Strategie spezifizierten Parameter und führt bei Abweichungen zu Maßnahmen, die das Risiko reduzieren sollen.

Wie Abb. 3.6 verdeutlicht, besteht das operative Risikomanagement aus vier Phasen, die sich als Kreislauf um den Kern, die Risikomanagement-Strategie, legen. Diese Phasen, die nachfolgend ausführlicher erläutert werden, sind die Identifikation von Risiken, die Bewertung entdeckter Risiken, die Steuerung von Risiken sowie die Überwachung von Risiken.

Abbildung 3.7 skizziert den Regelkreis des Risikomanagements basierend auf dem internationalen Standard ISO 31000:2009. Das „Risk Assessment" setzt sich dabei aus den folgenden Prozessschritten zusammen (vgl. ISO 31000:2009):

- **Risk identification:** „The organization should identify sources of risk, areas of impacts, events (including changes in circumstances) and their causes and their potential consequences. The aim of this step is to generate a comprehensive list of risks based on

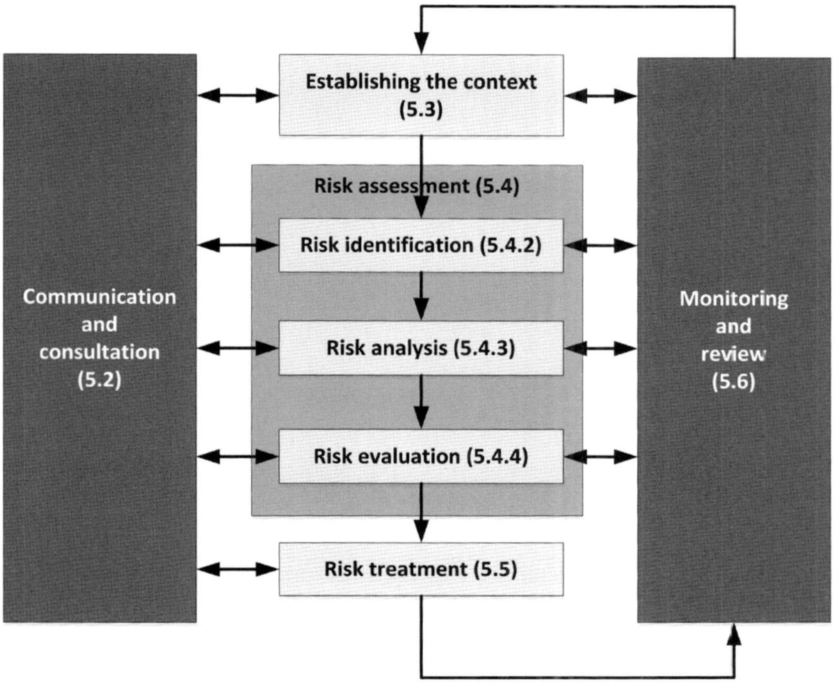

Abb. 3.7 Ausgewählte Methoden im Logistik-Risikomanagement. (Quelle: ISO 31000:2009)

those events that might create, enhance, prevent, degrade, accelerate or delay the achievement of objectives. It is important to identify the risks associated with not pursuing an opportunity. Comprehensive identification is critical, because a risk that is not identified at this stage will not be included in further analysis. [...]“ (vgl. ISO 31000:2009, S. 17)

- **Risk analysis:** „Risk analysis involves developing an understanding of the risk. Risk analysis provides an input to risk evaluation and to decisions on whether risks need to be treated, and on the most appropriate risk treatment strategies and methods. Risk analysis can also provide an input into making decisions where choices must be made and the options involve different types and levels of risk. Risk analysis involves consideration of the causes and sources of risk, their positive and negative consequences, and the likelihood that those consequences can occur. Factors that affect consequences and likelihood should be identified. Risk is analyzed by determining consequences and their likelihood, and other attributes of the risk. An event can have multiple consequences and can affect multiple objectives. Existing controls and their effectiveness and efficiency should also be taken into account. [...]“ (vgl. ISO 31000:2009, S. 18)
- **Risk evaluation:** „The purpose of risk evaluation is to assist in making decisions, based on the outcomes of risk analysis, about which risks need treatment and the priority for treatment implementation. Risk evaluation involves comparing the level of risk found during the analysis process with risk criteria established when the context was considered. Based on this comparison, the need for treatment can be considered. [...]“ (vgl. ISO 31000:2009, S. 18)
- **Risk treatment:** „Risk treatment involves selecting one or more options for modifying risks, and implementing those options. Once implemented, treatments provide or modify the controls. Risk treatment options are not necessarily mutually exclusive or appropriate in all circumstances. The options can include the following: a) avoiding the risk by deciding not to start or continue with the activity that gives rise to the risk; b) taking or increasing the risk in order to pursue an opportunity; c) removing the risk source; d) changing the likelihood; e) changing the consequences; f) sharing the risk with another party or parties (including contracts and risk financing); and g) retaining the risk by informed decision.“ (vgl. ISO 31000:2009, S. 18–19)

Ergänzt wird der Regelkreis durch die folgenden Prozessschritte:

- **Establishing the context:** „By establishing the context, the organization articulates its objectives, defines the external and internal parameters to be taken into account when managing risk, and sets the scope and risk criteria for the remaining process. While many of these parameters are similar to those considered in the design of the risk management framework, when establishing the context for the risk management process, they need to be considered in greater detail and particularly how they relate to the scope of the particular risk management process.“ (vgl. ISO 31000:2009, S. 15)

- **Communication and consultation:** „Communication and consultation with external and internal stakeholders should take place during all stages of the risk management process. Therefore, plans for communication and consultation should be developed at an early stage. These should address issues relating to the risk itself, its causes, its consequences (if known), and the measures being taken to treat it. Effective external and internal communication and consultation should take place to ensure that those accountable for implementing the risk management process and stakeholders understand the basis on which decisions are made, and the reasons why particular actions are required.“ (vgl. ISO 31000:2009, S. 14)
- **Monitoring and review:** „Both monitoring and review should be a planned part of the risk management process and involve regular checking or surveillance. It can be periodic or ad hoc. Responsibilities for monitoring and review should be clearly defined.“ (vgl. ISO 31000:2009, S. 20)

In der Praxis wird deutlich, dass der skizzierte Regelkreis durch Netzwerkstrukturen ergänzt werden sollte. Dies ist vergleichbar mit dem menschlichen Organismus (vgl. Romeike und Hager 2013, S. 94). In einem menschlichen Organismus arbeiten Gehirn, Herz und Nervensystem zusammen. Netzwerke sind anpassungsfähig und flexibel, haben gemeinsame Ziele, spielen zusammen und vermeiden Hierarchien. Netzwerkstrukturen sind skalierbar und außerordentlich überlebensfähig. Übertragen auf den Prozess des Risikomanagements bedeutet dies, dass verschiedene Sensoren und Sinne (etwa Auge, Ohr, Nerven oder Frühwarnindikatoren) die Risiken aufnehmen und sie an eine zentrale Stelle weiterleiten (Gehirn beziehungsweise Risikomanager oder Geschäftsführer, Vorstand, Aufsichtsrat).

Ziel der Risikoidentifikation ist die frühzeitige Erkennung von „den Fortbestand der Gesellschaft gefährdende[n] Entwicklungen“, das heißt die möglichst vollständige Erfassung aller Risikoquellen, Schadensursachen und Störpotenziale. Für einen effektiven Risikomanagement-Prozess kommt es darauf an, dass dieser als kontinuierlicher Prozess – im Sinne des oben genannten Regelkreises – in die Unternehmensprozesse integriert wird. Auf dies weist auch der internationale Standard ISO 31000:2009 hin:

> Risk management is not a stand-alone activity that is separate from the main activities and processes of the organization. Risk management is part of the responsibilities of management and an integral part of all organizational processes, including strategic planning and all project and change management processes (Quelle: ISO 31000:2009, S. 7).

Die Informationsbeschaffung ist die schwierigste Phase im gesamten Prozess und eine Schlüsselfunktion des Risikomanagements, da dieser Prozessschritt die Informationsbasis für alle nachfolgenden Phasen liefert – schließlich können nur Risiken bewertet und gesteuert werden, die auch erkannt wurden. Mit anderen Worten: Werden Risiken im Bereich Logistik nicht oder nicht ausreichend erfasst, kann das im Extremfall dazu führen, dass die Existenz des Unternehmens gefährdet ist.

Ein wichtiges Instrument zur Risikoidentifikation sind außerdem Frühwarnsysteme, mit deren Hilfe Frühwarnindikatoren (etwa externe Größen wie Zinsen oder Konjunkturindizes, aber auch interne Faktoren wie etwa Fluktuation im Management) ihren Benutzern rechtzeitig latente (das heißt verdeckte, aber bereits vorhandene) Risiken signalisieren, sodass noch hinreichend Zeit für die Ergreifung geeigneter Maßnahmen zur Abwendung oder Reduzierung der potenziellen Bedrohung beziehungsweise der Ursachen besteht. Frühwarnsysteme verschaffen dem Unternehmen Zeit für Reaktionen und optimieren somit die Steuerbarkeit eines Unternehmens. Kennzahlen zur demografischen Entwicklung können beispielsweise weit im Voraus Risiken hinsichtlich der Personalbeschaffung deutlich machen. Informationen zu geopolitischen Risiken oder in Bezug auf Naturgefahren (etwa Stürme, Erdbeben oder Überschwemmungen) liefern im Bereich der Logistikrisiken Frühwarninformationen. So bietet beispielsweise die Datenbank NATHAN („Natural Hazards Assessment Network") des Rückversicherers Munich Re den Zugriff auf Ereignis- und Schadendaten der vergangenen vier Jahrzehnte sowie Frühwarneinschätzungen für Standorte und Regionen quer über den Globus. Somit können beispielsweise Logistikwege mit Frühwarninformationen hinsichtlich Naturgefahren oder geopolitischer Risiken evaluiert werden.

Die Wahl der Methodik zur Risikoidentifikation hängt stark von den spezifischen Risikoprofilen des Unternehmens und der Branche ab. In der betrieblichen Praxis werden die einzelnen Identifikationsmethoden häufig kombiniert. Abbildung 3.8 gibt einen Überblick über die verschiedenen in der Praxis angewendeten Methoden im Bereich Logistik-Risi-

Risikoidentifikation

Kollektionsmethoden:
- Checklisten (Klassifikation)
- Interviews (5W)
- Pareto Methode

Analytische Methoden:
- Kritischer-Pfad-Methode
- Fehlermöglichkeits- und Einflussanalyse (FMEA)
- Ursache-Wirkungs-Diagramm
- Fehlerbaumanalyse (FTA)
- Ereignisbaumanalyse (ETA)
- Prozessdarstellung
- Prozess-Kontroll-Chart
- Morphologische Verfahren

Kreativitätsmethoden:
- Delphi-Methode
- Brainstorming
- Brainwriting
- Szenarioanalyse

Risikobewertung

- Fehlermöglichkeits- und Einflussanalyse (FMEA)
- Fehlerbaumanalyse (FTA)
- Ereignisbaumanalyse (ETA)
- Entscheidungsbaum-analyse
- Sensitivitätsanalyse
- Szenarioanalyse (deterministisch beziehungsweise stochastisch)
- Netzwerkmodelle
- Simulationsmodelle
- Business Interruption Value (BIV)
- Delphi-Methode
- Brainstorming
- Brainwriting

Risikosteuerung

Wirkungsrichtung:
- Ursachenorientiert
- Wirkungsorientiert

Maßnahmen:
- Redundanz, Flexibilität (Struktur und Prozess)
- Planung (Aggregieren, Zeithorizont)
- Puffer (Bestand, Kapazität, Zeit)
- Pooling
- Kollaboration (Informationsteilung)
- Übertragen (Vertrag)/Hedging

Abb. 3.8 Ausgewählte Methoden im Logistik-Risikomanagement. (Quelle: Seminarunterlagen RiskNET GmbH 2015)

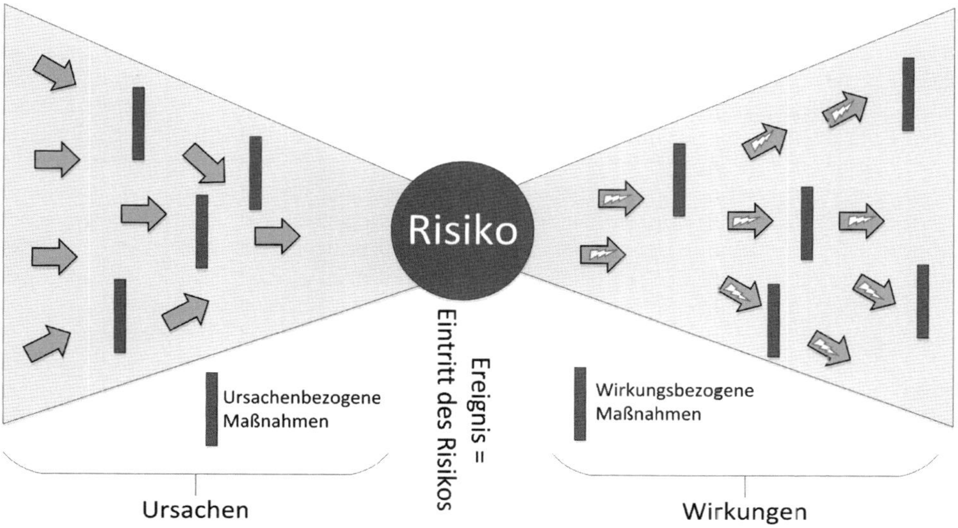

Abb. 3.9 Ursache- und Wirkungsketten als Basis eines Frühwarnsystems (Bow-Tie-Diagramm). (Quelle: RiskNET GmbH 2015)

komanagement. Bei der Erfassung der Risiken helfen Checklisten, Workshops, Besichtigungen, Interviews, Organisationspläne, Bilanzen und Schadenstatistiken. Ergebnis der Risikoidentifikation sollte ein Risikoinventar sein. Die identifizierten Risiken müssen im anschließenden Prozessschritt detailliert analysiert und bewertet werden. Ziel sollte dabei ein sinnvolles und möglichst für alle Risikokategorien anwendbares Risikomaß sein.

Für die Praxis der Risikoanalyse im Bereich Logistik-Risikomanagement ist es wichtig, dass Ursachen eines Risikoeintritts sowie potenzielle Wirkungen sauber getrennt analysiert werden (vgl. Abb. 3.9). Insbesondere Risiken im Bereich Logistik sind durch komplexe Ursache-Wirkungs-Ketten gekennzeichnet. Die Ursachen für Supply Chain-Störungen liegen häufig im Bereich der Vorlieferanten oder auch außerhalb der offensichtlichen Szenarien. Wenn ein Fahrzeughersteller von einem Modullieferanten Cockpitmodule erhält, dieser von einem Komponentenlieferanten Schalter bezieht, der wiederum von einem Teilelieferanten Formschaumteile erhält, für die von einem Rohstofflieferanten Kunststoffe bezogen werden, dann ist für den Fahrzeughersteller kaum transparent, welche Risiken auf der Stufe des Rohstofflieferanten „schlummern".

Das in Kap. 2 skizzierte Beispiel von Sony zeigt die Relevanz solcher Szenarien außerhalb der offensichtlichen Ursache-Wirkungs-Ketten. Eines der Frachtschiffe, das durch die Sperrung des Suezkanals blockiert war, sollte eine große Menge der erst kurz zuvor im Markt eingeführten PlayStation 2 (PS2) der Sony Corporation von China nach Europa transportieren. Kurz nach dem Verkaufsstart im November 2004 wurden in Großbritannien wöchentlich rund 70.000 PS2 verkauft; aufgrund falscher Prognosewerte und der Lieferverzögerung konnten dagegen in der ersten Dezemberwoche 2004 und damit im umsatzträchtigen Weihnachtsgeschäft nur rund 6000 Einheiten abgesetzt werden (Details vgl. Kap. 2).

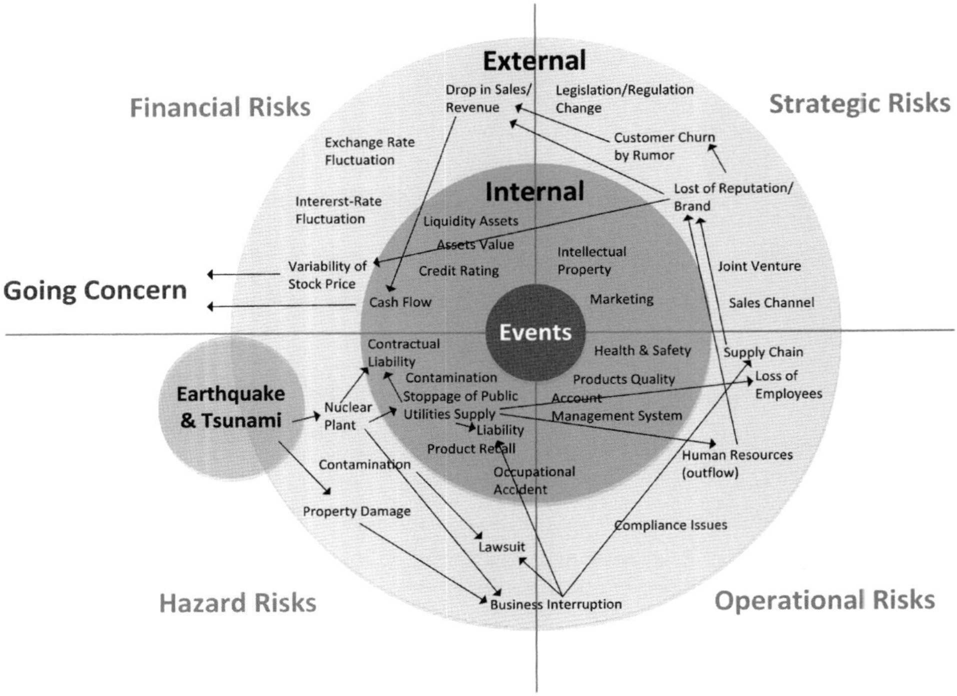

Abb. 3.10 Dominoeffekte des großen Tōhoku-Erdbebens in Japan. (Quelle: World Economic Forum 2012, S. 32)

Verschiedene Ursachen können in einer komplexen Kausalkette zu einem Risikoeintritt führen – vgl. exemplarisch Abb. 3.10 am Beispiel des großen Tōhoku-Erdbebens in Japan. Die Abbildung zeigt weiterhin, wie sich die verschiedenen Risiken kategorisieren sowie in interne und externe Risiken einteilen lassen. Außerdem kann ein Risikoeintritt komplexe Wirkungen entfalten (beispielsweise Schadenersatzansprüche, Reputationsschäden, Verlust beim Betriebsergebnis, erhöhte Aufwendungen etc.).

Nachdem die Ursache-Wirkungs-Ketten analysiert wurden, erfolgt die Ersteinschätzung von Risiken in der Praxis häufig basierend auf einem Relevanzfilter. Experten unterteilen die Risiken beispielsweise in fünf Relevanzklassen von „unbedeutendes Risiko" bis „bestandsgefährdendes Risiko".

Relevanz wird dabei als die Gesamtbedeutung des Risikos für das Unternehmen verstanden. Sie gilt als weiteres Risikomaß und ist von folgenden Parametern abhängig:

- mittlere Ertragsbelastung (Erwartungswert),
- realistischer Höchstschaden,
- Wirkungsdauer.

Ein Vorteil der Relevanzeinschätzung besteht darin, dass sie die Information über die Schwere eines Risikos in einfacher Form beschreibt und so die Kommunikation relevan-

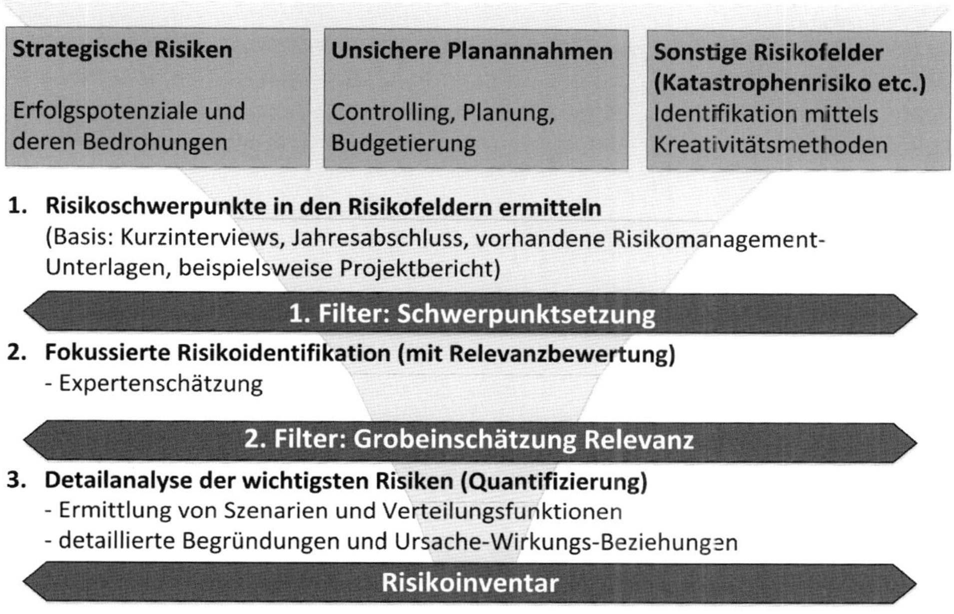

Abb. 3.11 Relevanzfilter in der Praxis. (Quelle: Gleißner und Romeike 2007, S. 33)

ter Risikoinformationen erleichtert. Durch die Zusammenfassung zu einzelnen Klassen vereinfacht sich auch die Entscheidung, welche Risiken als gravierend angesehen werden sollten, für die dann wiederum Maßnahmen zu treffen sind (vgl. Abb. 3.11).

In einem nächsten Schritt erfolgt eine Detailbewertung aller Risiken, die als „relevant" betrachtet werden. Als Bewertungsmethodik bietet sich entweder ein „Top-down"- oder ein „Bottom-up"-Ansatz an. Erfolgt die Bewertung nach einer Top-down-Methode, so stehen für das Unternehmen die bekannten Folgen der Risiken im Vordergrund. Hierbei werden Daten der Gewinn- und Verlustrechnung wie etwa Erträge, Kosten oder das Betriebsergebnis im Hinblick auf deren Volatilitäten untersucht. Der Top-down-Ansatz bietet den Vorteil einer relativ schnellen Erfassung der Hauptrisiken aus strategischer Sicht. Diese „Makroperspektive" kann jedoch auch dazu führen, dass bestimmte Risiken nicht erfasst oder Korrelationen zwischen Einzelrisiken nicht korrekt bewertet werden. Bei der Bewertung von Logistikrisiken ist ein Top-down-Ansatz begrenzt sinnvoll. Beim Bottom-up-Ansatz stehen die potenziellen Ursachen der verschiedenen Risiken im Fokus. Basierend hierauf werden mit Hilfe von Ursache-Wirkungs-Ketten potenzielle Szenarien hergeleitet. Ein Bottom-up-Ansatz bietet vor allem den Vorteil, dass sämtliche Geschäftsbereiche und Prozesse auf einer granularen Ebene erfasst und analysiert werden können. Allerdings muss hierbei auch berücksichtigt werden, dass ein Bottom-up-Ansatz um ein Vielfaches aufwendiger ist als der eher grobe Top-down-Ansatz. In der Praxis des Logistik-Risikomanagements bietet sich eine Kombination beider Ansätze an (vgl. Romeike und Hager 2013, S. 115).

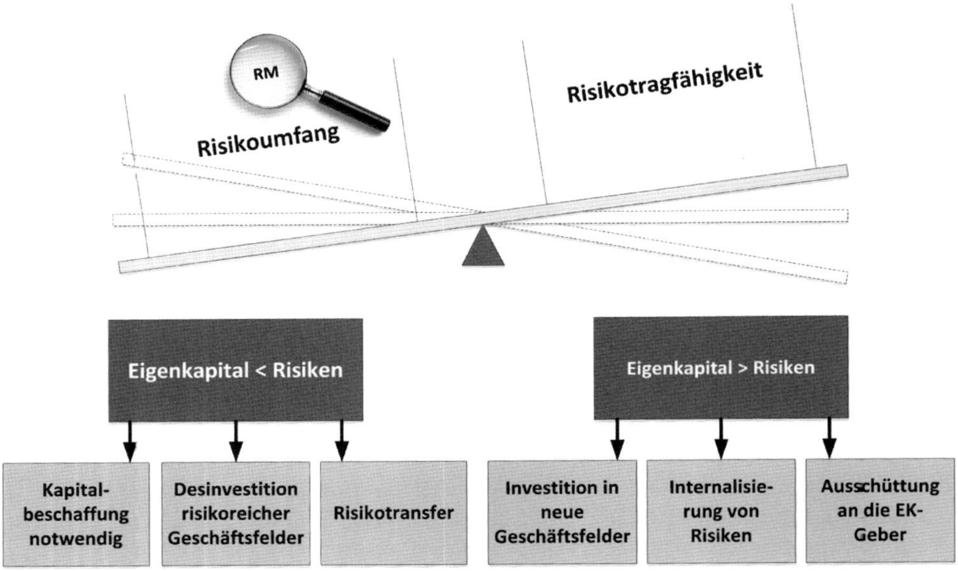

Abb. 3.12 Das Gesetz der Risikotragfähigkeit. (Quelle: RiskNET GmbH 2015)

Der Werkzeugkasten des Risikomanagers bietet eine große Vielfalt an Methoden und Analysemethoden zur Bewertung von Risiken. Geeignete Methoden im Bereich des Logistik-Risikomanagements werden im nachfolgenden Kapitel exemplarisch dargestellt.

Die Ergebnisse der Risikobewertung können in das Risikoinventar übernommen werden. Wenn basierend auf den oben skizzierten Bottom-up- beziehungsweise Top-down-Methoden die Eintrittswahrscheinlichkeiten und der Ergebniseffekt (Impact, Schadensausmaß etc.) quantifiziert wurden, lassen sich diese in einer Risk Map (auch Risikomatrix oder Risikolandschaft genannt) darstellen. Eine Risk Map gibt einen Gesamtüberblick über das Risikoportfolio eines Unternehmens und kann den Entscheidungsträgern als erste Grundlage zur Risikosteuerung und -kontrolle dienen.

Eine Aggregation aller relevanten Risiken ist erforderlich, weil sie auch in der Realität zusammen auf Gewinn und Eigenkapital wirken. Es ist damit offensichtlich, dass alle Risiken gemeinsam die Risikotragfähigkeit eines Unternehmens belasten (siehe Abb. 3.12). Aus diesem Grund können Risiken im Bereich der Logistik nicht losgelöst von anderen Teilrisiken und Geschäftsprozessen analysiert werden. So hat etwa der Eintritt eines Risikos im Kontext Single Sourcing direkte Auswirkungen auf Produktionsprozesse, Absatzmärkte oder potenzielle rechtliche Konsequenzen (Vertragsstrafen etc.). Die in Kap. 2 skizzierten Beispiele von Toyota und Sony zeigen recht deutlich die komplexen Abhängigkeiten zwischen einzelnen Risiken und Risikokategorien.

Die Risikotragfähigkeit eines Unternehmens wird – vereinfacht betrachtet – von zwei Größen bestimmt, nämlich zum einen vom Eigenkapital und zum anderen von den Liquiditätsreserven. Die Beurteilung des Gesamtrisikoumfangs ermöglicht eine Aussage darüber, ob die oben bereits erwähnte Risikotragfähigkeit eines Unternehmens ausreichend ist, um den Risikoumfang des Unternehmens tatsächlich zu tragen und damit den Bestand des Unternehmens zu gewährleisten. Sollte der vorhandene Risikoumfang eines Unternehmens gemessen an der Risikotragfähigkeit zu hoch sein, werden zusätzliche Maßnahmen der Risikobewältigung erforderlich. Die Kenntnis der relativen Bedeutung der Einzelrisiken (diese wird in der Praxis beispielsweise mit Hilfe einer Sensitivitätsanalyse erlangt; weitere Details vgl. Romeike und Hager 2013, S. 128 ff.) ist für ein Unternehmen wichtig, um die Maßnahmen der Risikofinanzierung und -steuerung zu priorisieren.

Die Aggregation von Risiken zu einer Gesamtrisikoposition kann grundsätzlich auf zwei Wegen erfolgen: Zum einen mit Hilfe analytischer Methoden und zum anderen durch Simulation. Sofern Risiken nicht mit Hilfe einer Normalverteilung beschrieben werden können – was bei Logistikrisiken regelmäßig der Fall sein wird –, ist eine Risikoaggregation nur mit Hilfe von stochastischen Simulationsverfahren möglich (vgl. vertiefend Romeike und Hager 2013, S. 128 ff.).

Der Gesamtrisikoumfang – als Ergebnis der Risikoaggregation – ermöglicht erst eine fundierte Beurteilung der Risiko-Eigentragungskraft des Unternehmens, die maßgeblich die nachfolgenden Maßnahmen der Risikofinanzierung oder des Risikotransfers bestimmen. In diesem Zusammenhang ist auch eine Berechnung der kalkulatorischen Eigenkapitalkosten – eine wesentliche Komponente der Gesamtrisikokosten – wichtig. So substituieren Risikotransferlösungen (beispielsweise Versicherungen) letztlich knappes und relativ teures Eigenkapital. Die kalkulatorischen Eigenkapitalkosten resultieren als Produkt von Eigenkapitalbedarf und Eigenkapitalkostensatz, der von der akzeptierten Ausfallwahrscheinlichkeit und der erwarteten Rendite von Alternativanlagen abhängt.

Eine weitere Schlüsselstelle im gesamten Risikomanagement-Prozess nimmt der Abschnitt Risikosteuerung und -kontrolle ein (siehe Abb. 3.13). Diese Phase zielt darauf ab, die Risikolage des Unternehmens positiv zu verändern beziehungsweise ein ausgewogenes Verhältnis zwischen Ertrag (Chance) und Verlustgefahr (Risiko) zu erreichen, um den Unternehmenswert zu steigern. Die Risikosteuerung und -kontrolle umfasst alle Mechanismen und Maßnahmen zur Beeinflussung der Risikosituation, entweder durch eine Verringerung der Eintrittswahrscheinlichkeit und/oder des Schadensausmaßes. Dabei sollte die Risikosteuerung und -kontrolle mit den in der Risikostrategie definierten Zielen übereinstimmen.

Im Hinblick auf die Steuerung beziehungsweise das Management von Risiken bestehen prinzipiell zwei Strategiealternativen. Die sogenannte präventive (oder auch ätiologische) Risikopolitik zielt darauf ab, Risiken aktiv durch eine Beseitigung oder Reduzierung der entsprechenden Ursachen zu vermeiden oder zu vermindern. Es wird versucht, die Risikostrukturen durch Verringerung der Eintrittswahrscheinlichkeit und/oder der Tragweite einzelner Risiken zu reduzieren. Beispielsweise lässt sich die Eintrittswahrscheinlichkeit für Falschmengen in der Distribution durch (eventuell zusätzliche) Mengenkontrollen an geeigneten Stellen im Kommissionier-, Verpackungs- und Versandprozess verringern. Dagegen dämpfen zusätzliche Lagerbestände im Teilelager die negativen Auswirkungen von verspätet eintreffenden Nachlieferungen für diese Teile.

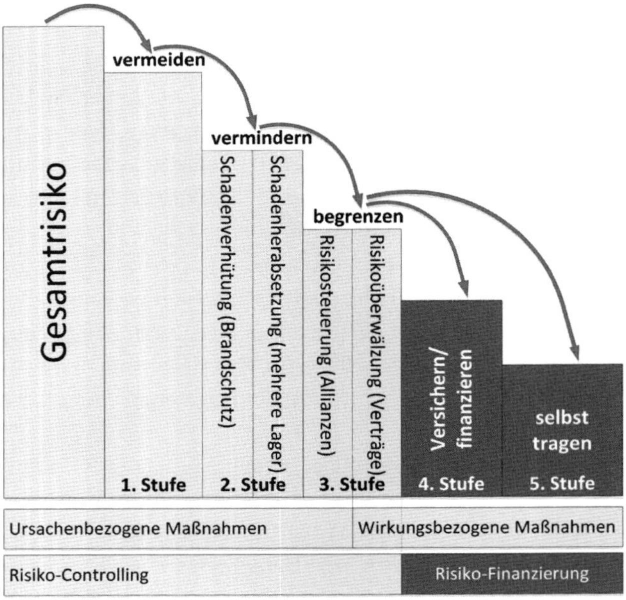

Abb. 3.13 Die Risikosteuerung in der Praxis. (Quelle: In Anlehnung an Romeike und Hager 2013, S. 140)

Im Gegensatz zu diesen aktiven Steuerungsmaßnahmen, die direkt an den strukturellen Risikoursachen (Eintrittswahrscheinlichkeit, Schadensausmaß) ansetzen, wird bei der sogenannten korrektiven (oder palliativen) Risikopolitik der Eintritt eines Risikos bewusst akzeptiert. Ziel der passiven Risikopolitik ist es nicht, die Eintrittswahrscheinlichkeiten oder die Tragweite der Risiken zu reduzieren, das heißt die Risikostrukturen werden nicht verändert. Der Risikoträger versucht vielmehr, durch geeignete Maßnahmen Risikovorsorge zu betreiben. Diese Risikovorsorge hat zum Ziel, die Auswirkungen des Risikoeintritts zu vermeiden oder zu vermindern. Dies kann beispielsweise in Form der häufig praktizierten Überwälzung von Risiken auf andere Risikoträger (etwa Versicherer oder Kapitalmarkt) geschehen. Bei einem Risikoeintritt werden neben der Bereitstellung der erforderlichen Liquidität die negativen Konsequenzen auf der Ertragslage abgefedert. Auch die Auslagerung logistischer Prozesse auf einen Dienstleister fällt in diesen Bereich.

Werden die finanziellen Folgen von Risikoeintritten nicht auf professionelle Risikoträger transferiert, so muss das Unternehmen die notwendige Liquidität aus dem eigenen Finanzsystem bereitstellen und die ertragsmäßigen Belastungen selber tragen. Das Selbsttragen von Risiken kann dabei bewusst oder unbewusst geschehen. Wurden Risiken nicht identifiziert oder korrekt bewertet, so müssen die Folgen dieser Fehleinschätzung im Schadensfall aus dem laufenden Cashflow, aus Rücklagen oder durch die Auflösung stiller Reserven finanziert werden. Dies kann jedoch dazu führen, dass der Unternehmensgewinn durch einen Schadeneintritt in einem gewinnschwachen Jahr besonders belastet wird.

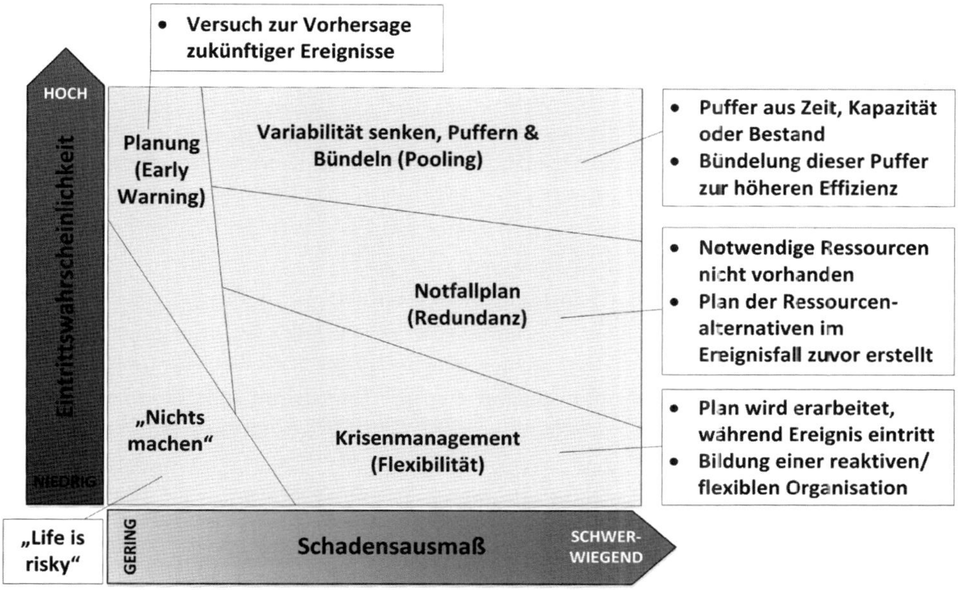

Abb. 3.14 Risikopolitische Maßnahmen im Überblick. (Quelle: RiskNET GmbH 2015)

In Abb. 3.14 sind einige grundsätzliche risikopolitische Maßnahmen zusammenfassend dargestellt. Bei einer niedrigen Eintrittswahrscheinlichkeit und einem geringen potenziellen Schadensausmaß sollte das Risiko schlicht und einfach akzeptiert werden. Ein potenzieller Risikoeintritt wird in der Regel durch die eigene Risikotragfähigkeit adäquat abgedeckt. Bei einer hohen Eintrittswahrscheinlichkeit und einem eher geringen Schadensausmaß bietet sich der Aufbau eines Frühwarnsystems an. Die Installation eines Frühwarnsystems soll dazu dienen, Risikoeintritte bereits bei ihrer Entstehung zu erkennen und rechtzeitig Gegenmaßnahmen ergreifen zu können. Bei allen Szenarien mit einem hohen bis schwerwiegenden Schadensausmaß können vor allem Notfallpläne und ein adäquates Krisenmanagement helfen, dass die Wirkungen des Risikoeintritts möglichst in Grenzen gehalten werden können. Allerdings zeigt sich, dass nur wenig mehr als 70 % der Unternehmen Notfallpläne für ihre Supply Chains aufgesetzt haben (vgl. Handfield et al. 2013).

Aktuelle Studien zeigen allerdings, dass in der Praxis noch erheblicher Nachholbedarf nicht nur bei Aufbau und Nutzung eines logistischen Risikomanagements besteht, sondern auch bei der Anwendung risikopolitischer Maßnahmen. So zeigte eine Befragung der Bundesvereinigung Logistik von mehr als 1700 logistikbezogenen Entscheidungsträgern, dass weniger als 70 % der Unternehmen Pufferlager zur Abfederung von Nachfrageschwankungen nutzen; Local Sourcing und Multiple Sourcing als Ansätze zur Risikoreduktion nutzen jeweils nur rund 70 % der Unternehmen (Handfield et al. 2013).

3.8 Methoden des Risikomanagements in der Praxis

In diesem Abschnitt werden wir darstellen, wie die wichtigsten der in Abschn. 3.7 aufgeführten Methoden des Risikomanagements in der Praxis angewendet werden. Dabei werden Kollektionsverfahren, analytische Methoden sowie Kreativitätsverfahren unterschieden (vgl. Abb. 3.15).

Die *Kollektionsverfahren* eignen sich vorwiegend für die Identifikation bestehender beziehungsweise offensichtlicher Risiken (vgl. Abb. 3.15).

Hierbei ist die in der Praxis am häufigsten angewendete Form, Risiken zu identifizieren, die Verwendung von *Checklisten*. Checklisten dienen in der Regel der Identifikation von Risikoquellen (Ursachen). Der Nachteil einer detaillierten Checkliste liegt in dem großen Aufwand, der bei der Problemanalyse entsteht. Es existiert außerdem keine allgemein anerkannte Systematik bei der Erstellung von Checklisten. Die Qualität hängt in der Regel von der Erfahrung des Checklisten-Erstellers ab. Sie lassen sich allerdings einfach aus einem bestehenden Risikoinventar extrahieren. Das Risikoinventar und die dazugehörigen Checklisten dienen damit als Wissensdatenbank.

Da die Anzahl der Fragen beschränkt ist, wird der Status quo (beispielsweise der Risikolandkarte) möglicherweise nur unvollständig identifiziert. Eine weitere Schwierigkeit bei der Verwendung von Checklisten ist der hohe Aggregationsgrad, da in der Regel nicht auf die Einzelrisiken und deren Wechselwirkungen geschlossen werden kann. Eine weitere Problematik liegt in der mangelnden Vollständigkeit und dem starren Raster, was dem revolvierenden Charakter der Risikoidentifikation im Bereich Logistikrisiken entgegensteht. Auch lassen sich mit Checklisten nur bekannte Risiken auflisten; unbekannte, aber potenzielle Risiken können mit ihr nicht „entdeckt" werden. Checklisten dienen daher allenfalls als Ausgangspunkt für die Risikoidentifikation.

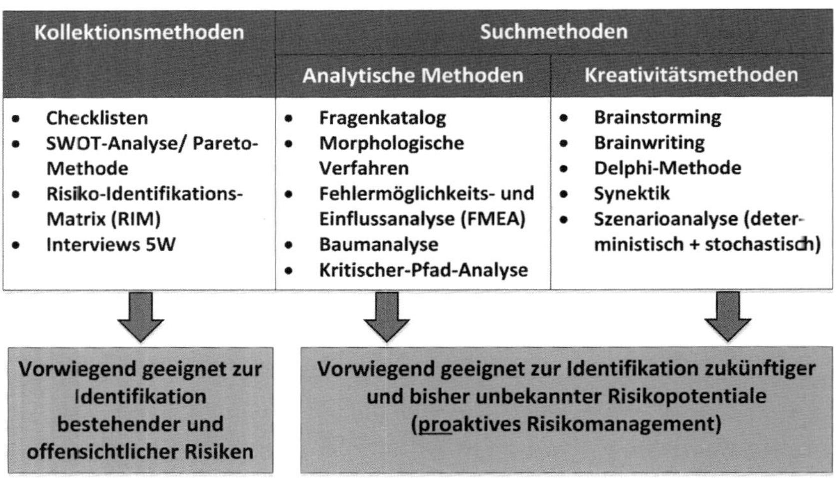

Abb. 3.15 Kollektionsmethoden, analytische Methoden und Kreativitätsmethoden. (Quelle: RiskNET GmbH 2015)

Mit Hilfe der *SWOT-Analyse* können aus der Markt-, Wettbewerbs- und Organisationsanalyse Stärken, Schwächen, Chancen und Risiken (SWOT = strengths, weaknesses, opportunities and threats) etwa im Bereich Supply Chain Management abgeleitet werden. Das Resultat der Analyse ist eine genaue Bestandsaufnahme des gegenwärtigen Zustandes und liefert klare Erkenntnisse

- über den Ist-Zustand der eigenen Organisation (Kernkompetenzen),
- über die Zielgruppen (Zielgruppenfokus und -bedürfnisse),
- über das Wettbewerbsumfeld (Positionierung, Leistungsumfang, Alleinstellungsmerkmale) und
- über die Aufstellung im Markt (Marktpräsenz).

Eine *Risiko-Identifikations-Matrix (RIM)* liefert als qualitative Methode eine strukturierte Erfassung potenzieller Risikoursachen und Auswirkungen sowie vor allem ihrer Beziehungen zueinander.

Auch durch die *Befragung* von Mitarbeitern und *Interviews* mit externen Wissensträgern können Risiken identifiziert werden. Bei der Informationsgewinnung spielen die Erfahrung und Kompetenz sowohl des Interviewers als auch der befragten Personen eine entscheidende Rolle.

Das *Self Assessment* wird häufig in Kombination mit Checklisten und entsprechenden Anleitungen angewendet und bezieht sich ausschließlich auf den internen Bereich eines Unternehmens.

Alle *analytischen Suchverfahren* sind darauf fokussiert, zukünftige und bisher unbekannte Risikopotenziale zu identifizieren. Einige analytische Suchverfahren wurden ursprünglich für das Qualitätsmanagement entwickelt. Da die Prozessstruktur und Methodik des Risikomanagements einige Parallelen zum Qualitätsmanagement aufweist, liegt es nahe, etablierte Methoden auch auf den Risikoidentifikationsprozess zu übertragen.

Die *Fehlermöglichkeits- und Einflussanalyse* beziehungsweise Ausfalleffektanalyse (FMEA = Failure Mode and Effects Analysis) wurde ursprünglich zur Analyse von Schwachstellen technischer und militärischer Systeme oder Prozesse entwickelt. Bei der FMEA und der FMECA (Failure Mode and Effects and Criticality Analysis) handelt es sich um analytische Methoden der Zuverlässigkeitstechnik, um potenzielle Schwachstellen zu identifizieren. Es existieren verschiedene FMEA-Typen, wobei für das Risikomanagement in Logistik und Supply Chains aufgrund der starken Prozessorientierung die sogenannte Prozess-FMEA die am besten geeignete ist (Abb. 3.16 zeigt ein Beispielformular für eine FMEA). Für jedes Risiko wird eine Risikoprioritätszahl ermittelt. Auch wenn die Ermittlung dieses Wertes methodisch fragwürdig ist und besser durch eine Bewertung mittels einer Risiko-Landkarte ersetzt wird, weist die FMEA Stärken auf: Zum einen ist die FMEA ein etabliertes Instrument im Qualitätsmanagement, zum anderen lässt sie sich leicht und schnell einsetzen, und zum Dritten bildet sie sowohl die Identifikation als auch Bewertung und Steuerung von Risiken ab.

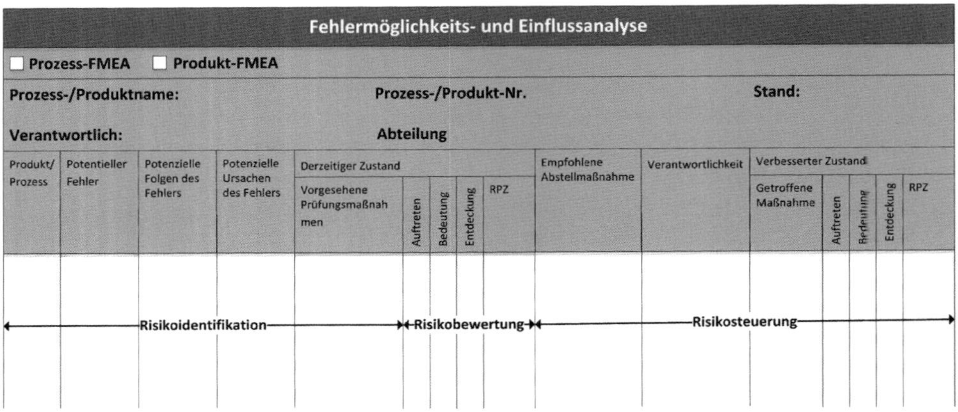

Abb. 3.16 Beispiel für ein FMEA-Formular. (Quelle: Huth 2010)

Im Unterschied zur FMEA ist der Ausgangspunkt der *Fehlerbaumanalyse* (FTA = Fault Tree Analysis) nicht die einzelne Systemkomponente, sondern das gestörte Gesamtsystem. Im Kern handelt es sich um ein deduktives Verfahren, um die Wahrscheinlichkeit eines Ausfalls zu bestimmen. Die für alle Systeme geeignete Analyse impliziert ein unerwünschtes Ereignis und sucht nach allen kritischen Pfaden, die dieses auslösen können. Die Ursachenanalyse wird so lange fortgeführt, bis sogenannte Basisereignisse identifiziert sind. In der Regel lassen sich für diese Basisereignisse auch leichter Eintrittswahrscheinlichkeiten ermitteln oder abschätzen, die dann in einer Bottom-up-Bewertung zusammengefasst werden können, so dass sich abschließend auch die Wahrscheinlichkeit für den Systemausfall ermitteln lässt.

Eine ähnliche Vorgehensweise lässt sich mit einem *Ursache-Wirkungs-Diagramm* (auch: Ishikawa-Diagramm oder Fishbone Diagram) anwenden. Dabei werden, ausgehend von einem potenziellen Risiko, alle Ursachen identifiziert. Die Ursachen werden dabei in verschiedene Gruppen eingeteilt und soweit weiter untersucht, bis die „wahren Gründe" eines Risikos identifiziert sind. Eine Möglichkeit ist, die Ursachen in interne und externe Faktoren zu kategorisieren (vgl. Asbjørnslett 2008). Eine Stärke von Ursache-Wirkungs-Diagrammen ist ihre leichte Verständlichkeit aufgrund der grafischen Darstellung.

Auch ein *Fragenkatalog* kann eine wichtige Methode zur Auffindung von Risiken darstellen. Häufig baut der Fragenkatalog auf einer anderen Identifikationsmethode auf, die erst die Grundlage für die Zusammenstellung der Fragen liefert.

Das *morphologische Verfahren* zählt zu den kreativen analytischen Methoden, um komplexe Problembereiche vollständig zu erfassen und zu analysieren. Ziel ist es, bestimmte Ordnungen und Strukturen aufzuzeigen, um damit ein klares Bezugssystem herstellen zu können.

Kreativitätsmethoden basieren auf kreativen Prozessen, die durch divergentes Denken charakterisiert sind, um relativ flüssig und flexibel zu neuartigen Einfällen und originellen Lösungen zu gelangen. Kreativitätstechniken lassen – im Gegensatz zum rationalen und strukturierten Denken – das Denken chaotisch werden.

Brainstorming ist die in der Praxis am häufigsten angewendete Methode zur Ideenfindung. Sie wurde bereits in den späten 1930er Jahren entwickelt. Ihre Ergebnisqualität beruht vor allem darauf, dass

- zur Lösung eines Problems das Wissen mehrerer Personen genutzt wird,
- denkpsychologische Blockaden ausgeschaltet werden,
- die Lösungsvielfalt erweitert wird, da restriktive Äußerungen ausgegrenzt werden,
- das Kommunikationsverhalten der Beteiligten gestrafft und „demokratisiert" wird sowie
- unnötige Diskussionen vermieden werden.

Beim *Brainwriting* (in einer speziellen Form auch Methode 635 genannt) steht ebenfalls die freie Gedankenäußerung einer Gruppe von Personen im Mittelpunkt. Bei dieser Technik schreibt jeder Teilnehmer vier Ideen auf ein Blatt Papier, welches er danach in der Mitte des Tisches ablegt. Sollten einmal einem Teilnehmer die Ideen ausgehen, so hat er die Möglichkeit, seine Gedanken gegen Entwürfe aus der Mitte auszutauschen. Gegen Ende sollte jeder Teilnehmer mindestens einmal sein eigenes Papier gegen eines aus der Mitte getauscht haben. Die Methode des Brainwriting kann helfen, bestimmte Risikokategorien einmal aus einer anderen Perspektive zu betrachten oder auch neue, bisher unbekannte Risiken zu identifizieren. Analog zum Brainstorming ist auch beim Brainwriting die interdisziplinäre beziehungsweise heterogene Zusammensetzung der Teilnehmer von zentraler Bedeutung für den Erfolg.

Die Grundfunktion der *Synektik* ist das Zusammenfügen scheinbar nicht zusammenhängender und irrelevanter Elemente beziehungsweise Tatbestände. Sie überträgt problemfremde Strukturen beziehungsweise kombiniert sachlich unzusammenhängende Wissenselemente. Als wesentliches Prinzip gilt: „Mache dir das Fremde vertraut und entfremde das Vertraute." Hiermit wird einerseits eine gründliche Problemanalyse angesprochen und andererseits die Verfremdung der ursprünglichen Problemstellung durch Bildung von Analogien erreicht. Durch einen sachlichen Abstand von bekannten Ursache-Wirkungs-Ketten oder Risikokategorien führt die Synektik zu einer neuen Perspektive und zu einem „Blick über den Tellerrand".

Ausgangslage für die *Delphi-Methode* (auch Delphi-Studie oder Delphi-Befragung genannt) ist ein Fragebogen oder Thesenpapier, in dem alle zu beantwortenden Fragen der zu lösenden Aufgabe enthalten sind. In mehreren, aufeinander aufbauenden Runden werden Expertenbefragungen durchgeführt (in aller Regel zwei bis vier Iterationen mit den Prozessschritten Befragung, Datenanalyse, Feedback, Diskussion und Entscheidung). Der Meinungsbildungsprozess enthält die folgenden Elemente: Generation, Korrektur beziehungsweise teilweise Anpassung oder Verfeinerung, Mittelwertbildung beziehungsweise Grenzwertbildung, oft auch offene Felder für Erläuterungen. Störende Einflüsse werden durch die Anonymisierung, den Zwang zur Schriftform und der Individualisierung eliminiert. Die Strategie der Delphi-Methode besteht aus: Konzentration auf das Wesentliche;

mehrstufiger, teilweise rückgekoppelter Editierprozess; sicherere, umfassendere Aussagen durch Zulassen statistischer fuzzyartiger Ergebnisse.

Die *Szenarioanalyse* ist im betriebswirtschaftlichen Kontext eine heutzutage verbreitete Methode, die insbesondere im Bereich Strategie beziehungsweise Unternehmensentwicklung als Instrument der Entscheidungsvorbereitung und -unterstützung etabliert ist. Sie wird vorrangig bei zukunftsorientierten Fragestellungen eingesetzt; da ein proaktives Risikomanagement auf die Zukunft fokussiert, lässt sich diese Methode gut im Risikomanagement anwenden. Die Grundidee ist, einen alternativen Zustand zu beschreiben und anhand dieser Beschreibung Konsequenzen auf eine zu untersuchende Fragestellung abzuleiten. In aller Regel werden die so erhaltenen Kenntnisse verwendet, um darauf aufbauend zu konkreten Handlungsempfehlungen zu gelangen beziehungsweise die Risiken unterschiedlicher zukünftiger Szenarien abzuschätzen.

Die Ergebnisse der empirischen Studie „Chancen-Risiko-Radar 2013", veröffentlicht vom Kompetenzportal RiskNET in Kooperation mit dem Medienkonzern Thomson Reuters, zeigt auf, dass die Mehrzahl der 600 befragten Unternehmen Werkzeuge anwendet, die zwar eine Risikobuchhaltung unterstützen, aber eben kein präventives und in die Zukunft gerichtetes Management von Risiken.

Im Bereich der Risikomethoden dominieren bei Kollektionsmethoden Interviews sowie Checklisten (vgl. Abb. 3.17). Analytische Methoden sind vielfach unbekannt oder kommen praktisch nicht zum Einsatz. Analog zu den analytischen Methoden sind auch Kreativitätstechniken vielfach unbekannt beziehungsweise finden in der Praxis keine bis

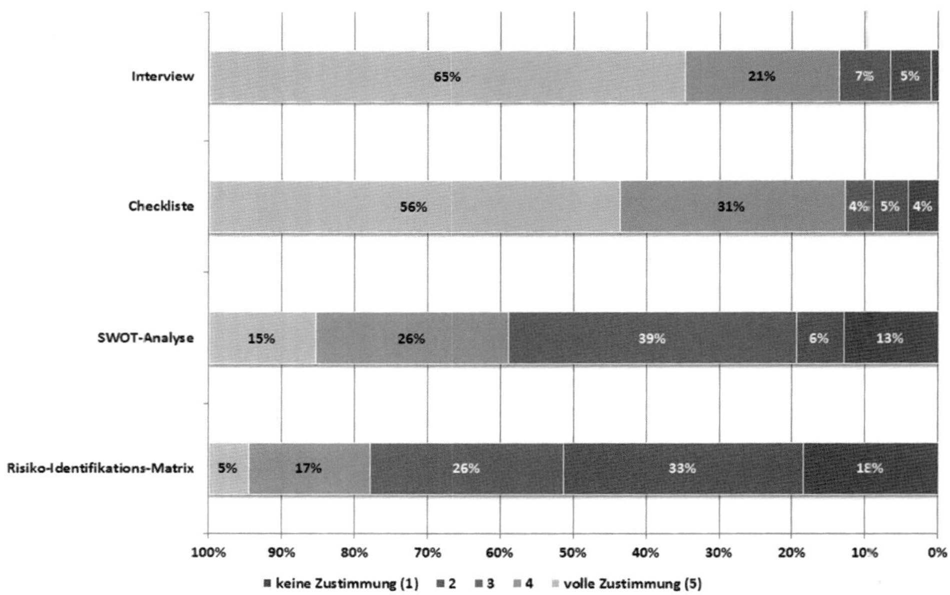

Abb. 3.17 Mit Hilfe welcher Methoden werden Risiken im Unternehmen bewertet? (Kollektionsmethoden). (Quelle: RiskNET und Thomson Reuters 2013)

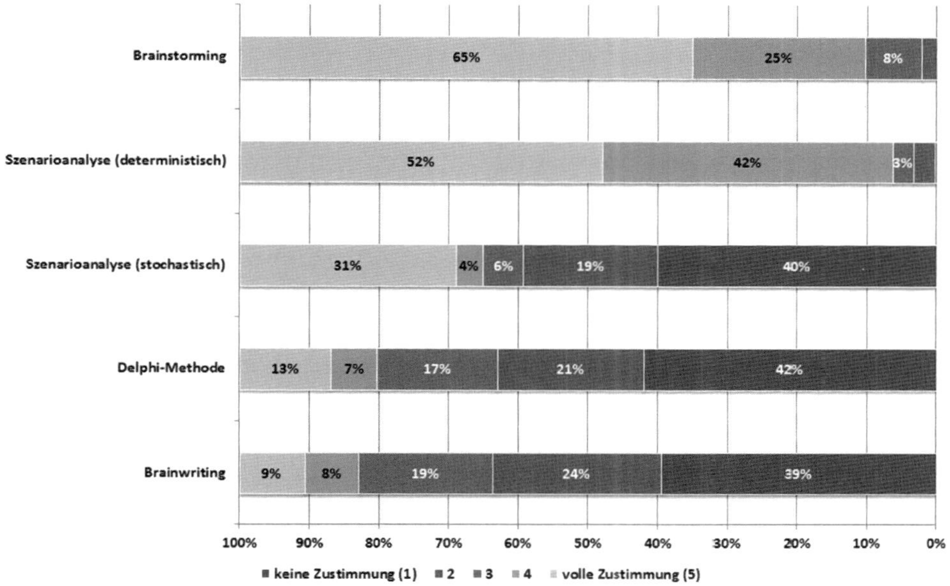

Abb. 3.18 Mit Hilfe welcher Methoden werden Risiken im Unternehmen bewertet? (Kreativitätsmethoden). (RiskNET und Thomson Reuters 2013)

wenig Anwendung. Die bevorzugte Kreativitätsmethodik im Bereich der Risikoanalyse ist das Brainstorming, gefolgt von Szenarioanalysen (vgl. Abb. 3.18). Zu ähnlichen Aussagen kommt man, wenn man die Methodenanwendung in der Logistikbranche, das heißt bei Speditionen, Transportunternehmen und Logistikdienstleistern, betrachtet. Hierauf gehen Dirk Lohre und Michael Huth in Kap. 14 näher ein.

Detaillierte Ausführungen zu der Anwendung einzelner Methoden enthalten die folgenden Kap. 5 (Methoden der Risikobewertung im Bereich Supply Chain-Risikomanagement) und 6 (Einsatz von Simulationsmethoden im Logistik-Risikomanagement).

Bereits in Kap. 2 wurde auf die immanente Prozessorientierung von Logistik und Supply Chain Management hingewiesen. Dieser Prozessbezug eignet sich gut, um die aufgeführten Methoden strukturiert anzuwenden. Damit kommt der Prozessdokumentation eines Unternehmens eine besondere Bedeutung bei der Risikoidentifikation zu (Huth 2010). Anhand der dokumentierten Prozesse ist es möglich, Prozess für Prozess auf Risiken zu untersuchen. Da ein Prozess unter anderem durch einen Output charakterisiert ist, lassen sich für jeden Prozess mehrere Fragen stellen:

- Welches Risiko ist mit dem Prozess verbunden? Mit anderen Worten: Welche Abweichungen vom geplanten Output des Prozesses sind möglich? Wenn beispielsweise ein interner Bereitstellprozess analysiert wird, kann der Output des Prozesses durch die richtige Menge des richtigen Bauteils in der richtigen Qualität am richtigen Ort definiert sein. Es besteht jedoch die Gefahr, dass zum Beispiel zu wenige Bauteile oder die falschen Bauteile bereitgestellt werden.

- Welche Konsequenzen treten auf, wenn das Risiko eintritt? Auch hier können die Auswirkungen anhand der Prozessdokumentation identifiziert werden: Welche (nachgelagerten) Prozesse sind betroffen, wenn der Output des internen Bereitstellprozesses vom Plan abweicht? Dies könnte zum Beispiel eine Verzögerung beim sich anschließenden Montageprozess sein.
- Welche Ursachen sind für das Risiko verantwortlich? Dabei kann es sinnvoll sein, tiefer in die Prozesse einzusteigen. Möglicherweise handelt es sich um ein Problem bei der Kommunikation, das heißt beim Informationsinput für den Bereitstellprozess. Das Risiko könnte aber auch von ungünstig angeordneten Lagerfächern für die Bauteile abhängen. Mit den oben aufgeführten Methoden in Kombination mit der Prozessdokumentation lassen sich die Ursachen des Risikos ermitteln.

Wenn die Prozesse eines Unternehmens (oder gar in einer Supply Chain mehrerer Unternehmen) mit dem „Supply Chain Operations Reference Model", kurz: SCOR-Modell, dokumentiert sind, lässt sich eine schnelle Kategorisierung nach den in Abschn. 3.4 erläuterten leistungswirtschaftlichen Risiken vornehmen. Das SCOR-Modell unterscheidet fünf typische Prozesskategorien: Planung (plan), Beschaffung (source), Produktion (make), Auslieferung (deliver) und Rückgabe (return). Die Prozesse werden auf mehreren Ebenen mit unterschiedlichem Detaillierungsgrad dargestellt. Durch die Modellierung der Prozesse und die Identifikation von Risiken in den einzelnen Prozessen wird eine unmittelbare Klassifizierung möglich (vgl. dazu Götze und Mikus 2007). Die konkrete Anwendung des SCOR-Modells für das logistikbezogene Risikomanagement stellen wir in Kapitel 10 anhand eines Beispiels aus der Elektroindustrie dar.

Grundsätzlich lässt sich aber jede Form der Prozessdokumentation als Ausgangspunkt für die Risikoidentifikation nutzen. Die Verbindung von Methoden der Risikoidentifikation und Prozessdokumentation wird bei Huth (2003) deutlich: Dort wird gezeigt, wie sich Fehlerbaum- sowie Ereignisbaumanalysen auf eine als „ereignisgesteuerte Prozesskette" modellierte Prozessfolge anwenden lassen.

3.9 Fazit/Schlussfolgerungen/Ausblick

In der Vergangenheit haben sich nicht wenige Unternehmen verhalten wie der Autofahrer, dessen Frontscheibe beschlagen ist und der deshalb mit Hilfe des Rückspiegels fährt. Durch den vergangenheitsorientierten Blick ist lediglich eine Risikobuchhaltung beziehungsweise ein reaktives Risikomanagement möglich. Die skizzierten Beispiele im Bereich von eingetretenen Logistik- beziehungsweise Supply Chain-Risiken bestätigen vielfach diesen vergangenheitsorientierten Blick. Potenzielle zukünftige Szenarien, die noch nicht eingetreten sind, werden vielfach ausgeblendet oder als Hirngespinste beiseitegeschoben.

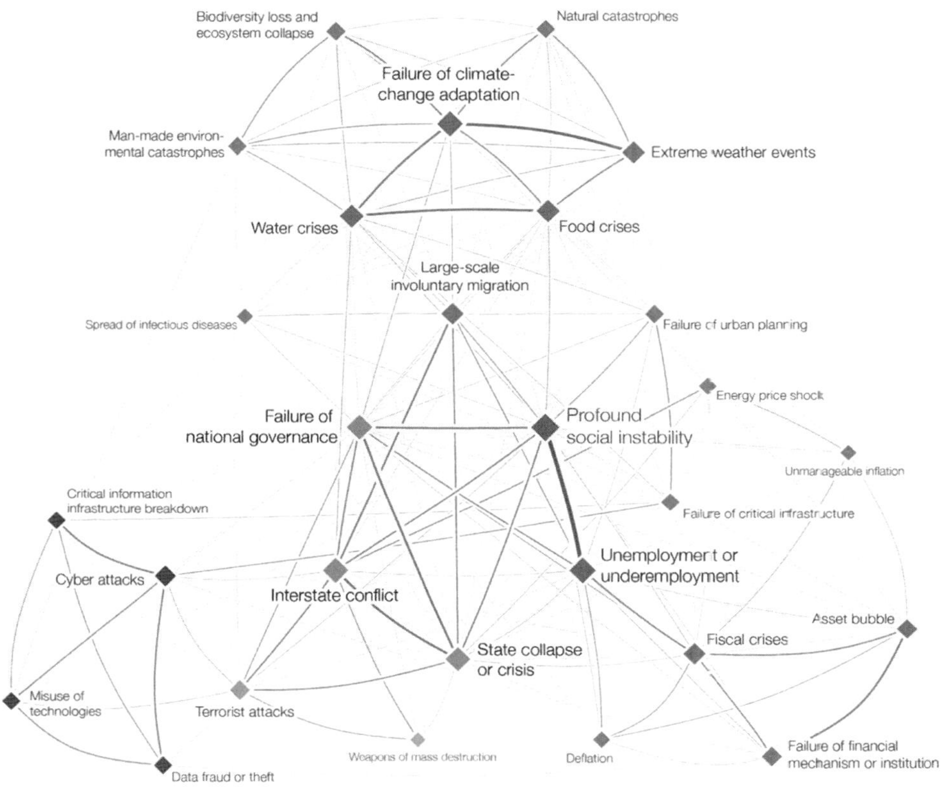

Abb. 3.19 The Global Risks 2015 Interconnections Map. (Quelle: World Economic Forum 2015)

Die Realität, insbesondere im Bereich der globalen Wertschöpfungsnetzwerke, spiegelt hingegen ein äußerst komplexes Bild wider (vgl. Abb. 3.19). Unterschiedliche Ursachen interner und externer Art sind durch zahlreiche Abhängigkeiten miteinander verknüpft und unterliegen nicht selten sehr starken und abrupten Veränderungen. Unternehmen und deren Wertschöpfungsnetzwerke sind komplexe Netzwerke ohne einfache Ursache-Wirkungs-Logik.

Benoît B. Mandelbrot und Richard Hudson kritisierten seit Jahrzehnten viele traditionelle Methoden im Risikomanagement, da sie die Realität nur sehr eingeschränkt abbilden würden. Mandelbrot und Hudson weisen darauf hin, dass Risiken falsch gemessen werden:

> Jahrhunderte hindurch haben Schiffbauer ihre Rümpfe und Segel mit Sorgfalt entworfen. Sie wissen, dass die See in den meisten Fällen gemäßigt ist. Doch sie wissen auch, dass Taifune aufkommen und Hurrikane toben. Sie konstruieren nicht nur für die 95 % der Seefahrttage, an denen das Wetter gutmütig ist, sondern auch für die übrigen fünf Prozent, an denen Stürme toben und ihre Geschicklichkeit auf die Probe gestellt wird. Die Finanziers und Anleger der Welt sind derzeit wie Seeleute, die keine Wetterwarnungen beachten (Mandelbrot und Hudson 2004).

Viele Risikomanager konstruieren ihr Risikomanagement so, als gäbe es nur Sonnentage und keinerlei Schlechtwetterwarnungen. Insbesondere im Bereich des Logistik-Risikomanagements muss sich ein Unternehmen auf die potenziellen Szenarien konzentrieren, die tatsächlich zu Krisen führen können. Hierbei wird vor allem im Bereich Logistik-Risikomanagement deutlich, dass ein funktionierendes und effizientes Risikomanagement sowie eine gelebte Risiko- und Kontrollkultur sich zunehmend zu wesentlichen Erfolgsfaktoren für Unternehmen aller Branchen entwickeln. Nur diejenigen Unternehmen, die ihre Risiken effizient steuern und kontrollieren sowie dabei auch ihre Chancen erkennen und nutzen, werden langfristig erfolgreich sein und ihren Unternehmenswert steigern. Die in den Kap. 1 und 2 skizzierten Praxisbeispiele (Toyota, Sony, Nokia/Ericsson etc.) verdeutlichen den Mehrwert eines präventiven Logistik- beziehungsweise Supply Chain-Risikomanagements.

Für die Bewertung und Identifikation von Risiken stehen zahlreiche Instrumente und Methoden bereit. Diese wurden in den letzten Jahren ständig verbessert und verfeinert. Einige Risiken sind quantifizierbar, andere dagegen können nur qualitativ beschrieben werden. Für alle Unternehmen überlebenswichtig ist die Information über das Gesamtrisiko in Relation zur Risikotragfähigkeit.

Literatur

Asbjørnslett, B.E.: Assessing the vulnerability of supply chains. In: Zsidisin, G.A., Ritchie, B. (Hrsg.) Supply Chain Risk – A Handbook of Assessment, Management, and Performance, S. 15–33. Springer, New York (2008)

Beck, U.: Risikogesellschaft. Auf dem Weg in eine andere Moderne. Suhrkamp Verlag, Frankfurt a. M. (1986)

Brühwiler, B., Romeike, F.: Praxisleitfaden Risikomanagement – ISO 31000 und ONR 49000 sicher anwenden. Erich Schmidt Verlag, Berlin (2010)

Brünger, C.: Erfolgreiches Risikomanagement mit COSO ERM: Empfehlungen für die Gestaltung und Umsetzung in der Praxis. Erich Schmidt Verlag, Berlin (2009)

Erben, R.F., Romeike, F.: Allein auf stürmischer See – Risikomanagement für Einsteiger. Wiley-VCH, Weinheim (2003)

Gleißner, W., Romeike, F.: Risikomanagement – Umsetzung, Werkzeuge, Risikobewertung. Haufe Verlag, Freiburg im Breisgau (2005)

Gleißner, W., Romeike, F.: Grundlagen und Grundbegriffe einer risikoorientierten Unternehmensführung. In: Schriftlicher Management-Lehrgang in 11 Lektionen. Euroforum Verlag, Düsseldorf (2007)

Götze, U., Mikus, B.: Der Prozess des Risikomanagements in Supply Chains. In: Vahrenkamp, R., Siepermann, C. (Hrsg.) Risikomanagement in Supply Chains – Gefahren abwehren, Chancen nutzen, Erfolg generieren, S. 29–58. Erich Schmidt Verlag, Berlin (2007)

Hager, P.: Corporate Risk Management – Value at Risk und Cash Flow at Risk. Bankakademie-Verlag, Frankfurt a. M. (2004)

Handfield, R. et al.: Trends and Strategies in Logistics und Supply Chain Management: Embracing Global Logistics Complexity to Drive Market Advantage. DVV Media Group, Hamburg (2013)

Huth, M.: Risikomanagement in der Logistik (Teil 2) – Prozesskettenbezogene Risikoanalyse. Risk-News. **4**(2), 55–67 (2003)

Huth, M.: Entwicklung eines logistisch orientierten Risikomanagements. In: Pradel, U. et al. (Hrsg.) Praxishandbuch Logistik, S. 1–18. Deutscher Wirtschaftsdienst, Köln (2010)
Kahn, H., Wiener, A.J.: The Year 2000: A Framework for Speculation on the Next Thirty-Three Years. Macmillan, New York (1967)
Korte, T., Romeike, F.: MaRisk VA erfolgreich umsetzen: Praxisleitfaden für das Risikomanagement in Versicherungen. 2., komplett überarbeitete Aufl. Erich Schmidt Verlag, Berlin (2011)
Mandelbrot, B.B., Hudson R.L.: (Mis)behaviour of Markets: A Fractal View of Risk, Ruin and Reward. Basic Books, London (2004)
RiskNET GmbH: Der Prozess des Risikomanagements. www.risknet.de/wissen/risk-management-prozess/ (2015). Zugegriffen: 02. Feb. 2015
RiskNET, Thomson Reuters: Chancen-/Risiko-Radar 2013 – Status quo einer risiko- und chancenorientierten Unternehmenssteuerung. RiskNET GmbH, Brannenburg (2013)
Romeike, F.: Rechtliche Grundlagen des Risikomanagements – Haftungs- und Strafvermeidung für Corporate Compliance. Erich Schmidt Verlag, Berlin (2008)
Romeike, F.: Risikomanagement im Kontext von Corporate Governance. Der Aufsichtsrat. **05/2014**, 70–72 (2014)
Romeike, F., Hager, P.: Erfolgsfaktor Risikomanagement 3.0: Lessons learned, Methoden, Checklisten und Implementierung. Springer Verlag, Wiesbaden (2013)
Romeike, F., Spitzner, J.: Von Szenarioanalyse bis Wargaming – Betriebswirtschaftliche Simulationen im Praxiseinsatz. Wiley-VCH, Weinheim (2013)
Scherer, J.: Good Governance und ganzheitliches strategisches und operatives Management: Die Anreicherung des „unternehmerischen Bauchgefühls" mit Risiko-, Chancen- und Compliancemanagement. Corporate Compliance Zeitschrift (CCZ). Heft **6/2012**, 201–211 (2012)
Weber, J., Weißenberger, B.E., Liekweg, A.: Risk tracking and reporting – Unternehmerisches Chancen- und Risikomanagement nach dem KonTraG. Reihe Advanced Controlling, Bd. 11. WHU Koblenz, Vallendar (1999)
World Economic Forum: Global Risks 2012. 7th edition, Cologny/Geneva (2012)
World Economic Forum: Global Risks 2014. 9th edition, Cologny/Geneva (2014)
World Economic Forum: Global Risks 2015. 10th edition, Cologny/Geneva (2015)

Frank Romeike ist Gründer des Kompetenzzentrums RiskNET – The Risk Management Network. Er ist Geschäftsführer und Eigentümer der RiskNET GmbH sowie Gründer und Gesellschafter von RiskNET Advisory & Partner. Außerdem ist er verantwortlicher Chefredakteur (V. i. S. d. P.) der Zeitschrift „RISIKO MANAGER", die alle 14 Tage erscheint und sich schwerpunktmäßig mit den Themen Kreditrisiko, Marktrisiko, Operationelles Risiko und Enterprise Risk Management (ERM) auseinandersetzt. Er zählt international zu den renommiertesten und führenden Experten für Risiko- und Chancenmanagement und coacht seit rund 20 Jahren Unternehmen aller Branchen und Unternehmensgrößen rund um die Themengebiete Risiko- bzw. Chancenmanagement und Wertorientierte Unternehmenssteuerung. Im Rahmen von Intensiv- und Inhouse-Seminaren der Risk Academy hat er mehr als 7500 Risikomanager ausgebildet bzw. gecoacht. An der HDU ist er fachlicher Leiter des akkreditierten Masterstudiengangs „Risiko- und Compliancemanagement". In seiner beruflichen Vergangenheit war er Chief Risk Officer bei der IBM Central Europe, wo er u. a. an der Einführung des weltweiten Risk-Management-Prozesses der IBM beteiligt war und mehrere internationale Projekte leitete. Er hat u. a. ein wirtschaftswissenschaftliches Studium (mit Schwerpunkt Versicherungsmathematik) in Köln und Norwich/UK abgeschlossen. Im Anschluss hat er Politikwissenschaften, Psychologie und Philosophie studiert. Außerdem hat er ein exekutives

Masterstudium im Bereich Risiko- und Compliancemanagement abgeschlossen. Frank Romeike hat u. a. Lehraufträge (Adjunct Professor) an der Ludwig-Maximilians-Universität München (Seminar für Finanzökonometrie), der Hochschule Coburg (MBA-Studiengang Versicherungsmanagement; Schwerpunkt: Risikomanagement in Versicherungsunternehmen) sowie der Technischen Hochschule Deggendorf (Masterprogramm Risiko- und Compliancemanagement, hierbei handelt es sich um ein gemeinsames Projekt des TÜV Süd, der Technischen Hochschule Deggendorf und RiskNET) angenommen. Frank Romeike ist Mitglied des Vorstands beim Institut für Risikomanagement und Regulierung e. V. (Frankfurt am Main) und verantwortet dort unter anderem das Thema Öffentlichkeitsarbeit.

Prof. Dr. Michael Huth ist seit 2006 Professor für Allgemeine Betriebswirtschaftslehre, insbesondere Logistik, an der Hochschule Fulda. Dort war er von 2009 bis 2011 Prodekan, von 2011 bis 2014 leitete er als Dekan den Fachbereich Wirtschaft. Die Internationalität seiner Aktivitäten zeigt Prof. Dr. Michael Huth unter anderem durch längere Lehr- und Forschungsaufenthalte an der University of the Sunshine Coast (Australien) und an der California State University San Bernardino (USA). Neben der fachbezogenen Lehre beschäftigt er sich seit mehr als 15 Jahren mit den Themen Risikomanagement, Notfallplanung und Sicherheit. Gemeinsam mit Prof. Dr. Dirk Lohre von der Hochschule Heilbronn führt er seit 2008 empirische Untersuchungen zum Stand des Risikomanagements in der Logistikbranche durch. Vor seinem Engagement an der Hochschule Fulda war er geschäftsführender Gesellschafter der Hulocon GmbH, einer Unternehmensberatung mit Fokus Logistik- und Risikomanagement. Er kann auf viele erfolgreiche Beratungsprojekte in Industrie, Handel und dem Dienstleistungssektor verweisen. Prof. Dr. Michael Huth hat an der Goethe-Universität in Frankfurt am Main und an der Southampton University (Großbritannien) Betriebswirtschaftslehre studiert.

Aufbau- und ablauforganisatorische Einbindung des Risikomanagements in der Logistik

4

Frank Romeike und Michael Huth

Inhaltsverzeichnis

F. Romeike (✉)
RiskNET GmbH, Brannenburg, Deutschland
E-Mail: office@risknet.de

M. Huth
Hochschule Fulda, Fulda, Deutschland
E-Mail: michael.huth@w.hs-fulda.de

M. Huth, F. Romeike (Hrsg.), *Risikomanagement in der Logistik,*
DOI 10.1007/978-3-658-05896-8_4

Risikosteuerung

4.1 Umsetzung des Risikomanagements in der Logistik

Ausgangspunkt für den Aufbau eines Risikomanagements ist eine klar definierte Risikostrategie, die im Einklang mit den Unternehmenszielen sowie der Geschäftsstrategie steht. In diesem Kontext ist es wichtig, dass die Gesamtverantwortung für den Aufbau und die Umsetzung eines Risikomanagements beim Vorstand beziehungsweise der Geschäftsleitung liegt und diese Verantwortung nicht delegierbar ist (vgl. Romeike und Hager 2013, S. 146 f. sowie auch Kap. 2).

Der ganzheitliche Ansatz des Risikomanagements – und auch eines Logistik-Risikomanagements – verlangt, dass eine dem Gesamtrisikoprofil angemessene Risikostrategie von der Geschäftsleitung bis in die operativen Prozesse in einem adäquaten Umfang in das operative Tagesgeschäft umgesetzt wird und Risiken im operativen Umfeld wiederum von unten nach oben berichtet werden (Gegenstromplanung), so dass ein Gesamtrisikoprofil für das Unternehmen erstellt werden kann.

Die Risiko- beziehungsweise Risikomanagementstrategie ist mit der Geschäftsstrategie abzustimmen und darf dieser selbstverständlich nicht widersprechen (vgl. hierzu vertiefend Korte und Romeike 2011, S. 51 ff.). Unter einer Geschäftsstrategie kann allgemein die geschäftspolitische Ausrichtung, die Zielsetzungen und Planungen des Unternehmens, über einen angemessenen Zeithorizont verstanden werden. Demgegenüber versteht man unter einer Risikostrategie die Beschreibung des Umgangs mit den sich aus der Geschäftsstrategie ergebenden Risiken.

Insbesondere schildert die Risikostrategie die Auswirkungen der Geschäftsstrategie auf die Risikosituation des Unternehmens und beschreibt den Umgang mit den vorhandenen Risiken und die Fähigkeit des Unternehmens, neu hinzugekommene Risiken zu tragen. Je nach Branchenzugehörigkeit werden Unternehmen als Teil einer Risikostrategie auch auf Logistikrisiken eingehen. Die Intensität lässt sich in der Regel bereits aus der definierten Geschäftsstrategie ableiten. So werden etwa ein Logistikdienstleister, ein Handelsunternehmen oder ein Just-in-Time-Lieferant auch Aspekte der Logistik in die Geschäftsstrategie mit aufnehmen; dies wiederum wird sich auch in der Risikostrategie wiederspiegeln. Die steigende Bedeutung der Logistik lässt sich auch daran festmachen, dass in rund 40 % der Unternehmen die Logistik auch auf Vorstandsebene repräsentiert wird; dies gilt für den Handel genauso wie für die Automobilindustrie oder die Hightech-Branche (vgl. Handfield et al. 2013, S. 42). Das bedeutet als Konsequenz, dass die Unternehmensstrategie Logistikaspekte enthalten wird – und daraus wiederum lässt sich schließen, dass die Risikostrategie Logistikrisiken berücksichtigen muss.

In der „Strategie 2020“ der Deutschen Post DHL sind beispielsweise die folgenden Themen enthalten (vgl. Deutsche Post DHL 2014):

- „Logistik als unser Kerngeschäft, um unsere Margen weiter zu verbessern.“
- „Führender Anbieter in eCommerce-Logistik, um nachhaltig stärker zu wachsen als der Markt.“

Hieraus sollte in einem nächsten Schritt eine Risikostrategie abgeleitet werden, die einen direkten Bezug zu den strategischen Zielen herstellt. In der Risikostrategie werden die

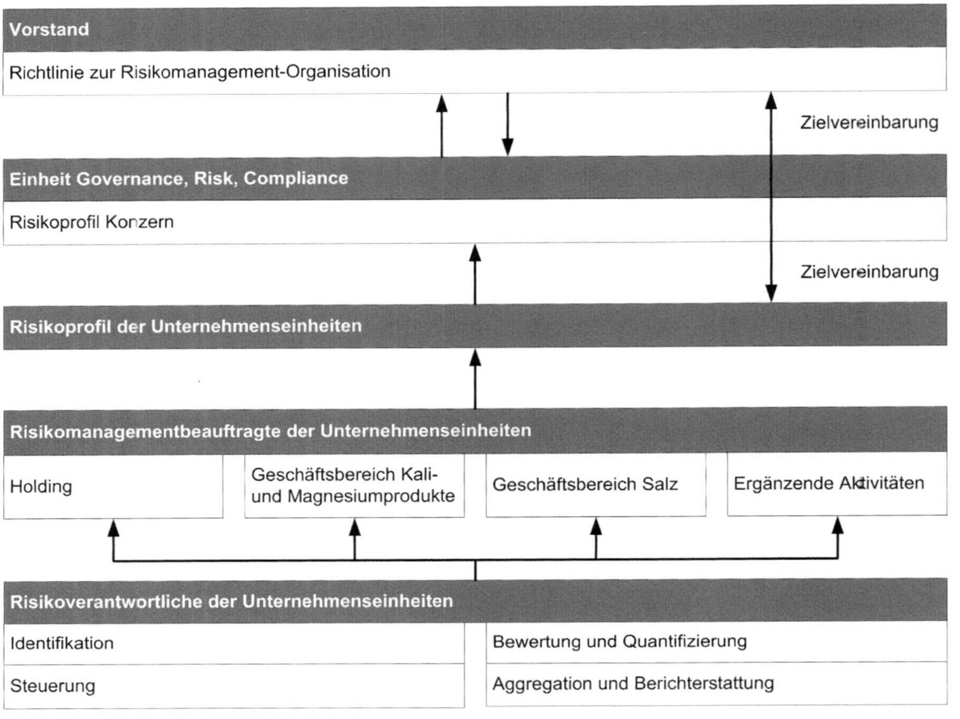

Abb. 4.1 Umsetzung eines Risikomanagements in der Praxis. (Quelle: Schulungsunterlagen RiskNET GmbH 1999)

sich aus der Umsetzung der Geschäftsstrategie ergebenden Risiken bezüglich ihres Einflusses auf die Wirtschafts-, Finanz- oder Ertragslage des Unternehmens dargestellt sowie daraus resultierende Leitlinien für den Umgang mit den Risiken.

Nach einer Definition der Risikostrategie (siehe Abb. 4.1) beinhaltet die Einführung eines Risikomanagement-Systems die folgenden Aspekte:

- klare Definition des Umfangs des Risikomanagements,
- Implementierung der Prozesse und Einbettung in die bestehende Organisation,
- Umsetzung des Risikomanagement-Regelkreises (Risikoidentifizierung, Risikobewertung, Risikosteuerung, Risikoüberwachung und -reporting),
- Unterstützung der Prozesse durch Software-Tools sowie
- Schaffung einer angemessenen Risikokultur im Unternehmen.

Auf diese einzelnen Aspekte werden wir in den folgenden Kapiteln überblickartig eingehen.

Beim ersten Punkt (klare Definition des Umfangs des Risikomanagements) geht es vor allem darum, ob das Risikomanagement sich auf einzelne Themenbereiche konzentrieren soll, beispielsweise Risiken im Bereich Logistik, oder ob ein unternehmensweites und integriertes Risikomanagement (Enterprise Risk Management, ERM) im Mittelpunkt steht.

4.2 Aufbauorganisatorische Einbindung

Grundsätzlich ist die Geschäftsleitung für die Einführung und Umsetzung eines angemessenen Risikomanagements verantwortlich. Diese aus der Sorgfaltspflicht resultierende Verantwortlichkeit ist nicht delegierbar. Selbstverständlich können aber die operative Umsetzung sowie der eigentlich operative Risikomanagement-Prozess auf entsprechende Funktionsbereiche delegiert werden.

Wie in jedem anderen Organisationssystem auch erfordert ein Risikomanagementsystem transparente, klare und schriftlich fixierte Aufgabenzuordnungen sowie die Beschreibung von Arbeitsabläufen.

Für ein effizientes Risikomanagement sollte vor allem angestrebt werden, möglichst viele Teilaufgaben, insbesondere die laufende Überwachung der Risiken, dezentral zu organisieren. So sollten sich im Logistik-Risikomanagement die dezentralen Experten im Bereich Logistik mit der Identifikation und Bewertung der entsprechenden Risiken beschäftigen und nicht etwa das zentrale Risikomanagement oder eine zentrale Abteilung Supply Chain-Risikomanagement (vgl. hierzu vertiefend Gleißner et al. 2015, S. 563 ff.). Im Rahmen der organisatorischen Regelungen der Risikomanagementsysteme ist es als ein Kernelement anzusehen, dass Verantwortlichkeiten für die regelmäßige Überwachung von Risiken bestimmten Personen (sogenannten Risk Ownern) zugeordnet werden. Zur Vermeidung eines überhöhten organisatorischen Aufwands ist es naheliegend, den Fachexperten, die sich in ihrer täglichen Arbeit mit einem Risikobereich beschäftigen, zugleich auch die Verantwortung für die Identifikation, Bewertung und Steuerung der Risiken zu übertragen. Beispielsweise kann somit in der Konsequenz der Treasurer des Unternehmens Risk Owner für Zins- und Währungsrisiken sein. Oder der Leiter einer Einkaufs-, Beschaffungs-, Operations- beziehungsweise Logistik-Abteilung verantwortet das Management aller Logistik- beziehungsweise Supply-Chain-Risiken. Er verfügt naheliegenderweise über die erforderlichen fachlichen Voraussetzungen, beschäftigt sich in seiner täglichen Arbeit mit der Thematik und hat deshalb „nur" bestimmte zusätzliche Auswertungen aus einer Risikoperspektive vorzunehmen.

Nachfolgend sind exemplarisch einige Organisationsprinzipien und Gestaltungsvarianten dargestellt (in Anlehnung an Gleißner et al. 2015, S. 568 ff.). Hinsichtlich der grundlegenden organisatorischen Struktur und des Grads an Eigenständigkeit können prinzipiell drei Varianten der Organisation von Risikomanagement unterschieden werden:

1. Stand-alone-Variante

Für das Risikomanagement wird quasi eine Parallelstruktur zu den operativen Stellen und Prozessen des Unternehmens aufgebaut. Die Funktionseinheit verfügt dabei über eigene Mitarbeiter und Ressourcen, die eine unabhängige Überwachung der Risikosituation des Unternehmens sicherstellen (basierend auf dem Versicherungsaufsichtsgesetz sowie der Regulierung in der Folge von Solvency II wird für Versicherungsunternehmen eine solche unabhängige Risikocontrolling-Funktion gesetzlich gefordert). Diese eigenständige Risikomanagementfunktion stellt eine organisatorische und funktionale Trennung des Risikomanagements sicher. Verbunden hiermit ist allerdings auch ein relativ hoher Ressourcenaufwand. Alle Mitarbeiter des Risikomanagements sind in erster Linie einem zentral geleiteten Risikomanagementboard und/oder einem hauptverantwortlichen Risikomanager unterstellt. Die Stand-alone-Variante der Organisation von Risikomanagementsystemen ist in europäischen Unternehmen eher unüblich und wird konsequent eher nur in eng umrissenen Teilbereichen eines Unternehmens vorzufinden sein. Hierzu gehören beispielsweise aus einer Risikosicht sensible Bereiche, zum Beispiel das Treasury oder das Risikomanagement im Bereich Stromhandel eines Energieversorgers.

2. Stabs-Variante
Bei dieser Organisationsvariante nehmen ausgewählte Mitarbeiter – in der Praxis häufig die Prozessverantwortlichen – in ihren eigenen Themenfeldern zugleich die Aufgabe von Risk Ownern wahr. Sie überwachen wesentliche Risiken regelmäßig und melden diese an eine zentrale Stelle (das zentrale Risikomanagement) weiter. Dort liegt auch die Verantwortlichkeit für die Durchführung aller Risikomanagementprozesse, so dass die Risk Owner dem Leiter Risikomanagement in ihrer spezifischen Funktion verantwortlich sind. Die Neutralität und Objektivität der Risikoüberwachung wird durch das Risikomanagement – gegebenenfalls unterstützt durch die interne Revision – stichprobenartig überprüft.

Bei dieser Ausgestaltung eines Risikomanagementsystems nehmen nur relativ wenige Mitarbeiter primäre Aufgaben im Risikomanagement wahr. Sie sind meist als Stab dem Vorstand zugeordnet oder Elemente des Controllings. Eine organisatorische und funktionale Trennung ist bei dieser Organisationsstruktur nicht durchgängig gewährleistet. Dafür hat das System jedoch den Vorteil, relativ unbürokratisch und wenig kostenintensiv zu sein. Aufgaben des zentralen Risikomanagements sind hier neben der Entwicklung von Methoden, Verfahren und Werkzeugen insbesondere die Verdichtung (speziell Risikoaggregation) der Informationen aus dem dezentralen Risikomanagement, die Aufbereitung entsprechender Risikoberichte für die Geschäftsleitung beziehungsweise die Aufsichtsorgane sowie das Coaching der Risk Owner.

3. Integrale Variante:
Hierbei werden Aufgaben des Risikomanagements – soweit möglich – durch vorhandene Prozesse des Unternehmens mit wahrgenommen, beispielsweise durch Prozesse im strategischen Controlling, im Bereich von operativer Planung und Controlling oder im Bereich des Qualitätsmanagements. Das Risikomanagement verschmilzt damit weitgehend mit diesen Prozessen. Sie werden so angepasst, dass kontinuierlich neue Risiken erfasst und bereits bekannte Risiken nach einem festgelegten Turnus überwacht werden können.

Die in diesen Prozessen tätigen Mitarbeiter übernehmen zwar für das Risikomanagement relevante Tätigkeiten, werden jedoch weder disziplinarisch noch funktionell einem zentralen Risikomanagement zugeordnet. Gleichwohl leiten sie risikospezifische Informationen über vordefiniertes Reporting an das zentrale Risikomanagement zur Verdichtung und Aufbereitung für die Unternehmensführung weiter. Das zentrale Risikomanagement hat bei dieser Organisationsvariante eine primär koordinierende Funktion.

Des Weiteren kann hinsichtlich der Stufigkeit zwischen einstufigen und mehrstufigen Risikomanagementsystemen unterschieden werden.

Einstufig meint dabei, dass das Risikomanagementsystem nur über eine zentrale Koordinationsstelle – eben das zentrale Risikocontrolling – verfügt. Direkt darunter angeordnet sind dann die Verantwortlichen für einzelne Bereiche beziehungsweise Teilaufgaben des Systems (Risk Owner). In der Regel kann mit einem derartigen „einstufigen System" eine angemessene Überwachung der Risikosituation des Unternehmens erreicht werden.

Bei großen oder sehr stark verflochtenen Unternehmen mit einer entsprechend komplexen Risikolandschaft scheint es in jedem Fall empfehlenswert, ein mehrstufiges System zu gestalten. In einem solchen wird die Koordinationsaufgabe des zentralen Risikocontrollings durch vergleichbare dezentrale Stellen unterstützt, die für einen Teilbereich des Unternehmens die Koordination für das dort angesiedelte Subsystem des Risikomanagements übernehmen. Besonders häufig anzutreffen sind mehrstufige Systeme in Holding-Gesellschaften. Vorstellbar ist natürlich auch eine teilweise Zweistufigkeit eines Risikomanagementsystems, indem in einem Bereich ein Subsystem aufgebaut wird (beispielsweise im Treasury), während alle anderen Bereiche von einer Zentralstelle aus gesteuert und koordiniert werden.

Beispielhaft zeigt Abb. 4.2 die Aufbauorganisation des Risikomanagements in der K+S Gruppe. Deutlich wird dabei vor allem auch die Trennung der Risikomanagement-Beauftragten in den einzelnen Geschäftsbereichen von den Risikoverantwortlichen.

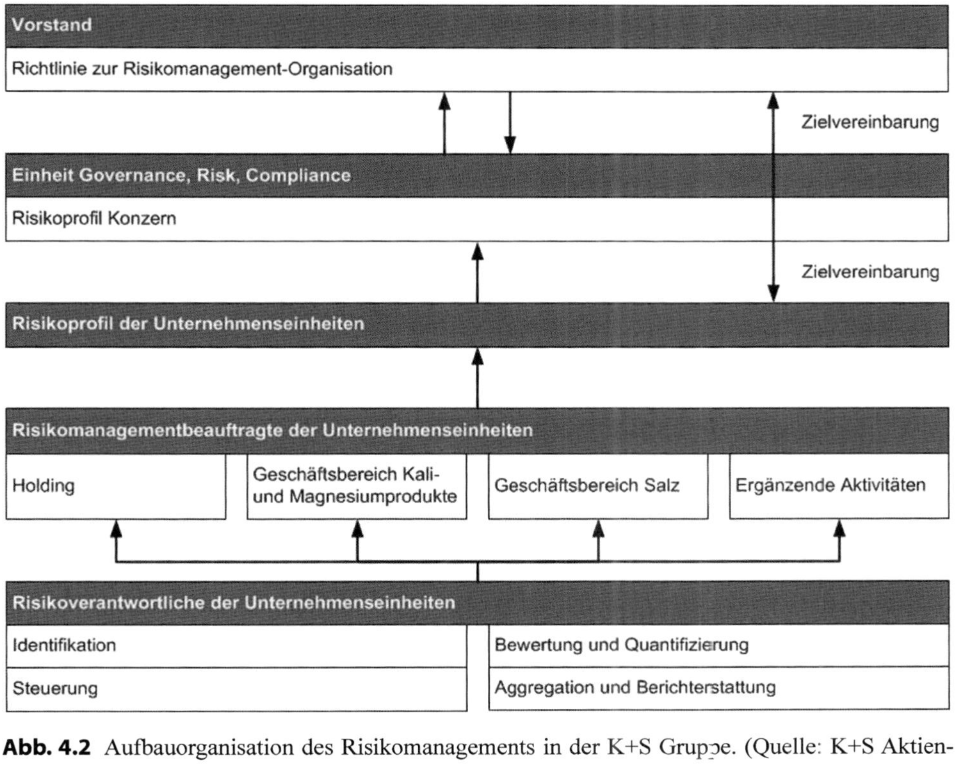

Abb. 4.2 Aufbauorganisation des Risikomanagements in der K+S Gruppe. (Quelle: K+S Aktiengesellschaft 2014, S. 93)

Die Mitarbeiter im Risikomanagement erhalten aus dieser Aufgabe heraus keine Weisungsbefugnis gegenüber anderen Mitarbeitern; sie sind als Inhaber einer Stabsstelle zu betrachten. Sie haben jedoch ein ausgeprägtes Recht auf Information.

Die oben skizzierten Organisationsformen im allgemeinen Risikomanagement lassen sich eins zu eins auf das Thema Logistik-Risikomanagement übertragen. Entweder existiert eine separate Funktionseinheit Logistik-Risikomanagement beziehungsweise Supply-Chain-Risikomanagement, beispielsweise als Stabsstelle, oder es übernimmt – in einer integralen Ausprägung – beispielsweise der Einkauf oder die Funktionseinheit Supply Chain auch die Koordination und Verantwortung für das Thema Logistik-Risikomanagement.

Trennung von Risikoüberwachung und Risikoverursachung?
Bei der Gestaltung eines Risikomanagementsystems wäre eine grundlegende Trennung von Risikoverursachung und Risikoüberwachung anzustreben (was beispielsweise in den USA üblich ist), um eine möglichst objektive Betrachtung der Risikosituation zu gewährleisten (vgl. Gleißner et al. 2015, S. 570).

In der Praxis von Unternehmen in Europa – und insbesondere in Deutschland, Österreich und der Schweiz – hat ein sogenannter Risk Owner im Risikomanagement fast immer parallel eine weitere Aufgabe (Linienfunktionen), die seine Haupttätigkeit darstellt. Diese Gestaltungsweise ist wesentlich kostengünstiger als ein dedizierter Risikoverantwortlicher. Durch die Doppelfunktion von Risk Ownern als „Risikoverursacher" steigt jedoch die Bedeutung der Unabhängigkeit des zentralen Risikocontrollings. Die Aufgabe des zentralen Risikocontrollings besteht allgemein in der Steuerung und Begleitung des Risikomanagementprozesses. Die Hauptaufgabe des zentralen Risikocontrollings besteht dann darin, das Risikomanagement zu einem konsistenten und effizienten System auszubauen und die Funktionsfähigkeit des Systems zu gewährleisten – beispielsweise durch Koordination und Unterstützung aller Aufgaben und beteiligten Akteure. Die Risk Owner tragen dagegen die Verantwortung für die Umsetzung des Risikomanagementprozesses in ihrem Verantwortungsbereich, beispielsweise im Bereich Logistik, und sind hier insbesondere für die laufende Überwachung der ihnen zugeordneten (Logistik-)Risiken verantwortlich.

In größeren Unternehmen beziehungsweise komplexeren Unternehmensstrukturen kann es sich bei dem zentralen Risikocontrolling auch um ein sogenanntes Risk Board (beziehungsweise Risiko-Komitee) handeln, in dem mehrere fachkompetente Mitarbeiter des Unternehmens als Team die Aufgabe des Risikocontrollings übernehmen. Gerade für die fachliche und inhaltliche Unterstützung werden dann derart viele unterschiedliche Kompetenzen benötigt, dass sie sich kaum auf einer Stelle vereinen lassen. Aber auch bei einem Risk Board – in der Unternehmenspraxis in der Regel drei bis sieben Mitglieder – wird nicht jeder stets vertreten sein müssen. Es ist durchaus vorstellbar, dass einige Mitglieder nur fakultativ hinzugezogen werden (vgl. Kendall 1998).

Der Risikomanagementprozess muss zwingend von einer vom zentralen Risikocontrolling unabhängigen Instanz überwacht werden (vgl. in diesem Kontext IDW EPS 340 Tz. 3.5 sowie Gleißner und Romeike 2015, S. 31 ff.). Diese Funktion wird in der Regel

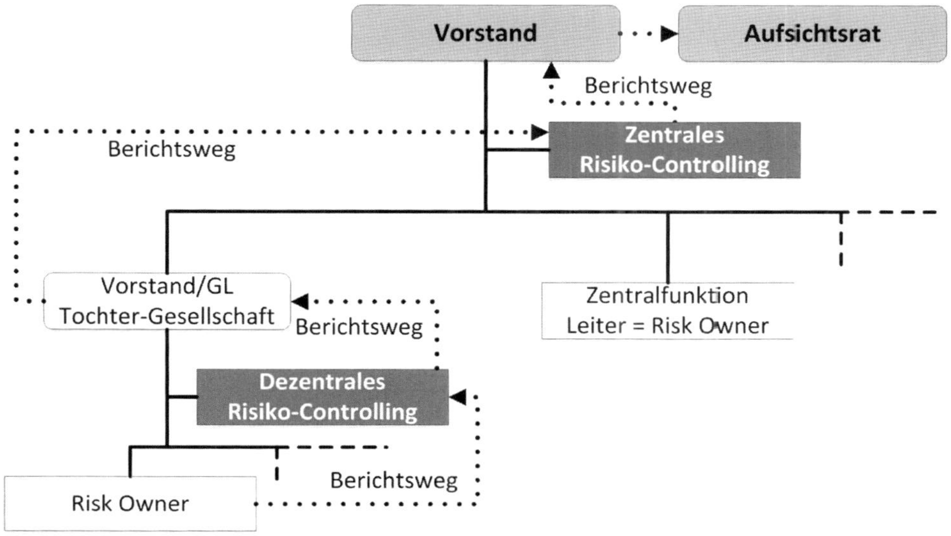

Abb. 4.3 Zweistufigkeit eines Risikomanagementsystems. (Quelle: Gleißner et al. 2015, S. 571)

von der Internen Revision wahrgenommen. Deren Aufgabe ist die Überprüfung der vorhandenen sowie der geplanten Konzepte und Systeme auf Effektivität und Effizienz. Die Interne Revision beurteilt also die Wirksamkeit bestehender Risikomanagementsysteme, identifiziert vorhandene Lücken und leistet Hilfestellung bei der Verbesserung des Risikomanagements. Außerdem wirkt sie mit bei der Entwicklung von Grundsätzen und Standards und überwacht die Einhaltung integrierter Prüfmechanismen. Anzustreben ist es daher, die Überwachungsinstanz „Interne Revision" organisatorisch von dem Bereich Risikomanagement zu trennen.

In Abb. 4.3 ist der zweistufige Aufbau eines Risikomanagementsystems dargestellt.

Eine Unterscheidung von zentralen und dezentralen Unternehmenseinheiten mit entsprechenden Risikomanagement-Funktionen und Prozessen zeigt auch die Metro AG. Abbildung 4.4 verdeutlicht, dass einzelne Prozesse zentral vorgegeben werden, um anschließend dezentral umgesetzt zu werden. Überwachung und Kontrolle werden zunächst dezentral durchgeführt, um danach zentral verdichtet und geprüft zu werden. Dabei wird auch die Rolle der (zentral angesiedelten) internen Revision deutlich.

Im Prüfungsstandard des Institutes der Deutschen Wirtschaftsprüfer (IDW PS 340) sind die **wesentlichen Anforderungen an den Aufbau eines Risikomanagements** definiert (vgl. Romeike 2008 sowie Institut der Wirtschaftsprüfer 1999):

Festlegung der Risikofelder: Die Geschäftsleitung muss geeignete Maßnahmen treffen, insbesondere ein Überwachungssystem einrichten, damit den Fortbestand gefährdende Entwicklungen früh erkannt werden. Die Maßnahmen sind auf das gesamte Unternehmen zu erstrecken. Dabei sind sämtliche Prozesse und Funktionsbereiche, einschließlich aller Hierarchiestufen und Stabsfunktionen, einzubeziehen. Dadurch sollten Einzelrisiken oder mehrere Risiken im Zusammenwirken erfasst werden, die eine Bestandsgefährdung darstellen.

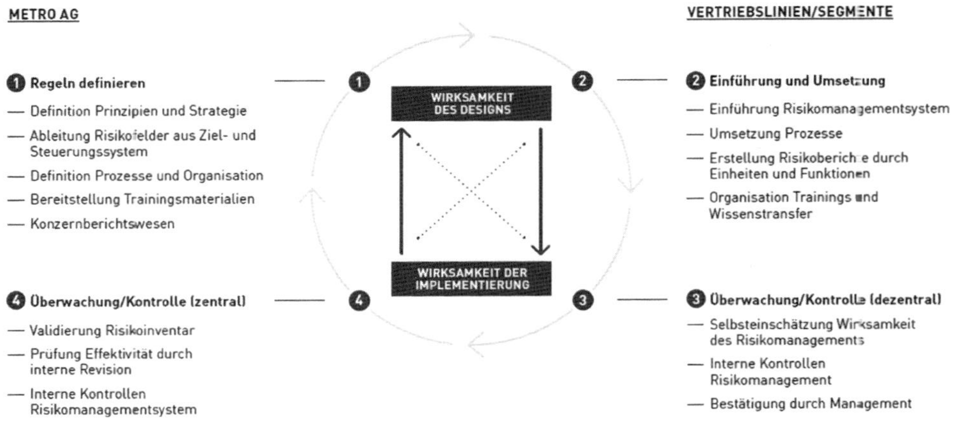

Abb. 4.4 Aufbau- und Ablauforganisation des Risikomanagements bei der Metro AG. (Quelle: Metro 2014)

Ergänzend sind die Bereiche, Funktionen und/oder Prozesse, aus denen solche Risiken im besonderen Maß resultieren beziehungsweise in die diese Risiken aus der Unternehmenswelt einwirken, einzubeziehen.

Risikoerkennung und Risikoanalyse: Eine wirksame Risikoerfassung erfordert, dass sowohl im Vorhinein definierte Risiken als auch Auffälligkeiten oder Risiken, die keinem vorab definierten Erscheinungsbild entsprechen, erkannt werden. Dies setzt die Schaffung und die Fortentwicklung eines angemessenen Risikobewusstseins aller Mitarbeiter voraus.

Die Risikoanalyse beinhaltet eine Beurteilung der Tragweite der erkannten Risiken in Bezug auf potenzielle Häufigkeiten beziehungsweise Eintrittswahrscheinlichkeit und quantitative Auswirkungen.

Hierzu gehört auch die Einschätzung, ob Einzelrisiken, die isoliert betrachtet von nachrangiger Bedeutung sind, sich in ihrem Zusammenwirken oder durch Kumulation im Zeitablauf zu einem bestandsgefährdenden Risiko aggregieren können.

Risikokommunikation: Die Risikokommunikation hat für die Funktionsfähigkeit des Früherkennungs-systems eine zentrale Bedeutung. Dies setzt eine Kommunikationsbereitschaft der verantwortlichen Stellen voraus, die beispielsweise durch Schulungsmaßnahmen gefördert werden sollte. Bei nicht bewältigten Risiken muss sichergestellt werden, dass diese in nachweisbarer Form an die zuständigen Entscheidungsträger weitergeleitet werden. Um sicherzustellen, dass sich Einzelrisiken nicht zu einem bestandsgefährdenden Risiko kumulieren können, sind auf jeder Stufe der Risikokommunikation Schwellenwerte zu definieren, deren Überschreitung eine Berichtspflicht auslöst.

In welchen Zeitabständen und an wen über Veränderungen der Risiken berichtet werden muss, hängt von der Art des Risikos und seiner Bedeutung für das Unternehmen ab. Bei Eilbedürftigkeit müssen jedoch förmliche Berichtsstrukturen überwunden werden.

Zuordnung Verantwortlichkeiten und Aufgaben: Den Unternehmensbereichen ist die Verantwortung dafür zu übertragen, dass die auftretenden Risiken erfasst und sofort bewältigt oder an die festgelegten Berichtsempfänger weitergeleitet werden. Dabei sind die Verantwortlichkeiten – in der Regel und sinnvollerweise nach Hierarchieebenen – abzustufen. Es ist sicherzustellen, dass eine Rückkopplung zwischen den Unternehmensbereichen erfolgt, um der Möglichkeit einer Aggregation, der wechselseitigen Verstärkung oder der Kompensation von Einzelrisiken Rechnung zu tragen.

Damit eine rechtzeitige Risikoerfassung gewährleistet ist, wird es in der Regel zweckmäßig sein, die Verantwortung für die Rückkopplung den jeweils zuständigen Berichtsempfängern zu übertragen. Wenn keine Möglichkeit zur Risikobewältigung besteht, ist die Weiterleitung an einen übergeordneten Berichtsempfänger erforderlich.

Einrichtung eines Überwachungssystems: Die Einhaltung der eingerichteten Maßnahmen zur Erfassung und Kommunikation von den Bestand des Unternehmens gefährdender Risiken und ihrer Veränderung ist durch ein geeignetes Überwachungssystem sicherzustellen.

Teilweise sind diese Maßnahmen Kontrollen, die in die Abläufe fest eingebaut sind, wie etwa die Überwachung der Einhaltung von Meldegrenzen oder die Genehmigung und Kontrolle der Risikoberichterstattung.

Sämtliche Maßnahmen sind Gegenstand der Prüfungen durch die Interne Revision (vgl. vertiefend Gleißner und Romeike 2015, S. 31 ff.). Gegenstand der Prüfungstätigkeit der Internen Revision sind unter anderem:

- vollständige Erfassung aller Risikofelder des Unternehmens,
- Angemessenheit der Maßnahmen,
- kontinuierliche Anwendung der Maßnahmen,
- Einhaltung der integrierten Kontrollen und
- Dokumentation getroffener Maßnahmen.

4.3 Ablauforganisatorische Einbindung

Um allen Anforderungen gerecht zu werden, sollten folgende Grundsätze für die organisatorische Gestaltung von Risikomanagement-Systemen beachtet werden, und folgende Arbeiten müssen hierbei vorgenommen werden (vgl. Gleißner et al. 2015, S. 571 f.):

1. Die Risikopolitik ist durch die Geschäftsführung beziehungsweise den Vorstand – basierend auf der Geschäftsstrategie – zu definieren und zu kommunizieren (vgl. hier vertiefend Korte und Romeike 2011, S. 51).
2. Die Risikofelder sind durch die Führungskräfte zu definieren.
3. Die Methoden zur Identifikation und Bewertung von Risiken sind festzulegen.

4. Die Verantwortlichkeiten für die Überwachung sind festzulegen und ein Risikofrüherkennungssystem ist einzurichten.
5. Das Berichtswesen/Reporting muss definiert und dokumentiert werden.
6. Die einzelnen Arbeitsdokumente müssen erstellt werden und alle organisatorischen Regelungen sollten in einem „Risikomanagementhandbuch" zusammengefasst werden.

Darüber hinaus muss die Funktionsfähigkeit des gesamten Risikomanagementsystems regelmäßig überprüft werden, was in der Regel die Aufgabe der Internen Revision ist. Außerdem sollte der gesamte Prozess von einer unabhängigen Instanz regelmäßig dahingehend untersucht werden, ob das System in der Praxis funktionsfähig ist.

Im Folgenden werden die einzelnen Aufgabenbereiche bei der organisatorischen Gestaltung von Risikomanagementsystemen kurz beschrieben (vgl. vertiefend Gleißner et al. 2015, S. 572 f. sowie Korte und Romeike 2011, S. 119 ff.).

Die Risikostrategie beziehungsweise Risikopolitik im Bereich Logistik-Risikomanagement

Mit der grundsätzlichen Risikoausrichtung des Unternehmens befasst sich die Risikostrategie beziehungsweise Risikopolitik. Das Thema Logistikrisiken würde – abgeleitet aus der Unternehmensstrategie – in die unternehmensweite und risikoartenübergreifende Risikostrategie einfließen. Sie setzt damit auch die Rahmenbedingungen für den Aufbau von Risikomanagementsystemen und muss dabei die folgenden Themen berücksichtigen:

- Obergrenzen (Limits) für den Risikoumfang beziehungsweise „Risikoappetit" des Unternehmens,
- Umfang des Eigenkapitals als Risikodeckungspotenzial sowie Liquiditätsreserven (beispielsweise abgeleitet aus dem angestrebten Rating),
- aus Sicht des Unternehmens unvermeidliche Risiken (sogenannte „Kernrisiken") sowie die tendenziell zu transferierenden Risiken und
- ein Entscheidungskriterium (Erfolgsmaßstab), das ein Abwägen von Risiko und Rendite ermöglicht.

Die Röhlig & Co. Holding GmbH & Co. KG beispielsweise hat als Logistikdienstleister anstelle von „Kernrisiken" sogenannte „geschäftsimmanente Risiken" identifiziert. Damit bezeichnet Röhlig unter anderem die wirtschaftliche Entwicklung in Schwellenländern, in denen Röhlig aktiv ist, Neuausschreibungen von Logistikaufträgen sowie Veränderungen von Frachtraten. Derartige Risiken sind daher im Geschäftsbereich von Röhlig unvermeidlich (vgl. dazu Röhlig & Co. Holding GmbH & Co. KG 2014, S. 22). Dennoch sind für solche Risiken Maßnahmen zu treffen, um Eintrittswahrscheinlichkeit und/oder Konsequenzen zu reduzieren.

Definition der Risikofelder

Bei der Gestaltung von Risikomanagement-Systemen sollte zunächst eine klare Fokussierung auf die wesentlichen Risikofelder vorgenommen werden, die den Risikoumfang des Unternehmens auch maßgeblich bestimmen. Die einzelnen Felder aus den Kategorien strategische Risiken, Logistikrisiken, Marktrisiken und so weiter werden dabei durch die Führungskräfte einzeln nach ihrer Bedeutung für das Unternehmen beurteilt. Die Risikofelder sind auf diejenigen zu beschränken, die das Unternehmen wirtschaftlich maßgeblich bestimmen beziehungsweise die Risikotragfähigkeit des Unternehmens wesentlich beeinflussen. Beim Festlegen der Risikofelder sollten gleichzeitig auch die Verantwortlichkeiten für die Überwachung dieser Felder vorgenommen werden. Nicht selten werden dabei ganze Kategorien einzelnen Stellen zugeordnet. So ist beispielsweise der Leiter Einkauf oder Einkauf Logistik für die Logistikrisiken verantwortlich.

Methoden zur Identifikation und Bewertung von Risiken

Ausgehend von den Risikofeldern ist die Methodik zur Identifikation und Bewertung von Risiken für jedes einzelne Risikofeld festzulegen. Dabei soll soweit wie möglich auf bestehende Systeme zurückgegriffen werden. Bei strategischen Risiken sowie bei Leistungsrisiken hat sich die Risikoidentifikation mit Hilfe von Workshops bewährt. Bei den Finanzmarktrisiken, gesellschaftlichen und politisch/rechtlichen Risiken sowie Risiken aus Corporate Governance sind oft bereits wesentliche Teile abgedeckt und entsprechende Organisationseinheiten in den Unternehmen vorhanden.

In vielen Fällen hat sich in der Praxis gezeigt, dass auch wesentliche Teile des Qualitätsmanagements geeignet sind, die Identifikation und Bewertung von Leistungsrisiken zu unterstützen, beispielsweise basierend auf der Methodik einer Fehlermöglichkeits-Einflussanalyse (FMEA), die wir im vorherigen Kap. 3 dargestellt hatten. Einen umfassenden und praxisorientierten Überblick über Methoden der Identifikation und Bewertung von Risiken enthält die Publikation von Romeike und Hager (vgl. Romeike und Hager 2013).

Klare Zuordnung von Verantwortlichkeiten

Für einzelne Verantwortungsbereiche müssen konkrete Stellen beziehungsweise Personen benannt werden. Träger der Gesamtverantwortung ist die Geschäftsführung. Die Überwachung von Risikofeldern und wichtigen Risiken sollte möglichst dezentral, durch sogenannte Risikoverantwortliche oder Risk Owner, organisiert werden (siehe dazu das Beispiel zur Aufbauorganisation des Risikomanagements in der K+S Gruppe in Abb. 4.2). Dabei ist es naheliegend, Fachexperten mit Linienfunktionen, die sich in ihrer täglichen Arbeit mit einem Risikobereich beschäftigen, zugleich auch als „Risk Owner" zu nominieren. Die Doppelfunktion der Risk Owner gewährleistet in der Regel eine fachkundige Beurteilung der Risiken und reduziert den Arbeitsaufwand. So sind die verantwortlichen Akteure im Bereich Logistik auch gleichzeitig die dezentralen Risikoverantwortlichen.

Das Risikomanagement unterstützt den Vorstand beziehungsweise die Geschäftsführung sowie die Risk Owner beim Einsatz entsprechender Methoden und Werkzeuge. Neben der allgemeinen Steuerung und Begleitung des Risikomanagement-Prozesses übernimmt das Risikomanagement die wichtige Funktion, die Ergebnisse fachkundig auf ihre Plausibilität zu prüfen und diese zusammenzufassen. Zu den weiteren Aufgaben des Risikomanagers gehört auch die Entwicklung konkreter Maßnahmen zur Risikosteuerung beziehungsweise -bewältigung, die in einem nächsten Schritt mit den Risk Ownern abgestimmt werden. Hat der Risikomanager eine Stabsfunktion inne, so gelingt damit zugleich die Trennung von Funktion und Verwaltung. Dadurch wird dem Grundsatz der Trennung von Funktion und Überwachung in Risikomanagementsystemen adäquat Genüge getan. Jeder Risikoverantwortliche, etwa im Bereich Logistikrisiken, kümmert sich um die Überwachung von Risikofeldern und Einzelrisiken. Er

- identifiziert die Risiken für die einzelnen Risikofelder,
- überwacht und bewertet regelmäßig relevante Einzelrisiken,
- erstellt Einzelrisikoberichte sowie periodische Überwachungsberichte über Risikofelder,
- initiiert Risikobewältigungsmaßnahmen und setzt sie um,
- erstellt Ad-hoc-Berichte bei neuen Risiken, wenn Risiken einzutreten drohen oder bei eingetretenen Schäden.

Überwachung der Risiken und Frühwarnsystem
Darüber hinaus sind Verfahren für die permanente Überwachung von Risikofeldern und wichtigen Einzelrisiken festzulegen. Dadurch soll sichergestellt werden, dass sowohl neue Risiken als auch Veränderungen bereits identifizierter Risiken frühzeitig erkannt werden. Im Einzelnen erfolgt die Bestimmung von

- Überwachungsturnus,
- Meldeturnus,
- auszuwertenden Informationen,
- Bewertungsverfahren sowie den
- Verantwortlichkeiten für die Überwachung.

Bei gravierenden Veränderungen sind sofort Ad-hoc-Meldungen an Risikomanager und Linienvorgesetzte auszulösen. Dafür werden in der Praxis Schwellenwerte definiert.

Das Berichtswesen (Reporting)
Für die Funktionsfähigkeit und Transparenz innerhalb des Risikomanagementsystems muss ein geeignetes Berichtswesen entwickelt und eingeführt werden. In der Berichterstattung an den Vorstand beziehungsweise die Geschäftsführung liegt der Schwerpunkt auf den besonders relevanten Risiken, beispielsweise in Form einer Top-10-Liste.

Die Berichte sollen Auskunft über wesentliche Einzelrisiken und deren Veränderungen sowie Frühwarnindikatoren und die Gesamtrisikoposition des Unternehmens geben. Situationsbedingt sind neben den regelmäßigen auch sogenannte Ad-hoc-Risikoberichte vorzusehen.

Innerhalb der beschriebenen Aufbauorganisation können im Wesentlichen drei Berichtsadressaten unterschieden werden (vgl. Gleißner et al. 2015, S. 582 f.):

- Zentrales Risikocontrolling: Das dezentrale Risikomanagement berichtet dem zentralen Risikocontrolling in regelmäßigen Abständen über die Risiken des Teilbereichs sowie über eingeleitete oder geplante Risikobewältigungsmaßnahmen.
- Vorstand: Das zentrale Risikocontrolling berichtet dem Vorstand in regelmäßigen Abständen unter anderem über die wichtigsten Einzelrisiken sowie über die Gesamtrisikoposition, das heißt den aggregierten Gesamtrisikoumfang des Unternehmens.
- Aufsichtsrat: Der Vorstand erstattet dem Aufsichtsrat in der Regel hochaggregierte und kompakte Kurzberichte über die Risikosituation im Unternehmen.

Darüber hinaus ist natürlich eine Rückkopplung an die einzelnen dezentralen Risk Owner oder Bereichsleiter über die Risiken in ihrem Bereich erforderlich. (In Kap. 10 stellen wir einen idealtypischen Vorschlag aus der Elektroindustrie vor, wie die risikomanagementbezogenen Kommunikationswege im Unternehmen gestaltet werden können.)

Die Berichtswege des (Logistik-)Risikomanagements sollten – soweit möglich – in das bereits existierende Berichtswesen eingegliedert werden. So könnte beispielsweise die Risikoberichterstattung an den Vorstand zusammen mit den üblichen Monatsberichten erfolgen. Die Gesamtverantwortung für das Berichtswesen im Bereich Risikomanagement liegt bei dem zentralen Risikocontrolling.

4.4 Risikokultur als Fundament

So banal es klingt: Jeder Mitarbeiter ist ein Reputationsträger und damit auch ein (kleiner) Risikomanager. Wichtig ist eine gelebte Unternehmenskultur, die die Werte des Unternehmens nicht nur abstrakt behandelt. Es muss allen Beteiligten bewusst werden, wie bedeutend eine „Good Governance“ für die gesamte Organisation ist. Eine „Good Governance“ und gelebte Risikokultur beginnt bei der Unternehmensspitze und muss von jedem einzelnen Mitarbeiter täglich gelebt werden. Deshalb sind klare Unternehmensleitbilder und eine integrative Unternehmenskultur wichtig. Der individuelle Beitrag zum Aufbau und Erhalt einer Risikokultur ist ein wesentliches Merkmal modernen Risikoverständnisses und kann durchaus ein Kriterium für die Vergütung von Fachkräften und Konzernleitungsmitglieder sein.

Unter der Organisations- oder Unternehmenskultur ist die Gesamtheit von allen in einer Organisation wirksamen Werten, Normen und Einstellungen zu verstehen, die nach innen das Denken, die Entscheidungen und das Verhalten der Organisationsmitglieder prägen und nach außen die Art und Weise der Interaktion zwischen der Organisation und ihrer Umwelt bestimmen. Gegenüber den „harten“ Faktoren gewinnt die Unternehmenskultur als das „weiche“ Handlungsfeld des Veränderungsmanagements, insbesondere auch durch

Abb. 4.5 Die drei Elemente einer Risikokultur. (Quelle: In Anlehnung an Kempf und Romeike 2010, S. 180)

den gesellschaftlichen Wertewandel und seine Folgen, zunehmend an Bedeutung (vgl. Vahs 2007, S. 328).

In Abb. 4.5 sind einige wesentliche Elemente einer gelebten Risikokultur zusammenfassend dargestellt. Ausgangspunkt ist eine klar definierte (Risiko-) Strategie seitens der Geschäftsleitung („set the tone from the top"). Hierzu gehört auch, dass klare Prozesse und Verantwortlichkeiten im Kontext Logistik-Risikomanagement definiert werden. Hierbei sollte die Geschäftsleitung vor allem auch deutlich machen, dass die Informationen des Risikomanagements eine wichtige Informationsbasis für eine wert- und risikoorientierte Unternehmenssteuerung bilden. Risikomanagement darf daher kein „potemkinsches Dorf" sein oder einer reinen regulatorischen Pflichterfüllung dienen.

Zum Zweiten zählt eine klare Kommunikationsstrategie zu den Erfolgsfaktoren eines erfolgreichen Risikomanagements. Risikomanagement sollte als Werttreiber und nicht als „Pflichterfüllung" kommuniziert werden. Hierzu gehört auch, dass Risikoinformationen über alle Hierarchieebenen diskutiert und kommuniziert werden. Hierbei ist vor allem auch darauf zu achten, dass dargestellt wird, dass ein erfolgreiches Unternehmertum das Eingehen von Risiken bedingt. Es kommt jedoch darauf an, die richtigen Risiken (Upside-Risiken) einzugehen. Risiko und Chance sind die zwei Seiten ein und derselben Medaille. Hierbei sollte vor allem auch vermieden werden, Risiken als Fehler zu betrachten. Ein Fehler kann vor allem darin bestehen, Fehler vermeiden zu wollen. Der Philosoph Ernst Bloch drückte dies wie folgt aus: „Wer sich nicht in Gefahr begibt, kommt darin um." Die bewusste Auseinandersetzung und Kommunikation des Umgangs mit Chancen und Risiken zeigt sich eindrucksvoll bei der Metro AG: „Risiken und Chancen sind für uns untrennbar miteinander verbunden. So können beispielsweise Risiken aus verpassten oder nur schlecht genutzten Chancen entstehen. Umgekehrt ist etwa die Wahrnehmung von Chancen in dynamischen Wachstumsmärkten oder neuen Geschäftsfeldern stets mit

Risiken verbunden. In diesem Sinne verstehen wir unser Risiko- und Chancenmanagement als ein Instrument, das uns dabei unterstützt, die Unternehmensziele zu erreichen" (Metro 2014).

Das dritte Element einer Risikokultur beinhaltet motivierende Komponenten, beispielsweise Trainingsmaßnahmen (etwa in Form von Planspielen) sowie die Einbeziehung aller Mitarbeiter etwa im Rahmen interdisziplinärer Risiko-Komitees. Auch die Aufnahme von risikorelevanten Aspekten in die Zielvereinbarungen von Mitarbeitern kann ein wichtiges Element zur Weiterentwicklung einer gelebten Risikokultur sein.

4.5 IT-Unterstützung im Logistik-Risikomanagement

Die hohe Komplexität des in der Praxis typischerweise dezentralen (Logistik-)Risikomanagements lässt sich ohne IT-Unterstützung kaum bewältigen. Mit Hilfe eines IT-gestützten Risikomanagements ist es beispielsweise möglich, mit vordefinierten Regeln eine automatische Reaktion auf neu eingehende Informationen zu erreichen. Hierdurch kann insbesondere der Informationsfluss unterstützt werden, auf dessen Grundlage fundierte unternehmerische Entscheidungen getroffen werden können (vgl. vertiefend hierzu Gleißner und Romeike 2005, S. 154–164).

Insbesondere in großen global agierenden Unternehmen sind die notwendige Effizienz der Risikomanagementprozesse und die Qualität der Risikomanagementinformationen nur mit geeigneten IT-Systemen erreichbar. Ein IT-gestütztes Logistik-Risikomanagement wird beispielsweise immer stärker zu einem strategischen Erfolgsfaktor für Supply-Chain-Management.

Ein solches Risk Management-Informationssystem (RMIS) ist ein IT-gestütztes, daten-, methoden- und modellorientiertes Entscheidungsunterstützungssystem für das Risikomanagement, das inhaltlich richtige und relevante Informationen zeitgerecht und formal adäquat zur Verfügung stellt (vgl. Erben und Romeike 2002). Es erfasst und verarbeitet in der Regel sowohl interne Daten aus den betrieblichen Informationssystemen (etwa aus dem Rechnungswesen, dem Einkauf oder Controlling) als auch externe Daten (etwa aus öffentlich zugänglichen Datenbanken).

Durch den Einsatz eines RMIS können dabei mehrere Schwachstellen vermieden werden, die bei der Umsetzung des modernen Risikomanagements in der Praxis auftreten. Zu derartigen Schwachstellen zählen unter anderem:

- eine fehlende oder unvollständige Risikolandschaft (auch als Risikoinventar oder Risikomatrix bezeichnet),
- keine adäquaten risikorelevanten Informationen auf den unterschiedlichen Hierarchieebenen und in unterschiedlichen Granularitätsstufen,
- die redundante und inkonsistente Erfassung und Speicherung von Daten,
- der fehlende Überblick über die Risikolage eines Unternehmens in der Form eines aggregierten Gesamtrisikoumfangs,

- fehlende beziehungsweise gestörte Informations- und Kommunikationswege sowie -abläufe,
- eine nicht ausreichend informierte beziehungsweise sensibilisierte Unternehmensleitung,
- eine verzögerte oder nicht fundierte Entscheidungsfindung.

Das Risikomanagement beschäftigt sich primär mit dem „Management" von Informationen. In vielen Fällen existieren die für das Risikomanagement erforderlichen Daten bereits in unterschiedlichen Unternehmensbereichen. Eine wesentliche Anforderung an ein RMIS besteht deshalb unter anderem darin, einen reibungslosen Informations- und Kommunikationsfluss zwischen den am Risikomanagement beteiligten Organisationseinheiten und betrieblichen Funktionsträgern zu gewährleisten und die Daten im Hinblick auf die Erfordernisse des Risikomanagements einheitlich aufzubereiten.

Die heute am Markt angebotenen RMIS – sowohl für allgemeines Risikomanagement als auch Logistik-Risikomanagement – unterscheiden sich sehr stark bezüglich ihrer analytischen Fähigkeiten und Berichtsmöglichkeiten. Die Bandbreite im Bereich der analytischen Möglichkeiten reicht von einfachen Excel-Datenblättern bis zu komplexen Simulationstools. Zahlreiche Tools sind mit umfangreichen Methoden-Bibliotheken ausgestattet (etwa für What-if-Analysen, Simulationen, Risikoaggregation, Prognoseverfahren, Abbildung von Ursache-Wirkungs-Zusammenhängen und Data-Mining-Werkzeuge). Einige Produkte haben Management Cockpits integriert, die speziell an den Bedürfnissen der Entscheidungsträger ausgerichtet sind (vgl. vertiefend Gleißner und Romeike 2005, S. 154–164, 2015, S. 803 ff.).

Allgemein können die folgenden vier Hauptgruppen an Softwaresystemen im Bereich Logistik-Risikomanagement unterschieden werden:

1. Standardsoftware, die auch für das Risikomanagement eingesetzt werden kann: Mit Hilfe üblicher Tabellenkalkulationssysteme (beispielsweise Microsoft Excel) oder Datenbank-Lösungen (beispielsweise Microsoft Access) können Risiken strukturiert erfasst und ausgewertet werden. Simulationsprogramme, wie beispielsweise @Risk oder Risk Kit, können als „Add-Ins" zu Tabellenkalkulationsprogrammen genutzt werden und ermöglichen eine quantitative Beschreibung von Risiken mittels geeigneter Verteilungsfunktionen sowie die Aggregation von Risiken (Zusammenfassung von Risiken zu einer Gesamtrisikoposition). Eine solche Lösung ist zwar vergleichsweise kostengünstig, sie erfordert allerdings auch einen erheblichen individuellen Anpassungsbedarf. Außerdem werden die eigentlichen Arbeitsprozesse im Risikomanagement nur sehr begrenzt unterstützt, und die Eingaben gelten als nicht revisionssicher.
2. Standardisierte Spezialprogramme für Risikomanagement: Derartige Standard-Software ist ebenfalls recht kostengünstig und zudem bereits auf die speziellen Anforderungen von Risikomanagement ausgerichtet. Oft sind derartige Systeme als Stand-alone-Lösung konzipiert.

3. Integrierte Business-Intelligence-Lösungen, die auch Risikomanagement mit abdecken. Im Gegensatz zu den unter 1. und 2. genannten Ansätzen sind diese Business Intelligence-Lösungen wesentlich stärker unternehmensindividuell gestaltbar und insbesondere vollständig in die vorhandene IT-Landschaft des Unternehmens integriert (meist als leistungssteigernde Zusatzsoftware zu SAP oder anderen ERP-Systemen). Derartige Softwaresysteme (wie beispielsweise Risk) können ein umfassendes Leistungsspektrum für das Risikomanagement beziehungsweise Governance, Risk und Compliance (GRC) anbieten. Beispiele für solche Lösungen sind etwa Risk2value von avedos, CRISAM von calpana, die BWise-GRC-Plattform, R2C von Schleupen oder die Opture-Systemlösungen.
4. Spezielle Logistik-Risikomanagement- beziehungsweise Supply Chain-Lösungen: Derartige Lösungen unterstützen die speziellen Anforderungen im Logistik-Risikomanagement, etwa durch spezielle Methoden oder die softwareseitige Abbildung von Wertschöpfungsnetzen. In Abb. 4.6 ist exemplarisch ein Screenshot der Lösung riskmethods dargestellt. Riskmethods unterstützt Unternehmen dabei, Risiken in ihren Lieferketten zu visualisieren, zu bewerten und zu überwachen sowie proaktiv risikomindernde Maßnahmen zu ergreifen.

Abb. 4.6 Screenshot der Supply Chain Risk-Management-Software riskmethods. (Quelle: riskmethods.net)

Entsprechend den unterschiedlichen individuellen Bedürfnissen der einzelnen Unternehmen variieren auch die Anforderungen an ein RMIS. Deshalb ist die Ermittlung der betriebswirtschaftlichen Anforderungen eine zentrale Herausforderung bei der Auswahl beziehungsweise Entwicklung und Implementierung einer Softwarelösung im Bereich Logistik-Risikomanagement. Trotzdem lassen sich einige grundlegende Anforderungen definieren:

Um die Planung, Steuerung, Durchführung und Kontrolle der Risikomanagementaktivitäten rechnerorientiert unterstützen zu können, reicht die Speicherung vergangener und aktueller Daten (etwa Schadensdaten oder Daten über Risikolage) nicht aus. Vielmehr muss das System den gesamten Risikomanagement-Prozess (vgl. das einführende Kap. 2), also die Risikoanalyse, die Risikoaggregation, die Beurteilung von risikopolitischen Handlungsalternativen, die Abschätzung der Auswirkungen der geplanten Maßnahmen und den Soll-Ist-Vergleich zur Erfolgskontrolle umgesetzter Maßnahmen unterstützen. Dabei sind nicht nur risikobezogene, sondern auch allgemeine betriebswirtschaftliche Daten zu verarbeiten, etwa die mit den Risikobewältigungsmaßnahmen verbundenen Investitionen oder Daten aus dem Einkauf. Eine Softwarelösung im Bereich Logistik-Risikomanagement muss daher in die bestehende IT-Landschaft eines Unternehmens integriert werden und über passende Schnittstellen zu anderen Bestandteilen des betrieblichen Informationssystems, etwa zum betrieblichen Rechnungswesen, verfügen. Die Notwendigkeit eines integrierten Systems ergibt sich zusätzlich daraus, dass der Risikomanager an allen wichtigen Entscheidungen teilhaben sollte, welche die Risikolage des Unternehmens tangieren.

Eine weitere wichtige Anforderung besteht in der Implementierung geeigneter Kommunikationsschnittstellen, um den Informations- und Kommunikationsfluss zwischen den am Risikomanagement beteiligten Funktionen beziehungsweise Stellen sicherstellen zu können.

Von zentraler Bedeutung ist auch ein flexibler Aufbau, damit das System den kontinuierlichen Unternehmensveränderungen (etwa durch Akquisition einer Tochtergesellschaft) angepasst werden kann. Um die Anforderungen der unterschiedlichen Benutzergruppen optimal berücksichtigen zu können, sollte eine Softwarelösung auch verschiedene Sichten (Reports) auf die Daten anbieten, wobei die Gestaltung der Benutzeroberfläche den unterschiedlichen fachlichen Voraussetzungen und Erfahrungsniveaus der Benutzer gerecht werden sollte.

Um die Auswirkungen von Risikoeintritten (etwa bei einer Störung einer Logistikkette) oder die Wirksamkeit geplanter Risikobewältigungs-Maßnahmen (beispielsweise Sourcing aus mehreren Quellen) nachvollziehen zu können, ist es schließlich wünschenswert, dass die Softwarelösung aufgrund der Komplexität der Aufgabe die Modellierung und Simulation von Szenarien gestattet (vgl. Romeike und Spitzner 2013).

Insgesamt lassen sich die wichtigsten Anforderungen an ein RMIS damit in Tab. 4.1 zusammenfassen:

Tab. 4.1 Anforderungen an ein RMIS aus betriebswirtschaftlicher, methodischer und technischer Sicht. (Quelle: In Anlehnung an Gleißner und Romeike 2005, S. 154 ff.)

Betriebswirtschaftliche und methodische Anforderungen an ein RMIS
Verfügbarkeit von Checklisten beziehungsweise einer „Risk Taxonomy“ zur Identifikation der wichtigsten Risiken
Erstellung eines „Risikoinventars“ als Gesamtübersicht der Risiken
Priorisierung von Risiken (beispielsweise nach Relevanz)
Zuordnung eines für die Überwachung zuständigen Risikoverantwortlichen (Risk Owner), Unterstützung unterschiedlicher Rollen
Zuordnung der wichtigsten organisatorischen Regelungen – speziell zur Risikoüberwachung (Überwachungsturnus etc.) und zu jedem Risiko
Strukturierte Erfassung sämtlicher wesentlicher Risikobewältigungsmaßnahmen (etwa Versicherungen oder Derivate)
Zuordnung von Risikobewältigungsmaßnahmen zu jedem Risiko, die die Möglichkeiten für die Verminderung oder den Transfer dieses Risikos beschreiben („Maßnahmencontrolling“)
Das Maßnahmencontrolling ist mit der Risikosteuerung und Unternehmensplanung verknüpft.
Flexibilität hinsichtlich der Art der quantitativen Beschreibung von Risiken (beispielsweise mittels Normalverteilung, Binomialverteilung, PERT-Verteilung, Dreiecksverteilung, Poissonverteilung oder Compound-Funktion)
Zuordnung von Risiken zur Unternehmensplanung („Welche Planabweichungen werden durch die Risiken verursacht?“)
Die Abhängigkeiten beziehungsweise Korrelationen von Risiken – sowohl über die Zeit (Autokorrelationen) als auch zwischen den Risiken – sind funktional abzubilden, so dass sie bei der Simulation berücksichtigt werden können.
Die aggregierte Auswirkung aller Risiken auf die Zielgrößen des Unternehmens (wie beispielsweise den Gewinn oder den Free Cash Flow) ist mittels Simulation zu ermitteln.
Mathematische Verfahren zur Bestimmung des Gesamtrisikoumfangs (Aggregation von Einzelrisiken, beispielsweise mittels Monte-Carlo-Simulation)
Berechnung von Risikokennzahlen (etwa Eigenkapitalbedarf, Value-at-Risk, Return on Risk adjusted Capital)
Zuordnung von Frühwarnindikatoren (etwa mit „Ampelfunktion“) zu jedem Risiko, die frühzeitig auf eine kritische Entwicklung hinweisen
Erweiterbarkeit des Katalogs der betrachteten Risiken/Abdecken sämtlicher Risikofelder (beispielsweise Leistungsrisiken, Absatzmarktrisiken und Finanzrisiken)
Berechnung des Eigenkapitalbedarfs, erforderlicher Liquiditätsreserven sowie eines risikoadjustierten Kapitalkostensatzes für eine wertorientierte Unternehmensführung
Technische Anforderungen an ein RMIS
Möglichkeit der Abbildung von Konzernstrukturen
System-Logiken zur Abbildung von Work-Flows (Arbeitsprozesse)
Verfügbarkeit von aktuellen Daten zu jedem beliebigen Zeitpunkt
Schnittstellen für Datenimport und -export
Bereitstellung eines dezentralen und anwenderorientierten Risiko-Reportings (risikospezifische E-Mails im Rahmen der Ad-hoc-Berichterstattung, verdichtete Reports für Geschäftsführung beziehungsweise Vorstand)

Tab. 4.1 (Fortsetzung)

(Revisionssichere) Aufzeichnung der Datenhistorie sämtlicher Risiken und Risikoüberwachungstätigkeiten
Bereitstellung und Verdichtung von Daten auf beliebigen Hierarchie- oder Verdichtungsebenen
Erstellung von nutzenspezifischen Risikoreports, die auch für Dritte (beispielsweise Bank) verständlich sind
Autorisierungs- und Datenschutzkonzepte
Zusatzfunktionen
Möglichkeit zur Vernetzung mit Software für die Strategische Planung (Balanced Scorecard)
Funktionalität und risikoorientierte Budgetierung zur Unterstützung einer (risikoorientierten) operativen Unternehmensplanung
Integration eines Frühwarnsystems, um künftige Entwicklungen zu antizipieren
Risikoabhängige Ratingprognose
Simulationsbasierte Unternehmensbewertung/wertorientierte Steuerung
Investitionssicherheit, Service und Kosten
Größe und zukünftige Strategie des Softwareanbieters
Branchen-Know-how
Referenzkunden
Sicherstellen von Einführung der Software und Support
Kosten für Lizenzen
Kosten für das Customizing
Kosten für Einführung, Schulung, Wartung etc.

4.6 Fazit

Mit den vorgestellten Ansätzen zur Einbindung des Risikomanagements in die Aufbau- und Ablauforganisation eines Unternehmens kennen Sie nun wesentliche Gestaltungsparameter. Ergänzend haben Sie Informationen erhalten, in welcher Weise ein Risikomanagement durch IT-Systeme unterstützt werden kann.

All diese Gestaltungsansätze sind relevant und wollen gut geplant werden. Sie sind elementare Bestandteile eines Logistik-Risikomanagements. Sie sind allerdings auch nur dann effektiv, wenn in Ihrem Unternehmen eine Risikokultur gelebt wird, bei der Risikomanagement nicht als notwendiges Übel verstanden wird. Ohne eine gelebte, konstruktive Risikokultur können die anderen Elemente des Risikomanagements nicht greifen – sie sind dann tatsächlich wenig effektiv.

Achten Sie daher bei der Einrichtung und der Gestaltung Ihres Risikomanagement-Systems darauf, dass neben der aufbau- und ablauforganisatorischem Einbindung und der IT-Unterstützung vor allem auch ein Sinn für Risikomanagement vorhanden ist und fördern Sie diese Risikokultur.

Literatur

Brühwiler, B., Romeike, F.: Praxisleitfaden Risikomanagement, ISO 31000 und ONR 49000 sicher anwenden. Erich Schmidt Verlag, Berlin (2010)

Deutsche Post DHL: Strategy 2020 – Focus. Connect. Grow. Pressekonferenz 2. April 2014, Frankfurt am Main. https://www.dpdhl.com/content/dam/dpdhl/ueber_uns/strategy/dpdhl-praesentation-strategie-2020.pdf (2014). Zugegriffen: 18. Feb. 2015

Erben, R.F., Romeike, F.: Risk-Management-Informationssysteme – Potenziale einer umfassenden IT-Unterstützung des Risk Managements. In: Pastors, P.M., PIKS (Hrsg.) Risiken des Unternehmens, S. 551–579. Rainer Hampp Verlag, München (2002)

Erben, R.F., Romeike, F.: Allein auf stürmischer See – Risikomanagement für Einsteiger, 3. Aufl. Wiley Verlag, Weinheim (2015)

Gleißner, W., Romeike, F.: Anforderungen an die Softwareunterstützung für das Risikomanagement. ZfCM. **2**, 154–164 (2005a)

Gleißner, W., Romeike, F.: Risikomanagement – Umsetzung, Werkzeuge, Risikobewertung. Haufe Verlag, Freiburg (2005b)

Gleißner, W., Romeike, F.: Anforderungen und Grundlagen der Risikomanagement-IT-Systeme. In: Gleißner, W., Romeike, F. (Hrsg.) Praxishandbuch Risikomanagement – Konzepte, Methoden, Umsetzung, S. 803–818. Erich Schmidt Verlag, Berlin (2015a)

Gleißner, W., Romeike, F.: Implikation des IIR-Revisionsstandards Nr. 2. RISIKO MANAGER. Ausgabe. **1**, 31–34 (2015b)

Gleißner, W., Mott, B. P., Romeike, F.: Die Organisation von Risikomanagementsystemen. In: Gleißner, W., Romeike, F. (Hrsg.) Praxishandbuch Risikomanagement – Konzepte, Methoden, Umsetzung, S. 563–589. Erich Schmidt Verlag, Berlin (2015)

Handfield, R., et al.: Trends and Strategies in Logistics and Supply Chain Management: Embracing Global Logistics Complexity to Drive Market Advantage. DVV Media Group, Hamburg (2013)

Institut der Wirtschaftsprüfer: IDW PS340– Die Prüfung des Risikofrüherkennungssystems nach 317 Abs. 4 HGB. Stand: 11.09.2000. Die Wirtschaftsprüfung WPg. **16**, 658–662 (1999)

Kempf, A., Romeike, F.: Integriertes Risikomanagement in der Carl Zeiss Gruppe. In: Brühwiler, B., Romeike, F. (Hrsg.) Praxisleitfaden Risikomanagement, ISO 31000 und ONR 49000 sicher anwenden, S. 165–185. Erich Schmidt Verlag, Berlin (2010)

Kendall, R.: Risk Management. Gabler Verlag, Wiesbaden (1998)

Korte, T., Romeike, F.: MaRisk VA erfolgreich umsetzen: Praxisleitfaden für das Risikomanagement in Versicherungen. 2., komplett überarbeitete Aufl. Erich Schmidt Verlag, Berlin (2011)

K+S Aktiengesellschaft: Finanzbericht 2013. http://www.k-plus-s.com/de/pdf/2013/fb2013.pdf (2014). Zugegriffen: 11. Feb. 2015

Metro A.G.: Risiko- und Chancenmanagementsystem. http://berichte.metrogroup.de/2013–2014/geschaeftsbericht/das-geschaeft/zusammengefasster-lagebericht/risiko-und-chancenbericht/risiko-und-chancenmanagementsystem.html (2014). Zugegriffen: 11. Feb. 2015

Röhlig & Co. Holding GmbH & Co. KG: Geschäftsbericht 2013 – Unabhängig stark bleiben. http://www.rohlig.com/fileadmin/Media/Global/Documents/pdf/annual_reports_2013/Rohlig_Geschaeftsbericht_2013.pdf (2014). Zugegriffen: 11. Feb. 2015

Romeike, F.: Rechtliche Grundlagen des Risikomanagements – Haftungs- und Strafvermeidung durch Corporate Compliance. Erich Schmidt Verlag, Berlin (2008)

Romeike, F., Hager, P.: Erfolgsfaktor Risikomanagement 3.0: Lessons learned, Methoden, Checklisten und Implementierung. Springer-Gabler, Wiesbaden (2013)

Romeike, F., Köcher, A.: Integriertes Risiko- und Chancenmanagement. In: Exler, M.W. (Hrsg.) Restrukturierungs- und Turnaround-Management, S. 313–344. Erich Schmidt Verlag, Berlin (2013)

Romeike, F., Spitzner, J.: Von Szenarioanalyse bis Wargaming – Betriebswirtschaftliche Simulationen im Praxiseinsatz. Wiley-VCH, Weinheim (2013)

Vahs, D.: Organisation – Einführung in die Organisationstheorie und -praxis. Schäffer Poeschel, Stuttgart (2007)

Frank Romeike ist Gründer des Kompetenzzentrums RiskNET – The Risk Management Network. Er ist Geschäftsführer und Eigentümer der RiskNET GmbH sowie Gründer und Gesellschafter von RiskNET Advisory & Partner. Außerdem ist er verantwortlicher Chefredakteur (V. i. S. d. P.) der Zeitschrift „RISIKO MANAGER", die alle 14 Tage erscheint und sich schwerpunktmäßig mit den Themen Kreditrisiko, Marktrisiko, Operationelles Risiko und Enterprise Risk Management (ERM) auseinandersetzt. Er zählt international zu den renommiertesten und führenden Experten für Risiko- und Chancenmanagement und coacht seit rund 20 Jahren Unternehmen aller Branchen und Unternehmensgrößen rund um die Themengebiete Risiko- bzw. Chancenmanagement und Wertorientierte Unternehmenssteuerung. Im Rahmen von Intensiv- und Inhouse-Seminaren der Risk Academy hat er mehr als 7500 Risikomanager ausgebildet bzw. gecoacht. An der HDU ist er fachlicher Leiter des akkreditierten Masterstudiengangs „Risiko- und Compliancemanagement". In seiner beruflichen Vergangenheit war er Chief Risk Officer bei der IBM Central Europe, wo er u. a. an der Einführung des weltweiten Risk-Management-Prozesses der IBM beteiligt war und mehrere internationale Projekte leitete. Er hat u. a. ein wirtschaftswissenschaftliches Studium (mit Schwerpunkt Versicherungsmathematik) in Köln und Norwich/UK abgeschlossen. Im Anschluss hat er Politikwissenschaften, Psychologie und Philosophie studiert. Außerdem hat er ein exekutives Masterstudium im Bereich Risiko- und Compliancemanagement abgeschlossen. Frank Romeike hat u. a. Lehraufträge (Adjunct Professor) an der Ludwig-Maximilians-Universität München (Seminar für Finanzökonometrie), der Hochschule Coburg (MBA-Studiengang Versicherungsmanagement; Schwerpunkt: Risikomanagement in Versicherungsunternehmen) sowie der Technischen Hochschule Deggendorf (Masterprogramm Risiko- und Compliancemanagement, hierbei handelt es sich um ein gemeinsames Projekt des TÜV Süd, der Technischen Hochschule Deggendorf und RiskNET) angenommen. Frank Romeike ist Mitglied des Vorstands beim Institut für Risikomanagement und Regulierung e. V. (Frankfurt am Main) und verantwortet dort unter anderem das Thema Öffentlichkeitsarbeit.

Prof. Dr. Michael Huth ist seit 2006 Professor für Allgemeine Betriebswirtschaftslehre, insbesondere Logistik, an der Hochschule Fulda. Dort war er von 2009 bis 2011 Prodekan, von 2011 bis 2014 leitete er als Dekan den Fachbereich Wirtschaft. Die Internationalität seiner Aktivitäten zeigt Prof. Dr. Michael Huth unter anderem durch längere Lehr- und Forschungsaufenthalte an der University of the Sunshine Coast (Australien) und an der California State University San Bernardino (USA). Neben der fachbezogenen Lehre beschäftigt er sich seit mehr als 15 Jahren mit den Themen Risikomanagement, Notfallplanung und Sicherheit. Gemeinsam mit Prof. Dr. Dirk Lohre von der Hochschule Heilbronn führt er seit 2008 empirische Untersuchungen zum Stand des Risikomanagements in der Logistikbranche durch. Vor seinem Engagement an der Hochschule Fulda war er geschäftsführender Gesellschafter der Hulocon GmbH, einer Unternehmensberatung mit Fokus Logistik- und Risikomanagement. Er kann auf viele erfolgreiche Beratungsprojekte in Industrie, Handel und dem Dienstleistungssektor verweisen. Prof. Dr. Michael Huth hat an der Goethe-Universität in Frankfurt am Main und an der Southampton University (Großbritannien) Betriebswirtschaftslehre studiert.

Risikoaggregation und risikogerechte Bewertung strategischer Handlungsoptionen in der Supply Chain: Beispiel Outsourcing

5

Werner Gleißner

Inhaltsverzeichnis

W. Gleißner (✉)
FutureValue Group AG, Leinfelden-Echterdingen, Deutschland
E-Mail: w.gleissner@FutureValue.de

M. Huth, F. Romeike (Hrsg.), *Risikomanagement in der Logistik*,
DOI 10.1007/978-3-658-05896-8_5

5.1 Ertrag und Risiko abwägen: Risikogerechte Bewertung

Die Auswahl strategischer Handlungsoptionen und operativer Maßnahmen sollte auf einem Bewertungskalkül basieren, das ein Abwägen erwarteter Erträge und Risiken gewährleistet. Bei einer nicht sicher vorhersehbaren Zukunft ist grundsätzlich die mit einer Entscheidung verbundene Änderung der bestehenden Chancen und Gefahren (Risiken) zu betrachten.

Dies gilt natürlich speziell auch für alle Maßnahmen im Bereich Logistik beziehungsweise der Supply Chain. Auch hier ist davon auszugehen, dass die Entscheidungen die zukünftig zu erwartenden Erträge und den aggregierten Umfang der Risiken unter Umständen sogar sehr wesentlich beeinflussen. Entscheidungen über Investitionen in die Logistikkette, den Fuhrpark, eine veränderte Beschaffungsstrategie mit Schlüssellieferanten oder strategische Outsourcing-Entscheidungen können damit wesentliche Auswirkungen auf den Unternehmenswert haben, der als Performancemaß die Ertrags- und Risikowirkungen erfasst. Für eine fundierte Beurteilung sämtlicher Logistik-Projekte (im weiten Sinne) oder Maßnahmen (einschließlich der Risikobewältigungsmaßnahmen selbst) ist es bei der Vorbereitung der Entscheidung nötig, zu untersuchen, welche Änderungen sich bei den Risiken ergeben (Update der Risikoidentifikation und der quantitativen Beschreibung bestehender Risiken). Entscheidungsrelevant ist im Allgemeinen der aggregierte Gesamtrisikoumfang (ausgedrückt durch den Eigenkapitalbedarf/Value at Risk), dessen Berechnung eine stochastische Simulation (Monte-Carlo-Simulation) erfordert. Und die eigentliche Vorbereitung der Entscheidung erfordert Informationen über die Veränderung des aggregierten Gesamtrisikoumfangs, über die Auswirkung auf das Rating in der Zukunft (Krisenwarnindikator) sowie eine risikogerechte Bewertung, das heißt ein Abwägen erwarteter Erträge und Risiken (zu den Zusammenhängen siehe Gleißner 2013c).

In diesem Beitrag wird gezeigt, wie ausgehend von den Resultaten einer quantitativen Risikoanalyse und einer simulationsbasierten Risikoaggregation (Monte-Carlo-Simulation) Handlungsoptionen, Projekte, Maßnahmenbündel oder Ideen zu ergänzenden Risikobewältigungsmaßnahmen fundiert quantitativ bewertet werden können. Die im folgenden Abschnitt erläuterten grundsätzlichen Methoden einer risikogerechten Bewertung – ausgehend von Veränderungen des aggregierten Risikoumfangs (Ertragsrisiko) – werden dann in einem einfachen didaktischen Fallbeispiel verdeutlicht.

5.2 Risikoaggregation, Ertragsrisiko und Unternehmenswert als Performancemaß

Will man Strategie oder Maßnahmen eines Unternehmens fundiert beurteilen, benötigt man ein Performancemaß, das Änderungen des Ertrags und Risikos erfasst (Gleißner 2004a). Dies leistet der Unternehmenswert, da die erwarteten Erträge risikogerecht diskontiert werden. Allerdings darf man den Diskontierungszinssatz (Kapitalkostensatz) nicht mit dem Capital Asset Pricing Modell (CAPM) ableiten, wie in der Praxis noch üblich. Das Problem ist dabei nicht nur in den bekannten restriktiven (und wenig realitätsnahen) Annahmen des CAPM zu sehen, sondern in der Nutzung historischer Aktienrenditen als Grundlage der Ableitung von Diskontierungszinssätzen und der Fortschreibung des historischen Betas in die Zukunft.

Auch die empirische Kapitalmarktforschung (Gleißner 2014a mit einer Übersicht) zeigt, dass für eine risikogerechte Bewertung von Unternehmen oder Strategien (beispielsweise Outsourcing) „kapitalmarktorientierte" Bewertungsverfahren ungeeignet sind; dies gilt speziell für das Capital Asset Pricing Modell (CAPM) (Gleißner und Romeike 2012). Diese Studien – beispielsweise von Zhang (Zhang 2009) sowie Walkshäusl (Walkshäusl 2012 und 2013) für den deutschen Aktienmarkt – bestätigen schon ältere empirische Studien (beispielsweise von Haugen 2004), demzufolge überraschenderweise gerade risikoarme Unternehmen überdurchschnittliche Renditen am Aktienmarkt generieren. Diese „Volatilitätsanomalie" deckt sich mit dem aus der strategischen Managementforschung bekannten „Rendite-Risiko-Paradoxon" (siehe beispielsweise Budd 1993 und Bowman 1980). Interessant ist, dass gerade auch ertragsstarke Unternehmen (beispielsweise ausgedrückt durch hohe Gesamtkapital- oder Eigenkapitalrenditen) überdurchschnittlich hohe Renditen am Aktienmarkt erreichen. Dies lässt sich erklären durch eine systematische Unterbewertung solcher Unternehmen.

Die empirische Kapitalmarktforschung der letzten Jahre zeigt auch eine sogenannte „Distressed-Anomalie" (siehe beispielsweise Chen et al. 2011). Diesen empirischen Resultaten zufolge ist die Aktienrendite von Unternehmen mit überdurchschnittlicher Insolvenzwahrscheinlichkeit, also schwachem Rating, unterdurchschnittlich (siehe Campbell et al. 2008).

Für die Bewertung von Handlungsoptionen eines Unternehmens nutzt man – wie erwähnt – den Unternehmenswert als Performancemaß, da dieser Änderungen des Ertrags-Risiko-Profils in einer Kennzahl erfasst. Will man dabei die Probleme eines unvollkommenen Kapitalmarkts vermeiden, ist es naheliegend, ohne den Umweg über (historische) Aktienrenditen unmittelbar aus den Risiken der zu bewertenden Zahlungen und Cashflows auf risikogerechte Kapitalkosten oder – bei der Risikoabschlag-Methode – unmittelbar auf den risikogerechten Wert eines Unternehmens zu schließen (siehe hierzu Rubinstein 1973; Ballwieser 1981; Schwetzler 2000; Spremann 2004; McConaughy und Covrig 2007; Gleißner und Wolfrum 2008; Gleißner 2011a und 2013a).

Sollen subjektive Entscheidungswerte (siehe Matschke und Brösel 2013 sowie Laux und Schabel 2009) als „Performancemaße" der Entscheidungsvorbereitung (Gleißner 2014b) konsistent zu Unternehmensplanung und Risikoanalyse abgeleitet werden, muss man sich hier auf „simulationsbasierte" Verfahren für die Ableitung des bewertungsrelevanten Risikomaßes stützen (Gleißner 2011c). Man nutzt also die Risikoaggregation mittels Monte-Carlo-Simulation, um zum Beispiel die Standardabweichung des Cashflows als Risikomaß abzuleiten (auch über andere Risikomaße ist eine Bewertung möglich, Gleißner 2006 sowie 2013a).

Unternehmenswerte als Erfolgsmaßstäbe kann man außer über einen risikoadjustierten Diskontierungszinssatz auch durch Risikoabschläge vom Erwartungswert der Erträge oder

Cashflows berechnen. Mit einem von der Risikomenge der Erträge, Cashflows oder Flow-to-Equity (beispielsweise der Standardabweichung σ_{Gewinn}) abhängigen Risikoabschlag werden sogenannte Sicherheitsäquivalente berechnet (Gleißner 2011a sowie Gleißner und Wolfrum 2008 zur Herleitung von Risiko-Wert-Modellen und den Bewertungsgleichungen mittels (unvollkommener) „Replikation"). Man benötigt für die Wertberechnung nur eine Annahme bezüglich der Alternativinvestments und eine Prämisse: Zwei Zahlungen zum gleichen Zeitpunkt haben den gleichen Wert, wenn sie in Erwartungswert ($Gewinn^e$) und gewähltem Risikomaß (R ist hier σ_{Gewinn}) übereinstimmen. Der Risikoabschlag ist abhängig vom aggregierten Risikoumfang des Bewertungsobjekts (R), beziehungsweise exakter dem Anteil der Risiken, den der Unternehmenseigentümer unter Berücksichtigung seiner Diversifikationsmöglichkeiten (d) trägt, und dem Marktpreis des Risikos (λ).

Sicherheitsäquivalente sind mit dem risikolosen Zinssatz (Basiszinssatz r_f) zu diskontieren. Damit existieren also zwei Wege zur Berechnung des Werts w (nachfolgend wird vereinfachend von „Gewinn" gesprochen, wenn es um die finanziellen Überschüsse geht, die den Unternehmenseigentümern zufließen):

$$W(Gewinn_1^e) = \frac{Gewinn_1^e - \lambda \cdot \sigma(Gewinn_1) \cdot d}{1 + r_f} = \frac{Gewinn_1^e}{1+k} \tag{5.1}$$

Der Risikodiversifikationsfaktor (d) zeigt den Anteil der Risiken, den das Bewertungssubjekt unter Berücksichtigung von Diversifikationsmöglichkeiten im Gesamtvermögen zu tragen hat, welcher also bewertungsrelevant ist (im CAPM ist d gleich der Korrelation ρ zur Rendite des Marktportfolios). Betrachtet man ergänzend zu den Gewinnschwankungen des Unternehmens die historischen Schwankungen der Gewinne (oder Renditen) des Marktindex, kann man über deren Korrelation eine Schätzung für $\rho_{i,m}$ ableiten (was in Gleißner 2013b gezeigt wird).

Um den Marktpreis des Risikos (λ) zu bestimmen, muss man die Alternativinvestments kennen. In diesem Beitrag werden in Anlehnung an das CAPM ein breiter Marktindex (Proxi für das Marktportfolio mit unsicherer Rendite r_m) und eine näherungsweise risikolose Anlage mit der Rendite r_f als am Markt verfügbare Alternativinvestments angenommen („marktorientierter Ansatz"). Bei Verwendung der Standardabweichung als Risikomaß entspricht der „Marktpreis des Risikos" nun gerade dem bekannten Sharpe Ratio im CAPM, also der Marktrisikoprämie bezogen auf die Standardabweichung der Rendite des Marktindex.

$$\lambda = \frac{r_m^e - r_f}{\sigma_{r_m}} \tag{5.2}$$

Mit dem auch von Chancen und Gefahren (Risiken) abhängigen Erwartungswert des Gewinns und der Standardabweichung als Risikomaß σ_{Gewinn} ergibt sich nun durch das Auflösen von Gl. (5.1) folgende Formel für den Kapitalkostensatz:

$$k = \frac{1 + r_f}{1 - \lambda \cdot \frac{\sigma(Gewinn)}{Gewinn^e} \cdot d} - 1 \tag{5.3}$$

Die Kapitalkosten zeigen die risikogerechte Anforderung an eine Rendite (und im Weiteren wird vereinfachend von zeitunabhängigen Kapitalkosten ausgegangen).

Will man nun eine unternehmerische Strategiemaßnahme beurteilen, muss man die Wirkung auf 1) den erwarteten Gewinn und auf 2) das Risiko und damit die Kapitalkosten k ermitteln, um zu prüfen, ob der Wert als Erfolgsmaßstab (Performancemaß) steigt. Ergänzend sollte die Wirkung auf das Rating beachtet werden (Gleißner 2011b). Die Insolvenzwahrscheinlichkeit p wirkt in der Fortführungsphase wie eine „negative Wachstumsrate", das heißt, sie ist als Zuschlag auf den Kapitalkostensatz zu berücksichtigen (ist aber kein Teil der Kapitalkosten, sondern erfasst – wie auch die übliche Wachstumsrate – die zeitliche Veränderung des Erwartungswerts).

5.3 Bewertung der Ertrags- und Risikoauswirkungen einer Handlungsoption – Ein Fallbeispiel

5.3.1 Risikogerechte Unternehmensbewertung in der Ausgangssituation

Die Wirkung einer geplanten Ertragssteigerung durch eine Outsourcing-Strategie auf den Unternehmenswert wird nun mit einem Fallbeispiel verdeutlicht (in Anlehnung an Gleißner 2013b sowie Gleißner und Füser 2014). Es soll untersucht werden, ob diese Strategie unter Abwägen von Ertrag und Risiko sinnvoll ist.

In diesem Fallbeispiel werden zunächst der aggregierte Gesamtrisikoumfang (Eigenkapitalbedarf), das Rating und der risikogerechte Unternehmenswert (als Erfolgsmaßstab) für den Status quo angegeben. Anschließend wird beurteilt, wie sich eine geplante Maßnahme zur Optimierung der Supply Chain (Outsourcing eines wesentlichen Abschnitts der Wertschöpfungskette) auf diese Kenngrößen auswirkt, um durch Transparenz über das Rendite-Risiko-Profil (und den Unternehmenswert als Performancemaß) den ökonomischen Mehrwert dieser Idee fundiert zu beurteilen, die zunächst strategisch plausibel erscheint. Aus der Betrachtung der strategischen Positionierung und der wesentlichen Erfolgspotentiale wurde die Idee des Outsourcings abgeleitet (Gleißner 2004, 2008 zur strategischen Positionierung). Der betreffende Abschnitt der Wertschöpfungskette weist im Unternehmen nämlich keine tragfähigen Erfolgspotenziale aus. So wurde im Zusammenspiel der Fachabteilungen Controlling, Produktion und Logistik ein Konzept zur Realisierung des Outsourcings des entsprechenden Produktionsbereiches entwickelt, um

- Kosten zu reduzieren (und den Ertrag zu erhöhen) durch niedrigere Einkaufspreise (im Vergleich zu den bisherigen Kosten) und
- zugleich die Risiken zu reduzieren, weil ein Teil der Fixkosten durch variable Kosten ersetzt wird.

Ob die entsprechende Konzeption tatsächlich so erfolgsversprechend ist, wie sie zunächst erscheint, wird im Fallbeispiel untersucht.

Ausgangssituation: Bei einer Bilanzsumme von 100 Mio. € weist das Unternehmen eine Eigenkapitalquote (EKQ) von 30 % auf. Das verzinsliche Netto-Fremdkapital beläuft sich auf 50 Mio. €. Im Geschäftsjahr 2014 wurde zudem bei einem Umsatz von 200 Mio. € ein Betriebsergebnis (EBIT) von 11,5 Mio. € und ein Gewinn von 10 Mio. € erwirtschaftet. Die Kapitalrendite – Return on Capital Employed (ROCE) – beträgt damit: $\frac{EBIT}{CE} = \frac{11{,}5\ Mio.\ €}{100\ Mio.\ €} = 11{,}5\%$.

In der Unternehmensplanung ist zu lesen, dass auch für das Geschäftsjahr 2015 und alle Folgejahre diese 10 Mio. € Gewinn mit der höchsten Wahrscheinlichkeit angenommen werden (als Planwert Gewinn^{Plan}). Aufgrund der schwierigen Marktbedingungen erwartet die Unternehmensführung für die Zukunft kein Wachstum (Wachstumsrate w = 0) und setzt damit den bewertungsrelevanten freien Cashflow ($Z = FCF$) auf die gleiche Höhe wie das EBIT, da keine Nettoinvestitionen zu berücksichtigen sind. Unter Nutzung des Gordon-Shapiro-Modells für eine unendliche Rente wird auf traditionelle Weise – basierend auf als glaubwürdig und plausibel angesehenen Annahmen – der Unternehmenswert wie folgt berechnet:

$$W_1 = \frac{FCF^{Plan}}{k_{WACC} - w} - FK \approx \frac{Gewinn^{Plan}}{k} \tag{5.4}$$

Den Diskontierungszinssatz (Eigenkapitalkostensatz, k) leitet der Bewerter zunächst traditionell basierend auf historischen Aktienrenditeschwankungen mittels Capital Asset Pricing Modell ab. Bei einer angenommenen Rendite des Marktportfolios (r_m^e) von 8 %, einem risikolosen Basiszinssatz (r_f) von 3 % und einer Standardabweichung der Marktrendite (σ_m) von 20 % lässt sich zunächst der Betafaktor bestimmen, wenn zudem die beiden folgenden Informationen aus den historischen Aktienkursschwankungen (Kapitalmarktdaten) abgeleitet werden:

- Korrelation (ρ) der Aktienrendite zur Marktrendite 0,5 und
- Standardabweichung der Aktienrendite (σ_i) 25 %.

Der Betafaktor berechnet sich wie folgt:

$$\beta = \rho \cdot \frac{\sigma_i}{\sigma_m} = 0{,}5 \cdot \frac{0{,}25}{0{,}2} = 0{,}625 \tag{5.5}$$

Gemäß der bekannten Renditegleichung des CAPM ergibt sich damit für den Diskontierungszinssatz bei Gültigkeit der CAPM-Annahmen

$$\begin{aligned} k = k^{CAPM} &= r_f + (r_m^e - r_f) \cdot \beta \\ &= 0{,}03 + (0{,}08 - 0{,}03) \cdot 0{,}625 = 6{,}1\% \end{aligned} \tag{5.6}$$

und für den Unternehmenswert

$$W_1 = \frac{Gewinn^{Plan}}{k} = \frac{10}{6{,}1\%} = 163{,}9. \tag{5.7}$$

Bei dieser „traditionellen“ Vorgehensweise werden Informationen über die Risiken des zukünftigen Gewinnes ebenso wenig berücksichtigt wie die durch das Rating ausgedrückte Insolvenzwahrscheinlichkeit *p*. Auch nicht berücksichtigt wird, inwieweit der „Planwert“, hier also der wahrscheinlichste Wert (Modalwert), tatsächlich erwartungstreu ist.

Nachfolgend wird der Bewertungsfall verfeinert, um den „risikogerechten Wert“ in der Ausgangssituation zu bestimmen. Dabei wird unterstellt, dass nun im Rahmen des allgemeinen Risikomanagements eine quantitative Risikoanalyse durchgeführt und mittels Monte-Carlo-Simulation der aggregierte Gesamtrisikoumfang berechnet wurde (zu den Methoden siehe Gleißner 2011c und d; vgl. auch Abb. 5.1). In unserem Fallbeispiel ergibt sich aus der Risikoaggregation für den Status quo des Unternehmens (das heißt vor Durchführung der geplanten Maßnahme (Outsourcing)) folgende Situation: Die ursprünglichen Planwerte sind nicht „erwartungstreu“, zeigen also nicht, welcher Gewinn „im Mittel“ über alle risikobedingt möglichen Szenarien zu erwarten ist (Gleißner 2011c, S. 111 ff., speziell auch zur simulationsbasierten Risikoaggregation: S. 164 ff.). Man kann aus der Risikoaggregation nun leicht den Erwartungswert des Gewinnes als Durchschnitt mit 9 Mio. € ablesen. Aufgrund eines bestehenden Gefahrenüberhangs im Vergleich zu den Chancen ist der bewertungsrelevante Erwartungswert also niedriger als der Plangewinn von 10 Mio. €.

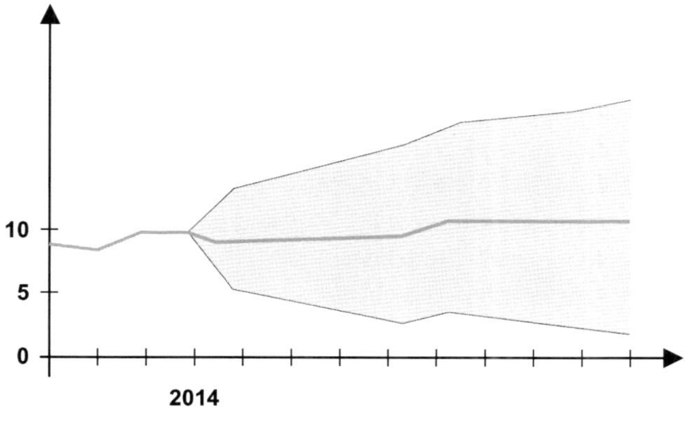

Abb. 5.1 Bandbreite der Erträge aus Monte-Carlo-Simulation (Risikoaggregation)

Ergänzend betrachtet wird das Rating, das den Grad der „Bestandsbedrohung", die Insolvenzwahrscheinlichkeit, angibt (siehe Gesetz zur Kontrolle und Transparenz im Unternehmensbereich, KonTraG). Die erwartete Kapitalrendite, die das Rating neben der Eigenkapitalquote (30 %) stark beeinflusst, mit dem um 1,5 Mio. € (Zins) höheren EBIT, berechnet sich wie folgt:

$$ROCE = \frac{10,5}{100} = 10,5\% \tag{5.8}$$

Die Risikoaggregation (Risikosimulation) erlaubt auch eine grobe Quantifizierung des Risikos – ausgedrückt durch die Standardabweichung des Gewinnes. Diese liegt bei $\sigma_{Gewinn} = 3,1$.

Neben der Standardabweichung des Gewinns, die man als Maß für die Planungssicherheit interpretieren kann, ergibt sich aus der Risikoaggregation auch der Eigenkapitalbedarf (Value-at-Risk zum 99-%-Niveau), der im Fallbeispiel rund 13 Mio. € beträgt und damit eine risikogerechte Finanzierungsstruktur beschreibt.

Die Korrelation der Gewinne (beziehungsweise Gewinnveränderungen) von Unternehmen zum Marktindex beträgt 0,5, was damit dem Risikodiversifikationsgrad d entspricht (vgl. zu den Ermittlungsmöglichkeiten Gleißner 2013b, S. 86).

Aus prognostizierten Finanzkennzahlen (EKQ und ROCE) kann man Rating und Insolvenzwahrscheinlichkeit p abschätzen (Gleißner 2013b zu simulationsbasierten Rating- und Bewertungsverfahren; beispielsweise unter Einsatz der hier genutzten Software „Strategie Navigator – Rating-Edition", die Interessenten kostenlos von der FutureValue Group AG beziehen können). Vereinfacht kann man die Insolvenzwahrscheinlichkeit p auch nur mit Finanzkennzahlen der Planung abschätzen, beispielsweise durch folgendes „Mini-Rating" (siehe beispielsweise Gleißner 2011c, S. 99 oder Altman 2000):

$$\begin{aligned} p &= \frac{0,265}{1+e^{-0,41+7,42EKQ+11,2\cdot ROCE}} \\ &= \frac{0,265}{1+e^{-0,41+7,42\cdot 0,30+11,2\cdot 0,105}} = 1,3\% \end{aligned} \tag{5.9}$$

Die aus einem einfachen Finanzkennzahlen-System abgeleitete Insolvenzwahrscheinlichkeit kann durch etwas komplexere Kennzahlen-Systeme noch fundierter eingeschätzt werden (siehe dazu Gleißner und Füser 2014 S. 154–174 zum Strategie-Navigator-Finanzkennzahlensystem; die Software Strategie Navigator können Interessenten kostenlos von der FutureValue Group AG beziehen). Für eine ergänzende Plausibilisierung der Insolvenzwahrscheinlichkeit – unter Berücksichtigung der bei Finanzkennzahlen vernachlässigten aggregierten Ertragsrisiken – kann wieder die Risikoaggregation verwendet werden. Dabei wird in jedem Simulationslauf geprüft, ob Illiquidität oder (weniger relevant) Überschuldung eintritt. Oft kann man von einer Illiquidität des Unternehmens bereits ausgehen, wenn in einem Simulationslauf entweder a) Covenants verletzt werden und/oder b) aufgrund von Verlusten ein Finanzkennzahlen-Rating von „B" nicht mehr gewährleistet ist. In unserem Fallbeispiel ergibt sich aus der Risikosimulation eine recht ähnliche Insolvenzwahrscheinlichkeit. Nachfolgend wird weiter mit der in Gl. (5.9) angegebenen Insolvenzwahrscheinlichkeit von $p = 1{,}3\,\%$ gerechnet.

Wenn man das Unternehmen für einen langfristig engagierten Investor beurteilen möchte und davon ausgeht, dass sich die bewertungsrelevanten Risiken der zukünftigen Erträge nicht in historischen Aktienrenditen widerspiegeln, empfiehlt sich diese Ableitung der Kapitalkostensätze basierend auf den Ertragsrisiken (vgl. Gl. (5.3)).

So ergibt sich mit Gl. (5.3) folgender risikogerechter Diskontierungszins. Es wird hier im Fallbeispiel angenommen, dass die Korrelation des Gewinns zur Rendite (beziehungsweise zu den Erträgen) des Marktportfolios genauso hoch ist wie die Korrelation zwischen den Aktien des Unternehmens und dem Marktportfolio (möglicherweise wird mancher mittelständische Unternehmer, der im Wesentlichen sein Unternehmen besitzt, bei der Bestimmung subjektiver Entscheidungswerte $d = 1$ setzen, also Risikodiversifikationseffekte vernachlässigen).

$$\begin{aligned} k &= \frac{1+r_f}{1-\lambda\cdot\dfrac{\sigma(Gewinn)}{Gewinn}\cdot d}-1 \text{mit} \lambda=\frac{r_m^e-r_f}{\sigma_{r_m}}=\frac{8\%-3\%}{20\%}=0{,}25 \\ &= \frac{1+3\%}{1-0{,}25\cdot\dfrac{3{,}1}{9}\cdot 0{,}5}-1=7{,}6\% \end{aligned} \tag{5.10}$$

Im Fallbeispiel weicht der risikogerechte Kapitalkostensatz deutlich von demjenigen ab, der mittels CAPM bestimmt wurde. Ursache hierfür ist, dass nun eben gerade die (an sich bewertungsrelevanten) Risiken der zukünftigen Erträge und Cashflows eines Unternehmens betrachtet werden – und eben nicht die Risiken aus (historischen) Aktienkursschwankungen, die primär für einen kurzfristig investierenden Aktionär bedeutsam sind.

Es ist zudem festzuhalten, dass die adäquate Berücksichtigung der Insolvenzwahrscheinlichkeit p (des Ratings) und der Auswirkung von Chancen und Gefahren (Risiken) für den Erwartungswert der Erträge oder Cashflows bei jeder sachgerechten Unternehmensbewertung erforderlich ist. Die Insolvenzwahrscheinlichkeit wirkt wie ein Zuschlag auf die Kapitalkosten (Gleißner 2011b und Knabe 2012). Dies gilt auch, wenn man die Kapitalkosten (Diskontierungszinssätze) auf Grundlage des Capital Asset Pricing Modells ableiten möchte.

Für den Wert in der Ausgangssituation ergibt sich nun das nachfolgende Ergebnis:

$$\begin{aligned} W_2(Gewinn^e) &= \frac{Gewinn^e\cdot(1-p)}{k+p} \\ &= \frac{9\cdot(1-1{,}3\%)}{7{,}6\%+1{,}3\%}=99{,}8 \end{aligned} \tag{5.11}$$

5.3.2 Risikogerechte Bewertung der Outsourcing-Strategie

Bisher wurde der Status quo des Unternehmens betrachtet. Der berechnete (risikoadjustierte) Unternehmenswert von 99,8 Mio. € ist als „Benchmark" (oder Hurdle Rate) für die nun zu beurteilende strategische Maßnahme in der Supply Chain (Logistik) zu interpretieren. Eine solche Maßnahme ist also gerade dann sinnvoll, wenn sie den nachhaltigen Unternehmenserfolg steigert, also zu einer Verbesserung des Rendite-Risiko-Profils führt. Grundlage der Bewertung ist nun eine Alternativ-Unternehmensplanung, bei der die Wirkungen der geplanten Maßnahmen auf Umsatz, Kosten und Kapitalbindung berücksichtigt werden („Was-wäre-wenn-Analyse"). Im Fallbeispiel wird davon ausgegangen, dass durch die „interne" Maßnahme in der Wertschöpfungskette keine Auswirkungen auf den Umsatz eintreten werden. Auch die Kapitalbindung wird als näherungsweise unverändert angesehen, weil diese in dem relativ wenig kapitalintensiven Abschnitt der Supply Chain, für den Outsourcing umgesetzt werden soll, verhältnismäßig gering ist und auf der anderen Seite – zur Risikoreduzierung – die Kapitalbindung in „Pufferlagern" erhöht werden soll.

Aus den Gesprächen und Verhandlungen mit den potenziellen Outsourcing-Partnern wird jedoch eine bedeutende Verbesserung der Ertragskraft von einer Mio. Euro prognostiziert.

Aus einer hier nicht näher dargestellten strukturierten Risikoanalyse (beispielsweise Gleißner 2011c sowie Romeike und Hager 2013) ergibt sich nun, dass sich aus dem Outsourcing bezogen auf die Risikoposition durchaus nicht nur Vorteile feststellen lassen. Zwar werden produktionstechnische Risiken (beispielsweise durch Maschinenausfall) innerhalb des Unternehmens beseitigt, weil die entsprechenden Aktivitäten eben nicht mehr im Unternehmen durchgeführt werden. Auch vorteilhaft ist, dass bisher weitgehend fixe Kosten durch umsatzabhängige variable Kosten substituiert werden. Allerdings zeigt eine quantitative Risikoanalyse auch die Schattenseiten des Outsourcings: Aus dem Vor-Ort-Besuch bei der Produktion des potenziellen Outsourcing-Partners durch ein Expertenteam mit Spezialisten aus Produktion, Qualitätssicherung und Logistik zeigt sich, dass aufgrund weitgehend fehlender Redundanz die technischen Ausfallwahrscheinlichkeiten beim Partnerunternehmen höher sind als bisher im eigenen Unternehmen. Außerdem zeigt sich im Rahmen einer Ratinganalyse der Finanzkennzahlen dieses Unternehmens ein nicht zu vernachlässigendes Insolvenzrisiko durch das Outsourcing, welches zum Verlust eines kurzfristig kaum ersetzbaren Schlüssellieferanten führen kann. Aus öffentlich verfügbaren Daten über Eigenkapitalquote und Rentabilität wird ein „B"-Rating abgeschätzt, was eine Insolvenzwahrscheinlichkeit von immerhin 5 % pro Jahr impliziert (siehe Gl. (5.9)).

Diese und weitere Informationen über die Veränderung der Chancen und Gefahren (Risiken) im Falle eines Outsourcings werden nun in der Alternativplanung berücksichtigt. Dann wird mittels Monte-Carlo-Simulation wieder eine große repräsentative Anzahl von Zukunftsszenarien berechnet und über diese Risikoaggregation wird die Änderung der realistischen Bandbreite der Gewinne und Cashflows des Unternehmens gezeigt, die sich ergibt, falls man die zu beurteilende Maßnahme durchführen würde. Im Fallbeispiel wird zunächst die erwartete Ergebnissteigerung auf 10 Mio. € bestätigt, weil im Rahmen der Risikoanalyse neben Gefahren durchaus auch einige Chancen (weitere Kosteneinsparungsmöglichkeiten) aufgezeigt wurden. Daneben zeigt aber die Risikoaggregation einen deutlichen Anstieg der Standardabweichung des Ergebnisses (des Risikomaßes) von 3,1 auf 4,2 Mio. €. Verursacht wird dieser Anstieg durch mögliche Zusatzkosten und Umsatzverluste im Falle eines technisch bedingten Produktionsausfalls (Betriebsunterbrechung) oder gar Insolvenz des zukünftigen Schlüssellieferanten. Die Auswirkungen werden jedoch nicht so extrem ausfallen, dass wesentliche Einflüsse auf die eigene Insolvenzwahrscheinlichkeit zu berücksichtigen wären, das heißt, es wird weiter von einer Insolvenzwahrscheinlichkeit von $p = 1{,}3\,\%$ ausgegangen.

Basierend auf der erhöht prognostizierten Ertragskraft und dem zugleich angestiegenen Risikoumfang kann man nun den risikogerechten Kapitalkostensatz k' berechnen, der sich im Falle der Outsourcing-Entscheidung ergeben würde (auch d, das heißt, der Anteil der zu tragenden Risiken wird als konstant angesehen, was im Rahmen einer ausführlichen Analyse untersucht werden kann):

$$k' = \frac{1+r_f}{1-\lambda\cdot\frac{\sigma(Gewinn)}{Gewinn_2^e}\cdot d} = \frac{1+3\%}{1-0{,}25\cdot\frac{4{,}2}{10}\cdot 0{,}5} - 1 = 8{,}7\% \qquad (5.12)$$

und

$$W_3\left(Gewinn_2^e\right) = \frac{Gewinn_2^e(1-p)}{k'+p} = \frac{10(1-1{,}3\%)}{8{,}7\%+1{,}3\%} = 98{,}7 \qquad (5.13)$$

Gleichung (5.13) zeigt nun unmittelbar die Wirkung des Outsourcings auf den Unternehmenswert als Erfolgsmaßstab. Wie man erkennt, sinkt dieser von 99,8 auf 98,7 Mio. €. Grund dafür ist, dass sich das Rendite-Risiko-Profil leicht verschlechtert. Die Erhöhung des aggregierten Gesamtrisikoumfangs und damit der Kapitalkosten überkompensiert den erwarteten Anstieg der Rentabilität durch das Outsourcing. Wie oben erwähnt, würde diese Maßnahme zwar die Bestandssicherheit (das Rating) des Unternehmens nicht unangemessen beeinträchtigen, aber sie ist unter Abwägen von Ertrag und Risiko ökonomisch nicht sinnvoll.

5.4 Zusammenfassung und Fazit

Unternehmerische Entscheidungen und Maßnahmen beeinflussen das Rendite-Risiko-Profil eines Unternehmens und bei der fundierten Vorbereitung solcher Entscheidungen sind entsprechende Veränderungen transparent aufzuzeigen. Zudem sind die Auswirkungen auf den Erfolgsmaßstab (das Performancemaß) zu beurteilen. Notwendig ist es dabei, dass schon vor der Entscheidung (und nicht etwa erst im ersten Risikobericht nach Durchführung einer Maßnahme) die zu erwartende Veränderung des Risikoumfangs aufgezeigt wird. Entscheidungsrelevant ist dabei im Allgemeinen die Veränderung des aggregierten Gesamtrisikoumfangs. Für eine fundierte, risikogerechte Beurteilung von Handlungsoptionen benötigt man eine quantitative Risikoanalyse, eine simulationsbasierte Risikoaggregation sowie Rating- und Unternehmensbewertungsverfahren, um die Implikationen einer geplanten Maßnahme aus Perspektive von Gläubigern (Rating) und Eigentümer (Unternehmenswert) beurteilen zu können. Dies gilt grundsätzlich für alle wesentlichen Entscheidungen, speziell auch bei grundlegenden Veränderungen der Supply Chain oder Logistikkette, die oft erhebliche Auswirkungen sowohl auf die Ertragskraft als auch auf den Risikoumfang haben. Dies wird deutlich, wenn man an Outsourcing-Entscheidungen, mögliche Änderungen der Produktions- und Logistikinfrastruktur oder Entscheidungen bezüglich Schlüssellieferanten denkt.

Die Methodik einer risikogerechten Bewertung – ausgehend von Risikoanalyse und Risikoaggregation – wurde in diesem Fachbeitrag erläutert. Von zentraler Bedeutung ist es dabei, dass die Auswirkungen von Veränderungen des aggregierten Gesamtrisikoumfangs (Ertragsrisiko) auf den Unternehmenswert und die risikogerechten Kapitalkosten (Renditeanforderung) gezeigt werden. Die Verwendung traditioneller „kapitalmarktorientierter“ Bewertungsverfahren, die in einem realen unvollkommenen Kapitalmarkt völlig unbefriedigende Ergebnisse liefern (siehe Gleißner 2014), wie speziell das Capital Asset Pricing Modell (CAPM), sind hier ungeeignet. Notwendig ist die unmittelbare Ableitung des Unternehmenswerts beziehungsweise der Werttreiber „Rating“ und „Kapitalkosten“ von dem durch das Risikomanagement bestimmten, aggregierten Gesamtrisikoumfang. Mehr Risiko führt ceteris paribus zu höheren negativen Planabweichungen beziehungsweise (möglichen) Verlusten, was einen höheren Eigenkapitalbedarf, höhere Kapitalkosten und einen niedrigeren Unternehmenswert (Erfolgsmaßstab) impliziert.

Literatur

Altman, E.I.: Financial ratios, discriminant analysis and the prediction of corporate bankruptcy. J. Finance. **23**(4), 589–610 (1968)

Altman, E.I.: Predicting financial distress of companies: revisiting the Z-score and Zeta models. Working Paper. New York University (2000)

Amit, R., Wernerfelt, B.: Why do firms reduce business risk? Acad. Manage. J. **33**(3), 520–532 (1990)

Arbeitskreis des IACVA e. V.: Bewertung nicht börsennotierter Unternehmen – die Berücksichtigung von Insolvenzwahrscheinlichkeiten. BewertungsPraktiker. **1**, 12–22 (2011)

Ballwieser, W.: Die Wahl des Kalkulationszinsfußes bei der Unternehmensbewertung unter Berücksichtigung von Risiko und Geldentwertung. Betriebswirtsch. Forsch. Praxis. **33**, 97–114 (1981)

Bitz, M.: Verschuldungsgrad, Kapitalkosten und Risiko. Z. betriebswirtsch. Forsch. **32**(7), 611–630 (1980)

Blum, U., Gleißner, W., Leibbrand, F.: Stochastische Unternehmensmodelle als Kern innovativer Ratingsysteme. IWH-Diskussionspapiere. Nr. 6 (2005)

Bowman, E.: A-risk-return-paradoxon for strategic management. Sloan. Manag. Rev. **21**, 17–33 (1980)

Budd, J.L.: Characterizing risk from the strategic management perspective. Kent State University. Dissertation (1993)

Campbell, J.Y., Hilscher, J., Szilagyi, J.: In search of distress risk. J. Finance. **63**(6), 2899–2939 (2008)

Chen, L., Novy-Marx, R., Zhang, L.: An alternative three-factor model. Working paper. Washington University, St. Louis (2011)

Fama, E.F., French, K.R.: Dissecting anomalies. J. Finance. **63**(4), 1653–1678 (2008)

Gleißner, W.: Wertorientierte analyse der unternehmensplanung auf basis des risikomanagements. Finanz Betr. **7/8**, 417–480 (2002)

Gleißner, W.: FutureValue-12 Module für eine strategische wertorientierte Unternehmensführung. Gabler, Wiesbaden (2004a)

Gleißner, W.: Die Aggregation von Risiken im Kontext der Unternehmensplanung. ZfCM. **5**, 350–359 (2004b)

Gleißner, W.: Kapitalkosten: Der Schwachpunkt bei der Unternehmensbewertung und im wertorientierten Management. Finanz Betr. **4**, 217–229 (2005)

Gleißner, W.: Serie: Risikomaße und Bewertung. RISIKO MANAGER. Teil 1– Grundlagen. 12/2006, 1–11. Teil 2– Downside-Risikomaße. 13/2006, 17–23. Teil 3– Kapitalmarktmodelle. 14, 14–20 (2006)

Gleißner, W.: Strategische Positionierung und Strategieumsetzung (Teil 1 und 2). KRP Kredit & Rating Praxis. Ausgaben 4 + 5/2008, **33–38** (Teil 1), 32–35 (Teil 2) (2008)

Gleißner, W.: Unternehmenswert, rating und risiko. WPg. **63**(14), 735–743 (2010)

Gleißner, W.: Risikoanalyse und Replikation für Unternehmensbewertung und wertorientierte Unternehmenssteuerung. WiSt. **7**(11), 345–352 (2011a)

Gleißner, W.: Der Einfluss der Insolvenzwahrscheinlichkeit (Rating) auf den Unternehmenswert und die Eigenkapitalkosten. Corp. Finance Biz. **4**, 243–251 (2011b)

Gleißner, W.: Grundlagen des Risikomanagements im Unternehmen, 2. Aufl. Franz Vahlen Verlag, München (2011c)

Gleißner, W.: Quantitative Verfahren im Risikomanagement: Risikoaggregation, Risikomaße und Performancemaße. In: Gleich, R., Klein, A. (Hrsg.) Der Controlling-Berater, Bd. 16, S. 179–204. Haufe-Lexware, Freiburg (2011d)

Gleißner, W.: Unsicherheit, Risiko und Unternehmenswert. In: Petersen, K., Zwirner, C., Brösel, G. (Hrsg.) Handbuch Unternehmensbewertung, S. 691–721. Bundesanzeiger Verlag, Köln (2013a)

Gleißner, W.: Die risikogerechte Bewertung alternativer Unternehmensstrategien: ein Fallbeispiel jenseits CAPM. BewertungsPraktiker. **3**, 82–89 (2013b)

Gleißner, W.: Risiko, Rating, Krisenprävention und wertorientiertes Management: Die Zusammenhänge. Aufsichtsrat. **07/08**, 114–116 (2013c)

Gleißner, W.: Kapitalmarktorientierte Unternehmensbewertung: Erkenntnisse der empirischen Kapitalmarktforschung und alternative Bewertungsmethoden. Corp. Finance. **4**, 151–167 (2014a)

Gleißner, W.: 10 Gebote für gute unternehmerische Entscheidungen. Controll. Mag. **4**, 34–41 (2014b)

Gleißner, W., Füser, K.: Praxishandbuch Rating und Finanzierung – Strategien für den Mittelstand, 3. Aufl. mit CD-ROM. Franz Vahlen Verlag, München (2014).

Gleißner, W., Kamarás, E.: Ertragsrisiko und die Implikationen für Rating, Kapitalkosten und Unternehmenswert: Fallbeispiel Rheinmetall AG. BewertungsPraktiker. **2**, 42–55 (2012)

Gleißner, W., Romeike, F.: Capital asset pricing model: Kapitalmarktorientierung und umgang mit risiken. Risikomanager. **6**, 1 & 6–11 (2012)

Gleißner, W., Wolfrum, M.: Eigenkapitalkosten und die Bewertung nicht börsennotierter Unternehmen: Relevanz von Diversifikationsgrad und Risikomaß. Finanz Betr. **9**, 602–614 (2008)

Haugen, R. A.: The new finance – Overreaction, complexity, and uniqueness, 3. Aufl. Pearson Prentice Hall, New Jersey (2004)

Knabe, M.: Die Berücksichtigung von Insolvenzrisiken in der Unternehmensbewertung. EUL Verlag, Lohmar (2012)

Kruschwitz L.: Risikoabschläge, Risikozuschläge und Risikoprämien in der Unternehmensbewertung. Betrieb. **54**, 2409–2413 (2001)

Laux, H., Schabel, M.M.: Subjektive Investitionsbewertung, Marktbewertung und Risikoteilung: Grenzpreise aus Sicht börsennotierter Unternehmen und individueller Investoren im Vergleich. Springer, Berlin (2009)

Mai, M. J.: Mehrperiodige Bewertung mit dem Tax-CAPM Kapitalkostenkonzept. Z. Betriebswirtsch. **76**(12), 1225–1253 (2006)

Matschke, M.J., Brösel, G.: Unternehmensbewertung: Funktionen – Methoden – Grundsätze. 4. Aufl. Gabler, Wiesbaden (2013)

McConaughy, D. L., Covrig, V.: Owners' lack of diversification and cost of equity capital for closely held firm. Bus. Valuat. Rev. (2007), S. 115–120

Romeike, F., Hager, P.: Erfolgsfaktor Risikomanagement 3.0: Lessons learned, Methoden, Checklisten und Implementierung. Springer, Wiesbaden (2013)

Romeike, F., Spitzner, J.: Von Szenarioanalyse bis Wargaming – Betriebswirtschaftliche Simulationen im Praxiseinsatz. Wiley, Weinheim (2013)

Rubinstein, M.: The fundamental theorem of parameter preference security valuation. JFQA. **8**(1), 61–69 (1973)

Saha, A., Malkiel, B.G.: DCF valuation with cash flow cessation risk. J. App. Finance. 22(1), 175–185 (2012)

Schwetzler, B.: Unternehmensbewertung unter Unsicherheit – Sicherheitsäquivalent- oder Risikozuschlagsmethode? ZfbF. **52**, 469–486 (2000)

Shiller, R. J.: The use of volatility measures in assessing market efficiency. J. Finance. **36**, 291–304 (1981)

Spremann, K.: Valuation: Grundlagen moderner Unternehmensbewertung. Oldenbourg Wissenschaftsverlag, München (2004)

Walkshäusl, C.: Die Volatilitätsanomalie auf dem deutschen Aktienmarkt: Mit weniger Risiko zu einer besseren Performance. Corp. Finance Biz. **02**, 81–86 (2012)

Walkshäusl, C.: Fundamentalrisiken und Aktienrenditen – Auch hier gilt, mit weniger Risiko zu einer besseren Performance. Corp. Finance Biz. **3**, 119–123 (2013)

Walkshäusl, C., Lobe, S.: The alternative three-factor model: an alternative beyond US markets? Euro Financial Manage. (2011). doi:10.1111/j.1468-036X.2011.00628.x

Zhang, C.: On the explanatory power of firm-specific variables in cross-sections of expected returns. J. Empir. Finance. **16**, 306–317 (2009)

Prof. Dr. Werner Gleißner ist Vorstand der FutureValue Group AG. Er ist Diplom-Wirtschaftsingenieur und hat an der Universität Karlsruhe in Volkswirtschaftslehre promoviert. Seine Beratungsschwerpunkte liegen im Bereich Risikomanagement, Rating und Strategieentwicklung sowie in der Weiterentwicklung von Methoden der Risikoaggregation und der wertorientierten Unternehmenssteuerung. Er nimmt unter anderem Lehraufträge an der TU Dresden, der Universität Stuttgart und Hohenheim sowie an der European Business School wahr. In Anerkennung seiner Lehrtätigkeit wurde er von der Universität Dresden zum Honorarprofessor ernannt.

Prof. Dr. Werner Gleißner ist Autor zahlreicher Fachbücher und Artikel, u. a. auch in Ko-Autorenschaft mit Frank Romeike. Seine Forschungsschwerpunkte sind Bewertungs- und Entscheidungsverfahren bei Unsicherheit und unvollkommenen Kapitalmärkten. In diesem Kontext hat er spezielle Verfahren für die Bewertung und wertorientierte Steuerung von Beteiligungen von Konzernen und Private Equity-Gesellschaften entwickelt und umgesetzt. Im Bereich Rating hat Prof. Dr. Werner Gleißner viele Forschungs- und Entwicklungsprojekte betreut (u. a. die Entwicklung prognosefähiger Ratingsoftware, ist Autor von Rating-Literatur (u. a. „Leitfaden Rating", „Rating Lexikon", „Rating-Software") und für die RatingAnalyst-Ausbildung der Universität Augsburg tätig.

Restrisiko

Einsatz von Simulationsmethoden im Logistik-Risikomanagement

6

Frank Romeike und Jan Spitzner

Inhaltsverzeichnis

F. Romeike (✉)
RiskNET GmbH, Brannenburg, Deutschland
E-Mail: office@risknet.de

J. Spitzner
Spitzner Consulting GmbH, München, Deutschland
E-Mail: j.spitzner@spitznerconsulting.de

M. Huth, F. Romeike (Hrsg.), *Risikomanagement in der Logistik*,
DOI 10.1007/978-3-658-05896-8_6

6.1 Was ist eine Simulation

Unter einer Simulation wird im allgemeinen Sprachgebrauch eine „Was-wäre-wenn"-Analyse verstanden (vgl. vertiefend Romeike und Spitzner 2013, wesentliche Aspekte werden im Folgenden wiedergegeben). Im Kern geht es darum, zu analysieren und zu antizipieren, was im Falle einer bestimmten Situation passieren könnte. Ergebnisse einer Simulation können Werte (beispielsweise „voraussichtliches Betriebsergebnis"), Bereiche (beispielsweise „voraussichtliches Betriebsergebnis wird zwischen x=min und y=max liegen") oder auch Eigenschaften beziehungsweise Verhalten eines Objekts oder Systems an sich sein (beispielsweise „negative Abweichungen sind wahrscheinlicher als positive" oder „Szenario 1 ist wahrscheinlicher als Szenario 2").

In einer in den vergangenen Jahrzehnten immer komplexer werdenden Welt bieten Simulationen einen steigenden Nutzen, unter anderem bei der Steuerung von Unternehmen, der Entwicklung von Kraftfahrzeugen unter Einbezug der Erkenntnisse aus Crash-Test-Simulationen, in der Pilotenausbildung oder bei der Exploration neuer Lagerstätten von Rohstoffen. Nutzenstiftend sind sie beispielsweise auch als Simulation von Logistikwegen und komplexen Wertschöpfungsketten in einer globalisierten Welt. Die Relevanz derartiger komplexer und globaler Logistikketten aus der Perspektive des Risikomanagements wurde in den illustrativen Beispielen im Kap. 2 unterstrichen. Dies gilt aber nur, sofern die Methoden und Instrumente effektiv und effizient verstanden werden, die Ergebnisse korrekt interpretiert werden und diese in die Entscheidungsprozesse auch einfließen. Denn dadurch lassen sich Chancen und Risiken viel besser abschätzen, was die Qualität der Entscheidungsgrundlage erhöht und somit zu einem bedeutenden Wettbewerbsvorteil wird. Je systematischer und frühzeitiger Einflüsse durch Chancen und Risiken simuliert werden, desto höher ist der Nutzen.

Mit der Aussage „Prediction is very difficult, especially about the future" wird regelmäßig der dänische Physiker Niels Henrik David Bohr zitiert, der im Jahr 1922 den Nobelpreis für Physik für seine Verdienste um die Erforschung der Struktur der Atome und der von ihnen ausgehenden Strahlung erhielt. Obwohl diese Aussage grundsätzlich richtig ist, haben sich die Menschen bereits in der Antike damit beschäftigt, bestimmte Ereignisse vorherzusehen (vgl. Romeike und Hager 2013, S. 2 ff. sowie Ineichen 1996). Wenn etwa in der Antike die Griechen eine Vorhersage über mögliche Ereignisse von Morgen suchten, berieten sie sich weder mit einem Trendforscher noch mit ihrem Risikomanager, sondern wandten sich an ihre Orakel. So hatte beispielsweise das Orakel von Delphi seine Blütezeit im 6. und 5. Jahrhundert vor Christi Geburt (vgl. vertiefend Bowden 2005 sowie Wiesehöfer 2010, S. 336–352).

Die Erfahrungen aus dem Zweiten Weltkrieg beschleunigten in den USA sowohl den Bedarf an interdisziplinären technischen Lösungen als auch an Zukunftswissen, strategischen Zukunftsplanungen und Entscheidungsgrundlagen. Die ersten Ansätze zu einem strukturierten und systematischen Auseinandersetzen mit der Zukunft begannen im Jahr 1946, als das Stanford Research Institute (SRI) Prognosen entwickelte, das heißt Aussagen über Ereignisse, Zustände oder Entwicklungen in der Zukunft traf (vgl. Romeike und Spitzner 2013, S. 25).

Die RAND Corporation („Research ANd Development“) folgte wenige Jahre später. Sie wurde nach Ende des Zweiten Weltkriegs als Denkfabrik gegründet, um die Streitkräfte der USA in Zukunftsfragen zu beraten. So hat die RAND Corporation im Jahr 1953 unter anderem die Delphi-Methode eingesetzt, um nach dem Zweiten Weltkrieg technologische und politische Perspektivstudien durchzuführen (vgl. Sackman 1974). Auftraggeber für das „Project Delphi“ war die US-amerikanische Luftwaffe Air Force. Im Rahmen der Studie sollten für den Fall einer nuklearen Konfrontation mit der Sowjetunion mögliche Ziele in den USA antizipiert werden.

Bei der Delphi-Methode werden in mehreren, aufeinander aufbauenden Runden Expertenbefragungen durchgeführt. In aller Regel erfolgen zwei bis vier Iterationen mit den Prozessschritten Befragung, Datenanalyse, Feedback, Diskussion und Entscheidung. Die Gruppengröße bei Delphi-Befragungen ist praktisch unbeschränkt, bewegt sich aber üblicherweise bei 50 bis 100 Personen. Die Iteration der Befragung wird so lange wiederholt, bis sich die Teilnehmer auf eine möglichst zufriedenstellende Lösung oder Prognose geeinigt haben oder sich kaum mehr Abweichungen zur vorherigen Runde ergeben.

Bei der RAND Corporation war auch der US-amerikanische Stratege, Kybernetiker und Futurologe Herman Kahn beschäftigt, der als Erfinder der Szenarioanalyse gilt (vgl. Bruce-Briggs 2000 sowie Steinmüller 2006, S. 99–103). Der Begriff Szenario – bekannt aus der Theater- und Filmsprache – wurde im Jahr 1967 von ihm gemeinsam mit dem Zukunftswissenschaftler Anthony J. Wiener in die Wirtschaftswissenschaften eingeführt. Beide Autoren definieren ein Szenario als „a hypothetical sequence of events constructed for the purpose of focusing attention on causal processes and decision points" (vgl. Kahn und Wiener 1967, S. 6). Beide Autoren verstehen die Szenarioanalyse als eine synthetische Abfolge von potenziellen Ereignissen, die die Aufmerksamkeit auf Prozesse und Entscheidungserfordernisse lenken soll. Im Rahmen der Szenarioanalyse werden die Auswirkungen einzelner veränderlicher Variablen auf ein bestimmtes Portfolio analysiert.

Ein weiterer Meilenstein auf der Suche nach einem systematischen Umgang mit der Zukunft war die Entwicklung der Methode „System Dynamics“ durch den US-amerikanischen Computerpionier und Systemtheoretiker Jay Wright Forrester (vgl. Forrester 1977). Bei dieser am Massachusetts Institute of Technology (MIT) entwickelten Methodik können komplexe und dynamische Systeme ganzheitlich modelliert und analysiert werden. Einer breiten Öffentlichkeit bekannt wurde System Dynamics durch die Veröffentlichung der Studie „Limits to Growth“ (vgl. Meadows et al. 1972) unter Leitung von Dennis L. Meadows, die im Auftrag des Club of Rome erstellt wurde. System Dynamics war die grundlegende Methodik zur Simulation des bekannten und viel diskutierten Weltmodells World3.

Der Methodenkanon der Zukunftsforschung ist breit gefächert. Kreibich weist darauf hin, dass eine stringente Zuordnung der etwa 200 mehr oder weniger unterschiedlichen methodischen Konzepte bisher nicht geleistet werden konnte (Kreibich 2006, S. 10–11). Daher kann die folgende Auswahl nur einen kleinen Querschnitt an relevanten Methoden wiedergeben: Trendanalysen und Trendextrapolationen, Relevanzbaumverfahren, Morphologische Methoden, Analogietechniken, Input-Output-Modelle, Expertenbefragungen und Interviewtechniken, Cross-Impact-Analysen, Innovations- und Diffusionsanalysen, Modellbildungen und Simulationstechniken (mit diversen unterschiedlichen methodischen Ansätzen, wie beispielsweise stochastische Simulation oder System Dynamics), Brainstorming, Brainwriting, Delphi-Methoden, Szenario-Methoden, Rollenspiele oder Zukunftswerkstätten.

Im Nachfolgenden werden wir uns in diesem Kapitel ausschließlich mit Simulationsmethoden und im Speziellen mit stochastischen Simulationsmethoden beschäftigen. Simulationen bieten in der Unternehmenspraxis eine Reihe von Vorteilen (vgl. Linder 2011, Meyer et al. 2012 sowie Romeike und Spitzner 2013). Nachfolgend sind nur einige wesentliche Aspekte aufgeführt (vgl. Romeike und Spitzner 2013, S. 48–49 f.):

- **Beobachtbarkeit:** Das reale System lässt sich nicht direkt beziehungsweise nur schwer beobachten, da es entweder zu schnell (beispielsweise Simulation von Schaltkreisen) oder zu langsam (beispielsweise tektonische Verschiebungen zur Simulation von Erdbebenrisiken) arbeitet, zu groß (etwa Meeresströmungen im Ozean) oder zu klein (zum Beispiel Verhalten von physikalischen Teilchen in Nanostrukturen) ist.
- **Sicherheit:** Eine Analyse in der Realität wäre ethisch nicht vertretbar oder zu risikobehaftet (siehe hier etwa die Ausbildung am Flugsimulator beziehungsweise den Ausfall eines Rechenzentrums).
- **Preis:** Eine Analyse in der Realität wäre zu aufwändig oder zu teuer (Beispiele dafür sind eine potenzielle Betriebsunterbrechung in der Produktion, Crashtests in der Automobilentwicklung oder auch die Simulation von Logistikwegen unter Berücksichtigung operativer sowie geopolitischer Risiken).
- **Existenz:** Eine Analyse des realen Systems ist nicht möglich, da dieses noch nicht existiert (beispielsweise im Bereich Forschung und Entwicklung von Autos beziehungsweise Flugzeugen).
- **Modifizierbarkeit:** Ein Modell lässt sich viel einfacher modifizieren als ein „Testen" in realer Umgebung (siehe beispielsweise Simulation von unterschiedlichen Entscheidungssituationen beziehungsweise Simulation im Bereich Wertschöpfungsketten mit unterschiedlichen Logistikwegen sowie die Dynamic Financial Analysis).
- **Vertraulichkeit:** Mit einem Simulationsmodell können verschiedene Alternativen untersucht werden, ohne dass potenziell strategische Geheimnisse preisgegeben werden (beispielsweise neue Preiskonzepte oder Optionen eines Markteintritts). An realen Märkten wäre dies nicht möglich, da hier jede Aktion immer Gegenreaktionen erzeugt.
- **Reproduzierbarkeit:** Ein Simulationsmodell bietet den Vorteil einer exakten Reproduzierbarkeit der Experimente. Werden die gleichen Eingangsparameter verwendet, so ergeben sich die gleichen Zielwerte.

Auch wenn nicht alle der verwendeten Beispiele aus dem Bereich der betriebswirtschaftlichen Anwendung sind, so ist heutzutage der Nutzen von Simulationen auch im unternehmerischen Kontext anerkannt.

Unbestritten ist, dass Simulationsmodelle schnell komplex werden können. Sie selbst, aber auch die Erkenntnisse aus ihnen sind dann häufig ebenfalls schwer zu verstehen und noch schwerer zu vermitteln. Jedoch ist Komplexität allein kein Grund, auf Simulationsmethoden als Instrument der Entscheidungsvorbereitung und Entscheidungsunterstützung zu verzichten. Es ist ja schließlich auch nicht so, dass heutzutage auf die Nutzung eines Automobils oder Flugzeugs verzichtet wird, auch wenn Fahrer oder Mitfahrer nicht erklären können oder verstehen, wie ein Automobil beziehungsweise ein Flugzeug und wesentliche Komponenten wie etwa der Motor oder die Triebwerke funktionieren.

An dieser Stelle muss jedoch auch davor gewarnt werden, Entscheidungen allein auf Basis von Simulationsergebnissen zu treffen. Simulationen sind und bleiben ein unterstützendes Werkzeug für den Erkenntnisgewinn. Sie dienen der intensiven Auseinandersetzung mit und der Kommunikation zu einer Entscheidung, können letztere jedoch nicht übernehmen. Die Verantwortung für Entscheidungen bleibt weiterhin ein Teil der Verpflichtung der jeweils handelnden Akteure.

Vielmehr muss es beim Einsatz von Simulationsmethoden darum gehen, Zeit und Ressourcen auf die wesentlichen kritischen Aspekte einer Fragestellung und der dazugehörigen Entscheidungssituation zu lenken. Mit dem Wissen um die den Simulationen auf natürliche Weise innewohnende, verbleibende Unsicherheit können so entscheidungsunterstützende Erkenntnisse gewonnen werden. Dies bedingt jedoch ein Verständnis der existierenden Werkzeuge und Methoden zur „systematischen Was-wäre-wenn-Analyse".

6.2 Warum Monte-Carlo-Simulation im Bereich von Logistik-Risiken?

Der Nutzen, der sich durch einen gezielten Einsatz von Was-wäre-wenn-Analysen und damit durch Simulationen erreichen lässt, wird heutzutage kaum noch in Frage gestellt. Dennoch zeigt sich in der Anwendung von Simulationen ein differenziertes Bild. In einer von der Technischen Universität Hamburg-Harburg, dem Kompetenzportal RiskNET und C21 Consulting im Jahr 2011 durchgeführten Studie zum Einsatz von Simulationsmethoden in der Unternehmenspraxis wurde unter anderem nach der Bedeutung von Simulationen bei der Ermittlung entscheidungsrelevanter Informationen gefragt (vgl. dazu Meyer et al. 2012). Dabei war das Antwortverhalten keinesfalls einheitlich, denn es antwortete jeweils ungefähr die Hälfte der Befragten, dass Simulationen in ihren Unternehmen eine eher geringe bis sehr geringe Bedeutung beziehungsweise eine eher hohe bis sehr hohe Bedeutung hätten. Einer der Gründe dafür könnte sein, dass eine Unsicherheit existiert, unter welchen Voraussetzungen der Einsatz von Simulationsmethoden in Betracht gezogen werden sollte. Dies lässt sich jedoch bereits mit wenigen Kriterien beantworten, siehe dazu Abb. 6.1.

Simulationen sind im Prinzip zur Bearbeitung einer zu untersuchenden Fragestellung geeignet, wenn die in Abb. 6.1 angegebenen Kriterien 1 bis 5 alle mit „Ja" beantwortet werden können. Es kann in diesem Fall davon ausgegangen werden, dass mit Hilfe einer geeigneten Simulationsmethode eine erfolgversprechende Bearbeitung und damit Lösung dieser Fragestellung möglich ist. Die Kriterien 6 und 7 in Abb. 6.1 beantworten schließlich die Frage, ob der Einsatz von Simulationsmethoden auch dem Problem angemessen ist.

Kriterium 1 greift zunächst den Kontext einer Was-wäre-wenn-Analyse auf, indem das Untersuchungsziel, also die Zielgrößen, als abhängig von Parametern gekennzeichnet wird. Jedoch ist es für den Einsatz einer Simulationsmethode erforderlich, die Veränderung

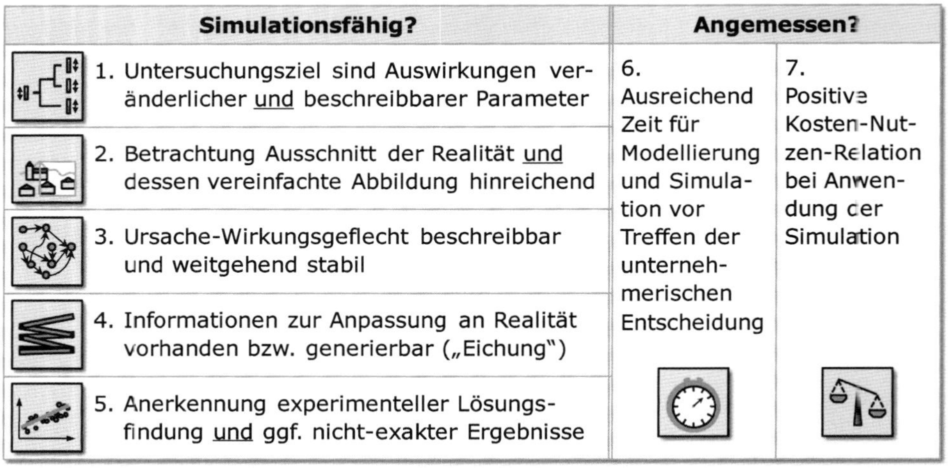

Abb. 6.1 Kriterien zur Simulationsfähigkeit und Angemessenheit von Simulationen als Methode zur Bearbeitung einer konkreten Fragestellung. (Quelle: Romeike und Spitzner 2013, S. 68)

der Parameter auch beschreiben zu können. Nur so kann schließlich das „wenn" greifbar und analysierbar gemacht werden.

Die grundlegenden Eigenschaften eines Modells werden mit Kriterium 2 aufgegriffen. Hierbei wird für das Simulationsmodell verlangt, dass zielorientiert in Bezug auf die zu untersuchende Fragestellung lediglich der relevante Realitätsausschnitt betrachtet wird und darüber hinaus, dass für diesen eine vereinfachte Abbildung durch das Simulationsmodell erfolgt.

Kriterium 3 stellt einen Zusammenhang zwischen dem Modell und der durch die Simulation zu untersuchenden Fragestellung her. Dabei muss man in der Lage sein, das Ursache-Wirkungsgeflecht, welches dem Simulationsmodell zugrunde liegt, überhaupt beschreiben zu können. Dieses Ursache-Wirkungsgeflecht kann dabei Abhängigkeiten verschiedenster Art umfassen. Je nach Fragestellung können hier beispielsweise deterministische, stochastische oder auch psychologische Abhängigkeiten relevant sein. Da aber hinter der zu untersuchenden Fragestellung auch immer eine (betriebswirtschaftliche) Entscheidung steht, muss für den Einsatz einer Simulationsmethode gewährleistet sein, dass das Simulationsmodell sich schneller erstellen und anwenden lässt, als sich die grundlegenden Zusammenhänge verändern. Nur so ist gewährleistet, dass die Anwendung der Simulation zur Beantwortung der zu untersuchenden Frage beiträgt, da das Modell die Realität und das in ihm abgebildete Ursache-Wirkungsgeflecht hinreichend genau beschreibt.

Soll eine Simulation zur Entscheidungsunterstützung verwendet werden, muss sichergestellt sein, dass die Simulationsergebnisse realitätsnah sind. Diesen Aspekt greift Kriterium 4 auf. Häufig lässt sich eine größere Realitätsnähe durch eine Adaption der Ursache-Wirkungsbeziehungen und eine geeignete Wahl der Parameter erzielen, daher spricht man hier auch von der Eichung des Simulationsmodells.

Kriterium 5 ist insbesondere im Kontext der Entscheidungsunterstützung relevant. Eine Simulation ist und bleibt eine experimentelle Methode. Daher sind die mit Hilfe einer Simulation erhaltenen Resultate auch immer mit gewissen Unsicherheiten oder Ungenauigkeiten behaftet. Diese Unschärfe in den Ergebnissen muss durch den Entscheider akzeptiert sein, damit Simulationen letztendlich auch als eine mögliche Untersuchungsmethode geeignet sind. Hierbei muss vor allem auch akzeptiert werden, dass beispielsweise ein betrachteter Zukunftspfad beziehungsweise ein betrachtetes Szenario nicht exakt genauso eintreten wird wie simuliert.

Kriterien 6 und 7 kommen dann zum Tragen, wenn die Frage nach der Angemessenheit der Anwendung von Simulationen zu beantworten ist. Dabei greift Kriterium 6 den zeitlichen Aspekt auf. Man muss ein Simulationsmodell schneller erstellen und anwenden können, als die zu untersuchende Frage eine Entscheidung verlangt. Nur so können durch Einsatz von Simulationsmethoden überhaupt noch relevante Informationen gewonnen werden. Kriterium 7 lenkt schließlich die Aufmerksamkeit noch auf den ökonomischen Aspekt in der Anwendung einer Methode. Der durch die Anwendung einer Simulation erzielbare Nutzen sollte die durch die Anwendung entstehenden Kosten (deutlich) überkompensieren.

Zu beachten ist, dass speziell die Kriterien 6 und 7 der Abb. 6.1 in der Praxis erst dann final beantwortet werden können, wenn eine ganz konkrete Simulationsmethode als Hilfsmittel zur Problembearbeitung ausgewählt wurde. Erst dann lässt sich der mit der Simulation verbundene zeitliche und finanzielle Aufwand abschätzen und entscheiden, ob die Ergebnisse der Simulation zeitig genug vorliegen und die Anwendung der Methode eine positive Kosten-Nutzen-Relation aufweist.

Dennoch lassen sich aus der Erfahrung heraus einige Faustregeln angeben, wann Simulationen in der Praxis eingesetzt oder zumindest in ernste Erwägung gezogen werden sollten:

- Durch den Einsatz von Simulationen werden neue Erkenntnisse und Sichtweisen erwartet, die anderweitig nicht generierbar wären.
- Es wird erwartet, dass die Arbeit mit einer Simulation bedeutende Zeitvorteile bei der Vorbereitung von Entscheidungen mit sich bringt.
- Es ist notwendig, eine ganze Reihe von Analysen beziehungsweise eine große Anzahl an Varianten zu betrachten, die die wiederholte Anwendung der Simulation erwarten lassen.
- Neben der konkreten Fragestellung soll ein umfassendes Verständnis zu dem gesamten Kontext aufgebaut werden (dieser Wissensaufbau wird durch die notwendige Modellierung unterstützt).

Bezogen auf die Analyse von Logistik-Risiken beziehungsweise komplexe Ursache-Wirkungsketten in Supply Chain-Netzwerken wird schnell deutlich, dass alle in Abb. 6.1 skizzierten Anforderungen grundsätzlich erfüllt werden. Die Parameter, die auf das Untersuchungsziel einen Einfluss haben (beispielsweise geopolitische und operative Risiken bei

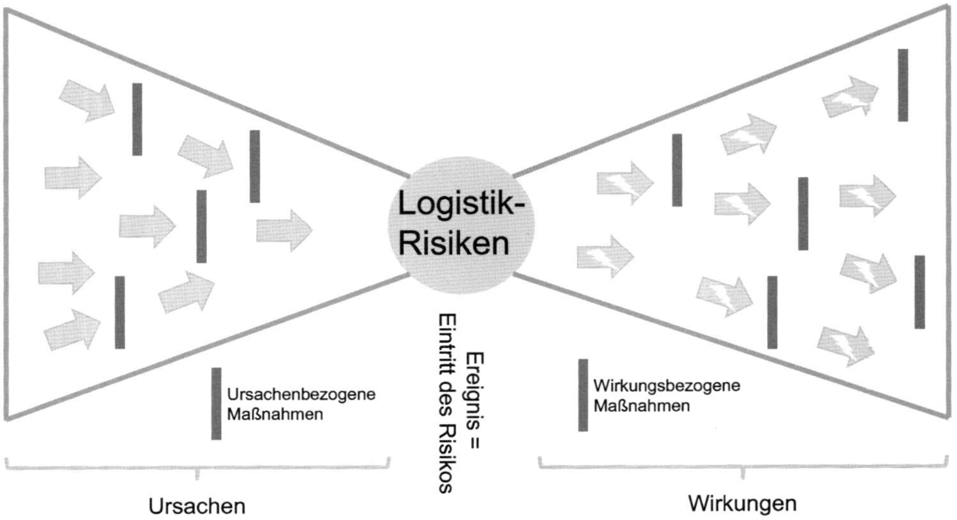

Abb. 6.2 Ursache-Wirkungs-Zusammenhänge analysieren mit Hilfe eines Bow-Tie-Diagramms. (Quelle: RiskNET GmbH)

der Analyse von Logistikrisiken), sind veränderlich und beschreibbar (Kriterium 1). Eine vereinfachte Abbildung der Realität ist hinreichend (Kriterium 2). Im Kontext der Analyse von Logistikrisiken wird die Realität in der Form verkürzt, dass nicht alle Attribute der Realität berücksichtigt werden. Beispielsweise wird statt einem Kontinuum in der Zeit eine Vereinfachung in Form einer Folge diskreter Zeitpunkte betrachtet. Bei dem Simulationsmodell wird also von der Realität abstrahiert, da diese zu komplex ist, um sie genau abzubilden. Dabei sollte man sich auf die wesentlichen Einflussfaktoren konzentrieren. Die Ursache-Wirkungsgeflechte sollten beschreibbar und weitestgehend stabil sein (Kriterium 3). Im Kontext von Logistikrisiken sind die potenziellen Ursachen in der Regel sehr gut beschreibbar und auch die potenziellen Wirkungen (siehe Abb. 6.2).

Die Ursache-Wirkungsgeflechte sollten in der Praxis mit Hilfe von analytischen Methoden und Kreativitätsmethoden analysiert werden (vgl. Romeike und Hager 2013). Außerdem sind im Bereich der Logistikrisiken Informationen zur Anpassung an die Realität vorhanden (Kriterium 4). Die Anerkennung der simulationsbasierten Lösungsfindung hängt von der Methodenauswahl, dem Simulationsmodell und den Akteuren ab (Kriterium 5). In der Regel kann unterstellt werden, dass bis zur Entscheidungsfindung ausreichend Zeit vorhanden ist (Kriterium 6). Erfahrungen aus der Praxis zeigen außerdem, dass die Kosten-Nutzen-Relation einer Simulation meist positiv bewertet werden kann (Kriterium 7).

In Abb. 6.2 sind auf der linken Seite die mitunter komplexen Ursachengeflechte für Risiken abgebildet. So kann beispielsweise ein Erdbeben im Pazifik zu einem Tsunami führen, der die Stromversorgung in einem Zulieferbetrieb unterbricht. In der Konsequenz führt dies zu einer unterbrochenen Lieferkette beziehungsweise einem Logistikrisiko. Durch präventive Maßnahmen – die an den Ursachen für den potenziellen Risikoeintritt ansetzen – können Risikoeintritte hinsichtlich Wahrscheinlichkeit und Schadensausmaß verhindert oder zumindest reduziert werden. In diesem Fall könnte eine derartige Maßnahme beispielsweise das Bereitstellen von Notstromaggregaten sein.

In diesem Kontext wird deutlich, dass es auch im Logistik-Risikomanagement vor allem darum gehen muss, möglichst früh potenzielle Ursachen – beispielsweise in Form von schwachen Signalen – zu identifizieren und durch präventive Maßnahmen zu eliminieren beziehungsweise die Wirkung zu reduzieren (vgl. hierzu vertiefend Romeike 2005). Nicht der Tropfen, der das Fass zum Überlaufen bringt, ist das Risiko, sondern was dazu geführt hat, dass das Fass voll Wasser gelaufen ist.

Auf der rechten Seite des Bow-Tie-Diagramms sind die Wirkungen der Risikoeintritte abgebildet. Wenn das oben skizzierte Beispiel fortgeführt wird, kann die gestörte Logistikkette zu diversen Wirkungen führen. Denkbar sind beispielsweise ein reduziertes Betriebsergebnis (EBIT-Effekt), erhöhte Kosten durch alternative Beschaffungswege oder Schadensersatzforderungen beziehungsweise Strafzahlungen an Kunden, deren Produktionsprozesse in der Konsequenz ebenfalls gestört sind, bis hin zu einem Reputationsverlust. Auch hier können Maßnahmen die finanziellen Effekte des Risikoeintritts reduzieren, beispielsweise in Form einer Versicherung oder vertraglicher Vereinbarungen über die Risikotragung beziehungsweise Haftung. Diese sogenannten wirkungsbezogenen Maßnahmen wirken jedoch nicht präventiv, da der Risikoeintritt mit ihrer Hilfe nicht verhindert oder reduziert werden kann. Für die Praxis im Logistik-Risikomanagement ist es wichtig, dass sauber und strukturiert zwischen Ursachen, Risiken und Wirkungen unterschieden wird.

Wird in Erwägung gezogen, zur Beantwortung einer Fragestellung eine Simulationsmethode einzusetzen, so folgt deren Anwendung immer dem gleichen Vorgehensschema. Dieses lässt sich durch einen Regelkreis beschreiben, der in Abb. 6.3 skizziert ist (zur Vertiefung sei auf Romeike und Spitzner 2013 verwiesen).

Ist die zu untersuchende Fragestellung eindeutig formuliert, ist zunächst die Realität auf den für die Fragestellung relevanten Ausschnitt einzuschränken. Anschließend ist das Problem zu modellieren, was in zwei Teilschritten erfolgt. Zunächst ist das relevante Ursache-Wirkungsgeflecht zu identifizieren und es sind die Zielgrößen und Parameter des Modells festzulegen. Im nächsten Schritt ist das eigentliche Simulationsmodell zu erstellen. Im fünften Schritt werden die Simulationsexperimente durchgeführt, die dann mit Erkenntnissen zur Beantwortung der zu untersuchenden Fragestellung beitragen. Neben den Antworten auf die ursprüngliche Fragestellung werden gegebenenfalls neue Fragen aufgeworfen, die dann einen neuen Durchlauf des Regelkreises nach sich ziehen.

Zudem ist der Regelkreis dadurch gekennzeichnet, dass ein Voranschreiten auf ihm in aller Regel iterativen Charakter hat. In Abb. 6.3 sind einige dieser Schritte durch gestrichelte Rückwärtspfeile gekennzeichnet. Beim Modellieren kann es durchaus vorkommen, dass festgestellt wird, dass die zu untersuchende Frage nicht klar genug formuliert ist. In diesem Fall muss die Fragestellung enger oder zumindest deutlicher abgegrenzt formuliert werden, bevor das Modell erstellt beziehungsweise weiterentwickelt werden kann. Ein ebenfalls in der Praxis häufiger auftretender Fall ist, dass erste Simulationsexperimente

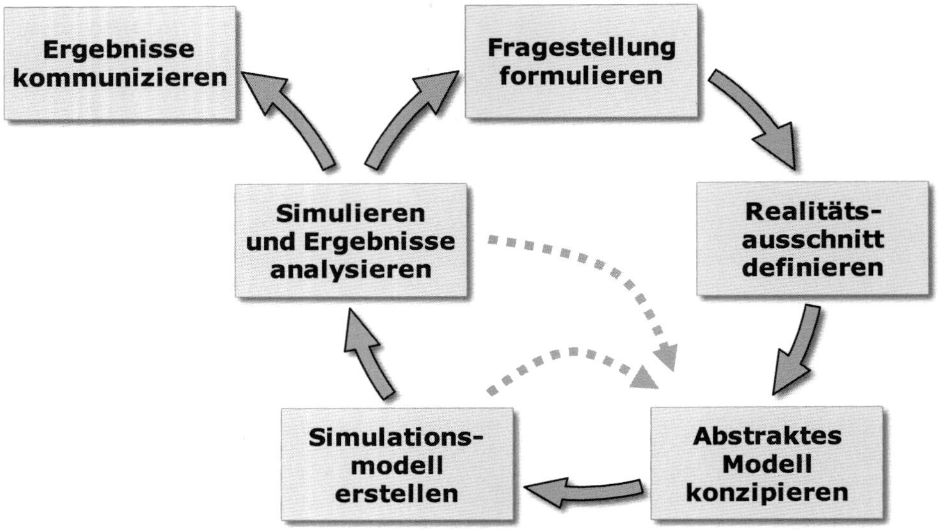

Abb. 6.3 Regelkreis Simulation. (Quelle: Eigene Darstellung angelehnt an die Abb. 1 in: Barth et al. 2012)

notwendige Anpassungen am Modell selbst oder seiner Implementierung offenbaren. Derartige scheinbare Schritte zurück sollten nicht irritieren, vielmehr sind sie ein Ausdruck der intensiven Bearbeitung des zu lösenden Problems. Sie zeigen lediglich an, dass neue, für die Bearbeitung wichtige Facetten entdeckt werden, die auf den ersten Blick nicht offensichtlich waren oder nicht sichtbar sein konnten.

Typische Fallen beim Einsatz von Simulationsmethoden wurden von Barth, Meyer und Spitzner (vgl. Barth et al. 2012 sowie Romeike und Spitzner 2013) im Detail beschrieben. An dieser Stelle wird hierauf nicht näher eingegangen.

Die Welt der Simulationsmethoden ist bunt und heterogen. Hier seien exemplarisch Monte-Carlo-Simulation, agentenbasierte Simulation, dynamische Szenarioanalyse, Netzwerksimulation, Wargaming, System Dynamics, stochastische Simulation, Echtzeitsimulation, Konfliktsimulation sowie Mikrosimulation genannt. Teils bezeichnen die hier beispielhaft aufgeführten, unterschiedlichen Begriffe gleiche oder verwandte Sachverhalte (so beispielsweise bei stochastischer Simulation und Monte-Carlo-Simulation), teils sind die Grenzen fließend (etwa bei Wargaming und Konfliktsimulation). Auch können Simulationsmethoden kombiniert werden; beispielsweise ist eine stochastische ereignisbasierte Simulation nichts Ungewöhnliches, sondern eher die Regel als die Ausnahme. Erschwerend kommt hinzu, dass heutzutage eine Änderung in Nuancen häufig gleich wieder zu einer neuen Wortkreation führt, so dass selbst wissenschaftlich nicht immer eine scharfe Trennung zwischen einzelnen Methoden möglich ist. (Romeike und Spitzner (2013) liefern eine kompakte Übersicht über verschiedene, in der Praxis eingesetzte Simulationsmethoden.)

Typische Fragestellung	Geeignete Methode
Anpassung bestehender Systeme (z. B. Neugestaltung Verrechnungspreise, Kostenrechnung, Systemvereinheitlichung)	Vereinfachter Nachbildung existierender Systeme (aggregiert, ausschnittsweise)
Auswahl von Alternativen (z. B. Strategieentwicklung, Stresstest, Antizipation zukünftiger Entwicklungen)	Szenarioanalyse (Deterministische Simulation)
Stochastische Parameter, Zufälle, Korrelationen (z. B. Investitionen, Risikoaggregation)	Monte-Carlo-Simulation (Stochastische Simulation)
Optimierung Kapazitäten und Abläufe (z. B. Callcentergröße, Prozessgestaltung, effiziente Entscheidungsregeln)	Diskrete ereignisorientierte Simulation
Beschreibbares Verhalten von Individuen (z. B. Erklärung von sozialen Effekten, Gruppenverhalten und Emergenzen)	Agentenbasierte Simulation
Systemische Struktur, Rückkopplung, Zeitlichkeit (z. B. Marktwachstum, Prozessstabilität)	System Dynamics
Aktions-Reaktionsmuster relevanter Stakeholder (z. B. Markteintritt, Verhandlungen)	Wargaming

Abb. 6.4 Typische betriebswirtschaftliche Fragestellungen und potenziell zu deren Bearbeitung geeignete Simulationsmethoden. (Quelle: Eigene Darstellung angelehnt an die Abb. 3 in: Linder und Spitzner 2010)

In der Praxis stellt sich die Frage, welche Simulationsmethode für beispielsweise die Analyse von Logistikrisiken eingesetzt werden soll. Hier helfen charakteristische Eigenschaften einer Fragestellung weiter. Stimmen die charakteristischen Aspekte einer zu untersuchenden Fragestellung mit den spezifischen Eigenschaften einer Simulationsmethode überein, ist diese Simulationsmethode für das zu lösende Problem potenziell geeignet. Aus dieser Überlegung heraus lässt sich für eine ganze Reihe typischer Fragestellungen aus der Unternehmenspraxis meist relativ schnell eine zumindest potenziell geeignete Simulationsmethode angegeben. Eine solche Aufstellung liefert Abb. 6.4.

Betrachtet man nun speziell Logistik-Risiken, so zeigt sich folgendes Bild: Komplexe Lieferketten sind zum Teil abrupten und unvorhersehbaren, internen und externen Veränderungen ausgesetzt, weshalb es sich hier um stochastische Ereignisse handelt. Auch ist Logistik heutzutage durch eine starke Vernetzung und damit Abhängigkeit von Teilprozessen untereinander gekennzeichnet. Beides führt dazu, dass die Intuition als alleiniges Mittel der Entscheidungsfindung an Grenzen stößt. Zudem kommt hinzu, dass nicht

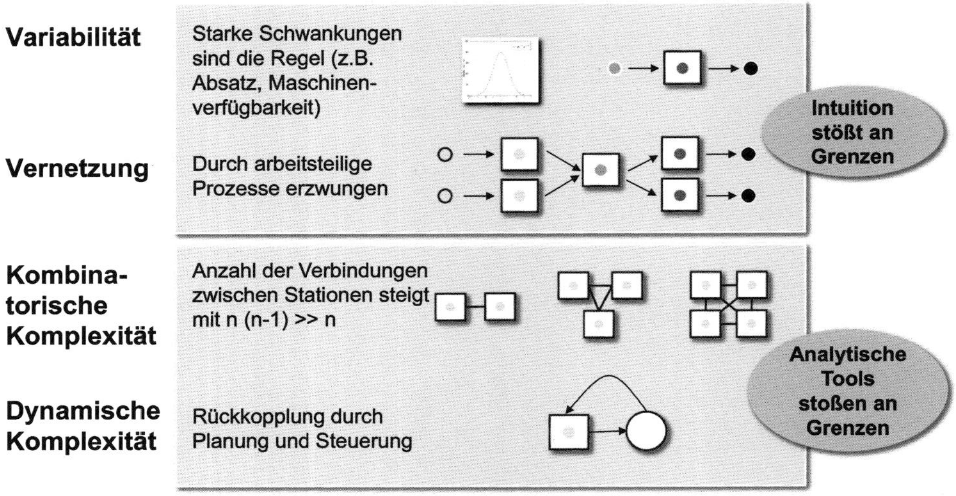

Abb. 6.5 Warum überhaupt Supply Chains simulieren? (Quelle: RiskNET GmbH, Darstellung angelehnt an Robinson 2004)

selten Ereignisse in einem Teilprozess mit denen eines anderen Teilprozesses korrelieren. Kommen dann noch Rückkopplungen dazu, stoßen klassische analytische Tools ebenfalls an Grenzen. In diesem beschriebenen Kontext ist jedoch aus dem Set der Was-wäre-wenn-Analysen die stochastische Simulation eine geeignete Methode, um die komplexen Interaktionen und Ursache-Wirkungsketten abzubilden (vgl. Abb. 6.4 und Abb. 6.5).

Im Nachfolgenden wird daher exemplarisch die Monte-Carlo-Simulation als eine Methode zur Analyse von Logistikrisiken beschrieben. In dem Werk „Von Szenarioanalyse bis Wargaming – Betriebswirtschaftliche Simulationen im Praxiseinsatz" werden weitere Simulationsmethoden im Detail erläutert und auch mit praktischen Beispielen beschrieben (vgl. Romeike und Spitzner 2013).

6.3 Illustration der Monte-Carlo-Methode

Dem Namen nach ist die Monte-Carlo-Simulation (auch als stochastische Simulation bezeichnet) eine der bekanntesten Simulationsmethoden. Das liegt möglicherweise zu einem nicht unerheblichen Teil am Namen Monte Carlo, der in aller Welt durch das dort befindliche Casino häufig mit Glücksspiel assoziiert wird. Eng damit verbunden ist der Begriff der Wahrscheinlichkeit, und in der Tat liefern die mathematische Wahrscheinlichkeitstheorie (Stochastik) und die Statistik das wissenschaftliche Fundament dieser Simulationsmethode.

Der Kernphysiker und Nobelpreisträger Enrico Fermi hatte in den 1930er-Jahren die ersten Ideen zu Monte-Carlo-Simulationen. Die Entwicklung der Methode ist jedoch vor allem eng verbunden mit den Namen der beiden Mathematiker Stanislaw Marcin Ulam und John von Neumann. Sie sollen während ihrer Arbeit am Manhattan-Projekt (nach der Tarnbezeichnung Manhattan Engineer District) am Los Alamos Scientific Laboratory diese Methode verwendet haben, um hochkomplexe physikalische Probleme numerisch mit Hilfe einer Simulation zu lösen. Der Anekdote nach wurde seitens von Neumann als Codename Monte Carlo verwendet. Die ersten wissenschaftlichen Publikationen zu diesem Verfahren erschienen Ende der 1940er-Jahre. Mit dem zur damaligen Zeit parallelen Aufkommen elektronischer Computer (damals Rechenautomaten genannt), an deren Entwicklung von Neumann einen wesentlichen Anteil hatte, fand die Monte-Carlo-Simulation zunächst in der Wissenschaft, später auch in der Wirtschaft ihre Verbreitung.

Eine der ersten Monte-Carlo-Simulationen der Geschichte hat jedoch bereits der französische Naturforscher Georges-Louis Leclerc de Buffon im 18. Jahrhundert durchgeführt (vgl. Kaiser und Nöbauer 1998, S. 185 und 286). In seinem unterdessen berühmten Nadelexperiment untersuchte er, mit welcher Wahrscheinlichkeit eine zufällig geworfene Nadel die Linien eines parallelen Rasters kreuzt. Diese Wahrscheinlichkeit lässt sich analytisch ermitteln, sie ist unter anderem abhängig von der mathematischen Naturkonstante π. Dieses Verfahren kann jedoch auch umgekehrt benutzt werden, um eben die Kreiszahl π zu ermitteln. Durch den Zufallscharakter jedes einzelnen Nadelwurfs beruht dieses Verfahren auf dem Prinzip der Monte-Carlo-Methode. De Buffon diskutierte das „Buffonsche Nadelproblem“ erstmals im Jahr 1733 vor der Pariser Akademie der Wissenschaften.

Alternativ kann auch mit Hilfe der nachfolgend beschriebenen Monte-Carlo-Simulation die Kreiszahl π näherungsweise bestimmt werden. Abgebildet ist in Abb. 6.6 ein Viertelkreis, dessen Fläche durch die Monte-Carlo-Methode angenähert wird. π ist genau das Vierfache der Wahrscheinlichkeit, mit der ein Punkt (mit jeweils zwischen Null und Eins gleichverteilten Koordinaten x und y) in den Kreis fällt. Damit lässt sich eine Näherung von π bestimmen. Diese Art der Anwendung der Monte-Carlo-Methode wird auch als „Hit-or-Miss“ bezeichnet.

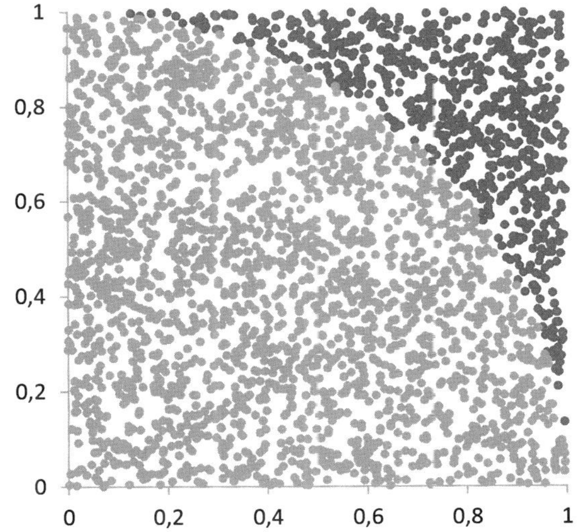

Abb. 6.6 Näherungsweise Berechnung von π. (Quelle: Eigene Darstellung)

Die grundlegende Idee der Monte-Carlo-Methode ist es, für zufällig gewählte Parameter über die entsprechenden Zusammenhänge (Ursache-Wirkungsgeflecht, siehe Abb. 6.2) die zugehörigen Ergebnis- oder Zielgrößen zu ermitteln. Das zur Ermittlung der Zielgrößen verwendete Modell ist in der Regel deterministischer Natur, das heißt, mit dem Festlegen der Parameter sind die Zielgrößen eindeutig bestimmt. Allerdings sind die Zielgrößen durch den Zufallscharakter der Parameter im Prinzip wiederum zufällige Größen. Jedoch kann im Allgemeinen davon ausgegangen werden, dass eine hinreichend große Anzahl so ermittelter Zielgrößen einen guten Näherungswert für die tatsächlichen Werte dieser Zielgrößen darstellt. Die Monte-Carlo-Methode ist damit ein Stichprobenverfahren. Auf Grund der zufälligen Auswahl der Parameter hat sich ebenfalls der Begriff der stochastischen Simulation etabliert.

Das Vorgehen bei einer Monte-Carlo-Simulation wurde von Metropolis und Ulam in einem Artikel beschrieben, der im Jahre 1949 im Journal of the American Statistical Association erschienen ist. Darin beschreiben beide Wissenschaftler das Verfahren bei der Monte-Carlo-Methode durch zwei Schritte: „(1) production of ‚random' values with their frequency distribution equal to those which govern the change of each parameter, (2) calculation of the values of those parameters which are deterministic, i.e., obtained algebraically from the others." (Metropolis und Ulam 1949, S. 335–341).

Diese aus heutiger Sicht simple Idee, die Eingangsparameter einer Simulation als Zufallsgrößen zu betrachten, kann auch mit anderen Simulationsansätzen kombiniert werden. So sind stochastische Szenarioanalysen keine Seltenheit, aber auch für nahezu alle in Abb. 6.4 genannten Simulationsmethoden ist die Verwendung stochastischer Parameter heutzutage eine gängige Praxis.

6.4 Typische Anwendungsfelder im Bereich Logistik

Generell lassen sich zwei Problemgruppen unterscheiden, bei denen die Monte-Carlo-Methode angewendet werden kann. Mit ihrer Hilfe können einerseits Problemstellungen deterministischer Natur, die eine eindeutige Lösung besitzen, bearbeitet werden. Auf der anderen Seite sind aber auch Fragen, die sich der Gruppe stochastischer Problemstellungen zuordnen lassen, für eine Monte-Carlo-Simulation ein geeignetes Anwendungsfeld.

Der speziell in der ersten Problemgruppe mit dem Einsatz der Monte-Carlo-Methode erzielte Vorteil liegt in einer sehr schnellen und einfachen Ermittlung des Ergebnisses. Dafür werden durch das Näherungsverfahren entstehende Genauigkeitsverluste im Vergleich zu einer exakten Ergebnisermittlung, die häufig wesentlich aufwändiger und deutlich zeitintensiver ist, bewusst in Kauf genommen. Und so findet die Monte-Carlo-Methode in diesem Problemfeld neben der Berechnung von bestimmten Integralen beispielsweise ebenfalls Anwendung bei der Lösung gewöhnlicher und partieller Differentialgleichungen, insbesondere in der Teilchenphysik.

Die zweite Problemgruppe stochastischer Fragestellungen ist dadurch gekennzeichnet, dass die Eingangsparameter und daraus resultierend auch die Zielgrößen stochastischer

Natur sind. Damit ist gemeint, dass statt eines wohldefinierten Wertes für den Parameter im einfachsten Fall mehrere mögliche diskrete Werte, jeweils versehen mit einer Eintrittswahrscheinlichkeit, gegeben sind. Im Allgemeinen stammen die Parameter sogar aus einem Kontinuum an Werten, für das eine Wahrscheinlichkeitsdichte, eine sogenannte Verteilungsfunktion, bekannt ist oder gar nur geschätzt wird. Die mit diesen Parametern in Verbindung stehenden Zielgrößen sind dann ebenfalls stochastischer Natur, was heißt, dass sie mittels einer Verteilungsfunktion beschreibbar sind.

Bei geringer Komplexität der Zusammenhänge zwischen Parametern und Zielgrößen und gleichzeitig einfachen Verteilungsfunktionen der Parameter können die Verteilungsfunktionen der Zielgrößen meist noch analytisch ermittelt werden. Schnell ist jedoch eine Grenze erreicht, wo die analytische Ermittlung zu aufwändig wird oder auch gar nicht mehr möglich ist. Hier kommt dann die Monte-Carlo-Methode zum Einsatz. Wie bereits oben beschrieben werden dazu auf Basis der Verteilungsfunktionen zufällige Parameter ausgewählt und für diese werden die zugehörigen Zielgrößen ermittelt. Durch ein vielfaches Wiederholen der Ermittlung der Zielgrößen wird für diese eine Häufigkeitsverteilung bestimmt, die eine Näherung für die tatsächliche Verteilungsfunktion der Zielgrößen darstellt.

Aus einer betriebswirtschaftlichen Sicht können somit alle Fragen untersucht werden, die

- entweder aufgrund der Vielzahl ihrer Einflussgrößen nicht mehr exakt analysiert werden (können) und bei denen daher auf eine Stichprobe für die Analyse zurückgegriffen wird oder
- bei denen die Eingangsparameter Zufallsgrößen sind. (Auch die Optimierung von Prozessen oder Entscheidungen bei nicht exakt bekannten Parametern gehört zu dieser Gruppe.)

Diese beiden Kriterien treffen nun auf eine Vielzahl betriebswirtschaftlicher Entscheidungen im Logistikkontext zu, dementsprechend finden sich eine ganze Reihe konkreter Anwendungsfälle von Monte-Carlo-Simulationen in betriebswirtschaftlichen (logistischen) Fragestellungen:

- Die Stabilitätsanalyse von Systemen: Hier werden Monte-Carlo-Simulationen genutzt, um beispielsweise Auswirkungen von Störereignissen in einer Supply Chain zu analysieren und Aussagen zur Fehlerfortpflanzung beziehungsweise Resilienz der Supply Chain zu treffen.
- Die Aggregation von Einzelrisiken eines Unternehmens zu einem unternehmerischen Gesamtrisiko: Hierbei wird für jedes Einzelrisiko eine Wahrscheinlichkeitsverteilung geschätzt, um daraus mit Hilfe der Monte-Carlo-Simulation ein aggregiertes Risiko zu ermitteln. Die entstehende Verteilungsfunktion wird in aller Regel auf einzelne kommunizierbare Kennzahlen, etwa Erwartungswert oder ausgewählte Quantile (zum Beispiel Value at Risk oder Risikokapital), verdichtet. Dies trifft natürlich auch auf

die Risiken im Bereich Logistik, wie beispielsweise das aggregierte Risiko in einem Geschäftssegment oder einem Land, zu. Außerdem können basierend auf der stochastischen Risikoaggregation Performancemaße, wie etwa der RORAC (Return on Risk Adjusted Capital) beziehungsweise der RAROC (Risk Adjusted Return on Capital), abgeleitet werden. Hierbei handelt es sich um das Verhältnis eines risikobereinigten Betriebsergebnisses beziehungsweise des mittleren EBT (bei Risiko) zum Eigenkapital (RAROC) oder zum risikoadjustierten Kapital (RORAC).

- Einen wichtigen Schritt zu einer risikoorientierten Weiterentwicklung des Controllings stellt die sogenannte „Szenario-Planung" dar: Hierbei werden zukünftige EBIT-Entwicklungen unter Berücksichtigung von Risiken (EBIT-at-Risk) simuliert. In diesem Kontext könnten beispielsweise potenzielle Logistikrisiken und deren Auswirkung auf das Betriebsergebnis analysiert werden. Hierbei liegt die Erkenntnis zu Grunde, dass Szenarien und Simulationen bewährte Instrumente aus der Praxis darstellen, um sich mit zukünftigen potenziellen Entwicklungen zu beschäftigen. Eine risikoorientierte Planung verfolgt das Ziel, die traditionelle „einwertige" Planung mit einem Zielwert durch eine realistischere Planung unter Nutzung von Verteilungsfunktionen („stochastische Planung") zu ersetzen, die sowohl das erwartete Ergebnis als auch den Umfang möglicher Abweichungen (Risiken, aber auch Chancen) beschreiben kann.
- Die Analyse von Entwicklungen, die selbst durch zufällige Ereignisse beeinflusst werden (sogenannte stochastische Prozesse): Ein klassisches Beispiel ist die Simulation von Aktien- oder Währungskursen, die auf die Arbeiten des französischen Mathematikers Louis Bachelier zurückgeht. Basierend auf eigenen Annahmen, gegebenenfalls begründet mit Beobachtungen aus der Vergangenheit, werden hierbei beispielsweise Währungskurse simuliert und ihre Auswirkungen auf betriebswirtschaftliche Größen analysiert. Durch die heutzutage weltweiten Lieferketten ist dies gerade im Bereich der Logistik ein relevantes Thema. Aber auch für (weitere) Risiken im Bereich Logistik gilt in der Regel, dass deren Entwicklungen durch zufällige Ereignisse beeinflusst werden.
- Die Optimierung von eigenen Entscheidungen, die auf unsicheren Annahmen beruhen: Hierunter fallen beispielweise das Einkaufs- und Lagerverhalten zwecks Gewinnmaximierung bei unsicherem Absatz (siehe Newsvendor-Modell) oder die Analyse und Optimierung von Investitionsvorhaben in Hinblick auf die Erfolgswahrscheinlichkeit oder Finanzierung der Investition entlang der Supply Chain.

Nachfolgend ist ein einfaches und illustratives Beispiel einer Simulation von Logistikrisiken skizziert. Bei der Erarbeitung dieser Szenarien wird der in Abb. 6.2 skizzierten Analyse von Ursache-Wirkungs-Zusammenhängen mit Hilfe eines Bow-Tie-Diagramms gefolgt. In Abb. 6.7 sind die vier grundsätzlichen Schritte beim Aufbau eines Simulationsmodells – basierend auf einer stochastischen Szenarioanalyse – skizziert.

Im Wesentlichen besteht eine stochastische Szenarioanalyse aus den folgenden vier Komponenten:

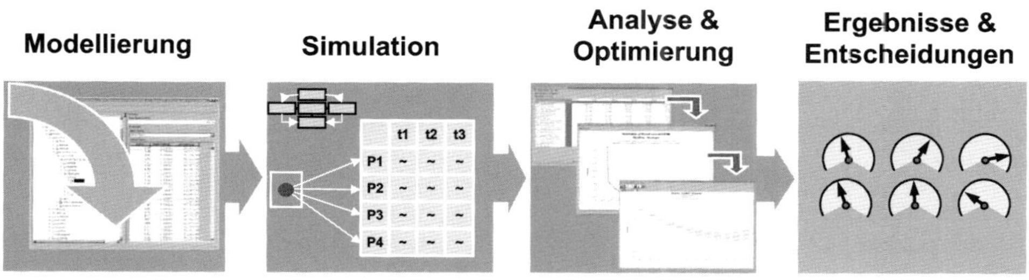

Abb. 6.7 In vier Schritten zu einem Simulationsmodell. (Quelle: Romeike und Köcher 2013, S. 331)

- Modellierung basierend auf einem Unternehmensmodell (beispielsweise GuV, Bilanz oder Unternehmensbewertungsmodell), Bestimmung der risikobehafteten Planpositionen sowie Integration der Risiken in das Aggregationsmodell („Einschlagstellen" der Risiken inklusive Abhängigkeiten zwischen den Risiken);
- Szenariengenerator beziehungsweise Simulation der potenziellen Zukunftspfade;
- Analyse sowie Szenarien- und Parameteroptimierung;
- Ergebnisse und Entscheidungen.

In einem ersten Schritt der Modellierung werden die relevanten und wesentlichen Risiken zunächst durch eine geeignete Verteilungsfunktion beschrieben. Häufig werden Risiken dabei durch die Eintrittswahrscheinlichkeit und (sichere) Schadenshöhe quantifiziert, was einer sogenannten Binomialverteilung entspricht (so kann beispielsweise eine vertragliche Strafzahlung in Höhe von 500.000 EUR und einer Eintrittswahrscheinlichkeit von 0,5 % mit einer Binomialverteilung beschrieben werden). Die Mehrzahl der Risiken im Bereich Logistik, wie Abweichungen bei Transportzeiten oder Energiekosten, die mit unterschiedlicher Wahrscheinlichkeit verschiedene Höhen erreichen können, werden dagegen durch andere, eher kontinuierliche Verteilungsfunktionen (beispielsweise eine Normalverteilung mit Erwartungswert und Standardabweichung oder eine Dreiecksverteilung mit „worst case", „realistic case" und „best case") beschrieben.

Wesentliche, für die Praxis relevante Verteilungsfunktionen im Bereich von Logistikrisiken sind vor allem Binomialverteilung, Normalverteilung, Dreiecksverteilung, Poissonverteilung sowie die „Compound Funktion"[1]. Weitere für den Risikomanager im Bereich von Logistikrisiken wichtige Verteilungsfunktionen sind unter anderem die Gleichverteilung, die Log-Normalverteilung sowie die Exponentialverteilung.

Allgemein kann zwischen diskreten und stetigen Wahrscheinlichkeitsverteilungen unterschieden werden. Diskrete Verteilungen konzentrieren sich auf eine endliche oder

[1] Die Compound-Verteilung ergibt sich auf natürliche Weise aus Anwendungen in der Versicherungswirtschaft, wo sich eine zufällige Zahl von Schadenfällen mit je für sich zufälliger Höhe zu einem Gesamtschaden addieren.

abzählbare Menge. Demgegenüber erstrecken sich stetige (kontinuierliche) Verteilungen auf größere Bereiche, bei denen einzelne Punkte die Wahrscheinlichkeit 0 haben.

In einem nächsten Schritt der Modellierung werden zunächst die Wirkungen der relevanten Einzelrisiken bestimmten Positionen, etwa der Plan-Erfolgs-Rechnung oder der Plan-Bilanz, zugeordnet: Beispielsweise wird sich eine ungeplante Erhöhung der Dieselpreise auf eine Position „Transportkosten" auswirken. Diese Zuordnung von Risiken zu Positionen der Unternehmensplanung stellt eine wesentliche Voraussetzung für die Bestimmung des „Gesamtrisikoumfangs" im Bereich von Logistikrisiken mittels Risikoaggregation dar.

In Abb. 6.8 ist das grundsätzliche Prinzip dieser Zuordnung visualisiert.

Ein Blick auf die verschiedenen Szenarien der Simulationsläufe (vgl. rechter Bereich in Abb. 6.8) veranschaulicht, dass bei jedem Simulationslauf andere Kombinationen von Ausprägungen der Risiken verwendet werden beziehungsweise andere Ausprägungen der Outputfaktoren resultieren. Damit erhält man in jedem Simulationslauf einen simulierten Wert für die betrachtete Zielgröße (beispielsweise Gewinn oder Cashflow). Die Gesamtheit aller Simulationsläufe beziehungsweise simulierten Gewinn- und Verlustrechnungen (beziehungsweise Bilanzen oder Cash-Flow-Rechnungen) liefert eine repräsentative Stichprobe aller möglichen Risiko-Szenarien des Unternehmens. Aus den ermittelten Realisationen der Zielgröße ergeben sich aggregierte Wahrscheinlichkeitsverteilungen (Dichtefunktionen), die dann für weitere Analysen genutzt werden.

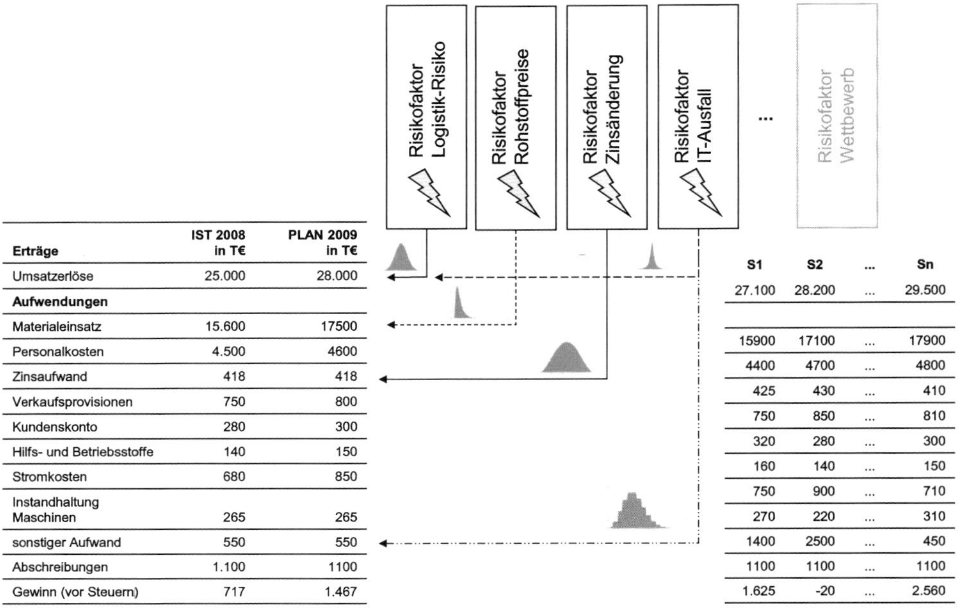

Erträge	IST 2008 in T€	PLAN 2009 in T€	S1	S2	...	Sn
Umsatzerlöse	25.000	28.000	27.100	28.200	...	29.500
Aufwendungen						
Materialeinsatz	15.600	17500	15900	17100	...	17900
Personalkosten	4.500	4600	4400	4700	...	4800
Zinsaufwand	418	418	425	430	...	410
Verkaufsprovisionen	750	800	750	850	...	810
Kundenskonto	280	300	320	280	...	300
Hilfs- und Betriebsstoffe	140	150	160	140	...	150
Stromkosten	680	850	750	900	...	710
Instandhaltung Maschinen	265	265	270	220	...	310
sonstiger Aufwand	550	550	1400	2500	...	450
Abschreibungen	1.100	1100	1100	1100	...	1100
Gewinn (vor Steuern)	717	1.467	1.625	-20	...	2.560

Abb. 6.8 Berücksichtigung von Risiken im Planungsprozess. (Quelle: Romeike und Köcher 2013, S. 331)

6.5 Fallbeispiel RiskNET Logistik AG

Die Spedition RiskNET Logistik AG möchte gerne zur Absicherung ihrer Kalkulation die Volatilität des Dieselpreises reduzieren. Bevor jedoch Rohstoffkontrakte zur Absicherung abgeschlossen werden, soll das Risiko für den Treibstoffbedarf der nächsten zwölf Monate ermittelt werden. Aufgrund saisonaler Schwankungen im Transportgeschäft erwartet die Spedition für ihre LKW-Flotte die in Abb. 6.9 (rechte Tab.) zusammengestellten Bedarfsmengen in den kommenden zwölf Monaten.

Der Bedarfsmengenplanung für Diesel mit insgesamt 254.000 l im Jahr liegt eine erwartete Kilometerleistung von 1,5 Mio. Kilometern im Jahr 2015 zu Grunde. Darauf aufbauend wird eine Plan-GuV erstellt (vgl. Abb. 6.9, linke Tab.).

Der Vorstand der RiskNET Logistik AG adressiert an das Risikomanagement die folgenden Fragen:

1. Welche möglichen Entwicklungen zeigt der Dieselpreis ausgehend von dem zuletzt beobachteten Preis (1,349 EUR/l) und einer Tagesvolatilität wie im vergangenen Jahr[2] für die nächsten 12 Monate (dem Planungshorizont im Unternehmen entsprechend)?
2. Welche Verteilung der möglichen Ausgaben für Diesel kann aus diesen Preisentwicklungen und den zuvor genannten Bedarfsmengen abgeleitet werden?[3]

GuV-Planung / Simulation	TEUR
Umsatzerlöse	3.448
Dieselausgaben	343
Personalkosten	520
Zinsaufwand	98
Verkaufsprov.	250
Kundenkonto	280
Hilfs- und Betr.	240
Stromkosten	680
Instandhaltung	265
sonst. Aufwand	550
Abschreibungen	100
Gewinn vor St.	122

Monat	Verbrauchsmengen in Liter
Januar	12.000
Februar	15.000
März	17.000
April	20.000
Mai	25.000
Juni	23.000
Juli	20.000
August	19.000
September	24.000
Oktober	24.000
November	30.000
Dezember	25.000

Abb. 6.9 Die Plan-GuV der RiskNET Logistik AG sowie Verbrauchsmengen Diesel in Litern. (Quelle: RiskNET GmbH)

[2] Das Risikomanagement ermittelt hierfür aus den historischen Daten eine Volatilität von 1,63 %.

[3] Hierfür entscheidet das Risikomanagement, Simulationsrechnungen zu verwenden.

3. Die Spedition rechnet in der Planung bei einem mittleren Dieselpreis von 1,349 EUR/l und gegebener Bedarfsmenge mit Treibstoffausgaben von 342.900 EUR. Dafür wurde in der Jahresplanung ein entsprechendes Budget berücksichtigt. Wie groß ist das Budget at Risk mit 95 % respektive 99 % Wahrscheinlichkeit?
4. Wie ändert sich das Budget at Risk mit 95 % Wahrscheinlichkeit, wenn die monatlichen Bedarfsmengen normalverteilt um 10 % schwanken?
5. Wie ändert sich das Risikoprofil, wenn die Spedition stattdessen für einen ausländischen Auftraggeber die Russlandtouren übernimmt und in USD bezahlt wird (identische Fahrleistung mit 1,5 Mio. Kilometern und Entlohnung mit 2,72 USD/km)? Der Wechselkurs für einen Euro beträgt 1,21 USD (Stand: 02.01.2015).

Zu Frage 1

Für die möglichen Entwicklungen des Dieselpreises kann ein geometrischer Random Walk verwendet werden. Für diesen benötigen wir die folgende Gleichung, die mit Hilfe der natürlichen Exponentialfunktion (e-Funktion) die zufällige Veränderung des Risikofaktors (hier Dieselpreis) abbildet (Abb. 6.10):

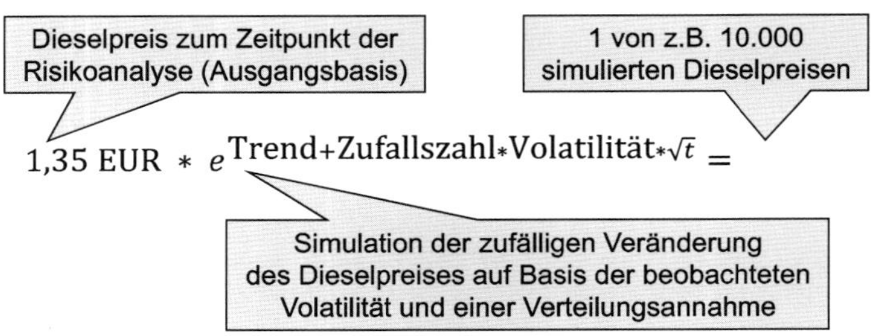

Abb. 6.10 Formel für einen geometrischen Random Walk. (Quelle: RiskNET GmbH)

Zu Frage 2

Basierend hierauf erhalten wir für jeden Monat und für jeden simulierten Zufallspfad Dieselpreise, die mit den geplanten Verbrauchsmengen multipliziert werden. Das Ergebnis sind die simulierten Ausgaben für Diesel unter Berücksichtigung des volatilen Dieselpreises und der als konstant angenommenen Verbrauchsmengen (vgl. Abb. 6.11).

Durch ein Simulationsmodell wird es möglich, im definierten Realitätsausschnitt zu „experimentieren" und Auswirkungen verschiedener Parameteränderungen (Risiken) auf die definierten Zielgrößen (beispielsweise Betriebsergebnis) zu analysieren. So können für ein Unternehmen beispielsweise Bauchgefühle der Vorstände oder auch bestimmte

Abb. 6.11 Szenario für die Ausgaben für Dieselkraftstoff basierend auf einer konkreten Dieselpreisentwicklung. (Quelle: RiskNET GmbH)

Monat	Verbrauchs-mengen in Liter	Dieselpreis	Ausgaben in EUR
Januar	12.000	1,259	15.106
Februar	15.000	1,182	17.730
März	17.000	1,093	18.585
April	20.000	1,220	24.400
Mai	25.000	1,300	32.500
Juni	23.000	1,183	27.217
Juli	20.000	1,120	22.392
August	19.000	1,300	24.704
September	24.000	1,144	27.451
Oktober	24.000	1,049	25.171
November	30.000	1,124	33.729
Dezember	25.000	1,031	25.773
			294.758

Stressszenarien im Detail analysiert werden und darauf aufbauend adäquate Steuerungsmaßnahmen initiiert werden.

Für das stochastische Simulationsmodell haben wir Microsoft Excel mit dem Plugin Risk Kit verwendet. Risk Kit ermöglicht durch seine Einfachheit vielen Anwendern erstmals, quantitative Risikoanalysen und Monte-Carlo-Simulationen durchzuführen. Dabei beschleunigt es die Entwicklungszeit gegenüber herkömmlichen Ansätzen um ein Vielfaches.

Zu Frage 3

Abbildung 6.12 zeigt das Ergebnis von 10.000 simulierten Zukunftsszenarien sowie die Auswirkungen auf die Planung der RiskNET Logistik AG. Der ursprünglich geplante Gewinn vor Steuern von 122 TEUR reduziert sich in der Folge der Volatilität des Dieselpreises auf einen risikoadjustierten Wert von 112 TEUR (ohne Bedarfsmengenschwankung).

Aus diesem Histogramm lässt sich nun auch das Budget at Risk mit 95 % respektive 99 % Wahrscheinlichkeit ablesen. Es beträgt 129 TEUR (95 % Konfidenzniveau) beziehungsweise 199 TEUR (99 % Konfidenzniveau).

Alternativ ist auch eine Darstellung als kumulierte Dichtefunktion möglich. Diese ist in Abb. 6.13 dargestellt. Die kumulative Verteilungsfunktion (cumulative distribution function, cdf) ist definiert als das Integral der Wahrscheinlichkeitsdichte für die Verteilung bis zur Stelle x.

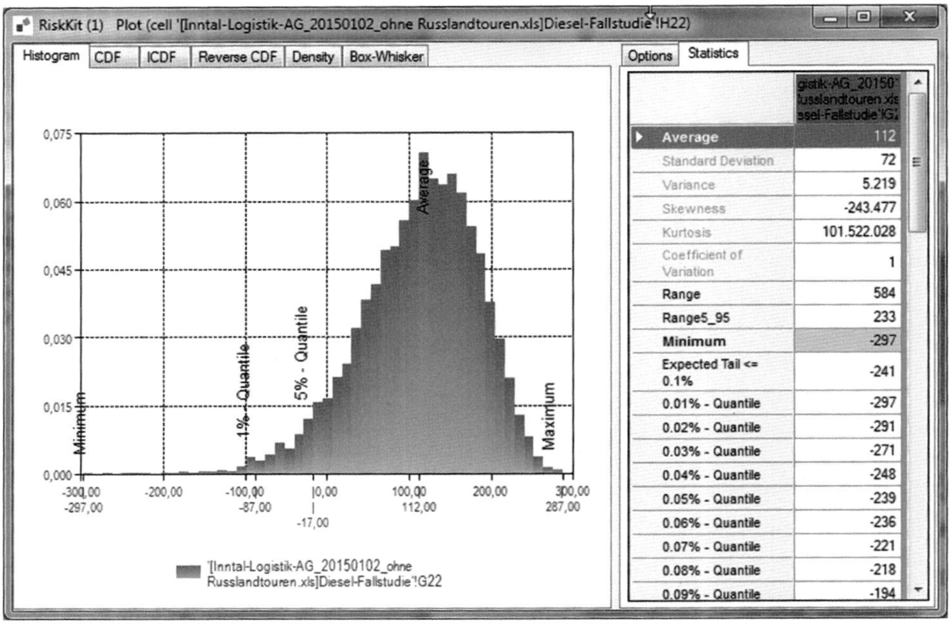

Abb. 6.12 Das Histogramm nach 10.000 simulierten Zukunftspfaden unter Berücksichtigung des Risikofaktors „Volatilität Dieselpreis". (Quelle: RiskNET GmbH)

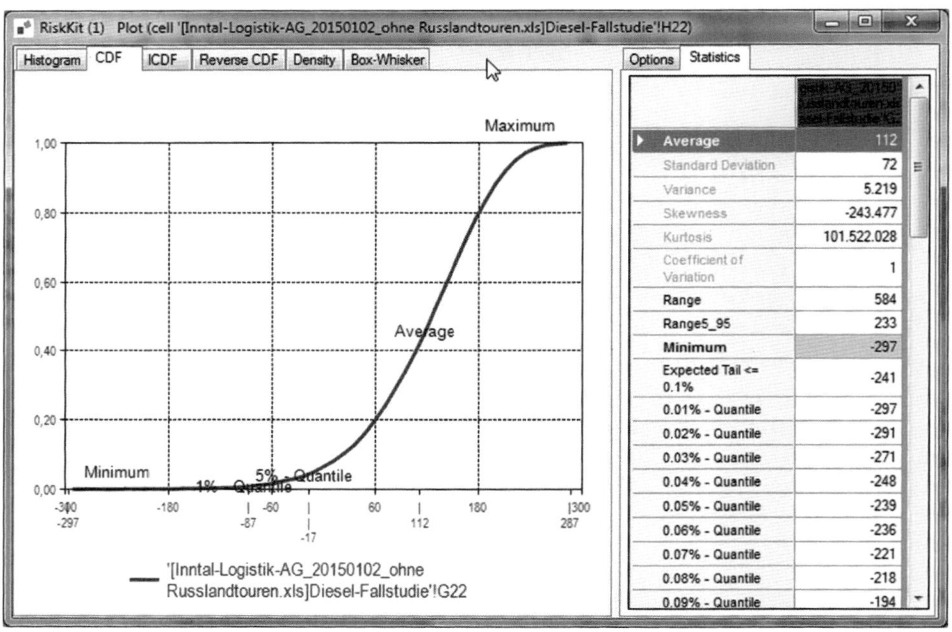

Abb. 6.13 Die kumulierte Dichtefunktion (cumulative distribution function, *cdf*) nach 10.000 simulierten Zukunftspfaden unter Berücksichtigung des Risikofaktors „Volatilität Dieselpreis". (Quelle: RiskNET GmbH)

Zu Frage 4

In einem nächsten Schritt beschreiben wir die Schwankung der Verbrauchsmengen mit Hilfe einer Normalverteilung. In Abb. 6.14 ist das beispielhaft für den Monat Januar dargestellt: Wir gehen jetzt von einer normalverteilten Verbrauchsmenge mit Mittelwert 12.000 l aus, die Standardabweichung beträgt 1200 l (=10 % der mittleren Verbrauchsmenge). Zu beachten ist, dass es mit dieser Modellierung theoretisch auch zu negativen Verbrauchsmengen kommen kann, jedoch ist auf Grund der bei einer Normalverteilung starken Konzentration auf mittlere Werte die Eintrittswahrscheinlichkeit dafür verschwindend gering, und zwar kleiner als 10^{-23}. Sollen negative Verbrauchsmengen in der Simulation verhindert werden, kann in Risk Kit mit Hilfe der Funktion TruncLow eine untere Grenze definiert werden. Mit TruncHigh kann eine obere Schwankungsgrenze eingestellt werden.

Mit dieser Schwankung in den Bedarfsmengen kommt es auch zu neuen Werten für das Budget at Risk. Für das vom Vorstand der RiskNET Logistik AG angefragte Budget at Risk mit 95 % Wahrscheinlichkeit beträgt der neu berechnete Wert 135 TEUR (95 % Konfidenzniveau) beziehungsweise 209 TEUR (99 % Konfidenzniveau).

Bis jetzt berücksichtigt die Szenarioanalyse bereits zwei Risikofaktoren: die Volatilität des Dieselpreises und die Schwankung der Verbrauchsmengen.

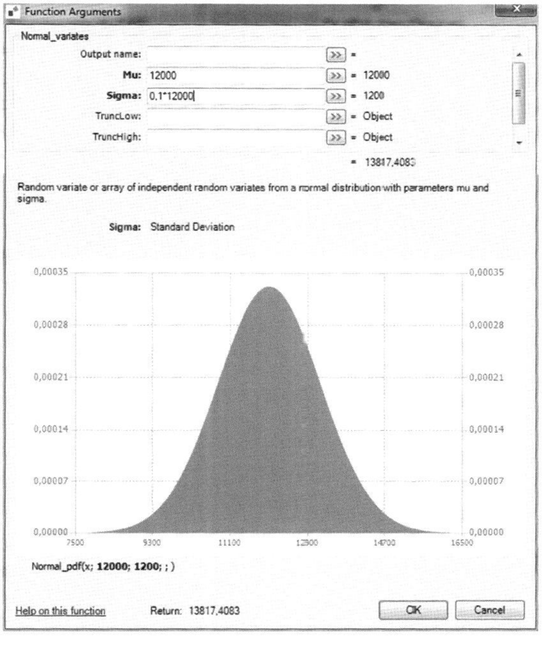

Abb. 6.14 Beschreibung der Schwankung der Verbrauchsmengen mit Hilfe einer Normalverteilung am Beispiel Januar in Risk-Kit. (Quelle: RiskNET GmbH)

Liter Diesel Tagesvola 1,63% Startpreis 1,349 EUR/Liter Diesel
Wechselkurs Tagesvola 1,00% Wechselkurs 1,21 EUR/USD

Rechnung mit Bedarfsschwankung? ja
Rechnung mit Wechselkursschwankung? ja

Jahresfahrleistung 1500000
Durchschn. Verbrauch 100 km: 16,93
Preis in USD für km: 2,72

Monat	Verbrauchs-mengen in Liter	Dieselpreis	Ausgaben in EUR	Einnahmen in EUR	GuV-Simualtion	TEUR		Verbrauchs-mengen in Liter	Verbrauchs-mengen in Liter inkl. Schwankung
Januar	13.311	1,375	18.301	168.800	Umsatzerlöse	3.446		12.000	13.311
Februar	18.091	1,207	21.844	228.666				15.000	18.091
März	15.498	1,360	21.071	201.547	Dieselausgaben	396		17.000	15.498
April	24.407	1,468	35.839	335.115	Personalkosten	520		20.000	24.407
Mai	23.625	1,395	32.962	318.713	Zinsaufwand	98		25.000	23.625
Juni	21.354	1,425	30.436	291.680	Verkaufsprov.	250		23.000	21.354
Juli	24.068	1,534	36.917	279.627	Kundenkonto	280		20.000	24.068
August	18.392	1,454	27.465	222.083	Hilfs- und Betr.	240		19.000	18.892
September	26.530	1,694	44.944	350.447	Stromkosten	680		24.000	26.530
Oktober	23.959	1,589	38.067	319.565	Instandhaltung	265		24.000	23.959
November	30.279	1,576	47.718	376.727	sonst. Aufwand	550		30.000	30.279
Dezember	26.729	1,526	40.796	352.622	Abschreibungen	100		25.000	26.729
			396.361	3.445.590	Gewinn vor St.	66	Plot	254.000	

Abb. 6.15 Das Szenario-Modell mit drei Risikofaktoren (Volatilität Dieselpreis, Schwankung der Bedarfsmengen sowie Wechselkurs EUR zu USD). (Quelle: RiskNET GmbH)

Zu Frage 5

Als dritten Risikofaktor berücksichtigen wir ein Währungsrisiko, da die Spedition für einen ausländischen Auftraggeber die Russlandtouren übernimmt und in US-Dollar bezahlt wird (komplette Jahresfahrleistung 1,5 Mio. km mit 2,72 USD/km). Das gesamte Szenariomodell, das nun auch das Währungsrisiko durch das Russlandgeschäft berücksichtigt, ist in Abb. 6.15 dargestellt.

Abbildung 6.16 zeigt das Ergebnis von 10.000 simulierten Zukunftsszenarien sowie die Auswirkungen auf die Planung der RiskNET Logistik AG. Der ursprünglich geplante Gewinn vor Steuern von 122 TEUR (siehe Abb. 6.9) reduziert sich in der Folge der Berücksichtigung der drei Risiko- und Chancenfaktoren Volatilität des Dieselpreises, Schwankung der Verbrauchsmengen und (durch die Neuausrichtung des Geschäfts als Generalauftragnehmer der Russlandtouren) Wechselkursrisiko EUR/USD auf einen risikoadjustierten Wert von 43 TEUR. Außerdem zeigen die Simulationsergebnisse, dass die Bandbreite der Szenarien abgenommen hat und Stressszenarien bis zu einem Verlust von –358 TEUR abgebildet werden. Aus den simulierten Szenarien können sehr einfach weitere Ergebnisse, beispielsweise das notwendige Risikokapital, abgeleitet werden (Details hierzu sind in Romeike und Spitzner 2013, S. 288 enthalten). Im skizzierten Beispiel erhöht sich das Risikokapital (berechnet als Differenz zwischen dem simulierten Erwartungswert und dem Konfidenzniveau von ein Prozent) von ursprünglich 199 TEUR (vgl. Abb. 6.12) auf 239 TEUR (vgl. Abb. 6.16). Weitere Kennzahlen, die nun zur Analyse der Risiken und darauf aufbauend zur Entwicklung von Risikostrategien herangezogen werden können, sind beispielsweise der Value at Risk beziehungsweise der Expected Shortfall.

Außerdem können in einem weiteren Schritt alternative Strategien simuliert werden. Beispielsweise zeigt das Histogramm in Abb. 6.17, dass bei einem Preis von 2,79 USD/km das Ergebnis auf ein erwartetes und risikoadjustiertes Jahresergebnis von 130 TEUR steigt. Auch die potenziellen Stressszenarien reduzieren sich auf –273 TEUR.

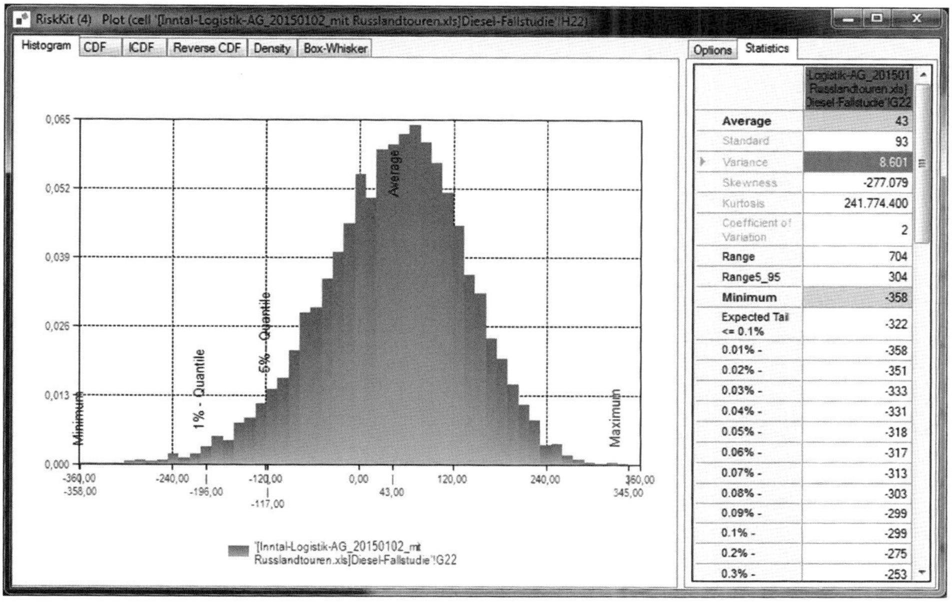

Abb. 6.16 Das Histogramm nach 10.000 simulierten Zukunftspfaden unter Berücksichtigung des Risikofaktors „Volatilität Dieselpreis", des Risikofaktors „Bedarfsschwankung" sowie des Risikofaktors „Währungsrisiko". (Quelle: RiskNET GmbH)

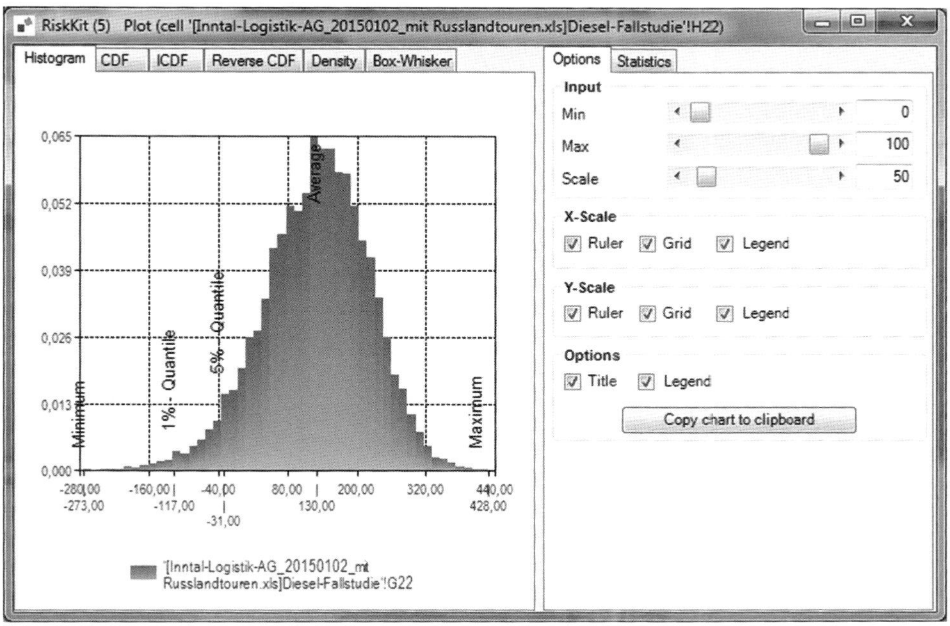

Abb. 6.17 Das Histogramm nach 10.000 simulierten Zukunftspfaden unter Berücksichtigung des Risikofaktors „Volatilität Dieselpreis", des Risikofaktors „Bedarfsschwankung" sowie des Risikofaktors „Währungsrisiko" und einem Preis von 2,79 USD/km. (Quelle: RiskNET GmbH)

In weiteren Schritten könnten in der Szenarioanalyse ereignisorientierte Risiken beispielsweise mit Hilfe einer Compound-Verteilung berücksichtigt werden.

Ergänzender Exkurs Die Compound-Verteilung gibt allgemein die Summe X einer zufälligen Anzahl n für sich jeweils zufälliger Summanden an. Hierbei wird Folgendes angenommen: Die Verteilung der Anzahl n der Summanden nimmt nur natürliche Zahlen (Zählzahlen) als Werte an. Alle Summanden haben die gleiche Verteilung. Diese Verteilung ist eine beliebige univariate Verteilung. Die Anzahl der Summanden und die Höhe der Summanden sind stochastisch unabhängig voneinander, sie können daher mit zwei verschiedenen Verteilungsfunktionen beschrieben werden.

So könnte beispielsweise eine Störung in der Logistikkette durch geopolitische Ereignisse mit Hilfe einer Compound-Verteilung abgebildet werden. Die Schadenshäufigkeit könnte beispielsweise mit Hilfe einer Poissonverteilung mit $\lambda=4$ beschrieben werden. Dies heißt, dass innerhalb eines fest definierten Zeitintervalls ein geopolitisches Ereignis erwartungsgemäß viermal eintreten kann. Die Poissonverteilung ist eine diskrete Wahrscheinlichkeitsverteilung, mit der die Anzahl von Ereignissen modelliert werden kann, die mit konstanter Rate und unabhängig voneinander in einem festen Zeitintervall oder räumlichen Gebiet eintreten. Allerdings ist es auch möglich, dass kein geopolitisches Ereignis eintritt oder nur einmal oder zweimal et cetera oder auch fünfmal, sechsmal und häufiger. Die Schadenshöhe wiederum von jedem Ereignis ist unabhängig vom Ereigniseintritt und kann beispielsweise mit einer PERT- oder Dreiecksverteilung beschrieben werden (vgl. Abb. 6.18).

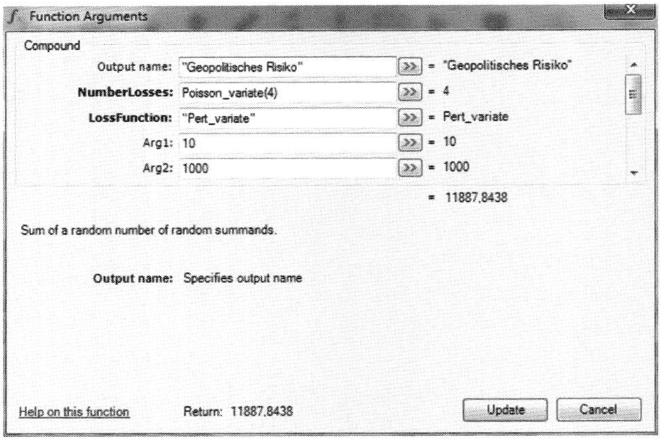

Abb. 6.18 Modellierung von ereignisorientieren Risiken mit einer Compound-Verteilung. (Quelle: RiskNET GmbH)

6.6 Vorteile einer stochastischen Szenarioanalyse im Logistik-Risikomanagement

Im Logistik-Risikomanagement besteht vor allem ein Interesse am Sichtbarmachen potenzieller Wertvernichter (Risiken). Hierbei geht es um die folgende Fragestellung: Welche zufallsbedingten Eingabeparameter (Risiken) oder Zwischenergebnisse haben die stärkste Wirkung auf die Ergebnisgrößen (beispielsweise Gewinn oder Betriebsergebnis)? Um eine solche Sensitivitätsanalyse durchzuführen, werden alle Risiken, deren Wirkung betrachtet werden soll, zunächst als Inputgrößen definiert. In einem nächsten Schritt werden eine oder mehrere Outputgrößen festgelegt (zur Berechnung von Sensitivitäten vgl. Romeike und Spitzner 2013, S. 300 ff.).

Aussagen darüber zu treffen, welcher Risikosituation ein Unternehmen in der Zukunft gegenübersteht und welche Auswirkungen dies auf den Unternehmenswert hat, erfordert eine zuverlässige Informationsbasis. Damit das Logistik-Risikomanagement eines Unternehmens dazu beitragen kann, Krisenanfälligkeit und Bestandsbedrohung rechtzeitig zu erkennen, muss vor allem der Gesamtrisikoumfang bestimmt werden.

Insbesondere im Bereich Logistik wird deutlich, dass Krisensituationen vor allem durch die komplexe Verknüpfung von Einzelrisiken entstehen können. Daher dürfen Risiken nicht losgelöst voneinander erfasst und analysiert werden. Risiken im Bereich Logistik sind in der Praxis durch positive und negative Rückkopplungen (komplex) miteinander verbunden und wirken kumuliert auf die Risikotragfähigkeit eines Unternehmens.

In diesem Kontext spielen daher vor allem Methoden der (stochastischen) Szenarioanalyse eine bedeutende Rolle, da analytische Methoden nur begrenzt die hohe Komplexität im Bereich Logistik-Risikomanagement abbilden können. Stochastische Simulationsmethoden kombinieren auf eine intelligente und gleichzeitig einfache Art Expertenwissen (etwa durch die Schätzung der Parameter und die Beschreibung möglicher Szenarien) und die Vorteile komplexer Simulationstechniken. Durch ein Simulationsmodell wird es möglich, im definierten Realitätsausschnitt zu „experimentieren“ und Auswirkungen verschiedener Parameteränderungen (Risiken) auf die definierten Zielgrößen zu analysieren. So können für ein Unternehmen beispielsweise bestimmte Stressszenarien im Detail analysiert werden und darauf aufbauend adäquate Steuerungsmaßnahmen initiiert werden.

6.7 Herausforderungen im Praxiseinsatz

In der Praxis zeigt sich, dass die Monte-Carlo-Simulation zwar eine relativ einfach zu erklärende Simulationsmethode ist, jedoch sind in ihrer Anwendung einige Aspekte zu beachten. Eine Nichtbeachtung kann relativ schnell zu nicht validen Ergebnissen und darauf basierend zu fehlerhaften Entscheidungen führen. Die aus Sicht der Autoren wichtigsten Aspekte, die es zu beachten gilt, sind:

- **Schätzung der Verteilungsfunktionen:** Intuitiv ist der Einfluss der Verteilungsfunktionen auf das Ergebnis der Monte-Carlo-Simulation verständlich. Selten jedoch sind die Wahrscheinlichkeitsdichten der Parameter tatsächlich bekannt. Zu empfehlen ist daher eine Ableitung der Verteilungsfunktion zunächst aus historischen Werten. Fehlen historische Erkenntnisse, bleibt eine Schätzung unumgänglich. In der betriebswirtschaftlichen Praxis hat sich dabei die Einschränkung auf wenige prägnante Verteilungen bewährt: Binomialverteilung, Gleichverteilung, (gegebenenfalls schiefe) Dreiecksverteilung, Normalverteilung, Exponentialverteilung sowie Poissonverteilung (zur Abbildung von Häufigkeiten).
- **Ermittlung der Zufallszahlen:** Die Ermittlung der Zufallszahlen geschieht in der Praxis im Allgemeinen unter Anwendung eines Zufallszahlengenerators, der in dem zur Monte-Carlo-Simulation verwendeten Computerprogramm eingebaut ist. Hier bestehen durchaus Unterschiede in der Güte der so ermittelten Pseudozufallszahlen, jedoch sollten heute bestehende Standards für die meisten Anwendungen genügen. Dennoch ist es auch möglich, einen eigenen Zufallszahlengenerator zu nutzen. Methoden sind beispielsweise der lineare Konvergenzgenerator oder Mersenne-Twister.
- **Transformation der Zufallszahlen in die gewünschte Verteilungsfunktion:** Häufig ermitteln Zufallszahlengeneratoren lediglich gleichverteilte Zufallszahlen, so dass eine Transformation in die gewünschte Verteilungsfunktion notwendig ist. Dies kann mit Hilfe des Inversionsverfahrens geschehen, das unter Verwendung der inversen Wahrscheinlichkeitsfunktion zur gewünschten Verteilung aus einer gleichverteilten Zufallszahl eine Zufallszahl in der gewünschten Wahrscheinlichkeitsdichte erzeugt.
- **Abhängigkeiten zwischen den Eingangsparametern:** Ähnlich den Verteilungsfunktionen beeinflussen auch Abhängigkeiten, beispielsweise Korrelationen, die Ergebnisse. Auch hier sollte, sofern möglich, ihre Ermittlung basierend auf historischen Werten erfolgen. Fehlt hierzu die Basis, müssen Abhängigkeiten beziehungsweise Korrelationen (im Falle linearer Abhängigkeiten) geschätzt werden. Als praktikabel hat sich dabei eine Einteilung in wenige Klassen (beispielsweise die fünf Klassen: nicht korreliert sowie jeweils schwach/stark oder positiv/negativ korreliert) erwiesen. Häufig problematischer ist die Erzeugung korrelierter Zufallszahlen im Computer. Kann das verwendete Computerprogramm keine korrelierten Zufallszahlen erzeugen, ist dafür beispielsweise die Verwendung der Cholesky-Zerlegung möglich.
- **Anzahl der Simulationsdurchläufe:** Mit der Anzahl der durchgeführten Simulationen steigt generell auch die Genauigkeit der typischen Ergebnisse einer Monte-Carlo-Simulation, der ermittelten statistischen Kennzahlen, weiter an. Auch wenn sich theoretisch die notwendige Anzahl an Simulationen exakt berechnen lässt (die Berechnung der notwendigen Durchläufe entspricht dem notwendigen Stichprobenumfang zum Erreichen eines vorgegebenen Konfidenzniveaus, siehe dafür beispielsweise Storm (1988); ein in den Simulationsalgorithmus integrierbares Verfahren ist beschrieben bei Lorscheid et al. (2012), haben sich hier in der Praxis Werte zwischen 1000 und 100.000 Durchläufen (abhängig von der Anzahl der Parameter, der Komplexität der Zusammenhänge sowie von der Kosten-Nutzen-Relation basierend auf der Rechenleistung

des verwendeten Computers) etabliert. Da die Konvergenz der Erwartungswerte von quadratischer Ordnung ist (zur Erhöhung der Genauigkeit um eine Kommastelle ist die 100-fache Anzahl an Simulationsdurchläufen erforderlich), können hier gegebenenfalls zusätzlich Verfahren zur Varianzreduktion eingesetzt werden. In diesen Kontext passt auch der Fall, dass ein Ereignis eine extrem geringe (beziehungsweise extrem hohe) Eintrittswahrscheinlichkeit in Relation zu anderen Ereignissen hat. Liegt ein solcher Fall vor, muss die Anzahl der Simulationsdurchläufe tendenziell höher sein, damit mit den erzeugten Zufallszahlen diese Relationen auch widergespiegelt werden können.

6.8 Fazit/Schlussfolgerungen/Ausblick

Risiken im Bereich Logistik sind durch komplexe Ursache-Wirkungsketten gekennzeichnet. Der Begriff der Komplexität bezeichnet hierbei die aus den Beziehungen hervorgehende Vielfältigkeit von Zuständen und Zustandskonfigurationen in Systemen während einer Zeitspanne (vgl. Ulrich und Probst 1991, S. 58). Dabei ist die Komplexität umso größer, je mehr Elemente vorhanden und je mehr diese voneinander abhängig sind.

Die Ursachen für Supply Chain-Störungen liegen häufig im Bereich der Vorlieferanten oder auch außerhalb der offensichtlichen Szenarien, etwa verursacht durch Naturkatastrophen oder Extremereignisse. Unterschiedliche Ursachen interner und externer Art sind durch zahlreiche Abhängigkeiten miteinander verknüpft und unterliegen nicht selten sehr starken und abrupten Veränderungen. Unternehmen und deren Wertschöpfungsnetzwerke sind komplexe Netzwerke ohne einfache (lineare) Ursache-Wirkungs-Logik (vgl. hierzu die Global Risks 2015 Interconnections Map in Abb. 19 im Kap. 3). Die im Kap. 2 skizzierten Beispiele von Toyota und Sony zeigen recht deutlich die komplexen Abhängigkeiten zwischen einzelnen Risiken und Risikokategorien.

Die heute verwendeten Werkzeuge im Bereich des Logistik-Risikomanagements treffen immer häufiger auf Grenzen, da sie mit der Komplexität der Strukturen und Prozesse der realen Welt nicht adäquat umgehen können. Insbesondere ist Intuition allein häufig ein eher schlechter beziehungsweise überforderter Ratgeber (das Gleiche gilt aber auch für die Simulation allein!).

Die Monte-Carlo-Simulation bietet mit ihren randomisierten Algorithmen ein effizientes Werkzeug, um mit Hilfe der Wahrscheinlichkeitstheorie in ausreichender Anzahl Zufallsereignisse zu simulieren. Es können damit Ereignisräume betrachtet werden, die über alleinige Intuition hinausgehen. Diese durch eine Monte-Carlo-Simulation erzeugten, neuen beziehungsweise erweiterten Möglichkeiten entbinden den Anwender jedoch nicht von der Pflicht, Simulationsergebnisse auf Plausibilität zu prüfen, um mögliche Modell-, Parameter- und Berechnungsfehler auszuschließen! Vielmehr erlaubt erst das Zusammenspiel von Simulationsergebnissen und Intuition, Entscheidungsfindung auf eine neue, höhere Qualitätsstufe zu heben.

Im Bereich des Logistik-Risikomanagements können durch dieses Zusammenspiel die komplexen Wirkungsgeflechte zwischen einzelnen Risiken und Risikoarten abgebildet werden und die Wirkung beispielsweise auf eine Ergebnisgröße (zum Beispiel Betriebsergebnis) analysiert werden. Basierend auf historischen Daten über Logistikrisiken lassen sich dabei auch Abhängigkeiten beziehungsweise Korrelationen simulieren. Entsprechende Maßnahmen zur Risikoabwehr (im ersten Schritt meist durch Intuition generiert und dann mit Hilfe der Simulation analysiert und weiterentwickelt) erlauben es schließlich dem Logistik-Risikomanagement, eine resiliente Supply Chain zu entwickeln (beziehungsweise zu ihrer Entwicklung beizutragen).

Fazit: Die Monte-Carlo-Simulation stellt daher eine geeignete Methode dar, die Analyse von einzelnen und verketteten Risiken zu verbessern. Sie nimmt jedoch – wie jede andere Berechnung auch – der verantwortlichen Person nicht die Entscheidung ab. Der Nutzen liegt vielmehr darin, dass eine Vielzahl möglicher Ereignisse/Situationen in die Entscheidungsfindung integriert wird und so die Möglichkeit besteht, eine im Mittel optimierte Entscheidung zu treffen.

Literatur

Barth, R., Meyer, M., Spitzner, J.: Typical pitfalls of simulation modeling – lessons learned from armed forces and business. J. Artif. Soc. Soc. Simul. **15**(2), 5 (2012)

Bowden, H.: Classical Athens and the Delphic oracle: Divination and Democracy. Cambridge University Press, Cambridge (2005)

Bruce-Briggs, B.: Supergenius: The Mega-Worlds of Herman Kahn. North American Policy Press, New York (2000)

Forrester, J.W.: Industrial Dynamics, 9. Aufl. MIT Press, Cambridge (1977)gge

Gleißner, W., Romeike, F.: Risikomanagement – Umsetzung, Werkzeuge, Risikobewertung. Haufe Verlag, Freiburg im Breisgau (2005)

Ineichen, R.: Würfel und Wahrscheinlichkeit – Stochastisches Denken in der Antike. Spektrum Akademischer, Heidelberg (1996)

Kahn, H., Wiener, A. J.: The Year 2000: A Framework for Speculation on the Next Thirty-Three Years. MacMillan, New York (1967)

Kaiser, H., Nöbauer, W.: Geschichte der Mathematik. Oldenbourg Verlag, Wien (1998)

Kreibich, R.: Zukunftsforschung. Arbeitsbericht Nr. 23/2006. Institut für Zukunftsstudien und Technologiebewertung (IZT), Berlin (2006)

Linder, S.: Performance Decline and Autonomous Strategic Action. Working Paper. Copenhagen Business School (2011)

Linder, S., Spitzner, J.: Effektives Risikomanagement in turbulenten Zeiten. Risk Compliance Audit. **5**, 12–18 (2010)

Linder, S., Spitzner, J.: Simulieren geht ohne Weltformel. Frankfurter Allgemeine Zeitung (FAZ). **43**, (2011)

Lorscheid, I., Heine, B.-O., Meyer, M.: Opening the ‚black box' of simulations. Increased transparency and effective communication through the systematic design of experiments. Comput. Math. Org. Theory. **18**(1), 22–62 (2012)

Meadows, D.H., Meadows, D.L., Randers, J., Behrens, III, W.W.: The Limits to Growth. Universe Books, New York (1972)

Metropolis, N.C., Ulam, S.: The Monte Carlo Method. J. Am. Stat. Assoc. **44**(247), 335–341 (1949)

Meyer, M., Romeike, F., Spitzner, J.: Simulationen in der Unternehmenssteuerung; empirische Studie in Zusammenarbeit von TU Hamburg-Harburg, RiskNET und C21 Consulting. RiskNET GmbH, Brannenburg (2012)

Robinson, S.: Simulation – the practice of model development and use. Wiley, Hoboken (2004)

Romeike, F.: Frühwarnsysteme im Unternehmen, Nicht der Blick in den Rückspiegel ist entscheidend. (RATING aktuell. April/Mai 2005). Heft **2**, 22–27 (2005)

Romeike, F., Hager, P.: Erfolgsfaktor Risikomanagement 3.0: Lessons learned, Methoden, Checklisten und Implementierung. Springer, Wiesbaden (2013)

Romeike, F., Köcher, A.: Integriertes Risiko- und Chancenmanagement. In: Exler, M.W. (Hrsg.) Restrukturierungs- und Turnaround-Management, S. 313–344. Erich Schmidt Verlag, Berlin (2013)

Romeike, F., Spitzner, J.: Von Szenarioanalyse bis Wargaming – Betriebswirtschaftliche Simulationen im Praxiseinsatz. Wiley-VCH, Weinheim (2013)

Sackman, H.: Delphi Assessment: Expert Opinion, Forecasting and Group Process. RAND Corporation, Santa Monica (1974)

Steinmüller, K.: Der Mann, der das Undenkbare dachte. Herman Kahn und die Geburt der Futurologie aus dem Geist des Kalten Krieges. Kursbuch. Nr. **164**, 99–103 (2006)

Storm, R.: Wahrscheinlichkeitsrechnung, mathematische Statistik und statistische Qualitätskontrolle. VEB Fachbuchverlag, Leipzig (1988)

Ulrich, H., Probst, G.J.B.: Anleitung zum ganzheitlichen Denken und Handeln: Ein Brevier für Führungskräfte, 3. Aufl. Haupt, Bern (1991)

Wiesehöfer, J.: Die Geheimnisse der Pythia. Orakel und das Wissen der reisenden Weisen. In: Hölkeskamp, K.-J., Stein-Hölkeskamp, E. (Hrsg.) Erinnerungsorte der Antike. Die griechische Welt, S. 336–352. C. H. Beck, München (2010)

Frank Romeike ist Gründer des Kompetenzzentrums RiskNET – The Risk Management Network. Er ist Geschäftsführer und Eigentümer der RiskNET GmbH sowie Gründer und Gesellschafter von RiskNET Advisory & Partner. Außerdem ist er verantwortlicher Chefredakteur (V. i. S. d. P.) der Zeitschrift „RISIKO MANAGER", die alle 14 Tage erscheint und sich schwerpunktmäßig mit den Themen Kreditrisiko, Marktrisiko, Operationelles Risiko und Enterprise Risk Management (ERM) auseinandersetzt. Er zählt international zu den renommiertesten und führenden Experten für Risiko- und Chancenmanagement und coacht seit rund 20 Jahren Unternehmen aller Branchen und Unternehmensgrößen rund um die Themengebiete Risiko- bzw. Chancenmanagement und Wertorientierte Unternehmenssteuerung. Im Rahmen von Intensiv- und Inhouse-Seminaren der Risk Academy hat er mehr als 7500 Risikomanager ausgebildet bzw. gecoacht. An der HDU ist er fachlicher Leiter des akkreditierten Masterstudiengangs „Risiko- und Compliancemanagement". In seiner beruflichen Vergangenheit war er Chief Risk Officer bei der IBM Central Europe, wo er u. a. an der Einführung des weltweiten Risk-Management-Prozesses der IBM beteiligt war und mehrere internationale Projekte leitete. Er hat u. a. ein wirtschaftswissenschaftliches Studium (mit Schwerpunkt Versicherungsmathematik) in Köln und Norwich/UK abgeschlossen. Im Anschluss hat er Politikwissenschaften, Psychologie und Philosophie studiert. Außerdem hat er ein exekutives Masterstudium im Bereich Risiko- und Compliancemanagement abgeschlossen. Frank Romeike hat u. a. Lehraufträge (Adjunct Professor) an der Ludwig-Maximilians-Universität München (Seminar für Finanzökonometrie), der Hochschule Coburg (MBA-Studiengang Versicherungsmanagement; Schwerpunkt: Risikomanagement in Versicherungsunternehmen) sowie der Technischen Hochschule Deggendorf (Masterprogramm Risiko- und Compliancemanagement, hierbei handelt es sich um ein gemeinsames Projekt des TÜV Süd, der Technischen Hochschule Deggendorf und RiskNET) angenommen. Frank Romeike ist Mitglied des Vorstands beim Institut für Risikomanagement und Regulierung e. V. (Frankfurt am Main) und verantwortet dort unter anderem das Thema Öffentlichkeitsarbeit.

Dr. Jan Spitzner ist Gründer und Geschäftsführer von Spitzner Consulting sowie Partner der RiskNET GmbH. Er berät seit über 15 Jahren Unternehmen in Fragen der zukunftsorientierten Steuerung. Ausgestattet mit zahlreichen Projekterfahrungen, besitzt Dr. Jan Spitzner ein umfassendes Wissen und Know-how in Modellbildung und Simulation, Szenariomethodik, Market Intelligence, Business Intelligence, Regulierung, Planung und Controlling sowie im Komplexitätsmanagement und in der Steuerung von Großprojekten. Er studierte Mathematik und Physik an der Martin-Luther-Universität Halle-Wittenberg und promovierte in Mathematik zum Dr. rer. nat. ebenfalls in Halle/Saale. Er ist Autor von Fachbüchern und zahlreichen weiteren wissenschaftlichen Arbeiten, betriebswirtschaftlich vor allem im Kontext Unternehmenssteuerung und Zukunftsorientierung. Er hat Lehraufträge an verschieden Universitäten und Hochschulen in Deutschland und Österreich (u. a. zu Simulationsmethoden, Prognose- und Szenariotechniken, Finanzmathematik, Finanzmanagement).

7 Notwendigkeit und Nutzen von internationalen Standards im Logistik-Risikomanagement

Bruno Brühwiler

Inhaltsverzeichnis

B. Brühwiler (✉)
Euro Risk AG, Zürich, Schweiz
E-Mail: bruno.bruehwiler@eurorisk.ch

M. Huth, F. Romeike (Hrsg.), *Risikomanagement in der Logistik*,
DOI 10.1007/978-3-658-05896-8_7

7.1 Risikomanagement als Führungsaufgabe

7.1.1 Rahmenbedingungen für Supply Chain-Risiken

Risikomanagement hat im Wesentlichen drei Aufgaben: die Früherkennung von Risiken, die Analyse und Prävention der Risiken und die Intervention bei Risiken, die eingetreten sind. Letzteres wird oft als Business Continuity Management bezeichnet.

Die Früherkennung, Analyse und Prävention sowie die Intervention ist bei Supply Chain-Risiken dadurch gekennzeichnet, dass Risiken, Risikoeigner und Risikomanager bei vielen Unternehmen außerhalb der eigenen Organisation angesiedelt sind. Der „Zugang" des Risikomanagements kann nicht direkt stattfinden. Zudem sind die Supply Chain-Risiken in tiefen Lieferketten gestaffelt, welche weitgehend unbekannt sind und Verästelungen aufweisen, die sich jedem Überwachungssystem entziehen. Schließlich erstrecken sich die Supply Chain-Risiken über den ganzen Globus. Sie sind global aufgesplittet und auch in verschiedenen Kulturen angesiedelt. Dies hat zur Folge, dass Supply Chain-Risiken erst erkannt und verspürt werden, wenn sie eingetreten sind und es zu spät ist. Diese Erkenntnisse wurden vor allem in der Automobilindustrie nach der Reaktorkatastrophe in Fukushima im März 2011 in Japan und in der Elektronikindustrie nach den Überschwemmungen in Südostasien vom Oktober/November 2011 in Thailand gewonnen (siehe vertiefend hierzu die Kap. 2 und 3).

Um diese Supply Chain-Risiken anzugehen, benötigen Unternehmen ein Risikomanagement, das sich über die einzelnen Stationen der Supply Chain erstreckt – im Übrigen über viele verschiedene Sprachen und Kulturen. Wenn nun jede Organisation das Verständnis und die Funktionsweise des Risikomanagements eigenständig festlegt, ist das nicht nur aufwendig. Jeder Lieferant, dessen Kunden Risikomanagement verlangen, wird dann mit weitgehend verschiedenen Risikomanagement-Konzepten konfrontiert sein, was unzumutbar ist. Deshalb braucht es internationale Standards, die in den Grundzügen festlegen, wie man Risikomanagement durchführen soll. Das ist eine besonders effektive Unterstützung für alle Teilnehmer in einer Supply Chain, weil diese Normenwerke in der globalen Welt ein gemeinsames, auf Konsens basiertes Verständnis für Aufgaben, Funktionsweise und Effizienz des Risikomanagements schaffen.

7.1.2 Konsens als Grundlage von internationalen Standards

Das erste Interesse gilt den Fragen, was Standards sind, wer diese entwickelt und wie sie verbreitet werden? Betrachtet man die erste Frage, gibt die bedeutendste internationale Normungsorganisation auf ihrer Homepage die Antwort:

> A standard is a document that provides requirements, specifications, guidelines or characteristics that can be used consistently to ensure that materials, products, processes and services are fit for their purpose. ISO International Standards ensure that products and services are

> safe, reliable and of good quality. For business, they are strategic tools that reduce costs by minimizing waste and errors, and increasing productivity. They help companies to access new markets, level the playing field for developing countries and facilitate free and fair global trade. (International Organization for Standardization 2014)

Normen reflektieren den „anerkannten Stand von Wissenschaft und Praxis". Dabei spricht man oft auch von „good practice" oder auch von „best practice". Standards verkörpern eine Art Mindestanforderung an das Handeln und Verhalten eines pflichtbewussten Managements einer Organisation, nicht im gesetzlichen Sinne, sondern auf freiwilliger Grundlage (Scherer und Fruth 2014). Wenn sich die Frage der Verantwortlichkeit im rechtlichen Sinne stellt, kann der Richter durchaus auf diesen „anerkannten Stand von Wissenschaft und Praxis" Bezug nehmen.

Die Entstehung von Normen muss den Ansprüchen dienen, die zu einem „anerkannten Stand" führen. Dieser kann beispielsweise über den Weg der Wissenschaft erreicht werden, indem die Forschung nach wissenschaftlichen Methoden zu Erkenntnissen führt, die allgemeine Anerkennung unter Vertretern der Wissenschaft und über die Lehre Verbreitung finden. Ein anderer Weg führt über Fachgesellschaften und Experten, die sich über die Regelung eines bestimmten Sachverhaltes verständigen und damit in ihren Fachkreisen Anerkennung finden. Schließlich besteht ein weiterer Weg darin, dass die Gemeinschaft der Normungsinstitutionen mit den ihnen angeschlossenen Experten sich zusammenfinden, um Sachverhalte zu harmonisieren, Normen zu schaffen und sie zu verbreiten. Oftmals beruhen „best practices" auch auf Verbindungen zwischen der Wissenschaft, den Fachkreisen und der Normung.

Die wohl bekannteste Organisation für die globale Normung ist die ISO, die International Standard Organisation. Sie verfügt über ein Generalsekretariat in Genf und wird von den nationalen Normungsorganisationen von mehr als 160 Ländern getragen. Ein ISO-Standard hat deshalb weltweit ein ganz besonderes Gewicht und hohen Einfluss, da er auf einem breiten Konsens basiert und dadurch internationale Anerkennung findet.

Zu den wichtigsten nationalen Normungsorganisationen gehören BSI (British Standards Institution), DIN (Deutsches Institut für Normung), AFNOR (Association Française de Normalisation) und JSA (Japanese Standards Association). Eine sehr wichtige Rolle spielen Staaten wie China, Indien, Brasilien und Mexiko. Aktiv bringen sich immer wieder eher kleinere Staaten ein wie Australien, Österreich, die Schweiz, Schweden oder etwa Holland.

Der internationale Standard „ISO 31000 Risk management – Principles and guidelines" wurde von mehr als 50 Experten aus rund 25 Ländern entwickelt und Ende 2009 veröffentlicht. Er befindet sich zurzeit in einer Revision und wird voraussichtlich im Jahr 2015 in leicht angepasster Version neu erscheinen.

7.1.3 Globale Risikomanagement-Standards

ISO 31000 ist nicht der einzige internationale Standard zum Risikomanagement. Er reiht sich ein in zwei andere, sehr bedeutende Regelwerke von internationaler Tragweite:

- Die Regelwerke für die Finanzindustrie gliedern sich in diejenigen für die Banken; das sind die Basler Vereinbarungen mit den Regelwerken Basel I, II und III. Für die Versicherer gelten die Standards Solvency I und II. Beide Regelwerke haben eine klare Intention: Sie legen die Anforderungen fest, nach denen die Finanz- und Versicherungsinstitute ihre Eigenmittel bestimmen und ausweisen müssen. Die Regelwerke für die Finanzindustrie sind in nationale Gesetze übernommen worden und dienen den entsprechenden Aufsichtsbehörden, die Stabilität des Finanzmarktes zu fördern und zu überwachen.
- Im Rahmen von Corporate Governance und zum Schutz von Investoren am Kapitalmarkt entstand bereits 1992 in den USA das COSO-Regelwerk zur Sicherstellung der internen Finanzkontrolle von Unternehmen und Organisationen, die am Kapitalmarkt tätig sind. Nach den Betrugsfällen von Enron und Worldcom im Jahr 2002 wurde das Sarbanes-Oxley-Gesetz erlassen, in welchem das Ziel verfolgt wird, die Verlässlichkeit der Finanzberichterstattung zu gewährleisten. Die Umsetzung dieses Anliegens wird mit dem COSO Enterprise Risk Management Framework (COSO 2004) konkretisiert. Dabei handelt es sich um einen risikobasierten Ansatz für die interne Kontrolle, der in der Fortsetzung des Regelwerkes von 1992 sich neu auch auf die Unternehmensstrategie, auf die operationellen Risiken, auf das Reporting und auf die Compliance anwenden lässt. Das COSO Regelwerk ist heute international verbreitet, unter anderem wegen der Tatsache, dass Großunternehmen global tätig sind.

Das Risikomanagement ist in beiden Regelwerken für die Stabilität des Finanzmarktes und für den Schutz der Investoren primär finanziell ausgerichtet. Dies ist bei ISO 31000 anders, weshalb die OECD (Corporate Governance Committee 2013) diesen Standard als „de-facto world standard“ für das Risikomanagement bezeichnet hat.

7.2 Risikomanagement-Standard ISO 31000

7.2.1 Einführung

Die „ISO-Welt“ entstand im industriellen Umfeld. Die wichtigste Norm von ISO ist die ISO 9001 Qualitätsmanagement (ISO 9001:2015), die eine überwältigende Verbreitung auf der ganzen Welt erlebt hat. Nicht nur die Industrieländer basieren ihre Qualitäts- und Managementsysteme auf dieser Norm. Insbesondere die aufstrebenden Länder entnehmen diesen Regelwerken die Grundlage, auf der die globale Zusammenarbeit der herstellenden Industrie basiert. Nicht zuletzt das Supply Chain Management profitiert enorm von diesem Regelwerk, weil es die Anforderungen an die Zusammenarbeit von verschiedenen Unternehmen in einer beachtlichen Tiefe festlegt.

In gleicher Weise tut dies auch das Risikomanagement mit der ISO 31000 „Risk management – Principles and guidelines". Hier werden Empfehlungen definiert, die es einzuhalten gilt, damit die Unternehmen in vernetzten Produktionsstrukturen stabil miteinander arbeiten können. Damit entwickelt sich der Fokus vom Supply Chain Management zum Supply-Chain-**Risiko**management.

Die Zielsetzung von ISO 31000 geht weit über die Stabilität der Finanzmärkte und über den Schutz der Investoren hinaus. Im Zentrum stehen die Erreichung der Ziele, die störungsfreie Abwicklung von operationellen Tätigkeiten und die Erfüllung von gesetzlichen Anforderungen der einzelnen Unternehmen, die in der nationalen, regionalen oder globalen Zusammenarbeit miteinander kooperieren.

7.2.2 Charakteristiken von ISO 31000

ISO 31000 ist eine allgemein gehaltene Norm, man spricht auch von einem „generischen" Standard. Er basiert auf der Tatsache, dass alle Aktivitäten einer Organisation Risikos beinhalten, die einer systematischen Behandlung unterzogen werden sollten. Der Prozess des Risikomanagements nach der ISO 31000 setzt sich aus dem Kernprozess Rahmenbedingungen, Risikoidentifikation, Risikoanalyse, Risikobewertung und Risikobehandlung zusammen – flankiert von Kommunikation und Konsultation auf der einen Seite sowie Überwachen und Überprüfen der Risiken auf der anderen Seite.

Der komplette Risikomanagement-Prozess ist in ISO 31000 an ein Risikomanagement-Framework angebunden. Dieses gibt die wichtigsten Schritte für die Gestaltung, Umsetzung, Bewertung und Verbesserung des Risikomanagements in einer Organisation vor – dies auf dem Hintergrund des bekannten Deming-Kreises „Plan-Do-Check-Act" (PDCA-Zyklus).

Die ISO 31000 gibt wenig konkrete Anhaltspunkte, wie das Risikomanagement in einer Organisation umgesetzt werden kann. Entgegen den meisten ISO-Normen weist die ISO 31000 in der Ausgabe 2009 auch darauf hin, dass sie nicht zu Zertifizierungszwecken erstellt worden ist. Es fehlen dazu auch die erforderlichen Spezifikationen. In diese Lücke ist die ONR-49000-Serie gesprungen, die nachfolgend mit ihren wesentlichen Inhalten dargestellt wird.

7.2.3 Spezifikationen zur ISO 31000: Die ONR-49000-Serie

Die ONR 49000 wurde in einem Gemeinschaftsprojekt Schweiz/Deutschland/Österreich entwickelt, wobei das Österreichische Normungsinstitut in Wien („ON") den fachtechnischen Rahmen für die Erstellung von Normen und Regelwerken („R") zur Verfügung stellte. Die Wahl der Nr. 49000 sollte auch die Anlehnung an die ISO-9000-er-Normenreihe in Erinnerung rufen (die ONR zeigt beispielhaft auf, wie das Risikomanagement in die ISO 9001 integriert werden könnte).

Die Definition von Risiko als „Auswirkung von Unsicherheit auf Ziele, Tätigkeiten und Anforderungen" (ONR 49000, Ziff. 2.1.11) eignet sich auch besonders gut für das Supply Chain-Risikomanagement.

Das Risiko orientiert sich an der Erreichung von (strategischen) Zielen. Darunter werden bei privaten Unternehmen insbesondere die Leistungsangebote von Produkten und Dienstleistungen, die Produktinnovation sowie die Kunden- und Marktsegmente verstanden. Die Risikodefinition erstreckt sich aber ebenso auf die Geschäftsabwicklung und auf die Durchführung von (operationellen) Tätigkeiten. Dazu gehören auch die Risiken aus der Supply Chain mit den Elementen der präventiven Risikoidentifikation, Risikoanalyse und Risikobehandlung. Bei eingetretenen Risikoereignissen kommt es zum Notfall-, Krisen- und Kontinuitätsmanagement, welche integrierte Bestandteile des Risikomanagements sind (ONR 49002-3). Zudem erstrecken sich die Auswirkungen der Unsicherheit auch auf „Anforderungen". Damit ist die „Compliance" gemeint, also die Übereinstimmung der Tätigkeit des Managements, der Führungskräfte und der Mitarbeitenden mit Anforderungen aus den Bereichen Arbeits-, Produkt- und Umweltsicherheit. Compliance erstreckt sich auch auf weitere Rechtsgebiete wie treue Geschäftsführung, den Schutz von Vermögenswerten oder auch Verhaltensweisen, die durch die Wissenschaft und praktische Erfahrung beispielsweise in Normen festgeschrieben sind. Diese beinhalten bekanntermaßen „good practice" oder „best practice".

7.3 Supply Chain-Risikomanagement

7.3.1 Rahmenbedingungen und Informationszustand über die Supply Chain

Im Rahmen des Supply Chain Managements liefert der Begriff der „Rückverfolgbarkeit" in der ISO DIS 9001:2015 einen ersten Anhaltspunkt: Sie umfasst die „Möglichkeit, den Werdegang, die Herkunft oder den Ort eines Objektes zu verfolgen" (ISO 9001, S. 19). Dabei kann es sich um die Herkunft, den Ablauf der Verarbeitung oder die Verteilung und den Standort eines Produktes oder einer Dienstleistung handeln.

Das Supply Chain-Risikomanagement kann sich aber darauf nicht beschränken: Es muss tiefer in die Lieferkette hineinblicken und stößt dann auf folgende Rahmenbedingungen und zentrale Fragen:

- Wie kann man die Struktur der Supply Chain überhaupt ermitteln – in der Breite („wichtige" Lieferanten) und in der Tiefe (Tier 1, Tier 2, Tier 3)?
- Was sind die kritischen Komponenten beziehungsweise Baugruppen eines Produktes oder einer Dienstleistung? Wo werden diese in der Lieferkette entwickelt und hergestellt und nach welchen Kriterien werden kritsche Objekte ermittelt?

- Wer ist der Risikoeigner für die Supply Chain-Risiken? Welche Sprache sprechen beziehungsweise welches Risikoverständnis haben die Risikoeigner?
- Wie kann man mit den Lieferanten und deren Lieferanten über Risiken sprechen beziehungsweise sie dazu bewegen, über ein eigenes Risikomanagement (oder Business Continuity Management) zu verfügen?
- Wie kann man Supply Chain-Risiken identifizieren, analysieren, behandeln und vermindern? Welche Methoden kommen zum Einsatz?

Die größte Herausforderung besteht im Supply Chain-Risikomanagement darin, dass man einen Überblick und eine Qualifizierung der Elemente der Supply Chain überhaupt gewinnen kann. Erst dieser Überblick ermöglicht, die Schlüssellieferanten beziehungsweise die Schlüsselkomponenten für die eigene Lieferfähigkeit zu ermitteln.

7.3.2 Risikoidentifikation

Die Supply Chain umfasst in erster Linie physische Produkte, teilweise auch Dienstleistungen, welche das Unternehmen beziehungsweise die Organisation anbietet. Physische Produkte lassen sich in einzelne Systeme, Baugruppen und einzelne Komponenten zerlegen. Teile davon werden selbst entwickelt, hergestellt und montiert, andere werden beschafft; sie stammen aus der Supply Chain. Besonders risikoanfällig sind solche Produkte dann, wenn ein Ausfall der Lieferungen (oder auch Qualitätsmängel) dazu führt, dass das Leistungsspektrum der Organisation schwer betroffen ist und diese Einwirkung längere Zeit andauert.

Eine zweite Gruppe von Risiken der Supply Chain entsteht aus der Produktions- und Logistik-Infrastruktur. Diese beginnt bei Gebäuden mit ihren Einrichtungen, umfasst aber auch den ganzen Maschinenpark (Produktions-, Montage und Testeinrichtungen) und die Logistik (Läger, Flächen).

Schließlich bezieht sich die Supply Chain mit ihren Risiken auch auf die Versorgung der Organisation mit Energie und Information. Im Vordergrund stehen Elektrizitätszufuhr und Daten. Unterbrechungen von diesen Versorgungsgütern können das Leistungsspektrum der Organisation ebenfalls schwer beeinträchtigen.

Das Ergebnis der Risikoidentifikation in der Supply Chain besteht darin, dass eine Anzahl von kritischen Objekten als Risikoszenarien ermittelt werden, die einer nachfolgenden Risikoanalyse und Risikobewertung zugeführt werden müssen.

7.3.3 Risikoanalyse und Risikobewertung

Die Risikoanalyse wird auch mit dem Begriff „Business Impact Analysis" oder Betriebsunterbrechungs-Analyse bezeichnet. Der erste Begriff wird im Business Continuity verwendet, der letztere eher von der Versicherungswirtschaft, die Teile von solchen Supply Chain-Risiken versichern kann.

Tab. 7.1 Risikokriterien für die Business Impact Analyse. (Quelle:Austrian Standards Institute 2014, Normensammlung, S. 184)

Stufen	Interpretation (Risikokriterien)	Zeit/Kosten[a]
Unbedeutend	Betriebsfunktionen vorübergehend leicht gestört oder unterbrochen	Bis 2 Tage
Gering	Betriebsfunktionen ganz unterbrochen, aber leicht zu beheben, begrenzte Mehrkosten	1 Woche beziehungsweise bis 100.000 €
Spürbar	Betriebsfunktionen ganz unterbrochen, aber schwer zu beheben, hohe Mehrkosten, Kunden unzufrieden	1 Monat beziehungsweise bis 300.000 €
Kritisch	Betriebsfunktionen ganz unterbrochen, Produktivitätsverlust erheblich, Verlust von Kunden	1 Quartal beziehungsweise bis 1.000.000 €
Katastrophal	Betriebsfunktionen ganz unterbrochen, Verlust der Marktstellung	1 Jahr beziehungsweise über 1.000.000 €

[a] Die Kosten sind mit der Größe der Organisation beziehungsweise mit ihrer Risikofähigkeit abzustimmen

Der Inhalt der Business Impact-Analysen besteht in der umfassenden Darstellung der betreffenden Szenarien. Solche können Ereignisse wie Brand, Explosion, Überschwemmung, Erdbeben und Qualitätsmängel sein, die an einem beliebigen Ort in der Supply Chain auftreten und ernsthafte Auswirkungen bis zum eigenen Unternehmen haben.

Die Szenarien müssen ausreichend und klar beschrieben sein und Ursachen sowie Auswirkungen enthalten. Nur so können sie einer Risikobewertung zugänglich gemacht werden.

Die Risikokriterien bewerten den Verlust von Betriebsfunktionen bis hin zur Marktstellung und berücksichtigen gleichzeitig die zeitlichen Dimensionen sowie die Kosten (beispielsweise Einwirkung auf den EBIT durch Mindererträge und Mehrkosten, siehe Tab. 7.1).

7.3.4 Risikobewältigung

Im Supply-Chain-Risikomanagement gibt es schon seit längerer Zeit Instrumente, die dazu geschaffen sind, die Ausfallrisiken zu begrenzen. Industrien mit Just-in-time-Produktionsstrukturen verlangen von den Lieferanten das Vorhalten von „Sicherheitslagern" für eine bestimmte Zeit. Diese können sich beispielsweise auf einen Monatsvorrat erstrecken. Das Sicherheitslager muss örtlich getrennt sein von anderen Lagern oder von den Produktionsstrukturen. Dies ist allerdings eine undifferenzierte und, mangels weiterer Informationen über die Supply Chain-Risiken, nicht unbedingt befriedigende Lösung.

Der wünschbare Weg der Risikobewältigung ist bei Lieferanten das Double Sourcing. Dieses erweist sich aber als eine sehr kostspielige Lösung, die sich nur in extremen Risikosituationen rechtfertigen lässt. Viele physische Produkte, auch Produktionsanlagen, sind einmalig, ein Double Sourcing deshalb gar nicht möglich.

Bei Produktionsstrukturen würde dieser wünschbare Weg darin bestehen, dass man bei einer Unterbrechung der Produktion in eine andere (eigene oder fremde) Produktionsstätte ausweichen könnte. Manchmal gibt es solche Möglichkeiten, sie sind aber wie beim Double Sourcing eng begrenzt.

Auch bei der Energieversorgung kann man von wünschbaren Lösungen sprechen, dazu gehören unter anderem die Notstromversorgung (beispielsweise Krankenhäuser, wichtige Steuerungsanlagen, Atomkraftwerke) oder redundante Datensysteme (zwei physisch getrennte Rechenzentren). Auch diese sind kostenintensiv und nur bei wirklich wichtigen Betrieben erforderlich (beispielsweise Barzahlungs-Infrastruktur, Börsenhandel).

Die wünschbaren Lösungen für die Risikobegrenzung in der Supply Chain gehören oft nicht in den Bereich der praktikablen Lösungen. Damit treten die Bemühungen für eine Erhöhung der „Resilienz" (Widerstandsfähigkeit) der Supply Chain in den Mittelpunkt. Diese umfassen präventive Sicherungsmaßnahmen auf allen Ebenen. Das Ziel dieser Maßnahmen besteht darin, dass mögliche Schadenereignisse erst gar nicht eintreten können oder zumindest ihre Eintrittswahrscheinlichkeit erheblich reduziert werden kann.

7.4 Einbettung des Supply Chain-Risikomanagements

7.4.1 Notfall-, Krisen- und Kontinuitätsmanagement

Risikomanagement umfasst Früherkennung, Analyse und Prävention sowie Intervention bei eingetretenen Risiken. Die Intervention ist Gegenstand des Notfall-, Krisen- und Kontinuitätsmanagements. Dieses kommt dann zum Tragen, wenn ein Restrisiko trotz der getroffenen präventiven Maßnahmen eintritt und immer noch eine schwerwiegende Auswirkung auf die Zielerreichung und die Betriebstätigkeit hat und die Anforderungen von Gesetz oder Kunden betrifft (Austrian Standards Institute 2014, S. 180).

Notfall-, Krisen- und Kontinuitätsmanagement müssen jederzeit vorbereitet sein (siehe Abb. 7.1). Dazu gehören unter anderem die Identifikation und Analyse der Supply Chain-Risikoszenarien, wie oben beschrieben. Für jedes Risiko muss eine Risikostrategie mit

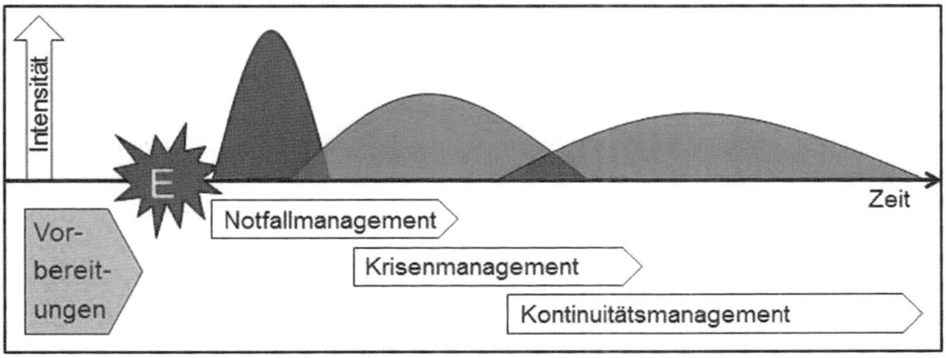

Abb. 7.1 Notfall-, Krisen- und Kontinuitätsmanagement. (Quelle: Austrian Standards Institute 2014, S. 181)

Maßnahmen bestimmt werden. Es obliegt dann dem Krisenstab, auch Risiken aus der Supply Chain zu fokussieren und alles daran zu setzen, dass ihre Einwirkung auf das Unternehmen begrenzt werden kann. Das Kontinuitätsmanagement umfasst zudem alle weiteren Maßnahmen, die darauf ausgerichtet sind, verlorene Betriebsfunktionen oder Unterbrüche in der Supply Chain möglichst gering und kurz zu halten.

7.4.2 Bestandteil des Risikomanagement-Systems

Oft werden heute einzelne Risikomanagement-Themen in isolierten Silos dargestellt und behandelt. Das untergräbt ein unternehmensweites Risikomanagement, wie es heute auch vom Gesetz gefordert wird. Eine integrierte Betrachtung des Business Continuity Managements als Bestandteil eines Unternehmens-Risikomanagements drängt sich deshalb als synergetische Lösung auf.

7.5 Fazit

Die allgemein gehaltene internationale Norm ISO 31000, insbesondere aber die spezifizierte ONR–49000-Serie mit der ONR 49002-3 „Leitfaden für das Notfall-, Krisen- und Kontinuitätsmanagement" liefern Konzepte und Instrumente, mit denen auch die Supply Chain-Risiken erkannt, analysiert, bewertet und vermindert werden können. Weil die Risiken der Supply Chain global verteilt sind, ist es besonders wichtig, dass auch das Risikomanagement auf Konzepten basiert, die international akzeptiert und verstanden werden. Das ist Voraussetzung für ein effektives Supply Chain-Risikomanagement.

Literatur

Austrian Standards Institute (Hrsg.): ÖNORM ISO 31000. Risikomanagement – Grundsätze und Richtlinien (ISO 31000:2009). Austrian Standards plus Publishing, Wien (2009)

Austrian Standards Institute (Hrsg.): Normensammlung Risikomanagement – Die wichtigsten Normen und Regeln mit einer kompakten Einführung in das Thema. 2. aktualisierte Aufl. Austrian Standards plus Publishing, Wien (2014a)

Austrian Standards Institute (Hrsg.): ONR 49000: Risikomanagement für Organisationen und Systeme – Begriffe und Grundlagen – Umsetzung von ISO 31000 in die Praxis. Austrian Standards plus Publishing, Wien (2014b)

Austrian Standards Institute (Hrsg.): ONR 49001: Risikomanagement für Organisationen und Systeme – Risikomanagement – Umsetzung von ISO 31000 in die Praxis. Austrian Standards plus Publishing, Wien (2014c)

Austrian Standards Institute (Hrsg.): ONR 49002-1: Risikomanagement für Organisationen und Systeme – Teil 1: Leitfaden für die Einbettung des Risikomanagements ins Managementsystem – Umsetzung von ISO 31000 in die Praxis. Austrian Standards plus Publishing, Wien (2014d)

Austrian Standards Institute (Hrsg.): ONR 49002-2: Risikomanagement für Organisationen und Systeme – Teil 2: Leitfaden für die Methoden der Risikobeurteilung – Umsetzung von ISO 31000 in die Praxis. Austrian Standards plus Publishing, Wien (2014e)

Austrian Standards Institute (Hrsg.): ONR 49002-3: Risikomanagement für Organisationen und Systeme – Teil 3: Leitfaden für das Notfall-, Krisen- und Kontinuitätsmanagement – Umsetzung von ISO 31000 in die Praxis. Austrian Standards plus Publishing, Wien (2014f)

Austrian Standards Institute (Hrsg.): ONR 49003: Risikomanagement für Organisationen und Systeme – Anforderungen an die Qualifikation des Risikomanagers – Umsetzung von ISO 31000 in die Praxis. Austrian Standards plus Publishing, Wien (2014g)

Basel Committee on Banking Supervision: International Convergence of Capital Measurement and Capital Standards: A Revised Framework – Comprehensive Version (Basel II). Bank for International Settlements, Basel (2006)

Brühwiler, B.: Risikomanagement als Führungsaufgabe – ISO 31000 mit ONR 49000 wirksam umsetzen, 3. Aufl. Haupt, Bern (2011)

Brühwiler, B.: Risikomanagement nach ISO 31000 und ONR 49000– Mit 13 Praxisbeispielen, 2. Aufl. Austrian Standards plus Publishing, Wien (2012)

Brühwiler, B., Romeike, F.: Praxisleitfaden Risikomanagement – ISO 31000 und ONR 49000 sicher anwenden. Erich Schmidt Verlag, Berlin (2010)

Corporate Governance Committee: Directorate for Financial and Enterprise Affairs. Peer Review 6: Risk Management and Corporate Governance. (DAF/CA/CG (2013) 5/FINAL). OECD, Paris (2013)

International Organization for Standardization (ISO): Standards. http://www.iso.org/iso/home/standards.htm (2014). Zugegriffen: 8. Dez. 2014

Kommission der Europäischen Gemeinschaften: Vorschlag für eine Richtlinie des Europäischen Parlaments und des Rates betreffend die Aufnahme und Ausübung der Versicherungs- und der Rückversicherungstätigkeit – Solvabilität II. 2007/0143 (COD). Brüssel (2007)

Scherer, J., Fruth, K.: Governance-Management, Bd. I, 1. Aufl., Eigenverlag, Deggendorf (2014)

The Committee of Sponsoring Organizations of the Treadway Commission (COSO): Enterprise Risk Management –Integrated Framework. (2004)

The Committee of Sponsoring Organizations of the Treadway Commission (COSO): Internal Control – Integrated Framework 1992 (update 2013). (2013)

The European Parliament and the Council of the European Union: Directive 2010/76/EU of the European Parliament and of the Council of 24 November 2010 amending Directives 2006/48/EC and 2006/49/EC as regards capital requirements for the trading book and for re-securitisations, and the supervisory review of remuneration policies (CRD III). (2010)

Prof. Dr. Bruno Brühwiler ist Geschäftsführer und Inhaber der Euro Risk AG in Zürich. Er berät seit 20 Jahren Unternehmen (Industrie, Energiewirtschaft, Finanzdienstleistung, Gesundheitswesen) und öffentliche Institutionen (Bund, Kanton, Städte, Versorgungsunternehmen und andere) im Risikomanagement mit Schwerpunkten im strategischen Risikomanagement, Notfall-, Krisen- und Kontinuitätsmanagement sowie in der Gestaltung von Risikomanagement-Systemen. Er ist Vorsitzender der Working Group „ISO 31000 Risk management – Principles and guidelines“ im Technical Comittee TC 262 der International Standard Organisation (ISO) und Projektleiter des Regelwerkes „ONR 49000 Risikomanagement für Organisationen und Systeme“. Als Professor für Risikomanagement an der Technischen Hochschule Deggendorf/ Bayern ist er auch Mitglied der Leitung des Instituts für Risiko- und Compliance Management.

Rechtlicher Rahmen für das Logistik-(Risiko-)Management

8

Josef Scherer

Inhaltsverzeichnis

J. Scherer (✉)
Technische Hochschule Deggendorf und Wirtschaftsrechtskanzlei
Prof. Dr. Scherer, Dr. Rieger & Partner, Deggendorf, Deutschland
E-Mail: scherer@scherer-rieger.de

M. Huth, F. Romeike (Hrsg.), *Risikomanagement in der Logistik*,
DOI 10.1007/978-3-658-05896-8_8

8.1 Das Verhältnis von Governance, Risikomanagement und Compliance Management zueinander und zur Logistik

Es ist grundsätzlich zwischen den folgenden Unternehmen zu differenzieren: Sofern Logistikleistungen das Kerngeschäft eines Unternehmens darstellen (Logistik-Dienstleister wie Deutsche Bahn, Transportunternehmen etc.), betrifft Logistik-(Risiko-)Management das gesamte Unternehmen mit all seinen Funktionen (Strategie, Planung, Organisation, Finanzen, Personal, IT etc.) und ist mit dem regulären umfassenden (Corporate) Risikomanagement gleichzusetzen. Bei Unternehmen mit anderem Kern-Geschäftsmodell, aber auch relevanter Logistik-Funktion (beispielsweise Automobilhersteller oder -zulieferer) betrifft das Logistik-(Risiko-)Management speziell die Logistik-Funktion des Unternehmens.

Nicht von dieser Abhandlung angesprochen sind Unternehmen, für die Logistikfunktionen nicht oder nur unbedeutend relevant sind (beispielsweise eine kleine Rechtsanwaltskanzlei oder Steuerberatung ohne wesentliche Beschaffungs-, Vertriebs- oder sonstige Logistikaktivitäten).

Im nachfolgend abgebildeten „Unternehmensschiff" findet sich Logistik also entweder im Feld 13 (Leistungserbringung – falls Logistik das Kerngeschäft darstellt) oder im Feld 22 (als eigenständige Funktion im Unternehmen) oder als Bestandteil anderer Funktionen (beispielsweise im Feld 12 oder 14 als Beschaffungs- oder Vertriebslogistik in den entsprechenden Funktionen) (siehe Abb. 8.1).

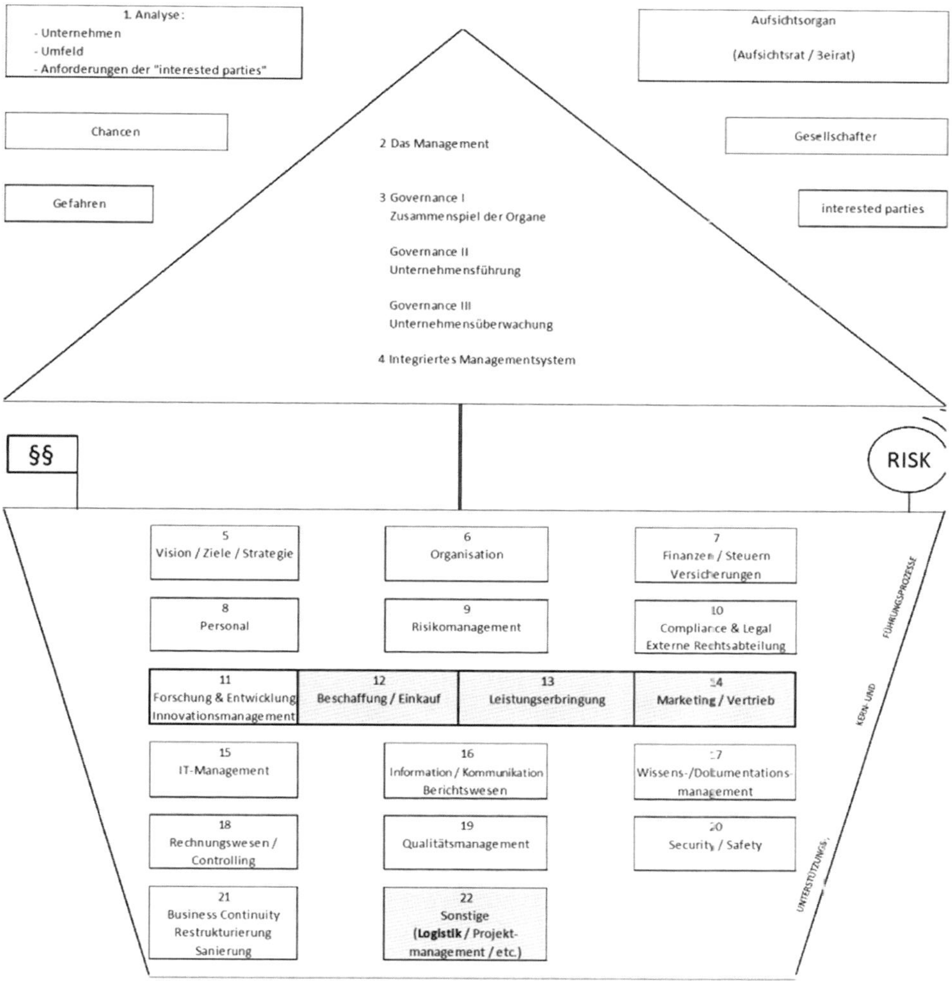

Abb. 8.1 Das Unternehmensschiff. (Quelle: Scherer und Fruth 2015)

Im „Unternehmensschiff" ist das Management (die „Geschäftsleitung") angesiedelt, welches unterstützt durch ein geeignetes Managementsystem die darunter liegenden Themenfelder (nach Porter die sogenannten „Führungs-, Kern- und Unterstützungsprozesse") organisiert und führt.

Definition[1] von Governance

„Regeln für das Zusammenspiel der Organe (Geschäftsführer, Gesellschafter, Aufsichts-Gremium) und Grundsätze ordnungsgemäßer Unternehmensleitung und -überwachung".

[1] Da hier keine Legaldefinitionen existieren, lassen sich in Wissenschaft, Lehre und Praxis die vielfältigsten Definitionen finden (vgl. Scherer und Fruth 2015).

Risikomanagement

Risikomanagement befasst sich mit den Auswirkungen von Unsicherheit auf die Erreichung der Unternehmensziele, Tätigkeiten und die Erfüllung von Anforderungen. Das Ziel von Risikomanagement besteht in der Sicherung des Fortbestandes eines Unternehmens, der Absicherung der Unternehmensziele gegen störende Ereignisse und in der Steigerung des Unternehmenswertes (vgl. Romeike und Hager 2013 sowie Gleißner und Romeike 2015, S. 19 ff.).

Compliance Management

Compliance Management behandelt Risiken aus Pflichtverstößen.

Hier hat sich in Theorie und Praxis bereits ein Meinungsstreit herausgebildet: Vertreter der engen Interpretation von Compliance Management(-systemen) sehen von dieser Thematik nur die Beachtung straf- und bußgeldbewährter Pflichten umfasst (vgl. Moosmayer 2011, S. 1). Die Beschaffung sonstiger Pflichten bzw. sonstiger rechtlicher Anforderungen sei „Angelegenheit der Rechtsabteilung („Legal affairs")". Die wohl herrschende Meinung (Scherer und Fruth 2009, S. 12; Behringer, Compliance Kompakt, 3. Aufl. 2013, S. 35; Hauschka, Corporate Compliance, 2. Aufl. 2010, S. 3, Rn. 2; Wieland/Steinmayer/Grüninger, Handbuch Compliance-Management, 1. Aufl. 2010, S. 18) aber auch die neue ISO 19 600:2014 versteht den Begriff „Compliance Managementsystem" umfassender im Sinne des pflichtgemäßen Verhaltens und der Einhaltung gesetzlicher und anderer externer und interner Regeln: „Meeting all the organization's compliance obligations (requirement that an organization has to comply with and commitment that an organization chooses to comply with) (vgl. International Organization for Standardization 2014)."

8.2 Das Verhältnis von „Anerkanntem Stand von Wissenschaft und Praxis", von Standards und von Pflichtverletzung im Logistik-Management

Nachfolgend werden – vereinfacht – Gemeinsamkeiten von straf- und zivilrechtlichen Haftungs- und Sanktionsnormen für Manager im Bereich des Logistik-Managements und die Vorgehensweise des (verurteilenden) Richters dargestellt, zumal das Gericht als – zumindest weltlich – „letzte Instanz" häufig über Schicksal von Unternehmer und Unternehmen entscheidet.

Dabei wird die Voraussetzung der „Pflichtverletzung" näher beleuchtet und versucht, den „Anerkannten Stand von Wissenschaft und Praxis" in Recht, Technik und Wirtschaft zu definieren und dessen rechtliche Bedeutung im Rahmen pflichtgemäßen beziehungsweise pflichtwidrigen Verhaltens im Kontext mit Logistik erläutert.

Ebenso wird in diesem Zusammenhang die Rolle beziehungsweise rechtliche Qualität von Standards in den diversen Fachdisziplinen sowie die Frage negativer Folgen bei Nichtbeachtung diskutiert.

8.2.1 Ähnlicher Aufbau der diversen Haftungs- und Sanktionstatbestände im Straf- und Zivilrecht

Beispielsfall: Fahrlässige Verursachung eines schweren Verkehrsunfalles mit Personen- und Sachschäden durch übermüdeten LKW-Fahrer, der in Kenntnis der Vorgesetzten nicht zum ersten Mal die Lenkzeit überschritten hatte.

Dieser Fall kann sowohl für Fahrer als auch Geschäftsleitung zivil- und strafrechtliche Folgen haben.

Objektiver Tatbestand

- Handlung/Unterlassen trotz Pflicht
- Pflichtwidrigkeit des Handelns/Unterlassens
- Eintritt eines vom Gesetzgeber nicht gewünschten (negativen) Erfolges (Schaden oder abstrakte Gefährdung)
- Haftungsbegründende Kausalität zwischen pflichtwidrigem Handeln/Unterlassen und negativem Erfolg
- Rechtswidrigkeit

Subjektiver Tatbestand

- Schuld (Vorsatz oder Fahrlässigkeit)

Beweislast

- Im Strafrecht: „Im Zweifel für den Angeklagten" („in dubio pro reo")
- Im Zivilrecht: Beweislastregeln oft zu Lasten von Unternehmer/Unternehmen (vgl. §§ 280 BGB, 476 BGB)

Rechtsfolge

- Haftung/Sanktion (beispielsweise Strafe)

Sonstiges

- Verjährung
- Verzicht
- Erlass und vieles mehr

8.2.2 Pflichtwidriges Verhalten (Compliance-Verstoß) als der „gemeinsame Nenner"

Nahezu alle Haftungs- und Sanktionstatbestände setzen „pflichtwidriges Verhalten" voraus, also einen irgendwie gestalteten Compliance-Verstoß.

Auch Verschulden (Vorsatz, oft reicht auch (leichteste) Fahrlässigkeit) ist meist Voraussetzung für Haftung sowie Sanktion.

Da es beispielsweise im Strafrecht abstrakte Gefährdungsdelikte gibt (zum Beispiel Trunkenheit im Verkehr (§ 316 StGB) bei Überschreitung der entsprechenden Promille-Grenze), ist ein Schadenseintritt nicht stets erforderlich.

8.2.3 Verstoß gegen den „Anerkannten Stand von Wissenschaft und Praxis" beim Logistik-Management als eine Variante des pflichtwidrigen Verhaltens

Zunächst kann der für die jeweilige Haftung/Sanktion vorausgesetzte Pflichtverstoß – aufgeführt in zahlreichen Gesetzen und Rechtsprechungen, die aufgrund des Legalitätsprinzips zu beachten sind – explizit in der entsprechenden Norm genannt sein, beispielsweise in § 266a StGB: Nichtabführung der Sozialversicherungsbeiträge (auch für sogenannte „Scheinselbstständige") in der richtigen Höhe zur richtigen Zeit.

Es haben sich aber auch sogenannte unbestimmte Rechtsbegriffe herausgebildet, wie beispielsweise im Rahmen von § 823 BGB Verletzung der

- Pflicht zur rechtssicheren Organisation,
- Verkehrssicherungspflicht etc.

Hier ist jeweils zu klären, welche vielfältigen, im Einzelfall relevanten Verhaltensweisen das Tatbestandsmerkmal erfüllen.

Zahlreiche Verhaltensweisen von Managern wurden auch bereits durch Einzelfallrechtsprechung als pflichtwidrig erachtet. Diese Rechtsprechung (Kasuistik) sollte nicht unbekannt sein, sofern sie sich auf das einschlägige Handeln des Managers bezieht.

Pflichtwidriges Verhalten, das bei Verursachung negativer Folgen sanktioniert wird, kann auch bei Unterschreiten des „Anerkannten Standes von Wissenschaft und Praxis" statuiert werden. Die Begrifflichkeit und rechtliche Bedeutung des „Anerkannten Standes" und die Rolle von Standards wird im folgenden Abschnitt näher erläutert.

Ein Unterschreiten des „Anerkannten Standes von Wissenschaft und Praxis" stellt bei Unternehmern, Geschäftsführern, Vorständen, Aufsichtsräten etc. einen Verstoß gegen die Pflicht, bei der Führung der Geschäfte (beziehungsweise „des Unternehmens") ordentlich und gewissenhaft (Pflichtenmaßstab und Verhaltensgebot zugleich, vgl. Bayer 2014, S. 897 f.) zu handeln (§§ 43 GmbHG, 93, 107 AktG, 347 HGB …), dar.

Hierbei steht der „Anerkannte Stand von Wissenschaft und Praxis" bezüglich Logistik-Management im Mittelpunkt.

8.2.4 „Allgemein anerkannte Regeln": Kein Privileg der Technik, sondern existent in allen Wissenschaftsdisziplinen

Begrifflichkeiten, wie „Allgemein anerkannte Regeln der Technik", „Stand der Technik", „best available techniques", gibt es sehr viele (vgl. Seibel[2] 2013, S. 3000 sowie Nicklisch 1983, S. 261 und 263; mittlerweile gibt es wohl knapp 40 verschiedene). Sie finden sich im Recht (Gesetzgebung und Rechtsprechung)[3] auf nationaler sowie auf europäischer und internationaler Ebene (beispielsweise „best available techniques" entspricht wohl der deutschen Klausel „Stand der Technik").

Im Rechtsgebiet des Managements beziehungsweise Governance oder der Unternehmensführung, die sich – nicht ganz unwichtig – branchenübergreifend mit vielfältigen Themen und Anforderungen – auch dem Logistik-(Risiko-)Management – zu beschäftigen hat, ist die Nennung entsprechender Klauseln durch Gesetzgeber oder Rechtsprechung vermeintlich noch selten. Juristisch stellen diese Klauseln sogenannte „unbestimmte Rechtsbegriffe" dar, die auf einen bestimmten Entwicklungsstand in Wissenschaft und Praxis (nicht nur „Technik", dazu unten) abstellen.

Begrenzt auf bestimmte Rechtsbeziehungen (beispielsweise Geschäftsführer, Vorstand, Aufsichtsrat zur Gesellschaft oder beim Kaufmann zu seinen Handelspartnern) wird jedoch die Klausel der Anforderung einer „ordentlichen" und/oder „gewissenhaften" Tätigkeit verwendet (§§ 43 GmbHG, 93, 107 AktG, 347 HGB etc.).

Da sich der Entwicklungsstand in Wissenschaft und Praxis kontinuierlich ändert (Fortschritt bei Erkenntnissen, Anwendungen, Methoden, Verfahrensweisen, Werkzeugen etc.), können Gesetzgeber und Rechtsprechung durch Verwendung dieser Klauseln als Anforderung oder Messlatte für erlaubtes beziehungsweise pflichtwidriges Handeln flexibel auf den aktuellen Status in Wissenschaft und Praxis Bezug nehmen, ohne ihn jeweils dezidiert beschreiben und kontinuierlich anpassen zu müssen.

Bereits im Jahr 1978 hat sich das Bundesverfassungsgericht (BVerfG) in der sogenannten „Kalkar-Entscheidung" festgelegt und die Klauseln „Allgemein anerkannte Regeln der Technik", „Stand der Technik" und „Stand von Wissenschaft und Praxis" klar definiert

[2] Seibel nennt diese Begrifflichkeiten „Technikstandards" oder „Standards" und weist in Fußnote 2 auf die synonym verwendeten Ausdrücke „technische Standards", „Standardnormen", „Sicherheitsstandards" oder „Technikklauseln" hin.

[3] Im Öffentlichen Recht (zum Beispiel Öffentliches Umwelt- und Baurecht und Strafrecht) und im Zivilrecht (zum Beispiel privates Bau- und Architektenrecht, Recht im Gesundheitswesen und der Medizin). Neu: Der Entwurf des IT-Sicherheitsgesetzes verlangt beispielsweise Sicherheit nach „Stand der Technik". Das ist eine höhere Stufe als in den meisten sonstigen Fällen.

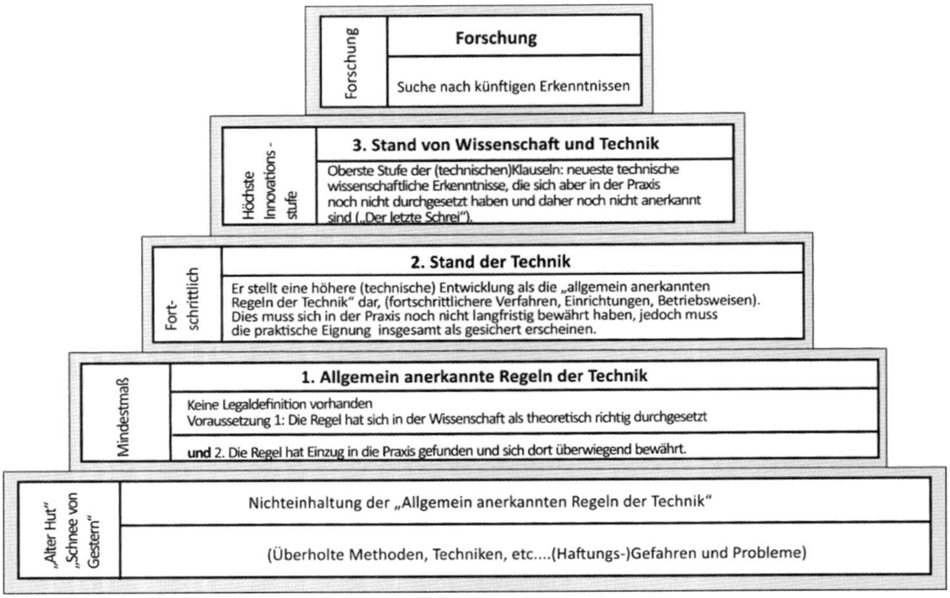

Abb. 8.2 Die „Drei-Stufen-Theorie" des BVerfG (1978). (Quelle: Scherer und Fruth 2014, Kap. 1.3.1)

und voneinander abgegrenzt (vgl. BVerfG, NJW 1979, S. 359, 362 unter Anschluss an die Meinung von Breuer 1976, S. 46 und 67 f.)[4]

Nach der Definition des BVerfG von 1978 sind Regeln (der Technik) allgemein anerkannt, wenn sie

- durch die herrschende Meinung in der Wissenschaft als theoretisch richtig und
- durch die herrschende Meinung der einschlägigen anwendenden Praxis als bewährt

anerkannt („geadelt") werden (siehe Abb. 8.2).

Bei Betrachtung der unter anderem von der OECD eingeteilten Bereiche der Wissenschaftsdisziplinen (OECD Revised fields of Science and technology; vgl. Wissenschaftsbereiche nach OECD-Vorgaben, Wikipedia 2014) gibt es neben den Technischen Wissenschaften noch fünf (!) weitere große Felder: Naturwissenschaften, Humanmedizin und Gesundheitswissenschaften, Agrarwissenschaften und Veterinärmedizin, Sozialwissenschaften und schließlich noch Geisteswissenschaften. Jedes Feld zeigt zahlreiche Unterdisziplinen auf.

Die für das Thema Logistik relevanten Bereiche der Wirtschaftswissenschaften, Rechtswissenschaften, Psychologie und Soziologie werden den Sozialwissenschaften zugeordnet.

[4] Anderer Ansicht: Battis und Gusy 1988, Rn. 288 ff. (Zwei-Stufen-Theorie) und Nicklisch 1983, S. 261 und 267 f. (Einheitstheorie): Mindermeinungen, vgl. dazu Seibel 2013, Fußnote 15.

Dass es nicht nur im Bereich der Technischen Wissenschaften (mit der „Wiege“ für die „Allgemein anerkannten Regeln der Baukunst“: Bauingenieurswesen), sondern auch in den weiteren aufgezeigten Wissenschaftsbereichen „allgemein anerkannte Regeln“ gibt, die die Anforderungen des BVerfG (in Wissenschaft und Praxis anerkannt und bewährt) erfüllen, dürfte unstreitig sein.

Auch in den durch rechtliche Anforderungen geprägten Wirtschaftswissenschaften (Volkswirtschaftslehre (VWL) und Betriebswirtschaftslehre (BWL)) und hier wieder in einzelnen Unterdisziplinen (beispielsweise im Bereich der BWL: Organisation, Personalmanagement, Finanzen, Logistik etc.)) gibt es diese Regeln zuhauf.

Beispiele: Sogar in der noch äußerst jungen Disziplin „Risikomanagement und Compliance Management“ dürfte es mittlerweile in Wissenschaft und anwendender Praxis allgemein (als theoretisch richtig und in der Praxis bewährt) anerkannt sein, dass die Methode des Compliance-/Risikomanagement-Prozesses die Komponenten „(Compliance)-Risiken identifizieren, bewerten und steuern“ enthalten muss/soll.

Auch in einschlägigen „Standards“ (ISO 19.600, ISO 31.000, ONR 49.000 ff., IDW PS980 etc.) ist dies so vorgesehen.

Die Regel aus dem Themengebiet Organisation, wie (rechtssicher) Aufgabe und (Teil-) Verantwortung zu delegieren sind, hat als „allgemein anerkannte Regel“ die Schritte „Auswahl, Instruktion, Ressourcenbereitstellung, Überwachung“ zu enthalten. Dies wird mittlerweile auch von der Rechtsprechung gefordert.

Dass bei Strategieentwicklung eine angemessene (!) Umfeldanalyse unverzichtbar ist, stellt ebenfalls eine „allgemein anerkannte Regel“ dar und findet sich (deshalb wohl auch) im „Standard“: „Grundsätze ordnungsgemäßer Planung GoP (2009)“ (vgl. vertiefend Gleißner et al. 2007 sowie Romeike 2012).

Diese Beispiele finden sich schon zahlreich in jedem der rund 22 Themenfelder (der Führungs-, Kern- und Unterstützungsprozesse nach Porter), selbstverständlich auch im Feld der Logistik.[5]

Besonders zu betonen und hier und an anderen Stellen noch zu wiederholen ist, dass viele dieser Regeln mittlerweile von Gesetzgeber oder Rechtsprechung (§§) juristisch aufgestellt oder bestätigt wurden, so dass schon aufgrund des „Legalitätsprinzips“, das weder Wissenschaft noch Praxis negieren können[6], eine „allgemeine Anerkennung“ angezeigt sein sollte.

Mit anderen Worten: Wenn Gesetzgeber beziehungsweise Rechtsprechung den rechtlichen Rahmen für ein Thema im Bereich der Unternehmensführung (wie hier: „Logistik“) definiert haben, müssen auch Forschung, Lehre und Praxis dies zur Kenntnis nehmen

[5] Die „Katalogisierung“ all der (mittlerweile) anerkannten Regeln in den diversen Themenfeldern unter Berücksichtigung aktueller Gesetzgebung und Rechtsprechung steht noch aus.

[6] Unter dem Vorbehalt, dass auch Gesetze und Urteile in Einzelfällen überwiegend als falsch angesehen werden können. Gesetze können vom BVerfG überprüft werden. Bei als unrichtig empfundener Rechtsprechung ist – immer häufiger – beim EuGH auf europäischer Ebene oder bei den Bundesgerichten auf nationaler Ebene die „letzte Instanz“ erreicht.

und die verbliebenen Spielräume füllen oder unter klarer Kommunikation versuchen, eine Rechtsfortbildung zu erreichen.

Dass in den zahlreichen weiteren Wissenschaftsbereichen beziehungsweise deren Unterdisziplinen außerhalb der Technik bereits und gerade in jüngster Zeit verstärkt ISO-, DIN-, IDW-„Standards" erlassen werden und wurden, die neben Medizin und anderem auch Recht und Wirtschaft mittlerweile nahezu umfassend abdecken, ist lediglich ein – wenngleich starkes – Indiz, dass auch entsprechende allgemein anerkannte Regeln, wie in diesen Standards abgebildet, existieren: Standards versuchen lediglich, die „allgemein anerkannten Regeln" zum Zeitpunkt des Erlasses des Standards abzubilden; es gilt nicht etwa umgekehrt: „Das in einem Standard Enthaltene stelle eine allgemein anerkannte Regel dar."

8.2.5 Der „Anerkannte Stand von Wissenschaft und Praxis" (Scherer) als neue Begrifflichkeit

Der „Anerkannte Stand von Wissenschaft und Praxis" soll in der rechtlichen Bedeutung (dazu noch unten) und allgemeinen Definition die herrschende Meinung in Wissenschaft und Lehre und bei den einschlägigen Praktikern, also die bisher sogenannten „Allgemein anerkannten Regeln der Technik", widerspiegeln.[7]

Statt dem Wort „Regeln" in der neuen Version „Stand" zu verwenden, entspräche dem Umstand, dass von einem „Entwicklungsstand" in Wissenschaft und „Anwendungs- und Anerkennungsstand" in der Praxis gesprochen wird, der nicht nur „Regeln", sondern auch Eigenschaften, Verhaltensweisen, Methoden, Werkzeuge etc. umfasst (vgl. oben die Legaldefinition von „Stand der Technik").

Dass es schließlich statt „Wissenschaft und Technik" nun „Wissenschaft und Praxis" heißen soll, ist zum einen der Anforderung des BVerfG geschuldet, dass der jeweilige Entwicklungsstand sich auch in der Praxis bewährt haben und anerkannt sein muss. Zum anderen soll der neu benannte, unbestimmte Rechtsbegriff aber auch deutlich machen, dass er sich nicht nur auf Themen beziehungsweise Bereiche der Technik, sondern auch auf alle anderen Wissenschaftsbereiche und Disziplinen wie Wirtschaftswissenschaften, Recht, Medizin etc. erstreckt.

Die neue Begrifflichkeit könnte das bisher leider überwiegend fehlende Verständnis vermindern und die Abgrenzung dieser Klausel zu anderen fördern.[8]

[7] Entsprechend würde den „Allgemein anerkannten Regeln der Technik", statt „allgemein" anerkannt, wohl die fakultative Ergänzung „überwiegend" gerecht werden: also „(überwiegend) anerkannter Stand von Wissenschaft und Praxis" (wie vom BGH bisweilen auch schon bezüglich des Zusatzes „allgemein" bei den anerkannten Regeln bezüglich der Definition des BVerfG durch Weglassung des Wortes „allgemein" praktiziert).

[8] De lege ferenda wäre es dann sicherlich noch sinnvoll, auch die Legaldefinition der zweiten Stufe „Stand der Technik" umzubenennen, beispielsweise in „(überwiegend) anerkannter, fortschrittlicher Stand der Wissenschaft …" und die innovativste Stufe (bisher „Stand von Wissenschaft und Technik") etwa in „aktuellster Stand von Forschung und Lehre".

8.2.6 Rechtliche Einordnung und Rolle von „Standards" (Regeln und Regelwerke institutionalisierter Sachverständigengremien – ISO, DIN, VDE, VDI, IDW etc.)

Numerus Clausus der Gewalten und die Rolle von Sachverständigen

Exkurs: Es gibt in Deutschland nach geltender Verfassung nur drei Gewalten:

- Legislative
- Judikative
- Exekutive

Sachverständige gehören nicht dazu.

Da die nachfolgend als „Standards" bezeichneten Anforderungen, Regeln und Regelwerke[9] von nicht hoheitlich tätigen, sondern privatrechtlich organisierten „Sachverständigengremien" (DIN, ISO, VDI, VDE, IDW etc.) erlassen werden, sind Standards nicht durch eine der drei Gewalten legitimiert. Aus diesem Grund stellen sie auch keine Rechtsnormen dar. Aus dem gleichen Grund sind sie auch nicht „abgeleitete Rechtsnormen" oder „Handelsbrauch" (§ 346 HGB – so lediglich die „GoB: Grundsätze ordnungsgemäßer Buchführung").

Auch als Auslegungsregeln für den Gesetzgeber oder die Rechtsprechung dürfen sie keine Anwendung finden, da keine Beeinflussung des Gesetzgebers oder der Judikative durch private Institutionen stattfinden darf. Gerade deshalb fungieren sie auch nicht als „freiwillige Selbstbindung" der Gerichte. Letztere werden gerade in keiner Weise gebunden, sich durch Vorgaben von Standards auf der Beurteilungsebene beeinflussen zu lassen.[10]

Fazit

Sachverständige fungieren lediglich als Hilfe, um Sachverstand von Legislative, Judikative und Exekutive anzureichern. Dabei können „Standards" unter bestimmten Voraussetzungen als sogenannte „antizipierte Sachverständigengutachten" anzusehen sein (vgl. Hommelhoff und Schwab 1996, S. 149 und 171 sowie Seibel 2013).

Anforderungen an Standards als „antizipierte Sachverständigengutachten" (zum Beispiel im Bereich der Betriebswirtschaftslehre als sogenannte „betriebswirtschaftliche Sollenssätze")

Damit Standards überhaupt die Qualität eines sogenannten „antizipierten Sachverständigengutachtens" erhalten können, müssen diverse Voraussetzungen bezüglich des Zustandekommens und Inhalts erfüllt sein:

[9] Zum Beispiel DIN/ISO 9001 (2008 und nun 2015) für Qualitätsmanagement als einer der verbreitetsten und am häufigsten zertifizierten Standards, aber auch DIS/ISO 19600 (2014)/IDW PS980 (2011) für Compliance- Management und ISO 31000 (2008)/COSO II (2004) für Risikomanagement.

[10] Davon abzugrenzen ist der Fall, dass Standards vertraglich, zum Beispiel auch über Allgemeine Geschäftsbedingungen (vgl. auch VOB), vereinbart werden; dann sind sie als geltende Vertragsbestandteile natürlich auch für den Richter relevant.

Berücksichtigung rechtlicher Vorgaben durch die heranzuziehenden Standards
Sofern und soweit „betriebswirtschaftliche Sollenssätze“ (beispielsweise Verhaltensregeln, Methoden, Verfahrensanweisungen, Instrumente) bereits durch rechtliche Vorgaben von Gesetzgebung oder Rechtsprechung geregelt werden (vgl. dazu unten), sind diese zwingend unmodifiziert zu berücksichtigen.[11]

(Negativ-)Beispiel: Die „Allgemein anerkannten Regeln der Technik“ zur Frage der Entscheidung unter Unsicherheit oder Risiko werden in der klassischen betriebswirtschaftlichen Lehre als herrschende Meinung in der Wissenschaft und als in der Praxis bewährt dargestellt (vgl. Wöhe und Döring 2013, S. 88 ff.). In diesen betriebswirtschaftlichen Darstellungen findet sich aber nicht die Vorgabe des Gesetzgebers für unternehmerische Entscheidungen von Vorständen in § 93 Abs. 1 S. 2 AktG (auch auf Aufsichtsräte und GmbH-Geschäftsführer anwendbar): die sogenannte Business Judgement Rule. Leider sind in der betriebswirtschaftlichen Literatur auch zu zahlreichen anderen unternehmensrelevanten Themen (wie Logistik) die längst existierenden rechtlichen Vorgaben meist kaum berücksichtigt. Auch in den Standards finden sich oft nur Hinweise in wenigen allgemeinen Halbsätzen wie „Erfüllung gesetzlicher Anforderungen“, im übrigen Text des Standards jedoch häufig nichts mehr.[12]

Begründung und spezifische Argumentation

> Die betriebswirtschaftlichen Sollenssätze helfen dem Juristen nur dann weiter, wenn sie mit einer auf Plausibilität überprüfbaren und nachvollziehbaren Begründung mit spezifisch betriebswirtschaftlicher Argumentation versehen sind. (Hommelhoff und Schwab 1996, S. 149 und 171)

Sachkunde des Standard-Erstellungs-Gremiums
Im Gremium müssen die relevanten Fachdisziplinen vertreten sein. Das wären bei Governance- oder Managementthemen sicher: Recht, BWL, VWL, Psychologie, Soziologie. Außerdem müssen anerkannte Praktiker und Theoretiker[13] mitwirken (vgl. Hommelhoff und Schwab 1996, S. 171 und 172).

---

[11] Vgl. bereits oben: Berücksichtigung von Gesetzgebung und Rechtsprechung zur rechtssicheren „Organisation“, rechtssicheren Delegation, erforderlichen und pflichtgemäßen Unternehmensplanung etc.

[12] Auch suggeriert beispielsweise der Standard IDW PS980 (2011) für die Prüfung von Compliance Managementsystemen, der Unternehmer habe die Entscheidungsfreiheit, zu wählen, in welchen Unternehmensbereichen oder Rechtsgebieten er Compliance betreibe. Dies verstößt jedoch ganz eindeutig gegen den Legalitätsgrundsatz, der besagt, dass sich die Geschäftsführung/Vorstände etc. umfassend, das heißt in allen Unternehmensbereichen, an staatliche und rechtliche Vorgaben zu halten haben.

[13] Die Erfüllung dieser Voraussetzung ist wohl nur möglich, wenn zum einen – überwiegend anerkannt – anhand eines überprüfbaren Kriterienkatalogs definiert wird, wann eine Person anerkannter Wissenschaftler oder Praktiker ist („Personen-Rating/Scoring“) und die konkret Agierenden diese Anforderung erfüllen (Subsumtion der individuellen, nachgewiesenen Kompetenzen unter die

Objektivität und Neutralität
Voraussetzungen:

1. Öffentliche Ankündigung von Normungsverfahren gegenüber den betroffenen Fachdisziplinen
2. Vorab Gelegenheit zur Stellungnahme für die von der Norm betroffenen Personengruppen[14]
3. Begründung des vom Gremium beschlossenen Ergebnisses
4. Dokumentation des Zustandekommens[15]

Aktualität
Die Norm darf nicht veraltet sein! Sie muss ja den aktuellen jeweiligen Entwicklungsstand zum Zeitpunkt der (richterlichen) Entscheidung widerspiegeln.

Gemeinwohlverträglichkeit
Um sicherzustellen, dass die in den Standards enthaltenden Anforderungen den Interessen und Bedürfnissen der Bevölkerung und des Staates nicht entgegenwirken, werden für Standards entsprechende Sicherungselemente gefordert (vgl. hierzu Michaelsen 2011, S. 292 und Fußnote 1228 und 1229: Dies wird von der Literatur für DIN-Normen aufgrund des Normungsvertrages zwischen DIN und dem Staat und die ausdrückliche Regelung des Normungsverfahrens inklusive der Teilhabe der Bundesregierung an Normungsausschüssen als erfüllt angesehen. Bezüglich des Deutschen Corporate Governance Kodex wird dagegen vom Fehlen derartiger Sicherungselemente ausgegangen).

Vorteil eines idealtypisch zustande gekommenen Standards
Aus eigener Sachkunde müsste der Richter zwar, bevor er sich über Sachverständige oder Standards weitere Erkenntnis verschafft, klären, welche Rechtsprechung zu der entsprechenden, durch Sachverstand noch anzureichernden Thematik bereits existiert.

Ein idealtypisch zustande gekommener, aktueller Standard, der den „Anerkannten Stand von Wissenschaft und Praxis" widerspiegelt, dürfte jedoch im Übrigen – im Vorfeld für Unternehmer – und bei Streitigkeiten für den Richter zugleich sehr hilfreich sein: Für

allgemeinen Anforderungen). Entsprechendes gibt es zum Teil für gewisse Sonderbeauftragte in Unternehmen, zum Beispiel Personenzertifizierung zum QM-Auditor nach dem DAKKS-Regelwerk. Für „Koryphäen", „Spezialisten", „Experten" existiert Ähnliches wohl noch nicht, gleichwohl jedoch der revidierte Standard zur Personenzertifizierung ISO/IEC 17024 (2012).

[14] Ob die Praxis der DIN, bezüglich des Entwurfes der Überarbeitung des Qualitätsmanagement-Standards DIS ISO 9001 (2015) für den Erwerb (des Entwurfes) circa 140 € zu verlangen, um vom Inhalt Kenntnis nehmen zu können, nicht eine unangemessene Hürde darstellt, ist angesichts der Tatsache, dass von Qualitätsmanagement jeder Mitarbeiter, Kunde, Lieferant betroffen ist, diskutabel.

[15] Vgl. Bundestags- und Bundesratsprotokolle beim Gesetzgebungsverfahren als taugliches „Vorbild".

den Richter, weil wohl auch mit mehr Kompetenz versehen als das Gutachten eines einzelnen – nicht interdisziplinär arbeitenden – Sachverständigen.[16] Bezüglich der Existenz und der Qualität eines Standards (Tauglichkeit als antizipiertes Sachverständigengutachten) könnte das Gericht wiederum einen Sachverständigen beauftragen.

Die Rolle der Standards als Konkretisierung des „Anerkannten Standes von Wissenschaft und Praxis" und Orientierungshilfe für die Bewertung pflichtgemäßen beziehungsweise pflichtwidrigen Verhaltens

Standards als Konkretisierung des „Anerkannten Standes von Wissenschaft und Praxis" beziehungsweise der „allgemein anerkannten Regeln der Technik"

Unter der Voraussetzung, dass der Standard mit der Intention, nicht den fortschrittlicheren „Stand der Technik" (dazu oben), sondern den in Wissenschaft und Praxis allgemein anerkannten und als bewährt angesehenen Stand darzustellen, idealtypisch zustande gekommen und noch aktuell ist[17], besteht nach herrschender Meinung in Literatur und Rechtsprechung eine widerlegbare Vermutung, dass er diesen allgemein anerkannten Entwicklungsstand widerspiegelt (vgl. Seibel 2013, S. 3001 mit weiteren Nachweisen).

Im Bereich des Wohnungseigentumsrechts stellte der BGH fest, „den Grundsätzen einer ordnungsgemäßen Verwaltung" genüge bei entsprechenden Mängeln nur eine Sanierung, die „DIN-gerecht auszuführen sei, da DIN-Normen die Vermutung in sich tragen, dass sie den Stand der allgemein anerkannten Regeln der Technik wiedergeben" (BGH, NJW 2013, S. 2271).[18]

Zu weit geht wohl die Absolutheit der Feststellung des OLG Düsseldorf vom 04.05.2012: „[…] im privaten Baurecht stellen DIN-Normen […] anerkannte Regeln der Technik dar […]" (OLG Düsseldorf, BauR 2012, S. 1259 f.).

Zutreffender daher die Aussage des BVerwG: „Danach lassen sich als anerkannte Regeln der Technik diejenigen Prinzipien und Lösungen bezeichnen, die in der Praxis erprobt und bewährt sind und sich bei der Mehrheit der Praktiker durchgesetzt haben […]. DIN-Vorschriften und sonstige technische Regelwerke kommen hierfür als geeignete Quellen in Betracht. Sie haben aber nicht schon kraft ihrer Existenz die Qualität von anerkannten Regeln der Technik und begründen auch keinen Ausschließlichkeitsanspruch. Als Ausdruck der fachlichen Mehrheitsmeinung sind sie nur dann zu werten, wenn sie sich mit der Praxis überwiegend angewandter Vollzugsweise decken. Das wird häufig, muss aber nicht

[16] Sofern im Normungs-Gremium tatsächlich die Experten und nicht Lobbyisten und die „zweite Liga" vertreten waren und nicht „zu viele Köche den Brei durch allzu viele Kompromisse verdorben" haben.

[17] Dies wäre im Zweifel wiederum durch ein Sachverständigengutachten zu klären.

[18] Vgl. die Begrifflichkeit, die sich auch bei den GoB (Grundsätze ordnungsgemäßer Buchführung), GoU und GoÜ (Grundsätze einer ordnungsgemäßen Unternehmensführung und -überwachung), GoP (Grundsätze einer ordnungsgemäßen Planung) und so ähnlich für den Sorgfaltsmaßstab eines Geschäftsführers, Vorstands, Aufsichtsrat, Kaufmanns etc. („ordentlich und gewissenhaft") findet.

immer der Fall sein" (BVerwG, NVwZ-RR 1997, S. 214 f.; vgl. zu der bisher angeführten Rechtsprechung Seibel 2013, S. 3002 f.).

Das LG Mainz stellte im Bereich des Medizinrechts bei Verurteilung von Klinik, Arzt und einer in der Klinik arbeitenden Medizinstudentin fest: „[…] Sie hat damit gegen ihre Verpflichtung verstoßen, wonach die Behandlung nach den zum Zeitpunkt der Behandlung bestehenden, allgemein anerkannten fachlichen Standards zu erfolgen hat.[…] Vielmehr ist der allgemeine anerkannte fachliche Standard einzuhalten, was sich nunmehr unmissverständlich aus der Regelung des § 630a BGB ergibt, zum Zeitpunkt des Vorfalls aber auch bereits der ständigen Rechtsprechung entsprach […]" (LG Mainz, Urteil vom 09.04.2014, Az: 2 O 266/11). Dabei ist klarzustellen, dass hier in der Verwendung des Wortes „Standard" in Rechtsprechung, aber jetzt auch beim Gesetzgeber bezüglich des medizinischen Behandlungsvertrages als Sonderform des Dienstvertrages, gerade nicht Regelungen privatrechtlicher institutionalisierter Sachverständigengremien (also „Standards", wie sie in der Abhandlung definiert werden) gemeint sind, sondern „die allgemein anerkannten Regeln der Technik" (oder eine Behandlung „lege artis"): Begrifflichkeitswirrwarr!

Ebenso ist das Urteil des OLG Hamm zu interpretieren, wenn es statuiert: „[…] Wendet ein Arzt nicht die Therapie der 1. Wahl, den sogenannten „Goldenen Standard", sondern die Therapie der 2. Wahl an, so liegt darin ein Behandlungsfehler […]" (OLG Hamm, Urteil vom 25.02.2014, Az: 26 U 157/12).

Zu ergänzen ist auch, dass die „Allgemein anerkennten Regeln der Technik" beziehungsweise – gleichbedeutend – der „Anerkannte Stand von Wissenschaft und Praxis" (Scherer) nicht nur in „Standards" (Regelwerke des DIN, ETB, VDI, VDE etc.) Konkretisierungshilfen finden, sondern unter Umständen auch in mündlich überlieferten Regeln oder Herstellerrichtlinien (vgl. Seibel 2013, S. 3001 und dort Fußnote 16 und 17).

Fazit

Ein idealtypisch zustande gekommener, aktueller Standard mit Bezügen zum Logistik-Management kann den „Anerkannten Stand von Wissenschaft und Praxis" widerspiegeln. Diesbezüglich besteht – von herrschender Meinung in Rechtsprechung und Literatur anerkannt – sogar eine widerlegbare Vermutung, was sich unter anderem auf die Beweislast auswirken mag. Der Standard kann aber auch hinter den Anforderungen des anerkannten Standes zurückbleiben[19] oder strenger sein.

Dies alles müsste im Zivilrecht die entsprechend beweisbelastete Partei darlegen und beweisen.

Im Strafrecht dürfte aufgrund der Regel „in dubio pro reo" die Auswirkung weniger auf der Beweisebene als auf der Ebene von Vorwerfbarkeit und Schuld zu suchen sein: Wer ernsthaft versucht, aufgrund der Einhaltung anerkannter, aktueller Standards (oft sogar

[19] Das ist für denjenigen, der sich am Standard orientiert, äußerst negativ! Ein solcher Standard ist also geradezu gefährlich. Bleibt ein aktueller Standard hinter den Anforderungen des „Anerkannten Standes von Wissenschaft und Praxis" zurück, sollte vor ihm gewarnt werden. Vorsicht ist auch bei „älteren" Standards geboten.

mit Auditierung und Zertifizierung), die Anforderungen des „Anerkannten Standes von Wissenschaft und Praxis“ zu erfüllen, handelt sicher rechtstreuer als ein Manager, der sich diesbezüglich keine Gedanken macht. Vor sogenannten „Alibi-Zertifikaten“ sei jedoch gewarnt: Ermittlungsbehörden legen Wert darauf – und überprüfen dies genau –, dass die Vorgaben im Unternehmen auch umgesetzt, das heißt „gelebt“ werden.

Standards als Orientierungshilfe für die Bewertung pflichtgemäßen Verhaltens

Standards, die, wie oben dargestellt, nur eine widerlegbare Vermutungswirkung aufweisen, können deshalb auch bezüglich des Vorliegens einer Pflichtverletzung nur indikativ beziehungsweise mittelbar wirken (Abb. 8.3 zeigt die Prioritätenkaskade zwischen dem „Aktuellen Stand von Gesetzgebung und Rechtsprechung“, dem „Anerkannten Stand von Wissenschaft und Praxis“ und „Standards“).

8.2.7 Rechtsfolgen bei Nichtbeachtung des „Anerkannten Standes von Wissenschaft und Praxis“, respektive eines diesen Stand widerspiegelnden Standards

Ordnungsgemäße Beschaffenheit und Beweislast

Die (Nicht-)Einhaltung der „allgemein anerkannten Regeln der Technik“ beziehungsweise der diesen Entwicklungsstand widerspiegelnden Standards kann zunächst Auswirkungen auf Mangelhaftigkeit/Mangelfreiheit der geschuldeten Leistung und auch auf die Beweis-

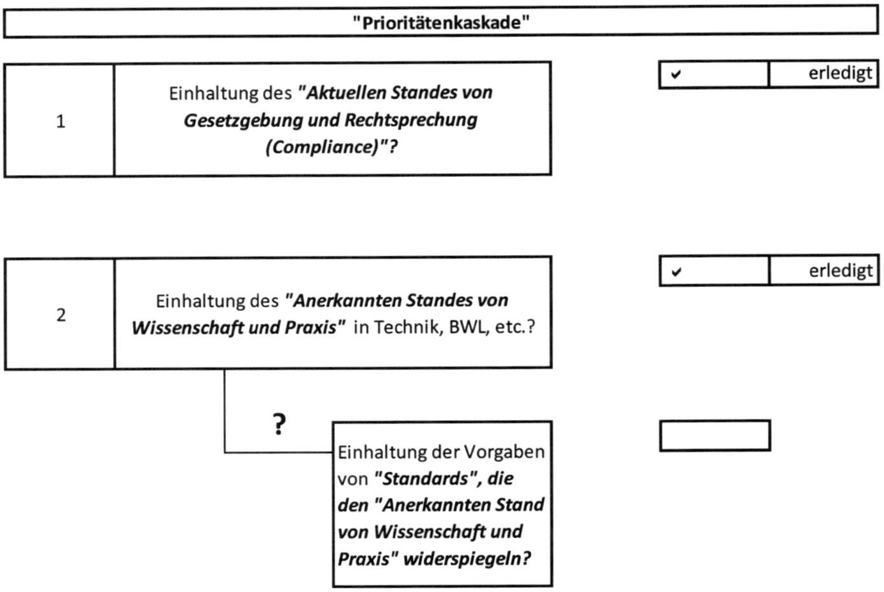

Abb. 8.3 Prioritätenkaskade. (Quelle: Scherer und Fruth 2015)

last haben: Wenn ein Bauauftragnehmer nachweislich die einschlägigen Standards einhält, besteht zunächst die Vermutung, dass das Werk den Anerkannten Regeln der Technik entspricht. Umgekehrt gilt das ebenso im negativen Sinne. Da aber diese Standards auch längst veraltet sein können (vgl. die „Klassiker" bei Wärme- oder Schallisolierung), sollte die Einhaltung der Standards lediglich als Untergrenze angesehen und geprüft werden, ob die aktuellen allgemein anerkannten Regeln nicht schon strenger/fortschrittlicher sind (vgl. Scherer und Fruth 2011, S. 89 f.).[20]

Haftung der Organe und sogar sonstiger Mitarbeiter wegen Pflichtverletzung?

Ob bereits ein allgemeiner Grundsatz gilt, dass die Unterschreitung des Sicherheits- oder Qualitätsniveaus des „Anerkannten Standes von Wissenschaft und Praxis" eine Pflichtverletzung darstellt oder dies noch vom Richter in den Einzelfällen festzustellen ist, ist (noch) offen. Jedoch existieren bereits zahlreiche Kodifizierungen und Urteile, die es ratsam erscheinen lassen, dies als Pflicht zu respektieren und zu beachten, da die meisten Haftungsnormen in Zivil- und Strafrecht Pflichtverletzung voraussetzen. Die Einhaltung entsprechender Standards hat diesbezüglich immerhin Vermutungswirkung.

Sehr instruktiv ist das Urteil des Landgerichts Mainz vom 09.04.2014, AZ: 2 O 266/11 (vgl. oben): Eine GmbH, ein Geschäftsführer und eine für die GmbH tätige Studentin (!) wurden zu erheblichen Schadensersatzzahlungen verurteilt, unter anderem weil zum Zeitpunkt der schadenverursachenden Handlung gegen den allgemein anerkannten Stand von Wissenschaft und Praxis verstoßen wurde.

Haftung der Organe wegen Pflichtverletzung mit Beweislastumkehr bezüglich Pflichtverletzung und Verschulden?

Zahlreiche Haftungstatbestände im Zivilrecht regeln gesetzlich oder über entsprechende Rechtsprechung die Beweislast bezüglich der Tatbestandsvoraussetzungen Pflichtverletzung und Verschulden zu Lasten des Unternehmers (§§ 280 BGB; 43 GmbHG; 93, 107 AktG; Produzentenhaftung 823 BGB; etc.). Bei Anerkennung des Unterschreitens des „Anerkannten Standes von Wissenschaft und Praxis" als Pflichtverletzung müsste deshalb der Unternehmer beziehungsweise Manager beweisen, diesen Entwicklungsstand eingehalten zu haben oder ihn ohne sein Verschulden nicht eingehalten zu haben, um nicht zu haften.

---

[20] Vgl. hierzu auch BGH, NJW 2013, S. 1226, wo der BGH m. E. u. U. Standards (im zu beurteilenden Fall „Anerkannte Regeln für die Errichtung von handwerklichen Holztreppen") und Technikklauseln („Allgemein anerkannte Regeln der Technik") nicht klar abgrenzt. Insbesondere hätte der eingeschaltete Sachverständige in wissenschaftlich und juristisch korrekter Weise verifizieren müssen, ob der bereits mehr als zehn Jahre alte Standard noch den „Allgemein anerkannten Regeln der Technik" entspreche. Interessant ist weiterhin, dass der BGH im Leitsatz feststellt, die Beschaffenheit in Qualität der aktuell zum Zeitpunkt der Abnahme geltenden „Allgemein anerkannten Regeln der Technik" („Anerkannter Stand von Wissenschaft und Praxis") werde regelmäßig stillschweigend/konkludent vertraglich vereinbart.

Beweislastumkehr bezüglich Kausalität zwischen Pflichtverletzung und Schaden?

Bei groben Pflichtverstößen/Fehlern (diese Bewertung obliegt alleine dem Richter, nicht dem Sachverständigen) kommt sogar eine Beweislastumkehr zu Lasten des Pflichtverletzers bezüglich der Frage, ob der Schaden überhaupt aufgrund der Pflichtverletzung eintrat, in Betracht.

Dies hat zum Beispiel das OLG Hamm (vgl. oben) angenommen, wenn ein Arzt den sogenannten „Goldenen Standard“[21] verlässt, ohne den Patienten darauf hinzuweisen.

Auch mangelhafte Dokumentation und (zahlen- und ausbildungsmäßig) mangelnde Personalausstattung wurden als solch grobe Pflichtverstöße (grober Organisationsfehler) angesehen (vgl. Scherer und Fruth 2011, S. 106 mit Schilderungen eines bisher nicht veröffentlichten Urteils des OLG Nürnberg, Urteil vom 25.03.2011, Az: 5 U 1786/10).

In dem vom OLG Nürnberg entschiedenen Fall war nicht klar, ob die schwerste Behinderung des Kindes auf ärztliche oder organisatorische Fehler der Klinik bei der Geburt oder auf völlig andere Gründe zurückzuführen war. Aufgrund der groben Pflichtverstöße nahm das Gericht eine Beweislastumkehr auch bezüglich dieser Kausalitätsfrage zu Lasten der Klinik an.

8.3 Rechtlicher Rahmen für Logistik-(Risiko-)Management

8.3.1 Logistik-(Risiko-)Management als Teil des Risikomanagements

Es existieren – mittlerweile bekannterweise – explizite gesetzliche Regelungen, die Risikomanagement verlangen (vgl. § 91 Abs. 2 AktG). Diese werden ergänzt durch allgemeine gesetzliche Regelungen (§§ 93, 107 AktG, 43 GmbHG) für gewissenhafte Geschäftsführung, die implizieren, Risikomanagement zu betreiben (weil dies mittlerweile „Anerkannter Stand von Wissenschaft und Praxis“ ist). Auch die §§ 289, 315 HGB mit Regelungen zum Lage- und Prognosebericht und der Verpflichtung zur Darstellung der wesentlichen Chancen und Risiken (verschärft durch den Standard DRS 20 ab 2013) setzen Risikomanagement voraus.

Zuletzt entschied das Landgericht München („Neubürger-Urteil“) zu Compliance Management explizit, dass Unternehmen angemessene Systeme zur Vermeidung und Steuerung von (Compliance-)Risiken vorhalten müssen (vgl. Scherer und Fruth 2015, Anlage).

Abbildung 8.4 zeigt das Logistik-(Risiko-)Management als Teil des Risikomanagements.

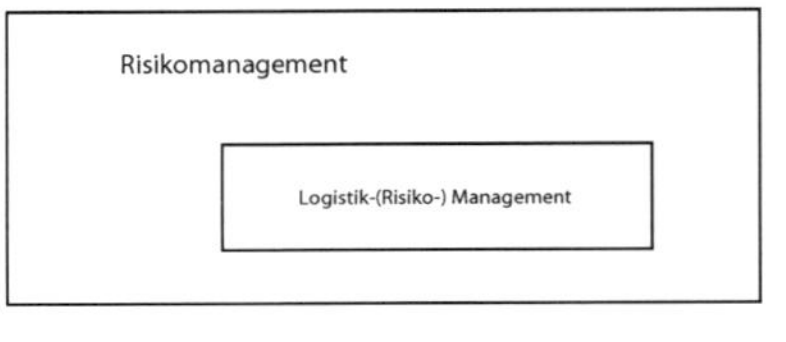

Abb. 8.4 Logistik-(Risiko-) Management als Teil des Risikomanagements. (Quelle: Eigene Darstellung)

[21] Den „anerkannten fachlichen Standard“ beziehungsweise „Anerkannten Stand von Wissenschaft und Praxis“.

8.3.2 Logistik-(Risiko-)Management als Teil von (Corporate)Governance Management

Logistik-(Risiko-)Management ist Bestandteil der ordnungsgemäßen Unternehmensführung, damit auch von (Corporate) Governance.

8.3.3 Logistik-(Risiko-)Management als Teil von Compliancemanagement

Über das Verhältnis von Risiko- und Compliancemanagement lässt sich streiten, ohne dass diese Diskussion praktische Relevanz besäße: Welche Disziplin ist Bestandteil der anderen (siehe Abb. 8.5, 8.6 und 8.7)?

Zumindest dürfte Einigkeit bestehen, dass sowohl Risiko- wie auch Compliance-, aber auch Logistik-Management notwendiger Bestandteil einer ordnungsgemäßen Unternehmensführung, also von Governance, sind.

Ansicht 1 Compliance-Risikomanagement als Teil des Risikomanagements (vgl. Abb. 8.6). Hinweis: Compliance Management enthält im Vergleich zum allgemeinen Risikomanagement weitere beziehungsweise zusätzliche Komponenten (beispielsweise Hinweisgebersystem).

Ansicht 2 Aufgrund der Pflicht, Risikomanagement zu betreiben, ist Risikomanagement Bestandteil von Compliance Management, zumal Letzteres sich (nach der herrschenden weiten Interpretation) um die Einhaltung *aller* Pflichten zu kümmern hat (vgl. Abb. 8.7).

These: Bei der Diskussion handelt es sich um einen rein wissenschaftlichen Streit, der nicht weiterführt.

Abb. 8.5 Logistik-(Risiko-) Management als Teil von Compliance Management. (Quelle: Eigene Darstellung)

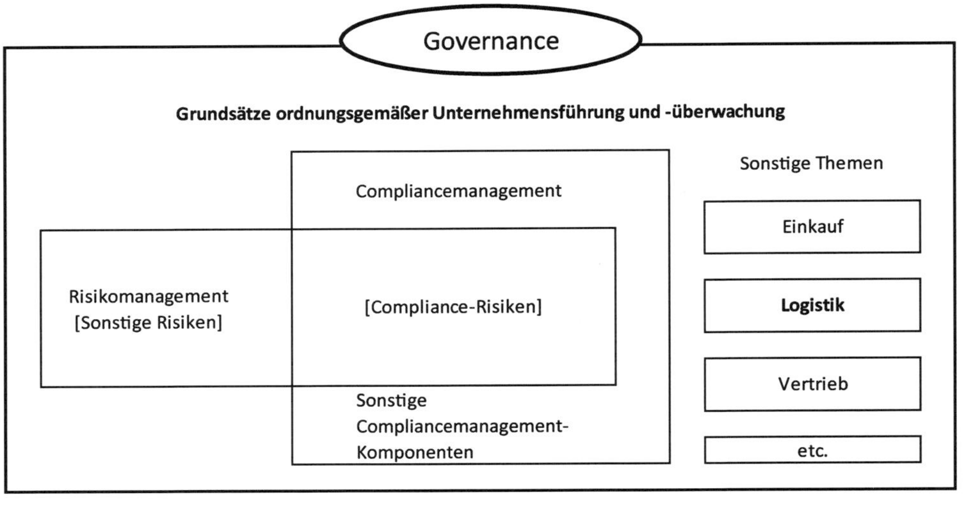

Abb. 8.6 Compliance-Risikomanagement als Teil des Risikomanagements. (Quelle: Eigene Darstellung)

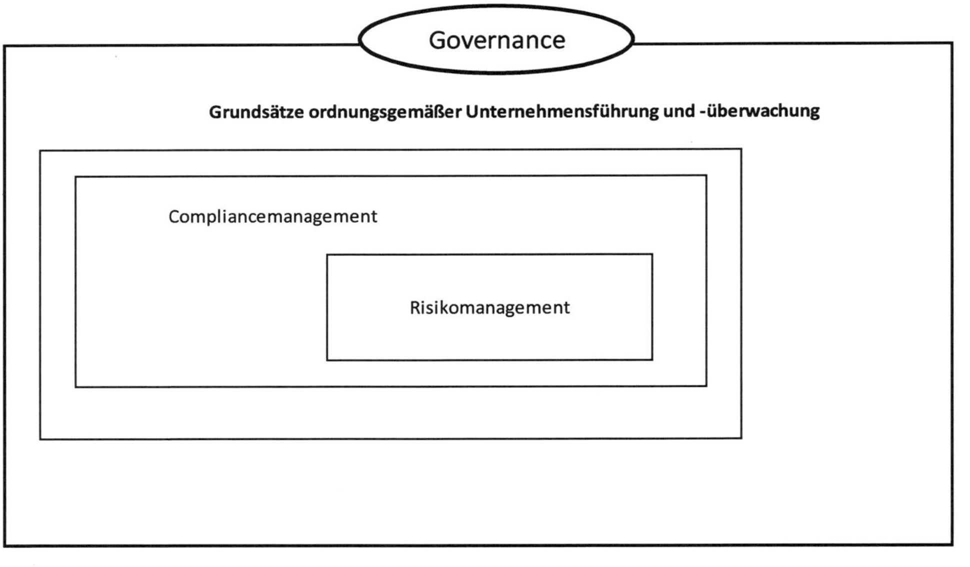

Abb. 8.7 Risikomanagement als Bestandteil von Compliance Management. (Quelle: Eigene Darstellung)

8.4 Wie ist Logistik-(Risiko-)Management (zwingend) zu betreiben?[22]

These Das „Was und Wie" des Logistik-(Risiko-)Managements ist nicht eine von der betriebswirtschaftlichen Lehre beurteilte Ermessenssache, sondern rechtlich vorgegeben.

Zunächst ist festzuhalten, dass Logistik-(Risiko-)Management jedenfalls pflichtgemäß und nach dem „Anerkannten Stand von Wissenschaft und Praxis" ausgeführt werden muss. Dies ergibt sich aus der Legalitätspflicht der Geschäftsleitung und dem „Complianceorientierten Governance- beziehungsweise Managementansatz" (Scherer und Fruth 2014, S. 63 ff.).

Zu den Anforderungen und Zielen des ganzheitlichen, complianceorientierten Governance-/Managementansatzes gehören primär die Erfüllung der Pflichten ohne jeglichen Spielraum (Compliance) und das Agieren im vorgegebenen, zwingenden Rahmen (beispielsweise im Rahmen der gesetzlichen oder satzungsmäßigen Vorgaben oder Vorgaben aufgrund rechtmäßiger Weisungen) und erst anschließend Ziele, deren Erreichung nicht zwingend vorgegeben, aber von entscheidungsbefugten Interessensgruppen gewünscht ist (vgl. Scherer 2012, S. 202 ff.).

Der Mehrwert ergibt sich aus nachhaltiger Unternehmenswertsteigerung bei gleichzeitiger Risikoreduktion.[23]

Complianceorientierter Governance-/Managementansatz (nach Scherer)

1. Was ist für die Geschäftsleitung Pflicht bezüglich
   - Ob? und
   - Wie?
2. Was ist für die Geschäftsleitung Pflicht bezüglich
   - Ob?
   - aber Spielraum bei Wie?
3. Wo hat die Geschäftsleitung Ermessenspielräume bezüglich
   - Ob? und
   - Wie?

8.4.1 Erfüllung der Pflichten ohne Spielraum

Der „Aktuelle Stand von Gesetzgebung und Rechtsprechung" sowie verpflichtender sonstiger Regelungen (Compliance) (§§) stellen den rechtlichen Rahmen für jede unternehmerische Tätigkeit dar (siehe Abb. 8.8).

Es ist somit bei jeder unternehmerischen Tätigkeit (egal, ob Logistik-Management, Risiko- und Compliance Management oder wie hier Logistik-(Risiko-)Management) als erstes

[22] Vgl. ausführlich zum folgenden Kapitel das Buch von Scherer und Fruth 2014.

[23] Vgl. hierzu unten Punkt 8.7.

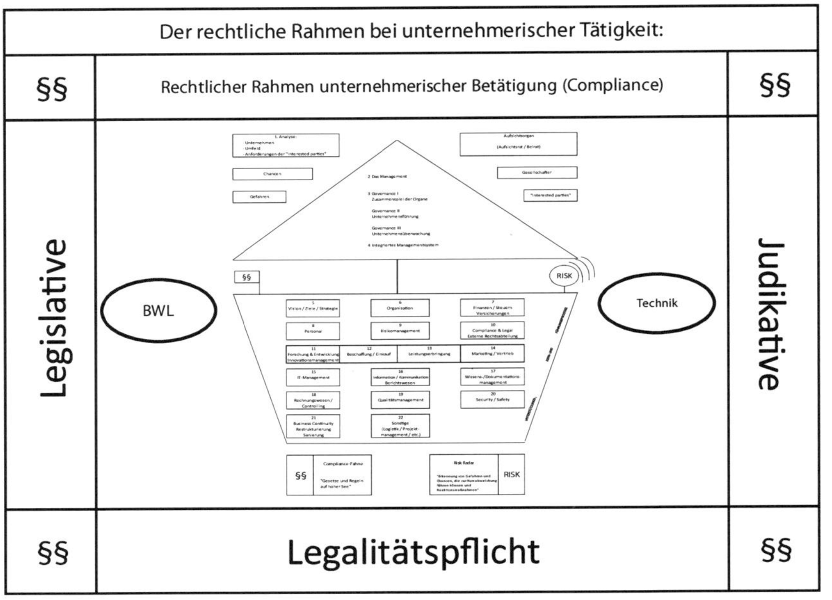

Abb. 8.8 Der rechtliche Rahmen bei unternehmerischer Tätigkeit. (Quelle: Scherer und Fruth 2014)

zu fragen, was die Geschäftsleitung tun muss, ohne Alternativen bezüglich des Ob und des Wie zu haben, was also für die Geschäftsleitung verpflichtend – also Compliance-Anforderung – ist (siehe Abb. 8.9): Beispielsweise das Abführen von Sozialversicherungsbeiträgen: Hier sind sowohl zeitliche als auch inhaltliche Anforderungen gesetzlich vorgeschrieben.

Würde zwingend vorgegebenes Verhalten unterlassen oder nicht in der richtigen Frist und Form erfolgen, stellte dies eine – eventuell auch strafrechtlich – haftungsbewehrte Pflichtverletzung (Complianceverstoß) dar (sogenannte „Legalitätspflicht" der Geschäftsleitung, die sowohl im Öffentlichen Recht als auch im Zivilrecht (str.) gilt; vgl. Zöllner und Noack 2010, Rn. 17, 22, 22 b und 23).

Darüber hinaus gibt es nicht dispositive Pflichtaufgaben in Bezug auf das Ob, jedoch mit Spielraum bezüglich der inhaltlichen Ausgestaltung des Wie: Beispielsweise die Einführung eines Risikomanagementsystems, die vorgeschrieben ist; für AG und große GmbH nach § 91 Abs. 2 AktG (analog) (vgl. Scherer und Fruth 2009, Kap. 4.1.9).

Für mittelständische Unternehmen besteht die Pflicht über die Vorgabe, sich wie ein gewissenhafter Geschäftsführer, Vorstand, Aufsichtsrat, Kaufmann etc. zu verhalten. Es ist mittlerweile „Anerkannter Stand von Wissenschaft und Praxis", Risikomanagement zu betreiben (vgl. oben).

Um welche Themengebiete hat sich der Manager (Vorstand, Geschäftsführer, Aufsichtsrat etc.) generell zu kümmern?

Zu den Kernaufgaben im Rahmen des Managementprozesses sollen nach der betriebswirtschaftlichen Lehre die Personalführung, die Strategieentwicklung und -umsetzung, die Organisation, Technologie- und Innovationsmanagement, Wissensmanagement, Kom-

1	Das Richtige richtig tun: Wie soll der Manager agieren?
2	Das Richtige richtig tun: Was soll der Manager tun?
Der complianceorientierte Managementansatz: Differenzierung, ob Entscheidungsspielraum gegeben ist oder nicht:	
2.1	Erfüllung der Pflichten ohne Spielraum
2.1.1	Die Pflichten sind zum Beispiel explizit (wortwörtlich) in einer Norm oder sonstigen verbindlichen Anweisung (zum Beispiel Gesellschafterweisung) vorgegeben.
2.1.2	Die Pflichten ergeben sich aus einem unbestimmten Rechtsbegriff, der zu „übersetzen" ist, zum Beispiel Verpflichtung zur „Verkehrssicherung", Verpflichtung zur „rechtssicheren Organisation" etc.
2.1.3	Die Pflichten ergeben sich aus der gesetzlichen Pflicht, wie ein „gewissenhafter" Geschäftsführer/Vorstand/Aufsichtsrat/Kaufmann etc. zu agieren.
2.2	Bei Ermessensspielraum: Anwendung der Business Judgement Rule

Abb. 8.9 Das Richtige richtig tun. (Quelle: Scherer und Fruth 2014)

munikation, Change Management, Internationales Management sowie Krisen- und Sanierungsmanagement gehören (vgl. Jung et al. 2011, S. 119f f., 273 ff. und 479 ff.). Brühwiler zählt noch Controlling und Risikomanagement zu den Kernaufgaben des Managements (vgl. Brühwiler und Romeike 2010, S. 107). Logistik-Management oder Logistik-(Risiko-)Management wird von den zitierten Autoren nicht genannt!

Was nun tatsächlich Pflicht beziehungsweise Kür für die gewissenhafte Geschäftsleitung ist, wird nachfolgend erörtert und stellt keine dem Bauchgefühl zu überlassende Frage dar, sondern ist juristisch ergründbar (§§):

Bei der Leistungserbringung durch die Geschäftsleitung ist zu differenzieren: Die Geschäftsleitung hat natürlich die Verantwortung für Planung und Umsetzung (P/D/C/A) der Kernleistungen (Produktion, Handel, Dienst- oder Werkleistung, Vermietung oder unter Umständen auch Logistik etc.) des Unternehmens/Konzerns. Darüber hinaus besteht die Aufgabe der Geschäftsleitung ganz wesentlich auch in Planung und Umsetzung sämtlicher sonstiger, wesentlicher und für die Zielerreichung erforderlicher Funktionen des Unternehmens.

Folgende Themen (nicht abschließend) stehen zur Auswahl (vgl. die „22 Felder" des „Unternehmensschiffes" oben): Analyse von Unternehmen, Umfeld und „interested parties“, Vision/Leitbild/Strategie, Organisation, Finanzen, Personal, Risiko- und Chancen-Management, Compliance Management, F & E (Innovation), Beschaffung, Logistik, Vertrieb & Marketing, IT, Controlling/Rechnungswesen, Wissensmanagement, QM, Umweltmanagement, Arbeitssicherheit, internes Kontrollsystem, internes Revisionssystem, Datenschutz, Business Continuity Management etc.

Die Risiken und Chancen der ausgewählten Aufgaben sind zu bewerten und die priorisierten Maßnahmen zu steuern etc.

Die Geschäftsleitung sollte – nach oben aufgeführten Grundsätzen – beispielsweise einmal jährlich im Rahmen des Management-Reviews ermitteln (und dokumentieren), welche Themen zwingend bearbeitet werden müssen beziehungsweise sollen und welche freiwilligen Themen bewusst (derzeit) nicht aktiviert werden. Auch die Frage des Umfangs (des „Wie?“) der Bearbeitung ist zu klären; beispielsweise mehrere Themen in einem Modul (etwa Risiko- und Compliance Management) oder Themen nicht isoliert, sondern als integrierter Teil eines anderen Themas (zum Beispiel Umwelt: kein Umwelt-Managementsystem, sondern Umwelt-Anforderungen – rechtlich oder von Stakeholdern vorgegeben/gewünscht – als Teil von Qualitätsmanagement oder Risikomanagement etc.).

Sofern aufgrund unbestimmter Rechtsbegriffe oder umstrittener Rechtsanwendung unklar ist, ob eine bindende Pflicht der Geschäftsleitung besteht, ist „in der Regel die Einholung eines (externen) sachkundigen Rechtsrats“ erforderlich, um der Pflicht zur „sorgfältigen Entscheidungsvorbereitung“ Genüge zu tun (vgl. Zöllner und Noack 2010, Rn. 23).

Zusammenfassend ist also unter Beachtung der oben dargestellten Grundsätze zu differenzieren:

1. Sofern Logistik-Management für die Erreichung der Unternehmensziele relevant ist[24], würde ein gewissenhafter Kaufmann, Geschäftsführer, Vorstand (§§ 347 HGB/43 GmbHG/93 AktG) sich dieses Themas annehmen. Somit wäre es Pflicht. Im Rahmen des Logistik-Managements selbst gibt es mannigfaltige Anforderungen aus dem Öffentlichen und Privaten Recht. Dabei sind neben supranationalem Recht (beispielsweise EU-Recht) auch relevante nationale Gesetze und Rechtsprechung zu beachten. Da Logistik-Recht beziehungsweise Logistik-Compliance nicht Gegenstand dieser Abhandlung ist, sei hier nur auf eine Vielzahl von Literatur verwiesen, beispielsweise auf Wojtek und Ettrich 2010, § 44 Haftungsvermeidung im Transportgewerbe.[25] Auch die Frage der Anwendbarkeit des Gesetzes über den Mindestlohn auf ausländische LKW-Fahrer im Transitverkehr stellt – derzeit – ein wichtiges rechtliches Thema dar (PNP vom 31.01.2015, S. 6).

[24] Dies hängt vom Geschäftsmodell des Unternehmens ab: Eine Rechtsanwaltskanzlei braucht dies nicht, ein produzierendes und/oder handelndes Unternehmen wohl schon (Einkaufs-/Vertriebslogistik) und bei einem Logistik-Unternehmen stellt dies die Kernleistung dar.

[25] Ich durfte als wissenschaftliche Hilfskraft an der ersten Auflage des Kommentars zum Transportrecht von Koller mitarbeiten. Weitere Literaturhinweise: Wieske 2011, Rn. 24; Wieske 2006, S. 336 ff.; Kollatz 2008, III. Versicherungen für die Tätigkeit als Logistikunternehmer, Rn. 1–11 sowie VII. Die Haftung des Logistikdienstleisters, Rn. 130–134; Vogt 2014, Montag, Logistikdienstleister als Schuldner der Einfuhrumsatzsteuer, BB 2014, S. 265.

2. Vorliegend geht es um die Darstellung der rechtlichen Rahmenbedingungen für Logistik-(Risiko-)Management, wobei bereits erarbeitet wurde, dass eine Pflicht zu Risikomanagement per se, jedoch auch – sofern im jeweiligen Geschäftsmodell von Relevanz – zum Logistik-(Risiko-)Management besteht.

Bezüglich der Frage der konkreten Ausgestaltung (des „Wie?“) gibt es zunächst auch einige Pflichtanforderungen, die generell an jeden Prozessablauf, jedes Produkt, jede Unternehmensfunktion zu stellen sind: Neben dem Attribut „compliant“ und dem „Anerkannten Stand von Wissenschaft und Praxis“ entsprechend, muss Logistik-(Risiko-)Management zwingend auch effektiv, qualitativ, (technisch) sicher, fristgerecht und gewissenhaft sowie insgesamt angemessen (geeignet, die verpflichtenden Ziele zu erreichen) und sogar effizient sein.

Sonstige, derzeit top-aktuelle Attribute für wertorientiertes (Prozess-)Management, wie wertbeitragsorientiert, nachhaltig und zukunftsorientiert, chancen- und risikoorientiert, messbar, transparent und kommunikationsfähig, zahlungsstromorientiert, anreiz- und sanktionsfähig, sind fakultativ.

Anforderung:	Folge bei Fehlern:
Effektiv (Ziel wird erreicht)	Unmöglichkeit (§§)
Qualitativ	Mängelhaftung (§§)
Fristgerecht	Verzug (§§)
Sicher	Nebenpflichtverletzung § 823 BGB, § 280 BGB (§§)
Rechtssicher (compliant)	Vielfältige Sanktionen (§§)
Dem „Anerkannten Stand von Wissenschaft und Praxis“ entsprechend (Standards)	Mängelhaftung/Sonstige Haftung bei Schäden/ Beweislastumkehr (§§)
Effizient (wirtschaftlich)	Liquiditätsprobleme/Ergebnisprobleme (§§) (Haftung für finanzielle Einbußen, Krisen- und Insolvenzverursachung etc.)
Gewissenhaft	Fehlende Gewissenhaftigkeit der Geschäftsführung § 43 GmbHG, § 93 AktG: Pflichtverstoß und persönliche Haftung (§§)
Wertorientiert: Wertbeitragsorientiert (Planung und Messung von Wertbeiträgen) Nachhaltig und zukunftsorientiert Chancen- und risikoorientiert Messbar Transparent und kommunikationsfähig Zahlungsstromorientiert Anreizfähig und sanktionsfähig ...	Teils nur suboptimales Wirtschaften Durchschnittliche Lebensdauer von Unternehmen: zwölf Jahre! Teils Pflichtverstoß (zum Beispiel fehlende Risikoorientiertheit) (§§)

Das heißt, hier und auch im Übrigen besteht bezüglich der konkreten Ausgestaltung des Logistik-(Risiko-)Managements ein Ermessensspielraum, sofern die Pflichtanforderungen eingehalten sind. Ermessen heißt jedoch nicht „Intuition/Bauchgefühl“ oder gar Willkür.

8.4.2 Bei Ermessen: Anwendung der Business Judgement Rule

Bei der Erledigung von Aufgaben der Geschäftsleitung mit Ermessensspielraum ist stets an die sogenannte Business Judgement Rule zu denken (vgl. Sieg und Zeidler 2010, S. 52 ff.):

Der Manager muss sich die nötigen Informationen besorgen und das erforderliche Know-how besitzen, um die Informationen bewerten zu können und dann im Rahmen eines pflichtgemäßen Ermessens entscheiden, ob und gegebenenfalls wie er die Aufgabe ausführt. Der Beurteilungsspielraum ist durch objektive Nachvollziehbarkeit begrenzt, das heißt, der Geschäftsführer muss auch hinsichtlich seiner Informationen vernünftigerweise annehmen dürfen, dass seine darauf beruhende Entscheidung dem Wohl der Gesellschaft dient. Dies ist nur bei entsprechendem Know-how gewährleistet (vgl. Zöllner und Noack 2010, Rn. 22 sowie vertiefend Scherer 2012, S. 203 ff.).

Im Rahmen der Informationsbeschaffung und -auswertung und der Entscheidung, ob und wie eine Maßnahme ausgeführt wird, ist stets der „Anerkannte Stand von Wissenschaft und Praxis“ zu berücksichtigen. Das gehört zu den Pflichten eines gewissenhaften Geschäftsleiters. Weicht der Manager negativ von diesem anerkannten Stand ab, so könnte das eine Pflichtverletzung darstellen, zumindest zur Beweislastumkehr zu Lasten des Managers führen.

Die Geschäftsleitung kann somit selbst die von ihr fakultativ zu verfolgenden Ziele nicht einfach willkürlich („aus dem Bauch heraus“) bestimmen, sondern muss zunächst eine Unternehmens- und Umfeldanalyse inklusive vorhandener und möglicher Potenziale und Ressourcen durchführen und unter Beachtung der Unternehmensstrategie die Ziele der maßgeblichen Entscheider (aus der Gruppe der „interested parties“) berücksichtigen, um ermessensfehlerfrei zu agieren (vgl. Scherer 2012, S. 203 ff.).

Prominente Beispiele, bei denen die Frage der korrekten Anwendung der Business Judgement Rule zu erheblichen „Problemen“ für Vorstände, Geschäftsführer beziehungsweise Aufsichtsräte führten, gibt es genug.[26]

8.4.3 Unterstützende Standards bei der Ausgestaltung des Logistik-(Risiko-)Managements

Spezielle Standards für Logistik-Management beziehungsweise Logistik-(Risiko-)Management aus der ISO-/COSO-/IDW-Welt sind nicht bekannt. Jedoch mögen die ISO 9001 (2015) (Qualitätsmanagement) als Basis und ISO 31000 (2009) (Risikomanagement) sowie ISO 19600 (2015) (Compliance Management) COSO I (2014) und COSO II

[26] Beispiele: Bayerische Landesbank: Hypo-Alpe-Adria/Thyssen-Krupp: Stahlwerke in Nord- und Südamerika/HSH Nordbank: Finanztransaktion „Omega 55“. Vgl. hierzu auch RiskNET und Scherer 2014: Interview zum Freispruch der Ex-Vorstände der HSH Nordbank: Straf- und zivilrechtliche Haftung für Missmanagement.

(2004)) als „Ideen-Pool" dienen, wie ein Logistik-(Risiko-)Management konzipiert sein könnte. Auf die Qualität und rechtlichen Anforderungen diverser Standards wurde bereits in den oberen Abschnitten hingewiesen.

8.4.4 Vorschlag für den Aufbau eines international anerkannten, harmonisierten Standards für Logistik-(Risiko-)Management

Der nachfolgende Vorschlag (siehe Abb. 8.10, 8.11 und 8.12) enthält neben den zahlreichen Komponenten unterschiedlicher, international anerkannter Standards auch Bestandteile, die sich andernorts kaum finden, wie zum Beispiel die primäre Forderung der Einhaltung der rechtlichen Rahmenbedingungen.

8.5 Haftung von Management, Mitarbeitern und Unternehmen wegen „Missmanagement" im Bereich Logistik beziehungsweise bei nicht über Logistik-(Risiko-)Management gesteuerten „schmutzigen weißen Schwänen"[27]

Pflichtverletzungen im Rahmen von Logistik-(Risiko-)Management können, wie eingangs geschildert, die Haftung von Management, Mitarbeitern, Unternehmen und sogar Aufsichtsrat auslösen. Dabei sind unterschiedlichste Konstellationen und Beispiele von Pflichtverletzungen denkbar.

Auch ein fehlendes oder nicht angemessenes Logistik-(Risiko-)Management stellt eine Pflichtverletzung dar, wenn andernfalls ein negatives, die Haftung begründendes Ereignis nicht oder in geringerem Umfang eingetreten wäre.

8.6 Die Auswirkung der aktuellen Standards ISO 19600:2014, IDW PS 980:2011 (Compliance Management), COSO I:2014 (Internal Control Framework), ISO 31000:2008 und COSO II:2004 (Risikomanagement) auf die Haftung des Managements

Dass Risiko- und Compliancemanagement/Logistik-(Risiko-)Management in der Verantwortung des Managements liegen, ergibt sich – wie ausgeführt – aus der Legalitätspflicht der Geschäftsleitung, der Rechtsprechung (LG München, „Compliance-Urteil") und dürfte mittlerweile dem „Anerkannten Stand von Wissenschaft und Praxis" bezüglich der Grundsätze ordnungsgemäßer Unternehmensführung und -überwachung unter Be-

[27] Der Begriff wurde geprägt von Romeike (vgl. Romeike und Hager 2013 sowie Romeike und Stallinger 2014).

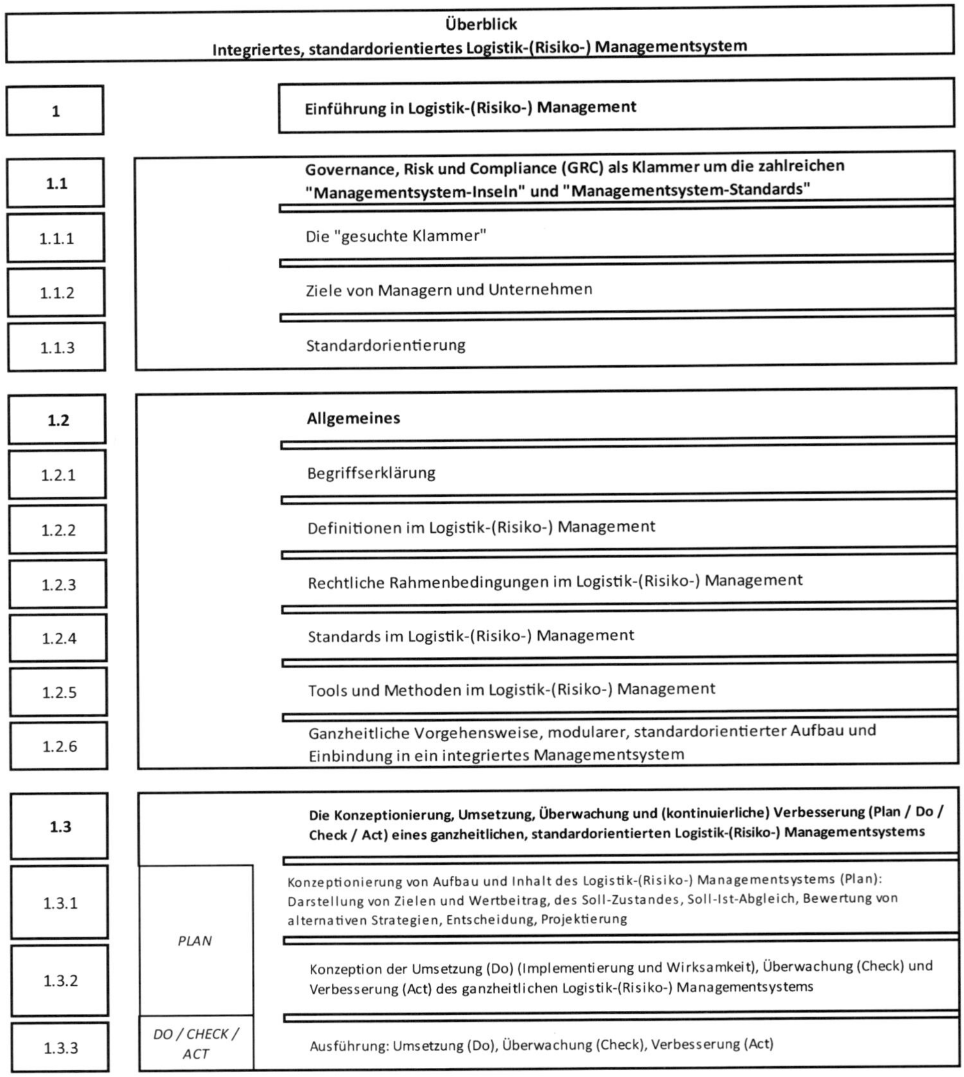

Abb. 8.10 Aufbau eines Standards für Logistik-(Risiko-)Management, Teil 1. (Quelle: Scherer und Fruth 2015)

rücksichtigung des Pflichtenmaßstabs eines ordentlichen und gewissenhaften Geschäftsleiters entsprechen.

Ob die genannten oder sonstige Standards geeignet sind, eine Vermutungswirkung für pflichtgemäßes Verhalten zu entfalten, ist fraglich (vgl. oben). Besser zu sein, als Standards es vorgeben, ist erlaubt und bisweilen anzuraten.

Es ist jedoch allemal sinnvoll, die Vorgaben der Standards als Mindestvoraussetzungen für ein angemessenes Logistik-(Risiko-)Managementsystem zu behandeln, um sowohl

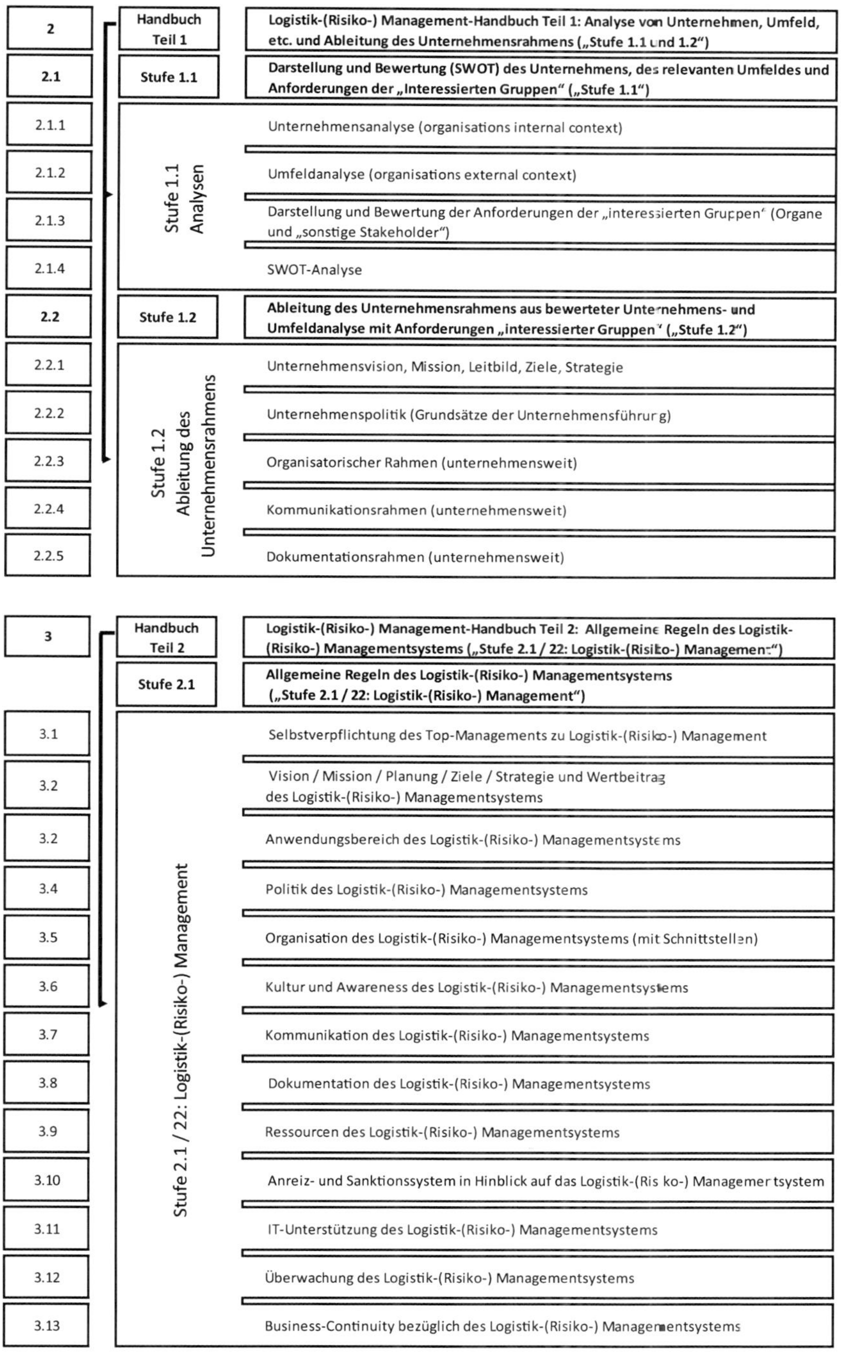

Abb. 8.11 Aufbau eines Standards für Logistik-(Risiko-)Management, Teil 2. (Quelle: Scherer und Fruth 2015)

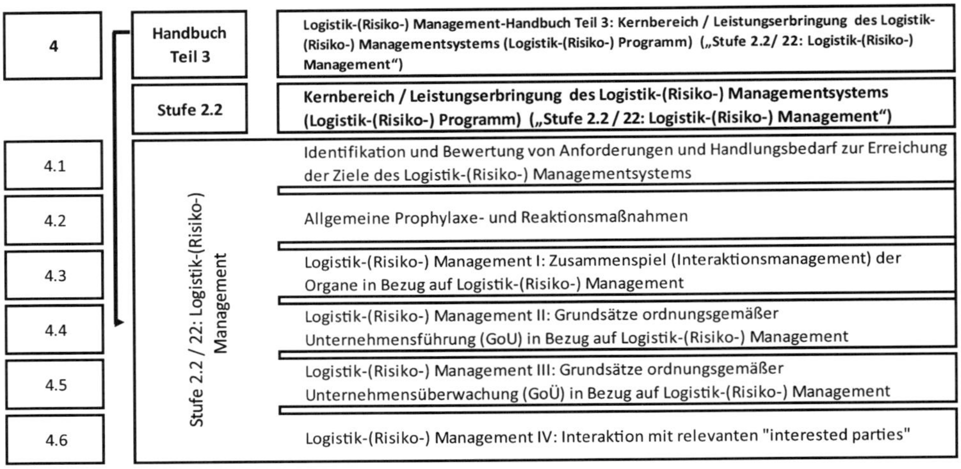

Abb. 8.12 Aufbau eines Standards für Logistik-(Risiko-)Management, Teil 3. (Quelle: Scherer und Fruth 2015)

strafrechtlich auf der Ebene der Pflichtwidrigkeit sowie Vorwerfbarkeit und des Verschuldens und zivilrechtlich bei der Frage der Pflichtverletzung und Fahrlässigkeit auf „Nummer sicher" zu gehen.

Auch bei der Anwendung der Business Judgement Rule im Rahmen der Frage, wie der Entscheidungsspielraum bei der Ausgestaltung/Organisation des Logistik-(Risiko-)Managementsystems zu füllen ist, sollten (international) anerkannte Standards im Sinne der „Ausschöpfung aller verfügbarer Informationsquellen tatsächlicher und rechtlicher Art" Beachtung finden.

8.7 Reifegrad/Pflichterfüllungsgrad/Wertbeitrag im Logistik-(Risiko-)Management

Bei der Einführung von zum Beispiel Logistik-(Risiko-)Management sind entsprechend des Fortschritts entlang der P/D/C/A-Phase Reifegrad, Pflichterfüllungsgrad und Wertbeitrag zunächst im negativen Bereich und wachsen kontinuierlich bis zur Sättigungsgrenze ins Positive (siehe Abb. 8.13).

Auch Logistik-(Risiko-)Management schafft Wertbeiträge (vgl. Abb. 8.14). Dennoch besteht Handlungsbedarf bei der Wertbeitragsorientierung, auch für Logistik-(Risiko-) Management: Die Berechnung konkreter finanzieller Wertbeiträge von ordnungsgemäßer, standard-unterstützter Unternehmensführung und -überwachung generell oder in Teildisziplinen, wie Logistik-(Risiko-)Management, unter Berücksichtigung von Reife- und Pflichterfüllungsgrad würde die Aufgeschlossenheit für vernünftiges und rechtskonformes Verhalten erheblich steigern und zugleich Wertbeitragsvernichter transparent machen.

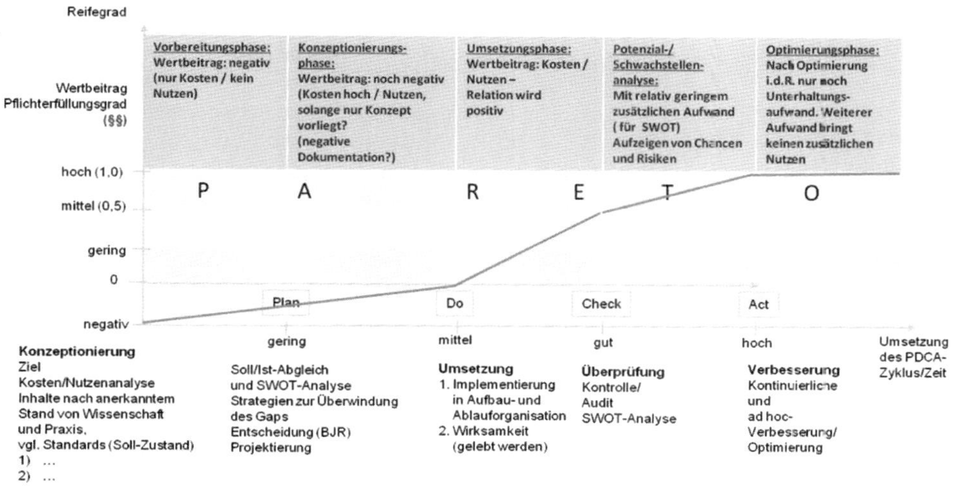

Abb. 8.13 Reifegrad, Pflichterfüllungsgrad und Wertbeitrag im Logistik-(Risiko-)Management. (Quelle: Scherer und Fruth 2014)

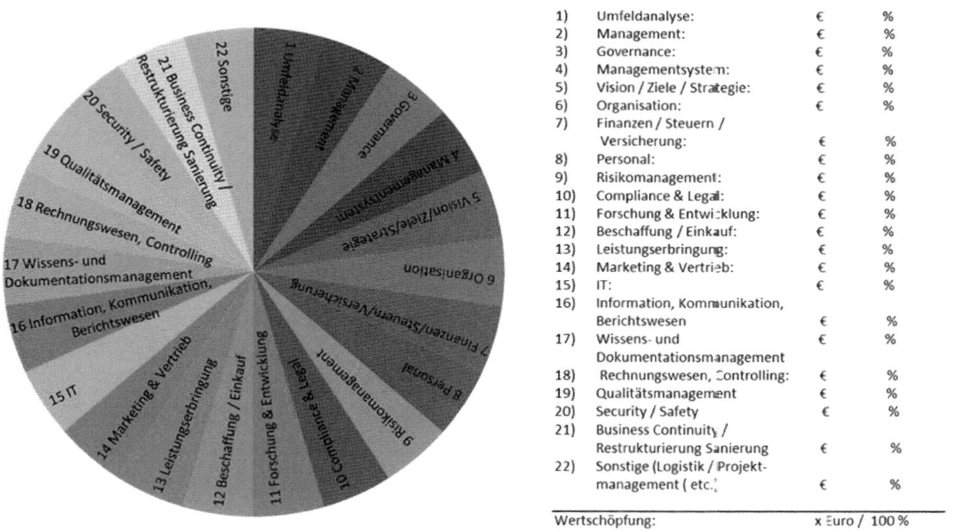

Abb. 8.14 Wertbeitrag des Logistik-(Risiko-)Managements. (Quelle: Scherer und Fruth 2014)

8.8 Handlungsbedarf bei Standardisierung von Logistik-(Risiko-) Management zur Erhöhung der Rechtssicherheit

Es lassen sich auch heute noch (Forschungs-) Aufgaben im Bereich Governance, Risk und Compliance im Zusammenhang mit Logistik-(Risiko-)Management ausmachen, die nötig sind, um den Unternehmern und Aufsichtsorganen auch im Bereich Logistikmanagement bei der Pflicht, das Richtige richtig zu tun (Unternehmen ordnungsgemäß zu führen und zu überwachen), Transparenz, Klarheit und Sicherheit zu verschaffen.

- Die diversen (Teil-)Disziplinen der Wissenschaften (Wirtschaftswissenschaften, Recht, Technik, Psychologie) müssten verstärkt international und übergreifend in Forschung, Lehre, Weiterbildung und Praxis – auch beim Erlass von Standards für ordnungsgemäße Unternehmensführung und -überwachung (GoU/GoÜ) beziehungsweise Logistikmanagement – zusammenarbeiten.
- Primär müssten dabei auch von Seiten der BWL und Technik die – unter Umständen international – relevanten rechtlichen Vorgaben beziehungsweise Rahmenbedingungen – der aktuelle Stand von Gesetzgebung und Rechtsprechung (Compliance) – herausgearbeitet und in Standards, Theorien Methoden, et cetera eingearbeitet oder zumindest auf deren Beachtung deutlich hingewiesen werden: Compliance „beherrscht" längst BWL und Technik und am Ende entscheidet ein Gericht auf der Beurteilungsebene ohne Mitwirkung von Sachverständigen anderer Disziplinen.
- Bezüglich der Struktur und Qualität von Standards sollte darüber hinaus, falls sie die Qualität von „antizipierten Sachverständigengutachten" zur Darstellung des „Anerkannten Standes von Wissenschaft und Praxis" aufweisen wollen, auf die dafür zu erfüllenden Vorgaben geachtet werden.
- Standards sollten – international – bezüglich der diversen Teil-Disziplinen der Unternehmensführung und -überwachung (Governance, wie beispielsweise Logistik-(Risiko-)Management) auf möglichst vollständige und einheitliche Komponenten und die Bedienung der Schnittstellen untereinander zwecks stärkerer Verständlichkeit, Transparenz und Akzeptanz bei den Anwendern in den Unternehmen achten.

8.9 Ausblick

Governance, Risk und Compliance dienen als Steuerungstool bei persönlicher und beruflicher Zielplanung und -festlegung und zur Zielerreichung im Bereich Logistik-Management

(Hinweis: Der folgende Abschnitt ist dem Werk Scherer und Fruth 2015, Kap. 4.1 entnommen.).

In Bezug auf die Ziele unternehmerischen Handelns sind die

- (gemeinsamen) unternehmerischen Ziele der Organe (Geschäftsführer/Vorstand, Gesellschafter, Aufsichtsgremium), Mitarbeiter und sonstigen „interested parties": beispielsweise langfristige Existenz-, Liquiditäts- und Ertragssicherung

zu differenzieren von den

- persönlichen Zielen der jeweils Agierenden.

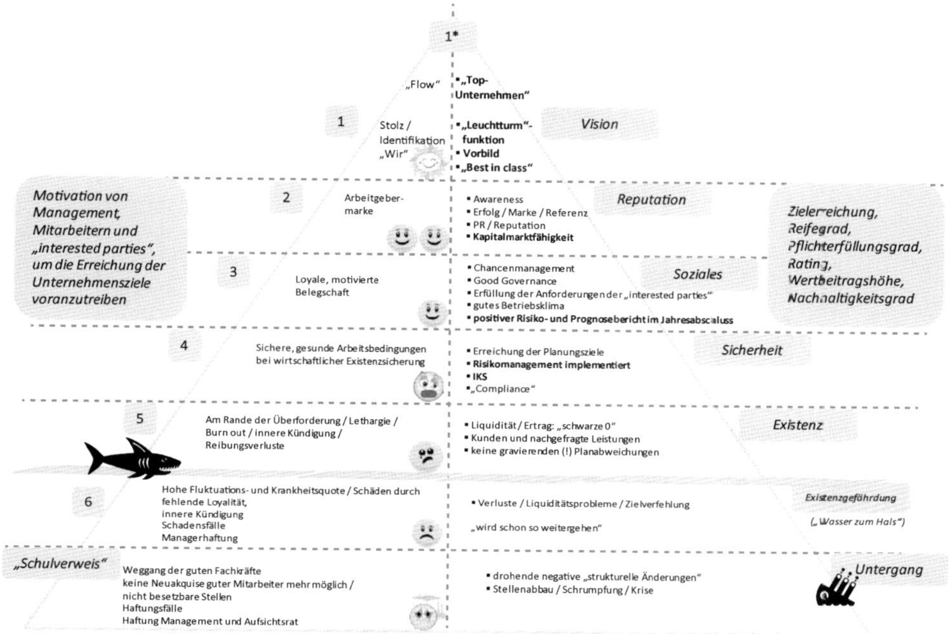

Abb. 8.15 Pyramide persönlicher und unternehmerischer Ziele. (Quelle: Scherer und Fruth 2015)

Entsprechend der Maslow-Pyramide sollte der Manager/Mitarbeiter auf Life-Work-Balance (mens sana in corpore sano) inklusive Gesundheit (körperlich und psychisch) achten (vgl. Abb. 8.15).

Dabei wirken sich berufliche Ängste/Stressszenarien etc. häufig sehr negativ (bis hin zu „Burn out“) aus, so dass es sich lohnt, sich Gedanken über Verursacher „negativen Stresses“ zu machen:

Bei Managern/Mitarbeitern wirkt existenzbedrohend

- der Verlust des Arbeitsplatzes (aufgrund eigenen Misserfolges oder Wegfall des Arbeitsplatzes durch Schwierigkeiten des Unternehmens aufgrund von Krisen, Insolvenz, Notfällen, Markteintrittsbarrieren, fehlendem Erfolg etc.) sowie
- die persönliche straf- und zivilrechtliche Haftung.

Nicht existenzbedrohend, aber ebenfalls sehr negativ wirken sich aus:

- Persönlicher Reputationsverlust
- Beförderungshemmnisse/-stau
- Sonstiger Stress (schlechtes Betriebsklima, Unzufriedenheit etc.)

Abb. 8.16 Ziele und Planung. (QuelleScherer und Fruth 2015)

Ziele und Planung	
Zwingende Ziele:	Planung der Zielerreichung
Freiwillige Ziele:	Entscheidung über Zielsetzung und Planung der Zielerreichung

Diese beispielhaft aufgelisteten, negativen Folgen zu vermeiden, sind ebenfalls (ernstzunehmende) Ziele, die klar und messbar definiert[28] werden sollten.

Ebenfalls sollten die für die Zielerreichung erforderlichen Anforderungen dargestellt werden. Die geplanten Maßnahmen zur Erfüllung der Anforderungen und damit Erreichung der Ziele müssen unbedingt gesteuert und überwacht werden, da sonst der „innere Schweinehund" alles vereitelt.

Interessant erscheint die hier vertretene These, dass sich ein hoher Reifegrad eines (Corporate-)Governance-Managementsystems auch auf die Erreichung der persönlichen Ziele (neben den unternehmerischen Zielen, dazu gleich nachfolgend) positiv auswirkt!

Sobald die Adressaten (Management/Mitarbeiter/„interested parties") das begreifen/verinnerlichen, dürfte ausreichend Motivation vorhanden sein, die Erreichung eines hohen Reifegrades und damit die Ziele zu unterstützen (sofern nicht Phlegmatismus und Egoismen im Einzelfall dies ausschließen).

Schwerpunkt des unternehmerischen Handelns ist ebenfalls das Erreichen von Zielen (vgl. Scherer und Fruth 2014, S. 26 ff. und unten Abb. 8.16).

Dabei ist zu „differenzieren": Es gibt zwingende Ziele ohne Ermessens-/Entscheidungsspielräume (zum Beispiel Compliance/Legalitätspflicht: Abführen der Sozialversicherungsbeiträge, Beachtung der (Straf-) Gesetze et cetera). Diesbezüglich ist nur zu planen, wie diese Ziele unter Beachtung von Ressourcen (Zeit, Geld, Fähigkeiten etc.) angemessen zu erreichen sind. Über die Zielsetzung selbst ist mangels Spielraum nicht zu entscheiden (vgl. Abb. 8.16).

Bezüglich der Themen mit Entscheidungsspielräumen (zum Beispiel unternehmensstrategische Maßnahmen wie Gründung einer Auslandsniederlassung oder Zertifizierung eines Compliance- oder Qualitätsmanagementsystems) muss zum einen (unter Beachtung der Business Judgement Rule) über die Setzung der Ziele entschieden und zuvor beziehungsweise danach die Erreichung der (möglichen) Ziele geplant werden.

Hinweis: Zur Sicherstellung der Zielerreichung beziehungsweise Einhaltung der Planwerte dient das Steuerungs- und Überwachungssystem.

Risiken (Gefahren und Chancen) bedeuten Unsicherheiten bezüglich der Erreichung sowohl der zwingenden als auch der gesetzten Ziele aufgrund positiver oder negativer Beeinflussung der Erfüllung der jeweiligen Anforderungen, die die Zielerreichung voraussetzt (vgl. Abb. 8.17).

[28] Positiv: „Ich werde erreichen, dass …" besser als negativ: „Ich möchte vermeiden, dass …".

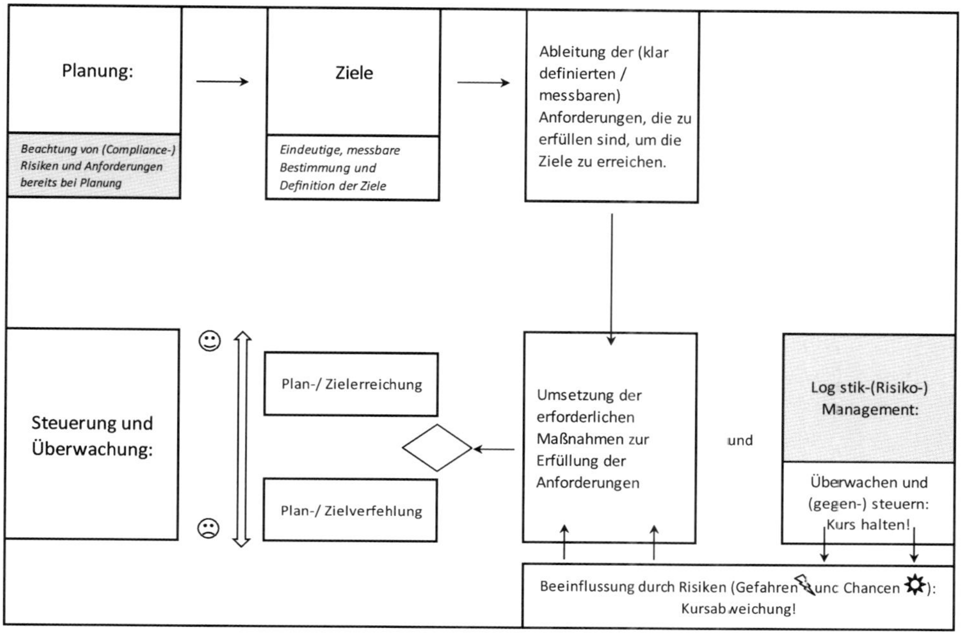

Abb. 8.17 Planung von Zielen und Steuerung/Überwachung der Erfüllung der Anforderungen zur Zielerreichung sowie die Funktion des Logistik-(Risiko-)Managements. (Quelle: Scherer und Fruth 2015)

(Compliance-) Risikomanagement (als Teil des Steuerungs- und Überwachungssystems) dient zum einen dem Sicherstellen der Erreichung der zwingenden (Compliance) und gesetzten Ziele, indem Gefahren/Chancen für eine „Kursabweichung" frühzeitig erkannt und gesteuert werden. Damit sichert/steigert (Compliance-)Risikomanagement zum einen den Unternehmenswert (vgl. (Value-)Bilanz, Scherer und Fruth 2014, Kap. 3), zum anderen die (geplanten) Cash-flows/Gewinne (GuV): Wertbeiträge.

Darüber hinaus ist (Compliance-)Risikomanagement jedoch auch bereits im Vorfeld bei der Planung und Zielsetzung einzusetzen, um die zwingenden (Compliance-)Anforderungen zu eruieren und zu bewerten sowie im Vorfeld von Entscheidungen (unter Beachtung der Business Judgement Rule) die dafür nötige Informationsbasis anzureichern, indem die „Risiken-Chancen-Bilanzen" sowie die jeweiligen (finanziellen) Auswirkungen auf Unternehmenswert und Cash-flow, Gewinn etc. (erforderliches Risikokapital) von Entscheidungsalternativen dargestellt und bewertet/simuliert werden.

Beispiel: Um – wie bereits beschlossen – weiter zu wachsen, steht die Geschäftsleitung (inklusive Beteiligung des Aufsichtsrats beziehungsweise Gesellschafters – je nach Unternehmensform etc.) nach langem Planungsprozess letztendlich vor der Frage, ob sie

- Alternative 1: in Deutschland eine Standorterweiterung durchführen soll oder
- Alternative 2: im Land xy eine neue Niederlassung gründen soll.

Bereits in dieser Phase der Planung und Setzung eines Ziels im Bereich von Entscheidungsspielräumen liefert (Compliance-)Risikomanagement notwendige Informationen, welche zwingenden Anforderungen erfüllt werden müssen (beispielsweise bei Auslandsniederlassung unter anderem rechtliche Vorgaben) und wie sich die jeweilige Alternative auf Unternehmenswert und Cash-flows/Gewinne auswirken mag, und ermöglicht damit die Entscheidungsfindung und Zielsetzung.

Die aus der beschlossenen Alternative 2 erwachsenen Anforderungen für die Zielerreichung (unter anderem „Erwerb einer Immobilie bis …“, „Akquise von 300 Facharbeitern bis …“, „ Erfüllung rechtlicher Vorgaben wie 1. …, 2. …, 3. …“ etc.) müssen nun fristgerecht, effektiv etc. erfüllt werden, um das Ziel entsprechend zu erreichen.

Bei der Maßnahmenumsetzung hilft nun das (Compliance-)Risikomanagement, Kursabweichungen zu vermeiden, und sichert damit die Plan-Zielerreichung.

Auch im Bereich der Logistik finden sich zahlreiche Ziele des Unternehmens und des Managements, deren Erreichung Logistik-(Risiko-)Management unterstützen oder gar sicherstellen mag.

Literatur

Battis, U., Gusy, C.: Technische Normen im Baurecht. Werner, Düsseldorf (1988)

Bayer, W.: Die Innenhaftung des GmbH-Geschäftsführers de lege lata und de lege ferenda. GmbHR GmbH-Rundschau. **17**, 897–907 (2014)

BGH, Urteil vom 07.03.2013, AZ: VII ZR 134/12, NJW 2013, S. 1226

BGH, Urteil vom 24.05.2013, AZ: V ZR 182/12, NJW 2013, S. 2271

Breuer, R.: Direkte und indirekte Rezeption technischer Regeln durch die Rechtsordnung. AöR. Archiv. öffentlichen Rechts. **101**, 46–88 (1976)

Brühwiler, B., Romeike, F.: Praxisleitfaden Risikomanagement – ISO 31000 und ONR 49000 sicher anwenden, 1. Aufl. Erich Schmidt Verlag, Berlin (2010)

BVerfG, Urteil vom 08.08.1978 (Kalkar-Urteil), AZ: 2 BvL 8/77, NJW 1979, S. 359–362

BVerwG, Urteil vom 30.09.1996, AZ: 4 B 175.96, NVwZ-RR 1997, S. 214

Gleißner, W., Romeike, F.: Implikation des IIR-Revisionsstandards Nr. 2. RISIKO MANAGER. Ausgabe. **01**, 31–34 (2015a)

Gleißner, W., Romeike, F.: Praxishandbuch Risikomanagement – Konzepte, Methoden, Umsetzung. Erich Schmidt Verlag, Berlin (2015b)

Gleißner, W., Romeike, F., Schaller, A.: Grundsätze ordnungsgemäßer Planung (GoP) und die Blindheit für Planungsunsicherheit. RISIKO MANAGER. Ausgabe **18**, 19 (2007)

Hommelhoff, P., Schwab, M.: Zum Stellenwert betriebswirtschaftlicher Grundsätze ordnungsgemäßer Unternehmensleitung und -überwachung im Vorgang der Rechtserkenntnis. Z. betriebswirtschaftliche Forsch. ZfbF-Sonderheft. **36**, 149–178 (1996)

International Organization for Standardization (ISO): ISO 19600:2014 – Compliance management systems. http://www.iso.org/iso/home/store/catalogue_tc/catalogue_detail.htm?csnumber=62342 (2014). Zugegriffen: 9. Feb. 2015

Jung, R.H., Bruck, J., Quarg, S.: Allgemeine Managementlehre – Lehrbuch für die angewandte Unternehmens- und Personalführung, 4. Aufl. Erich Schmidt Verlag, Berlin (2011)

Kollatz, P.: Die Haftung des Logistikdienstleisters. In: Knorre, J., Demuth, K., Schmid, R. (Hrsg.) Handbuch des Transportrechts, 1. Aufl., S. 28–31. Verlag C.H. Beck, München (2008a)

Kollatz, P.: Versicherungen für die Tätigkeit als Logistikunternehmer. In: Knorre, J., Demuth, K., Schmid, R. (Hrsg.) Handbuch des Transportrechts, 1. Aufl., S. 376–379. Verlag C.H. Beck, München (2008b)

Koller, I.: Transportrecht, Kommentar, 8. Aufl. Verlag C. H. Beck, München (2013)

LG Mainz, Urteil vom 09.04.2014, Az: 2 O 266/11

Michaelsen, A.: Abweichungen vom Deutschen Corporate Governance Kodex und von § 161 AktG als Pflichtverletzung im Sinne der Untreue. Göttinger Studien zu den Kriminalwissenschaften, Bd. 18. Universitätsverlag Göttingen, Göttingen (2011)

Montag, C.: Logistikdienstleister als Schuldner der Einfuhrumsatzsteuer, BB Betriebs-Berater 2014, S. 265

Moosmayer, K.: Compliance – Praxisleitfaden für Unternehmen, 2. Aufl. Verlag C.H. Beck, München (2011)

Nicklisch, F.: Funktion und Bedeutung technischer Standards in der Rechtsordnung. BB Betriebs-Berater. **38**(5): 261–269 (1983)

OLG Hamm, Urteil vom 25.02.2014, Az: 26 U 157/12

OLG Düsseldorf, Urteil vom 04.05.2012, Az: I-23 U 80/11, BauR 2012, S. 1259, 1260

OLG Nürnberg, Urteil vom 25.03.2011, Az: 5 U 1786/10

RiskNET, Scherer, J.: Interview zum Freispruch der Ex-Vorstände der HSH Nordbank: Straf- und zivilrechtliche Haftung für Missmanagement (18.07.2014). http://www.risknet.de/themen/risknews/straf-und-zivilrechtliche-haftung-fuer-missmanagement/3c60eff295c0d7ee7bf54adbdde675a/ (2014). Zugegriffen: 11. Feb. 2015

Romeike, F.: Gute Frage: Was sind die „Grundsätze ordnungsgemäßer Planung (GoP)"? Risk Compliance Audit. **01**, 14–16 (2012)

Romeike, F., Hager, P.: Erfolgsfaktor Risikomanagement 3.0: Lessons learned, Methoden, Checklisten und Implementierung. Springer, Wiesbaden (2013)

Romeike, F., Stallinger, M.: Schwarze Schwäne im Risikomanagement – Zum Umgang mit seltenen Ereignissen. RISIKO MANAGER. **06**, 1, 7–13 (2014)

Scherer, J.: Good Governance und ganzheitliches, strategisches und operatives Management: Die Anreicherung des „unternehmerischen Bauchgefühls" mit Risiko-, Chancen- und Compliancemanagement. Corp. Compliance Z. (CCZ). **6**, 201–211 (2012)

Scherer, J., Fruth, K.: Geschäftsführer-Compliance. Praxiswissen zu Pflichten, Haftungsrisiken und Vermeidungsstrategien. Erich Schmidt Verlag, Berlin (2009)

Scherer, J., Fruth, K.: Stark in die Zukunft, Neue Trends für effizientes und nachhaltiges Management. Klaus Fruth, Waldkirchen (2011)

Scherer, J., Fruth, K.: Governance-Management B and I: Grundsätze ordnungsgemäßer Unternehmensführung (GoU) und -überwachung (GoÜ): Grundsätze ordnungsgemäßer (Corporate) Governance (GoGov). Klaus Fruth, Waldkirchen (2014)

Scherer, J., Fruth, K.: Der Einfluss von Standards, Technikklauseln und des „Anerkannten Standes von Wissenschaft und Praxis" auf Organhaftung und Corporate Governance – am Beispiel ISO 19600 (2015) Compliancemanagementsystem. Corp. Compliance Z. (CCZ). **1**, 209–218 (2015a)

Scherer, J., Fruth, K.: Governance-Management (Band II: Grundsätze ordnungsgemäßer Unternehmensführung (GoU) und -überwachung (GoÜ): Grundsätze ordnungsgemäßer (Corporate) Governance (GoGoV). Klaus Fruth, Waldkirchen (2015b) (erscheint 4/2015)

Seibel, M.: Abgrenzung der „allgemein anerkannten Regeln der Technik" vom „Stand der Technik". NJW Neue Juristisch. Wochenschr. **41**, 3000–3004 (2013)

Sieg, O., Zeidler, S.-A.: Business Judgement Rule. In: Hauschka, C.E. (Hrsg.) Corporate Compliance, 2. Aufl., S. 46–72. Verlag C.H. Beck, München (2010)

Wieske, T.: AGB für die Logistik? VersR Versicher. **57**(7), 336 (2006)

Wieske, T.: Logistik-AGB. In: Heidel, T., Schall, A. (Hrsg.) Handelsgesetzbuch: HGB – Handkommentar, 1. Aufl., S. 2589–2600. Nomos Verlagsgesellschaft, Baden-Baden (2011)

Wikipedia: Fields of Science and Technology. http://de.wikipedia.org/wiki/Fields_of_Science_and_Technology (2014). Zugegriffen: 11. Feb. 2015

Wojtek, R., Ettrich, P.: Haftungsvermeidung im Transportgewerbe. In: Hauschka, C.E. (Hrsg.) Corporate Compliance, 2. Aufl., S. 1118–1140. Verlag C.H. Beck, München (2010)

Wöhe, G., Döring, U.: Einführung in die Allgemeine Betriebswirtschaftslehre. 25. Aufl. Vahlen, München (2013)

Zöllner, W., Noack, U.: § 43 Haftung der Geschäftsführer. In: Baumbach, A., Hueck, A. (Hrsg.) GmbHG. 19. Aufl. Verlag C.H. Beck, München (2010)

Prof. Dr. jur. Josef Scherer ist seit 1996 Professor für Unternehmensrecht (Compliance), insbesondere Risiko- und Krisenmanagement, Sanierungs- und Insolvenzrecht an der Technischen Hochschule Deggendorf sowie Gründer und Leiter des Internationalen Instituts für Governance, Management, Risk- und Compliance Management der Technischen Hochschule Deggendorf THD. Neben seiner Tätigkeit als Seniorpartner der auf Governance, Risk & Compliance (GRC) spezialisierten Wirtschaftsrechtskanzlei Prof. Dr. Scherer, Dr. Rieger & Partner erstellt er wissenschaftliche Rechtsgutachten und agiert als Richter in Schiedsgerichtsverfahren. Von 2001 bis 2014 arbeitete er auch als Insolvenzverwalter in verschiedenen Amtsgerichtsbezirken. In Kooperation mit TÜV und RiskNET konzipierte er als Studiengangsleiter und Referent den akkreditierten berufsbegleitenden Masterstudiengang Risikomanagement und Compliance Management an der Technischen Hochschule Deggendorf. Seine Forschungs- und Tätigkeitsschwerpunkte mit zahlreichen Publikationen liegen auf den Gebieten der Managerhaftung, Governance, Compliance- und Risikomanagement sowie des Vertragsmanagements, Produkthaftungs-, Krisen-, Sanierungs- und Insolvenzrechts.

9 Versicherungen als mögliche risikopolitische Maßnahme: Von der Transportversicherung zu neuen Ansätzen in der Betriebsunterbrechungsversicherung

Alexander C. H. Skorna

Inhaltsverzeichnis

A. C. H. Skorna (✉)
Funk Gruppe GmbH/RMCE, Hamburg, Deutschland
E-Mail: a.skorna@funk-gruppe.de

M. Huth, F. Romeike (Hrsg.), *Risikomanagement in der Logistik*,
DOI 10.1007/978-3-658-05896-8_9

9.1 Einleitung

Globale Naturereignisse wie der Tsunami in Japan, der Hurrikan Sandy in den USA oder die Flut in Thailand zeigten in den letzten Jahren die Risiken und Auswirkungen von Unterbrechungen der Logistikketten auf. Aufgrund von Effizienzsteigerung und Kostendruck haben Unternehmen ihre Sicherheitsbestände weitgehend reduziert, so dass die Risikoexposition in der Logistik naturgemäß steigt. Gleichzeitig erfordern weltweit verteilte Produktions- und Absatzmärkte eine zunehmende Vernetzung der Unternehmen in komplexen Lieferketten. Die Gefahr einer ungewollten Betriebsunterbrechung steigt somit in einer globalisierten Wirtschaft mit zunehmender Spezialisierung und abnehmenden Fertigungstiefen. In der Konsequenz steigen die Abhängigkeiten vieler Unternehmen und Umsatz- beziehungsweise Ertragsausfälle gewinnen für Produktions- und Handelsunternehmen an Bedeutung (vergleiche hierzu die einführenden Kap. 1 und 2). Denn ein Abriss der Lieferketten durch einen Ausfall von Schlüssellieferanten, Großkunden oder sogar branchenrelevanten Unterlieferanten kann mittlerweile einen Dominoeffekt mit weitreichenden Konsequenzen für die Lieferketten auslösen.

Doch nicht nur Naturereignisse bedrohen die weltumspannenden Lieferketten. Gefahren wie beispielsweise Feuer, Streiks, Infrastrukturengpässe im Rahmen der Warenanlieferung und auslieferung, Unterbrechung der Strom- und Datenversorgung oder behördliche Anordnungen an einem Zulieferstandort können in Lieferketten ohne Bestandspuffer zu ähnlichen Auswirkungen und somit zu Störungen führen. Selbst ein Verlust oder die Beschädigung von Waren während eines Transports erfordern in der Regel eine Ersatzlieferung und können je nach Spezifikation und Ausgestaltung der Lieferkette die Produktion beziehungsweise Lieferfähigkeit des Abnehmers gefährden.

Unterbrechungen der Lieferketten, insbesondere bei kritischen Teilen oder Grundprodukten, wirken sich direkt auf die Produktion aus und beeinflussen auch die übergeordneten Prozesse eines Unternehmens. Die Konsequenzen reichen von einer angeschlagenen Marke bis zu Kundenverlusten und einem fallenden Aktienkurs. Es droht eine Verringerung des Marktanteils, sofern nicht schnell und wirksam auf Unternehmerseite reagiert wird. Unternehmen müssen daher ihre möglichen Engpässe und Schwachstellen in der Lieferkette identifizieren, um geeignete Risikomanagementstrategien zu entwickeln beziehungsweise sinnvolle Versicherungsdeckungen abzuschließen. Typische versicherungsrelevante Schwachstellen in den Lieferketten resultieren dabei aus folgenden Quellen (Advisen 2013, S. 3 f.):

- Outsourcing der Produktion in volatile oder anfällige Regionen: Insbesondere in den letzten Jahren verlagerten Unternehmen Teile ihrer Produktion nach Osteuropa oder Asien. Die so neu entstandenen Zulieferbeziehungen stammen vielfach aus aufstrebenden Märkten mit volatilen politischen, gesetzlichen und finanziellen Rahmenbedingungen, die die Lieferketten zu einem höheren Grad gegenüber politischen Risiken exponieren. Teilweise entstehen neue Produktionszentren auch in Regionen, die besonders anfällig gegenüber Naturkatastrophen sind.

- Eingeschränkte Redundanzen: Redundanzen sind unter dem herrschenden Kostenimperativ in den letzten Jahren systematisch reduziert, teilweise auch vollständig eliminiert worden. Im Ergebnis sind diese schlanken Lieferketten weitgehend frei von „Verschwendung“, gleichzeitig werden allerdings auch Schwachstellen offensichtlich.
- Versagen bei der Identifikation der Lieferkettenexposition: Alle Unternehmen und speziell solche mit komplexeren Lieferketten sollten versuchen, die möglichen Quellen von Störungen und Abbrüchen ihrer Lieferketten zu identifizieren. Vielen Unternehmen steht diese wichtige Aufgabe jedoch noch bevor. Unternehmen kennen zwar ihre Zulieferer, wissen allerdings oft nicht, in welchen Regionen beziehungsweise Standorten ihre Bauteile genau produziert werden und ob ihre Lieferanten eigene Redundanzen und Sicherheitsbestände für Notfälle aufgebaut haben.
- Lieferanten der Lieferanten: Die mit heutigen Lieferketten einhergehende Komplexität erschwert es Unternehmen speziell am Ende der Lieferkette, mögliche Schwachstellen und Risiken ihrer Lieferanten zu identifizieren und zu verstehen. Der fehlende Einbezug von Lieferanten der zweiten und dritten Ebene in das eigene Risikomanagement erzeugt zusätzlich unbekannte Schwachstellen, die im Rahmen des Risikomanagements beispielsweise über eine Versicherungsdeckung abgesichert werden sollten.
- Konzentrationen: Innerhalb der Lieferkette treten zwei Arten von problematischen Konzentrationen auf. Einerseits die Konzentration von Produkten typischerweise in großen Zentrallagern und andererseits die Konzentration von Lieferanten in bestimmten Regionen. Fallen Zentrallager beispielsweise durch Feuer oder ganze Regionen aufgrund eines Naturereignisses aus, hat dies direkte Auswirkungen auf die Lieferketten und erhöht die Gefahr von großflächigen Betriebsunterbrechungen in der Industrie.

Ausgehend von diesen kurz skizzierten Schwachstellen und Problemfeldern innerhalb der Lieferketten stellt der nachfolgende Abschnitt die Versicherung als risikopolitische Maßnahme in seinen Grundzügen vor.

9.2 Grundzüge der Versicherung als risikopolitische Maßnahme

Für Unternehmen stellt der Kauf von Versicherungsprodukten ein Instrument zur Risikosteuerung dar, mit dem im Rahmen ihres Risikomanagements Risiken an Versicherungsgesellschaften gegen eine Prämienzahlung transferiert werden können. Über eine Versicherung werden insbesondere die finanziellen Aufwendungen der Unternehmen bei unerwarteten Schadenereignissen reduziert, so dass die Versicherung eine wirkungsbezogene Maßnahme im Sinne des Risikomanagements darstellt (vergleich Kap. 3 sowie Abb. 6.2 in Kap. 6). Für Unternehmen erhöht die Übertragung des Risikos die Planungssicherheit der Zahlungen und gleicht diese aus.

Somit ist unter dem Begriff Versicherung die Deckung eines im Einzelnen ungewissen, insgesamt aber abzuschätzenden Mittelbedarfs auf der Grundlage des Risikoausgleichs im Kollektiv und der Zeit zu verstehen (Farny 2011, S. 13 sowie Nguyen und Romeike, S. 10

sowie S. 16). Der Vorteil einer Versicherung liegt dann in einem Ausgleich des gesamten Nutzenverlusts, der durch den Schadeneintritt entstanden ist. Die Versicherung ist allerdings erst dann ökonomisch sinnvoll für den Versicherungsnehmer, wenn der Erwartungswert der erhaltenden Entschädigung größer ist als der entsprechende Erwartungswert für die Prämienzahlung.

Wesentliche Grundlage für den Einsatz von Versicherungen als risikopolitische Maßnahme ist die Prüfung der Versicherbarkeit von Risiken anhand eines mehrstufigen Problemlösungsprozesses (Helten et al. 2000, S. 177 ff.). Zunächst gilt, dass nur die finanziellen Folgen von eingetretenen Risiken versicherbar sind, nicht aber die Risiken an sich. Zudem können grundsätzlich nicht alle mit Unsicherheit behafteten Finanzbedarfe versichert werden. Das Prinzip der gemeinsamen Finanzreservebildung verlangt ein ausreichend großes Kollektiv, damit die Produktion von Versicherungsschutz beziehungsweise der Risikotransformationsprozess stattfinden kann. In einem zweiten Schritt ist anschließend die theoretische Versicherbarkeit von Risiken zu prüfen. Hierfür werden von Karten (Karten 2000, S. 127 ff. sowie Nguyen und Romeike, S. 37 ff.) die nachfolgend skizzierten Kriterien vorgeschlagen:

- Zufälligkeit: Sie steht für die Ungewissheit und Unbeeinflussbarkeit des versicherten Risikoereignisses bei Vertragsabschluss sowohl für den Versicherungsnehmer als auch für die Versicherungsgesellschaft.
- Schätzbarkeit: Für die risikogerechte Tarifierung von Prämien müssen der Versicherungsgesellschaft zumindest einzelne Parameter einer Wahrscheinlichkeitsverteilung für den Schadeneintritt bekannt sein.
- Unabhängigkeit: Die Wahrscheinlichkeiten der Schadenereignisse sollten sich gegenseitig nicht beeiflussen.
- Eindeutigkeit: Sie bezieht sich auf den Eintritt des Schadenfalls sowie der Schadenhöhe und wird in der Regel im Versicherungsvertrag festgeschrieben.
- Größe: Einhaltung einer bestimmten Obergrenze (Kapazität) für das Schadenpotenzial aus einem versicherten Risiko, so dass es im gegebenen Versicherungsbestand noch ausgleichsfähig ist.

Diese Kriterien sind generell auf die Risiken von Logistikprozessen und Lieferketten anwendbar, stellen die Versicherungswirtschaft aber vor Probleme in der Tarifierung. Aufgrund der hohen Dynamik von Logistikprozessen besteht eine hohe Unsicherheit über die tatsächliche Exposition der versicherten Risiken. Veränderte Gefahrenlagen und eine fehlende aussagekräftige Schadenhistorie erschweren die Kalkulation der Versicherungsprämie zu Beginn einer Vertragslaufzeit. Diese Probleme bei der Abschätzung einzelner Risiken behindern auch die Risikoschätzung für das Versicherungskollektiv. Ein weiteres Problemfeld ist die unbemerkte Kumulierung von versicherten Risiken in einer Lieferkette. Die Versicherungswirtschaft sollte daher genau die einzelnen Akteure einer Lieferkette prüfen und die Versicherung mehrerer Akteure innerhalb einer Lieferkette vermeiden. Im Ergebnis führen solche Kumulpotenziale dazu, dass die Versicherungsgesellschaft für ein

Schadenereignis mehrere Einzelschäden bei Versicherungsnehmern zu regulieren hätte. Die versicherten Unternehmen erweisen sich insofern als nicht voneinander unabhängig.

Daher greifen Versicherungsgesellschaften erfahrungsgemäß bei logistikbezogenen Risiken, die über die klassische Transportversicherung hinausgehen, zu hohen Sicherheitsaufschlägen in der Tarifierung, zu möglichst langen Vertragslaufzeiten für einen Risikoausgleich über die Zeit und zu substantiellen zeitlichen sowie finanziellen Selbstbehalten zur Beteiligung der Versicherungsnehmer. Meist stellen Versicherungsgesellschaften zusätzlich Mindestanforderungen und Obliegenheiten wie beispielsweise ein wirksames Management von Logistikrisiken bei ihren Kunden auf.

Die Versicherungswirtschaft bietet für die vielschichtigen Risiken und Gefahren im Rahmen von Logistikprozessen unterschiedliche Produkte an. Im folgenden Abschnitt wird die Transportversicherung zur Absicherung der physischen Transportprozesse und der damit verbundenen Gefahren als Teil der Logistikrisiken diskutiert. Eine Absicherung von Betriebsunterbrechungsschäden fällt dagegen primär in die Sachversicherung. Neue Ansätze im Umfeld von Logistikrisiken werden im Abschn. 9.4 erläutert. Zusätzlich bietet die Versicherungswirtschaft Analysewerkzeuge, die die Transparenz der Logistikrisiken erhöhen. Näheres wird im Abschn. 9.5 im Rahmen der Betriebsunterbrechungsanalyse vorgestellt.

9.3 Transportversicherung – mehr als ein Geldwechselgeschäft?

Das Produkt Transportversicherung umfasst die Gefahrendeckung für bewegte Transportgüter (Güter- beziehungsweise Warenversicherung) und Transportmittel (Kaskoversicherung). Zusätzlich können Frachtführer wie Spediteure und Logistikdienstleister ihr Haftungsrisiko bei Beschädigung oder Verlust der Transportgüter versicherungsvertraglich absichern (Lange und Robold 2010, S. 212). Historisch betrachtet ist die Transportversicherung die älteste Versicherungsform überhaupt, und erste Belege sind bereits im Jahre 2250 v. Chr. in der Antike zu finden. Wesentliche, heute gängige Versicherungsprinzipien wie die Prämienvorauszahlung sind erstmals im 14. Jahrhundert in Norditalien ebenfalls im Zusammenhang mit Transportversicherungen entwickelt worden (Herold und Paetzmann 1999, S. 9).

Hauptmotivation für die verladende Wirtschaft, eine Transportversicherung abzuschließen, sind die häufig stark beschränkten Haftungsgrenzen der Verkehrsträger beziehungsweise Frachtführer. Die branchenüblichen Haftungsgrenzen beziehen sich zur Berechnung der Ausgleichszahlung im Schadenfall auf das Bruttogewicht der Transportsendung einschließlich des Verpackungsgewichts. Hochpreisige und vergleichsweise leichte Warensendungen (beispielsweise in der Luftfracht) werden im Schadenfall bei diesem pauschalen Wertersatz deutlich unterhalb ihres tatsächlichen Warenwertes kompensiert. Durch einen allgemeinen Anstieg der Warenwerte pro Transportsendung ist die Höhe der Verkehrsträgerhaftung daher meist nicht ausreichend. Den Differenzbetrag zwischen dem Wertersatz des Frachtführers trägt das verladende Unternehmen ohne eine Transportversicherung selbst. Ein weiterer Grund für den Abschluss einer Transportversicherung ist der Haftungsausschluss beispielsweise bei „höherer Gewalt“ infolge von Naturereignissen für Spediteure und Frachtführer (Skorna 2013, S. 59).

In bestimmten Fällen ist der Abschluss einer Transportversicherung für Handelsgeschäfte vorgeschrieben. Übernehmen Kunden oder Kreditinstitute die Produktionsrisiken beispielsweise in Form einer Vorfinanzierung, dient die zu transportierende Ware als risikodeckender Gegenwert. Die zusätzlichen Risiken des Transports in Form einer zufälligen Beschädigung oder eines Verlusts der Güter müssen dann über eine spezielle Transportversicherung abgedeckt werden, ohne welche die Vorfinanzierung nicht zustande kommt (Enge und Schwampe 2012, S. 19). Insbesondere für Außenhandelsgeschäfte regeln die Handelspartner ihre Zahlungsmodalitäten als Akkreditiv, bei dem eine neutrale Instanz in Form einer Bank die Zahlung an den Absender bei Erfüllung bestimmter Bedingungen innerhalb eines festgelegten Zeitraums garantiert. Die Vorschriften der Bank bei solchen Geschäften erfordern meist auch eine Transportversicherung. Letztlich erfordern auch bestimmte Lieferklauseln beziehungsweise Incoterms wie beispielsweise CIP (Carriage Insurance Paid) oder CIF (Cost Insurance Freight) den Abschluss einer Transportversicherung.

Neben der Beschädigung von Gütern sind im Rahmen der Transportversicherung auch Auswirkungen eines Schadens wie Lieferverzögerungen auf die Lieferkette mitversichert, sofern diese als unmittelbare Folge auf einen ersatzpflichtigen Güterschaden zurückzuführen sind (GDV 2011). Diese Güterfolgeschäden liegen dann vor, wenn die Verwendung der versicherten Güter infolge eines Schadens beeinträchtigt oder nicht mehr möglich ist und dadurch der Aufwand an fortlaufenden Kosten zur Fortführung des Betriebs nicht erwirtschaftet werden konnte. Die Kosten werden allerdings nur ersetzt, soweit ihr Weiteraufwand rechtlich notwendig oder wirtschaftlich begründet ist. So können beispielsweise kurze Stillstände der Produktionsbänder über wenige Minuten in der Automobilindustrie über die Transportversicherung eingeschlossen werden.

Für die Versicherungswirtschaft ist die Transportversicherung allerdings nicht unproblematisch. Mit einer Marktgröße (2014) von insgesamt rund 1,8 Mrd. € gebuchten Brutto-Beiträgen (inklusive Luftfahrt) handelt es sich bei dem Transportgeschäft im Vergleich zu den wesentlich größeren Kraftfahrt-, Sach- und Haftpflichtsparten eher um einen Nischenmarkt (GDV 2014, S. 71). Die hohe Schadenquote von über 75 % (2014) und die Anfälligkeit des Produkts gegenüber Frequenzschäden birgt die Gefahr, dass die Transportversicherung ein „Geldwechselgeschäft“ darstellt. Dies bezeichnet im Versicherungskontext die Prämienzahlung eines Versicherungsnehmers für spätere, weitgehend als sicher geltende Schadenzahlungen der Versicherungsgesellschaft aufgrund der hohen Frequenzschadenlast im Transport. Teure Großschäden werden idealerweise aus der Versicherungsperspektive über eine möglichst lange Vertragslaufzeit und entsprechende Prämienanpassungen refinanziert. Aufgrund der aktuellen weichen Marktsituation (Käufermarkt) lässt sich dies nicht durchgängig realisieren.

Trotzdem gilt der Grundsatz: Je wertvoller die transportierte Ware, desto wichtiger ist ein spezieller (Transport-)Versicherungsschutz. Die eingangs vorgestellten Trends wirken sich auch auf die Transportprozesse und die damit verbundenen Risiken aus. Die Transportkapazitäten zu Wasser, zu Land und in der Luft nehmen weltweit zu, Hafenlogistik sowie Umschlaggeschwindigkeit der Güter passen sich dieser Entwicklung an. Die Folge sind höhere Wertekonzentrationen und damit einhergehend steigende Versicherungswerte. So verfügen beispielsweise moderne Containerschiffe über eine Kapazität von bis zu 18.000 Standardcontainern, genug um rund 111 Mio. Paar Schuhe mit einer Ladung zu transportieren. So können allein die Warenwerte einer Ladung dieser Dimension Größenordnungen von ein bis zwei Mrd. Euro erreichen (Munich Re 2013, S. 7). Verglichen mit dem Wert des Schiffs von rund 200 Mio. Euro sind die transportierten Waren der dominierende Risikofaktor. Hinzu kommt die wachsende Bedeutung des Bereichs Offshore-Energie, bei dem Logistikprozesse sowie komplexe Risiken während des Transports und Aufbaus ebenfalls eine wesentliche Rolle spielen.

Die Möglichkeit der Deckung von Risiken beziehungsweise Gefahren jenseits des physischen Transports über die Transportversicherung ist allerdings beschränkt. Folgeschäden wie eine Betriebsunterbrechung sind in diesem Produkt zwar grundsätzlich in engen Grenzen versicherbar, in der Praxis wird dieses Risiko jedoch primär in der Sachversicherung eingeschlossen (Lange und Robold 2010, S. 46). Insofern basieren die aktuellen Deckungserweiterungen und Diskussionen für die Versicherung von Risiken einer Lieferkette auf Konzepten der Sachversicherung. Die neuen Ansätze im Bereich der Betriebsunterbrechungsversicherung werden im folgenden Abschnitt vorgestellt.

9.4 Neue Ansätze im Bereich der Betriebsunterbrechungs-Versicherung

Die Betriebsunterbrechungs-Versicherung (BU-Versicherung) ist heute die gängigste Ertragsausfalldeckung, sie gehört allerdings streng betrachtet zu den Vermögenschadenversicherungen. Die Versicherung ist an dem gemeinen Unternehmensziel der Gewinnmaximierung ausgerichtet und deckt bei einer Betriebsunterbrechung die entstehenden Kosten sowie Erträge. Der betriebswirtschaftliche Schaden einer Betriebsunterbrechung ist aus dem Wert der entgangenen Betriebsgewinne (Ertragsausfall), der weiter laufenden (fixen) Kosten sowie möglichen Kosten zur Reduzierung des Ausfallschadens zusammengesetzt. Grundlage in der traditionellen Ausrichtung des Produkts ist der eingetretene Sachsubstanzschaden durch eine versicherte Gefahr (beispielsweise Feuer oder Naturereignis).

Eine Besonderheit stellen in der BU-Versicherung Wechsel- und Rückwirkungsschäden dar. Wechselwirkungsschäden bezeichnen die Auswirkungen eines Sachschadens in einem Betriebsstandort auf andere Betriebsstandorte desselben Eigentümers, vorausgesetzt der gesamte Betrieb ist in einem BU-Vertrag versichert. Außerdem muss sich der eine Betriebsunterbrechung auslösende, ersatzpflichtige Sachschaden in einer dieser Betriebsstellen ereignen. Rückwirkungsschäden bezeichnen die Auswirkungen eines Sachschadens in Betrieben fremder Eigentümer auf den gegen BU-Risiken versicherten Betrieb, die in diesem Betrieb zu keinem Sachschaden geführt haben (Lange und Robold 2013, S. 198 f.).

Ein besonderes Problem stellen nun Branchenkonstellationen dar, bei denen einzelne oder wenige hoch spezialisierte Zulieferer viele unterschiedliche Unternehmen beliefern oder wenn sich diese Zulieferer auf engem Raum konzentrieren und von einem Schadenereignis betroffen werden. So verursachten im Jahr 2011 nur die beiden Schadenereignisse „Thailand-Flut" und „Japan-Erdbeben" nahezu alle Rückwirkungsschäden im deutschen Versicherungsmarkt (Munich Re und Wegner 2014, S. 27). Über die Hälfte der versicherten Rückwirkungsschäden entfiel auf die Elektronikindustrie und mehr als ein Drittel auf die Automobilindustrie. Interessanterweise weisen beide Branchen hinsichtlich der BU-Exposition zunächst gänzlich unterschiedliche Risikoprofile auf. In der Automobilindustrie dominieren 15 bis 30 große Hersteller den Markt weltweit, die von etwa rund 1000 Schlüssellieferanten und unzähligen Unterlieferanten beliefert werden (Abnehmerkonzentration). Im Bereich der Elektronikindustrie ist das Verhältnis umgedreht. Dort stellen rund 100 Waferproduzenten zu Beginn der Lieferkette das Ausgangsprodukt für Elektronikchips her, die eine Vielzahl von Unternehmen in ihre Produkte einbauen (Anbieterkonzentration). Die räumliche Ballung der Produzenten oder ein Wegfall von hochfrequentierten Transportwegen spitzten die Situation zusätzlich zu.

So besteht nicht nur in diesen Branchen aufgrund ihrer hohen Verflechtungen und Abhängigkeiten von Unternehmen untereinander die Gefahr, dass Lieferketten abreißen beziehungsweise unterbrochen werden. Insbesondere unter dem Eindruck der Auswirkungen einer Aschewolke über Europa im Jahr 2010, die den europäischen Luftraum blockierte, und des Flutereignisses in Deutschland 2013, das zahlreiche Straßen- und Schienenverbindungen unterbrochen hatte, verlangte die Industrie nach neuen Versicherungskonzepten zur Absicherung von schadenunabhängigen Betriebsunterbrüchen. Die Versicherungswirtschaft reagierte und bietet seitdem unter dem Schlagwort „Non-Damage-Business-Interruption" entsprechende Versicherungslösungen an. Die Deckung gilt meist weltweit, kann auch Zulieferer der zweiten und dritten Ebene einschließen und umfasst unter anderem folgende schadenunabhängige Ursachen für Betriebsunterbrechungen:

- Streik, Aussperrung, Arbeitsverzögerung (beispielsweise Generalstreiks, Zugführer-/Hafenarbeiterstreiks),
- Politische Risiken (beispielsweise Quarantäne-Maßnahmen bei Pandemiefällen, Konfiszierung von Betrieben, Einschränkungen bei Im- und Export wie bei Embargos),
- Unterbrechung der Medien- und Datenversorgung (beispielsweise Ausfall von Strom, Gas, Wasser, Telekommunikation, Ausfall der Informationstechnik inklusive Cyberangriffe),
- Eigentümerwechsel und Insolvenz (beispielsweise bei Zulieferern oder Abnehmern sowie bei Transportdienstleistern und daraus resultierende, den Betrieb einschränkende Konsequenzen),
- Anordnungen von zivilen oder militärischen Behörden (beispielsweise Sperrung des Luftraums oder der Häfen, vorsorgliche, vorrübergehende Schließung von Betrieben wegen drohenden Naturereignissen oder Smogs) sowie

- Beschränkungen bei der Warenan- und auslieferung (fehlender beziehungsweise eingeschränkter Zugang zum eigenen Betrieb oder Zulieferer, zu Häfen oder Transportwegen).

Trotz der bewusst in die Breite angelegten Interpretierbarkeit dieser nun versicherbaren Gefahren, arbeiten nahezu alle Versicherungsgesellschaften weiterhin mit zahlreichen Ausschlüssen. Beispielsweise können Unternehmen Risiken aus Kriegsereignissen und Terrorismus nur über spezifische Sonderdeckungen absichern. Die Versicherungswirtschaft knüpft im Allgemeinen die Bereitstellung von Versicherungskapazitäten an Bedingungen und verlangt von ihren Kunden je nach versicherter Gefahr unterschiedliche zeitliche sowie finanzielle Selbstbehalte.

Die Versicherungen benötigen ausreichende Kenntnisse über potenzielle Schadensszenarien entlang der Wertschöpfungskette. Bestimmte Risikofaktoren wie die hohe Dynamik der Logistikprozesse oder die Flexibilität von Fertigungsprozessen bleiben schwer greifbar. Informationen der Versicherungsnehmer über die Charakteristika und Schwachstellen von Lieferketten sind meist wenig standardisiert und gelten bei den Unternehmen als sensibel. Die Versicherungsgesellschaften erwarten beispielsweise die Bereitstellung von Adressdaten mitversicherter Zulieferer, Kunden und eigener Standorte sowie eine Übersicht über Transportwege und Verkehrsknoten. Zudem kommt der Beurteilung des Risikomanagements beziehunsweise der Risikophilosophie bei den Unternehmen eine Schlüsselrolle zu. Versicherungsgesellschaften und Versicherungsmakler bieten in diesem Zusammenhang Betriebsunterbrechungs-Analysen an, mit denen der konkrete Versicherungsbedarf gegenüber Logistikrisiken anhand von szenariobasierten Schadenschätzungen transparent aufgezeigt werden kann (siehe hierzu auch Kap. 6). Eine Vorstellung des Vorgehens und der Methodik wird im folgenden Abschnitt aufgezeigt.

9.5 Erhöhung der Risikotransparenz in der Lieferkette mittels Betriebsunterbrechungsanalysen

Das wirksame Risikomanagement beim Umgang mit Logistikrisiken ist der zentrale Ansatzpunkt zur weitgehenden Vermeidung negativer Auswirkungen von Schadenereignissen im Verlauf der Lieferkette. Im Rahmen der individuellen Risikobewertung bietet die Versicherungswirtschaft Betriebsunterbrechungs-Analysen (BU-Analysen) an, die durchgängig szenariobasiert sind und einer „Was-wäre-wenn?"-Betrachtung folgen (Romeike und Spitzner 2013, S. 55 ff.). Im Fokus der Analysen steht die Abschätzung des potenziellen Schadenausmaßes einer Betriebsunterbrechung, unabhängig von spezifischen Schadenursachen. Damit werden konkrete Aussagen zur Höhe der Eintrittswahrscheinlichkeit eines Schadens vermieden. Analyserelevant sind letztlich der Ausfall von Engpassanlagen beziehungsweise eine Unterbrechung der Lieferkette an ihrem schwächsten Glied und die damit verbundenen Auswirkungen auf die Unternehmenserträge, da dies in der Regel zu dem größtmöglichen Schadenereignis führt. Sinnvolle Maßnahmen, die die Schadenhöhe mindern, werden in konservativer Abschätzung einbezogen. Die entstehenden Schadenminderungskosten beziehungsweise Mehrkosten sind ebenso konservativ zu schätzen und mit ihren jeweiligen Schadenminderungseffekten zu verrechnen. Die Zielsetzung der BU-Analyse ist somit, die Transparenz über Standorte des Unternehmens sowie über die internen und externen Abhängigkeiten innerhalb der Lieferketten in mehreren Schritten zu erhöhen:

1. Schaffung einer Datenbasis: Anhand einer Bestandsaufnahme werden die Standort- und Risikosituation sowie betriebsinterne und -externe Abhängigkeiten über die Skizzierung der Materialflussströme anhand einer strukturierten Prozess- und Risikoanalyse ermittelt.
2. Datenanalyse: Auf der Grundlage der Materialflüsse werden nun potenzielle Engpässe und Schwachstellen in der Lieferkette identifiziert. Sensible, nicht schnell zu ersetzende Zulieferer oder Abnehmer beziehungsweise Schlüsselprozesse im eigenen Werksverbund der Betriebe sind die Basis für die zu identifizierenden „kritischen Pfade" innerhalb der Lieferkette. Hochspezialisierte Zwischenprodukte und standortspezifische Engpassanlagen stehen zusätzlich im Fokus der Datenanalyse. Anschließend werden Szenarien definiert, die zu einer relevanten Betriebsunterbrechung führen können.
3. Quantifizierung: Unter Berücksichtigung von Produktionsalternativen werden die zeitlichen und finanziellen Auswirkungen modelliert und quantifiziert. Auf dieser Grundlage können Wiederbeschaffungszeiten und Höchstschadenschätzungen („Worst Cases") Indikationen über sinnvolle Versicherungssummen und Haftzeiten geben.

Aufgrund der Problematik, die Wahrscheinlichkeit und das Ausmaß eines Risikos genau zu bestimmen, ist die Risikobewertung auch von der Risikoeinstellung und der mit ihr verbundenen subjektiven, kulturellen Risikowahrnehmung des Unternehmens und seiner Mitarbeiter abhängig (Romeike und Müller-Reichart 2008, S. 53 ff.). Zur Objektivierung der BU-Analyse setzt die Funk-Gruppe die Analysesoftware Evidence ein. Die Software unterstützt die Analyse der hochkomplexen Zusammenhänge und Abhängigkeiten einer Lieferkette durch ihre graphische Darstellung. So können Auswirkungen wie der Ausfall eines kritischen Standorts oder Zulieferers auf Umsatz und Erträge des Unternehmens in unterschiedlichen Ausprägungen simuliert und abgeschätzt werden. Diese Informationen werden in der Software zusätzlich zu einem Lieferanten-Rating verdichtet, das die jeweilige Risikoexponierung und Abhängigkeit zu einem internen oder externen Schlüssellieferanten aufzeigt. Abbildung 9.1 zeigt anhand eines Screenshots die IT-gestützte Darstellung von Lieferketten als Ausgangsbasis für die nachfolgenden Simulationen und Analysen.

Die Software Evidence ermöglicht es, präventive sowie reaktive Maßnahmen zur Schadenminderung oder den Effekt einer vorrübergehenden Alternativproduktion im Schadenfall zu bewerten. Zusätzlich können übergreifende Aspekte wie beispielsweise ein IT-Ausfall beziehungsweise ein Cyber-Angriff oder eine eingeschränkte Stromversorgung sowie die Lagerhaltung und Auslastung der Standorte innerhalb der verschiedenen Lieferkettenstufen berücksichtigt werden. Im Ergebnis können durch die IT-gestützte Analyse Früh-

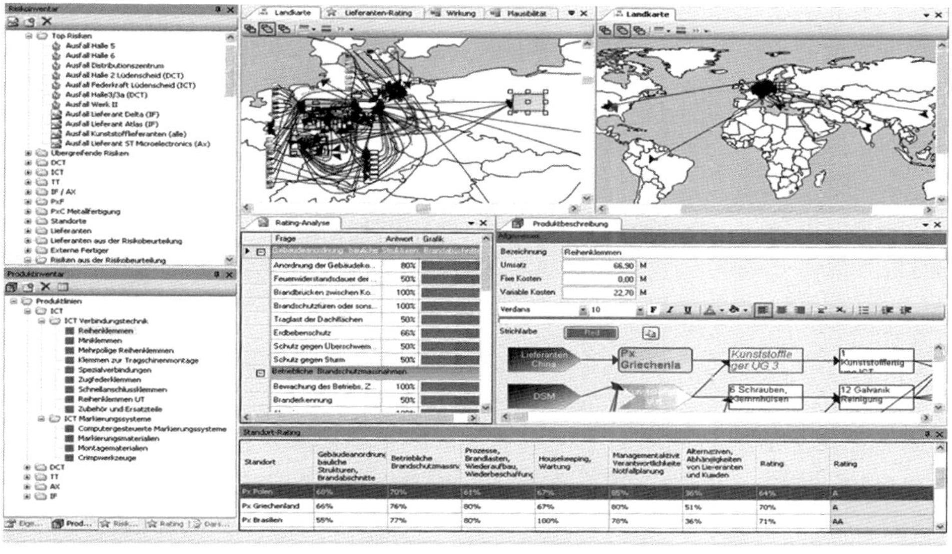

Abb. 9.1 Darstellung der Logistik- und Lieferkettenrisiken in Evidence. (Quelle: Eigene Darstellung, Funk RMCE GmbH)

warnindikatoren identifiziert und in die Logistikprozesse implementiert werden, um dann etwaigen negativen Entwicklungen rechtzeitig entgegenwirken zu können. Lieferketten verändern sich aufgrund von unterschiedlichen Marktdynamiken ständig auf lokaler wie auf globaler Ebene. Daher sollte die BU-Analyse in einem Zyklus von zwei bis drei Jahren aktualisiert werden. Aufgrund der in der Software gespeicherten Grundstruktur der Lieferketten beschränkt sich die Aktualisierung auf die Aufnahme und Abbildung wesentlicher Veränderungen.

Die über eine BU-Analyse gewonnenen Informationen bilden letztlich die Grundlage für das Einleiten gezielter Maßnahmen und die Erstellung von Notfallplänen im Zuge eines Business Continuity Managements (BCM). Denn eine effektive Vorbereitung auf mögliche Großschadenereignisse gewährleistet später im Schadenfall eine weitgehende Betriebsfortführung und reduziert wirksam die Insolvenzwahrscheinlickeit der Unternehmen. Ein unternehmensspezifisches BCM unterstützt in einer Krisensituation die richtige Auswahl von Maßnahmen zur Reduzierung des Schadenausmaßes und führt in der Regel zu einem schnelleren Wiederanlauf der Produktion. Auf der Basis eines Business Continuity Plans werden gemeinsam mit dem Kunden Notfallstrategien erarbeitet, so dass die schnelle Reaktionsfähigekit auf Störereignisse gewährleistet wird (Schmid und Wullschleger 2008, S. 23 ff.). So kann die Dauer der Betriebsunterbrechung deutlich reduziert und der Verlust von Umsatz oder Marktanteilen an Wettbewerber, Imageschäden sowie dem Vertrauensverlust durch Kunden vorgebeugt werden.

Insofern nutzt die Durchführung einer BU-Analyse sowohl der Versicherungswirtschaft als auch der Industrie durch eine nachhaltige Verbesserung des Risikoverständnisses.

9.6 Fazit und Ausblick

Dieser Beitrag beleuchtet die Versicherungen als risikopolitische Maßnahme im Umfeld von Logistikrisiken und zeigt, dass die Versicherungswirtschaft für die unterschiedlichen Risikofelder passgenaue Produkte für Industriekunden zur Verfügung stellt. Unter Beachtung von Kosten-Nutzen-Überlegungen sind Versicherungen für die Industrie ein geeignetes Instrument, um spezifische unvorhersehbare Risiken an Versicherungsgesellschaften zu transferieren. Die BU-Analyse schafft in diesem Zusammenhang die notwendige Risikotransparenz über Lieferketten hinweg zum beiderseitigen Vorteil von Versicherungswirtschaft und Industrie.

Die Möglichkeiten eines Alternativen Risikotransfers (ART) von Logistikrisiken auf den Finanzmarkt beispielsweise über Verbriefung oder Derivate könnten in Zukunft allerdings an Bedeutung gewinnen. Diese Lösungen eignen sich insbesondere für heute noch nicht versicherbare Risiken oder für Risiken, die nur gegen sehr hohe Prämienzahlungen versicherbar werden. Die Voraussetzung für eine solche Verbriefung von Logistikrisiken und deren Transfer an den Kapitalmarkt ist eine verständliche und objektivierbare Modellierung des unternehmensspezifischen Risikoinventars.

Eine weitere Möglichkeit besteht in der Gründung von Captives (Swiss Re 2005, S. 21). Die Captive ist ein spezielles Versicherungsunternehmen, welches in der Regel von einem größeren Industrieunternehmen oder einer Unternehmensgruppe gegründet wird, um dessen Risiken zu decken. Externe Risiken werden nicht oder nur sehr selten übernommen. Üblicherweise werden Teile des Risikos direkt an Rückversicherer abgetreten. Neben bestehenden Kostenvorteilen gegenüber traditioneller Versicherungsdeckung können über Captives auch schwer versicherbare Risiken, wie Teile der Logistikrisiken, gedeckt und damit die Grenzen der Versicherbarkeit im Sinne des Unternehmens erweitert werden.

Literatur

Advisen Ltd. (Hrsg.): The vulnerability of global supply chains: the Importance of resiliency in the face of systemic risk. White Paper (2013)

Enge, H.-C., Schwampe, D.: Transportversicherung: Recht und Praxis, 4. Aufl. Springer Gabler, Wiesbaden (2012)

Farny, D.: Versicherungsbetriebslehre, 5. Aufl. Verlag Versicherungswirtschaft, Karlsruhe (2011)

GDV (Hrsg.): Güterfolgeschadenklausel – Musterbedingungen des GDV. In: DTV-Güter 2000/2011.

GDV (Hrsg.): Statistisches Taschenbuch der Versicherungswirtschaft 2014. Verlag Versicherungswirtschaft, Karlsruhe (2014)

Helten, E., Bittl, A., Liebwein, P.: Versicherung von Risiken. In: Dörner, D., Horváth, P., Kagermann, H. (Hrsg.) Praxis des Risikomanagements, S. 153–191. Schäffer-Poeschel, Stuttgart (2000)

Herold, B., Paetzmann, K.: Alternativer Risiko-Transfer, 2. Aufl. Gerling Akademie Verlag, München (1999)

Karten, W.: Zum Problem der Versicherbarkeit und zur Risikopolitik von Versicherungsunternehmen – betriebswirtschaftliche Aspekte. In: Hesberd, D. (Hrsg.) Versicherungsbetriebslehre, S. 120–142. Verlag Versicherungswirtschaft, Karlsruhe (2000)
Lange, M., Robold, M.: Sachversicherungen für private und gewerbliche Kunden – Fach- und Führungskompetenz für die Assekuranz. Verlag Versicherungswirtschaft, Karlsruhe (2010)
Munich, R. (Hrsg.): Marine – Kumulrisiken geschickt umschiffen. Topics Magazin. Ausgabe 1/2013, 7–14 (2013)
Munich, R., Wegner, C.: Rückwirkungsschäden – Mehr Überblick auf allen Seiten. Topics Magazin. Ausgabe 1/2014, 26–29 (2014)
Nguyen, T., Romeike, F.: Versicherungswirtschaftslehre – Grundlagen für Studium und Praxis. Springer Gabler Verlag, Wiesbaden (2013)
Romeike, F., Müller-Reichart, M.: Risikomanagement in Versicherungsunternehmen – Grundlagen, Methoden, Checklisten und Implementierung, 2. Aufl. Wiley-VCH Verlag, Weinheim (2008)
Romeike, F., Spitzner, J.: Von Szenarioanalyse bis Wargaming – Betriebswirtschaftliche Simulationen im Praxiseinsatz. Wiley-VCH Verlag, Weinheim (2013)
Schmid, G., Wullschleger, M.: Schadenminderung bei Betriebsunterbrechung: Business-Continuity-Planung – ein Instrument zur Risikobewältigung. Münchener Rück, München (2008)
Skorna, A.: Empfehlungen für die Ausgestaltung eines Präventionskonzepts in der Transportversicherung: Untersuchung von Transportschäden, Präventionsmaßnahmen und der Präventionsaffinität von Versicherungsnehmern. In: Schwebler, R., Werner, U. (Hrsg.) Karlsruher Reihe II – Risikoforschung und Versicherungsmanagement, Bd. 9. Verlag Versicherungswirtschaft, Karlsruhe (2013)
Swiss Re: Innovating to insure the uninsurable. Sigma. Ausgabe 4/2005 (2005)

Dr. Alexander C. H. Skorna studierte am Karlsruher Institut für Technologie (KIT) Wirtschaftsingenieurwesen und sammelte erste Praxiserfahrungen während seines Studiums in den USA, Singapur und Hong Kong. Im Anschluss erfolgte die berufsbegleitende Promotion an der Universität St.Gallen (HSG). Parallel zur Promotion war er als Projektleiter bei Synesix Solutions tätig, einem Spin-Off der ETH Zürich. Dr. Alexander Skorna entwickelte dort Präventionslösungen sowie neue Vertriebsstrategien für die Versicherungswirtschaft und ist Autor zahlreicher wissenschaftlicher und praxisorientierter Fachpublikationen, überwiegend in den Bereichen Supply Chain Risk Management, Prävention beziehungsweise Schadenverhütung sowie Produkt- und Geschäftsmodellinnovation in der Versicherungswirtschaft. Nach einer Station als Risikoingenieur bei einer deutschen Industrieversicherung verantwortet er das Business Development der Funk Gruppe, einem international führenden Versicherungsmakler und Risikoberatungsunternehmen.

Teil II

Branchenbezogene Aspekte des Logistik-Risikomanagements

Besonderheiten des Logistik-Risikomanagements in der verarbeitenden Industrie

10

Michael Huth und Frank Romeike

Inhaltsverzeichnis

M. Huth (✉)
Hochschule Fulda, Fulda, Deutschland
E-Mail: michael.huth@w.hs-fulda.de

F. Romeike
RiskNET GmbH, Brannenburg, Deutschland
E-Mail: office@risknet.de

M. Huth, F. Romeike (Hrsg.), *Risikomanagement in der Logistik*,
DOI 10.1007/978-3-658-05896-8_10

10.1 Einleitung

Eine Studie des Industrieversicherers Allianz SE und Allianz Global Corporate & Specialty SE macht deutlich: Die drei größten Risiken betreffen unmittelbar Unternehmen in der verarbeitenden Industrie. Die Umfrage unter mehr als 500 Risikomanagern und Experten im Bereich der Unternehmensversicherung zeigt, dass Betriebs- und Lieferkettenrisiken, Naturkatastrophen sowie Feuer und Explosion als die drei bedeutendsten Risiken angesehen werden (siehe Abb. 10.1). Gleichzeitig zeigt die Studie auf, dass das Risiko einer Betriebs- und Lieferkettenunterbrechung über die vergangenen Jahre an Relevanz gewonnen hat, das heißt über einen positiven Trend verfügt.

Es sind allerdings nicht nur die Top-3-Risiken aus Abb. 10.1, die ein Risiko für Unternehmen (und vor allem auch Unternehmen der verarbeitenden Industrie) darstellen. So bestehen zwischen einzelnen Risiken der Abbildung Abhängigkeiten: Kriegerische Auseinandersetzungen zum Beispiel können als Risikoursache eine unmittelbare Betriebsunterbrechung zur Folge haben, wenn ein Unternehmen direkt durch die militärischen Aktivitäten beeinflusst wird. Auf der anderen Seite führen sie in der Regel auch zu einem Umsatzrückgang in der Kriegsregion durch ein erhöhtes Marktrisiko. Auch das Forderungsausfallrisiko wird in der Regel durch höhere Insolvenzen in der Kriegsregion steigen. Verdeutlichen lässt sich das anhand des Konflikts in der Ostukraine: Ein Produktionswerk von HeidelbergCement ist durch den Krieg stark betroffen und wurde im November 2014 geschlossen, wobei sich die wirtschaftlichen Auswirkungen nach Angabe des Unternehmens in Grenzen hielten (Reuters 2014). Durch den Krieg und die damit verbundenen Wirtschaftssanktionen sanken allerdings auch die Exporte der deutschen Unternehmen nach Russland und in die Ukraine drastisch; die Umsatzrückgänge lagen zwischen 15 und 33 % (Blechschmidt 2014).

Eine weitere aktuelle Studie verdeutlicht, wie sich Wahrnehmung und Bedeutung von Supply Chain-Risiken im letzten Jahr verändert haben. Abbildung 10.2 zeigt, dass vor allem geopolitischen Instabilitäten eine deutlich höhere Bedeutung beigemessen wird; der

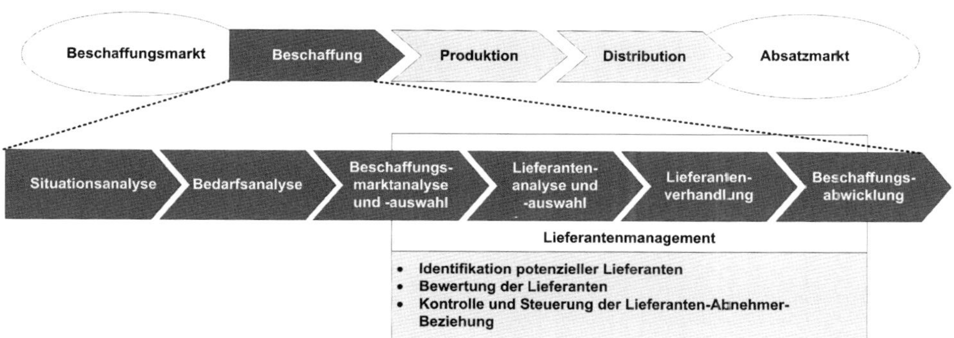

Abb. 10.1 Die zehn größten globalen Geschäftsrisiken 2015. (Eigene Darstellung auf Basis der Daten von Allianz SE und Allianz Global Corporate & Specialty SE 2015)

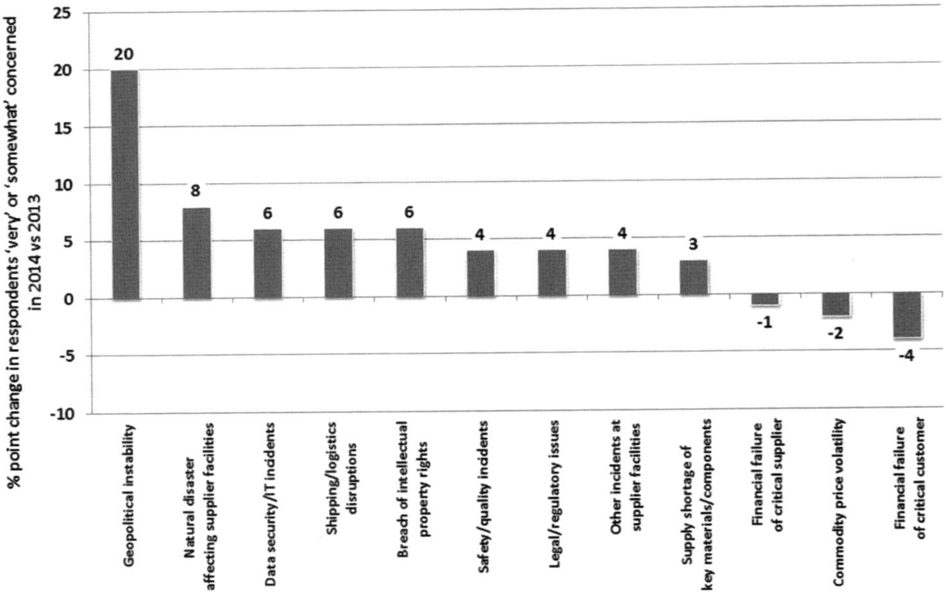

Abb. 10.2 Bedeutung von Supply Chain-Risiken: Veränderung von 2013 zu 2014. (SCM World 2014)

Anteil der Unternehmen, die sich diesbezügliche Sorgen machen, stieg um 20 Prozentpunkte. Auch andere Risiken werden von mehr Unternehmen – im Vergleich zum vergangenen Jahr – als gravierend wahrgenommen. Dazu zählen Naturkatastrophen, Unterbrechungen der Lieferkette, aber auch informationslogistische Risiken wie mangelnde Datensicherheit oder der Diebstahl geistigen Eigentums. Einzelne Risiken werden von einem im Vergleich zu 2013 kleineren Anteil der Unternehmen als bedeutsam angesehen: Dies sind finanzielle Probleme bei wichtigen Kunden oder Lieferanten sowie Preisschwankungen bei Verbrauchsgütern (SCM World 2014). Auf die Ursachen der wichtigsten Supply Chain-Risiken hatten wir bereits in Kapitel 2 hingewiesen (siehe Accenture 2014 sowie Abb. 2.12 in Kap. 2, in der die Gründe für Top-Risiken in Supply Chains dargestellt sind).

Die Studie der SCM World, bei der 82 % der mehr als 1000 antwortenden Unternehmen aus Branchen stammen, die der verarbeitenden Industrie zugehörig sind, verdeutlicht auch, wie Vorreiter in Sachen Logistik-Risikomanagement sich durch Best Practice-Aktivitäten auszeichnen (siehe dazu Abb. 10.3)[1]. So nutzen 60 % der Top-Unternehmen ein Mapping von Risiken im Rahmen der Risikoidentifikation und -bewertung; von den

[1] Die Unterscheidung zwischen „Risk Leaders" und „Others" wird wie folgt erläutert: „Risk Leaders" sind diejenigen Unternehmen, „who say that leveraging opportunities from supply disruptions gives ‚high' or ‚very high' value";„Others" dagegen sind die Unternehmen, „who say leveraging opportunities from supply disruptions gives ‚moderate', ‚little' or ‚no' value".

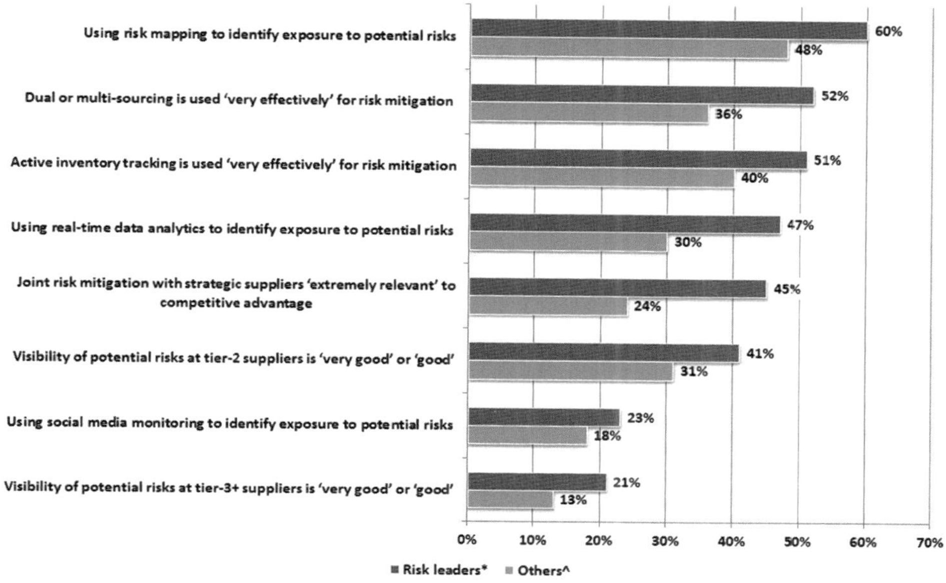

Abb. 10.3 Umsetzung von Risk-Management-Aktivitäten von Vorreitern und Verfolgern. (SCM World 2014)

übrigen Unternehmen wendet dagegen weniger als die Hälfte diese Methode an. Auch bei anderen methodischen Ansätzen sind große Unterschiede zwischen den am besten aufgestellten Unternehmen und den Verfolgern sichtbar; dies gilt insbesondere für die Anwendung von Dual oder Multiple Sourcing (Unterschied 16 Prozentpunkte), Nutzung von Real Time-Daten für die Risikoidentifikation (Unterschied 17 Prozentpunkte) und die Erarbeitung von gemeinsamen Risikostrategien mit strategisch wichtigen Lieferanten (Unterschied 21 Prozentpunkte).

Dass insgesamt noch Nachholbedarf in der Weiterentwicklung des Reifegrads besteht, zeigt der relativ geringe Umsetzungsgrad einer transparenten Supply Chain: Nur zwei von fünf Top-Unternehmen schätzen die Visibility bezüglich ihrer 2nd-Tier-Lieferanten als gut oder sehr gut ein; bei den Verfolgern sind dies sogar nur 31 %. Hinsichtlich der Visibility von 3rd-Tier-Lieferanten ist die Transparenz noch deutlich niedriger: Nur jedes fünfte Top-Unternehmen und nur 13 % der Verfolger schätzen die Transparenz als gut oder sehr gut ein (SCM World 2014).

Diese aktuellen Ergebnisse empirischer Erhebungen lassen sich durch viele weitere Analysen und Studien ergänzen. Sie betrachten allerdings beinahe immer eine Vielzahl von Branchen, ohne eine weitere Differenzierung vorzunehmen. Nur selten wird auf Logistikrisiken für einzelne Branchen eingegangen; ein Beispiel dazu finden Sie in Kap. 14, wo es um die Risiken in der Logistikbranche, das heißt für Speditions- und Logistikunternehmen, geht.

Nun ist das Logistikrisikomanagement allerdings auch durch viele Risiken geprägt, die branchenunabhängig sind. Störungen im Transportbereich beispielsweise oder bei der Auswahl eines wichtigen Lieferanten sind Risiken, die für nahezu jede Logistikkette eine Rolle spielen können – egal in welcher Branche. Andererseits gibt es Branchenspezifika, die zu unterschiedlichen Risiken führen oder einen Einfluss auf die Bedeutung von Risiken aufweisen. Beispielsweise können die Kundenanforderungen hinsichtlich der erwarteten Lieferzeiten deutlich variieren; auch das Produktspektrum kann sich hinsichtlich Breite und Tiefe – und der damit verbundenen Komplexität – unterscheiden.

Aufgrund dieser Vielfältigkeit der Bedeutung logistischer Risiken in der verarbeitenden Industrie erscheint es uns müßig, sämtliche Risiken aufzuzählen und – je nach Branche – zu bewerten. Da wir, insbesondere in den Kap. 2 und 3, schon eine Vielzahl an Risiken aufgeführt und teilweise anhand von Beispielen beschrieben haben, würde eine erneute Auflistung wenig Mehrwert bieten. Wir sind daher einen anderen Weg gegangen: Anhand von zwei Ansätzen aus zwei Branchen zeigen wir, welche Bedeutung Risiken und Risikomanagement in diesen beiden Branchen haben und wie Risikomanagement umgesetzt werden kann. Dabei haben wir zwei der in Deutschland wichtigsten Branchen gewählt:

- Auf der einen Seite betrachten wir die Automobilindustrie, die im Rahmen der „Materials Management Operations Guideline/Logistics Evaluation" den Ansatz eines (möglichst standardisiert anzuwendenden) Fragebogens verfolgt, der zur Evaluation der logistischen Leistungsfähigkeit von Lieferanten oder zur Selbstevaluation eingesetzt werden kann. Wir werden sehen, wie im Rahmen dieser Evaluation risikobezogene Fragen gestellt werden, die bewertungsrelevant sind, die aber auch als Anhalt für die Qualität des Risikomanagements dienen können.
- Auf der anderen Seite beschäftigen wir uns mit einer branchenbezogenen Empfehlung, die durch den Zentralverband Elektrotechnik- und Elektronikindustrie e. V. (kurz: ZVEI) für die Elektronikbranche erarbeitet wurde: Im „Leitfaden Supply Chain Management in der Elektronikfertigung" geht es primär um das übergeordnete Thema Supply Chain Management. Ein eigenes Kapitel ist jedoch dem Thema Risikomanagement gewidmet, was die Bedeutung des Risikomanagements für die Leistungsfähigkeit dieser Branche verdeutlicht.

10.2 Logistik-Risikomanagement in der Automobilindustrie – das Beispiel der Global MMOG/LE

Die Automobilindustrie ist eine der wichtigsten Branchen für Deutschland. Dies zeigt sich bereits an der großen Anzahl an produzierten Fahrzeugen: Mehr als 5,4 Mio. Pkw wurden im Jahr 2013 in Deutschland produziert; hinzukommen Nutzfahrzeuge, die stückzahlbezogen 10 % der Gesamtmenge ausmachen (Bundesministerium für Wirtschaft und Energie

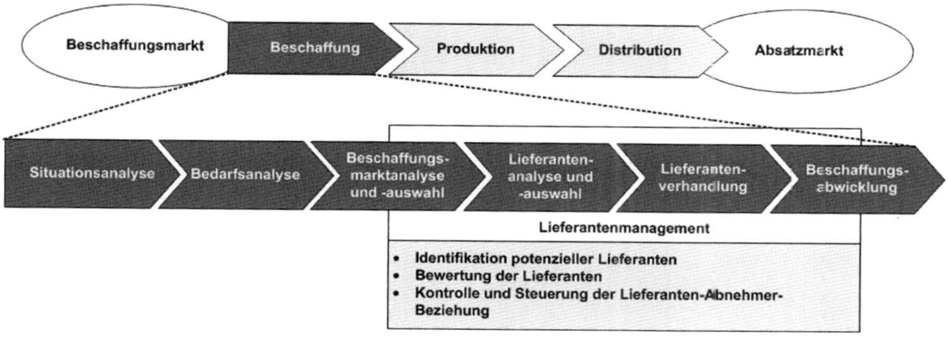

Abb. 10.4 Einordnung des Lieferantenmanagements. (Hofbauer et al. 2012)

2015a). Damit erzeugt die Branche einen Umsatz von 360 Mrd. € (Bundesministerium für Wirtschaft und Energie 2015b). Um eine solche Leistung zu erbringen, arbeiten rund 756.000 Beschäftigte in der Branche, eine Zunahme von 1,9 % im Vergleich zum Vorjahr (Bundesministerium für Wirtschaft und Energie 2015b). Für die Logistik ergeben sich – wie schon in Kap. 2 dargestellt – besondere Anforderungen aus der zunehmenden Anzahl an Derivaten, die zu einer weiter steigenden Komplexität der globalen Lieferketten führen (Verband der Automobilindustrie e. V. 2014). Ebenfalls als Herausforderung werden sowohl die Veränderungen in den Beschaffungsmärkten als auch die stark volatilen Nachfragesituationen auf den unterschiedlichen (regionsbezogenen) Märkten genannt (Draeger 2013).

Vor dem Hintergrund dieser Entwicklungen fungiert das Lieferantenmanagement als eines von vielen Ansätzen, um eine funktionierende Supply Chain sicherzustellen. Lieferantenmanagement hat die Aufgabe, externe Erfolgspotenziale zu identifizieren, zu entwickeln, in das eigene Unternehmen einzubinden und damit – nach Möglichkeit langfristig – an das Unternehmen zu binden (vgl. Hofbauer et al. 2012). Abbildung 10.4 verdeutlicht, wie sich das Lieferantenmanagement in die betrieblichen Funktionen eines Unternehmens einordnen lässt. Ein wesentliches Element des Lieferantenmanagements ist die Lieferantenbewertung. Die Lieferantenbewertung dient einerseits als Informationsgrundlage für die Auswahl neuer Lieferanten. Auf der anderen Seite ist sie regelmäßig bei der bestehenden Lieferantenbasis anzuwenden. Damit lassen sich die frühere Auswahlentscheidung validieren, Erkenntnisse für zukünftige Auswahlentscheidungen treffen, vor allem aber auch Risiken frühzeitig identifizieren sowie Entwicklungspotenziale ausmachen (siehe zum Beispiel Schuh et al. 2014). Wenn die Lieferantenbewertung auf die logistische Leistungsfähigkeit zielt, spricht man von einer logistischen Lieferantenbewertung – auf sie wollen wir im Folgenden fokussieren. Eine logistische Lieferantenbewertung kann unter methodischen Gesichtspunkten auf drei Arten durchgeführt werden: als logistische Selbstauskunft durch einen Fragebogen, durch ein Logistik-Audit sowie durch ein Logistikkennzahlensystem (Klug 2010).

Um den Aufwand für eine Lieferantenbewertung möglichst gering zu halten, erarbeiteten Unternehmen in der Automobilindustrie einen standardisierten Bewertungsansatz.[2] Dabei kooperierten Odette International, ein Zusammenschluss mehrerer europäischer Automobilverbände (unter anderem dem deutschen Verband der Automobilindustrie, kurz VDA), und die US-amerikanische Automotive Industry Action Group (AIAG). Der standardisierte Bewertungsansatz wurde unter der Bezeichnung „Global Materials Management Operations Guidelines/Logistics Evaluation" (Global MMOG/LE) veröffentlicht und ist als Tool für Microsoft Excel in mehreren Sprachen erhältlich.

Die Global MMOG/LE soll dabei die folgenden Ziele unterstützen (AIAG und Odette 2014):

- Einheitliche Bewertung des SCM, sowohl für die interne wie auch für die externe Nutzung;
- Festlegung von SCM-Komponenten, um eine kontinuierliche Verbesserung zu unterstützen und die Lieferantenleistung zu erhöhen;
- Basis für ein Benchmarking und Identifikation von „Best-Practice-Kriterien".

Für die im Jahr 2014 veröffentlichte, neueste Version 4 wurde die vorherige Version überarbeitet und auf zusätzliche Belange angepasst. Der toolbasierte Ansatz wurde im Vergleich zu früheren Versionen deutlich erweitert. Die Version ist an die Ziele verschiedener Normen, unter anderem an die der Norm ISO/TS 16 949:2002, die sich mit den Anforderungen an Qualitätsmanagementsysteme in der Automobilindustrie befasst, angepasst worden (Odette International Limited 2015).

Die Global MMOG/LE ist in sechs Abschnitte gegliedert:

1. Strategie und Verbesserung (unter anderem Vision und Strategie, Ziele)
2. Arbeitsorganisation (unter anderem organisatorische Prozesse, Ressourcenplanung)
3. Kapazitäts- und Produktionsplanung (unter anderem Produktrealisation, Kapazitätsplanung)
4. Kundenschnittstelle (unter anderem Verpackung und Kennzeichnung, Versand)
5. Produktion und Produktkontrolle (unter anderem Materialidentifikation, Lagerbestand)
6. Lieferantenschnittstelle (unter anderem Lieferantenauswahl, Kommunikation)

Kapitel 2 beinhaltet einen Abschnitt, der sich explizit mit „Risikobewertung und -management" befasst (Abschn. 2.5). Unabhängig davon lassen sich in allen Kapiteln Fragen finden, die einen Risikobezug aufweisen. Bevor wir beispielhaft auf derartige Fragen eingehen, wollen wir kurz die Methodik der Bewertung erläutern.

[2] Der Aufwand ergibt sich unter anderem auch dadurch, dass Lieferanten von einer Vielzahl von Kunden bewertet werden und in der Vergangenheit die Fragen- und Bewertungskataloge sehr unterschiedlich waren. Eine Standardisierung dieser Dokumente für eine Selbstauskunft oder für ein Audit kann, so die Intention der beteiligten Partner, den Aufwand der Bewertung deutlich reduzieren.

Für die insgesamt 197 Fragen beziehungsweise Bewertungskriterien der Global MMOG/LE existiert eine Priorisierung:

- F1-Fragen (ein Punkt in der Bewertung) haben die niedrigste Priorität. Ihre Erfüllung unterstützt den langfristigen Fortbestand eines Unternehmens und seine Wettbewerbsfähigkeit.
- Wenn F2-Fragen (zwei Punkte in der Bewertung) nicht erfüllt sein sollten, wird davon ausgegangen, dass die Leistungsfähigkeit des Unternehmens und/oder die Kundenzufriedenheit ernsthaft gefährdet sind.
- F3-Fragen (drei Punkte in der Bewertung) betreffen die fundamentalen Anforderungen an die unternehmerischen Prozesse. Wenn eine F3-Frage nicht erfüllt sein sollte, besteht die Gefahr von Unterbrechungen der Lieferkette und/oder zusätzlichen Kosten für das Unternehmen.

Abbildung 10.5 zeigt einen Screenshot des Tabellenblatts „Bewertungsprofil" mit Fragen zum Abschn. 1.4 („Kontinuierliche Verbesserung"). Die farbliche Gestaltung der unterschiedlichen Fragetypen wird sichtbar. Für jedes Kriterium lassen sich drei Antworten geben: Entweder das Kriterium ist erfüllt, es ist nicht erfüllt oder es wird als nicht anwendbar betrachtet (zum Beispiel, weil diese Frage vom Kunden als auditierendes Unternehmen gestrichen wurde). Nicht in Abb. 10.5 dargestellt, rechts von den Fragen, finden sich weitere Felder je Frage. Diese lassen sich nutzen, um bei identifizierten Lücken zwischen Ist- und Soll-Maßnahmen zu dokumentieren, die umzusetzen sind. Die Felder beinhalten dann Informationen zu der aufgedeckten Lücke, zum Aktionsplan, zum Zieldatum, zu Kosten sowie zu Verantwortlichkeiten für die Umsetzung.

Der gesamte Fragebogen lässt sich entweder in Eigenregie beantworten – und dient damit als Dokument der Selbstauskunft – oder kann als Grundlage eines ein- oder mehrtätigen Lieferantenaudits fungieren. Unabhängig davon führt das Ausfüllen des Fragebogens

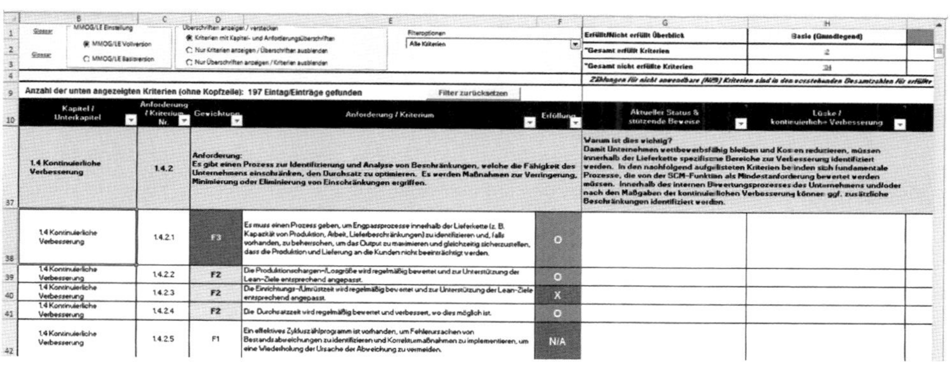

Abb. 10.5 Screenshot des Bewertungsprofils der Global MMOG/LE. (AIAG und Odette 2014)

Classification	Requirements	Description
A	• Compliance to all F3 criteria, and • Non-compliance to fewer than 10 F2 criteria, and • A total score of 90 % or higher	The organization is compliant in all key criteria and can demonstrate that the supply chain management processes in use at the facility are best practice. [...]
B	• Compliance to all F3 criteria, and • Non-compliance of 10 to 15 F2 criteria, and • A total score of greater or equal to 75 and less than 90 %	Although most of the fundamentals of supply chain management are demonstrated, the organization is deficient in several areas that compromises the efficiency of internal performance and may impact its ability to support the needs of the customer. [...]
C	• Non-compliance to any F3 criteria, and • Non-compliance to 16 or more F2 criteria, and • A total score of less than 75 %	The organization is deficient in one or more key areas of supply chain management. This situation creates a high risk of disruption to customers and demonstrates a lack of efficiency and control of internal processes within the existing supply chain strategy. [...]

Abb. 10.6 Klassifizierung gemäß Global MMOG/LE. (AIAG und Odette 2014)

(und damit der Datei) zu einem Bewertungsergebnis. Lieferanten werden danach mit A, B oder C bewertet, wobei A die beste und C die schlechteste Bewertung ist. Abbildung 10.6 zeigt, nach welchem Bewertungsmaßstab eine Klassifizierung erfolgt. Deutlich wird anhand der Bewertung, dass ein Lieferant keine einzige F3-Frage mit „nein" (beziehungsweise „nicht erfüllt") beantworten darf – ansonsten erfolgt automatisch eine Klassifizierung als C-Lieferant. F3-Fragen sind daher von zentraler Bedeutung für die Bewertung – aber auch für die Supply Chain.

Wie erwähnt, beinhaltet Abschn. 2.5 Bewertungskriterien zum Risikomanagement. Tab. 10.1 zeigt die Anforderungen und Kriterien in diesem Abschnitt. Die Bedeutung des Risikomanagements zeigt sich darin, dass von den aufgelisteten sieben Kriterien drei die Priorität F3 aufweisen und somit essentiell für das Unternehmen und seine Leistungsfähigkeit sind. Eines der F3-Kriterien bezieht sich auf die Existenz eines Prozesses zur Risikobewertung. Die beiden anderen F3-Kriterien fokussieren auf Notfallpläne, die für den Fall eingetretener Lieferstörungen zum Einsatz kommen sollen. Diese müssen nicht nur in dokumentierter Form vorhanden sein, sondern sind auch regelmäßig zu testen und bei Bedarf anzupassen. Ein Unternehmen erhält also nach dem in Abb. 10.6 dargestellten Klassifizierungsschema nur dann einen A- oder B-Status, wenn es (neben den weiteren F3-Kriterien) sowohl regelmäßig die relevanten Supply Chain-Prozesse unter Risikoaspekten bewertet als auch Notfallpläne vorhanden sind und diese regelmäßig getestet und überprüft werden – ansonsten erhält das Unternehmen den Status eines C-Lieferanten.

Neben den genannten Kriterien des Abschn. 2.5, die explizit auf das Thema Risikomanagement fokussieren, lassen sich aber auch in anderen Kapiteln des Kriterienkatalogs Fragen finden, die – dann weitgehend implizit – auf Risiken und Risikomanagement eingehen. Zu diesen Fragen gehört unter anderem die in Tab. 10.2 aufgeführte Auswahl an

Tab. 10.1 Anforderungen und Kriterien des Absch. 2.5 (Risikobewertung und -management). (AIAG und Odette 2014)

Kriterium-Nr.	Gewichtung	Anforderung beziehungsweise Kriterium
2.5.1		„Anforderung: Es gibt einen Risikomanagementprozess, um die Kontinuität von Lieferungen sicherzustellen, wenn das Unternehmen dazu gezwungen ist, von den normalen Vorgängen abzuweichen"
2.5.1.1	F3	Ein dokumentierter Risikobewertungsprozess muss vorhanden sein, um Bereiche innerhalb des Lieferkettenprozesses zu identifizieren, welche die Fähigkeit beeinträchtigen, die Anforderungen der Kunden im Fall einer Abweichung von dem normalen Geschäftsprozess zu erfüllen. Dies könnte EDI, Transport, Verpackung, Ausrüstungsausfall usw. betreffen
2.5.1.2	F1	Der Risikobewertungsprozess des Unternehmens priorisiert, welche Prozesse innerhalb der Eventualfall-/Sicherungsverfahren auf der Grundlage der Ereigniswahrscheinlichkeit, der Schwere der Auswirkungen usw. dokumentiert werden
2.5.1.3	F1	Das Unternehmen verwaltet und verringert proaktiv die Risikostufe, die während des Bewertungs- und Priorisierungsprozesses identifiziert wurde
2.5.2		„Anforderung: Sicherungs-/Eventualfallpläne für hochriskante SCM-Prozesse sind vorhanden, um die Kontinuität der Lieferung und eine Rückkehr zu einem normalen Betrieb sicherzustellen"
2.5.2.1	F3	Die Sicherungs-/Eventualfallpläne des Unternehmens müssen dokumentiert werden und enthalten als Minimum wichtige interne/externe Kontakte, Beherrschungsaktionen, Wiedergewinnungsstufen, um zum Normalbetrieb zurückzukehren, und die Identifizierung des Schlüsselpersonals, das für die Umsetzung des Plans verantwortlich ist
2.5.2.2	F3	Das Unternehmen überprüft, testet und bewertet regelmäßig seine Sicherungs-/Eventualfallpläne oder -verfahren und das gesamte relevante Personal wird für eine erfolgreiche Umsetzung geschult
2.5.2.3	F2	Sollte eine Abweichung oder Unterbrechung auftreten, bewertet das Unternehmen die Effektivität der Sicherungs-/Eventualfallpläne und implementiert ggf. daraus gelernte Lektionen
2.5.2.4	F1	Das Unternehmen verfügt über einen Prozess zur Identifizierung, Dokumentation, Überprüfung und Aktualisierung von Schlüssel-SCM-Prozessen, die spezifische Anweisungen erfordern, die an die Lieferanten zu kommunizieren sind, wie auf Abweichungen oder Unterbrechungen von den normalen Geschäftsprozessen (z. B. alternativer Transport, Verpackung, Kennzeichnungsanweisungen) zu reagieren ist

Bewertungskriterien für andere Kapitel. Deutlich wird, dass die Mehrzahl der risikorelevanten Fragestellungen zur Priorität F3 oder F2 gehört. Überraschend ist allerdings, dass zwar in Abschn. 2.5 von Unternehmen gefordert wird, einen Risikobewertungsprozess einzusetzen, da ansonsten automatisch eine Klassifikation als C-Lieferant erfolgt (siehe oben, insbesondere Tab. 10.1); auf der anderen Seite wird dieselbe Anforderung bei den Lieferanten des auditierten Unternehmens als relativ unbedeutend angesehen: So weist das in Tab. 10.2 aufgelistete Kriterium 6.1.2.6 nur eine Priorisierung als F1-Kriterium auf. Eine mögliche Erklärung für diese geringe Bedeutung liegt in den oben genannten Kriterien des Absch. 2.5: Wenn Kriterium 2.5.1.1 erfüllt ist, dann kann man davon ausgehen, dass dem betrachteten Unternehmen auch die Risiken auf vorherigen Stufen der Supply Chain bekannt sind.

Als Fazit lässt sich festhalten:

- Die Global MMOG/LE ist als branchenweiter Standard für eine Logistikbewertung konzipiert. Diesen Zweck erfüllt sie sehr gut.
- Die Struktur des Kriterienkatalogs ist nicht intuitiv verständlich. Wir werden im folgenden Abschnitt sehen, dass sich eine Branchenempfehlung des ZVEI an einem weitverbreiteten Prozessmodell orientiert – dieser Ansatz hätte der Struktur der Global MMOG/LE gutgetan. Davon unabhängig behandelt die Global MMOG/LE mit ihren insgesamt 197 Kriterien in sechs Bereichen alle wichtigen Elemente des Supply Chain Managements.
- Das Thema Risikomanagement wird im Rahmen der Global MMOG/LE sowohl explizit wie auch implizit aufgegriffen. Auf der einen Seite werden im Unterkapitel 2.5 („Risikobewertung und -management“) insgesamt sieben Kriterien aufgelistet, die explizit das Thema Risikomanagement und Notfallplanung betreffen und von denen drei die höchste Priorität aufweisen. Daneben finden sich in jedem Kapitel Kriterien, die ebenfalls risikorelevante Fragestellungen aufgreifen. Viele dieser weiteren Kriterien weisen eine F2- oder F3-Priorität auf.
- Die Global MMOG/LE identifiziert damit nicht explizit Risiken, sondern listet die Kriterien auf, die dazu führen, dass ein Unternehmen wirkungsvoll Risikomanagement betreiben kann.
- Positiv ist, dass für jedes Unterkapitel nicht nur übergreifend die Anforderungen spezifiziert werden, sondern auch Begründungen für die Anforderungen genannt werden. Dies erhöht insbesondere für Personen, die neu mit einer bestimmten Materie vertraut sind, die Verständlichkeit und Plausibilität des Bewertungskatalogs.

Tab. 10.2 Weitere risikorelevante Bewertungskriterien. (Auswahl; AIAG und Odette 2014)

Kriterium-Nr.	Unterkapitel	Gewichtung	Anforderung beziehungsweise Kriterium
1.3.2.1	Strategie und Verbesserung: Messung, Analyse und Aktionspläne	F2	Es gibt Verfahren und/oder Arbeitsanweisungen, die einen strukturierten Problemlösungsprozess definiert, der eine Wiederholung von Lieferkettenproblemen vermeidet (z. B. späte/ungenaue ASNs, später/fehlender Versand, Fehler bei der Materialliste (BOM)) […]
3.1.1.1	Kapazitäts- und Produktionsplanung: Produktrealisierung	F3	Die SCM-Funktion muss am Produktrealisierungsprozess (z. B. neues Produkt, technische Änderungen) teilnehmen, um sicherzustellen, dass die gesamte Materialplanung und Logistikanforderungen behandelt werden […]. Es müssen Sicherungspläne vorhanden sein, um die Kontinuität der Lieferungen zu gewährleisten
4.1.3.2	Kundenkontakt: Kommunikation	F3	Es muss dokumentierte Verfahren und/oder Arbeitsanweisungen geben, um den Kunden zu benachrichtigen und unverzüglich auf jede Situation zu reagieren, die den Betrieb des Kunden negativ beeinträchtigen könnte, unabhängig davon, ob die Ursache beim Unternehmen, Kunden, Lieferanten, dem Logistikdienstleister, Subunternehmer oder sonstigen Dienstleistungsanbietern liegt
5.2.25	Produktion und Produktsteuerung: Bestandskontrolle	F2	Das Unternehmen verfügt über einen Prozess zur Sicherung von zerbrechlichen, gefährlichen und/oder hoch diebstahlgefährdeten Materialien
6.2.1.6	Lieferantenkontakt: Supply Chain Management Vereinbarung	F1	Das Unternehmen fordert seine Lieferanten auf, einen Risikobewertungsprozess einzusetzen, um Bereiche innerhalb des Lieferkettenprozesses zu identifizieren, welche die Fähigkeit beeinträchtigen könnten, die Anforderungen des Unternehmens im Fall einer Abweichung von dem normalen Geschäftsprozess zu erfüllen

10.3 Logistik-Risikomanagement in der Elektroindustrie – der Leitfaden des ZVEI

Auch die Elektroindustrie zählt zu den größten Branchen in Deutschland: Mehr als 840.000 Beschäftigte erwirtschafteten im Jahr 2013 einen Umsatz von rund 166 Mrd. € (Bundesministerium für Wirtschaft und Energie 2015c). Damit macht die Elektroindustrie rund 10 % der deutschen Industrieproduktion und 3 % des Bruttoinlandsprodukts aus (ZVEI – Zentralverband Elektrotechnik- und Elektronikindustrie e. V. 2014a). Bei einer genaueren Betrachtung zeigt sich, dass die Elektroindustrie vor allem eine hochinnovative Branche ist: So wird ein Drittel des Umsatzes durch Produktneuheiten erzielt (ZVEI – Zentralverband Elektrotechnik- und Elektronikindustrie e. V. 2014a). Das Produktportfolio besteht zu rund 80 % aus Industriegütern, zu rund 10 % aus Vorleistungsgütern (zum Beispiel Halbleitern) und zu weiteren 10 % aus Gebrauchsgütern (ZVEI – Zentralverband Elektrotechnik- und Elektronikindustrie e. V. 2014a).

Nachfolgend folgen wir einer leicht abweichenden Klassifizierung der Elektroindustrie in Segmente, die dann die Identifikation spezifischer Herausforderungen für das branchenbezogene Supply Chain Management vereinfacht: So lassen sich Hersteller von elektronischen Komponenten, Produzenten von Elektroniksystemen sowie Anbieter von elektronischen Produkten unterscheiden. Eine Differenzierung nach Produktarten und damit verbunden auch dem Status innerhalb der Supply Chain erleichtert es, spezifische Wettbewerbsfaktoren zu identifizieren, die dann wiederum relevant für die Bedeutung einzelner Supply Chain-Risiken sind.

Abbildung 10.7 zeigt, welche Wettbewerbsfaktoren in den einzelnen Marktsegmenten der Elektronikindustrie vorherrschen. Es lässt sich leicht ableiten, welche Auswirkungen

Marktsegment für elektronische Komponenten	Marktsegment für elektronische Systeme	Marktsegment für elektronische Produkte
• Standortverlagerung in „Best Cost Countries" • Kunden erwarten „Multi-Part Vendors" • Kunden erwarten spezifische Lösungen und Value-Added Services anstelle von Massenprodukten • Produktinnovation bei kurzen Lebenszyklen • Kostendruck auch bei steigenden Rohmaterialkosten • Hohe Anforderungen an Qualität und Durchlaufzeiten • Bestandsmanagement in volatilen Märkten • Umsetzung von VMI-Ansätzen • Weltweiter Service bei identischer Qualität	• Höhere Sensibilität für Lagerbestände • Auslagerung von Produktionsaktivitäten an Lohnfertiger • Erwartungen der Kunden hinsichtlich niedrigerer Kosten, schnellerer Lieferung, Localization sowie Produktionsflexibilität • Full-service-Entwicklung und -Produktion • Steigende Produktkomplexität • Schnellere Time-to-market • Visibility und Verbesserung von Lohnmontage, Tests und finaler Montage • Wettbewerbsfähige Preisgestaltung	• Trend zu kundenspezifischen Gesamtlösungen • Steigende Rohmaterialkosten • Sinkende Produktionskapazitäten • Vertikale Integration (und damit ein „End-to-end Program Management") • Kürzere Time-to-market • Veränderung der Verkaufsprozesse durch Online-Kataloge, Requests for Quotations (RFQs), Ladengeschäfte und Callcenter • Flexibilität hinsichtlich Auftragsänderungen, insbesondere auch „Last-minute Engineering Changes" • Wettbewerbsfähige Preisgestaltung

Abb. 10.7 Wettbewerbsfaktoren in der Elektronikindustrie. (Eigene Darstellung nach QAD Inc. 2004)

diese Wettbewerbsfaktoren auf das Supply Chain Management und die Entstehung und Bedeutung von Supply Chain-Risiken aufweisen.

Vor diesem Hintergrund beschäftigte sich der Zentralverband Elektrotechnik- und Elektronikindustrie e. V. (ZVEI) mit dem für die gesamte Branche wichtigen Thema Supply Chain Management. Ergebnis der unternehmensübergreifenden Zusammenarbeit ist der branchenbezogene „Leitfaden Supply Chain Management in der Elektronikfertigung" (ZVEI – Zentralverband Elektrotechnik- und Elektronikindustrie e. V. 2014b). Angestoßen wurde die Thematik übrigens durch Unternehmen, die zu den Komponenten- und Systemherstellern zählen. Für diese Unternehmen, die relativ weit entfernt vom Endkunden angesiedelt sind, haben Supply Chain-Risiken (unter anderem aufgrund des Bullwhip-Effekts) eine besonders hohe Bedeutung.

Auch wenn der Leitfaden das umfangreiche Themenspektrum des Supply Chain Managements als Ganzes abdeckt, nehmen Fragestellungen des Risikomanagements einen großen Raum ein. So gibt es – nach einer inhaltlichen Abgrenzung des SCM – noch drei Kapitel. Sie fokussieren auf externe Rahmenbedingungen, auf die Ausbildung im SCM und auf das Risikomanagement-bezogene Thema „Robuste Supply Chains mit hoher Reaktionsgeschwindigkeit und Flexibilität". Flexibilität und eine hohe Reaktionsgeschwindigkeit sind Anforderungen des Marktes, die sich auch in Abb. 10.7 wiederfinden; auf sie gehen wir an dieser Stelle nicht tiefer ein, sondern beschäftigen uns mit den konkreten Empfehlungen zum Thema Risikomanagement, die im Leitfaden dargelegt werden.

Oben hatten wir kurz den Bullwhip-Effekt (oder Peitschenschlageffekt) angesprochen; auch auf ihn geht der Leitfaden ein, da er sowohl Auslöser als auch Konsequenz von Unsicherheiten in Supply Chains ist. Mit dem Bullwhip-Effekt wird das Phänomen beschrieben, dass die Nachfrageschwankungen (beispielsweise gemessen im Auftragsvolumen) zunehmen, je weiter vorne ein Zulieferer in der Supply Chain angesiedelt ist, das heißt, je weiter er vom Endkunden entfernt ist. Die Gründe für die Entstehung des Bullwhip-Effekts sind vielfältig: Hierzu zählen unter anderem die Orientierung der (unsicheren) Nachfrageprognosen am unmittelbaren Kunden, die Bestellung größerer Mengen zur Ausnutzung von Skaleneffekten, Preisfluktuation sowie die Umgehung möglicher Rationierungen oder Engpässe hinsichtlich der Verfügbarkeit von Produkten (siehe beispielsweise Lee et al. 1997). Insbesondere letzterer Aspekt hat sich bei der Flutkatastrophe in Thailand im Jahr 2011 gezeigt, als massive Nachschubengpässe auftraten; dadurch sank unter anderem die weltweite Produktion von magnetischen Festplatten im letzten Quartal 2011 um 30 % (Arthur 2011). Der Bullwhip-Effekt führt auf der einen Seite zu tendenziell höheren Lagerbeständen, um auf Nachfrageschwankungen reagieren zu können, auf der anderen Seite aber auch zu Out-of-Stock-Situationen, wenn die Kundennachfrage unerwartet ansteigt (siehe zum Beispiel Simchi-Levi et al. 2007). Auch sind höhere Kosten für zusätzlich bereitgestellte Kapazitäten (Personal, Lager, Produktionsmittel, Transportmittel) zu verzeichnen. Der Leitfaden demonstriert an realen Daten die konkreten, drastischen Ausprägungen des Bullwhip-Effekts in der Halbleiter-Industrie. Damit wird deutlich, dass der Bullwhip-Effekt mit seinen Ursachen und Wirkungen als wesentliches Supply Chain-Risiko anzusehen ist. Daraus leitet der ZVEI die Zielsetzung ab, durch geeignete Instrumente eine „robuste Supply Chain" herzustellen. Darunter wird im Leitfaden eine Supply Chain verstanden, die „einerseits möglichst stabil und unempfindlich gegen äußere Einflüsse und Risiken sein sollte und andererseits Fehler möglichst schon beim Auftreten abfängt und somit die Auswirkungen auf nachgelagerte Prozesse minimal bleiben." (ZVEI – Zentralverband Elektrotechnik- und Elektronikindustrie e. V. 2014b)

Um eine robuste Supply Chain zu etablieren, fundiert der ZVEI seine Empfehlung auf zwei methodischen Ansätzen. Auf der einen Seite verweist der ZVEI auf den in Kap. 7 dargestellten, internationalen und generischen Risikomanagement-Standard ISO 31000. Auf der anderen Seite basiert die strukturierte Vorgehensweise im Rahmen des Risikomanagements auf einem Modell, das zur standardisierten Modellierung von Supply Chains und den entsprechenden Prozessen dient – dem Supply Chain Operations Reference Model (kurz: SCOR-Modell). Das SCOR-Modell fungiert als Beschreibungsmodell, um die Prozesse einer Supply Chain in einer standardisierten Form zu dokumentieren. Die wesentliche Eigenschaft des SCOR-Modells ist die Integration unterschiedlicher Supply Chain-bezogener Aspekte in einem Modell: „Es handelt sich bei SCOR im Besonderen um ein Modell, welches Prozess-Elemente, Leistungskennzahlen, optimale Geschäftspraktiken und die Besonderheiten bezüglich der Ausführung von Lieferkettenaktivitäten in einer ganz speziellen Weise verbindet" (Bolstorff et al. 2007). Wesentlich für das SCOR-Modell sind weiterhin zwei Aspekte: Die hierarchische Strukturierung und die Prozesstypen. Beim SCOR-Modell erfolgen Dokumentation und Modellierung der Supply Chain-Prozesse in vier Ebenen (Becker 2008, siehe auch Abb. 10.8): Auf der obersten Ebene (Top Level) werden fünf Prozessarten unterschieden: Planen (Plan), Beschaffen (Source), Produzieren (Make), Liefern (Deliver) und Zurücknehmen (Return). Auf den weiteren Ebenen zwei und drei (Configuration Level und Process Element Level) lassen sich diese Prozesstypen durch weitere und detailliertere Prozesse spezifizieren. Allen drei Ebenen ist gemein, dass die Prozesse aus einer vorgegebenen Menge bereits spezifizierter Referenzprozesse gewählt werden. Erst auf der vierten Ebene (Implementation Level), für die keine Referenzprozesse und -elemente vorgegeben werden, lassen sich die Prozesse auch methodisch individuell dokumentieren.

Abb. 10.8 Ebenen des SCOR-Modells. (Mit Anpassungen entnommen aus Becker 2008)

Ebene	Name	Umfang	Aufgabe
1	Prozess-typen	Gesamte Supply Chain	• Umfang definieren • Gesamtprozess klären • Beteiligte festlegen
2	Prozess-kategorien	Gesamte Supply Chain	• Gesamtprozess optimieren • Lagerstufen reduzieren • Integration der Partner verbessern
3	Prozess-elemente	Einzelne Prozess-kategorien	• Prozesse gestalten • Schnittstellen verbessern

Die Verbindung zweier fundierter Ansätze (ISO 31000 sowie das SCOR-Modell) führt dazu, dass Supply Chain-weit eine strukturierte Vorgehensweise zur Identifikation von Risiken verfolgt werden kann. Insbesondere das SCOR-Modell bietet eine Art Risikotaxonomie, an der sich Unternehmen bei der Identifikation von Risiken orientieren können. Die Gefahr, Risiken zu „vergessen“ oder zu „übersehen“, wird damit stark verringert. Ein wesentliches Ergebnis des Leitfadens ist eine Übersicht über die Hauptrisiken und deren Zuordnung zu den Prozessarten (siehe Tab. 10.3). (Der ZVEI hat im Leitfaden den für die Elektroindustrie wesentlichen Entwicklungsprozess „Design“ zusätzlich eingefügt, dafür aber auf Rückführprozesse verzichtet.)

Tab. 10.3 Typische Risiken in der Elektro-Supply Chain. (ZVEI – Zentralverband Elektrotechnik- und Elektronikindustrie e. V. 2014b)

Risiko	Design	Plan	Source	Make	Deliver
Komplexitätserhöhung	X	X	X	X	X
Variantenvielfalt	X	X	X	X	X
Technologieabhängigkeit	X		X		
Langzeitverfügbarkeit (End of Life)	X		X		
Transfer von Fachwissen	X		X	X	
Zeitversetzte oder nicht ausreichende Informationsflüsse	X	X	X	X	X
Unzureichende Prognosegenauigkeit/ Planungssicherheit		X	X	X	
Bedarfsschwankungen		X	X	X	
Unzureichende systemgestützte Prozesse/ IT-Prozesse	X	X	X	X	X
Geographische Standortrisiken			X	X	
Politische Risiken der Beschaffungsmärkte			X		
Währung			X		
Zollbeschränkungen			X		X
Fehlende Zertifizierung/Fehlendes Fachwissen			X		
Einquellenbezug (Single Sourcing)			X		
Beschaffungskosten	X		X		
Flexibilität		X	X		
Kapazitäten			X	X	
Qualifikation			X	X	
Hohe Wiederbeschaffungszeiten/Lieferzeiten		X	X		
Allokation			X		
Stammdaten		X	X	X	
Prozessstörungen				X	
Qualität	X		X	X	
Ausschuss			X	X	
Verpackung			X	X	X
Transport-/Havarieschäden			X	X	X

Der Leitfaden setzt sich außerdem mit den Aufgaben sowie der Organisation eines Risikoausschusses im Kontext Supply Chain-Risiken auseinander. Aus Sicht des Zentralverbands Elektrotechnik- und Elektronikindustrie könnte ein solcher Ausschuss wie folgt gestaltet werden (vgl. ZVEI – Zentralverband Elektrotechnik- und Elektronikindustrie e. V. 2014b, S. 42):

- Mitgliederzahl klein halten, das führt zu höherer Reaktionsfähigkeit,
- Mitglieder werden von der Geschäftsführung nominiert,
- Teamwork der Mitglieder, keine Aufgabenverteilung,
- Abhalten regelmäßiger Konferenzen,
- Analysieren wesentlicher Risiken aus Gesamtunternehmensperspektive,
- Hinterfragen bestehender Bewältigungsmaßnahmen,
- Beschließen und Koordinieren von Programmen und Maßnahmen zur Risikobewältigung,
- Überwachen von Grenzen, ob Beschlüsse eingehalten werden und ob Maßnahmen greifen,
- Unterstützen des Risikomanagers bei der Entwicklung des Risikomanagement-Systems.

Der Leitfaden setzt sich auch mit der Rolle des Risikomanagers auseinander. Dieser sollte die Verantwortung tragen für:

- das Vorhandensein, die Eignung und Funktionsfähigkeit des Risikomanagements,
- die interne Risikoberichterstattung und Erstellung des Risikoberichts im Lagebericht,
- die Koordination und Organisation des Risikoausschusses als festes Mitglied,
- die Unterstützung der Organisation durch Bereitstellung von Methoden und Instrumenten,
- die Erstellung und Weiterentwicklung der Risikomanagement-Richtlinie und deren Einhaltung.

Operativ sollte die Funktion des Risikomanagers von den dezentralen Prozessverantwortlichen beziehungsweise den Fachvertretern der einzelnen Unternehmensbereiche (Risikoeigner) unterstützt werden, die Risikoanalysen und -bewertungen in ihren Bereichen durchführen und die Umsetzung der Risikostrategie aufgreifen.

Leider setzt sich der Standard nur unzureichend mit der Bewertung der identifizierten Risiken auseinander und gibt beispielsweise keinen Überblick über potenzielle Bewertungsmethoden (Kreativitätsmethoden, analytische Methoden etc.). Eine Bewertung der identifizierten Risiken ist insbesondere vor dem Hintergrund einer Priorisierung von Maßnahmen unerlässlich. Wie sollen ansonsten die Kosten einer Maßnahme sinnvoll in Relation zur Risikoreduktion gesetzt werden?

Basierend auf den für eine idealtypische Supply Chain in der Elektroindustrie identifizierten Risiken beschreibt der Leitfaden auch mögliche Maßnahmen, die genutzt werden können, um die erfassten Risiken zu reduzieren oder ganz zu vermeiden. So geht das Dokument für die Risiken im Bereich „Source" zum Beispiel auf die Anwendung eines Lieferanten-Beziehungsmanagements (Supplier Relationship Management, kurz SRM) ein und fokussiert dabei unter anderem auf die Lieferantenbewertung als einen Ansatz zur Risikoidentifikation. (Damit wird auch noch einmal die Bedeutung der im vorherigen Abschnitt beschriebenen MMOG deutlich.) Als weiteres Element, das sich zur Risikoidentifikation im Bereich Source einsetzen lässt, werden Prüfberichte für Zulieferprodukte genannt; der Leitfaden spezifiziert dabei auch die wesentlichen Merkmale, die in einem derartigen Prüfbericht erfasst werden. Derartige Ansätze, wie Risiken begegnet werden kann, dokumentiert der Leitfaden für alle fünf Prozessarten.

Ein Thema, das bei Risikomanagement-Publikationen häufig nur rudimentär angesprochen wird, ist die Kommunikation innerhalb des Risikomanagements. Der Leitfaden nimmt dieses Thema explizit auf und spricht zwar nicht für die externe, aber doch für die interne Risikokommunikation klare Empfehlungen für die Gestaltung sowohl top-down als auch bottom-up aus (vgl. dazu Abb. 10.9).

Die Geschäftsleitung sollte vor allem adäquate Kommunikationskanäle „nach unten", das heißt zu den Risikoeignern, aufrechterhalten, damit diese über eine entsprechende Risikotransparenz verfügt. Der Leitfaden führt weiter aus, dass die Geschäftsleitung(en) klar verstehen sollte(n), „auf welche Risikopolitik und -strategie sie sich ausrichten müssen

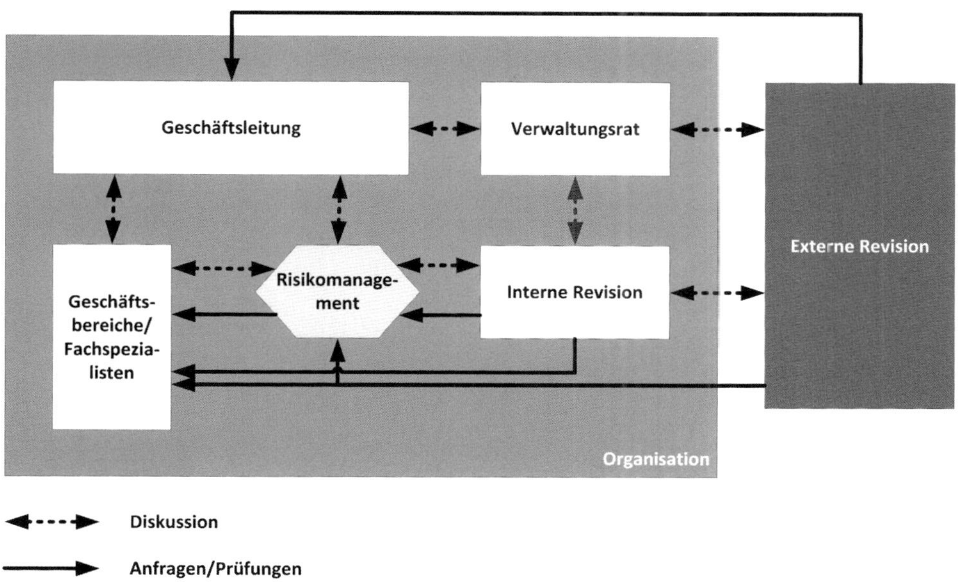

Abb. 10.9 Empfehlungen zur Gestaltung der Kommunikationsflüsse im internen Risikomanagement. (ZVEI – Zentralverband Elektrotechnik- und Elektronikindustrie e. V. 2014b)

Bereich	Fragestellung	Erfüllungsgrad: In vollem Umfang	Erfüllungsgrad: teilweise	Erfüllungsgrad: nicht
Source	Gibt es eine systematische Lieferantenidentifikation, -eingrenzung, -analyse im Rahmen der Lieferantenauswahl?			
	Nutzt der Lieferant systemgestützte Prozesse zur automatisierten Informationsverarbeitung und -weitergabe (z. B. EDI, WebEDI, ASN, etc.)?			
	Hat der Lieferant ausreichende Referenzen und werden Einstufungen und/oder Bewertungen aus ggfs. mit dem Lieferanten bestehenden Projekten berücksichtigt?			
	...			

Abb. 10.10 Fragenkatalog zu Supply Chain-Risiken. (Ausschnitt; ZVEI – Zentralverband Elektrotechnik- und Elektronikindustrie e. V. 2014b)

und welche Vorhaben im Rahmen des Aufbaus, der Einführung und Überwachung des Risikomanagementsystems anstehen." Dies ist kritisch zu bewerten, da eine Risikostrategie vorab seitens der Geschäftsleitung aus der Geschäftsstrategie abgeleitet werden muss und nicht etwa sich – wie dargestellt – aus dem operativen Geschäft ergibt.

Der Leitfaden weist aber auch darauf hin, dass in einer umgekehrten Folge ein Bedarf an verlässlicher Kommunikation relevanter Informationen von den Risikoeignern beziehungsweise Risikomanagern „nach oben" zur Geschäftsleitung besteht. Hier könnte man ergänzen, dass hier nicht nur ein Bedarf besteht, sondern Entscheidungen basierend auf einer ausreichenden Informationsgrundlage getroffen werden müssen (siehe die rechtlichen Konsequenzen aus der Business Judgement Rule in Kap. 8).

Die externe Risikokommunikation bezieht die Interessensgruppen außerhalb des Unternehmens mit ein (beispielsweise Kunden, Lieferanten). Auch Lieferanten sollten aktiv in das Risikomanagement eingebunden sein.

Letztendlich bietet der Leitfaden des ZVEI auch einen Fragenkatalog an, der bei der Ermittlung und Bewertung von Supply Chain-Risiken in der Elektroindustrie unterstützen soll. Abbildung 10.10 zeigt einen Ausschnitt des Fragenkatalogs für den Prozess „Source". Für jede Frage bestehen drei Antwortmöglichkeiten zum Erfüllungsgrad („in vollem Umfang", „teilweise" und „nicht"), so dass zumindest eine grobe Antwort gegeben werden kann, auch wenn die Antwortmöglichkeiten einen Interpretationsspielraum lassen. Immerhin lässt sich der Fragenkatalog dadurch auch als Checkliste für das eigene Unternehmen oder für Lieferanten nutzen. Mit 27 Fragen kann der Fragenkatalog allerdings nur die grundlegendsten risikobezogenen Fragen adressieren. Andererseits lässt er sich beliebig durch unternehmensspezifische Fragen erweitern.

Neben der Untersuchung der fünf Prozessarten lässt sich auch der Werkzeug- und Methodeneinsatz überprüfen. Der Leitfaden listet dazu 11 unterschiedliche Tools auf, bei denen der Einsatz abgefragt wird. Zu den Tools zählen einfache Ansätze wie Team-Meetings und interdisziplinäre Regeltermine wie auch komplexere und in der Regel EDV-basierte Werkzeuge wie Material Requirement Planning (MRP) und Produktionsplanung und -steuerung (PPS).

Als Fazit lässt sich festhalten:

- Der Leitfaden des ZVEI ist als branchenweite Empfehlung zur Gestaltung des Supply Chain Managements gedacht. Diesen Zweck erfüllt er sehr gut.
- Das Risikomanagement nimmt im Rahmen des Leitfadens einen großen Raum ein. Damit wird die Bedeutung von Supply Chain-Risiken und deren Management klar.
- Der grundsätzliche Risikomanagement-Ansatz ist durch die Verbindung der ISO 31000 mit dem SCOR-Modell gut gewählt. Nicht nur werden zwei international weitestgehend akzeptierte Ansätze miteinander verknüpft, vielmehr geben sie dem Risikomanagement für Supply Chains eine sinnvolle Struktur und ermöglichen damit ein lückenloses Management von Risiken.
- Die Übersicht über typische Supply Chain-Risiken in der Elektroindustrie und die damit verbundene Zuordnung zu den Prozessarten hilft beim Aufsetzen eines Risikomanagements. Sie kann allerdings auch nur eine erste Grundlage sein. Vorsicht ist dabei geboten, den Fokus nur auf diese Übersicht zu legen, da ansonsten weitere Risiken übersehen werden können.
- Ähnliches gilt für den Fragenkatalog. Die 27 Fragen betreffen zwar alle Prozessarten, können aber bei Weitem nicht erschöpfend sein. Sie sind aber eine gute Grundlage, um eine Wissensdatenbank aufzubauen oder eine umfangreiche Checkliste zu erarbeiten.

10.4 Fazit

Zwei Dokumente zeigen, welche Bedeutung das Thema Risikomanagement aufweisen kann, welche Kriterien für ein effektives Risikomanagement existieren sowie welche Risiken entlang der Supply Chain vorhanden sein können und wie sie sich identifizieren lassen. Die beiden Dokumente, und das ist das Bemerkenswerte, sind Empfehlungen beziehungsweise Standards, die branchenweit Anwendung finden sollten. Sie sind Ergebnis von Kooperationen mehrerer Unternehmen innerhalb einer Branche (bei der Global MMOG/LE sogar einer internationalen Zusammenarbeit), was grundsätzlich auch bedeutet, dass das Ergebnis dieser Zusammenarbeit ein Kompromiss ist. In beiden Fällen lässt sich konstatieren, dass dieser Kompromiss ein guter ist – denn die beiden Dokumente sind sinnvolle und qualitativ hochwertige Empfehlungen beziehungsweise Kriterienkataloge.

Auch wenn der Fokus der beiden Dokumente unterschiedlich ist (die Global MMOG/LE ein Evaluationstool, der Leitfaden Supply Chain Management eine Methodik-Empfehlung), so zeigt sich doch, dass sowohl in der Automobilindustrie wie auch in der Elektronikbranche dem Risikomanagement ein großer Stellenwert für das Funktionieren einer Supply Chain eingeräumt wird. Dementsprechend groß ist der Anteil, den dieses Thema innerhalb der beiden Dokumente einnimmt.

Beide Ansätze geben konkrete Hinweise. Dies sind Hinweise zu möglichen Supply Chain-Risiken, Maßnahmen zum Management dieser Risiken sowie Ansätze zum Aufbau eines effektiven Risikomanagements. Bei der Global MMOG/LE hat der aktuelle Status des Risikomanagements sogar unmittelbare Auswirkung auf die Klassifikation des betrachteten Unternehmens.

Auch wenn natürlich Papier geduldig ist und sich Aufbau und regelmäßige Anwendung des Risikomanagements in der betrieblichen Praxis zeigen müssen, haben die beiden Branchen damit wirkungsvolle Grundlagen geschaffen, um Risiken in Supply Chains identifizieren und anschließend handhaben zu können.

Literatur

Accenture: Don't play it safe when it comes to supply chain risk management – Accenture Global Operations Megatrends Study. http://www.accenture.com/SiteCollectionDocuments/PDF/Accenture-Global-Megatrends-Operations-Supply-Chain-Risk-Management.pdf (2014). Zugegriffen: 13. Okt. 2014

AIAG, Odette: GLOBAL MMOG/LE – Einleitung und Anweisungen [in das Bewertungstool eingebettetes Dokument] (2014)

Allianz SE, Allianz Global Corporate & Specialty SE: Allianz Risk Barometer – Die 10 größten Geschäftsrisiken 2015. http://www.agcs.allianz.com/assets/PDFs/Reports/Allianz-Risk-Barometer-2015_DE.pdf (2015). Zugegriffen: 21. Jan. 2015

Arthur, C.: Thailand's devastating floods are hitting PC hard drive supplies, warn analysts. Guardian News and Media Limited. http://www.theguardian.com/technology/2011/oct/25/thailand-floods-hard-drive-shortage (2011). Zugegriffen: 10. Jan. 2015

Becker, T.: Prozesse in Produktion und Supply Chain optimieren, 2. Aufl. Springer, Berlin (2008)

Blechschmidt, B.: Deutscher Maschinenbau fürchtet Folgen der Russland-Sanktionen. Focus Online. http://www.focus.de/finanzen/news/wirtschaftsticker/deutscher-maschinenbau-fuerchtet-folgen-der-russland-sanktionen_id_4027449.html (2014). Zugegriffen: 21. Jan. 2015

Bolstorff, P.A., Rosenbaum, R.G., Poluha, R.G.: Spitzenleistungen im Supply Chain Management – Ein Praxishandbuch zur Optimierung mit SCOR. Springer, Berlin (2007)

Bundesministerium für Wirtschaft und Energie: Automobilindustrie – Branchenkonjunktur. http://www.bmwi.de/DE/Themen/Wirtschaft/branchenfokus,did=195926.html (2015a). Zugegriffen: 20. Jan. 2015

Bundesministerium für Wirtschaft und Energie: Automobilindustrie – Eckdaten der deutschen Automobilindustrie. http://www.bmwi.de/DE/Themen/Wirtschaft/branchenfokus,did=195940.html (2015b). Zugegriffen: 20. Jan. 2015

Bundesministerium für Wirtschaft und Energie: Elektrotechnik- und Elektronikindustrie – Branchenskizze. http://www.bmwi.de/DE/Themen/Wirtschaft/branchenfokus,did=196878.html (2015c). Zugegriffen: 20. Jan. 2015

Draeger, K.: Die Initiative „Supply Chain Number One“ bei BMW: Viele Herausforderungen – eine Antwort. BA Beschaffung aktuell. (3), 14–17 (2013)
Hofbauer, G., Mashhour, T., Fischer, M.: Lieferantenmanagement – Die wertorientierte Gestaltung der Lieferbeziehung, 2. Aufl. Oldenbourg Wissenschaftsverlag, München (2012)
Klug, F.: Logistikmanagement in der Automobilindustrie – Grundlagen der Logistik im Automobilbau. Springer, Heidelberg (2010)
Lee, H. L., Padmanabhan, V., Whang, S.: The bullwhip effect in supply chains. Sloan Manag. Rev. **38**(Spring 1997), 93–102 (1997)
Odette International Limited: Global MMOG/LE – Logistics capability evaluation. https://www.odette.org/services/mmog (2015). Zugegriffen: 16. Jan. 2015
QAD Inc.: Successful risk management in the electronics supply chain. http://www.qad.com/Public/Documents/rm_electronics_supply_chain.pdf (2004). Zugegriffen: 10. Jan. 2015
Reuters, T.: Krise in der Ukraine – HeidelbergCement stellt Betrieb in Ostukraine ein. Handelsblatt. http://www.handelsblatt.com/unternehmen/industrie/krise-in-der-ukraine-heidelbergcement-stellt-betrieb-in-ostukraine-ein/10994240.html (2014). Zugegriffen: 21. Jan. 2015
SCM World: The chief supply chain officer report 2015 – Pulse of the profession. http://www.e2open.com/assets/pdf/papers-and-reports/SCMWorld_Chief_Supply_Chain_Officer_Report_2014.pdf (2014). Zugegriffen: 8. Jan. 2015
Schuh, G., Guo, D., Hoppe, M., Ünlü, V.: Steuerung der Lieferantenbasis. In: Schuh, G. (Hrsg.) Einkaufsmanagement, 2. Aufl., S. 255–342. Springer Vieweg, Berlin (2014)
Simchi-Levi, D., Kaminsky, P., Simchi-Levi, E.: Designing and Managing the Supply Chain, 3. Aufl. McGraw Hill, Boston (2007)
Verband der Automobilindustrie e. V.: Logistik – Herausforderungen für die Logistik. https://www.vda.de/de/themen/automobilindustrie-und-maerkte/logistik/herausforderungen-fuer-die-logistik.html (2014). Zugegriffen: 20. Jan. 2015
ZVEI – Zentralverband Elektrotechnik- und Elektronikindustrie e. V.: Die deutsche Elektroindustrie – Daten, Zahlen und Fakten. http://www.zvei.org/Publikationen/Faktenblatt%20Dezember%202014.pdf (2014a). Zugegriffen: 20. Jan. 2015
ZVEI – Zentralverband Elektrotechnik- und Elektronikindustrie e. V.: Leitfaden Supply Chain Management in der Elektronikfertigung. http://www.zvei.org/Publikationen/Leitfaden-Supply-Chain-Management.pdf (2014b). Zugegriffen: 8. Jan. 2015

Prof. Dr. Michael Huth ist seit 2006 Professor für Allgemeine Betriebswirtschaftslehre, insbesondere Logistik, an der Hochschule Fulda. Dort war er von 2009 bis 2011 Prodekan, von 2011 bis 2014 leitete er als Dekan den Fachbereich Wirtschaft. Die Internationalität seiner Aktivitäten zeigt Prof. Dr. Michael Huth unter anderem durch längere Lehr- und Forschungsaufenthalte an der University of the Sunshine Coast (Australien) und an der California State University San Bernardino (USA). Neben der fachbezogenen Lehre beschäftigt er sich seit mehr als 15 Jahren mit den Themen Risikomanagement, Notfallplanung und Sicherheit. Gemeinsam mit Prof. Dr. Dirk Lohre von der Hochschule Heilbronn führt er seit 2008 empirische Untersuchungen zum Stand des Risikomanagements in der Logistikbranche durch. Vor seinem Engagement an der Hochschule Fulda war er geschäftsführender Gesellschafter der Hulocon GmbH, einer Unternehmensberatung mit Fokus Logistik- und Risikomanagement. Er kann auf viele erfolgreiche Beratungsprojekte in Industrie, Handel und dem Dienstleistungssektor verweisen. Prof. Dr. Michael Huth hat an der Goethe-Universität in Frankfurt am Main und an der Southampton University (Großbritannien) Betriebswirtschaftslehre studiert.

Frank Romeike ist Gründer des Kompetenzzentrums RiskNET – The Risk Management Network. Er ist Geschäftsführer und Eigentümer der RiskNET GmbH sowie Gründer und Gesellschafter von RiskNET Advisory & Partner. Außerdem ist er verantwortlicher Chefredakteur (V. i. S. d. P.) der Zeitschrift „RISIKO MANAGER", die alle 14 Tage erscheint und sich schwerpunktmäßig mit den Themen Kreditrisiko, Marktrisiko, Operationelles Risiko und Enterprise Risk Management (ERM) auseinandersetzt. Er zählt international zu den renommiertesten und führenden Experten für Risiko- und Chancenmanagement und coacht seit rund 20 Jahren Unternehmen aller Branchen und Unternehmensgrößen rund um die Themengebiete Risiko- bzw. Chancenmanagement und Wertorientierte Unternehmenssteuerung. Im Rahmen von Intensiv- und Inhouse-Seminaren der Risk Academy hat er mehr als 7500 Risikomanager ausgebildet bzw. gecoacht. An der HDU ist er fachlicher Leiter des akkreditierten Masterstudiengangs „Risiko- und Compliancemanagement". In seiner beruflichen Vergangenheit war er Chief Risk Officer bei der IBM Central Europe, wo er u. a. an der Einführung des weltweiten Risk-Management-Prozesses der IBM beteiligt war und mehrere internationale Projekte leitete. Er hat u. a. ein wirtschaftswissenschaftliches Studium (mit Schwerpunkt Versicherungsmathematik) in Köln und Norwich/UK abgeschlossen. Im Anschluss hat er Politikwissenschaften, Psychologie und Philosophie studiert. Außerdem hat er ein exekutives Masterstudium im Bereich Risiko- und Compliancemanagement abgeschlossen. Frank Romeike hat u. a. Lehraufträge (Adjunct Professor) an der Ludwig-Maximilians-Universität München (Seminar für Finanzökonometrie), der Hochschule Coburg (MBA-Studiengang Versicherungsmanagement; Schwerpunkt: Risikomanagement in Versicherungsunternehmen) sowie der Technischen Hochschule Deggendorf (Masterprogramm Risiko- und Compliancemanagement, hierbei handelt es sich um ein gemeinsames Projekt des TÜV Süd, der Technische Hochschule Deggendorf und RiskNET) angenommen. Frank Romeike ist Mitglied des Vorstands beim Institut für Risikomanagement und Regulierung e. V. (Frankfurt am Main) und verantwortet dort unter anderem das Thema Öffentlichkeitsarbeit.

Bewertung von Supply Chain-Risiken – Vergleich subjektiver und objektiver Bewertung

11

A. Doreen Diehl

Inhaltsverzeichnis

A. D. Diehl (✉)
Bayer MaterialScience, Düsseldorf, Deutschland
E-Mail: doreen.diehl@hhl.de

M. Huth, F. Romeike (Hrsg.), *Risikomanagement in der Logistik,*
DOI 10.1007/978-3-658-05896-8_11

11.1 Einleitung

Das Thema Risikomanagement ist seit Längerem in aller Munde und ein beliebtes Thema in Unternehmen. Gerade vor dem Hintergrund der bekannten Beispiele, wie zum Beispiel die Betriebsunterbrechung durch ein Feuer bei einem Zulieferer von Nokia und Ericsson (vgl. die einführenden Kapitel 1 und 2), aber auch durch immer wieder neue Ereignisse, wie die Vulkanausbrüche in Island oder die Krise in der Ukraine, bleibt das Thema in den Köpfen der Manager. Der Wunsch, diese Risiken für das eigene Unternehmen vorherzusehen und abzuwenden, bevor ein Schaden entsteht, oder den Schaden zu minimieren, steigt ständig. Anleger und Investoren fragen zunehmend kritischer. Wirtschaftsprüfer und Berater erwecken den Eindruck, als könnte man mittels hochentwickelter Tools oder Big-Data-Analytik Licht ins Dunkel bringen. Haben Manager die Suche nach Zahlen und Daten gestartet, zeigt sich schnell, wie zeitaufwändig und teuer das Unterfangen doch wird. Zudem bleiben die Ergebnisse mit einer gewissen Unsicherheit belegt, da auch bei der quantitativen Risikobewertung nicht immer alle Informationen verfügbar sind. Viele Zahlen müssen geschätzt oder aus kurzen Zeitreihen abgeleitet werden. Die Frage stellt sich, ob dieser Aufwand einen Mehrwert für Manager bietet.

Dieser Problematik haben wir uns in der folgenden Studie gewidmet. Wie viel quantitative Analyse ist nötig und wie gut schätzen Manager Risiken subjektiv ein? Wo liegen Probleme in der Bewertung? Und wie können diese Probleme reduziert werden? Ist die Einschätzung der Manager ausreichend für die erste Risikobewertung?

Um die Fragen zu beantworten, haben wir die Risikobewertung, den zweiten Schritt des vierstufigen Risikomanagementprozesses (Identifikation, Bewertung, Gegenmaßnahmen und Controlling; zum Beispiel Kleindorfer und Saad 2005) und somit die Basis des Supply Chain Risikomanagements, analysiert. Die Risikobewertung erfordert entweder eine subjektive Bewertung durch Manager auf Basis ihrer persönlichen Erfahrung oder eine objektive Bewertung auf Basis messbarer quantitativer Kriterien. Die meisten Autoren in der Literatur beschreiben rein subjektive oder rein objektive Bewertungen, ohne auf mögliche Probleme der jeweiligen Methode hinzuweisen. Einige Autoren mischen sogar die beiden Themen (Khan und Burnes 2007). Probleme der „reinen" Bewertung könnten folgende sein: Die rein quantitative Bewertung ist problematisch für Risiken mit niedriger Wahrscheinlichkeit und hohem Einfluss, da ein „Erwartungswert"-Ansatz schwierig ist. Diese Risiken fallen meist als wenig kritisch aus dem Raster, auch wenn sie ein Unternehmen vernichten können, wenn sie eintreten (Zsidisin et al. 2005). Bei der qualitativen Bewertung kann es dazu kommen, dass Manager dazu tendieren, Ereignisse zu ignorieren, die sie für unwahrscheinlich halten, da Wahrscheinlichkeiten für Manager schwer zu greifen sind. Manche Manager nehmen Risiken nur in ihrer Einflusshöhe wahr, nicht aber die Wahrscheinlichkeit. Manager neigen ebenso dazu, die Eintrittshöhe bei Risiken mit hoher Wahrscheinlichkeit zu überschätzen (March und Shapira 1987).

11.2 Risikoidentifikation

11.2.1 Übersicht

Auf Basis des von uns entwickelten Risikorahmenwerks haben wir in 19 Interviews mit Mitarbeitern verschiedener Positionen und Regionen in einer Fallstudienfirma die Supply-Chain-Risiken identifiziert. Unser an das SCOR-Model angelehntes Konzept (Abb. 11.1) bietet den Managern eine gute Unterstützung bei der Risikoidentifikation, ohne den Anspruch auf Vollständigkeit zu haben, wie es Risikolisten haben. Es regt die Diskussion in einem Brainstorming an und deckt alle potentiellen Risikofelder ab (Diehl und Spinler 2013). Abbildung 11.2 zeigt unser Vorgehen in der Studie – von der Identifikation der Risiken bis zum Vergleich ihrer Bewertung.

Für die Kategorisierung der Risiken in operative und disruptive Risiken haben wir die Definition von Tang (2006) gewählt. Operative Risiken sehen wir als Resultat einer Abweichung von einem Planwert, mit eher mittlerer bis hoher Wahrscheinlichkeit und niedriger bis mittlerer Eintrittshöhe. Beispiele sind Lieferengpässe aufgrund von Vorhersageproblemen, ungeplante Maschinenausfälle oder Verspätungen in der Logistik. Als Gegenmaßnahmen werden proaktive Maßnahmen und gutes Risikocontrolling genannt.

Disruptive Risiken verstehen wir als Risiken mit sehr niedriger Wahrscheinlichkeit und extrem hoher Eintrittshöhe – meist katastrophale Ereignisse. Beispiele sind Naturkatastrophen, Flugzeugabstürze oder komplette Werksausfälle. Diese Risiken sind meist sehr schwer zu identifizieren beziehungsweise zu mitigieren. Eine belastbare, das heißt resiliente Supply Chain, die flexibel auf Risiken reagiert und schnell wieder in ihren Ursprungsstatus zurückkehren wird, wird in der Literatur als effektivste Gegenmaßnahme angesehen (Sheffi und Rice 2005).

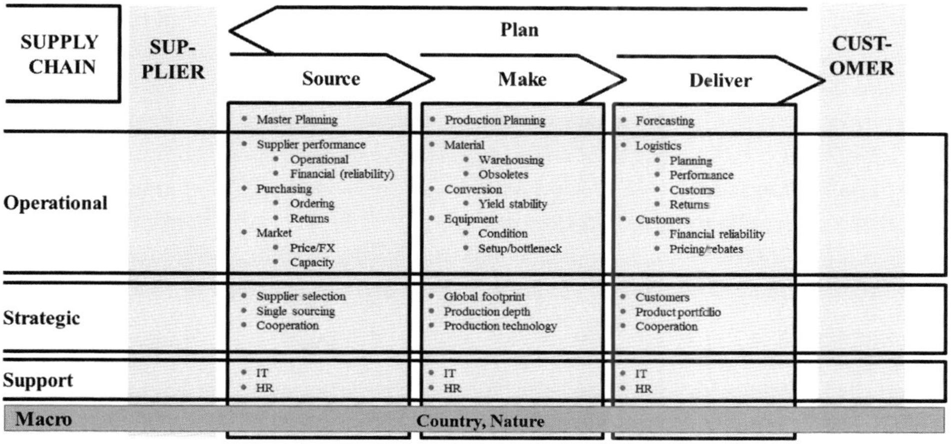

Abb. 11.1 Rahmenwerk zur Risikoidentifikation. (Quelle: Diehl und Spinler 2013)

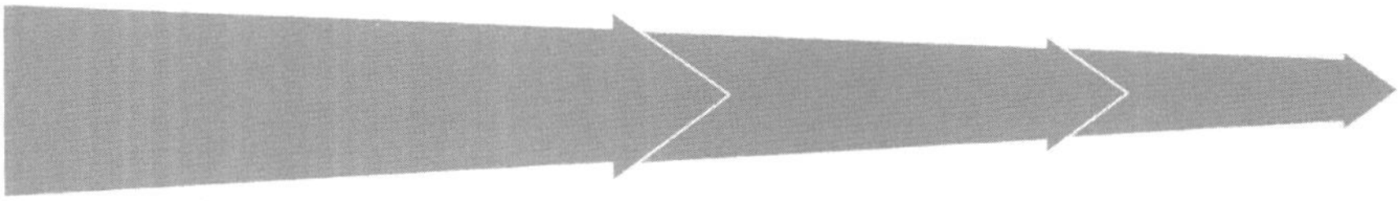

Interviews

- 19 Interviewpartner aus verschiedenen Regionen und mit unterschiedlichen Supply Chain Positionen
- 154 Risikozitate identifiziert

Konsolidierung

- 154 Risikozitate auf 53 Risiken zusammengefasst durch Konsolidierung der Zitate
- Filter auf 30 Risiken, die mindestens zwei Mal genannt wurden
- Kategorisierung der Risiken in Region und Supply Chain Phase (auf Basis des SCORE Models)
- Bewertung der Risiken durch Manager in der entsprechenden Region/Phase

Vergleich

- Weitere Kategorisierung der Risiken in operativ und disruptiv
- Auswahl von 10 Risiken auf Basis der Wichtigkeit, Kategorie und Datenverfügbarkeit

Abb. 11.2 Schritte der Studie. (Quelle: Diehl 2012)

11.2.2 Liste der untersuchten Risiken

Auf Basis der Ergebnisse der Interviews haben wir folgende zehn Risiken ausgewählt, die wir in ihrer Bewertung miteinander verglichen haben.

Preisvolatilität
Das Risiko der Preisvolatilität bezieht sich auf die Schwankung der Preise von Rohmaterialen, die in der Produktion verwendet werden. Materialkosten haben einen direkten Einfluss auf die Kostenstruktur eines Produkts. Die Analyse der historischen Rohmaterialpreise zeigt eine hohe Volatilität mit einem Höchstwert im Jahr 2008. Als Basis für eine Hedging-Aktivität führt die Fallstudienfirma jeden Monat eine Bewertung der Rohmaterialpreise durch. Da wir uns in der Konsumgüterindustrie befinden, gehen die Manager nicht davon aus, die Preise kurzfristig an den Handel weiterreichen zu können.

Unpräzise Vorhersagen
Das Risiko einer schlechten Vorhersage ist definiert als Unter- oder Überproduktion aufgrund von inkorrekt geplanten Absatzzahlen. Strafkosten bei Minderbelieferung werden ignoriert, da diese im Moment nur für ein einziges Land der Fallstudienfirma existieren.

Infrastruktur- und Transportrisiko
Dieses Risiko enthält alle Probleme, die während des Transports zum Kunden auftreten können. Dies kann dazu führen, dass der Kunde seine Ware nicht innerhalb der vereinbarten Zeit und in der vereinbarten Menge bekommt, ausgelöst durch zum Beispiel Ver-

spätungen während des Transports oder beschädigte Ware sowie Probleme bei der Verteilung der Produkte zwischen verschiedenen Lagern. Manager beschreiben das Problem wie folgt:

- „Die Verfügbarkeit von Spediteuren ist okay. Wir haben jedoch Probleme im russischen Winter oder während Ramadan in der Türkei“ (CEE, Materials Management).
- „Transport in West Europe ist ganz okay. Wir haben Probleme in Griechenland, da hier ein Oligopolmarkt mit wenig Wettbewerb herrscht“ (WE, MM & Logistics).

Inkorrekte Ausführung des Launch-Prozesses
Das Risiko bezieht sich auf Probleme, die beim Launch oder Re-Launch eines Produktes auftreten können. Hauptprobleme in der Firma, die eine Lieferung verhindern können, sind unfertiges Verpackungsdesign, eine zu späte Launch-Entscheidung oder das Fehlen von kritischen Stammdaten. Die nachfolgenden Aussagen geben den Zusammenhang wieder, in welchem das Risiko einzuordnen ist:

- „Formulierungen für Launch-Produkte wurden zu früh freigegeben. Wir hatten Glück, dass bis jetzt nichts schiefging“ (CEE, Materials Management).
- „Wir haben immer Probleme mit dem Launch-Zeitpunkt. Das ist ein bekanntes Risiko. Wir produzieren selten Pilotserien“ (CEE, Materials Management).
- „Lieferung von neu gelaunchten Produkten bereiten uns immer Probleme. Vor Kurzem wurde deswegen ein Lotus Notes Workflow eingeführt, der sicherstellen soll, dass alle Informationen zum richtigen Zeitpunkt verfügbar sind“ (WE, Leitung SC).

IT Risiko
IT-Defekte beziehen sich auf Probleme mit dem System oder IT-abhängigen Prozessen, wie der Produktionsplanung, die zu einem Umsatzverlust führen können. Am äußeren Ende der Risikoskala steht ein Komplettausfall des ERP-Systems, zum Beispiel des SAP-Systems.

Veränderungen von logistischen Kundenanforderungen
Ändern die Kunden in einer Branche in kurzer Zeit ihre Bedürfnisse, muss der Hersteller mit hohen Kosten seine eigene Infrastruktur und Prozesse umstellen. Die Interviews haben gezeigt, dass Cross-Docking als Haupttrend in der Logistik in dieser Branche wahrgenommen wird. Beim Cross-Docking werden eingehende und ausgehende Waren in sogenannten Cross-Docks konsolidiert. Das Ziel hier ist, die Lagerkosten zu eliminieren, indem man die Ware schnellstmöglich zum Kunden liefert. Eine interne Analyse hat gezeigt, dass erhöhte Kosten für das Handling im Lager sowie den Transport zum Kunden anfallen. Dieses Thema wurde sehr intensiv in der Fallstudienfirma diskutiert:

- „Wir hatten vor Kurzem einen Workshop, in dem wir die veränderten Kundenanforderungen diskutiert haben. Cross-Docking kann für unser Unternehmen in den nächsten Jahren sehr teuer werden. Ich habe Sorge, dass die SC aufgrund ihrer internen Strukturen sich nicht dem Markt anpassen kann“ (CEE, Head of SC).
- „Händler erwarten neue Prozesse von uns wie Cross-Docking. Wir haben das in der letzten SC Academy diskutiert“ (CEE, Logistics).

Steigende Transportkosten

Das Risiko reflektiert die steigenden Kosten, um Ware zum Kunden zu transportieren, besonders durch steigende Energiekosten und Steuern für CO_2-Emissionen (zum Beispiel van Hoek und Johnson 2010). Das Risiko ist definiert als Anstieg zu den aktuellen Transportkosten. Die Manager schätzen die Wahrscheinlichkeit, die erhöhten Kosten kurzfristig an die Händler und Kunden weitergeben zu können, als sehr gering ein. Das Thema Transportkosten wurde wie folgt diskutiert:

- „Die höheren Transportkosten werden wir hoffentlich durch unser Regionallagerkonzept ausgleichen“ (CEE, Logistics).
- „Wir können nicht nur über Logistik und Transport mit dem Kunden reden, wir müssen das Thema in unsere Gesamtdiskussion über Regalplätze und Preise integrieren“ (CEE, Logistics).

Single Sourcing

Das Single Sourcing-Risiko ist definiert als Preis- und Lieferrisiko, das durch eine Abhängigkeit von einem Lieferanten entsteht (zum Beispiel Zsidisin et al. 2004). Um Informationen über die Anzahl von Single Source-Lieferanten in der Fallstudienfirma zu erhalten, haben wir alle Einkäufe eines Jahres nach Material, Lieferant und Wert analysiert. Das Thema wurde in der Firma sehr kritisch bewertet:

- „Für mich ist Single Sourcing ein Riesenrisiko. Wir haben zu wenig Kontakt zur Einkaufsabteilung. Man tauscht sich zu wenig aus über Bewertungskriterien“ (WE, Leitung SC).
- „Wir hatten ein Single Sourcing-Problem in einer anderen Geschäftseinheit. Nachdem wir die Formulierung geändert haben, hatten wir ein Single Source-Problem. Das Bottleneck war ein 2nd-Tier-Lieferant. Wir hatten auch keine Liste von kritischen Materialen“ (Global, Head of Purchasing).

Dedizierte Produktion

Die Konzentration der Produktion auf eine Anlage mag hohe Kostenvorteile bieten. Gleichzeitig entsteht in einer dedizierten Produktionsanlage bei großen Problemen oder Stillständen dieser Anlage schnell ein Totalausfall der Produktion. Ein Problem im Werk oder einer Linie kann zu Vorrats- und Lieferproblemen für diese Produkte führen.

Politische Instabilität
Das Risiko von Grenzschließungen und Sanktionen aufgrund von politischer Instabilität trifft nur für das Geschäft in Osteuropa, dem Mittleren Osten und Nordafrika für die Fallstudienfirma zu.[1] Das Risiko bezieht sich hauptsächlich auf Import-/Export-Geschäfte zwischen zwei oder mehreren Ländern. Interne politische Instabilität wird weniger kritisch gesehen, da die Produkte meist lokal eingekauft und produziert werden und Basisbedarfsgüter darstellen. Die folgenden Kommentare zeigen die Haltung der Manager:

- „Erinnern Sie sich an Gaddafis Kommentar über die Schweiz? Diese Region ist unberechenbar" (MENA, Production Steering).
- „Nach einem Fußballspiel zwischen Algerien und Ägypten kann es zu einem Embargo für eines der Länder kommen" (MENA, Production Steering).

11.3 Risikobewertung

Die zehn oben beschriebenen Risiken wurden nun subjektiv von Managern und objektiv mit Zahlen des Unternehmens sowie externen Datenquellen bewertet. Wir haben dann die qualitativen und quantitativen Bewertungen in drei Kategorien miteinander verglichen:

- Gesamtrisikovergleich,
- Vergleich der Schadenshöhe,
- Vergleich der Eintrittswahrscheinlichkeit.

Differenzen in der Bewertung haben wir mit den Managern diskutiert und in die Risiko-Bias-Kategorien von Carter et al. (2007) eingeordnet.

11.3.1 Subjektive Risikobewertung

Im ersten Schritt wurden die Risiken von den interviewten Managern auf einer Skala von eins (sehr gering) bis fünf (sehr hoch) für einen mittelfristigen Zeitraum (ein bis zwei Jahre) bewertet und in einer Fünf-mal-fünf-Risikomatrix (siehe Abb. 11.3) sowie tabellarisch mit Risikofaktor (siehe Tab. 11.1) dargestellt. Der Risikofaktor berechnet sich als Produkt aus Wahrscheinlichkeit und Eintrittshöhe in Anlehnung an eine FMEA (Failure Mode and Effects Analysis).

[1] Die Vorkommnisse in Nordafrika im Januar 2011 fanden nach der hier gezeigten Studie statt.

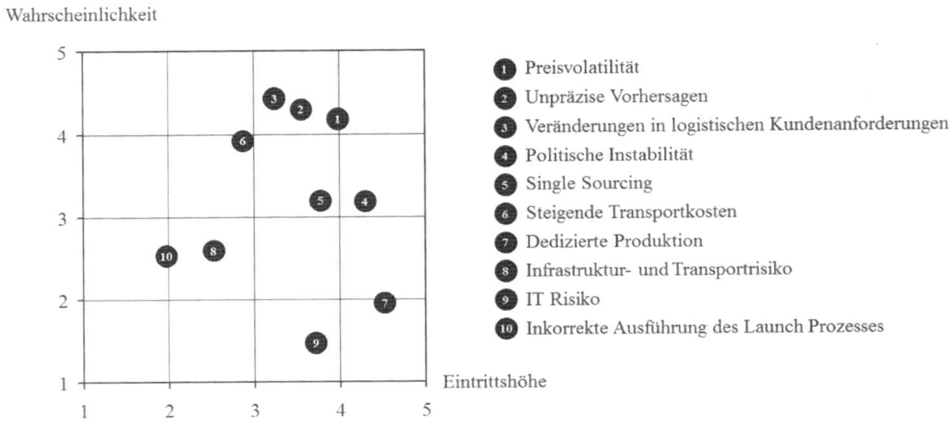

Abb. 11.3 Matrix subjektive Risikobewertung. (Quelle: Diehl 2012)

Tab. 11.1 Subjektive Risikobewertung. (Quelle: Diehl 2012)

Risiko	Höhe	Wahrscheinlichkeit	Risikofaktor	Typ
Preisvolatilität	4,00	4,17	16,67	Operativ
Unpräzise Vorhersagen	3,54	4,31	15,24	Operativ
Veränderungen von logistischen Kundenanforderungen	3,25	4,38	14,22	Operativ
Politische Instabilität	4,33	3,17	13,72	Disruptiv
Single Sourcing	3,81	3,15	12,01	Disruptiv
Steigende Transportkosten	2,0	3,93	11,41	Operativ
Dedizierte Produktion	4,50	1,94	8,75	Disruptiv
Infrastruktur- und Transportrisiko	2,55	2,60	6,63	Operativ
IT-Risiko	3,7	1,45	5,49	Operativ
Inkorrekte Ausführung des Launch-Prozesses	2,00	2,50	5,00	Operativ

11.3.2 Objektive Risikobewertung

Im zweiten Schritt wurden die Risiken anhand von Zahlen und Fakten bewertet. Ziel der quantitativen Bewertung war, eine möglichst realistische Bewertung mit existierenden internen und externen Daten zu erreichen. Auf Basis der Daten haben wir mit der Software @RISK Risikoverteilungen simuliert sowie Mittelwert und 95-%-Perzentile dokumentiert. Tabelle 11.2 zeigt die Ergebnisse der quantitativen Bewertung.

Tab. 11.2 Objektive Risikobewertung. (Quelle: Diehl 2012)

Risiko	Durchschnitt in Mio. EUR	Höhe/95-%-Perzentil in Mio. EUR
Preisvolatilität	39,5	50,2
Single Sourcing[a]	–	15,7
Dedizierte Produktion[a]	–	14,9
Veränderungen von logistischen Kundenanforderungen	5,6	9,3
Steigende Transportkosten	3,7	6,1
Unpräzise Vorhersagen	4,3	5,0
Politische Instabilität[a]	–	0,9
Infrastruktur- und Transportrisiko	0,5	0,7
Inkorrekte Ausführung des Launch-Prozesses	0,2	0,3
IT-Risiko	0,1	0,2

[a] Disruptive Risiken; kein Mittelwert zu berechnen

11.4 Vergleich von subjektiver und objektiver Bewertung

Im dritten Schritt haben wir beide Bewertungen verglichen. Zuerst wurde die Gesamtbewertung der Risiken miteinander verglichen (Mittelwert und Risikofaktor, der sich aus der Wahrscheinlichkeit und der Eintrittshöhe errechnet) (siehe Tab. 11.3). Zum Zweiten wurde die Bewertung der Eintrittshöhe einzeln verglichen und im letzten Schritt die jeweiligen Wahrscheinlichkeitsbewertungen gegeneinander analysiert. Um die Gründe für Abweichungen besser zu verstehen, haben wir die Risiko-Bias-Kategorien von Carter et al. (2007) herangezogen. Die folgenden Bias wurden identifiziert:

- *Availability Cognition Bias*; das heißt, an gewisse Informationen kann man sich leicht erinnern, deshalb werden diese Risiken wahrscheinlicher.
- *Base Rate Bias*; das heißt, Manager verlassen sich stärker auf eine Anekdote oder eine persönliche Erfahrung, also auf wenige oder gar einzelne noch sehr lebendige Datenpunkte.
- *Control Illusion Bias*; das heißt, eine Folge von zufälligen Events oder eine nicht repräsentative Stichprobe wird als Hauptcharakteristik missverstanden. Dies tritt häufig bei komplexen Themen auf, die von Managern zu stark vereinfacht werden, zum Beispiel bei Informationsüberfluss.
- *Reference Point Bias*; das heißt, die Bewertungen eines initialen Referenzpunktes sind nicht ausreichend. Die Bewertungen sind beeinflusst in Richtung eines relevanten Referenzpunkts, zum Beispiel ein Ausreißer wird als Referenzpunkt gewählt.

Tab. 11.3 Subjektive und objektive Risikobewertung. (Quelle: Diehl 2012)

Risiko	Subjektive Bewertung		Objektive Bewertung	
	Risikofaktor	Rang nach Risikofaktor	Durchschnitt in Mio. EUR	Rang nach Durchschnitt
Preisvolatilität	16,67	1	39,5	1
Unpräzise Vorhersagen	15,24	2	4,3	3
Veränderungen von logistischen Kundenanforderungen	14,22	3	5,6	2
Steigende Transportkosten	11,41	4	3,7	4
Infrastruktur- und Transportrisiko	6,63	5	0,5	5
IT-Risiko	5,49	6	0,1	7
Inkorrekte Ausführung des Launch-Prozesses	5,00	7	0,2	6

Wie aus Tab. 11.3 zu erkennen ist, können die Manager im Gesamtblick aus Wahrscheinlichkeit und Eintrittsschaden einen Großteil der Risiken sehr gut bewerten. Nur kleinere Abweichungen konnten festgestellt werden.

11.4.1 Vergleich der erwarteten Schadenshöhe

Bei den operativen Risiken haben wir das 95-%-Perzentil für die Bewertung herangezogen, da diese Risiken über eine Verteilung von Wahrscheinlichkeit und Eintrittshöhe verfügen, wie in den meisten „Value-at-Risk"-Konzepten (zum Beispiel Jorion 2007). Auch die Fallstudienfirma hat entschieden, dass eine Risikoabdeckung von 95 % ausreichend ist (siehe Tab. 11.4). Disruptive Risiken wurden nur mit ihrer Eintrittshöhe bewertet, da bei diesen Risiken ein Vergleich der Erwartungswerte durch die sehr niedrige Wahrscheinlichkeit oft verzerrt ist (Zsidisin et al. 2005). Durch das seltene Eintreten dieser Risiken sind die Wahrscheinlichkeiten zudem schlecht zu erfassen.

Betrachtet man die Fehleinschätzungen der Manager, so lassen sich interessante Rückschlüsse ziehen. Das Risiko der politischen Instabilität wurde zum Beispiel von den Managern überbewertet. Das Base-Rate-Bias gibt eine Erklärung hierfür: „In meiner letzten Firma hatten wir mit geschlossenen Grenzen zwischen Israel und dem Libanon zu kämpfen. Wir mussten drei Tage nach einer alternativen Transportroute suchen" (Global, Materials Management & Logistics). Manager erinnern sich sehr gut an lebhafte Anekdoten, anstatt Risiken objektiv zu bewerten. Die Seltenheit der Ereignisse wird nicht wahrgenommen. Des Weiteren haben wir das Availability Cognition Bias für Manager dieser Region identifiziert. Wie der MENA Head of Supply Chain berichtete: „Ich hatte ein Meeting in Pakistan, nur eine Woche später gab es einen Bombenanschlag auf dem Markt, den ich mir angesehen hatte." Diese Risiken wurden intensiv diskutiert zwischen dem lokalen Management, aber auch mit dem Headquarter.

Tab. 11.4 Subjektive und objektive Bewertung der Eintrittshöhe. (Quelle: Diehl 2012)

Risiko	Subjektive Bewertung		Objektive Bewertung	
	Eintritts-höhe	Rang nach Eintrittshöhe	Höhe/95-%-Perzentile in Mio. EUR	Rang nach Höhe/95-%-Perzentile
Dedizierte Produktion	4,50	1	14,9	3
Politische Instabilität	4,33	2	0,9	7
Preisvolatilität	4,00	3	50,2	1
Single Sourcing	3,81	4	15,7	2
IT-Risiko	3,77	5	0,2	10
Unpräzise Vorhersagen	3,54	6	5,0	6
Veränderungen von logistischen Kundenanforderungen	3,25	7	9,3	4
Steigende Transportkosten	2,90	8	6,1	5
Infrastruktur- und Transportrisiko	2,55	9	0,7	8
Inkorrekte Ausführung des Launch-Prozesses	2,00	10	0,3	9

Auf der anderen Seite wurde die Höhe von „Cross-Docking“ und „Transportkosten“ unterschätzt. „Transport ist unkritisch für uns, es gibt so viele Spieler auf dem Markt, da können wir einfach wechseln“ (Global, Purchasing–Logistics). Ein wahrscheinlicher Grund für dieses Reference-Point-Bias: Manager sehen Transportkosten als einen zu kleinen Hebel, der außerhalb ihres Kerngeschäftes liegt, sie setzen deshalb den falschen Referenzwert. Auch „Cross-Docking“ wird mehr als operative Herausforderung denn als Risiko mit negativem Effekt betrachtet und somit unterschätzt.

Die Bewertung eines IT-Absturzes ist sehr komplex. Aus diesem Grund vereinfachen die Manager die Situation und überschätzen das Risiko. „IT ist sehr wichtig für uns, ohne unser IT-System können wir nichts produzieren oder keine Rechnungen schreiben. Das ist ein Riesenthema“ (WE, Production Steering). Diese Haltung resultiert von einem Control-Illusion-Bias. Ein seltenes, nicht gut zu verstehendes Risiko kann schwer geschätzt werden.

11.4.2 Vergleich der erwarteten Wahrscheinlichkeiten

Als letzten Schritt haben wir die objektive und subjektive Bewertung der Wahrscheinlichkeiten miteinander verglichen. Aufgrund der unterschiedlichen Risikotypen sind sie nicht direkt zu vergleichen und mussten in drei Kategorien getrennt werden:

- Operative Risiken, bei denen wir Daten über die Häufigkeit haben (siehe Tab. 11.5).
- Operative Risiken, bei denen es keine Daten zur Häufigkeit gibt (siehe Tab. 11.6).
- Disruptive Risiken (siehe Tab. 11.7).

Tab. 11.5 Wahrscheinlichkeitsvergleich: Operative Risiken mit Häufigkeitsdaten. (Quelle: Diehl 2012)

Risiko	Subjektive Wahrscheinlichkeit	Häufigkeitsindex
Unpräzise Vorhersagen	4,31	100
Infrastruktur- und Transportrisiko	2,60	44,4
Inkorrekte Ausführung des Launch-Prozesses	2,50	6,9
IT-Risiko	1,45	5,3

Tab. 11.6 Subjektive Wahrscheinlichkeit: Operative Risiken ohne Häufigkeitsdaten. (Quelle: Diehl 2012)

Risiko	Subjektive Wahrscheinlichkeit
Veränderungen von logistischen Kundenanforderungen	4,38
Preisvolatilität	4,17
Steigende Transportkosten	3,93

Tab. 11.7 Subjektive Wahrscheinlichkeit der disruptiven Risiken. (Quelle: Diehl 2012)

Risiko	Subjektive Wahrscheinlichkeit
Politische Instabilität	3,17
Single Sourcing	3,15
Dedizierte Produktion	1,94

Für die operativen Risiken mit Häufigkeitsdaten haben wir eine Non-Delivery-Analyse der SC-Controlling-Abteilung herangezogen.

Man sieht klar, dass das operative Risiko der schlechten Durchführung des Launch-Prozesses überbewertet ist. Subjektiv schätzen die Manager das Risiko ähnlich der Wahrscheinlichkeit der schlechten Infrastruktur. Bei der Häufigkeitsanalyse sehen wir jedoch eine große Differenz zwischen beiden Risiken. Gründe hierfür sind das Base-Rate-Bias und das Availability-Cognition-Bias. Die Manager können sich sehr gut an lebhafte Geschichten erinnern, bei denen etwas schiefgegangen ist. Des Weiteren wurde vor Kurzem in der Firma ein Workflow für den Launch-Prozess eingeführt und diskutiert.

Alle Risiken zeigen eine hohe subjektive Bewertung. Für die Risiken „Preisvolatilität" und „steigende Transportkosten" existieren historische Daten, auf deren Basis man einen erwarteten Einfluss auf die nächsten Perioden ableiten kann. Dies trifft nicht zu für das Risiko „Cross-Docking", da man noch keine gesicherten Informationen hat, ob das Risiko überhaupt eintreffen wird, da die Händler keine Entscheidung hierüber getroffen haben. Es ist subjektiv jedoch am höchsten bewertet aufgrund eines Availability-Cognition-Bias. Dieses Thema wurde intensiv in den Wochen vor den Interviews diskutiert und Manager haben ein hohes Bewusstsein für das Thema.

Für disruptive Risiken ist es schwierig, eine Wahrscheinlichkeitsverteilung festzulegen, da hier verlässliche historische Daten fehlen. Disruptive Risiken sind dichotom, das heißt, entweder sie treten ein oder nicht. In diesem Licht scheinen die Risiken „Politische Instabilität" und „Single Sourcing" überbewertet. Gerade auch wenn man sieht, dass einige operative Risiken niedrigere Werte haben. Gründe sind das Base-Rate-Bias und das Control-Illusion-Bias. Einzelevents, auch wenn sie nicht in der Fallstudienfirma aufgetreten sind, sind den Managern im Kopf geblieben. Des Weiteren werden externe Risiken kritischer gesehen, da die Manager diese nicht so gut kontrollieren können wie interne Risiken.

Zusammengefasst lassen sich die Ergebnisse der Studie auf die folgenden Punkte verdichten:

Subjektive, qualitative Risikobewertungen in der Supply Chain, die durch Manager durchgeführt werden, führen zu einer guten Annäherung an das Ergebnis objektiver Risikobewertungen – besonders im Hinblick auf die Einschätzung des Gesamtrisikos (Kombination aus Wahrscheinlichkeit und Eintrittshöhe).
Für gewisse Risikokategorien weicht die subjektive Risikobewertung der Manager aber von der objektiven Bewertung ab. In den folgenden Bereichen muss nachkorrigiert werden:

- Operative Risiken mit einer hohen Sichtbarkeit im Unternehmen (zum Beispiel durch Fokusprojekte oder kürzliches Vorkommen); sie werden überbewertet aufgrund des Availability-Cognition-Bias.
- Disruptive Risiken; ihre Eintrittswahrscheinlichkeit wird aufgrund ihrer verheerenden Konsequenzen (Control-Illusion-Bias) und ihres seltenen Auftretens (Base-Rate-Bias) überschätzt.
- Risiken außerhalb des Kerngeschäfts; die Höhe des negativen Effektes im Fall des Eintritts wird unterbewertet aufgrund des Reference-Point-Bias.

Supply Chain-Risikomodelle müssen so angepasst werden, dass sie die oben beschriebenen Fehler der subjektiven Risikobewertung und -wahrnehmung ausgleichen können, um eine angemessene und adäquate Bewertungsbasis für die Herleitung von Gegenmaßnahmen zu sein.

11.5 Implikationen für Manager

Die Erkenntnisse unserer Studie haben für Manager zwei Implikationen. Auf der einen Seite sollten sich Manager darüber im Klaren sein, dass bei rein subjektiver Bewertung ein Risiko von Entscheidungs-Bias besteht. Auf der anderen Seite jedoch zeigt unsere Studie, dass in vielen Fällen eine subjektive Bewertung eine sehr gute Alternative zur objektiven Bewertung ist. Somit können wir den zweiten Schritt des Risikomanagementprozesses, das heißt die Risikobewertung, so anpassen, dass auch eine subjektive Bewertung der Manager ausreicht, was zu Effizienzgewinnen und Kostenersparnis führt.

Für eine valide Risikobewertung sollten die folgenden Schritte durchgeführt werden. Erstens: Kategorisierung der Risiken in operativ und disruptiv. Zweitens: Operative Risiken werden weiter unterteilt in Risiken mit hoher Aufmerksamkeit (zum Beispiel intensiver Management-Fokus im letzten Jahr) und Nicht-Kerngeschäft-Risiken.

Für die Risiken, die in oben genannte Kategorien fallen, können die entsprechenden De-Biasing Strategien angewendet werden, wie von Kaufmann et al. (2009) vorgeschlagen. Insbesondere können wir die folgenden Strategien empfehlen. Disruptive Risiken sollten gemeinsam mit externen Experten bewertet werden, inklusive eines grundlegenden Verständnisses über die Herkunft des Risikos, um die Wahrnehmung der Manager zu rekalibrieren. Für operative Risiken, die vorher sehr stark im Fokus standen, sowie Nicht-Kerngeschäft-Risiken sollten zusätzlich noch quantitative Daten herangezogen und analysiert werden.

Wir sind zu dem Ergebnis gekommen, dass Manager viele Risiken sehr gut einschätzen können und eine regelmäßige systematische Bewertung aller verfügbarer Experten zu einem sehr guten Ergebnis führen kann, sodass der Aufbau eines Datenmonsters nur bei den Risiken Sinn ergibt, die Manager schlecht schätzen können.

Literatur

Carter, C.R., Kaufmann, L., Michel, A.: Behavioral supply management: a taxonomy of judgment and decision-making biases. Int. J. Phys. Distrib. Logist. Manage. **37**(8), 631–669 (2007)

Diehl, D.: Supply chain risk management – a case study in the fast moving consumer goods industry. Dissertation, WHU Otto Beisheim School of Management, Vallendar (2012)

Diehl, D., Spinler, S.: Defining a common ground for supply chain risk management – a case study in the fast-moving consumer goods industry. Int. J. Logist.: Res. Appl. **16**(4), 311–327 (2013)

Jorion, P.: Value at Risk: The New Benchmark for Managing Financial Risk, 3. Aufl. McGraw-Hill, New York (2007)

Kaufmann, L., Michel, A., Carter, C.R.: Debiasing strategies in supply management decision-making. J. Bus. Logist. **30**(1), 85–105 (2009)

Khan, O., Burnes, B.: Risk and supply chain management: creating a research agenda. Int. J. Logist. Manage. **18**(2), 197–216 (2007)

Kleindorfer, P.R., Saad, G.H.: Managing disruption risk in supply chains. Prod. Oper. Manage. **14**(1), 53–68 (2005)

March, J.G., Shapira, Z.: Managerial perspectives on risk and risk taking. Manage. Sci. **33**(11), 1404–1418 (1987)

Sheffi, Y., Rice, J.B.: A supply chain view of the Resilient Enterprise. MIT Sloan Manag. Rev. **47**(1), 41–48 (2005)

Tang, C.S.: Robust strategies for mitigating supply chain disruptions. Int. J. Logist. **9**(1), 33–45 (2006)

Van Hoek, R., Johnson, M.: Sustainability and energy efficiency. Int. J. Phys. Distrib. Logist. Manage. **40**(1/2), 148–158 (2010)

Zsidisin, G.A., Ellram, L., Carter, J., Cavinato, J.: An analysis of supply risk assessment techniques. Int. J. Phys. Distrib. Logist. Manage. **34**(5), 397–413 (2004)

Zsidisin, G.A., Melnyk, S.A., Ragatz, G.L.: An institutional theory perspective of business continuity planning for purchasing and supply management. Int. J. Prod. Res. **43**(16), 3401–3420 (2005)

Dr. A. Doreen Diehl leitet das Supply Chain Controlling & Projekte-Team im Supply Chain Center EMEA bei Bayer MaterialScience (BMS). Sie und ihr Team sind unter anderem verantwortlich für die Konzeption und Implementierung von Key Performance Indikatoren (KPIs), die die Prozessleistung der Supply Chain von BMS messen und steuern, sowie für Performance Improvement-Projekte auf Basis von Lean Six Sigma-Werkzeugen. Nach einem M.B.A. an der Colorado State University und dem Abschluss zur Diplom-Kauffrau an der HHL – Leipzig Graduate School of Management hat sie verschiedene Erfahrungen gesammelt: Henkel (Internal Audit), Ernst & Young (Risikoberatung) und Bayer (Inhouse Consulting). Die Promotion schrieb sie berufsbegleitend an der WHU zum Thema Supply Chain Risikomanagement.

Besonderheiten des Logistik-Risikomanagements im Handel

12

Anette Köcher und Frank Romeike

Inhaltsverzeichnis

A. Köcher (✉) · F. Romeike
RiskNET GmbH, Brannenburg, Deutschland
E-Mail: koecher@risknet.de

F. Romeike
E-Mail: office@risknet.de

M. Huth, F. Romeike (Hrsg.), *Risikomanagement in der Logistik*,
DOI 10.1007/978-3-658-05896-8_12

„Risiken? Haben wir nicht ... sehe ich nicht!"

12.1 Einleitung[1]

Aus ehemals markentreuen und „filial-loyalen“ Verbrauchern wurden multioptionale „Hybrid“-Kunden, die sich im Rad immer kürzer werdender Trend- und Produktlebenszyklen von Marke zu Marke „schwingen“. Mutierten die einen getrieben durch einen fast sportlichen Schnäppchenjagdeifer zu umherreisenden Premium-Smart-Shoppern, suchen die anderen verstärkt ihren Anker durch die in starken Marken emotionalisierten Lebenswelten. In diesen konstruierten Lebenswelten werden Markenartikler zu regelrechten Content-Anbietern und gleichen dabei Medienunternehmen: Ihre Produkte erzählen eine Geschichte, sie binden den multioptionalen „Marken-Zapper“ ein in eine Darstellungswelt, eine Story, eine Gefühlswelt. Deutlich wird: Kundenbindung und Erfolgskontinuität im Konsumgüterhandel verlangen nach komplexen Selling Propositions.

Der gegenüber Marken und Verkaufsstätten treue Konsument vergangener Jahrzehnte wurde zum entfesselten „Freerider“. Um dessen Anforderungen an die Geschwindigkeit der Warenbereitstellung, die Qualität der Warenpräsentation und die stringente Kommunikation der oben beschriebenen Lebenswelt gerecht werden zu können, gab es in den letzten Jahren tiefgreifende Veränderungen entlang der Wertschöpfungskette des Handels: Prozesse wurden verändert, die Aufgaben der Handelsstufen neu definiert, die Informationstechnologie stützt sowohl eine Rückwärts- als auch eine Vorwärtsintegration der Prozesse – von der Produktidee bis zum Endverbraucher.

Zu den Veränderungen der Wertschöpfungskette trat eine Veränderung der Wettbewerberstruktur: Zusammenschlüsse und fortschreitende Internationalisierung der Anbieter beschleunigten die Vertikalisierungstendenzen im Handel noch. Im Folgenden soll gezeigt werden, welche Auswirkungen der Wandel im Handel mit Konsumgütern auf die Risikoverteilung der beteiligten Marktakteure hat. Ein Schwerpunkt liegt hierbei im Bereich des Logistik-Risikomanagements. Verdeutlicht werden soll die Veränderung der Risikolandkarte des Handels anhand der Modebranche. Als wohl schnelllebigste Branche im Bereich der Konsumgüter zeigt sich hier besonders deutlich die Umverteilung von Chancen und Risiken auf die Implementierung von proaktiven Risikomanagement-Systemen sowie deren Unverzichtbarkeit.

Die Vertikalisierungstendenzen im Handel kumulieren Chancen, aber auch Risiken. Über Vor- und Rückwärtsintegration treten bislang durch andere Akteure getragene Risiken der vor- und nachgelagerten Prozessstufen der Wertschöpfungskette für das vertikalisierende Handelsunternehmen hinzu, die es zu beherrschen gilt.

Damit wächst die Komplexität der Risikolandkarte der Handelsunternehmen. Einher geht mit erfolgreicher Vor- oder Rückwärtsintegration der Prozesse in der Regel ein Wachstumsschub. Hinzu kommt der Faktor „Zeit“: Die Vertikalisierungsbestrebungen der Handelsunternehmen sind initiiert durch den Wettbewerbsfaktor „time-to-market“ und beschleunigen ihrerseits die Prozesse – die Reaktionszeiten der Unternehmen werden kürzer.

[1] Der Text basiert in großen Teilen auf der folgenden Veröffentlichung: Köcher (2007).

Schnellere Markttransaktionen verlangen nach ebenso zeitnahen Management-Instrumenten, vor allem auch im Bereich Logistik.

Die veränderten Rahmenbedingungen stellen die Unternehmensführung vor neue Herausforderungen und bedingen einen Ausbau der Managementinstrumentarien. Zusammenfassend sind es insbesondere Wachstum, Komplexität und Reaktionszeitverkürzung, die den Auf- und Ausbau des Risikomanagements in den Handelsunternehmen für die mittelfristige Sicherung der Existenzfähigkeit unverzichtbar machen. Handelsunternehmen, welche bereits über ein Risikomanagement-System verfügen, müssen dieses anpassen an die gewachsenen Anforderungen, andere erkennen die Notwendigkeit zur Implementierung.

Es gibt keine spezifischen Rechtsgrundlagen und Vorschriften für das Risikomanagement im Handel, wie diese etwa in Form aufsichtsrechtlicher Regelungen für Banken, Versicherungen oder Assetmanagement-Gesellschaften bestehen.

12.2 Risikomanagement im Handel

Die Möglichkeit einer negativen Abweichung des tatsächlichen Ergebnisses von dem erwarteten Ergebnis wird als Risiko im engeren Sinne (Verlustrisiko) bezeichnet (vgl. hierzu auch das einführende Kapitel „Grundlagen des Risikomanagements in der Logistik" in diesem Buch). Gefolgt wird in diesem Beitrag der Definition des Risikobegriffs als Streuung des Zukunftserfolgs wirtschaftlicher Aktivitäten im Sinne positiver oder negativer Abweichungen des tatsächlichen Ergebnisses von dem erwarteten Ergebnis. Damit wird hier der Risikodefinition im weiteren Sinne (Chance und Verlustgefahr) gefolgt. Damit soll das Risikomanagement neben dem Erkennen und Abwenden des Verlustrisikos auch das Erkennen und das Nutzen von Chancen beinhalten. Ein effizientes Risikomanagement-System soll helfen, Chancen zu nutzen bei proaktiver Kontrolle und Steuerung der akzeptierten Risiken. Im Kontext Logistik geht es dabei um das Identifizieren und Nutzen entsprechender Chancen (upside risk, etwa durch eine Optimierung der Supply Chain vor dem Hintergrund geopolitischer Risiken) sowie einer präventiven Kontrolle und Steuerung der akzeptierten Risiken (downside risk).

Dies wiederum beinhaltet den Anspruch, dass das Risikomanagement über das bloße Einhalten rechtlicher Erfordernisse hinweg aktives Werkzeug der Unternehmenssteuerung ist. Dies bedingt die Integration der Führungsinstrumente, um Datenredundanzen zu vermeiden und Informationstransparenz und -systematik sicherzustellen. Im Folgenden wird insbesondere die Integration von Risikomanagement und Balanced Scorecard betrachtet.

12.3 Vertikalisierung und Risikotransfer

Im klassischen Sinne ist es die Funktion des Handels, fremd erstellte Ware in der richtigen Quantität und Qualität am richtigen Ort und zur richtigen Zeit bereitzustellen. Handelsbetriebe sind damit Institutionen, deren Haupttätigkeit in der Distribution von Waren besteht. Die fremd erstellten Waren werden auf vom Handelsbetrieb geschaffenen Märkten gegen Entgelt angeboten. Je nach der Stellung des Handelsbetriebs im Distributionsprozess kann dabei unterschieden werden zwischen Groß- und Einzelhandelsbetrieben. Während der Großhandel seine Waren und sonstigen Leistungen an Weiterverarbeiter oder Wiederverkäufer vertreibt, setzt der Einzelhändler („Retailer") seine Waren an Endverbraucher ab. „Handelskunde" kann damit zum einen der Wiederverkäufer sein, zum anderen auf der Endstufe der Letztverbraucher oder Konsument.

Um dem Verdrängungswettbewerb zu trotzen und die hohen Ansprüche einer schnelllebigen Kundschaft hinsichtlich Warenangebot, Service, Präsentation und Inszenierung bestmöglich befriedigen zu können, reagierte der Handel mit strukturellen Veränderungen, welche gemeinhin subsumiert werden unter dem Begriff der „Vertikalisierung". Gemeinsam ist den hierunter zusammengefassten Verschiebungen in der Prozesskette des Handels das Bemühen, Kontrolle über die gesamte Wertschöpfungskette aufzubauen – von der Beschaffung (sogenanntes „Sourcing") bis zum Management der Einzelhandelsfläche. Mithin kommt es zu einer engeren Verzahnung des oben beschriebenen Konstruktes aus Hersteller, Großhändler und Einzelhändler. Ziel sind stringent optimierte Konzepte zur für das vertikalisierende Konstrukt profitablen Maximierung des (End-)Kundennutzens.

Unterteilen lassen sich die Vertikalisierungsbestrebungen der Händler in „back-end-driven" als Vorwärtsintegration und „front-end-driven" als Rückwärtsintegration der Prozesse (vgl. Abb. 12.1). Gemeinsam ist beiden Integrationsrichtungen die proaktive Ausdehnung der Einflussnahme und Kontrolle des Händlers auf vor- beziehungsweise nachgelagerte Prozessschritte der Wertschöpfungskette. In der Fashionbranche gelten Benetton und Zara als Beispiele für die Vorwärtsintegration der Prozesse. Bei der Vorwärtsintegration weitet ein Hersteller oder Großhändler sein Konzept aus auf den Einzelhandel und übernimmt hier „Flächenverantwortung". Bei der Rückwärtsintegration baut demgegenüber etwa ein Einzelhändler Design- und Beschaffungs-/Produktionskompetenz auf, berühmte Beispiele hierfür sind H&M und C&A.

Dabei lässt sich Integration nicht allein über den Besitz und damit die vollständige Integration der vor- beziehungsweise nachgelagerten Prozessbereiche realisieren. Auch Kooperationen, Partnerschaften und Verträge eignen sich für eine mehr oder weniger stark erweiterte Einflussnahme auf die vor- und/oder nachgelagerten Aktivitäten der Wertschöpfungskette. Somit kennt die Vertikalisierung viele Facetten. Im Folgenden soll insbesondere auf die Form der Vorwärtsintegration eingegangen werden, bei der Großhändler Einzelhandelskompetenzen aufbauen, um sodann in verschiedenen Ausprägungen den weiteren Vertrieb ihrer Markenprodukte an den Endkunden kontrollieren und steuern zu können.

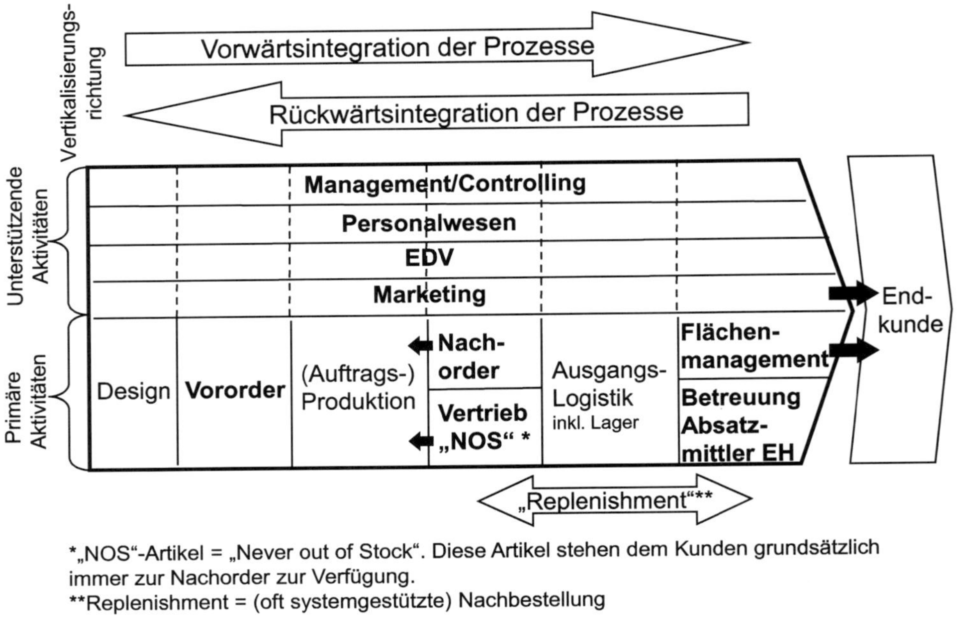

Abb. 12.1 Wertschöpfungskette im (Textil-)Handel. (Quelle: RiskNET GmbH)

12.4 Chancen und Risiken der Vertikalisierung

Vor- und Rückwärtsintegration von Aktivitäten der Wertschöpfungskette erlauben zum einen mehr Kontrolle über wettbewerbsentscheidende Kriterien innerhalb des „Retail-Loops“[2]. Für das vertikalisierende Unternehmen bedeuten sie zum anderen jedoch gleichzeitig auch eine Erweiterung der Risikolandkarte, insbesondere im Kontext von Logistikrisiken.

Als Beispiel soll ein Großhandelsbetrieb der Fashionbranche dienen, dessen Wertschöpfung sich zunächst auf das Design, die Vergabe von Produktionsaufträgen, das Markenmanagement und den Vertrieb an den Wiederverkäufer Einzelhandel beschränkte. Sobald die Verfügungsmacht auf den Einzelhändler übergegangen war und dieser seine Verbindlichkeit gegenüber dem Großhändler beglichen hatte, lag das weitere Waren- und Absatzrisiko beim Einzelhändler, dem Kunden des Großhändlers. Risiken wie die mangelnde Akzeptanz der Ware beim Endkunden, Schwund durch Diebstahl, Abschriften, Nachfrageschwankungen aufgrund des Wetters etc. lagen nun beim Einzelhändler. Im Zuge der Vorwärtsintegration übernimmt unser Großhändler nun zunehmend mehr „Flächenverantwortung“: Hierzu eröffnet er zum einen eigene Filialen. Zum anderen koope-

[2] Den Begriff des „Retail-Loops“ benutzt Kunkel (2004) und meint damit den Regelkreis der händlerischen Aktivitäten.

riert er mit Einzelhändlern in Form von Franchiseverträgen, geht Flächenpartnerschaften ein in Form von Shop-in-Store-Konzepten bis hin zu Concessions[3]. In eigenen Filialen trägt er das Warenrisiko und das Absatzrisiko gegenüber dem Endverbraucher ebenso wie auf Flächen, auf denen er etwa „Concession-Nehmer" wird. Die Übernahme der Verantwortung durch den Großhändler kann dabei so weit gehen, dass er so lange Eigentümer der auf den Verkaufsflächen des Einzelhändlers befindlichen Ware bleibt, bis ein Endverbraucher diese erwirbt. Dies bedeutet, dass das volle Absatzrisiko auf den Großhändler transferiert wird. Die Übernahme von Flächenverantwortung seitens des Großhändlers führt im gleichen Maße auch zur Übernahme von Risikoverantwortung.

Die Vorwärts- und Rückwärtsintegration von Prozessverantwortung im Zuge der Vertikalisierungstendenzen im Handel geht einher mit einer Vorwärts- und Rückwärtsintegration der Risiken. Schnittstellen und Abstimmungsprozesse nehmen zu, das gesamte Geschäftsmodell des Handelsbetriebes wird komplexer. Ein Risikomanagement-System muss dabei helfen, die in Kauf genommene Erweiterung des Risikospektrums bewusst und zielorientiert zu stützen. Es soll dabei helfen, die Chancen der Vertikalisierung zu nutzen bei proaktiver Kontrolle und Steuerung der akzeptierten Risikointegration.

Im Folgenden sollen einige wesentliche Risiken aus der Risikolandkarte des Handels beschrieben werden. Dabei soll die Wertschöpfungskette (Supply Chain) als Raster zur Einteilung der Risiken dienen.

12.5 Risikokategorisierung

Zur Annäherung an die Spezifika der Risikolandschaft des Handels und ebenso als Basis für die Entwicklung eines entsprechenden Risikomanagement-Systems dient die systematische Kategorisierung der identifizierten Risiken. Im Mittelpunkt des Risikomanagements stehen dessen werttreibende Erfolgsindikatoren. Diese werden identifiziert, beobachtet und hinsichtlich ihrer Schwellenwerte werden Maßnahmen zur Risikobewältigung hinterlegt.

In Anlehnung an die Balanced Scorecard lassen sich diese Erfolgsindikatoren den dort benutzten Perspektiven Kunde, Mitarbeiter, Ware/Prozesse[4] und Finanzen zuordnen (zur Möglichkeit der Integration des Risikomanagements in das Konzept der Balanced Score-

[3] Eine Concession ist eine in vielen Ausprägungen auftretende Kooperationsform, bei der etwa ein Großhändler innerhalb eines Multilabel-Stores (beispielsweise Peek & Cloppenburg) eine zugewiesene Fläche in eigener Verantwortung bewirtschaftet. Dies umfasst neben der Limit- und Sortimentsplanung, Beschaffung und Warensteuerung meist auch Ladenbau- und Visual-Merchandisingkonzepte. Meist wird dabei das Verkaufspersonal durch den Concessiongeber gestellt – geschult durch den Concessionnehmer. Der Umsatz geht vollständig an den Concessiongeber, der dem -nehmer für dessen Leistungen eine Concessionfee (in Prozent vom Umsatz) bezahlt.

[4] Der Besonderheit, dass im Handel der Ware große Bedeutung zukommt, wird an dieser Stelle Rechnung getragen, indem die Perspektive „Prozesse" ergänzt wird um „Ware". Es könnte auch eine fünfte Perspektive „Ware" ergänzt werden. Hier wird die Ansicht vertreten, dass es die Prozesse

Wertschöpfungsstufe ↓ / Perspektive →	Kunden	Mitarbeiter	Ware/Prozesse	Finanzen
Design	Zielgruppen-affinität der Kollektion	Artikel/ Designer	Einhaltung Kollektions-planung	Designkosten/ Artikel
Vertrieb	Kunden-fluktuation	Umsatz/ Mitarbeiter	Vertikalisierun gsquote	Forderungs-ausfallquote
(Auftrags-) Produktion	Retourenquote	Auftrags-volumen/ Mitarbeiter	Anlieferungs-quote	Deckungs-beitrag/Teil
Lager/Logistik	Kundenzu-friedenheit Auslieferung	Kommissio-nierte Teile/ Mitarbeiter	Fehlerquote Kommissio-nierung	Durchlauf-kosten/Teil
⋮	⋮	⋮	⋮	⋮
Einzelhandel	Endkundenzu-friedenheit	Mitarbeiter-fluktuation	Lagerum-schlag	Durchschnitts-bon

Abb. 12.2 Ausschnitt aus einer Risikomatrix nach Perspektive und Wertschöpfungsstufe. (Quelle: RiskNET GmbH)

card vgl. Gleißner und Romeike 2005, S. 68 ff.). Schmickler schlägt vor, auf diese Weise ein „Risiko-Cockpit" zu erstellen (vgl. Schmickler 2003, S. 368 ff.).

Eine weitere Kategorisierungsmöglichkeit bietet sich hinsichtlich der funktionalen Prozessstufen des Handels, mithin eine Zuordnung zur Wertschöpfungsstufe. Werden die Risikoindikatoren in einer Matrix aus den Wertschöpfungsstufen einerseits und den oben genannten Perspektiven andererseits dargestellt, zeigt sich, ob ein ausgewogenes Portfolio an Indikatoren berücksichtigt wird. Abbildung 12.2 zeigt ausschnittweise eine solche Risikomatrix für den Handel. Es wurde jeweils ein Beispiel für einen Indikator zugeordnet, es lassen sich viele weitere Indikatoren zuordnen.

12.6 Risikospezifik des Handels

Im Folgenden soll näher auf ausgewählte Wertschöpfungsstufen des Handels eingegangen werden und es werden jeweils die wesentlichen Risikoindikatoren beschrieben. Beispielhaft wird dabei der Betrieb eines Großhandels der Fashionbranche dargestellt, welcher

sind, die sicherstellen, dass die richtige Ware in der richtigen Menge zum richtigen Preis am richtigen Ort bereitgestellt werden kann.

Beschaffungsaufträge an Sourcing-Partner vergibt und im Rahmen der Vertikalisierungsbewegung der letzten Jahre neben dem Aufbau einer Reihe eigener Filialen Flächenverantwortung über Shop-in-Store-Konzepte und Concessions übernommen hat. Den überwiegenden Teil seiner Ware vertreibt er somit über eigene Flächen und über im Rahmen von Partnerschaften (Franchise, Shop-in-Stores, Concessions) kontrollierte Flächen Dritter.

Auf die Risikofelder Design, Marke, EDV und Personal wird nachfolgend nicht eingegangen (vgl. vertiefend hierzu Köcher 2007), da diese nur einen indirekten Bezug zum Thema Logistik-Risikomanagement aufweisen.

12.6.1 Risikofeld Vertrieb

Betrachtet wird an dieser Stelle das gängige Modell eines Mode-Handelsbetriebes, welcher sowohl an den Facheinzelhandel vertreibt als auch über eigene Filialen und außerdem über „kontrollierte“ Flächen, bei der die Sortimentshoheit beim Großhändler liegt und die Umsatzerzielung beim Flächeninhaber.[5]

Vertrieb als Großhändler

In der Modebranche wird überwiegend anhand von Musterteilen geordert: Die Ware wird zu einem Zeitpunkt verkauft, zu dem mit der Produktion noch nicht begonnen wurde. Dies minimiert das Lagerrisiko der schnell verderblichen Fashion-Artikel und beschleunigt den wettbewerbsbestimmenden Zeitraum „time-to-market“. Zudem hilft es, den Cash-to-Cash-Zyklus zu optimieren. Ähnliche Konzepte einer solchen „Subskription“ finden sich bei Produkten mit naturgegebener Mengenbegrenzung, wie etwa hochwertigen Weinen (vgl. Guldin 2000, S. 683). Risiko-Kennzahl ist hier das Erreichen der Vororder-Umsatzplanung. Retrospektiv lässt sich der Anteil der Vororder am Gesamtumsatz eines Lieferzyklus betrachten. Nimmt der Anteil der Vororder am Gesamtumsatz ab, so ist dies Zeichen für einen Risikotransfer vom Einzelhandel an den Großhandel: Der Großhandel muss sodann einen größeren Anteil der Ware ohne Order produzieren und hofft auf die Nachorder. Sein Lagerrisiko steigt.

Für den Vertrieb zentrale Risikoindikatoren sind die Anzahl der Neukunden und ihr Anteil am Umsatz, die Kundenfluktuation differenziert nach gewollter und ungewollter Fluktuation und der Anteil der Stopp-Kunden[6] als Indikator für die Bonität der Kunden.

[5] Beispielhaft seien hier die Unternehmen Marc O'Polo, Esprit, Gerry Weber und Hugo Boss genannt.

[6] „Stopp-Kunden“ sind Kunden, welche zum Zeitpunkt der Order noch als zahlungskräftig erschienen, die dann jedoch die Verbindlichkeiten der laufenden Auslieferung nicht begleichen konnten und somit in Bezug auf die nächste Lieferung „auf Stopp gesetzt“ werden, bis sie ihre Alt-Verbindlichkeiten beglichen haben.

Vertrieb über „kontrollierte Flächen"
Für die „kontrollierten Flächen" in Form von eigenem Einzelhandel und Flächenpartnerschaften wird anhand von Vergangenheitswerten und antizipierter Nachfrageentwicklung ebenfalls eine Order erstellt.

Wichtige (strategische) Risiko-Kenngröße ist der Vertikalisierungsgrad. In Bezug auf den Vertikalisierungsgrad ist dabei der „trade-off" zwischen Chancen und Risiken entscheidend: Der optimale Vertikalisierungsgrad des Handelsunternehmens ergibt sich aus dem ertragsoptimalen Ausgleich zwischen aus der Vertikalisierung resultierendem potenziellem Umsatzwachstum und der Höhe der Risikokosten aus übernommener Flächen- und Warenverantwortung. In Bezug auf Flächenpartnerschaften sind Flächenfluktuation und Flächenqualität (A-, B-, C-Flächen) werttreibende Indikatoren. Zu den Risikoindikatoren bezüglich der Verkaufsaktivität gegenüber dem Endkunden siehe später unter „Einzelhandel".

Beispielhaft haben wir nachfolgend einen Auszug aus dem Risiko- und Chancenbericht der Hugo Boss AG wiedergegeben (Hugo Boss 2013, S. 124–125):

> Die zunehmende Bedeutung des konzerneigenen Einzelhandels bedingt eine Erhöhung des Bestandsrisikos, insbesondere im Fall ungünstiger gesamtwirtschaftlicher Entwicklungen. Die Herausforderung des Vorratsmanagements besteht darin, bei optimierten Beständen dennoch kurzfristig auf Kundenaufträge reagieren zu können. Zur Minderung der Vorratsrisiken und zur generellen Optimierung der Bestände wird das Replenishment in einem zentralen Verantwortungsbereich koordiniert. Für Bestandsrisiken, die sich aus der Lagerdauer und der damit teilweise verminderten Verwertbarkeit der Vorräte ergeben, werden Abwertungen vorgenommen und in regelmäßigen Abständen überprüft. Zum Bilanzstichtag wurden aus Sicht des Managements Wertminderungen in ausreichender Höhe vorgenommen. Ein Nachfragerückgang oder eine Fehleinschätzung der Abverkaufsquote können sich möglicherweise negativ auf die Lagerumschlagshäufigkeit auswirken und führen eventuell zu höheren Preisnachlässen. Die Gewährung zusätzlicher Rabatte als Gegenmaßnahme hat zwangsläufig eine Reduzierung der Marge zur Folge und wird daher laufend vom zentralen Vertriebscontrolling überwacht. Mit einer zentral gesteuerten Preispolitik, differenzierten Einzelhandelsformaten und darauf abgestimmten Kollektionen wird eine konstante Verbesserung der Effizienz auf den Verkaufsflächen angestrebt. Dennoch werden auch in Zukunft unerwartete Entwicklungen in Absatzmärkten möglich sein, die zu weiteren Preisnachlässen oder höheren Wertminderungen führen könnten. […] Mit der Expansion der eigenen Einzelhandelsaktivitäten wird die Abhängigkeit vom Handel weiter reduziert. Kennzahlen wie Auftragsbestände, Umsatzerlöse und Auslieferungsquoten werden kontinuierlich und zeitnah im Vertriebscontrolling überwacht. […]

12.6.2 Risikofeld Produktion/Beschaffung

Zur übergreifenden Optimierung der Wertschöpfungskette baut der Handel im Sinne einer Rückwärtsintegration zum Teil eigene Produktionsstätten auf. Verbreitet ist zur Wahrnehmung unternehmerischer Flexibilität die kooperative Integration über Partnerschaften mit Lieferanten. Ziel ist es, die richtige Ware in der richtigen Qualität zum richtigen Preis termingerecht zu beschaffen.

Qualität der Ware

Qualitätsprobleme zerstören das Vertrauen der Konsumenten in die Marke. Daher liefert das Qualitätsmanagement wichtige Informationen für das Risikomanagement. Zum Teil wird daher Qualitätsmanagement als Teil des Risikomanagements verstanden (vgl. vertiefend Gleißner und Romeike 2005, S. 151 ff.).

Unabhängig von der Sourcing-Methode liefert die Retourenquote wichtige Risikoindizien für die Kundenzufriedenheit mit der Qualität der Ware. Um jedoch im Sinne eines proaktiven Risikomanagements imageschädigende Qualitätsprobleme frühzeitig zu erkennen, finden an anderen Stellen hinreichend beschriebene Instrumente der Qualitätssicherung Anwendung. Qualitätsmanagement kann dabei als Teilgebiet beziehungsweise wichtiger Informationslieferant des Risikomanagements aufgefasst werden.

Beispielhaft haben wir nachfolgend einen Auszug aus dem Risiko- und Chancenbericht der Hugo Boss AG wiedergegeben (Hugo Boss 2013, S. 124):

> Die Produktqualität spielt für den Markenauftritt eine entscheidende Rolle. HUGO-BOSS-Produkte unterliegen daher auf allen Fertigungsstufen einer konzerneinheitlichen Qualitätskontrolle. Produktionsstandorte werden regelmäßig von Reisetechnikern aufgesucht und auf die strikte Einhaltung von Design- und Produktionsvorgaben hin überprüft. Eingangskontrollen, Kontrollen bei den Zulieferern sowie Qualitätstests im Technical Development Center am Hauptsitz in Metzingen stellen sicher, dass die hohen Qualitätsstandards von HUGO BOSS eingehalten werden und Warenlieferungen einwandfrei und termingerecht an den Kunden erfolgen. Dennoch ist auch zukünftig ein gewisses Maß an Produktretouren aus qualitativen Gründen sehr wahrscheinlich. Der Einfluss auf die Ergebnisentwicklung wird jedoch aufgrund der Bildung von entsprechenden Retourenrückstellungen und der regelmäßigen Überprüfung der berücksichtigten Werte als gering bis moderat eingestuft.

Lieferantenmanagement

Auch das Lieferantenmanagement liefert dem Risikomanagement wichtige Indikatoren und dient der Risikosteuerung (zu Stand und Entwicklung des Lieferantenmanagements vgl. Schmelting und Schmalbach 2006, S. 12–14). In Zusammenhang hiermit stehen Risikokenngrößen wie die Anlieferungsquote als Ausdruck der Liefertreue und die Lieferantenbonität. Um zu große Abhängigkeiten von einzelnen Lieferanten zu vermeiden, sind Schwellenwerte zu definieren in Bezug auf den maximalen Anteil an der Gesamtproduktion pro Lieferant. In Bezug auf länderspezifische Risiken der Beschaffungsmärkte sind Schwellenwerte sinnvoll, die einen maximalen Anteil an der Beschaffung aus einem Land definieren. Auch ist die Entwicklung in den wesentlichen Sourcing-Ländern sorgsam zu beobachten, was sich im Jahr 2005 am Beispiel China zeigte: Zunächst fielen Handelsschranken für Textilien aus China. Nachdem die Aufträge für eine ganze Saison bereits platziert waren und ein großer Beschaffungs-Boom in China ausgelöst worden war, beschränkte die EU die Einfuhr für bestimmte Waren spontan erneut. Dies führte zu Verkaufsausfällen im Einzelhandel, zu Standgeldern in den Häfen sowie Konventionalstrafen gegenüber nachgelagerten Handelsstufen. Anfang September 2005 lagen 80 Millionen Teile in europäischen Zollhäfen fest. Zudem herrschen in vielen Teilen Chinas Energie- und Strommangel, weshalb die Produktion mitunter stillstand.

Die Kennzahl „Beschaffungsvolumen pro Lieferant" ist zusammen mit der Entwicklung der Anzahl der Lieferanten Indiz für die Komplexität der Beschaffungsstruktur und ein wichtiger Indikator für das Logistik-Risikomanagement.

12.6.3 Risikofeld Lager/Logistik

Die Risikoindikatoren aus dem Bereich Lager/Logistik sind nicht handelsspezifisch. Wie in anderen Branchen auch wird versucht, die Durchlaufzeit der Ware zu minimieren, die Lagerumschlagsgeschwindigkeit wird überwacht. Eine hohe termingerechte Auslieferungsquote ist wichtiger Indikator für die Kundenzufriedenheit ebenso wie die Fehlerquote bei der Kommissionierung. Über Versicherungen wird in der Regel das Transportrisiko abgewälzt. Da wie oben beschrieben die Vororder im Vertrieb dominiert, verweilt der überwiegende Teil der Ware oft nur wenige Stunden im Lager.

Beispielhaft haben wir nachfolgend einen Auszug aus dem Risiko- und Chancenbericht der Hugo Boss AG wiedergegeben (Hugo Boss 2013, S. 124):

> Die Lagerung der Roh- und Fertigwaren konzentriert sich auf wenige ausgewählte Standorte, an denen höchste Qualitätsstandards garantiert werden. Das zentrale Distributionszentrum für Hängewaren am Sitz der Konzernzentrale in Metzingen und die Inbetriebnahme eines modernen Liegewarenlagers im Jahr 2014 verstärken diesen Konsolidierungstrend. HUGO BOSS ist Logistikrisiken ausgesetzt, die sich hauptsächlich auf den Ausfall oder Verlust von Lagern beziehen. Um dem Risiko entgegenzuwirken, Teile der Roh- oder Fertigwaren und damit Umsätze durch Lieferunfähigkeit zu verlieren, werden strategisch wichtige Lager selbst betrieben sowie umfangreiche technische und organisatorische Maßnahmen zum Brandschutz und zur Sicherheit umgesetzt und deren Einhaltung kontinuierlich überprüft. Zudem hat HUGO BOSS das unmittelbare finanzielle Risiko eines Warenverlusts in Lagern sowie des Ausfalls eigener Produktionsstätten über Versicherungen abgedeckt. Die Risiken der Inbetriebnahme des neuen Liegewarenlagers werden mithilfe eines professionellen Projektmanagements und einer schrittweisen Erhöhung der Kapazitäten minimiert. [...]

12.6.4 Risikofeld Einzelhandel

Einzelhandels-Risiken begegnen unserem Beispiel-Händler sowohl auf eigenen Flächen als auch auf „kooperativ-integrierten" Flächen in Form von Partnerschaften mit anderen Einzelhändlern. Solche Partnerschaften finden sich in sehr unterschiedlicher Ausgestaltung und reichen von sogenannten „Corners"[7] über „Shop-in-Shop-Konzepte"[8] bis zu

[7] Innerhalb der Stammabteilung werden auf einer kleineren Fläche Ausschnitte aus einer Herstellerkollektion präsentiert. Warendisposition und Merchandising liegen in der Verantwortung des Händlers.

[8] Bei Shop-in-Shop-Lösungen werden mehr oder weniger große Teilsortimente bekannter Markenhersteller auf optisch abgetrennten Flächen im Handel präsentiert. Besonders verbreitet sind Shop-

sogenannten „Concessions“: Hierbei handelt es sich um eine Kooperationsform, bei der der Markenartikler („Concessionnehmer“) die Verantwortung für die Bewirtschaftung der Fläche eines Einzelhändlers im Sinne von Budget- und Sortimentsplanung, Beschaffung und Warensteuerung, Ladenbau- und Visual Merchandisingkonzeption übernimmt. Die Steuerung des Verkaufspersonals liegt in der Regel beim Concessiongeber. Chancen und Risiken steigen für den Markenartikler mit der Übernahme der Flächenverantwortung. Einerseits kann er seine Marke am POS kompetent und stringent darstellen, andererseits drohen ihm Sanktionen, wenn er eine versprochene Flächenleistung in Form einer Umsatzgarantie nicht erreicht.

Flächenmanagement

Zur Steuerung der Risiken auf der Verkaufsfläche dient ein „margenorientiertes Flächenmanagement“. Ziel ist die Maximierung der Flächenproduktivitäten, ausgedrückt in Umsatz und Rohertrag pro qm Verkaufsfläche. Hierzu müssen sogenannte „Slowseller“ frühzeitig identifiziert und umgelagert werden sowie Bestseller nachbestellt werden („workflowgesteuertes Replenishment“) (vgl. Kunkel 2004, S. 102). Gestützt wird das Flächenmanagement durch Systeme des „Electronic Data Interchange“ (EDI). EDI steht für den automatisierten elektronischen Datenaustausch zwischen Geschäftspartnern.

Diebstahl

Zu den Aufgaben des Risikomanagements zählt auch die Prüfung der Maßnahmen gegen Diebstahl, Schwund und Inventurdifferenzen. Der Diebstahlverlust alleine wird in Deutschland mit rund vier Milliarden Euro beziffert. Einem kontinuierlichen Anstieg der Anzeigen steht eine geschätzte Dunkelziffer von 95 % gegenüber. Wie bereits seit vielen Jahren dominierten in der Kriminalitätsstatistik auch im Jahr 2013 die Diebstahlsdelikte mit einem Anteil von rund 40 % an der Gesamtkriminalität (vgl. Bundeskriminalamt 2014, S. 7). Der Ladendiebstahl hatte im Jahr 2013 einen Anteil von 14,9 % am Diebstahl insgesamt. Nach einer Studie aus dem Jahr 2008 bleiben in Deutschland pro Jahr etwa 30 Mio. Ladendiebstähle mit einer Gesamtsumme von rund vier Milliarden Euro unentdeckt. Davon werden Waren im Wert von etwa einer Mrd. Euro von den eigenen Mitarbeitern entwendet (vgl. EHI Retail Institute 2008). Basierend auf dem „Global Retail Theft Barometer 2013–2014“ kostete Warenschwund den weltweiten Einzelhandel im letzten Jahr rund 96,8 Mrd. Euro (vgl. The Smart Cube und Deyle 2014). Das entspricht 1,29 % des Umsatzes. Hauptursache für Warenschwund ist der Ladendiebstahl. Unehrliche Kunden sind für 37,6 % der Verluste verantwortlich. Fast genauso hoch schlagen die Kosten durch

in-Shops bei großflächigen Einzelhandelsbetrieben wie Warenhäusern. Die Gestaltung der Fläche (insbesondere Möbel, Displays etc.) wird durch den Markenartikler bestimmt. Oft sichern reisende Merchandiser die konzeptgerechte Warenpräsentation. Das Konzept dient sowohl der Profilierung der Marke als auch der des Geschäfts. Verträge und Kooperationen differieren dabei hinsichtlich der Verteilung der Limithoheit, der Kosten für die Shop-Einrichtung, der Übernahme des Merchandising, der Garantie von Flächenumsätzen durch den Markenartikler etc.

unehrliche Mitarbeiter (35,4 %) zu Buche, gefolgt von administrativen Fehlern (22,1 %) und unehrlichen Lieferanten (4,9 %).

Vertragsmanagement
Die Vielzahl an Mietverträgen eines Filialisten steht für ein großes Volumen künftiger Rechte und Verpflichtungen. Da es mit hohem Aufwand verbunden ist, Filialen zu eröffnen und die Frequenz eines POS aufzubauen, sind Mietverträge insbesondere in Bezug auf ihr Auslaufen und das Wahrnehmen von Mietverlängerungs-Optionen regelmäßig zu überwachen.

Risikopuffer Factory-Outlets
Da mit zunehmender Übernahme von Verantwortung für Verkaufsflächen Absatz- und Warenrisiko des vormals als Großhändler agierenden Markenartiklers steigen, wurden in den letzten Jahren vermehrt Factory Outlets eröffnet. Diese dienen als profitabler Vertriebskanal für Überbestände, Retouren und Altware.

12.7 Fazit

Die veränderten Rahmenbedingungen im Handel stellen die Unternehmensführung vor neue Herausforderungen und bedingen einen Ausbau der Managementinstrumentarien. In diesem Kontext spielen die Themen Logistik-Risikomanagement und Supply Chain eine zunehmend dominantere Rolle. Zusammenfassend sind es insbesondere Wachstum, Komplexität und Reaktionszeitverkürzung, die den Auf- und Ausbau des Risikomanagements in den Handelsunternehmen für die mittelfristige Sicherung der Existenzfähigkeit unverzichtbar machen.

Während Branchen wie Versicherungen oder Banken aufsichtsrechtlichen Anforderungen unterliegen, welche den Einsatz von Risikomanagementsystemen unabdingbar machen, steht das Risikomanagement im Handel erst am Anfang seiner Entwicklung. Lange wurde der Handel insbesondere durch den inhabergeführten Mittelstand dominiert. Vertikalisierung und Konzentrationstendenzen führen jedoch zu zunehmend komplexeren Handelskonglomeraten. Vorwärts- und Rückwärtsintegration von Prozessen bedeutet – wie oben insbesondere dargestellt am Risikofeld Einzelhandel – auch die Übernahme der vor- und nachgelagerten Risiken, welche in ihrer Vernetzung zum Kerngeschäft identifiziert, analysiert und gesteuert werden müssen. Neue Marktteilnehmer im Handel, deren Geschäftsmodell auf einer professionellen Logistik aufbaut, führen zu neuen Herausforderungen für alle Marktteilnehmer.

Zwar findet in Handelsunternehmen ohne Risikomanagementsystem über die auf den einzelnen Wertschöpfungsstufen etablierten Kontrollsysteme de facto eine Steuerung des Risikos statt (wie oben beschrieben etwa im Qualitätsmanagement, im Lieferantenmanagement, im Flächenmanagement), es fehlt jedoch an integrativen Betrachtungen. Die jeweiligen mehr oder weniger isoliert entwickelten „Insellösungen“ bergen die Gefahr, dass Risikointerdependenzen unzureichend berücksichtigt werden und die Landkarte der beobachteten Risiken der Gesamtunternehmung unvollständig bleibt. Dies kann im Zuge zunehmender Komplexität zu einem die Existenz bedrohenden Verkennen der Gesamt-Risikoposition durch die Geschäftsleitung führen. Schnelles quantitatives Wachstum hinsichtlich Umsatz und Anzahl distribuierter Teile erfordert einhergehendes qualitatives Wachstum der Management-Systeme und konsequente Systemintegration – insbesondere im Bereich des Logistik-Risikomanagements.

Literatur

Allianz SE, Allianz Global Corporate & Specialty SE: Allianz Risk Barometer – Die 10 größten Geschäftsrisiken 2015. http://www.agcs.allianz.com/assets/PDFs/Reports/Allianz-Risk-Barometer-2015_DE.pdf (2015). Zugegriffen: 27. Feb. 2015

Bundeskriminalamt: Polizeiliche Kriminalstatistik, Bundesrepublik Deutschland, Jahrbuch 2013. Wiesbaden (2014)

EHI Retail Institute: 30 Mio. Ladendiebstähle bleiben unentdeckt. http://www.ehi.org/en/press-lounge/pressemitteilungen/detailanzeige/article/30-mio-ladendiebstaehle-bleiben-unentdeckt-1.html (2008). Zugegriffen: 27. Feb. 2015

Gleißner, W., Romeike, F.: Risikomanagement – Umsetzung, Werkzeuge, Risikobewertung. Controlling, Qualitätsmanagement und Balanced Scorecard als Plattform für den Aufbau. Haufe Verlag, Freiburg (2005)

Guldin, A.: Risikomanagement in Handel. In: Dörner, D. (Hrsg.) Praxis des Risikomanagements: Grundlagen, Kategorien, branchenspezifische und strukturelle Aspekte, S. 681–718. Schäffer-Poeschel, Stuttgart (2000)

Kaiser, T. (Hrsg.): Wettbewerbsvorteil Risikomanagement. Erich Schmidt Verlag, Berlin (2007)

Köcher, A.: Die Balanced Scorecard als Instrument des zielorientierten Human-Capital-Managements – ein Erfahrungsbericht aus der Marc O'Polo International GmbH. In: Dürndorfer, M., Friederichs, P. (Hrsg.) Human Capital Leadership, S. 491–508. Murmann, Hamburg (2004)

Köcher, A.: Management von operationellen Risiken im Groß- und Einzelhandel der Konsumgüterbranche. In: Kaiser, T. (Hrsg.) Wettbewerbsvorteil Risikomanagement, S. 145–159. Erich Schmidt Verlag, Berlin (2007)

Kunkel, M.: Planung und Controlling im Retail-Loop. Josef Eul Verlag, Lohmar-Köln (2004)

PwC: PwC Global Supply Chain Survey 2013 – Next-generation supply chains: Efficient, fast and tailored. http://www.pwc.com/gx/en/consulting-services/supply-chain/global-supply-chain-survey/index.jhtml (2013). Zugegriffen: 27.Feb. 2015

Romeike, F., Hager, P.: Erfolgsfaktor Risikomanagement 3.0: Lessons learned, Methoden, Checklisten und Implementierung. Springer Verlag, Wiesbaden (2013)

Romeike, F., Spitzner, J.: Von Szenarioanalyse bis Wargaming – Betriebswirtschaftliche Simulationen im Praxiseinsatz. Wiley-VCH, Weinheim (2013)

Ronke, C., Dengel, B., Maier, A.: Mehrwertsteuer – die Taktik von Aldi, Norma & Co. Financial Times Deutschland v. 10.11.2006. (2006)

Schiller, W., Erben, R., Hebeis, N.: Risikomanagement für Marken. Risiken, die Ihre Marke bedrohen – Identifikation, Analyse und Kontrolle. Wiley-VCH, Weinheim (2005)

Schmalbach, T., Schmelting, C.: Wettbewerbsvorteile durch funktionsübergreifendes Lieferantenmanagement. Beschaffungsmanagement. 5, 12–14 (2006)

Schmickler, M.: Proaktives Risikomanagement im Handel. In: Romeike, F., Finke R.B. (Hrsg.) Erfolgsfaktor Risikomanagement. Chance für Industrie und Handel, S. 357–373. Springer Verlag, Wiesbaden (2003)

The Smart Cube, Deyle, E.: The Global Retail Theft Barometer 2013–2014. http://www.globalretailtheftbarometer.com/ (2014). Zugegriffen: 27. Feb. 2015

Dr. rer. pol. Anette Köcher ist seit 2006 für die RISKNET GmbH tätig. Außerdem ist sie geschäftsführende Gesellschafterin und Partnerin bei RiskNET Advisory & Partner. Im Zeitraum Juli 2002 bis März 2006 war sie bei der Marc O'Polo International GmbH zuständig für die Bereiche Strategisches Controlling (insbesondere Balanced Scorecard) und Risikomanagement. Zuvor war sie wissenschaftliche Mitarbeiterin im Fachgebiet für Rechnungswesen und Controlling der TU Ilmenau und promovierte über das Controlling in Medienunternehmen. Dr. Anette Köchers Tätigkeits- und Forschungsschwerpunkte liegen im Bereich des Risikomanagements und des Strategischen Controllings. Hierbei hat sie sich insbesondere mit der chancen- und risikoorientierten Steuerung in den Bereichen Vertrieb, Marketing und Personalwesen beschäftigt.

Frank Romeike ist Gründer des Kompetenzzentrums RiskNET – The Risk Management Network. Er ist Geschäftsführer und Eigentümer der RiskNET GmbH sowie Gründer und Gesellschafter von RiskNET Advisory & Partner. Außerdem ist er verantwortlicher Chefredakteur (V. i. S. d. P.) der Zeitschrift „RISIKO MANAGER", die alle 14 Tage erscheint und sich schwerpunktmäßig mit den Themen Kreditrisiko, Marktrisiko, Operationelles Risiko und Enterprise Risk Management (ERM) auseinandersetzt. Er zählt international zu den renommiertesten und führenden Experten für Risiko- und Chancenmanagement und coacht seit rund 20 Jahren Unternehmen aller Branchen und Unternehmensgrößen rund um die Themengebiete Risiko- bzw. Chancenmanagement und Wertorientierte Unternehmenssteuerung. Im Rahmen von Intensiv- und Inhouse-Seminaren der Risk Academy hat er mehr als 7500 Risikomanager ausgebildet bzw. gecoacht. An der HDU ist er fachlicher Leiter des akkreditierten Masterstudiengangs „Risiko- und Compliancemanagement". In seiner beruflichen Vergangenheit war er Chief Risk Officer bei der IBM Central Europe, wo er u. a. an der Einführung des weltweiten Risk-Management-Prozesses der IBM beteiligt war und mehrere internationale Projekte leitete. Er hat u. a. ein wirtschaftswissenschaftliches Studium (mit Schwerpunkt Versicherungsmathematik) in Köln und Norwich/UK abgeschlossen. Im Anschluss hat er Politikwissenschaften, Psychologie und Philosophie studiert. Außerdem hat er ein exekutives Masterstudium im Bereich Risiko- und Compliancemanagement abgeschlossen. Frank Romeike hat u. a. Lehraufträge (Adjunct Professor) an der Ludwig-Maximilians-Universität München (Seminar für Finanzökonometrie), der Hochschule Coburg (MBA-Studiengang Versicherungsmanagement; Schwerpunkt: Risikomanagement in Versicherungsunternehmen) sowie der Technischen Hochschule Deggendorf (Masterprogramm Risiko- und Compliancemanagement, hierbei handelt es sich um ein gemeinsames Projekt des TÜV Süd, der Technische Hochschule Deggendorf und RiskNET) angenommen. Frank Romeike ist Mitglied des Vorstands beim Institut für Risikomanagement und Regulierung e. V. (Frankfurt am Main) und verantwortet dort unter anderem das Thema Öffentlichkeitsarbeit.

ECR Shrinkage Roadmap – Mehr Umsatz durch weniger Inventurdifferenzen 13

Ulrich Franke

Inhaltsverzeichnis

U. Franke (✉)
Institute for Supply Chain Security GmbH, Dortmund, Deutschland
E-Mail: ulrich.franke@supply-chain-security.org

M. Huth, F. Romeike (Hrsg.), *Risikomanagement in der Logistik*,
DOI 10.1007/978-3-658-05896-8_13

13.1 Inventurdifferenzen, Umsatz und Profitabilität

Nicht gebuchte Inventurdifferenzen führen zu leeren Regalen. Solche Ausverkäufe (Out-of-Stock-Situationen) haben einen erheblichen negativen Einfluss auf den Umsatz und die Profitabilität im Einzelhandel. In den seltensten Fällen fragt der Kunde beim Filialpersonal nach. In der Regel wird er entweder eine andere Marke kaufen, den Einkauf bis zum nächsten Mal verschieben oder seine Einkaufsstätte wechseln. Diese drei Handlungsoptionen des Kunden haben sowohl negative Auswirkungen auf den Umsatz und die Profitabilität des Händlers als auch auf die des Herstellers. Daher muss es im Interesse der Hersteller und Händler sein, leere Haken und Regale im Verkaufsraum zu vermeiden.

Diese Out-of-Stock-Situationen lassen sich durch verschiedene Maßnahmen reduzieren. Auf der einen Seite hat der Händler die Möglichkeit, die Lagerbestände so zu erhöhen, dass es nicht zu einer mangelnden Produktverfügbarkeit kommt. Eine andere Möglichkeit ist, laufend die Bestände entlang der Lieferkette und speziell in den Verkaufsräumen zu zählen und entsprechend im Warenwirtschaftssystem zu korrigieren – denn automatische Bestellsysteme bestellen erst Nachschub, wenn der Meldebestand erreicht ist. Die dritte Möglichkeit ist, die Ursachen von Inventurdifferenzen in ihren Auswirkungen zu vermeiden beziehungsweise zu mindern. Dabei steht die gesamte Lieferkette vom Distributionslager des Herstellers bis hin zum Abverkauf am POS (Point of Sale) im Fokus der Betrachtung und der Maßnahmen (siehe auch Abb. 13.1). Oftmals ziehen sich Inventurdifferenzen durch die gesamte Lieferkette und werden erst am POS sichtbar.

Handlungsoptionen zur Erreichung robuster Prozesse entlang von Lieferketten mit geringen Inventurdifferenzen und hoher Produktverfügbarkeit finden sich hauptsächlich in den Logistik-/Filialprozessen, der Personalauswahl und -führung, der Verkaufsraumgestaltung, im Produkt-/Verpackungsdesign und der Diebstahlprävention. Daher sind Inventurdifferenzen und Out-of-Stock-Quoten wesentliche Kennzahlen des Leistungsmanagements (Performance) im Handel.

Der Begriff **E**fficient **C**onsumer-**R**esponse (auch ECR-Konzept oder Effiziente Konsumentenresonanz) bezeichnet eine Initiative zur Zusammenarbeit zwischen Herstellern und Händlern, die auf Kostenreduktion und bessere Befriedigung von Konsumentenbedürfnissen abzielt. Dabei wird die Wertschöpfungskette, von der Produktion bis hin zur Kaufentscheidung der Verbraucher, auf Optimierungspotenziale untersucht. Ziel ist die Verknüpfung logistikseitiger Rationalisierungs-potenziale mit Marktwachstumspotenzialen auf Seiten des Marketings. Durch die Kooperation zwischen Industrie und Handel können Potenziale aufgedeckt beziehungsweise realisiert werden, die durch eine isolierte interne Betrachtung nicht möglich wären (Wikipedia 2014a).

Abb. 13.1 Auswirkungen von Inventurdifferenzen in der Lieferkette. (Quelle: Eigene Darstellung)

Daher ist auch die Vermeidung von Inventurdifferenzen beziehungsweise das schnelle Erkennen von Abweichungen zwischen Soll- und Ist-Beständen in Warenwirtschaftssystemen ein wichtiges Kooperationsfeld für Hersteller und Handelsunternehmen. Inventurdifferenzen und Produktverfügbarkeiten haben einen hohen Einfluss auf die Profitabilität von Artikeln, Kategorien, Filialen und sogar von ganzen Handelsunternehmen.

Die Bedeutung dieses Themas für Handel und Hersteller spiegelt sich auch in der Gründung der „ECR Shrinkage & On-Shelf Availability Group" vor 15 Jahren wider. Dieser Arbeitskreis der Efficient Consumer-Response-Initiative (ECR) wurde beim jährlichen ECR European Leaders Forum in Brüssel im Rahmen der ECR Europe Awards 2014 mit einem Sonderpreis ausgezeichnet. Als eines der erfolgreichsten und langjährigsten Programme der ECR-Initiative hat die „ECR-Shrinkage & On-Shelf Availability Group" Einzelhändlern und Herstellern in Europa Einsparungen von schätzungsweise mehr als 1,3 Mrd. € ermöglicht (iXtenso 2014).

Als grundlegendes Instrument zur Reduzierung von Warenverlusten beziehungsweise Inventurdifferenzen sowie zur Verbesserung der Produktverfügbarkeit am POS wurde von der ECR-Arbeitsgruppe die „ECR Shrinkage Roadmap" entwickelt. Sie ist eine methodische Vorgehensweise zur Analyse der Ursachen von Prozessfehlern, Fehlbuchungen sowie sichtbarem und nicht-sichtbarem Schwund. Erst wenn Lieferketten detailliert analysiert sind und die wahren Ursachen auch quantifiziert werden können, ist es möglich, maßgeschneiderte Lösungen zu entwickeln, die in Bezug auf Verhältnismäßigkeit und Nachhaltigkeit einen kurzfristigen und positiven ROI ermöglichen. Heute werden oftmals noch Inventurverbesserungsmaßnahmen nach dem Gießkannenverfahren umgesetzt, welches höchst unwirtschaftlich ist. Jede Warenkategorie, jede Verkaufsstelle und jede Prozesskette ist individuell und bedarf daher auch einer separaten Analyse und einem individuellen Maßnahmenmix.

13.2 Zahlen und Fakten zu Inventurdifferenzen

Nach einer aktuellen Studie des EHI[1] entstanden in 2013 dem Handel ca. 3,9 Mrd. € Inventurdifferenzen. Zusätzlich gaben Handelsunternehmen in 2013 ca. 1,3 Mrd. € zur Vermeidung von Inventurdifferenzen aus. Die Inventurdifferenzen zu Verkaufspreisen gemessen am Bruttoumsatz ergeben 1,01 %. Demgegenüber steht laut Statistischem Bundesamt ein Bruttobetriebsüberschuss von 3,7 % des deutschen Einzelhandels (ohne Handel mit Kraftfahrzeugen) in 2012 (Statistisches Bundesamt 2014).

Inventurdifferenzen haben Ursachen entlang der gesamten Lieferkette bis hin zum Abverkauf am POS. Oftmals werden unter dem Begriff Inventurdifferenzen die nicht offensichtlichen Warenverluste, in der Regel Diebstahl, subsumiert. Der Begriff Schwund

[1] Das EHI ist ein wissenschaftliches Institut des Handels. Zu den Mitgliedern des EHI zählen internationale Handelsunternehmen und deren Branchenverbände, Hersteller von Konsum- und Investitionsgütern und verschiedene Dienstleister.

(englisch: Shrinkage) fasst diesen Begriff weiter und schließt auch die bekannten Warenverluste, zum Beispiel Überschreitung des Verfallsdatums oder auch Bruch, mit ein. Jedoch fehlen in der Praxis Informationen über bekannte, aber insbesondere über die nicht offensichtlichen Verluste, wie beispielsweise: Welche Warenverluste wann, wo, warum, durch wen entstanden und verursacht wurden. Außerdem laden schlechte Prozesse oder Prozesse, die nicht eingehalten werden, zu Warenverlusten ein. Diese schaffen die Möglichkeiten sowohl für interne als auch externe Diebe, Waren zu entwenden. Sie schaffen die Basis für Entschuldigungen und Ausreden, so dass am Ende keiner verantwortlich ist. Sie sind die wesentlichen Ursachen für Ineffizienz. Des Weiteren ist bei Handelsunternehmen mit hohen Inventurdifferenzen eine geringe Kooperationsfähigkeit zu beobachten. Es fehlt an einer gesunden Zusammenarbeit zwischen den Mitarbeitern, Mitarbeitern von Dienstleistern sowie zwischen Verkaufspersonal und Filialmanagement. Innerhalb der Unternehmen findet eine funktionale Differenzierung statt, die sich dann auch auf eine fehlende Kooperationsbereitschaft mit Lieferanten auswirkt. Zusammenfassend kann man durchaus resümieren, dass Schwundquoten ein Gradmesser der Managementperformance sind.

Sind die Managementvoraussetzungen in einem Handelsunternehmen bereits schlecht, wirken sich diese in Bezug auf die Ursachen beziehungsweise Verursacher von Schwund überproportional aus. Diese Ursachen/Verursacher von Schwund/Inventurdifferenzen lassen sich in vier Kategorien gliedern (siehe Abb. 13.2).

Nachfolgend seien einige Beispiele genannt:

- Zu den ***Prozessfehlern*** gehören das Überschreiten von MHDs (Mindesthaltbarkeitsdatum), Fehlanlieferungen, Zählfehler, Scan-Fehler, Warenbeschädigungen, Fehler im Warenwirtschaftssystem usw.
- Der ***externe Diebstahl*** durch Personen außerhalb des Unternehmens kann in leichten (den klassischen Ladendiebstahl, Umtausch gestohlener Ware usw.) und schweren Diebstahl differenziert werden. Beim schweren Diebstahl findet eine gewalttätige Handlung statt. Externe Diebe können unehrliche Kunden, Dienstleister, Handwerker oder auch externe Mitarbeiter von Logistikdienstleistern beim Transport oder im Lager sein.
- Die ***eigenen Mitarbeiter*** eines Handelsunternehmens sind dauernd mit der Ware in Kontakt. Neben dem Verkaufspersonal in den Filialen sind es hauptsächlich Mitarbeiter des Logistikbereiches. Diesen bieten sich oftmals Möglichkeiten des Diebstahls von

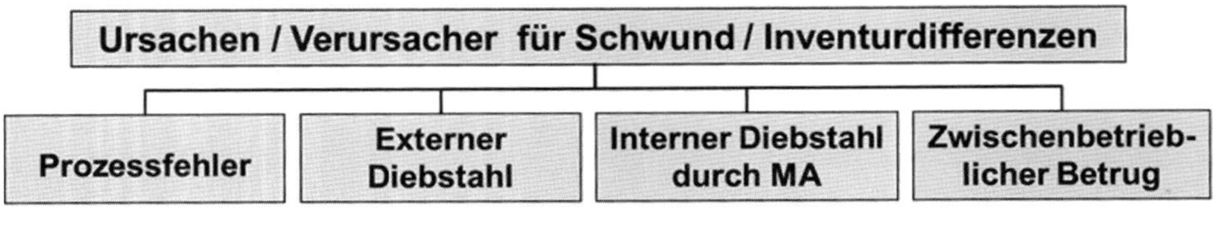

Abb. 13.2 Ursachen/Verursacher für Schwund/Inventurdifferenzen. (Quelle: Eigene Darstellung)

der Datenmanipulation des Warenwirtschaftssystems.
Waren oder Bargeld, der Zusammenarbeit mit externen Dieben (zum Beispiel fehlerhaftes Scannen an der Kasse), des eigenen Verzehrs während der Arbeitszeit oder auch der Datenmanipulation des Warenwirtschaftssystems.

- Beim ***zwischenbetrieblichen Betrug*** geht es nicht nur um den vorsätzlichen Betrug. So kann es auch unbeabsichtigt zu Mengen-, Gewichts- oder Qualitätsdifferenzen gelieferter Waren kommen. Auch Rechenfehler führen zu finanziellen Verlusten des Handelsunternehmens.

Der EHI führt jedes Jahr eine Befragung von Einzelhandelsunternehmen in Bezug auf ihre Inventurdifferenzen durch (siehe Abb. 13.3). Diebstähle durch unehrliche Kunden sind die hauptsächlichen Verursacher von Inventurdifferenzen. Auf der anderen Seite liegen immerhin mehr als 40 % der Inventurdifferenzen im unternehmensinternen Managementbereich. Würde man nun zu diesen Zahlen auch noch die bekannten Warenverluste wie beispielsweise Bruch, Verderb (MHD), Verunreinigungen usw. hinzuzählen, sähe das Bild noch wesentlich schlechter für das interne Management der Handelsunternehmen aus.

Auch bei den Entstehungsorten wird von den Einzelhandelsunternehmen der Verkaufsraum als der verlustreichste Ort genannt (siehe Abb. 13.4). Auf der anderen Seite ist aber anzumerken, dass bei vielen Handelsfilialen keine Wareneingangskontrolle durchgeführt wird. So werden Inventurverluste meist erst bei den jährlichen Stichtagsinventuren festgestellt, wenn die Ist-Menge in der Filiale den Abverkäufen und den Liefermengen gegenüber gestellt wird. Ob die festgestellte Fehlmenge nun im Verkaufsraum, im Filiallager, beim Transport oder in der Kommissionierung im Distributionslager entstanden ist, kann

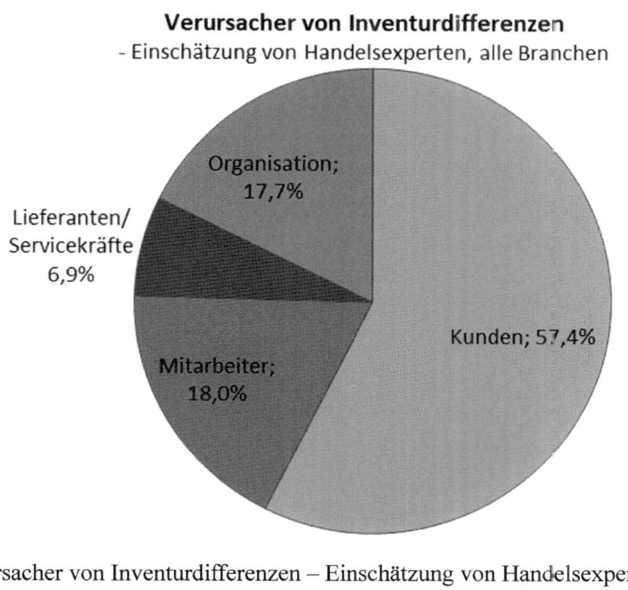

Abb. 13.3 Verursacher von Inventurdifferenzen – Einschätzung von Handelsexperten, alle Branchen. (Quelle: EHI Erhebung Inventurdifferenzen 2014)

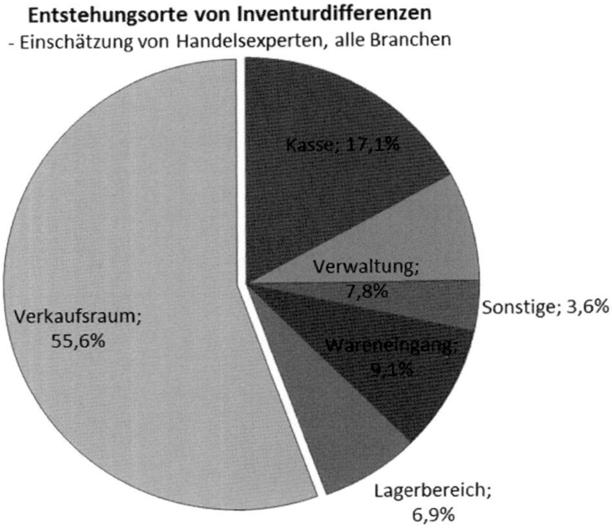

Abb. 13.4 Entstehungsorte von Inventurdifferenzen – Einschätzung von Handelsexperten, alle Branchen. (Quelle: EHI Erhebung Inventurdifferenzen 2014)

nicht mehr festgestellt werden. Im Zweifelsfall werden die ungeklärten Inventurdifferenzen dem internen und externen Ladendiebstahl zugeordnet.

Ein weiteres interessantes Phänomen ist, dass laut Kriminalitätsstatistik (Bundeskriminalamt 2014) der einfache Ladendiebstahl in den letzten 15 Jahren um fast 50 % zurückgegangen ist. Die Ursachen für diese Entwicklung liegen wohl eher nicht in weniger Diebstahlereignissen, sondern darin, dass Strafanzeigen sowohl gegen bekannte Diebe als auch „gegen unbekannt" aus Sicht der Filialmitarbeiter wirkungslos sind. Aus Sicht der Betroffenen funktioniert das staatliche Repressionssystem nicht. Wird ein Dieb des Ladendiebstahls überführt und der Polizei übergeben, so ist dieser in der Regel am nächsten Tag wieder in der Filiale. Außerdem bedeutet die Erstattung einer Strafanzeige für die Mitarbeiter mehr Arbeit, oftmals unbezahlt nach Feierabend in einer Polizeiwache. Auf der anderen Seite hat sich der schwere Diebstahl in den letzten 15 Jahren fast verdreifacht. Diese gefährliche Entwicklung der letzten Jahre zeigt, dass immer mehr gewaltbereite, gut organisierte Diebesbanden vor allem aus Osteuropa nach Deutschland kommen. Diese professionellen Diebesbanden begehen Ladendiebstähle in großen Mengen, fokussieren sich auf teure und gut verkaufbare Luxusartikel, begehen Blitzeinbrüche und Einbruchdiebstähle in Filialen und Lager, überfallen Auslieferungsfahrer und setzen Mitarbeiter unter Druck, bis sie kooperieren. Es werden von innen oder außen Bestandsdaten manipuliert oder auch Mitarbeiter beim Handelsunternehmen oder Dienstleister nur zum Zweck des Diebstahls eingeschleust. Diebesgut professioneller Banden verschwindet dann schnell Richtung Osten und wird dort wieder legalisiert und in Lieferketten eingebracht. Immerhin sind gestohlene Artikel Originalware mit Echtheitsgarantie. Auf Flohmärkten und auf den einschlägigen Internetportalen findet man oft gefälschte Produkte.

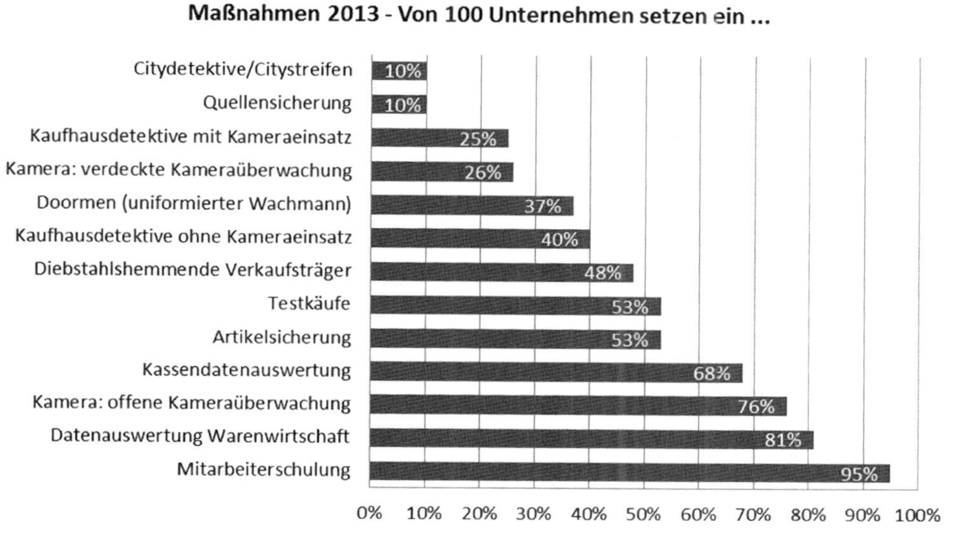

Abb. 13.5 Maßnahmen 2013– Von 100 Unternehmen setzen ein … (Quelle: EHI Erhebung Inventurdifferenzen 2014)

Gegen diese professionellen Diebesbanden setzen Handelsunternehmen eher klassische Präventionsmaßnahmen ein. Bei der EHI-Befragung wurden Handelsunternehmen nach der Wichtigkeit der Präventionsmaßnahmen gefragt.

Die Maßnahmenliste in Abb. 13.5 zeigt, dass Einzelhandelsunternehmen in der Regel einzelne Maßnahmen implementieren, jedoch kein systemisches Vorgehen und keine organisatorischen Strukturen schaffen, wie es beispielsweise durch das Lean Management in vielen anderen Branchen bereits Standard ist. Oftmals verlässt man sich nur auf teure technische Lösungen, die nach dem Gießkannenprinzip implementiert werden. Bei den Mitarbeiterschulungen stellt sich durchaus die Frage nach der Qualität der Schulungen: Wer schult wie, mit welchen Inhalten und in welcher Intensität? Sind die Schulungen nachhaltig und werden sie regelmäßig wiederholt? Es fehlen in der Regel Kontroll- und Steuerungsinstrumente, um festzustellen, ob die richtigen Maßnahmen zur Reduzierung der Warenverluste (Schwund) ergriffen wurden, ob diese auch wirtschaftlich und nachhaltig sind und ob ein kontinuierlicher Verbesserungsprozess in Gang gesetzt worden ist, so dass mit den Verursachern Schritt gehalten werden kann.

13.3 ECR Shrinkage Roadmap – Methodik

Die ECR Shrinkage Roadmap ist ein risikobasiertes Prozessmanagementsystem, welches eine strukturierte Vorgehensweise vorgibt. Diese Roadmap umfasst eine Reihe von kritischen Phasen, die aufeinander aufbauen und daher erst abgeschlossen sein müssen, bevor adäquate Lösungen entwickelt und umgesetzt werden können. Erst nach einer detaillierten und faktenbasierten Analyse können die wirklichen Ursachen behandelt werden. Es geht nicht um die kosmetische Behandlung von Symptomen – die ECR Shrinkage Roadmap ermöglicht, die wahren Ursachen von Warenverlusten zu identifizieren und maßgeschneiderte Lösungen und Lösungskonzepte zu entwickeln. Schlechte Warenverfügbarkeiten sind oftmals das Ergebnis hoher Inventurdifferenzen. Da diese Probleme nicht einfach zu lösen sind, bedarf es einer engen Zusammenarbeit innerhalb der Handelsunternehmen, aber auch zwischen Herstellern, eventuell den Logistikdienstleistern und dem Handelsunternehmen. Ursachenforschung und Lösungsentwicklung müssen faktenbasiert sein und nicht auf Bauchentscheidungen beruhen. Des Weiteren sollte ein ganzheitlicher Ansatz gewählt werden. Da Inventurdifferenzen und Versorgungsengpässe entlang der gesamten Lieferkette entstehen können, deren Auswirkungen jedoch erst später im Distributionsprozess als Fehler sichtbar werden, umfasst die ECR-Methode die gesamte Warenversorgungskette, ausgehend vom Hersteller bis zu ihrem Ende am POS. Diese systematische Vorgehensweise vermeidet subjektive Wahrnehmungen und zielt auf die ehrliche Ursachenanalyse ab. Im Fokus der ECR Shrinkage Roadmap stehen die Entwicklung und Einhaltung von soliden Prozessen. Technische Anlagen können solide Prozesse nicht ersetzen, vielmehr sollten Technologien Prozesse in ihren Möglichkeiten und Wirkungen unterstützen. Da die Gesamtproblematik sehr komplex und vielschichtig ist, kann nur ein gut abgestimmter Mix aus technischen und organisatorischen Maßnahmen einen hohen Wirkungsgrad erreichen und gleichzeitig wirtschaftlich sein.

13.4 Was sind Risiken: „The Hot Concept"

Risiken gibt es immer und überall. Jedoch sind Risiken nicht zeitlich, räumlich, geographisch, demographisch oder auch sozial gleichmäßig verteilt. In Bezug auf Lieferketten sind bestimmte Orte, Produkte, Prozesse und natürlich auch Mitarbeiter unterschiedlich stark dem Risiko des Warenverlustes ausgesetzt. Die gegenseitigen Abhängigkeiten und Wechselwirkungen dieser vier Elemente sind extrem wichtig zu verstehen, so dass Organisationen die richtigen und angemessenen Maßnahmen zur Reduzierung von Warenverlusten entwickeln und umsetzen können.

Das „Hot Element" „Ort" steht in Abb. 13.6 im Mittelpunkt. Es ist der Ort, an dem die drei anderen Risikoelemente zusammenkommen, wie zum Beispiel das Lager, der LKW oder die Verkaufsfiliale. So gibt es entlang von Lieferketten Orte, die ein höheres Risiko für Warenverluste haben als andere. Gleiches gilt natürlich auch für Verkaufsfilialen. Soziogeographische Parameter sind auf der einen Seite ein erster guter Hinweis auf ein hohes Diebstahlrisiko. Sicherlich kann man auch anhand von Inventurquoten ein Ranking der verlustreichsten Filialen erstellen, jedoch hat man dann immer noch nicht die Risikohöhe der Filialen ermittelt. Erst wenn man die Risikohöhe ins Verhältnis zum verursachten Warenverlust setzt, kann man ein gutes Management von einem schlechten unterscheiden.

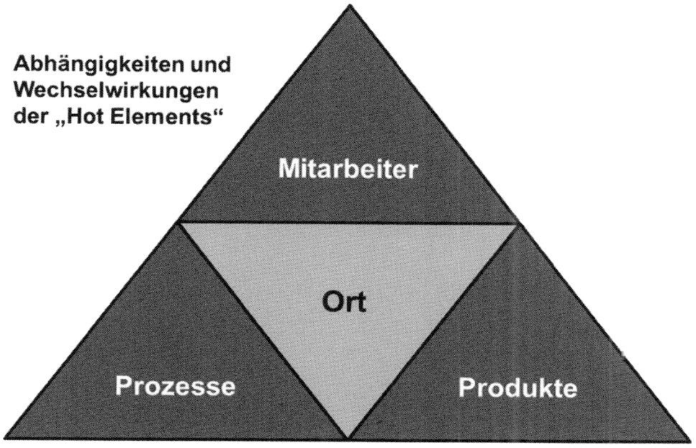

Abb. 13.6 Abhängigkeiten und Wechselwirkungen der „Hot Elements". (Quelle: Beck und Chapman 2003)

Die Risikohöhe einer Verkaufsfiliale lässt sich anhand vieler Parameter objektiv messen, so dass je nach Risikohöhe und Ursachenanalyse ein passgenaues Lösungskonzept entwickelt werden kann.

„Hot Products" werden stark diebstahlgefährdete Produkte genannt. Als Faustformel kann man davon ausgehen, dass 20 % der Artikel 80 % der Inventurverluste ausmachen. Zur Identifizierung dieser helfen Inventurauswertungen. Aber die zeigen nur die halbe Wahrheit. Ist ein Artikel im Filiallayout in Kassennähe platziert, so hat dieser zwar in der Regel geringere Inventurdifferenzen als ein Artikel, der in einem schlecht einsehbaren Gang platziert ist. Würde man nun aber die Platzierung der Artikel tauschen, so würde sich auch die Platzierung der Artikel in der Hitliste der Diebstahlsrenner verändern. Um jedoch diebstahlgefährdete Artikel neutral zu identifizieren, hat Clarke eine Formel, ein Akronym entwickelt (Clarke 1999, S. 26). **CRAVED** (deutsch: begehrt) bezieht sich auf die folgenden sechs Elemente:

C = Concealable; Artikel können gut versteckt/verdeckt werden, so dass sich das Risiko des Entdeckens erheblich reduziert.
R = Removable; Artikel können einfach und gut ent- und mitgenommen werden.
A = Available; Artikel sind für Diebe verfügbar und frei zugänglich.
V = Valuable; Artikel sind hochpreisig und machen den Diebstahl lohnenswert.
E = Enjoyable; Artikel machen Spaß und dienen der eigenen Bedürfnisbefriedigung.
D = Disposible; Artikel sind leicht und gut verkäuflich.

Insbesondere der letzte Punkt wird immer wichtiger. Mit dem zunehmenden gewerblichen Ladendiebstahl werden große Mengen von wenigen Artikeln bei einem Diebstahlereignis gestohlen. Diese Diebe bestreiten ihren Lebensunterhalt durch den Ladendiebstahl und sind daher darauf angewiesen, Artikel zu stehlen, die sich leicht, risikoarm und mit hohem Gewinn wieder weiterverkaufen lassen. Daher gehen heute oft gestohlene Waren sofort ins Ausland und werden dort wieder in offizielle Lieferketten eingeschleust. Dahinter stehen gut organisierte und vernetzte Banden.

„Hot Processes" sind kritische Prozessabläufe – Prozesse mit einem hohen Risiko des Warenverlustes. Ob Warenverluste zufällig oder vorsätzlich entstehen; kritische Prozesse zeichnen sich durch schlechte oder fehlende Prozessvorgaben, nicht eingehaltene Prozesse, fehlende Prozessverantwortlichkeiten, nicht gemessene Prozesskennzahlen sowie ein fehlendes Prozess-Controlling aus. Prozesse, die nicht gemanagt werden, können sich nicht weiterentwickeln. Sie kehren sich eher in das Gegenteil und leisten dem Warenverlust auch noch Vorschub. Besonders kritisch sind externe und interne Schnittstellen in Lieferprozessen. Nur wenn an den Schnittstellen die Warenanlieferungen geprüft werden, können Fehlmengen festgestellt werden. Ob diese Fehlmengen schon beim Absender, beispielsweise durch einen Kommissionierfehler, entstanden sind oder bei Zwischenlagerungen beziehungsweise beim Transport, kann im Nachhinein bei der Wareneingangskontrolle nicht festgestellt werden. Wird die Fehlmenge erst gar nicht festgestellt, kann sie sich bis zum Inventurverlust in der Verkaufsfiliale durchziehen. Dann schiebt eine interne Funktion diese Fehlmenge bewusst oder unbewusst in die nachfolgende Funktion, bis sie schlussendlich am POS angekommen ist.

Mitarbeiter sind ein sehr entscheidender Faktor bei der Risikobetrachtung. Auf der einen Seite können Mitarbeiter fahrlässig agieren und verursachen dadurch Warenverluste, zum Beispiel wenn Waren beschädigt werden, Artikel die Haltbarkeit überschreiten, Mitarbeiter Prozesse nicht einhalten und unaufmerksam sind. Andererseits können sie vorsätzlich handeln und absichtlich das eigene Unternehmen betrügen und bestehlen. Schon bei der Mitarbeiterauswahl und -einstellung können in diesem Bereich Weichen gestellt werden.

In Bezug auf Diebstahl lässt sich das „Hot Concept" auf das Deutsche Sprichwort „Gelegenheit macht Diebe" subsumieren. Ein weiteres Faktum ist die Risikohöhe für den Täter. Diese Medaille hat wie so oft zwei Seiten. Auf der einen Seite die Prävention – die Wahrscheinlichkeit, bei der Tat entdeckt zu werden – und auf der anderen Seite die Repression – die Folgen, die aus der Entdeckung der Tat resultieren. Anders gesagt: Ist die vermutete Repression niedrig, so ist der Täter bereit, ein höheres Risiko der Entdeckung einzugehen. Da jeder Täter und jede Tätergruppe ein differenziertes Risikoempfinden hat, wenn es nicht krankhaft gestört ist, bewegt sich die Risikobereitschaft auf einem Kontinuum.

Aber was bleibt nun als Handlungsoption für Unternehmen? Die erste Option ist, die Gelegenheit des Warenverlustes zu minimieren. Dieses lässt sich in Unternehmen durch ein gutes und kontinuierliches Prozessmanagement erreichen. Hier bietet sich als Rahmenwerk die ECR Shrinkage Roadmap an. Basierend auf diesem Prozessmanagement können dann ursachengerechte und zielgenaue Präventions- und Repressionsmaßnahmen entwickelt, umgesetzt und auf ihre Wirkung hin gemessen werden, so dass ein kontinuierlicher Verbesserungsprozess angestoßen wird.

13.5 Die ECR Shrinkage Roadmap

Die ECR Shrinkage Roadmap wurde als einfacher und leicht operationalisierbarer Fahrplan zur Reduzierung von Warenverlusten entlang von Lieferketten im Handel entwickelt. Diese strukturierte Vorgehensweise lässt sich aber auch leicht auf viele andere Lieferketten in anderen Branchen übertragen. Wichtig ist jedoch sowohl das tiefgreifende Verständnis von Warenverlusten und Inventurdifferenzen als auch die systematische Vorgehensweise, die diese Methodik auszeichnet. Erst wenn ein methodischer Schritt gründlich und umfassend ausgearbeitet und abgeschlossen ist, kann die nächste Aufgabe im Fahrplan begonnen werden. Auf der einen Seite ist diese Vorgehensweise zum Teil mühsam und aufwendig, auf der anderen sind die Ergebnisse jedoch beeindruckend und nachhaltig. Eine weitere wesentliche Besonderheit liegt in der grundlegenden ECR-Philosophie. Daher sollten in Projekten zur Reduzierung von Warenverlusten auch die Hersteller mit eingebunden sein, zumindest die Hersteller der „Hot Products". Erst in der kooperativen Zusammenarbeit können oftmals besonders wirksame Lösungen entwickelt werden.

Nachfolgend werden die einzelnen Schritte der ECR Shrinkage Roadmap (siehe Abb. 13.7) kurz beschrieben.

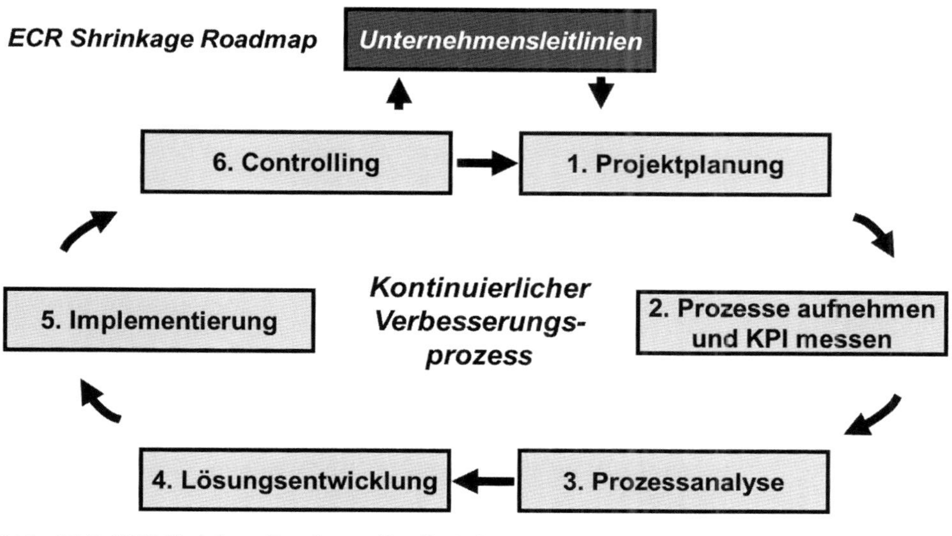

Abb. 13.7 ECR Shrinkage Roadmap. (Quelle: ECR Europe 2003, S. 23)

13.5.1 Unternehmensleitlinien

Forschungsergebnisse der „ECR Shrinkage & On-Shelf Availability Group“ haben ein besonderes Phänomen gezeigt; in der Regel sind Projekte und Initiativen zur Reduzierung von Inventurdifferenzen krisenbasiert. Managementaufmerksamkeit und Ressourcen wurden immer dann mobilisiert, wenn herausstechende Ereignisse oder hohe Inventurdifferenzen entdeckt wurden. Die Reaktionen sind dann oftmals ad hoc und fundieren auf einer Reihe subjektiv erzählter Anekdoten, die immer darin resultieren, dass „der Ladendieb das Problem ist“. Diese Forschungsarbeiten haben auch gezeigt, dass trotz vieler alternativer Lösungsmöglichkeiten selbsternannte Diebstahlexperten technische Lösungen favorisieren. Das liegt sicherlich auch daran, dass technische Lösungen so schön einfach sind und andere daran schuld sind, wenn sie nicht funktionieren. Außerdem wurde beobachtet, dass bei der Auswahl von Anti-Diebstahllösungen andere Ziele im Handel, wie beispielsweise Umsatz, Warenpräsentation, Lagerbestände, Prozesskosten und Kundenzufriedenheit, unberücksichtigt bleiben. Zusätzlich werden vor- oder nachgelagerte Supply Chain-Prozesse nicht berücksichtigt, so dass Unternehmensfunktionen beziehungsweise Lieferanten und Dienstleister überrascht sind und mit suboptimalen Lösungen konfrontiert werden. Abschließend haben die Untersuchungen gezeigt, dass implementierte Anti-Diebstahllösungen nicht auf ihre Wirksamkeit überprüft werden. Im Gegensatz zu vielen anderen Bereichen in Unternehmen werden diese Investitionen nur selten mit harten Daten und Fakten hinterfragt. So wartet man auf die nächste Krise und den Ruf, nun endlich mal etwas zu machen.

Um aus diesem Teufelskreis auszubrechen, muss das Management zur Minimierung von Warenverlusten Teil des „Retail Lean Managements“ werden und so dieselbe Gewichtung und Wichtigkeit wie andere Unternehmensfunktionen erhalten. Zusätzlich ist es notwendig, eine Unternehmensleitlinie für die Reduzierung von Warenverlusten zu formulieren. Im Wesentlichen sollten folgende Punkte in einer solchen Unternehmensleitlinie definiert werden:

- Wer beziehungsweise welches Team ist für das Risiko- und Sicherheitsmanagement in Bezug auf die physischen Waren im gesamten Handelsunternehmen verantwortlich?
- In welcher organisatorischen Struktur wird diese verantwortliche Stelle in die Gesamtorganisation platziert und eingebunden?
- Mit welchen Verantwortlichkeiten, Entscheidungskompetenzen und Weisungsbefugnissen wird diese Stelle ausgestattet?
- Welche Ressourcen und Budgets stehen dieser Stelle zur Verfügung?
- Welche Regeln, Reports und Kommunikationswege sind mit dem obersten Entscheidungsgremium definiert?
- Welche Regeln der Kooperation sind oder werden mit Supply Chain-Partnern eingefordert, vereinbart und gepflegt?

- Welche Daten, Zahlen und Fakten werden durch wen, wann und in welcher Form erhoben, so dass qualifizierte Entscheidungen in Bezug auf die Reduzierung von Warenverlusten ermöglicht werden?
- Welche Controlling-Instrumente werden zum Steuern des kontinuierlichen Verbesserungsprozesses implementiert?

13.5.2 Step 1: Projektplanung

Ein wesentlicher Erfolg von Projekten liegt in der vorbereitenden Projektplanung und dem konsequenten Projektmanagement. Daher sollten in dieser Phase der ECR Shrinkage Roadmap folgende vier Punkte sorgfältig ausgearbeitet werden:

a. Ein systematischer Projektansatz ist notwendig, so dass holistisch über die gesamte Supply Chain geschaut wird und alle internen und externen Akteure involviert werden. Dies erfordert oftmals ein neutrales und professionelles Projektmanagement.
b. Im Rahmen der Projektvorbereitung müssen Ressourcen geplant und Zusagen/Genehmigungen eingeholt werden. Dies gilt auch in Bezug auf die externen Partner in der Lieferkette, zum Beispiel Lieferanten, Dienstleister usw.
c. Bei einer Stakeholder-Analyse werden interessierte Personen/Interessengruppen innerhalb des Unternehmens sowie entlang der Lieferkette identifiziert, die durch das Projekt beziehungsweise die möglichen Maßnahmen resultierend aus dem Projekt betroffen sind. So sollte in Deutschland beispielsweise der Betriebsrat informiert beziehungsweise in einigen Bereichen eines solchen Projektes involviert sein.
d. Der letzte Schritt im Planungsprozess ist die Formulierung klarer, realistischer und erreichbarer Ziele sowie die Definition der Zielerreichungsparameter. Diese Projektziele sollten durch folgende Fragen im Projektteam konkretisiert werden:

- Was ist unser eigentliches Problem im Themenbereich Warenverluste?
- Wo startet und endet für unsere Betrachtung des Problems die Lieferkette?
- Welche Artikel (Hot Products) sollen Gegenstand der Betrachtung und des Projektes sein?
- Was sind die Ziele (möglichst quantifiziert) der Aktivitäten zur Reduzierung der Bestandsverluste auf Artikel-, Funktions- und Prozessebene?

13.5.3 Step 2: Prozesse aufnehmen und KPI messen

Um Warenverluste zu reduzieren, bedarf es einer tiefgreifenden und offenen Diagnose der Probleme, Fehler und Ursachen. Das Dokumentieren und Visualisieren der Logistik- und Informationsprozesse hilft dem Projektteam, das gesamte Netzwerk zu verstehen und Schwachstellen zu erkennen. Dabei hat sich das „Walking the Process“ bewährt. Das

Projektteam folgt dem Warenfluss und dokumentiert selber die Prozesse. So können die Teammitglieder gleich selber die Verantwortlichen und Mitarbeiter vor Ort fragen, wie und welche Prozesse tatsächlich stattfinden. Das Projektteam sieht auch, ob Prozessvorgaben eingehalten werden und technische Anlagen funktionsfähig sind. Die beobachteten Prozesse werden dann vom Projektteam in einfacher Art und Weise als Flow-Chart-Diagramme dokumentiert. Der zweite Schritt ist dann die Zuordnung der vorhandenen Messgrößen (zum Beispiel Wareneingangskontrollen, Inventurzählungen) zu den Prozessabschnitten. Fehlen Zahlen und Messgrößen, so müssen diese eingeholt oder zusätzliche Messstellen eingerichtet werden. Wichtig ist, dass Warenverluste konkreten Verantwortungsbereichen zugeordnet werden können. Neben Zahlen müssen auf jeden Fall auch Fakten gesammelt werden, so dass Warenverluste möglichst eindeutig erklärbar sind, wie beispielsweise auslaufende Haltbarkeit, Beschädigungen, erkannter/nicht erkannter Diebstahl usw. Wenn diese Informationen nicht vorhanden sind, muss dafür ein Reporting-System aufgebaut werden.

13.5.4 Step 3: Prozessanalyse

Im dritten Schritt werden ein Supply Chain Risk Assessment und eine tiefgreifende Ursachenforschung durchgeführt. Für Risikoanalysen gibt es eine Reihe von unterschiedlichen Methoden (vgl. auch die Ausführungen in Kap. 3). Als relativ einfach, praxiserprobt und effektiv empfiehlt die ECR Shrinkage Roadmap die „Failure Mode and Effects Analysis" (FMEA). Im Rahmen eines Brainstormings identifiziert das Projektteam mögliche Fehler, die in einem Prozess passieren können. Diese möglichen Fehler werden dann in eine Bewertungsmatrix eingestellt und nach folgenden Kriterien durch das Projektteam bewertet:

- Schweregrad: Folgen des Fehlers, sollte dieser auftreten.
- Auftreten: Wahrscheinlichkeit oder Häufigkeit eines Auftretens des Fehlers.
- Feststellung: Wahrscheinlichkeit, dass der Fehler festgestellt wird.

Mithilfe einer einfachen Bewertungsmatrix kann nun die „Risk Priority Number" ermittelt werden. Durch das einfache Multiplizieren der Bewertungsparameter können die Prozesse beziehungsweise Prozessfehler analysiert werden, die das höchste Risiko für Warenverluste darstellen (siehe Abb. 13.8). So kann sich das Team einen Arbeitsplan erstellen.

Sind die möglichen Prozessfehler analysiert und die Risiken priorisiert, müssen die wirklichen Ursachen für die möglichen Prozessfehler ermittelt werden. Dafür bietet die ECR Shrinkage Roadmap zwei aufeinanderfolgende, methodische Vorgehensweisen an.

Zuerst wird ein Ishikawa-Diagramm im Projektteam erarbeitet (siehe Abb. 13.9). Es ist eine graphische Darstellung von Ursachen, die zu einem Ergebnis führen oder dieses maßgeblich beeinflussen. Alle Problemursachen werden so identifiziert und ihre Abhängigkeiten mit Hilfe des Diagramms dargestellt (Wikipedia 2014b).

Prozess	möglicher Prozessfehler	Schweregrad	Auftreten	Feststellung	**Risk Priority Number**
Transport der Ware zur Verkaufsfiliale	Tür des Transporters nicht abschließbar	5	2	3	**30**
	Transporter parkt nachts unbeaufsichtigt	5	1	3	**15**
	Fahrer hat Zugang zu teuren Produkten	2	3	5	**18**
		5 = hoch / 1 = niedrig			

Abb. 13.8 Beispiel einer Bewertungsmatrix zur Berechnung der Risk Priority Number eines Prozessfehlers. (Quelle: Eigene Darstellung)

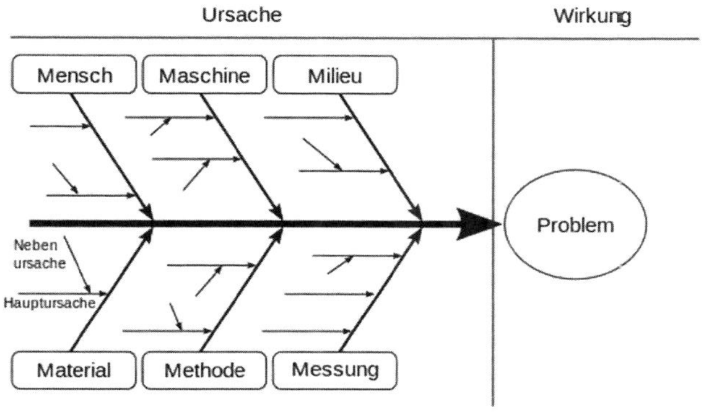

Abb. 13.9 Ishikawa-Diagramm. (Quelle: Wikipedia 2014b)

Anschließend wird noch einmal zusätzlich die „5-Why-Methode" angewendet. Ziel dieser Analysemethode der fünf „Warum?"-Fragen ist es, eine Ursache für einen Defekt oder ein Problem zu bestimmen. Die Anzahl der Nachfragen ist nicht auf fünf begrenzt, diese Zahl ist symbolisch zu verstehen. Wichtig ist, dass so lange nachgehakt wird, bis der fehlerverursachende Prozessschritt eindeutig identifiziert und nicht mehr weiter aufteilbar ist (Wikipedia 2014c).

13.5.5 Step 4: Lösungsentwicklung

Sind die wahren Ursachen für Warenverluste identifiziert, können Lösungen zur Risikovermeidung, zur Risikoreduzierung und zur Risikoverschiebung entwickelt werden. Das verbleibende Restrisiko muss dann vom Handelsunternehmen getragen werden. Oftmals entspringen Lösungen beziehungsweise Lösungsideen schon aus dem Analyseprozess. Daher ist dieses brainstormingbasierte Verfahren der Ursachenforschung bereits elementarer Bestandteil der Lösungsfindung. Da jede Organisation, jeder Distributionsprozess, jede Verkaufsfiliale und jeder Artikel anders ist, gibt es auch keine Standardlösungen. Je nach spezifischer Gegebenheit müssen individuelle Lösungspakete geschnürt werden. Daher sind oftmals mehrere gut aufeinander abgestimmte Lösungen notwendig, um die identifizierten Ursachen zu heilen und im Gesamtkontext der Supply Chain einen hohen Wirkungsgrad zu erreichen. Potentielle Lösungen können in den folgenden vier Bereichen gefunden werden:

- Organisation, Verfahren und Routinen (definieren, Wirksamkeit prüfen, einhalten usw.),
- Produktdesign und Facility Layout (Verpackungen, Lager, Filiale, Regal usw.),
- Ausstattung und Technologie (Sicherheitstechnik, Überwachungskameras usw.),
- Prozesse und Menschen (interne und externe Mitarbeiter in Sicherheitsprozesse integrieren und die Einhaltung der Prozesse überwachen).

Einzelne Lösungen oder Lösungskomplexe sollten dann in einem oder mehreren der folgenden Bereiche wirken und nachhaltige Verbesserung herbeiführen:

1. Den Schweregrad von Warenverlustereignissen reduzieren.
2. Die Wahrscheinlichkeit und Häufigkeit von Warenverlustereignissen minimieren.
3. Die Wahrscheinlichkeit erhöhen, dass ein Warenverlust zeitnah und korrekt anzeigt wird.

Auf der anderen Seite müssen die erarbeiteten Lösungskonzepte auch in einem gesunden wirtschaftlichen Verhältnis stehen. Eine detaillierte Kosten-Nutzen-Analyse ist daher unverzichtbar.

13.5.6 Step 5: Implementierung

Bevor einzelne Lösungen oder ganze Lösungskonzepte für alle Lieferketten, Artikel und Filialen umgesetzt werden, sollten diese zunächst einmal in einem kleinen Rahmen auf ihre Alltagstauglichkeit getestet werden. So sollte ein Pilotprojekt initiiert und unter verschiedenen Umständen getestet werden. Bieten sich in der Lösungsfindungsphase mehrere Lösungen an, so sollte auch ein vergleichender Test stattfinden. Tests sollten über einen längeren Zeitraum gehen, so dass diese auch wirken. Zur Bewertung der Tests und als Entscheidungshilfe sollten Ziele definiert und Kennzahlen festgelegt werden.

Hat sich eine Lösung/ein Lösungskonzept bewährt, so muss ein Implementierungsplan erarbeitet werden. In der Regel benötigt nicht jeder Prozess, jeder Mitarbeiter, jede Filiale im gleichen Umfang und gleicher Intensität ein Lösungskonzept. Auch hier sollte eine differenzierte und den Erfordernissen angepasste Planung erfolgen.

Ein sehr wichtiger Punkt in dieser Projektphase ist die Festlegung der Kennzahlen zur Messung der Wirksamkeit der eingeführten Maßnahmen. Erst dadurch kann ein kontinuierlicher Verbesserungsprozess angestoßen werden. Als wesentliche Leistungskennzahlen bieten sich Zahlen zu bekannten Warenverlusten, Inventurdifferenzen, Umsatzentwicklungen und Regalverfügbarkeiten an. Aber auch andere Kennzahlen können von großem Interesse sein, wie zum Beispiel

- der Anteil der Warenverluste ähnlicher Artikel, die nicht Bestandteil des Lösungskonzeptes sind,
- der Einfluss des Lösungskonzeptes auf die Arbeitsdisziplin der Mitarbeiter,
- die Bewusstseinsbildung und Aufmerksamkeit der Mitarbeiter und des Managements,
- das Arbeitsklima,
- die Verbesserungen der Kooperationsfähigkeiten zwischen Lieferanten und Handel sowie zwischen innerbetrieblichen Funktionen und Mitarbeitern.

13.5.7 Step 6: Controlling

Im finalen Schritt wird auf der einen Seite das Projekt und das Projektteam bewertet. Dies erfordert einen ehrlichen Umgang mit dem Projekt und den Projektbeteiligten. Das im Projekt generierte Wissen und die Learnings müssen gesichert werden, so dass diese sowohl im kontinuierlichen Verbesserungsprozess als auch für andere Projekte genutzt werden können.

Auf der anderen Seite müssen die umgesetzten Lösungen/Lösungskonzepte auf ihre Wirksamkeit hin überwacht werden. Stellen sich negative Veränderungen ein, so muss nach der Ursache gesucht werden. Die Welt ist in einem stetigen Wandel und daher können sich auch die beeinflussenden Parameter für Warenverluste sehr schnell und fast unbemerkt schleichend verändern.

Ein permanentes Monitoring der KPIs schützt in der Regel vor Überraschungen und kann frühzeitig Handlungsbedarf melden. So wird ein kontinuierlicher Verbesserungsprozess in Gang gesetzt.

13.6 Vorteile der ECR Shrinkage Roadmap

Die ECR Shrinkage Roadmap ist eine globale Erfolgsgeschichte. Aber warum?

- Die ECR Shrinkage Roadmap ist eine einfache und für jedermann nachvollziehbare, strukturierte Vorgehensweise, die nicht Symptome behandelt, sondern die wahren Ursachen analysiert.
- Durch das „Hot Concept" sowie die projektmethodische Herangehensweise findet eine Fokussierung auf die wirklichen Problembereiche statt.
- Die gemeinschaftliche Zusammenarbeit führt zu Offenheit, Vertrauen und einem konstruktiven Miteinander zwischen den Supply Chain-Partnern, den internen Funktionen und Mitarbeitern.
- Durch den gemeinsamen Prozessdurchgang und dessen Darstellung wird ein gemeinsames Verständnis entwickelt sowie Risiken identifiziert und priorisiert.
- Die ganzheitliche Analyse der gesamten Supply Chain führt zu einem integrierten und umfassenden Maßnahmenkatalog.

- Lösungen und Lösungskonzepte werden vor ihrem Roll-out getestet und modifiziert.
- Diese systematische und konsequente Vorgehensweise führt zu getesteten und alltagstauglichen Lösungen.
- Lösungskonzepte werden auf ihr Kosten- und Nutzenverhältnis geprüft – quantitativ und qualitativ.
- Daher werden Lösungskonzepte je nach Bedarf und Anforderung differenziert implementiert.
- Durch ein Controlling-System werden die Warenverluste überwacht und bei Abweichungen kann schnell steuernd eingegriffen werden. Das setzt einen kontinuierlichen Verbesserungsprozess in Gang.
- Die ECR-Philosophie der partnerschaftlichen Zusammenarbeit zwischen Lieferanten und Handel führt zu Offenheit, Vertrauen und eröffnet neue zusätzliche Möglichkeiten der Kooperation.
- Die Methodik der ECR Shrinkage Roadmap führt zu einer erheblichen Reduktion der Warenverluste entlang der gesamten Lieferketten, zu einer höheren Warenpräsenz in den Verkaufsfilialen, zu einer geringen Kapitalbindung durch Lagerbestände in den Logistikketten und zu höheren Umsätzen. Dadurch steigt die Profitabilität von Handelsunternehmen erheblich.

13.7 Fazit

Das übergeordnete Ziel ist es, Handelsunternehmen durch die Implementierung der ECR Shrinkage Roadmap bei der Entwicklung und Einführung eines nachhaltigen Risiko- und Sicherheitsmanagements zu unterstützen. Dieses professionelle Risikomanagement zielt darauf ab, Warenverluste zu vermeiden, falls sie auftreten, die Auswirkungen zu reduzieren, die Kundenzufriedenheit zu erhöhen und die Profitabilität von Herstellern und Handelsunternehmen zu verbessern. Daher eignet sich die methodische Vorgehensweise der ECR Shrinkage Roadmap auch problemlos für Supply Chains anderer Branchen und Industrien. Seit der Entwicklung dieser Methodik ist sie bereits in vielen Projekten rund um den Globus erfolgreich eingesetzt worden. Daher haben schon eine Reihe von internationalen Handelsunternehmen die ECR Shrinkage Roadmap als Standardmethode für ihr Risiko- und Sicherheitsmanagement festgelegt.

Literatur

Beck, A., Chapman, P.: Hot Spots in the Supply Chain: Developing an understanding of what makes some retail stores vulnerable to shrinkage. ECR Europe, Brüssel (2003)

Bundeskriminalamt: Polizeiliche Kriminalstatistik (PKS). http://www.bka.de/DE/Publikationen/PolizeilicheKriminalstatistik/pks__node.html (2014). Zugegriffen: 1. Dez. 2014

Clarke, R. V.: Hot Products: understanding, anticipating and reducing demand for stolen goods. Police Research Series, Paper 112, Research, Development and Statistics Directorate, London (1999)

ECR Europe: Shrinkage: A Collaborative Approach to Reducing Stock Loss in the Supply Chain. ECR Europe, Brüssel (2003)

iXtenso – Online-Journal für den Handel: „Shrinkage Group" erhält ECR Europe Award 2014. Beta-web GmbH. http://www.ixtenso.com/de/rubrik/sicherheit/waren-_gebaeudesicherheit/18213-shrinkage_group_erhaelt_ecr_europe_award_2014.html (2014). Zugegriffen: 3. Nov. 2014

Statistisches Bundesamt: Genesis-Online Datenbank. www.genesis.destatis.de (2014). Zugegriffen: 3. Nov. 2014

Wikipedia: Efficient Consumer-Response. http://de.wikipedia.org/wiki/Efficient_Consumer-Response (2014a). Zugegriffen: 5. Nov. 2014

Wikipedia: Ursache-Wirkungs-Diagramm. http://de.wikipedia.org/wiki/Ursache-Wirkungs-Diagramm (2014b). Zugegriffen: 5. Nov. 2014

Wikipedia: 5-Why-Methode. http://de.wikipedia.org/wiki/5-Why-Methode (2014c). Zugegriffen: 5. Nov. 2014

Dr. Ulrich Franke ist Leiter des Institute for Supply Chain Security GmbH. Bereits seit mehr als zehn Jahren berät er sowohl führende Konsumgüterhersteller als auch mehrere große Einzelhandelsunternehmen im Bereich von Sicherheit entlang der Lieferketten. Von 2003 bis 2007 war Dr. Ulrich Franke Mitglied der „ECR Shrinkage & On-Shelf Availability Group". Als gelernter Speditionskaufmann studierte er Betriebswirtschaftslehre und promovierte als Jahrgangsbester an der Cranfield University, Centre for Logistics and Transportation, in England. Er arbeitete viele Jahre in führenden Positionen bei Industrie- und Logistikunternehmen im In- und Ausland. Des Weiteren war er als Professor für Logistik und Supply Chain Management an der privaten SRH Hochschule für Logistik und Wirtschaft in Hamm tätig. Diese spezialisierte Logistikhochschule leitete er als Rektor und Geschäftsführer über drei Jahre.

Besonderheiten des Logistik-Risikomanagements bei Logistikdienstleistern

14

Dirk Lohre und Michael Huth

Inhaltsverzeichnis

D. Lohre (✉)
Hochschule Heilbronn, Heilbronn, Deutschland
E-Mail: dirk.lohre@hs-heilbronn.de

M. Huth
Hochschule Fulda, Fulda, Deutschland
E-Mail: michael.huth@w.hs-fulda.de

M. Huth, F. Romeike (Hrsg.), *Risikomanagement in der Logistik,*
DOI 10.1007/978-3-658-05896-8_14

„Nichts los, nur ein paar Schwäne."

14.1 Einleitung

Die Branche für logistische Dienstleistungen hat in der Vergangenheit einen erheblichen Wandel vollzogen. Noch bis in die 1990er-Jahre hinein handelte es sich um eine stark reglementierte Branche mit lediglich geringem Wettbewerbsdruck. Die Situation hat sich seitdem diametral verändert. Aktuell herrscht in der Branche ein erheblicher Wettbewerbsdruck und lediglich geringe Margen sind erzielbar.

Bei diesen Bedingungen nimmt ein systematischer Umgang mit Risiken, um diese in ihren Auswirkungen konsequent zu reduzieren, eine besondere Bedeutung ein. Im Folgenden soll daher der Frage nachgegangen werden, welche Besonderheiten in der Branche für logistische Dienstleistungen vorherrschen und ob das Risikomanagement den Besonderheiten entsprechend aufgebaut ist.

Dabei interessieren besonders der Anwendungsgrad des Risikomanagements in der Branche sowie der Reifegrad. Zudem sollen auch die aus Sicht der Logistikunternehmen dominierenden Risiken dargestellt werden.

Die Ausführungen stützen sich dabei auf die Studien von Huth und Lohre zum Risikomanagement in Logistikunternehmen, die im Zeitraum von 2008 bis 2013 durchgeführt wurden (vgl. Huth und Lohre 2009, 2013a, b, 2014).

14.2 Branche für logistische Dienstleistungen

Logistische Leistungen können durch Industrie- oder Handelsunternehmen für eigene Zwecke selbst erbracht werden oder aber sie werden durch Dritte für diese Industrie- oder Handelsunternehmen erbracht. Das Leistungsergebnis kann in beiden Fällen zwar das gleiche sein; betrachtet man dies allerdings aus institutioneller Perspektive, müssen diese Leistungen anders eingeordnet werden (vgl. zur institutionellen Betrachtung vor allem Ihde 2001, S. 40 ff.). Im ersten Fall sind die Logistikleistungen Sekundärleistungen, die ein Industrie- oder Handelsunternehmen für eigene Zwecke erbringt, die aber zum Kerngeschäft des Unternehmens gehören. Beispielsweise kann die Filialversorgung durch Fahrzeuge eines Handelsunternehmens erfolgen. Übernimmt ein Dritter diese Transporte und erbringt mit diesem Transportieren seine am Markt absetzbare Leistung, so handelt es sich um eine Primärleistung, durch welche der logistische Bedarf Dritter gegen Entgelt gedeckt wird (vgl. Lohre 2007, S. 7). Unternehmen, welche Logistikleistungen als Primärleistungen erbringen, werden gemeinhin als Logistikunternehmen, logistische Dienstleistungsunternehmen oder logistische Dienstleister bezeichnet.

Unter dem Oberbegriff Logistikunternehmen allerdings verbirgt sich eine erhebliche Vielfalt, welche vom klassischen Transportunternehmer über einen Lagerlogistiker bis hin zu einem auf die Logistik von Groß-Events spezialisierten Anbieter reicht.

Der Umsatz der Logistikbranche wird in Deutschland auf etwa 110 Mrd. € geschätzt (vgl. Kille und Schwemmer 2013, S. 40), was etwa der Hälfte des gesamten geschätzten Logistikvolumens entspricht.

Die einzelnen Logistikleistungen unterscheiden sich hinsichtlich ihres Umfangs, ihrer Komplexität und ihrer Erstellungsprozesse teils deutlich voneinander. Neben den klassischen logistischen Kernleistungen Transport, Umschlag, Lagerei werden dabei auch zahlreiche Mehrwertleistungen (oftmals auch durch den englischen Begriff „value-added services" oder kurz: VAS bezeichnet), wie etwa Kommissionierung, Verpackung, Konfektionierung oder Etikettierung, durch Logistikunternehmen für ihre Kunden übernommen (vgl. DSLV 2010, S. 14). Aus diesem Grund werden die Leistungen verschiedenen Marktsegmenten zugeordnet. Die Studie „Top 100 der Logistik" beispielsweise unterteilt den gesamten Logistikmarkt in 13 Teilmärkte.

Jeder dieser Teilmärkte, die in Tab. 14.1 aufgeführt sind, verfügt über eigene Rahmenbedingungen und Strukturen, wie etwa der Einsatz unterschiedlicher Verkehrsträger mit differierenden Kostenstrukturen, Einsatzbedingungen und Kapazitätsplanungen. Daraus resultieren nicht nur unterschiedliche Wettbewerbsbedingungen und Konzentrationsgrade, sondern selbstverständlich auch andere Anforderungen an das Risikomanagement.

Die Konzentration im Markt für logistische Dienstleistungen kann grundsätzlich als hoch bezeichnet werden. Sie nimmt weiter zu, auch wenn die Branche insgesamt doch noch mittelständisch geprägt ist. Die zehn größten Unternehmen trugen in 2011 etwa 27 % zum Branchenumsatz bei; und die 100 größten Unternehmen erwirtschafteten bereits über die Hälfte des Branchenumsatzes (vgl. Kille und Schwemmer 2012, S. 167 f.). Die zunehmende Konzentration wird auch deutlich, wenn man sich die Entwicklung der Anzahl der Niederlassungen pro Logistikunternehmen anschaut. Verfügten 1990 noch 46 % der Mitgliedsunternehmen des Deutschen Speditions- und Logistikverbandes lediglich über eine Niederlassung, so waren es 2010 nur noch 33 %. Demgegenüber hat der Anteil derjenigen Unternehmen, welche zwischen sechs und 20 Niederlassungen betreiben, im gleichen Zeitraum von neun auf 24 % zugenommen (vgl. DSLV 2010, S. 21). Die dennoch vorhandene **mittelständische Prägung** zeigt sich beispielsweise im Bereich des gewerblichen Güterkraftverkehrs. Nimmt man Einzelunternehmen und Personengesellschaften bei der Betrachtung aus, so existieren allein im gewerblichen Güterkraftverkehr etwa 14.000 als Kapitalgesellschaften eingetragene Unternehmen (vgl. BAG 2012, S. 2). Mit etwa 71 Mrd. €, was etwa 65 % des gesamten Branchenumsatzes ausmacht, **dominiert nach wie vor der Transport** das Leistungsbild der Branche (vgl. zu den Zahlen Kille und Schwemmer 2013, S. 40).

In der Branche herrscht ein **hoher Wettbewerbsdruck**. Die Wettbewerbsbedingungen in bestimmten Marktsegmenten lassen sich durch hohe Fixkostenanteile mit dem Zwang zur Kapazitätsauslastung kennzeichnen. Häufig wird die Auslastung über geringe Preise „erkauft". Insgesamt gilt die Branche grundsätzlich als Wirtschaftsbereich mit niedrigen Renditen. Die Gründe dafür sind vielfältig. So besteht die Nachfrage nach logistischen Dienstleistungen nicht aus sich heraus. Sie ist auch nicht durch die Logistikunternehmen allein stimulierbar, sondern leitet sich aus anderen Produktions- oder Kaufakten ab (derivative Nachfrage). Unternehmenswachstum ist in solchen Fällen vor allem durch Marktanteilsverschiebungen möglich und das Streben nach höheren Marktanteilen setzt bestimmte Segmente einem hohen Preisdruck aus (vgl. bereits Stabenau 1994, S. 56 f.).

Tab. 14.1 Anteile der einzelnen Marktsegmente am Logistikvolumen. (Kille und Schwemmer 2012, S. 54)

Rang	Marktsegmente	Umsatz Logistikunternehmen („outsourced")	Volumen Industrie- und Handelsunternehmen („insourced")
1	Industrielle Kontraktlogistik	15,8	47,5
2	Konsumgüterkontraktlogistik	8,7	16,1
3	Terminaldienste, Lagerei und Umschlag	7,1	16,1
4	Ladungsverkehre landgebunden	12,9	10,6
5	KEP Kurier, Express, Paket	14,7	0,8
6	Massengutlogistik	7,9	6,4
7	Seefracht	12,5	1,4
8	Ladungsverkehre spezielles Equipment	3,0	7,0
9	Stückgutverkehre landgebunden	9,3	0,5
10	Luftfracht	8,5	0,4
11	Netzwerk-Transporte spezieller Güter	4,6	3,0
12	Spezielle Ladungsverkehre (Flüssig- und Schüttgüter)	4,1	2,7
13	Spezielle Ladungsverkehre (Krandienste)	0,9	0,1

Dennoch werden der Branche nach wie vor Wachstumspotenziale durch das Outsourcing logistischer Aufgabenbereiche aus Unternehmen anderer Branchen (Metallindustrie, Chemie, Handel) zugeschrieben. Neben weiteren möglichen Vorteilen (zum Beispiel Leistungsspezialisierung, Flexibilisierung von Fixkosten) spielt die **Branchenarbitrage** in der Vergütung der Mitarbeiter hierbei eine große Rolle (vgl. Bretzke 2010, S. 345). Wesentliche Marktsegmente (zum Beispiel netzbasierte Transporte) sind durch hohe Fixkostenblöcke und lediglich geringe variable Kosten gekennzeichnet. Das Aufkommen eines zusätzlichen Kunden verursacht dann kaum zusätzliche Kosten (Grenzkosten). Das Preisniveau steht in diesem Fall allerdings permanent unter Druck. Denn wenn ein zusätzlicher Kunde kaum zusätzliche Kosten verursacht, er aber gleichzeitig dafür sorgt, dass der Anbieter in den Genuss der Fixkostendegression kommt, ist die Versuchung für den Anbieter groß, mit lediglich teilkostendeckenden Preisen für zusätzliches Aufkommen zu sorgen. Insgesamt besteht auf diesen Marktsegmenten dauerhaft die Gefahr einer Preisabwärtsspirale (vgl. SCI 2009). Die EBIT-Marge im Gesamtmarkt lag in 2011 bei lediglich 3,2 % (vgl. Kille und Schwemmer 2013, S. 25).

Es ließen sich weitere Merkmale, wie etwa die Unpaarigkeit auf verschiedenen Verkehrsrelationen mit dem Zwang zur Inkaufnahme von Leerfahrten, anführen (vgl. zu den Besonderheiten bereits Stabenau 1994, S. 51 ff.), die allesamt zu einer besonderen Risikosituation für Logistikunternehmen führen.

14.3 Risikomanagement in Logistikunternehmen

Im Folgenden werden die Besonderheiten des Risikomanagements in Logistikunternehmen dargestellt. Die Ausführungen basieren dabei im Wesentlichen auf der Studienreihe zum Risikomanagement in Logistikunternehmen von Huth und Lohre, die bisher dreimal zwischen 2009 und 2014 durchgeführt wurde (vgl. zum Folgenden Huth und Lohre 2009, 2013a, b, 2014).

14.3.1 Verbreitung des Risikomanagements in Logistikunternehmen

Im Betrachtungszeitraum 2009 bis 2014 haben sich einige Entwicklungen vollzogen, die Auswirkungen auf die Branche für Logistikdienstleistungen und die Bedeutung eines entsprechenden Risikomanagements hatten. Neben den Folgen der globalen Finanz- und Wirtschaftskrise 2008/2009 und den Staatskrisen einzelner Länder innerhalb der Europäischen Union, was derzeit am Beispiel Griechenland kulminiert, sind aus wirtschaftspolitischer Perspektive auch die aktuellen Entwicklungen des Verhältnisses zwischen der Europäischen Union und Russland zu nennen. Hieraus können sich Auswirkungen auf Logistikunternehmen, die traditionell in internationale Wertschöpfungsketten eingebunden sind, ergeben. Wirtschaftlich aufstrebende Staaten haben in dieser Zeit globale Nachfrageveränderungen, auch nach Rohstoffen, sowie Preisschwankungen verursacht. Die zunehmende Volatilität betrifft sowohl das Kerngeschäft der Logistikunternehmen als auch die Entwicklung der Energiepreise.

Für das Kerngeschäft der Logistikunternehmen resultieren daraus besondere Herausforderungen bei der Kapazitätsplanung, wobei sich die Bedingungen zur Auflösung des Konfliktes zwischen Qualität (hohe Leistungsbereitschaft bei Nachfragespitzen) und Kosten (hohe Leerkosten bei Nachfragetälern) zunehmend verschärfen. Die Volatilität der Rohstoffpreise führt letztlich auch zu einer Unsicherheit bezüglich derjenigen Kostenbestandteile bei Logistikunternehmen, welche die Produktion maßgeblich prägen.

Es könnten weitere Entwicklungen aufgeführt werden. Auch die Logistikunternehmen sehen in manchen dieser Entwicklungen Risiken, was bei der weiter unten folgenden Darstellung der dominierenden Branchenrisiken deutlich wird. Bis hier lässt sich allerdings auch schon festhalten, dass die hier kurz skizzierten Entwicklungen letztlich zu negativen Konsequenzen für die Prozesse in Logistikunternehmen führen können. Im Extrem sind die Konsequenzen auch existenzbedrohend.

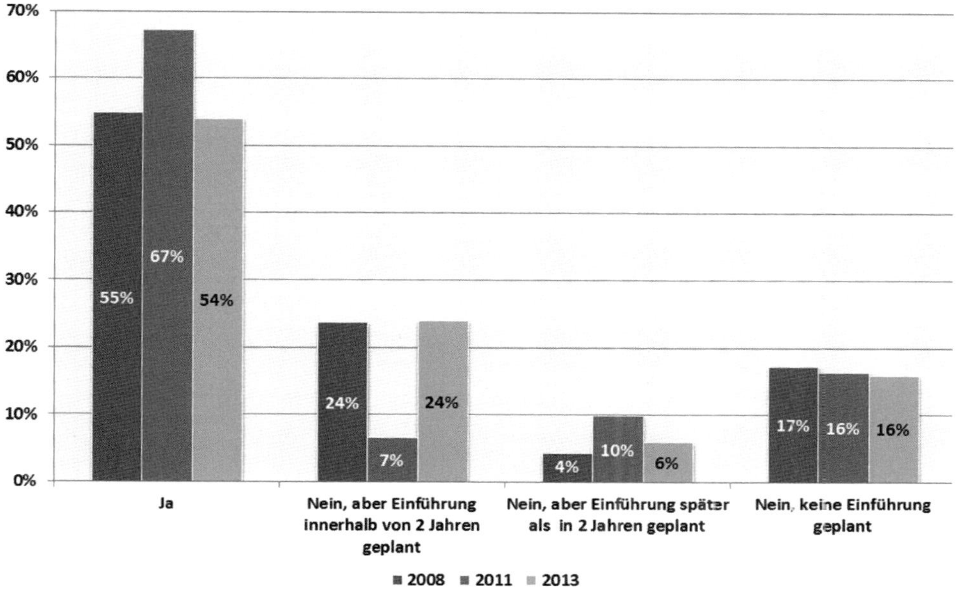

Abb. 14.1 Existenz und Anwendung des Risikomanagements. (Huth und Lohre 2014, S. 8)

Zunächst muss konstatiert werden, dass in der Branche kein einheitliches Verständnis zum Risikomanagement vorliegt. Vielmehr muss ein heterogenes, uneinheitliches Verständnis des Themas Risikomanagement in den Logistikunternehmen unterstellt werden. Dieses reicht von der reinen Kennzahlen-Perspektive über die Aufzählung einzelner Maßnahmen bis hin zum umfassenden Managementsystem. Auch bezogen auf die Zeitdimension nennen Logistikunternehmen sowohl operative als auch strategische Ansätze, die teils aus reaktiven Einzelmaßnahmen bestehen, teils aber auch bis hin zu proaktiv ausgerichteten, gesamthaften Systemen reichen.

Ein Risikomanagement, das dem eigenen Verständnis entspricht und damit eher eine Ansammlung unterschiedlichster Ansätze darstellt, betreibt lediglich etwa gut die Hälfte der befragten Unternehmen (vgl. Abb. 14.1). Eine eindeutige Entwicklung im Sinne einer Zunahme des Verbreitungsgrades ist über die Zeit nicht zu beobachten. Etwa ein Viertel der Unternehmen plant die Einführung eines Risikomanagements, was letztlich bedeutet, dass ein weiteres Viertel kein Risikomanagement betreibt und auch keine Einführung für die Zukunft plant.

Betreiben Unternehmen Risikomanagement, so ging der größte Einfluss bei der Einführung von den Auftraggebern aus. Auch führen die meisten Logistikunternehmen aus, dass die Bedeutung des Risikomanagements in der Vergangenheit zugenommen hat. Die Auftraggeber waren in etwa 60 % der Unternehmen mit einem Risikomanagementsystem ein wichtiger Treiber für eine gestiegene Bedeutung. Interne Gründe wurden von etwa 50 % als Grund genannt. Dass Banken zu einem Bedeutungszuwachs des Risikomanagements beigetragen haben, wurde lediglich von einem knappen Drittel so eingestuft.

Weniger als ein Zehntel der Logistikunternehmen sah keine gestiegene Bedeutung des Risikomanagements.

In großen Logistikunternehmen ist Risikomanagement verbreiteter als in kleinen und mittleren Unternehmen. So betreiben knapp drei Viertel der großen Unternehmen ein Risikomanagement, während bei kleinen Unternehmen noch nicht einmal die Hälfte Risikomanagement anwendet. Dies verwundert nicht, bedingt doch Risikomanagement einen gewissen formalisierten, auch von außen nachvollziehbaren Aufbau und ein „System", in dem es stattfinden kann. Aufgrund der zur Verfügung stehenden personellen und finanziellen Ressourcen haben große Unternehmen hier tendenziell Vorteile.

14.3.2 Dominierende Risiken aus Sicht der Logistikunternehmen

Die Logistikunternehmen selbst verfügen über die intensivsten Erfahrungen, welche Entwicklungen und Ereignisse sich als Risiko auf ihr Tagesgeschäft auswirken können. Daher wurden sie im Rahmen der Studien befragt, welche fünf Risiken aus ihrer Sicht jeweils aktuell und zukünftig dominieren. Die gemachten Einzelnennungen wurden zu den folgenden **14 Risikobereichen** aggregiert.

1. Risiken durch Energiepreisentwicklungen
2. Risiken durch politische Entscheidungen
3. Risiken im Bereich des Personals
4. Risiken im Bereich der Kunden
5. Operationelle Risiken
6. Risiken aus den Wettbewerbsbedingungen
7. Risiken durch fehlende Verkehrsinfrastruktur
8. Sicherheitsrisiken
9. Risiken durch technische Entwicklungen
10. Risiken aus externen Anforderungen an das Unternehmen
11. Risiken durch Umweltschutzauflagen
12. Risiken der wirtschaftlichen Stabilität
13. Risiken der finanziellen Situation
14. Sonstige Risiken

Die in der aktuellsten Studie, deren Daten 2013 erhoben wurden, genannten **aktuellen Top-5-Risiken** sind die Wettbewerbsbedingungen, das Personal, die operationellen Risiken, die wirtschaftliche Stabilität und die Entwicklung der Energiepreise. Die **Wettbewerbsbedingungen** und die daraus resultierenden Risiken wurden von 91 % der antwortenden Unternehmen genannt. Vor allem der herrschende Preis- und auch Kostendruck wurden hier genannt. Im **Personal** sehen gut drei Viertel einen der fünf wichtigsten Risikobereiche. Neben dem Mangel beim Fahrpersonal wurde auch ein aktuell insgesamt wahrgenommener Fachkräftemangel durch die Nennungen deutlich. Neben einem reinen

Tab. 14.2 Aktuelle und zukünftige Top-5-Risiken. (Huth und Lohre 2013b, S. 8)

Aktuelle Risiken	Zukünftige Risiken
Wettbewerbsbedingungen	Wettbewerbsbedingungen
Personal	Personal
Operationelle Risiken	Operationelle Risiken
Wirtschaftliche Stabilität	Energiepreisentwicklungen
Energiepreisentwicklungen	Kunden

quantitativen Mangel wurde auch auf die Problematik des Findens und Bindens ausreichend qualifizierten Personals hingewiesen. Die im **operativen Tagesgeschäft** liegenden Risiken machen für gut die Hälfte der Unternehmen einen der fünf bedeutendsten Risikobereiche aus. Hier wurden die Nennungen geprägt durch die gestiegene Volatilität im Tagesgeschäft, die Kapazitätsplanungen deutlich erschwert. Zusätzlich wurden vor allem Haftungsrisiken genannt. Die **wirtschaftliche Stabilität** wurde durch ebenfalls die Hälfte der Unternehmen als ein aktuell bedeutendes Risiko eingestuft. Die Unsicherheit bezüglich der konjunkturellen Entwicklungen stand hier im Vordergrund. Mit 44 % wurden die **Energiepreisentwicklungen** als einer von fünf bedeutenden Risikobereichen identifiziert.

Geht es um die Erwartungen für die Zukunft, also die **zukünftigen Top-5-Risiken**, so ergeben sich lediglich leichte Verschiebungen. Aktuell wie zukünftig werden die Top-3-Risiken gleich eingeordnet, was darauf schließen lässt, dass es sich um Risiken handelt, welche einerseits bereits jetzt in der Branche gespürt werden und andererseits auch als dauerhaft und damit typisch für die Branche angesehen werden. Hinzu treten Kunden als neuer Risikobereich. Neben Forderungsausfällen durch Kundeninsolvenzen sind es auch die sich verlängernden Zahlungsziele bei einzelnen Auftraggebern, die genannt werden. Die wirtschaftliche Stabilität hingegen taucht nicht mehr unter den Top-5-Risiken auf (vgl. Tab. 14.2).

Betrachtet man die Entwicklung der jeweils durch die Unternehmen gesehenen Top-5-Risiken im Zeitraum 2009 bis 2013, so lagen zwar bei jeder der drei Untersuchungen unterschiedliche Ausgangspositionen zur Einschätzung der Risiken vor, allerdings sind die Einschätzungen bezüglich der jeweils zukünftig dominierenden Risiken weitgehend konsistent. Das Personal, die Energiepreise, die Wettbewerbsbedingungen und die operationellen Risiken sind diejenigen Risikobereiche, welche sich durchgängig als einer der Top-5-Risikobereiche herausstellten.

Vor diesem Hintergrund liegt die Vermutung nahe, dass es sich bei den aus Sicht der Logistikunternehmen zukünftig dominierenden Risikobereichen um langfristig gültige, von der jeweiligen wirtschaftlichen Lage unabhängige, typische branchenbezogene Risikobereiche handelt (vgl. Tab. 14.3).

Tab. 14.3 Entwicklung der zukünftigen Top-5-Risiken von 2009 bis 2013. (Huth und Lohre 2013b, S. 8)

Nr.	2009	2011	2013
1	Personal	Personal	Wettbewerbsbedingungen
2	Politik	Energiepreisentwicklungen	Personal
3	Energiepreisentwicklungen	Operationelle Risiken	Operationelle Risiken
4	Kunden	Politik	Energiepreisentwicklungen
5	Operationelle Risiken/ Wettbewerbsbedingungen	Wettbewerbsbedingungen	Kunden

14.3.3 Organisation des Risikomanagements in Logistikunternehmen

Für eine Darstellung der Besonderheiten des Risikomanagements in Logistikunternehmen ist auch die institutionelle Perspektive einzunehmen: Wo ist das Risikomanagement in den Logistikunternehmen konkret angesiedelt? Des Weiteren soll kurz auf die Reichweite des Risikomanagements sowie die zum Einsatz kommenden Instrumente eingegangen werden.

In den meisten Logistikunternehmen (60 %) ist das Risikomanagement organisatorisch der Geschäftsführung zugeordnet. Dies entspricht auf den ersten Blick vor allem der Bedeutung, die dem Risikomanagement durch das KonTraG zugeordnet wird. Andererseits muss dies aber auch vor dem Hintergrund der Branchenstruktur mit ihrer mittelständischen Prägung gesehen werden. Speziell dem Thema gewidmete Abteilungen können dann nur selten vorgehalten werden. Eine spezielle Stabsstelle wurde daher auch nur von jedem sechsten Unternehmen als organisatorischer Ort des Risikomanagements genannt. Etwa ein Viertel der Unternehmen siedelt das Risikomanagement bei einer anderen, bereits bestehenden Organisationseinheit an, was meist das Controlling oder das Qualitätsmanagement ist.

Neben der institutionellen Handhabung ist auch die Reichweite des Risikomanagements, also der Umfang der durch das Risikomanagement abgedeckten Funktionen und Bereiche, von Interesse. Diejenigen Abteilungen, welche seit jeher durch ihren unmittelbaren Bezug zur monetären Situation und Entwicklung des Unternehmens im Fokus des Risikomanagements stehen (Buchhaltung, Rechnungswesen, Controlling), dominieren auch als Anwendungsbereich bei Logistikunternehmen (vgl. dazu Abb. 14.2). Mehr als 80 % der Unternehmen beziehen diese Abteilungen in ihr Risikomanagement ein. Erstaunlich hingegen ist der relativ geringe Anteil der Logistikunternehmen, welche die Bereiche Transport, Einkauf/Beschaffung und Lagerung in ihr Risikomanagement einbeziehen. Weniger als die Hälfte der Unternehmen wendet ein regelmäßiges, systematisiertes Risikomanagement in diesen Kernbereichen der Logistikunternehmen an. Auch wenn zwar knapp 50 % der Unternehmen auf eine unregelmäßige Anwendung des Risikomanagements für diese Bereiche verweisen, erstaunt doch, dass Logistikdienstleister das Kerngeschäft nicht regelmäßiger und strukturierter nach Risiken durchforsten und entsprechende risikopolitische Maßnahmen entwickeln und umsetzen.

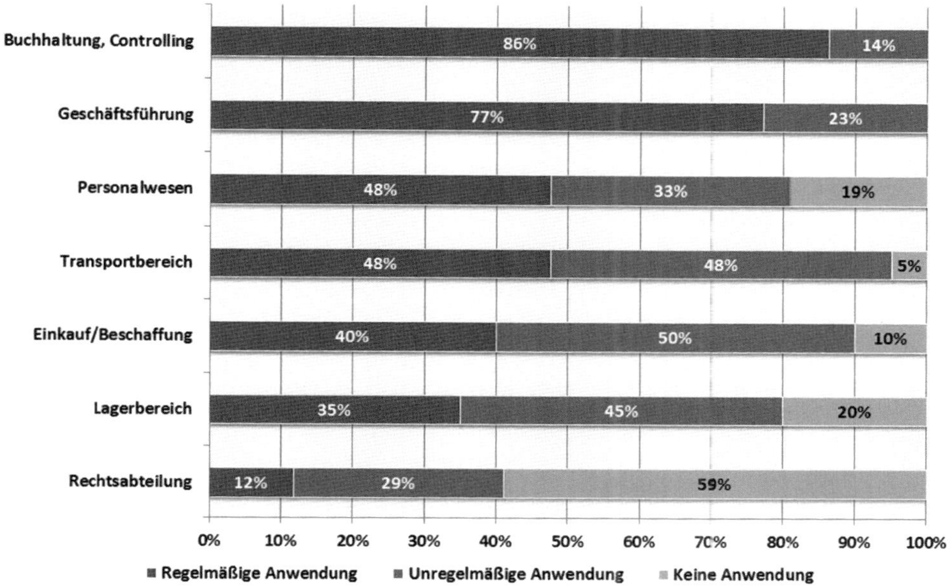

Abb. 14.2 Funktionsbezogene Reichweite des Risikomanagements. (Huth und Lohre 2014, S. 8)

Neben der Reichweite des Risikomanagements stellt sich auch die Frage, wie umfassend die **Phasen des Risikomanagements** angewandt werden. Insbesondere Risikoanalyse, Risikobewertung und Risikoüberwachung weisen in Logistikunternehmen eine hohe Anwendungsintensität, das heißt einen hohen Grad an regelmäßiger Anwendung, auf. Die Risikomanagement-Strategie sowie die Risikobewältigung/Risikosteuerung werden dagegen von nur knapp der Hälfte der Unternehmen regelmäßig durchgeführt.

Bei den eingesetzten **Risikomanagement-Instrumenten und -Methoden** dominieren das Brainstorming, der Einsatz von Checklisten und die Befragung von Experten und/oder Mitarbeitern. Diese Methoden weisen den Vorteil auf, schnell, ohne außerordentlichen Lernaufwand sowie ohne vertieftes Hintergrundwissen und damit auch kostengünstig eingesetzt zu werden. Alle drei Methoden sind allerdings auch auf den Einsatz in der Risikoidentifikation beschränkt; andere Phasen des Risikomanagements lassen sich mit diesen Ansätzen kaum unterstützen (vgl. Abb. 14.3).

Hinsichtlich des Methodeneinsatzes lässt sich festhalten, dass sich der Reifegrad des Risikomanagements im Zeitablauf nicht deutlich verändert hat. Es dominieren relativ einfach anzuwendende, aber von ihrer Einsatzmöglichkeit beschränkte Methoden. Wesentliche Basistools, wie das Risikoinventar und die Risk Map, werden nur zu einem geringen Anteil genutzt.

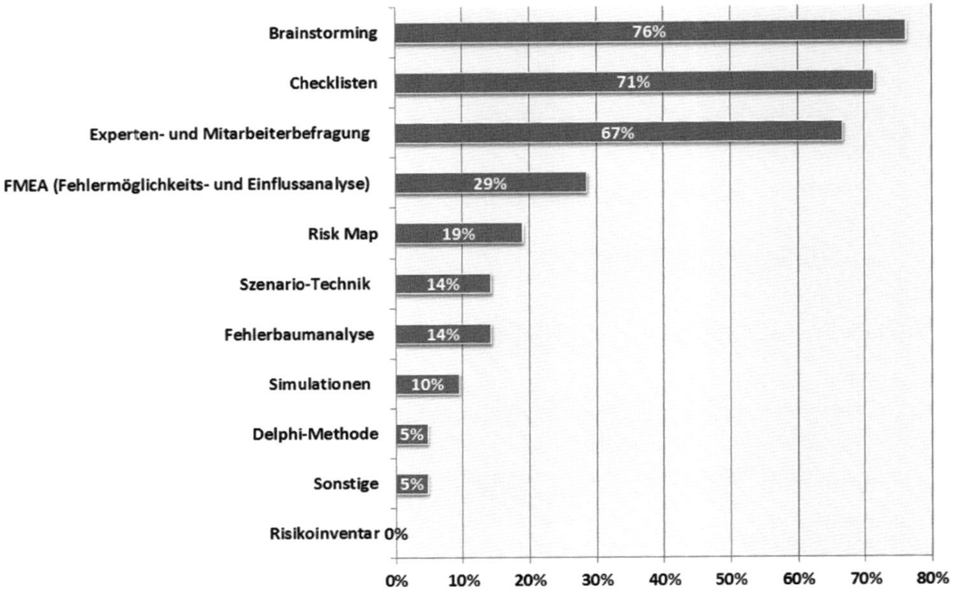

Abb. 14.3 Einsatz von risikomanagementbezogenen Methoden. (Huth und Lohre 2014, S. 10)

14.4 Fazit

Die Branche für logistische Dienstleistungen ist einerseits durch eine zunehmende Konzentration, andererseits aber auch weiterhin durch eine mittelständische Prägung gekennzeichnet. Die Merkmale der Branche beeinflussen auch die Anwendung und Möglichkeiten eines Risikomanagements in den Unternehmen.

Zwar gibt über die Hälfte der Unternehmen an, bereits Risikomanagement zu betreiben, und etwa ein Viertel plant die Einführung für die Zukunft. Allerdings ist das Verständnis, was unter Risikomanagement verstanden wird, in der Logistikbranche diffus, so dass kein einheitlicher Entwicklungs- oder Umsetzungsstand unterstellt werden kann. Auch kann nicht unterstellt werden, dass diejenigen Unternehmen, welche eine Einführung von Risikomanagement konkret planen, vergleichbare Ziele für das Risikomanagement haben. Zudem korrelieren Verbreitungsgrad und Anwendungsreife des Risikomanagements in Logistikunternehmen nicht miteinander. Bei der Darstellung der Reichweite und der Nutzung von Instrumenten und Methoden wurde deutlich, dass nur selten von einem durchgängigen, konsistenten und systematisch ansetzenden Risikomanagement gesprochen werden kann.

Über den betrachteten Zeitraum (2008 bis 2013) haben sich zwar ständig Veränderungen an den Rahmenbedingungen ergeben, aber die durch die Unternehmen bewerteten Top-5-Risiken sind nahezu konstant geblieben. Somit können die Risikobereiche Personal, Energiepreise, operationelle Risiken und Wettbewerbsbedingungen als konstante, die Branche begleitende, typische Risiken eingeordnet werden.

Eine signifikante Veränderung im Sinne einer deutlichen Weiterentwicklung des Anwendungs- und vor allem des Reifegrades kann in der Branche nicht festgestellt werden.

Literatur

BAG: Struktur der Unternehmen des gewerblichen Güterkraftverkehrs und des Werksverkehrs. Band USTAT 17, Stand November 2010. Bundesamt für Güterverkehr, Köln (2012)

Bretzke, W.R.: Logistische Netzwerke, 2., wesentl. bearb. u. erw. Aufl. Springer-Verlag, Berlin (2010)

DSLV: Zahlen, Daten, Fakten aus Spedition und Logistik. Deutscher Speditions- und Logistikverband e. V., Bonn (2010)

Huth, M., Lohre, D.: Risikomanagement in der Speditions- und Logistikbranche – Bestandsaufnahme zu Verbreitung und Reifegrad. Speditions- und Logistikverband Hessen/Rheinland-Pfalz e. V. und Verband Spedition und Logistik Baden-Württemberg e. V., Frankfurt a. M. (2009)

Huth, M., Lohre, D.: Risk management in logistics enterprises: results of an empirical study. Contributions to Applied International Business Management Research, Discussion Papers in Business and Economics. **6**, 26–36 (2013a)

Huth, M., Lohre, D.: Risikomanagement in der Speditions- und Logistikbranche – Bestandsaufnahme 2013. Speditions- und Logistikverband Hessen/Rheinland-Pfalz e. V. und Verband Spedition und Logistik Baden-Württemberg e. V., Frankfurt a. M. (2013b)

Huth, M., Lohre, D.: Risk management in Logistics Enterprises: Findings from the 2013 empirical study. Logist. Transp. **2**(22), 5–12 (2014)

Ihde, G.B.: Transport, Verkehr, Logistik: Gesamtwirtschaftliche Aspekte und einzelwirtschaftliche Handhabung, 3., völlig überarb. u. erw. Aufl. Verlag Vahlen, München (2001)

Kille, C., Schwemmer, M.: Die Top 100 der Logistik 2012/2013. Marktgrößen, Marktsegmente und Marktführer. DVV Media Group, Hamburg (2012)

Kille, C., Schwemmer, M.: Challenges 2013. Prognosen, Hochrechnungen und Finanzkennzahlen zum Logistikmarkt. DVV Media Group, Hamburg (2013)

Lohre, D.: Herausforderungen des Controlling in Speditionen. In: Lohre, D. (Hrsg.) Praxis des Controllings in Speditionen, S. 3–19. Bildungswerk Spedition und Logistik, Frankfurt a. M. (2007)

SCI/Verkehr: Logistikbarometer – Kosten und Preise im Sinkflug. DVZ. Nr. 35 vom 21.03.2009 (2009)

Stabenau, H.: Verkehrsbetriebslehre, 3. Aufl. Verkehrs-Verlag Fischer, Düsseldorf (1994)

Prof. Dr. Dirk Lohre ist seit 2006 Professor für Verkehrslogistik und logistische Dienstleistungen im Studiengang Verkehrsbetriebswirtschaft und Logistik an der Hochschule Heilbronn. Dort war er von 2008 bis 2012 Studiendekan. 2013 wurde der Studiengang mit dem erstmalig vergebenen „Hochschulpreis Güterverkehr und Logistik" des Bundesverkehrsministeriums ausgezeichnet. An der Hochschule ist er auch einer von drei Direktoren des Instituts für Nachhaltigkeit in Verkehr und Logistik (INVL). Seit 2010 leitet er zudem das Steinbeis-Beratungszentrum Spedition und Logistik (SBZ-SL), ebenfalls mit Sitz in Heilbronn. Prof. Dr. Dirk Lohre verfügt über langjährige Erfahrung in der Beratung von logistischen

Dienstleistungsunternehmen und in der Leitung und Durchführung von logistikbezogenen Forschungsprojekten. Die aktuellen Schwerpunkte neben dem Risikomanagement liegen in den Bereichen Produktionscontrolling in Logistikunternehmen, Personalentwicklung in der Logistik, Management europäischer Systemverkehrsnetze sowie integrierte Managementsysteme und Nachhaltigkeit.

Prof. Dr. Michael Huth ist seit 2006 Professor für Allgemeine Betriebswirtschaftslehre, insbesondere Logistik, an der Hochschule Fulda. Dort war er von 2009 bis 2011 Prodekan, von 2011 bis 2014 leitete er als Dekan den Fachbereich Wirtschaft. Die Internationalität seiner Aktivitäten zeigt Prof. Dr. Michael Huth unter anderem durch längere Lehr- und Forschungsaufenthalte an der University of the Sunshine Coast (Australien) und an der California State University San Bernardino (USA). Neben der fachbezogenen Lehre beschäftigt er sich seit mehr als 15 Jahren mit den Themen Risikomanagement, Notfallplanung und Sicherheit. Gemeinsam mit Prof. Dr. Dirk Lohre von der Hochschule Heilbronn führt er seit 2008 empirische Untersuchungen zum Stand des Risikomanagements in der Logistikbranche durch. Vor seinem Engagement an der Hochschule Fulda war er geschäftsführender Gesellschafter der Hulocon GmbH, einer Unternehmensberatung mit Fokus Logistik- und Risikomanagement. Er kann auf viele erfolgreiche Beratungsprojekte in Industrie, Handel und dem Dienstleistungssektor verweisen. Prof. Dr. Michael Huth hat an der Goethe-Universität in Frankfurt am Main und an der Southampton University (Großbritannien) Betriebswirtschaftslehre studiert.

15 DB Schenker: Risikomanagement in der Kontraktlogistik und präventive Maßnahmen vor der Projektumsetzung

Steffen Scholz und Oliver Püthe

Inhaltsverzeichnis

Unter Mitwirkung von: Dr. Björn Großmann, Franz Leineweber, Jean Matousek, Peter Sichling, Michael Sing und Shan Weber (Schenker Deutschland AG)

S. Scholz (✉) · O. Püthe
Schenker Deutschland AG, Kelsterbach, Deutschland
E-Mail: steffen.scholz@dbschenker.com

M. Huth, F. Romeike (Hrsg.), *Risikomanagement in der Logistik*,
DOI 10.1007/978-3-658-05896-8_15

15.1 Einleitung

DB Schenker zählt zu den führenden weltweit agierenden Logistikdienstleistern, mit einem Produktportfolio, das sich über alle Verkehrsträger erstreckt. Aufgrund eines stark forcierten Engagements im Geschäftsfeld Kontraktlogistik wurde der Rang fünf im globalen Anbieter-Ranking erreicht.

Vergleicht man klassische Transportverträge – unabhängig vom Verkehrsträger – mit Verträgen in der Kontraktlogistik, stellt man insbesondere bei den üblichen Vertragslaufzeiten einen deutlichen Unterschied fest. Dienstleistungsverträge in der Kontraktlogistik zielen in der Regel auf eine Kooperation zwischen Hersteller oder Händler und Dienstleister ab, die sich über einen Zeitraum von mehreren Jahren erstreckt. Getrieben werden die Vertragslaufzeiten von Kosten und Risiken beim Wechsel der Dienstleister und dem enormen Investitionsaufwand, der mit der Errichtung von neuen Lager- und Distributionszentren verbunden ist.

Es liegt auf der Hand, dass Vertragslaufzeiten von im Schnitt fünf bis sieben Jahren notwendig sind, um Logistikdienstleistern wie DB Schenker betriebswirtschaftlich solide Kontraktlogistikprojekte zu ermöglichen. Lange Laufzeiten rechtfertigen Investitionen und vermindern Leerstandsrisiken mit erheblichen kommerziellen Auswirkungen. Aus Risikogesichtspunkten bildet die Vertragslaufzeit somit die Basis für eine vitale Kooperation, aber sie stellt gleichzeitig das größte Risiko für den Logistikdienstleister dar. Immer dann, wenn in der Geschäftsanbahnung aus vielfältigen Gründen Fehler gemacht werden oder sich im Rahmen der Umsetzung erhebliche Abweichungen zwischen logistischer Planung und Realität ergeben, stellt eine lange Vertragslaufzeit ein erhebliches unternehmerisches Risiko für den Logistikdienstleister dar. Im Gegensatz dazu können Transportverträge in der Regel relativ kurzfristig gekündigt werden. Aufgrund kurzfristigerer Ausschreibungszyklen ergeben sich oft von selbst Möglichkeiten, fehlerhafte Vereinbarungen zu korrigieren.

Planungsfehler in der Kontraktlogistik, die vertraglich nicht abgesichert sind und deren Datengrundlage nicht unumstößlich dokumentiert ist, können zu einer betriebswirtschaftlichen Schieflage führen, die zum Teil über Jahre anhält (Siebrandt 2010, S. 206 f.).

Um diesen Risiken professionell zu begegnen, arbeitet DB Schenker während der Business Development-Phase in der Kontraktlogistik nach einer eigens entwickelten Methodik, die über diverse Mechanismen gewährleistet, dass Unzulänglichkeiten in der Planung erkannt, dokumentiert und mit dem potenziellen Kunden offen diskutiert werden.

Dieser Beitrag konkretisiert den Umgang von DB Schenker mit komplexen Kontraktlogistikprojekten und beschreibt insbesondere die Handhabung mit den wichtigsten Risikofaktoren.

15.2 Kurzprofil DB Schenker: Organisation und Kennzahlen

DB Schenker steht für die Transport- und Logistikaktivitäten der Deutschen Bahn. Unter den weltweit größten Transport- und Logistikdienstleistern belegt die Logistiksparte der DB – gemessen an Umsatz und Leistung – den zweiten Rang.

Im Geschäftsjahr 2013 wurde ein Umsatz von rund 19,7 Mrd. € erzielt – und damit ein Anteil von rund 50 % des DB-Konzerns. Mit dem Ressort Transport und Logistik verfügt die DB über Top-Positionen in der weltweiten Luft- und Seefracht, über das dichteste Landverkehrsnetz Europas und die Schienen-Kompetenz der größten europäischen Güterbahn.

DB Schenker bildet mit rund 2000 Standorten in allen wichtigen Wirtschaftsregionen der Erde ein globales Netzwerk, das auf Kundenservice, Qualität und Nachhaltigkeit ausgerichtet ist. Rückgrat dieses Erfolges sind die 95.000 Mitarbeiter von DB Schenker. Jeder von ihnen stellt Kundenzufriedenheit und Qualität in den Mittelpunkt seiner Arbeit.

DB Schenker ist in rund 130 Ländern aufgestellt, arbeitet vernetzt und agiert dennoch lokal. Aus einer Hand bietet DB Schenker integrierte Services an: lückenlose Transportketten über alle Verkehrsträger hinweg – ob Güterbahn, Lkw, Schiff oder Flugzeug –, kombiniert mit komplexen logistischen Zusatzleistungen. Mit dem spezifischen Branchen-Know-how ist DB Schenker schon seit Jahren Partner der Automobil-, Konsumgüter- und High Tech-Industrie, um nur einige Beispiele zu nennen. In diesen Marktsegmenten bietet DB Schenker immer mehr integrierte Branchenlösungen an.

DB Schenker setzt sich zusammen aus den Geschäftsfeldern DB Schenker Rail und DB Schenker Logistics.

Mit rund 64.100 Mitarbeitern und einem Umsatz von 14,86 Mrd. € ist DB Schenker Logistics mit seinen drei Geschäftseinheiten weltweit führend in der Branche. Die Einheiten umfassen den europäischen Landverkehr, die weltweite Luft- und Seefracht sowie anspruchsvolle logistische Lösungen und globales Supply Chain Management aus einer Hand. Top-Positionen halten die Logistiker in den Branchen Automotive, Hightech, Konsumgüter ebenso wie in Messen/Spezialverkehre und Dienstleistungen für große Sportveranstaltungen.

DB Schenker Rail, die Güterbahn der Deutschen Bahn, ist mit einem Umsatz von rund 4,84 Mrd. € und 31.000 Mitarbeitern der führende Anbieter im europäischen Schienengüterverkehr.

Die Schenker Deutschland AG mit Sitz in Frankfurt am Main ist mit rund 15.900 Mitarbeitern an mehr als 100 Standorten und einem Umsatz von etwa 4,0 Mrd. € im Jahr führender Anbieter für integrierte Logistik im deutschen Markt.

Als einziges Unternehmen der Branche bietet DB Schenker flächendeckende Lösungen in allen Teilnetzen mit einer klaren Fokussierung auf das B2B-Geschäft.

15.3 Konzern-Regelwerk und Umsetzung des Risikomanagements

Wie in den vorherigen Beiträgen dargestellt, sind Aktienunternehmen gemäß KonTraG (Gesetz zur Kontrolle und Transparenz) dazu verpflichtet, ein unternehmensweites Früherkennungssystem für Risiken einzuführen und zu betreiben. Im Konzern der Deutschen Bahn wird diese Aufgabe kaskadenartig auf die einzelnen Unternehmenseinheiten runtergebrochen. Dazu koordiniert die Zentrale Risikomanagement die quartalsweise Risikomeldung der Region Central (DE, BE, NL, CH).

Wesentliche Aufgaben sind dabei

- die Identifikation neuer Risikoverantwortlicher/-bereiche,
- die Unterstützung bei der Risikoidentifikation und -bewertung,
- die Plausibilisierung und Aggregation der gemeldeten Risiken,
- die Aufbereitung eines Risikoberichts für den Vorstand der Region Central sowie
- der Transfer der Risiken zur Holding Schenker AG.

Die Risikobewertung wird bei DB Schenker durch ein Datenbank-Tool namens „Risk2Chance" (R2C) unterstützt. Hierbei nutzt DB Schenker ein Standardtool, welches sowohl einen Windows-Client (in der Regel für Administratoren) als auch eine Web-Applikation (in der Regel für weitere Prozessbeteiligte) mit individuellen Zugriffsrechten bietet, was die Koordination einer Risikomeldung extrem erleichtert. Aus der siebenjährigen Praxiserfahrung lassen sich weiterhin folgende Vorteile zusammenfassen:

- Transparente Steuerung und Überwachung des Risikomanagementinventars,
- Diverse Analyse- und Auswertungsmöglichkeiten durch Standard- und eigene Reports (Export in Microsoft Excel möglich),
- Historisierungsfunktion zur Sicherstellung der Archivierungsvorgaben.

15.4 Potenzielle Outsourcing-Risiken aus Kundensicht

Die Bedeutung einer Auslagerung von komplexen Geschäftsprozessen nimmt im Falle der Kontraktlogistik stark zu, da Hersteller sich aufgrund immer schneller verändernder Produktions- und Absatzstrukturen flexibel anpassen müssen (Schweiger o. Jahr).

Ausgehend von Branchen, die relativ früh diese Form der „make or buy"-Entscheidung forciert haben – Stichwort Automobilindustrie (zur Vorreiter-Rolle unter anderem Voß 2006, S. 7), – breitet sich diese Form der externen Vergabe zunehmend über diverse Branchen aus. Der entsprechende sogenannte Outsourcinggrad liegt bezogen auf die Kontraktlogistik beispielsweise in der Automobilindustrie bei circa 50 %, im Vergleich dazu in der Konsumgüterbranche bei 25 % (beide Angaben aus Kille und Schwemmer 2012, S. 83–87) und in der Pharmaindustrie bei nur circa 10 % (Kümmerlen 2012, S. 5).

In der Fachliteratur finden sich insbesondere folgende wichtige Gründe für die externe Vergabe der Logistik (aktuelle, empirische Ergebnisse beispielsweise bei Miebach und DVZ 2014, S. 17 und 43):

- Konzentration auf das Kerngeschäft,
- Kostenoptimierung,
- Variabilisierung der Kostenstruktur,
- Erhöhung der Transparenz,
- Schöpfung von Synergien,
- Nutzung von Spezialisierungseffekten beim Dienstleister.

In der Praxis begegnen uns des Weiteren folgende strategische Ziele:

- Vermeidung von Ineffizienzen durch veraltete Infrastruktur, oft ausgelöst durch vorhandenen Investitionsstau,
- Herbeiführung von positiven Bilanzeffekten im Kontext gebundener Investitionen,
- Schaffung von Flexibilität als Antwort auf sich verändernde Rahmenbedingungen, wie zum Beispiel die massive Zunahme des Onlinehandels, neue Absatzregionen, neue Produkte und vieles mehr.

Insofern sind kausale Risiken damit verbunden, dass die definierten Ziele des Outsourcings nicht in erwartetem Maße erreicht werden.

Zur Erreichung dieser sehr komplexen und strategischen Ziele ist die Auswahl der richtigen Kooperationspartner von entscheidender Bedeutung. Leistungsanforderungen und Leistungsumfänge können nur im Zusammenspiel aller relevanten Unternehmensbereiche genau definiert werden, weil sich daran die Kriterien für die richtige Auswahl des Logistikpartners orientieren. Gerade diese gründliche, unternehmensweite Projektvorbereitung, die in einer gut strukturierten Ausschreibung mündet, findet in der Praxis häufig nicht statt.

Es entsteht somit das Risiko, dass angestrebte Kostenvorteile aufgrund einer unvollständigen Informationsbasis nicht realisiert werden und letztendlich in Kostennachteilen münden. Analog bestehen für alle Vorteile eines Outsourcings entsprechende Risiken des Nichteintritts.

Es wird deutlich, dass die Neuausrichtung der Kontraktlogistik als einer der komplexesten Bausteine der Supply Chain eine enorme Tragweite aufweist. Korrekturen, Dienstleisterwechsel oder gar ein neuerliches Insourcing sind mit erheblichen Kosten und Umstellungsrisiken verbunden. Aus diesem Grund müssen sich die grundlegenden Entscheidungen für diesen erfolgsrelevanten Bestandteil der Wertschöpfungskette sinnvoll in die Gesamtstrategie des Unternehmens einfügen.

Im Folgenden werden die wesentlichen potenziellen Risikofelder im Rahmen der Umsetzung einer „buy"-Entscheidung in verschiedenen Kategorien dargestellt und kurz erläutert.

15.4.1 Organisatorische Risiken

Arbeitsrechtliche Probleme

Aus Auftraggebersicht stellt sich (spätestens) zum Zeitpunkt der Auslagerung die Frage, wie die Logistikmitarbeiter sinnvoll und zur Zufriedenheit aller Beteiligten in andere Betriebseinheiten integriert werden können. Sollte es betriebsbedingt zu Freisetzungen kommen, werden bei größeren Projekten typischerweise mit den Sozialpartnern Übergangslösungen im Rahmen eines Sozialplans vereinbart.

Ein Sonderfall stellt der Personalübergang auf den Logistikdienstleister dar, wenn nach den Regelungen des § 613a BGB durch Betriebsübergang Mitarbeiter und damit auch das Produkt- und Prozesswissen transferiert werden.

Jedes Übergangs-Szenario sorgt – abhängig von einigen Faktoren wie Offenheit der Kommunikation, Budget für Transfermaßnahmen, Attraktivität von betrieblichen Alternativoptionen, Arbeitgeberimage des Logistikpartners etc. – für mehr oder weniger Unruhe im Unternehmen und im regionalen Umfeld.

Verlust von Know-how

Mit der Auslagerung der Logistik schmilzt naturgemäß der Grad der Integration, sowohl der Logistikabteilung als auch anderer Fachabteilungen.

Aus der Dienstleister-Perspektive heraus bietet sich dabei auch die Chance der Konzentration auf strategische Themen der Supply Chain und dieses Wissen im eigenen Unternehmen einzubringen (beispielsweise Lieferantensteuerung, Key Accounts im Absatzkanal, SCM-Gesamtoptimierung).

Abhängigkeit vom Dienstleister

Signifikante Wechselhürden und ein vermeintlicher Kontrollverlust vermitteln den Auftraggebern womöglich den Eindruck, dem Logistikpartner in letzter Konsequenz ausgeliefert zu sein (siehe auch Principal Agent-Theorem – Hold up).

Der Blick in moderne, performancebasierte Logistikverträge bietet eher das Bild einer Schicksalsgemeinschaft: Die Schwäche einer Partei wird auch die andere negativ beeinflussen.

Das wichtigste Regulativ des Auftraggebers ist die gewissenhafte Auswahl des Partners – Stichwort: Preis-/Leistungsverhältnis, wobei die Betonung auf „Leistung" liegt.

Zudem sollte bei der Ausgestaltung dieser Partnerschaft die gleiche Grundphilosophie hinsichtlich Offenheit und Verantwortungen wie in der Partnerschaft herrschen.

Remanenzkosten

Die Lehrbuchmeinung, nach der man durch Outsourcing Fixkosten tendenziell (teil-)variabilisieren kann, trifft nur dann zu, wenn diese Fixkostenblöcke nicht nach der Auslagerung des Geschäftsbereiches signifikant die Bücher belasten.

Hier unterscheiden sich in der Praxis langfristig vorbereitete von hektisch eingeleiteten Projekten.

Beispiel: Ein Hersteller von Markenartikeln erkennt durch Kostenbenchmarks, dass die eigene Logistik im Branchenvergleich zu teuer ist und bewertet diese als Nicht-Kernkompetenz. Im Rahmen einer mehrjährigen Vorbereitungszeit werden ausscheidende Mitarbeiter durch Zeitarbeitskräfte ersetzt, Mietverträge gekündigt und Ersatzinvestitionen neu priorisiert.

Mit einer Verlagerung der Warenbewirtschaftung in ein Mehr-Mandanten-Lager können nicht nur Spezialisierungsvorteile realisiert, sondern auch Synergien mit weiteren Markenartikelherstellern unter einem Dach gehoben werden.

Im Kontrast dazu begegnen den Autoren auch Praxisfälle, in denen nach Eigentümer- beziehungsweise Managementwechsel oder in Krisensituationen ohne entsprechende Vorbereitung Outsourcing-Projekte übereilt forciert werden.

Auftreten von Lohngefällen

Je nach Branchenzugehörigkeit des Outsourcing-Auftraggebers führen erhebliche Unterschiede in den Tarifgehältern im Vergleich zu denen der Logistikdienstleister dazu, dass eine Geschäftsprozessauslagerung kaufmännisch sinnvoll erscheint.

In Fachartikeln werden diese Lohngefälle in vielfacher Hinsicht kommentiert, so etwa bezogen auf das Nebeneinander von Arbeitnehmern mit verschiedenen Lohnniveaus oder im Hinblick auf die vermeintlichen Entlohnungsgefälle bei Betriebsübergängen.

Aus der praktischen Sicht der Autoren heraus vollzieht sich derzeit eine schleichende Konvergenz im Bereich der Vergütung, denn:

- Im Zuge der Mindestlohn-Gesetzgebung steigt die Vergütung in den problematischen Fällen ohnehin. Damit verbunden rückt die Gefahr potenziell rufschädigender Auswirkungen in das unternehmerische Bewusstsein, zum Beispiel wenn ein renommiertes Unternehmen über eine Dienstleistungsbeziehung im Niedriglohn- oder untertariflichen Bereich involviert ist.
- Parallel dazu werden die ausbildungsbezogenen Anforderungen an die Logistik-Mitarbeiter weiter steigen. In der Mehrzahl der Fälle stellen moderne Logistikabwicklungen immer höhere Ansprüche an den mitdenkenden und mit IT-Anwenderwissen ausgestatteten Mitarbeiter.

Insgesamt wird die Relevanz von vergütungsbezogenen Auslagerungsgründen eher abnehmen und zwar zu Gunsten von kollaborationsbezogenen Überlegungen (Synergie, Flexibilität, Spezialisierung).

15.4.2 Operative Risiken

Entlang der Umsetzung und Inbetriebnahme einer Outsourcing-Lösung tauchen potenzielle Hürden auf, die teilweise prototypisch für die Realisierung einer komplexen, logistischen Aufgabe sind.

Fairerweise sei angemerkt, dass die Veränderung von Prozessen, hier verbunden mit neuen Aufgaben und Mitarbeitern, neuer IT oder einem neuen Standort, naturgemäß Fehlerrisiken birgt. Dem gegenüberzustellen sind eigentlich die Risiken, die ein Beharren auf den Status Quo mit sich bringen.

Planungs-, Termin – und Qualitätsrisiken

In der Regel erfordert die Detailplanung einer Lagerabwicklung inklusive der begleitenden Prozesse und Schnittstellen die Mitarbeit mehrerer Projektspezialisten beider Parteien.

Aus der Praxis abgeleitet sehen die Autoren die größten Risiken der Planung in den Bereichen Datenqualität und Prozesstransparenz. Der Auftraggeber muss sein Fachteam rechtzeitig vom Ausschreibungsmodus („Wir benötigen eine Standardabwicklung.") in den Planungsmodus („Wir benötigen das weiterhin und können die Vertriebs- und Kundenanforderungen nicht ändern.") bringen. Das Erfolgsrezept lautet: „So viel Standard wie möglich, nur so viel Individualität wie unbedingt notwendig."

Bezogen auf weitere Risikopotenziale sei auf eine typische Projektfalle hingewiesen: die falsche Einschätzung der Komplexität.

Dieses Risiko besteht sowohl hinsichtlich einer Unterschätzung der operativen Anforderungen als auch – auf anderer Ebene – in Bezug auf eine nicht adäquate Herangehensweise, insbesondere im Hinblick auf knapp bemessene Projektzeit beziehungsweise Qualitätsrisiken in der Anlaufphase oder im späteren Betrieb.

Anlaufprobleme

Große Logistikprojekte sind gekennzeichnet durch eine Vielzahl von Themen, potenziellen Fehlerquellen und Abhängigkeiten. Deshalb wird sich in der Praxis weniger die Frage stellen, ob es Anlaufprobleme gibt, sondern vielmehr wie gravierend diese ausgeprägt sind und wie die Beteiligten damit umgehen.

Aus Sicht der Autoren sind Anlaufprobleme kein Argument gegen Outsourcing, da sie auch bei der Projektierung einer „neuen Eigenlösung" drohen.

Erfahrungsgemäß benötigt eine neue operative Einheit einige Wochen bis Monate, bis der stabile und leistungsfähige Regelbetrieb einsetzt; abhängig von der Zahl neuer Einflussfaktoren aus Infrastruktur, IT und Mitarbeitern.

Kontrollverlust (in Verbindung mit mangelhafter Leistung)

Eines der klassischen Argumente gegen eine Geschäftsauslagerung ist der vermeintlich geringere Durchgriff auf das extern gemanagte, operative Geschäft. Der folgende Abschnitt thematisiert Möglichkeiten der Kontrolle und Einflussnahme auf Non-performance durch Reporting, weitere transparenzfördernde Maßnahmen und vertragliche Regelungen.

Ein „Restrisiko" bleibt und ist auch an einzelnen Fällen aus der Praxis festzumachen: Es gibt auch bei komplexen und investitionsintensiven Kontraktlogistikprojekten Beispiele, bei denen Verträge aufgrund anhaltender mangelhafter Leistung aufgelöst wurden.

15.4.3 Kommerzielle Risiken

Kostensteigerung

Das Risiko des Eintritts von höheren Kosten bezieht sich auf sehr heterogene Gründe:

Schlimmstenfalls verursacht eine externe Logistik höhere laufende Kosten als die direkt vergleichbaren, internen Kosten. In der Praxis kann das dadurch verursacht sein, dass bisherige Ist-Kosten aufgrund unvollständiger oder falscher interner Kostenerfassung nicht erfasst wurden. Aber auch durch die Auswahl des falschen Umsetzungspartners können sich Kostenrisiken ergeben, etwa bei falscher Interpretation von Anforderungen oder aufgrund von Fehlplanungen.

Weitere Kostenrisiken lauern bei projektbedingten Einmalkosten wie Wechselkosten, Umzugskosten, Beraterhonoraren und viele andere mehr.

Insofern ist das von Gartner entwickelte Modell der „Total cost of ownership" (Blank und Seider o. Jahr) sehr gut anwendbar und soll zur Gesamtbetrachtung aller kausal zurechenbarer Kosten während der Lebenszeit der Logistiklösung hinleiten, in diesem Falle inklusive der indirekten und externen Kosten.

Hoher Aufwand in der Logistikdienstleister-Steuerung

Dieser Punkt ist ein Klassiker und wird durch Wiederholung nicht glaubwürdiger: Sollte bei einem hinreichend großen Outsourcing-Projekt trotz moderner Möglichkeiten des Datenaustausches und des „Customized Reportings" zu viel Personal mit der Steuerung gebunden sein, hat man eindeutig den falschen Dienstleister oder das falsche Geschäft zur Auslagerung ausgewählt.

15.4.4 Risiken im Umfeld

Änderung des Leistungsumfanges

Bei der heutigen Wirtschaftsdynamik ist es nicht verwunderlich, dass sich in zunehmender Zahl im Laufe von mehrjährigen Vertragsbeziehungen logistikrelevante Veränderungen ergeben. Diese wirken sich auf Mengen, Auftragsstrukturen, Warehouse-Prozesse und Transportwege aus und führen typischerweise zu Anpassungsbedarfen seitens des Dienstleisters, etwa im operativen Betrieb oder im Abrechnungsmodell.

Da nur eine verursachungsgerechte Leistungsverrechnung langfristig sinnvoll ist und die Logistikstrukturen der Industrie in der Regel nicht sehr flexibel sind, halten wir diesen Risikobereich für beherrschbar. Diese Inflexibilität begründet sich aus längeren Planungszeiträumen für logistische Prozesse und einem vergleichsweise höheren Automatisierungsgrad als in der Logistikdienstleistungsindustrie.

Image von Outsourcing

Auslagerungsprojekte im signifikanten Umfang werden innerhalb und außerhalb des Unternehmens kritisch kommentiert und führen abhängig vom Konfliktpotenzial des Projektes zu Gegenreaktionen.

Wie in Abschn. 15.4.1.1 (Arbeitsrechtliche Probleme) ausgeführt, kann durch eine gute Vorbereitung, eine sorgfältige Auswahl des Partners und eine zielgerichtete Kommunikation des Projektes eine Rufschädigung weitgehend vermieden werden.

Um als kompetenter Outsourcing-Partner von der Industrie und dem Handel wahrgenommen zu werden, ist es von entscheidender Bedeutung für die Logistikdienstleister, die Outsourcing-Risiken aus Kundensicht zu kennen und ihnen mit entsprechenden Maßnahmen zu begegnen.

Den genannten organisatorischen Risiken, wie zum Beispiel arbeitsrechtlichen Problemen und Lohngefällen, begegnet DB Schenker mit entsprechendem personalrechtlichem Know-how. Dazu verfügt das Unternehmen über einen Rechtsanwalt, der sich ausschließlich auf die reibungslose Übernahme von Mitarbeitern und Betriebsteilen spezialisiert hat. Somit fungiert DB Schenker als Berater in komplexen personalrechtlichen Fragestellungen für den potenziellen Neukunden. Auf der Basis einer Vielzahl von erfolgreich umgesetzten Outsourcing-Projekten verfügt DB Schenker über einen umfassenden Erfahrungsschatz bezogen auf Projektlaufzeiten, Informationspflichten, Aufklärung von Rechtsfolgen und die Einschätzung von Sachverhalten. Erfahrungsgemäß sind organisatorische Risiken bei den outsourcenden Unternehmen zwar bekannt, diese Risikokategorie wird jedoch im Vergleich zu den anderen genannten Kategorien weniger stark gewichtet.

Operative Risiken wie Planungs-, Termin- und Qualitätsrisiken, Anlaufprobleme und Kontrollverlust (in Verbindung mit mangelhafter Leistung) werden im Vergleich häufig mit Priorität behandelt, da sie sich sehr kurzfristig und signifikant auf die gesamte Wertschöpfungskette eines Unternehmens auswirken können. DB Schenker begegnet diesen Risiken durch ein unternehmensinternes professionelles Projektmanagement, welches unter Anwendung der unternehmenseigenen Projektmanagement-Methodik eine Umsetzung der Projekte „in time", „in budget" und „in quality" sicherstellt.

Den kommerziellen Risiken der Kunden, wie Kostensteigerungen und hoher Aufwand in der Logistikdienstleister-Steuerung (siehe Abschn. 15.4.3 „Kommerzielle Risiken"), tritt DB Schenker zum einen mit transparenten Kostendarstellungen und zum anderen mit standardisierten und handhabbaren Key Performance Indicator-Modellen zur Steuerung und Kontrolle der operativen Abläufe entgegen. Durch im Dienstleistungsvertrag klar vereinbarte Service Level Agreements schafft DB Schenker Sicherheit und Vertrauen auf der Kundenseite und zeigt gleichzeitig, dass man auf die Leistungsfähigkeit des Unternehmens und seiner Mitarbeiter vertraut und auch bereit ist, diese vertraglich festzuschreiben.

Bei den sogenannten Umfeldrisiken, wie Änderung des Leistungsumfanges und Image von Outsourcing, haben die großen und global agierenden Logistikdienstleister mit ihren Konzernstrukturen häufig einen strategischen Vorteil gegenüber den als „Local Heros" bezeichneten, mittelständischen Konkurrenten. Die Global Player verfügen in der Regel über eine sehr solide finanzielle Basis und können Probleme durch Änderungen im Leistungsumfang häufig besser kompensieren, ohne das Unternehmen als Ganzes zu gefährden. Insbesondere bei Mitarbeitertransfers haben Konzerne wie DB Schenker den Vorteil, dass sie als sehr attraktive Arbeitgeber angesehen werden, bei denen sich alleine aufgrund der Unternehmensgröße vielfältige Entwicklungsmöglichkeiten für die neuen Mitarbeiter ergeben. Vielfach ist es DB Schenker gelungen, betroffene Mitarbeiter davon zu überzeugen, den Betriebsübergang als Chance und weniger als Risiko für die persönliche Karriereentwicklung zu begreifen.

15.5 CLDM als Organisationsrahmen der Kontraktlogistik

Zur optimalen Steuerung und Umsetzung von großen und komplexen Supply Chain-Projekten im Bereich der Kontraktlogistik hat DB Schenker eine eigene Projektmanagement-Methodik entwickelt und diese unternehmensweit über alle relevanten Stakeholder im Produktbereich Kontraktlogistik ausgerollt.

Diese Methodik wird „Contract Logistics Delivery Method" (CLDM) genannt.

Übergeordnete Zielsetzung der Methodik ist es, den Workflow eines Projektes über die verschiedenen Projektphasen hinweg zu strukturieren und durch den Einsatz vorgegebener Dokumente so weit wie möglich und sinnvoll zu standardisieren. Durch festgelegte Rollendefinitionen werden die Verantwortlichkeiten in einem Projekt zugewiesen und teilen somit die Aufgaben auf die unterschiedlichen Projektteilnehmer auf. Schnittstellen sind eindeutig definiert und die Arbeitsbereiche auf diese Weise klar voneinander abgegrenzt.

Die mit dem CLDM-Prozess verbundene Strukturierung und Standardisierung des Projektverlaufes birgt den Vorteil, dass alle Projektteilnehmer ein einheitliches Verständnis über die einzelnen Projektphasen und deren Inhalte haben. Durch die Anwendung von Standarddokumenten werden Informationen schnell und strukturiert zur Verfügung gestellt. Notwendige Wechsel bei Projektverantwortlichen oder Projektteilnehmern können somit schneller kompensiert werden, ohne das Gesamtprojekt nachhaltig negativ zu beeinflussen.

Die CLDM-Methodik teilt den gesamten Ablauf eines Projektes in vier Phasen auf, wobei jede Phase wiederum in einzelne Schritte unterteilt ist (siehe Abb. 15.1).

1. Geschäftsentwicklungsphase: Die Geschäftsentwicklungsphase ist die Phase, in der eine Kundenbeziehung oder ein neues Kundenprojekt eingeleitet wird. Verantwortlich in dieser Phase ist der Business Development Manager, der den Kontakt zum Kunden hält und die Projektanbahnung bei DB Schenker intern koordiniert. Die Geschäftsentwicklungsphase besteht aus den beiden Schritten Qualifizierung der Ausschreibung (Tender Assessment) und Tenderstrategie. Im ersten Schritt wird überprüft, ob die Bearbeitung der Ausschreibung innerhalb der vorgegebenen Restriktionen umsetzbar ist, um im zweiten Schritt zu definieren, wie die Geschäftsanbahnung zu einem erfolgreichen Abschluss gebracht werden kann.

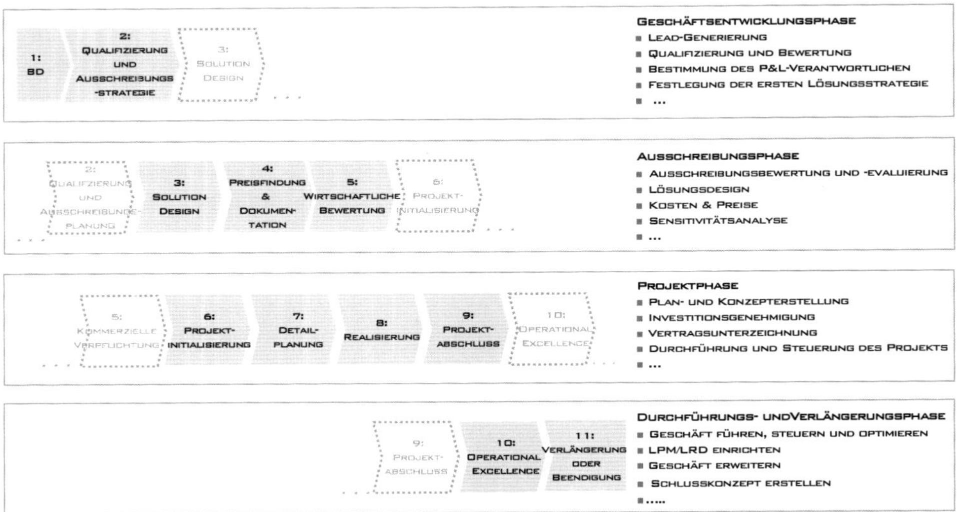

Abb. 15.1 Übersicht CLDM Prozess. (Quelle: Eigene Darstellung)

2. Ausschreibungsphase: Die Ausschreibungsphase beschreibt den Vorgang der eigentlichen Ausschreibungsbearbeitung. Diese Phase beginnt nach Sichtung der Ausschreibungsunterlagen mit einem erfolgreichen Abschluss des Tender Assessments und endet prinzipiell mit der Zu- oder Absage des potenziellen Neukunden. Die Ausschreibungs- oder Tenderphase umfasst die Projektschritte Prozessplanung und Layoutplanung (zusammengefasst unter dem Begriff Solution Design), Prozesskostenkalkulation, Preisgestaltung, Dokumentation und Angebotserstellung, Lösungspräsentation und kommerzielle sowie vertragliche Verhandlung mit dem potenziellen Neukunden.
3. Projektphase: Die Projektphase wird häufig auch Implementierungsphase genannt. Die Phase dient der Vorbereitung und Initialisierung des operativen Geschäfts. Im Schritt Projektinitialisierung wird das Projektteam für die Umsetzung zusammengestellt und die Rollen innerhalb des Projektes werden verteilt. Die Projektbearbeitung beginnt in der Regel mit einem Kick Off-Meeting, in dem sich alle Projektteilnehmer kennenlernen und vor allem der Umfang des Projektes sowie eine Meilensteinterminplanung vorgestellt werden. Der zweite Schritt in der Implementierungsphase ist die Detail- oder Feinplanungsphase, in der die angebotene Lösung gemeinsam mit dem Kunden weiter ausgearbeitet und final geplant wird. Auf die Feinplanungsphase folgen die Projektrealisierung und der Projektabschluss. Der Projektabschluss wird durch einen Lessons Learned Workshop dokumentiert, um die positiven und negativen Projekterfahrungen für die gesamte Organisation verfügbar zu machen.
4. Durchführungs- und Verlängerungsphase: Die letzte Phase des CLDM-Prozesses dient der Überwachung von neu implementierten oder bestehenden Geschäften und der kontinuierlichen Verbesserung der logistischen Lösungen, um die Effizienz zu steigern, Einsparungen zu realisieren, eine schlanke Organisation zu gewährleisten und erfolg-

reiche Kundenbeziehungen fortzuführen. Diese Phase besteht aus zwei Schritten: Operational Excellence sowie Verlängerung oder Beendigung.

Durch die flächendeckende Akzeptanz und den hohen Bekanntheitsgrad der Contract Logistics Delivery Method ist es DB Schenker gelungen, einen Organisationsrahmen innerhalb der eigenen Organisation zu schaffen, der eine strukturierte Bearbeitung von Neukundenprojekten ermöglicht. Alle DB-Schenker-Mitarbeiter sprechen gegenüber dem Kunden eine Sprache und überzeugen durch eine einheitliche Herangehensweise, ohne in jedem Projekt „das Rad neu zu erfinden". Die Contract Logistics Delivery Method legt Wert auf die Fokussierung und Strukturierung der Inhalte und unterstützt die Projektbeteiligten, indem sie geeignete Werkzeuge und Vorlagen für jeden Projektschritt zur Verfügung stellt.

15.6 Management von Risiken innerhalb der Projektphasen

15.6.1 Anbahnung

Im Rahmen der Geschäftsanbahnungsphase (Prä-RFI-Phase oder RFI-Phase) erfolgt die Prüfung der angefragten Leistungen des Kunden hinsichtlich diverser Entscheidungskriterien mit dem Ziel, frühzeitig zu erkennen und zu entscheiden, welche Marktchancen verstärkt weiterverfolgt werden sollen und welche nicht.

Wichtige Entscheidungskriterien sind zum Beispiel die Kundenbeziehung, die mögliche Integration des Geschäftes in bestehende operative Einheiten, das vorhandene Know-how, Referenzen und auch Risikofaktoren wie

- die gewünschte Preisgestaltung,
- die bestehenden Haftungsrisiken,
- das Risiko-Chancen-Verhältnis sowie
- die Vertragsgestaltung beziehungsweise die Vertragsklauseln.

Die Bewertung erfolgt mit Hilfe eines Tender-Assessment-Tools (siehe Abb. 15.2). Hier werden diverse Kriterien gewichtet bewertet und in einem sogenannten Erreichungsgrad (0–100 %) sowie einer Handlungsempfehlung zusammengefasst.

15.6.2 Ausschreibung

Die Auslagerung eines Teilbereiches oder der gesamten Logistik ist für Auftraggeber und Dienstleister mit erheblichen Chancen und Risiken verbunden. Die Chancen für beide Seiten herauszuarbeiten, steht in der Ausschreibungsphase meist im Vordergrund. Die Ri-

DB SCHENKER

Quality Management Logistics
Tender assessment
Schenker Deutschland AG / Region Central and associated companies

Revision 01 03/11 - ZL D&S jm
Dokument 07_ZV13_ZF001-en

general information	
Project ID	xxx
Project name	Warehousing & Distribution Tender 2014
customer	Musterkunde
Project location(s)	xxx
Vector Manager	xxx
Vector	Consumer

customer	answer	points
target customer segment	yes	1
form of customer relation	relations on operations and decision makers level is neutral	1.5
future customer potential (incl. cross selling potential)	yes	1
background of RFQ	qualified request	4
	sum	7.5
	max. points	10
	result expressed in a percentage	75%

P & L / offices	answer	points
integration in existing operation possible (area)/ real estate situation	no (Greenfield solution resp. new areas if real estate situation is positive)	2.8
additional synergies (infrastructur, IT, equipment, personal etc.) with existing operation	partially	1
integration beyond RC required	required - integration easy	0.8
	sum	4.6
	max. points	7
	result expressed in a percentage	66%

solution / References / know how	answer	points
existing references / solutions (know how)	in RC	1.5
quality of the RFQ documents / data	good	2
investment volume (authorization process)	SDAG	2
	sum	5.5
	max. Points	7
	result expressed in a percentage	79%

contract components	answer	points
ratio contractual requirements vs economic benefit (risk assessment)	appropriate	2
pricing	100% variability	-1
liability	standard liability	2
transfer of staff is likely	no	1
other critical contractual clauses	no	1
	sum	5
	max. points	7
	result expressed in a percentage	71%

Score	22.6
max possible score	31
Achieved percentage of max possible points	73%

further important decision criterias	
subjective opinion of the VM (e.g. strategic benefit, competitive situation, exclusive request)	positiv
effort estimation for solution design (availability of ressources)	positiv
Motivation and involvement of P&L owner	positiv
availability of SD capacities	positiv
access to strategic motivation of customer: Planning to implement a DC for Central Europe in 2017	negativ

Abb. 15.2 Tool zur Bewertung von Ausschreibungen. (Quelle: Eigene Darstellung)

siken zu identifizieren und zu bewerten, ist jedoch ein ebenso wichtiger Bestandteil der Ausschreibungsphase.

Die Ausschreibungsphase wird dabei in drei Phasen unterteilt, die wesentliche Meilensteine darstellen:

- Solution Design,
- Preisgestaltung und Angebot,
- Commercial Engagement.

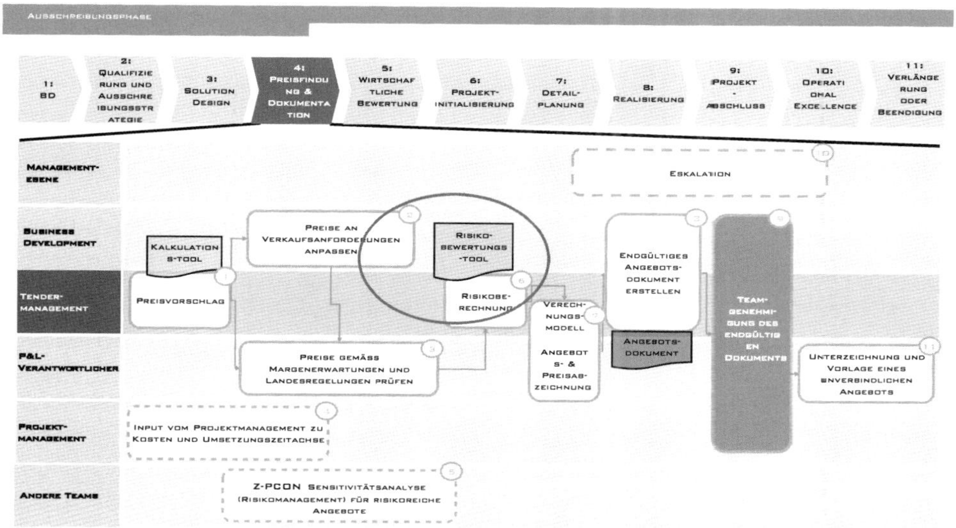

Abb. 15.3 Risikoabbildung bei der Kalkulations- und Angebotserstellung. (Quelle: Eigene Darstellung)

In der Ausschreibungsphase werden mit dem Kalkulationstool CosMo und dem Risk Assessment Tool zwei wesentliche Werkzeuge verwendet, deren Ergebnisse in einem iterativen Prozess ineinanderfließen (vergleiche Abb. 15.3).

In der Solution Design Phase werden die Material-, Informations- und Werteflüsse (Roos 2001, S. 19 f.) geplant und logistische Konzepte entwickelt. Ausgehend von einem Lagerlayout werden Prozesse und die dazu notwendigen Personalmengen und -kosten bestimmt. Weiterhin werden sowohl die Investitionen für Lagerausstattung, Flurfördertechnik, Verwaltung, Sicherheitstechnik sowie IT-Software und IT-Hardware geplant als auch die Betriebskosten für das Lager (Lagermiete und Nebenkosten), Leasing für Fördertechnik, IT und so weiter ermittelt und wirtschaftlich bewertet. Abschließend werden die projektbezogenen Implementierungskosten bestimmt. Alle Kostenelemente werden in dem Solution Design Werkzeug CosMo zusammengetragen und strukturiert.

Parallel dazu werden im Risk Assessment des Risikomanagements (Krystek und Fiege 2004) die Projektrisiken (Corsten und Corsten 2000, S. 109 ff.) ermittelt. Als zugrunde liegende Methode wird die Fehler-Möglichkeits- und Einflussanalyse (FMEA) (Walder und Patzak 1997, S. 47) eingesetzt, die sich als gut strukturierte Präventivmethode bewährt hat. Ziel der FMEA ist die systematische Erfassung und Bewertung aller relevanten Risikoinformationen. Im Rahmen der Risikoanalyse werden mittels Standardfragen Risikoarten und -ursachen identifiziert.

In der Solution Design Phase lassen sich folgende Projektrisiken unterscheiden, die jedoch nicht überschneidungsfrei sind:

- Geologische Risiken: Bodenbeschaffenheit und Bodentragfähigkeit im Rahmen von Neubauprojekten (Greenfield-Lösung).

- Geographische Risiken: Robustheit des über das Center of Gravity ermittelten Standorts der Logistikimmobilie.
- Prozessrisiken: Realisierung des geplanten Leistungsniveaus in quantitativer und/oder qualitativer Hinsicht, Automatisierungsgrad.
- Servicerisiken: Kundenindividualität der Lösung, Komplexität der Lösung, Grad der Flexibilität, Veränderungsgrad der Anforderungen.
- Mengen- und Strukturdatenrisiken: Wissen über die geplanten Auftragsvolumen und -strukturen, Skalierbarkeit, Saisonalität, Volumengarantien.
- Implementierungsrisiken: Projekt nicht rechtzeitig fertiggestellt oder Kostenüberschreitungen.

Die Projektrisiken werden hinsichtlich ihrer Ursachen analysiert und es wird eine Fehlerauftrittswahrscheinlichkeit ermittelt. Weiterhin werden eine Fehleridentifikationswahrscheinlichkeit und eine Fehlerauswirkung auf das Projekt abgeschätzt (Nedeß und Nickel 1993, S. 115 f.; Walder und Patzak 1997, S. 80). Werden Gesamtrisiko oder Teilrisiken zu hoch, werden in der Solution Design-Phase folgende Anpassungen vorgenommen:

- Planung von präventiven Maßnahmen mit entsprechenden Projektbudgets,
- Umplanung der Logistiklösung,
- Absicherung gegen die Risiken (Eindeckung von Versicherungsschutz).

Diese Anpassungen werden in das Kalkulationstool eingepflegt und zur Kostenermittlung herangezogen.

In der Preisgestaltungs- und Angebotsphase werden ausgehend von einer Projektkostenübersicht erste Angebotspreise ermittelt und ein Angebot für den Kunden erarbeitet. Bei der Angebotspreisermittlung können verschiedene Verfahren wie Activity Based Pricing, Open Book mit Cost plus und verschiedenste Mischformen auftreten, die alle unterschiedliche Risikoprofile aufweisen. Jedes Risikoprofil verlangt dann eine projektspezifische interne Verzinsung der entstehenden Cash flows. Mit der Preisgestaltung wird gleichzeitig eine projektbezogene Gewinn- und Verlustrechnung erstellt.

Im Angebot werden die Logistikkonzepte und Fachthemen beschrieben, wobei alle Annahmen und Rahmenbedingungen dokumentiert werden. Einer der wichtigsten Bestandteile des Angebotes sind die finanziellen Rahmenbedingungen, in denen Haftungsgrundlagen, Zahlungsziele, Währung und so weiter beschrieben werden.

In der Preisgestaltungs- und Angebotsphase lassen sich folgende Projektrisiken identifizieren, die entsprechend bewertet werden müssen:

- Marktrisiken: Ausblick der zugrundeliegenden Industrie, Solvenz des Kunden und des Dienstleisters.
- Finanzierungsrisiken: Zinsänderungs- und Wechselkursrisiken.
- Leasingrisiken: Mobilien- und Immobilienleasing (Corsten und Corsten 2000, S. 111).
- Haftungsrisiken: zugrundeliegendes Recht, Haftungsgrenzen.

- Force Majeure-Risiken: höhere Gewalt und deren Versicherung.
- Preisentwicklungs- und Preisanpassungsrisiken: Preisreduktionen über die Laufzeit, Preismatrizen, Indexierung der Kostenentwicklung, Fixkostenabdeckung, Mengen- oder Umsatzgarantien.
- Laufzeitrisiken: Abschreibungszeiträume, Mietzeiträume, Leasingdauern, jeweils im Vergleich zur Vertragslaufzeit.
- Betriebsrisiken: Kostensteigerungen, KPI, Bonus-Malus-Systeme, Verfügbarkeitsanforderungen.

Die Risiken werden wiederum hinsichtlich ihrer Ursachen analysiert und die Fehlerauftrittswahrscheinlichkeit, Fehleridentifikationswahrscheinlichkeit sowie die Fehlerauswirkung auf das Projekt abgeschätzt.

Die in der Preisgestaltungs- und Angebotsphase identifizierten Risiken lassen sich nicht durch Umplanung der Logistiklösung reduzieren. Werden Gesamt- oder Teilrisiken zu hoch, werden in der zweiten Phase folgende Anpassungen vorgenommen:

- Planung von präventiven Maßnahmen mit entsprechenden Projektbudgets,
- Planung von Notfallkonzepten und von präventiven Qualitätssicherungen als Baustein des Total Quality Managements (Corsten und Reiß 1992, S. 46),
- Umsetzung von Industriestandards hinsichtlich Haftung (ADSp, Logistik-AGB),
- Begrenzung oder Ausschluss von Risiken,
- Absicherung gegen Risiken (Eindeckung von Versicherungsschutz).

Diese Anpassungen werden in das Kalkulationstool eingepflegt und die Preise erneut ermittelt.

In der Commercial Engagement Phase werden Logistikkonzepte, Preise, Grundlagen und Rahmenbedingungen durch Vertragsverhandlungen in Verträge und entsprechende Anlagen umgewandelt. Grundlage für die Verhandlungsstrategien sind die in der Risikoanalyse identifizierten Risiken. Weiterhin entstehen im Rahmen der Vertragsverhandlungen Vertragsrisiken, die nachfolgend umfassend analysiert werden.

15.6.3 Vertrag und Umsetzung

Wie in der Einleitung beschrieben ist die Zusammenarbeit in der Kontraktlogistik auf einen längeren Zeitraum ausgerichtet. Entsprechend ist von einer langjährigen Vertragsdauer auszugehen, in der Praxis meist von drei bis zehn Jahren Erst-Vertragslaufzeit. Die Vertragsdauer orientiert sich im Idealfall an Faktoren wie Service-Komplexität (in Verbindung mit Austauschbarkeit), am Investitionsbedarf, an der Vertragsdauer von relevanten Einsatzfaktoren (wie Logistikimmobilien) und an etwaigen kommerziellen Risiken (wie Personalübergang).

Folglich entsteht während einer mehrjährigen Dienstleistungspartnerschaft mit hoher Wahrscheinlichkeit ein Anpassungsbedarf. Diese Flexibilität kann in Teilen durch entsprechende Vertragsgestaltung gewährleistet werden, darüber hinausgehende Änderungen sollten für beide Parteien bezogen auf kommerzielle Folgen ausgewogen und fair erfolgen.

Insofern stellen sich folgende Anforderungen an den Dienstleistungsvertrag in der Kontraktlogistik:

- **Flexibilität**: Soweit möglich sollten Änderungen an Mengen oder Prozessen zu einem gewissen Maße absorbierbar sein beziehungsweise Vertragsfolgen definiert sein, um Planungs- und Rechtssicherheit zu gewährleisten.
- **Vollständigkeit**: Alle geschäftstypischen Themen über den kompletten „Lebenszyklus" der Zusammenarbeit sollten behandelt werden. In der Praxis ist ein typischer Bereich, der nicht ausreichend definiert ist, der Fall einer einseitigen Kündigung. Entsprechend klare Regelungen von Rechten und Pflichten bis zur Beendigung der Leistungsphase sind vorab festzulegen.

Eindeutigkeit und Quantifizierbarkeit von Anforderungen an den Vertragspartner Die praktische Umsetzung von Logistikprojekten zeigt in vielen Bereichen, dass vermeintlich klare Begrifflichkeiten teilweise weitreichende Interpretationsspielräume bieten. Beispielsweise kann die *Inbetriebnahme eines Warenlagers* bedeuten, dass alle technischen Gewerke vollumfänglich getestet und belastbar zur Verfügung stehen. Im anderen Fall kann darunter auch der nutzerseitige Erstbezug zur Installierung von Lagertechnik und IT verstanden werden.

Im Folgenden werden wesentliche Absicherungsmöglichkeiten beschrieben, um mit beidseitigen Risiken im Dienstleistungsvertrag umzugehen.

Mit einer abgestimmten **Vertragslaufzeit** bezogen auf Kunden- und Immobilien-Mietverträge versucht der Logistikdienstleister in der Regel, die ansonsten erheblichen Leerstandsrisiken zu beschränken. Diese Notwendigkeit stellt sich in einem flexibel und standardisiert nutzbaren Mehr-Mandanten-Warehouse als weniger stark ausgeprägt dar als in einer dezidiert für einen Kunden in Betrieb genommenen Immobilie.

In beiden Fällen sollte bezogen auf Lagertechnik oder -ausstattung zumindest bei den kundenspezifisch vorgenommenen Investitionen die Regel gelten, dass **Restbuchwerte** am Ende der Vertragslaufzeit übernommen werden.

Das **Preismodell** – in der Regel transaktionsbasiert und auf Teilprozesse bezogen – sollte hinreichend verursachungsgerecht gestaltet und vereinbart werden. Dies wird mit einer ausgewogenen Kostenschlüsselung im Rahmen der Kalkulation erreicht. Aufwandsrelevante Mengenveränderungen sind, etwa in der Kommissionierung, eine spürbare Verlagerung von Anforderungen in den Bereichen Vollpaletten- oder Vollkarton-Aufträge, Mischpaletten, Pakete mit mehreren Lieferscheinpositionen bis hin zur Vereinzelung auf Artikelebene. Mit einer entsprechend ausdifferenzierten Preisstellung – anstatt eines Preises pro Lieferschein – erreichen die Parteien, dass in einem gewissen Veränderungskorridor ein Ausgleich innerhalb der Preismechanik quasi automatisch erfolgt.

Ein typisches Beispiel von potenziell gravierenden Strukturdatenveränderungen ist die Veränderung innerhalb der Auftragsstruktur: Neue Absatzwege und -kanäle, wie Endkundenvertrieb oder die Belieferung von Auslandsmärkten, können zu gravierenden Änderungen in der Abwicklung führen. Exportmärkte werden oft mehrstufig über nationale Verteilstrukturen bedient, was zu einer starken Auftragsbündelung führt. Im anderen Extrem sind E-Commerce-Aufträge sehr kleinteilig und erfordern typischerweise hoch-performante Retourenprozesse.

Darüber hinaus bildet eine adäquate **Preisgleitklausel** die Möglichkeit, sowohl Faktorkostenentwicklungen über die Jahre als auch signifikante Abweichungen bei Mengen abzubilden.

Eindeutig weiterentwickelt wurden in den letzten Jahren umfassende Regelwerke zur Messung von **Leistungsindikatoren** (Key Performance Indicators/KPIs), die vertraglich mit verschiedenen Rechtsfolgen verbunden werden. Damit verknüpft werden leistungsabhängige Vergütungen, operative Verbesserungsprozesse, Pönalen, Eskalations-Management bis hin zu Sonderkündigungsrechten, die je nach Vertragsdauer und Leistungsumfang sinnvoll geregelt werden.

Eingebettet in eine **Leistungsvereinbarung** (Service Level Agreement/SLA) werden zunehmend monetär definierte Bonus-/Malus-Regelungen getroffen, um die Leistungsmotivation zu erhöhen und dauerhaft zu verankern. Branchenübergreifend übliche Kennzahlen beziehen sich unter anderem auf die Auftragstagfertigkeit, die Bestandsgenauigkeit oder eine fristgerechte Be- und Entladung.

Die Regelungen zur **Haftung und Versicherung** beziehen sich im Wesentlichen auf die Aspekte Haftungsgrenzen, Gebäudeschäden (durch Immobilienbesitzer), Elementarschäden (durch den Kunden), Beeinträchtigung durch lagerinterne Prozesse (durch den Logistikdienstleister) sowie Selbstbehalte. Der Umgang mit Inventurdifferenzen und die Vereinbarung akzeptierter Abweichungen zählen zu den intensiv diskutierten Vertragskapiteln. Die operative Erfahrung zeigt, dass Buchungsfehler tendenziell als Risikobereich relevanter werden und die Bedeutung von physischem Schwund beziehungsweise Fehlkommissionierungen eher zurückgeht.

Sollte es zu Güterfolgeschäden beziehungsweise reinen **Vermögensschäden** aufgrund mangelhafter Performance kommen, sind in der Regel ebenfalls Haftungsfälle und -höhen zu verhandeln. Praktisch relevante Schadensereignisse (Siebrandt 2010, S. 181) sind etwa Bandstillstand (bei Produktionsversorgung oder Ersatzteillogistik), entgangener Gewinn (bei Rückgabe nach Lieferverzug) oder Handelspönale (oft vereinbart zwischen Handelsorganisationen und Markenartikel-Industrie).

Da diese Leistungsrisiken nicht versicherbar sind, sollte auf ein ausgewogenes Verhältnis zwischen anteiliger Schadenszahlung und Umsatz beim Logistikdienstleister geachtet werden (Siebrandt 2010, S. 181 ff.).

Spezifischer Regulierungsbedarf besteht bei einem **Betriebsübergang** bei

- der Definition der adäquaten (längeren) Vertragslaufzeit,

- dem Umgang mit Folgekosten (wie Abfindungen) zum Übergangszeitpunkt und später sowie
- dem Umgang mit Mehrkosten zwischen Alt-Tarifvertrag und Neu-Tarifvertrag, weil betroffene Mitarbeiter nicht sofort voll wirksam wechseln.

Die geschilderten Vertragsrisiken sollten konsequent ihre organisatorische Verankerung in der operativen Umsetzung finden.

Beispielhaft seien folgende Gestaltungsfelder genannt:

- Forecast-Prozedere (Kunde kommuniziert die Mengenentwicklung mit definiertem zeitlichem Vorlauf und einer vereinbarten Prognosegenauigkeit),
- Reporting-Prozedere (die Parteien vereinbaren Inhalte, zum Beispiel Balanced Scorecard, Online-Reklamationstool, und die entsprechende Übermittlungsfrequenz zusammen mit der damit verbundenen Regelkommunikation, zum Beispiel Quartals-Jour Fixe),
- Controlling des Logistik-Dienstleisters (klar definierte Rollen im Tagesgeschäft sowie bei strategischen Themen).

Gerade in der gelebten Praxis hängen langfristig funktionierende Partnerschaften eindeutig vom „Faktor Mensch“ ab; im operativen Betrieb auf allen Ebenen, aber auch in der Leitung. Der Einfluss der Beteiligten auf eine offene, partnerschaftlich und verlässlich gestaltete Geschäftsbeziehung ist offenkundig und wirkt sich unmittelbar auf die geschilderten Planungs- und Umsetzungsrisiken aus.

15.6.4 Betrieb

Um alle möglichen Notfallszenarien zu erfassen und entsprechende Vorbereitungen zur Vermeidung von Notfällen beziehungsweise die im Notfall einzuleitenden Maßnahmen vollumfänglich zu dokumentieren, erfolgt im Rahmen der Projektumsetzung für jedes einzelne Projekt die Erstellung einer speziellen FMEA-Analyse gemeinsam mit dem Kunden. Dabei werden die Besonderheiten jedes Projektes berücksichtigt und speziell darauf abgestimmte Notfallkonzepte entwickelt.

Vorgehensweise bei der Erstellung einer FMEA:

- Risikofelder erkennen
- Risikofelder gewichten
  - nach Eintrittswahrscheinlichkeit
  - nach Auswirkung
- Eintrittsvermeidungsstrategien festlegen
- Notfallkonzepte für den Eintrittsfall erarbeiten

Darüber hinaus hat DB Schenker aus langjährigen Erfahrungen in vielzähligen Projekten einige Haupt-Handlungsfelder identifiziert, für die „standardmäßige" Lösungsansätze entwickelt wurden.

Im Folgenden geben wir einen ersten groben Überblick über die generellen Strategien von DB Schenker zur Vermeidung von Notfällen beziehungsweise entsprechende Maßnahmen bei Eintritt eines Notfalles am Beispiel der Produktionsversorgung im Automotive-Bereich.

Notfälle können im Wesentlichen in folgenden Bereichen auftreten:

- Ausfall von Mitarbeitern,
- Ausfall von Flurförderzeugen,
- Ausfall von Shuttle-Lkw,
- Ausfall der IT-Hard- und -Software.

1. Handlungsfelder zur Notfallvermeidung und Konzept für den Ausfall von Mitarbeitern:
   - Arbeitsanweisungen für alle Prozessschritte vorhanden,
   - Einhaltung aller sicherheitsrelevanten Arbeitsstättenverordnungen,
   - Erstellung einer Qualifikationsmatrix aller Mitarbeiter,
   - Job rotation am Standort,
   - Flexibler Austausch von Mitarbeitern zwischen den Standorten,
   - On-Site-Management am Standort aktiv.
2. Handlungsfelder zur Notfallvermeidung und Konzept für den Ausfall von Flurförderzeugen:
   - Einsatz von branchenüblichen Flurförderzeugen (FFZ) namhafter Marken,
   - vorbeugende und pflichtgemäße Wartung der FFZ zur Reduzierung von Ausfällen,
   - Einkauf von Full-Service-Verträgen für FFZ für schnellstmögliche Reaktionszeit bei Ausfällen,
   - Austausch von Geräten kurzfristig realisierbar,
   - Schulung der Mitarbeiter.
3. Handlungsfelder zur Notfallvermeidung und Konzept für den Ausfall von Lkw:
   - Das Shuttlekonzept sieht bei Ausfall der Technik die schnellstmögliche Gestellung eines Ersatzfahrzeuges aus dem Fuhrpark des eingesetzten Fuhrunternehmers oder dem DB-Schenker-Fuhrpark vor,
   - Einsatz von branchenüblichen Fahrzeugen namhafter Marken,
   - vorbeugende und pflichtgemäße Wartung zur Reduzierung von Ausfällen,
   - Schulung der Mitarbeiter.
4. Handlungsfelder zur Notfallvermeidung und Konzept für den Ausfall von IT-Hard- und –Software:
   - redundant ausgelegte Systeme (zum Beispiel Backup-Leitung, höchste Priorität im Support),
   - Datensicherung gegen Datenverlust,
   - MöglichkeitdermanuellenAbwicklungbeiProblemeninderNachrichtenübermittlung,
   - Ersatz-Hardware (zum Beispiel Scanner).

15.7 Zusammenfassung und Ausblick

Um im Geschäftsfeld Kontraktlogistik kommerziell erfolgreich zu agieren, ist es erforderlich, ein signifikantes Maß an unternehmerischem Risiko einzugehen. Die langen Lebenszyklen der Kundenbeziehungen bedingen in Kombination mit kundenindividuellen Investitionen einen bewussten Umgang mit Dienstleistungsrisiken.

Eine stark risikoavers ausgerichtete Vertriebsstrategie führt über einen längeren Betrachtungszeitraum dazu, dass ein Unternehmen nicht im Wettbewerb bestehen kann, weil Nachfolgeaufträge und Neugeschäfte ausbleiben und kostenintensive Leerstände generiert werden.

Eine stark risikoaffin ausgerichtete Vertriebsstrategie hingegen führt vermutlich über kurz oder lang zu betriebswirtschaftlich unrentablen Projekten, die insbesondere in der Kontraktlogistik auf Grund der enormen Investitionssummen existenzbedrohend sein können.

Demzufolge wird im Rahmen der oben beschriebenen Business Development-Phase der Grundstein für eine erfolgreiche und betriebswirtschaftlich nachhaltige Geschäftsbeziehung gelegt. Langfristig am Markt erfolgreich sind somit Unternehmen, die es verstehen, potenzielle Risiken zu erkennen, diese bezüglich ihrer Eintrittswahrscheinlichkeit und ihrer kommerziellen Auswirkungen korrekt zu bewerten und präventive Maßnahmen zu ergreifen, um die Eintrittswahrscheinlichkeit dieser Risiken zu verringern.

DB Schenker ist es mit Hilfe des CLDM-Prozesses gelungen, ein gesundes Risikobewusstsein bei allen Prozessbeteiligten zu entwickeln und eine Kultur zu schaffen, die sich kontrovers mit dem Management von Unternehmensrisiken auseinandersetzt.

Fehlerhafte Planungen und falsche Einschätzungen im Rahmen der Konzeptionsphase können selbstverständlich auch mit einem solchen Prozess nicht zu 100 % ausgeschlossen werden. Der organisatorische Rahmen stellt aber sicher, dass die richtigen Prozess-Beteiligten zum relevanten Zeitpunkt involviert sind und durch ein Mehr-Augen-Prinzip das Risikopotenzial auf ein vertretbares und nicht existenzbedrohendes Maß begrenzt wird.

Mit dieser Vorgehensweise hat DB Schenker in der Zusammenarbeit mit seinen Kunden durchweg positive Erfahrungen gemacht, da entscheidende Risiken sehr frühzeitig im Geschäftsentwicklungsprozess aufgezeigt und mit den Kunden besprochen werden. Sogenannte „Showstopper" werden frühzeitig kommuniziert, um falsche Erwartungen zu vermeiden und eine genaue Einschätzung der kommerziellen Gesamtsituation durch den Kunden zu ermöglichen.

Die im Rahmen der Auftragsvergabe erwartete Fachkompetenz (Jung und Müller-Dauppert 2012, S. 22) beim Dienstleister schließt aus unserer Sicht auch den vorausschauenden und partnerschaftlichen Umgang sowohl mit serviceimmanenten als auch externen Risikofaktoren ein. Der schon heute hohe Zufriedenheitsgrad mit Logistikoutsourcing – 80 % der Auftraggeber sprechen von einer sehr guten oder guten Entscheidung (Jung und

Müller-Dauppert 2012, S. 18) – kann nicht zuletzt in diesem Bereich weiter positiv beeinflusst werden, insbesondere für die Kontraktlogistik.

Literatur

Blank, G.S., Seider, C.: Die Ermittlung der Total Cost of Ownership – Basis eines erfolgreichen Total Cost Management. Beschaffung aktuell (BME). http://www.beschaffung-aktuell.de/home/-/article/16537505/26951402/Basis-eines-erfolgreichen-Total-Cost-Management/art_co_INSTANCE_0000/maximized/ (o. Jahr). Zugegriffen: 22. Nov. 2014

Corsten, H., Corsten, H.: Projektmanagement: Einführung. Oldenbourg Wissenschaftsverlag, München (2000)

Corsten, H., Reiß, M.: Integrationsbedarfe im Produktentstehungsprozess. Z. Betriebswirtsch. Forsch. **30**, 31–51 (1992)

Großmann, B.: Bündelungsstrategien auf der Basis von Ladehilfsmitteln in netzwerkfähigen Produktions- und Logistiksystemen. Dissertation, Universität Stuttgart, Stuttgart (2008)

Höpfner, K.-U.: Projektfinanzierung: Erfolgsorientiertes Management einer bankbetrieblichen Leistungsart. O. Schwartz, Göttingen (1995)

Kille, C., Schwemmer, M.: Die Top 100 der Logistik 2012/2013. DVV Media Group GmbH, Hamburg (2012)

Krystek, U., Fiege, S.: Risikomanagement. In: Gabler Wirtschaftslexikon, 16. Aufl. Gabler Verlag, Wiesbaden (2004)

Kümmerlen, R.: Pharmaindustrie lagert mehr aus – Camelot sieht bei Herstellern Trend zum Outsourcing der Logistik. Deutsche Verkehrszeitung (DVZ) vom 04.08.2012. http://www.camelot-mc.com/fileadmin/user_upload/Presse/DVZ-Pharmalogistik-DrugSupply-0812.pdf (2012). Zugegriffen: 24. Nov. 2014

Jung, K.-P., Müller-Dauppert, B.: Logistik Outsourcing Studie2012 – Ist Outsourcing out?. Miebach Consulting GmbH, Frankfurt a. M. (2012)

Miebach Consulting, Deutsche Verkehrszeitung (DVZ): Studie Logistikoutsourcing 2014 – Hype weicht Professionalisierung. Miebach Consulting GmbH, Frankfurt a. M. (2014)

Nedeß, C., Nickel, J.: Qualitätskosten unterstützen die FMEA-Risikobewertung. Qual. Zuverlässigk. **38**, 114–118 (1993)

Prahalad, C.K., Hamel, G.: The core competence of the corporation. Harv. Bus. Rev. 68, 79–91 (1990)

Roos, H.J.: Lager- und Kommissioniertechnik. Universität Stuttgart, Institut für Fördertechnik und Logistik, Stuttgart (2001)

Schweiger, S.: Outsourcing: Erfolgreiche Fremdvergabe. Outsourcing erfolgreich umsetzen – Handlungsfelder bei der Verlagerung industrieller Wertschöpfung. HUSS-VERLAG GmbH. http://www.logistik-heute.de/Kompetenz-Logistik-Wissen-Know-How/7114/Hintergrundberichte/Outsourcing-Erfolgreiche-Fremdvergabe (o. Jahr). Zugegriffen: 19. Nov. 2014

Siebrandt, M.: Professionelles Risikomanagement in der Logistik. Praxishandbuch mit Arbeitshilfen und Beispielen. DVV Media Group GmbH, Hamburg (2010)

Voß, H.: ForLog-Studie: Logistik-Outsourcing in der Automobilindustrie – Eine Untersuchung zur Flexibilität. ForLog – Bayerischer Forschungsverbund Supra-adaptive Logistiksysteme, Nürnberg (2006)

Walder, F.-P., Patzak, G.: Qualitätsmanagement und Projektmanagement. Vieweg Verlag, Braunschweig (1997)

Steffen Scholz ist seit mehr als 22 Jahren in der Logistikbranche tätig. In der Frankfurter Hauptverwaltung der Schenker Deutschland AG verantwortet er den Bereich „Business Development" innerhalb der zentralen Logistikabteilung für die Branchenbereiche Konsumgüter und Healthcare. Stationen davor waren klassische Vertriebs- und Key Account-Funktionen bei einem großen amerikanischen KEP-Anbieter, danach in einem großen deutschen Medienkonzern Vertriebsleitung in der Kontraktlogistik und schließlich das Wirken als Geschäftsführer bei einem Verlagsdienstleister im Bereich Einkauf und Logistik.

Oliver Püthe verantwortet als Senior Manager Vertical Market Consumer die spartenübergreifende Produktentwicklung und Projektkoordination für den Branchenbereich Konsumgüter. Vor dieser Tätigkeit für die Frankfurter Hauptverwaltung der Schenker Deutschland AG startete er seine Berufskarriere bei einem großen, deutschen Logistikkonzern in verschiedenen Sparten und mit einem breiten Aufgabenspektrum im Projekt- und Prozess-Management, als Betriebsleiter und im Key Account Management.

Risikomanagement beim Outsourcing von Logistikprozessen

16

Michael Siebrandt

Inhaltsverzeichnis

M. Siebrandt (✉)
Hamburg, Deutschland
E-Mail: michael-siebrandt@t-online.de

M. Huth, F. Romeike (Hrsg.), *Risikomanagement in der Logistik,*
DOI 10.1007/978-3-658-05896-8_16

16.1 Einleitung

„Outsourcing“ leitet sich von der Wortkombination „**out**side res**our**ce us**ing**“ (Der Brockhaus „Wirtschaft“ 2008) ab, was frei übersetzt „Nutzung (unternehmens-)fremder Mittel“ bedeutet.

Im Allgemeinen wird unter „Outsourcing“ die Abgabe von Leistungserstellungen oder Teilen davon nach außen verstanden oder deren Ausgliederung an Hilfs-, Zuliefer- und auch Dienstleistungsbetriebe. Wir sprechen von einer speziellen Form des Fremdbezugs von bisher selbst erbrachten Leistungen, dem in der Regel schriftliche Verträge über Gegenstand, Dauer, Entgelt, Haftung etc. zugrunde liegen. Im Wesentlichen sind folgende Formen des Outsourcings möglich:

- die Ausgliederung des betreffenden Unternehmensteils mit einem Betriebs- oder Teilbetriebsübergang;
- eine Kooperation mit einem externen Partner;
- die Schließung des eigenen Betriebsteils verbunden mit der Vergabe der Aufgabe an einen externen Partner.

In Deutschland sind die Motive für Outsourcing entweder in der Hoffnung auf Kosteneinsparungen oder aber in der strategischen Ausrichtung der Unternehmen zu suchen – „Konzentration auf die Kernkompetenzen“.

Bezogen auf die Logistikbranche geht es im Verhältnis Kunde – Logistikdienstleister um die Ausgliederung von bisher in Eigenregie erbrachten Logistikleistungen oder die Vergabe dieser Leistungen an Dritte, z. B. die Übernahme eines bestehenden Lagers oder Fuhrparks durch einen externen Partner. Natürlich besteht auch für den Logistikdienstleister die Möglichkeit, durch Outsourcing verschiedene Leistungen an Subunternehmer zu übertragen. Nachfolgend konzentrieren wir uns jedoch auf das Verhältnis zwischen Kunde und Logistikdienstleister.

Speziell in Outsourcing-Projekten ist ganzheitliches Risikomanagement von elementarer Bedeutung für den Erfolg. Diese Aussage gilt für beide Parteien, sowohl den Kunden als auch den Logistikdienstleister. Anhand eines Beispielfalles wird nachfolgend die Problematik erläutert und die Notwendigkeit von Risikomanagement in solch komplexen Projekten aufgezeigt, indem die relevanten Risiken identifiziert und Möglichkeiten zur Risikosteuerung erörtert werden. Das Beispiel ist fiktiver Natur, könnte so oder so ähnlich jedoch in der Praxis Gegenstand einer Ausschreibung sein.

Obwohl bei der Würdigung der einzelnen Themenfelder die Perspektive des Logistikdienstleisters überwiegt, dürfte dennoch sehr schnell die Notwendigkeit von Partnerschaft und gegenseitigem Vertrauen zwischen Auftraggeber und Logistikdienstleister deutlich werden; beides elementare Voraussetzungen für den dauerhaften Erfolg eines solchen Projektes.

Dieses Thema Outsourcing birgt sowohl für den Auftraggeber (=vergebendes Unternehmen) als auch für den Auftragnehmer (=übernehmendes Unternehmen) Risiken. Idealerweise beschäftigt sich der Auftraggeber mit diesen Themen bereits im Vorfeld der Ausschreibung. Wichtig ist in diesem Zusammenhang der ganzheitliche und langfristig orientierte Ansatz. Outsourcing als Mittel zur kurzfristigen Gewinnmaximierung führt mittel- bis langfristig in aller Regel zum Misserfolg. Auch für den Logistikdienstleister wird das Outsourcing-Projekt wirtschaftlich nur dann von Erfolg gekrönt sein, sofern er bereits im Rahmen des Vergabeverfahrens die relevanten Risiken identifiziert, bewertet und entsprechende Entscheidungen über die zur Risikosteuerung notwendigen Maßnahmen trifft.

Wie wir sehen werden, können diese Maßnahmen zur Risikosteuerung von den Vertragsparteien nur gemeinschaftlich durchgeführt werden.

Hat sich der Auftraggeber bereits im Vorfeld mit diesen Themen beschäftigt, ist es naturgemäß leichter, diese Aspekte im Rahmen der Ausschreibung zu behandeln. Schwieriger wird es, wenn die Risiken erstmals durch den anbietenden Dienstleister aufgezeigt und thematisiert werden. Eine Verzögerung des gesamten Vergabeverfahrens ist in diesem Fall vorprogrammiert, auch um die Vergleichbarkeit der Angebote sicherzustellen.

Ob der Auftraggeber sich im Vorfeld bereits mit Risikomanagement beschäftigt hat oder nicht – der Logistiker jedenfalls ist gezwungen, die Risiken anzusprechen und Risikoinformationen zu erfragen. Ansonsten würde der Erfolg des Projektes für ihn von vornherein gefährdet sein.

Aus Sicht eines reinen Vertriebsmitarbeiters des Logistikers mag die Thematisierung von Risiken gegenüber dem Kunden zunächst instinktiv auf Ablehnung stoßen, ist doch allein das Wort „Risiko“ negativ besetzt. Wer beschäftigt sich schon gern mit Problemen? Verkäufer wollen Erfolge und das möglichst kurzfristig.

Hier ist die Überzeugungskunst des eigenen Risikomanagements gefragt, gepaart mit dem notwendigen Rückhalt in der eigenen Geschäftsleitung. Wird in solchen Projekten das Risikomanagement ausgeklammert, kann das im Nachhinein zu gravierenden negativen Auswirkungen führen – sowohl für den eigenen Unternehmenserfolg als auch für die Beziehung zum Kunden.

Die gute Nachricht für den Verkäufer: Mit Kompetenz in Sachen Risikomanagement kann gepunktet werden, wird dem Kunden doch deutlich signalisiert, dass der Logistikdienstleister sich detailliert mit der Ausschreibung beschäftigt und die wesentlichen Punkte erfasst hat.

16.2 Der Fall

Ein Industrieunternehmen hat die strategische Entscheidung getroffen, Logistikleistungen nicht mehr selbst zu erbringen, sondern hierfür ausschließlich Dienstleister zu beauftragen. Dazu ist geplant, im Rahmen einer Ausschreibung den geeigneten Dienstleister für die Übernahme des bisher in Eigenregie betriebenen Lagers auszuwählen. Es handelt sich um einen Betriebsübergang nach § 613a BGB. Somit übernimmt der zukünftige Dienstleister das heute in diesem Bereich arbeitende Personal. Außerdem soll er Unternehmenswerte wie das automatisierte Hochregallager, Gabelstapler etc. übernehmen.

Dieses Lager ist für die Produktionsentsorgung zuständig, d. h., die produzierte Ware wird unmittelbar nach Herstellung in diesem Lager eingelagert. Die Produktion und das Hochregallager sind über ein Förderband miteinander verbunden.

Hat sich der Auftraggeber bereits im Vorfeld der Ausschreibung mit den Risikoaspekten beschäftigt, dürften wesentliche Antworten in den Ausschreibungsunterlagen enthalten sein. Ist das nicht der Fall, hat der Dienstleister nur die Möglichkeit, dem Auftraggeber die notwendigen Fragen zu stellen. Zur Vermeidung von Missverständnissen sollten die Antworten immer schriftlich erfolgen oder mündlich erhaltene Informationen schriftlich bestätigt werden.

In unserem Beispielsfall ist eine umfassende Risikoanalyse und -bewertung notwendig. Verfügt der Logistiker nicht über die erforderlichen Angaben, ist er nicht in der Lage, ein vollständiges Angebot abzugeben. Auf Annahmen beruhende Kalkulationen führen später zu Nachbesserungsbedarf, woraus sich unnötiges Konfliktpotential ergäbe. Für den Auftraggeber erschweren solche Angebote die Vergleichbarkeit und damit die Auswahl des Dienstleisters.

Ideal wäre eine gemeinsam zwischen Auftraggeber und Logistiker durchgeführte Risikoanalyse. Dann könnten beide Seiten klären, welche Risiken unter Abwägung aller Kosten-Nutzen-Aspekte in welchem Umfang von wem übernommen werden sollen.

Welche risikorelevanten Fragestellungen ergeben sich für den Logistiker in diesem Beispiel? Nachfolgend sollen die wichtigsten Risiken untersucht sowie Handlungsalternativen bzw. Lösungsmöglichkeiten aufgezeigt werden. (Die Reihenfolge der Themenbehandlung besagt nichts über deren Bedeutung oder Priorität.)

Ausdrücklich sei darauf hingewiesen, dass die Risiken aus Kauf oder Miete von Anlage- und Umlaufvermögen oder anderer betriebswirtschaftlicher oder finanzieller Natur nicht behandelt werden. Diese Themen sind nicht Gegenstand dieses Beitrags.

16.3 Risiken

16.3.1 Personal

Projektorganisation und Implementierung

Ein solch komplexes Projekt erfordert die besten Leute. In der Fußballersprache wäre es in der Königsklasse angesiedelt. Mit einer Regionalligamannschaft wäre der wirtschaftliche Totalschaden vorprogrammiert. Es geht um die Frage, ob die verschiedenen Aufgaben mit den richtigen Personen besetzt sind.

In der Regel wird zunächst auf bereits vorhandenes eigenes Personal, vor allen Dingen auf die Fach- und Führungskräfte, zurückgegriffen.

Neben den vielen Faktoren, die für diese Vorgehensweise sprechen, ergeben sich daraus aber auch Risiken. Die betreffenden Mitarbeiter fehlen in ihrer bisherigen Aufgabe oder stehen dafür nur noch eingeschränkt zur Verfügung. Dieser Umstand muss durch die anderen Mitarbeiter in diesem Bereich ausgeglichen werden. Die vorhandene Arbeit verteilt sich dann auf weniger Köpfe.

Die gänzliche oder teilweise Freistellung von Stammpersonal setzt voraus, dass deren Können und Wissen durch die verbleibenden Mitarbeiter adäquat kompensiert werden kann. Ist das nicht der Fall, besteht das Risiko der Beeinträchtigung der zu erbringenden Leistung mit allen daraus resultierenden Folgen.

Sollte die Implementierung des Neugeschäftes zu unerwarteten Problemen führen, wird in der Regel mit zusätzlichem Personal versucht gegenzusteuern. In diesem Fall ist insbesondere der Bedarf an weiteren Fachkräften hoch. Sofern diese aus der eigenen Organisation kommen, also zum Stammpersonal gehören, erhöhen sich die Risiken im Bestandsgeschäft.

Im schlimmsten Fall kann das zu einem Teufelskreis führen und sogar die Existenz des Unternehmens gefährden. Können die Probleme bei der Neukundenimplementierung nicht zeitgerecht und nachhaltig gelöst werden, steigen die hieraus resultierenden Verluste. Führen die eingeleiteten Gegenmaßnahmen, zum Beispiel der zusätzliche Einsatz weiterer Fach- und Führungskräfte aus der Stammbelegschaft, nicht kurzfristig zum Erfolg, erhöhen sich zum einen die Verluste aus der Implementierung und zum anderen wird durch den dauerhaften Ausfall wichtiger Leistungsträger im Bestandsgeschäft zusätzlich noch der Erfolg aus diesem Geschäft gefährdet.

Betriebsübergang nach § 613a BGB

„Geht ein Betrieb oder Betriebsteil durch Rechtsgeschäft auf einen anderen Inhaber über, so tritt dieser in die Rechte und Pflichten aus den im Zeitpunkt des Übergangs bestehenden Arbeitsverhältnissen ein.“ (§ 613a BGB)

Aus Sicht des den betreffenden Betriebsteil des Auftraggebers übernehmenden Logistikdienstleisters sind im Falle eines Betriebsübergangs nach § 613a BGB gemeinsam mit dem Auftraggeber die nachfolgenden Fragestellungen zu prüfen und zu bewerten:

- Identifikation der bisherigen Leistungsträger.
- Wie können die Leistungsträger gebunden werden?
- Wie ist die aktuelle Motivationslage der betroffenen Arbeitnehmer?
- Wie und durch welche Maßnahmen kann die Motivation aufrechterhalten beziehungsweise auf das notwendige Niveau angehoben werden?
- Wie soll die Integration der neuen Belegschaft in die bestehende Organisation des Logistikdienstleisters erfolgen?
- Welche konkreten Maßnahmen sind notwendig, um eine einheitliche Unternehmenskultur zu schaffen?
- Formen und Inhalt der Kommunikation gegenüber den betroffenen Mitarbeitern.

Diese Liste erhebt nicht den Anspruch auf Vollständigkeit. Sie soll lediglich Denkanstöße vermitteln. Der Erfolg eines Betriebsüberganges steht und fällt mit dem Umgang mit den betroffenen Mitarbeitern. Zu bedenken ist insbesondere auch die Motivationslage des Auftraggebers, die zur Ausgliederung des betroffenen Betriebsteils führt. In aller Regel geht es ausschließlich um erhoffte Kosteneinsparungen – sprich: den Abbau von Personalkosten. In der Praxis bedeutet das Lohnkürzungen für die Mitarbeiter. So beträgt beispielsweise der Unterschied zwischen einem Tarifvertrag der Metall- und Elektroindustrie und einem Tarifvertrag des Speditionsgewerbes rund 30 % bezogen auf die reinen Lohn- und Gehaltskosten. Weitere Unterschiede, zum Beispiel bei den Arbeitszeiten, kommen hinzu.

Beide Seiten, der Logistiker und der Auftraggeber, müssen ein hohes Interesse daran haben, zumindest die Leistungsträger zu halten und an das neue Unternehmen zu binden. Ansonsten drohen Einschränkungen in der Leistungsfähigkeit des Lagers mit den entsprechenden Konsequenzen für beide Parteien.

Für den Logistiker gilt es, zu überlegen, welche Regelungen er im Hinblick auf das Abfindungsrisiko für die übernommenen Mitarbeiter im Falle einer Vertragsbeendigung anstrebt. Relevant wäre dieses Risiko, sofern es nach Vertragsende keinen erneuten Betriebsübergang geben sollte. Abhängig von der Anzahl der betroffenen Mitarbeiter und deren Betriebszugehörigkeit können sehr schnell erhebliche Beträge zusammenkommen. Im Interesse des eigenen wirtschaftlichen Erfolgs muss der Logistiker sich daher mit diesem Thema beschäftigen.

16.3.2 Kalkulationsrisiko

Hinter diesem Thema verbirgt sich die Frage nach dem Kostenmodell der vom Logistikdienstleister zu erbringenden Leistungen. Zwei Alternativen sind grundsätzlich möglich:

- „Cost-Plus-Modell“ oder
- Leistungspreise.

„Cost-Plus-Modell“ bedeutet, der Auftraggeber übernimmt sämtliche für den Betrieb des Lagers erforderlichen Kosten (=Cost). Zusätzlich vergütet er dem Logistikdienstleister einen Betrag für dessen Aufwand für die Führung/Leitung des Lagers zzgl. einer Marge (=Plus); in der Regel ein fester Prozentsatz von den Gesamtkosten.

Leistungspreise sind abhängig von der Art und dem Umfang der zu erbringenden Dienstleistung. Bei dieser Variante beginnt das Kalkulationsrisiko bereits mit der Qualität der Ausschreibungsunterlagen. Sofern der Auftraggeber als Kostenmodell Leistungspreise erwartet, muss er im Rahmen der Ausschreibung qualitativ hochwertige und zuverlässige Daten zur Angebotskalkulation zur Verfügung stellen. Fehlerhafte und unvollständige Daten führen zu falsch kalkulierten Preisen und damit zu Angeboten, die nicht die Realität widerspiegeln. Das wiederum verzerrt die Entscheidungsgrundlage für den Auftraggeber. Stellt sich der Irrtum für den Logistikdienstleister erst nach Vertragsschluss heraus, ist die Zusammenarbeit mit dem Kunden stark beeinträchtigt oder gar gefährdet. Der Logistiker ist gezwungen, entsprechende Nachforderungen zu stellen, damit sein Unternehmenserfolg nicht gefährdet wird. Der Auftraggeber steht dann vor der Wahl, diese Forderung zumindest teilweise zu akzeptieren oder im schlimmsten Fall einen Wechsel des Dienstleisters vorzunehmen. Das wiederum erfordert Zeit und Geld. Erschwerend kommt hinzu, dass jeder Wechsel des Dienstleisters in der Kontraktlogistik auch mit erheblichen Risiken verbunden ist. Allein diese beiden Punkte verdeutlichen, welche Brisanz hinter diesem Risiko steckt.

Auf Seiten des Auftraggebers ist die Vorbereitung der Ausschreibung ein wesentliches Kriterium für den Erfolg und damit die Sicherung der eigenen Wertschöpfungskette.

Erkennt der Logistiker bereits im Verlauf der Ausschreibungsbearbeitung das Fehlen wesentlicher Informationen, muss er dies im eigenen Interesse beim Auftraggeber ansprechen. Das kann in den üblicherweise während der Ausschreibung vorgesehenen Frage-Antwort-Runden erfolgen. Fallen die Antworten wieder unzureichend aus, ergeben sich nur zwei Alternativen für den Dienstleister: Entweder er gibt kein Angebot ab oder er weist in seinem Angebot ausdrücklich schriftlich auf die Mängel sowie die sich für die Preiskalkulation ergebenden Folgen hin. Mit diesem Vorbehalt schafft er sich zumindest die rechtliche Grundlage für mögliche Nachverhandlungen.

Gerade aus Sicht des Logistikdienstleisters bedeuten leistungsabhängige Preise ein kaufmännisches Risiko. Für die Risikobewertung ergeben sich für den Logistiker folgende Fragestellungen, die im Rahmen des Ausschreibungsverfahrens geklärt werden müssen:

- Wie können die Fixkosten abgedeckt werden?
- Mindestmengen?
- Anteil der Fixkosten an den Gesamtkosten?
- Qualität der Planung des Auftraggebers; wie zuverlässig sind die Plandaten und wie lange im Voraus sind diese erhältlich?
- Besteht die Möglichkeit, Drittkunden an dem Standort einzuführen?
- Durchschnittliche und maximale Auslastung des Lagers?
- Was sind die wesentlichen Kostentreiber?
- Handelt es sich eher um ein Lager mit geringer oder hoher Umschlagshäufigkeit des Lagerbestandes?
- Wie sollen in Zukunft notwendige Investitionen behandelt werden?
- Welche Regelungen sollen für die im Falle der Vertragsbeendigung anfallenden Kosten getroffen werden, zum Beispiel Abfindungskosten für das Personal?

Verfügt der Auftraggeber über keine ausreichenden Daten, wäre alternativ auch ein Zwei-Phasen-Modell der Zusammenarbeit möglich: Die erste Phase wird dazu genutzt, die Voraussetzungen für die Vereinbarung von Leistungspreisen zu schaffen, also die notwendige Klarheit hinsichtlich Mengen, Kosten und des tatsächlichen Umfangs der zu erbringenden Leistungen herzustellen. In dieser Phase übernimmt der Auftraggeber die für die Erbringung der Dienstleistung anfallenden Kosten zuzüglich einer zu vereinbarenden Verwaltungskostenpauschale und Marge (Cost-Plus-Modell). In der Phase zwei würden dann die leistungsabhängigen Preise gelten.

Beide Preismodelle haben sowohl Vor- als auch Nachteile. Welches Modell am besten passt, hängt entscheidend vom Einzelfall ab.

Gegner von „Cost-Plus" wenden immer wieder ein, es bestünde in diesem Fall kein Leistungsanreiz für den Logistikdienstleister. Dieses Argument greift jedoch zu kurz. So können entsprechende vertragliche Regelungen über die Folgen von Schlechtleistung getroffen werden. Ein probates Mittel ist die Vereinbarung von Kennzahlen zur Messung der Leistung des Dienstleisters verbunden mit einer Bonus-Malus-Regelung, siehe auch Abschn. 16.3.5.

Werden Leistungspreise vereinbart, bekommen sogenannte Rückwirkungsschäden eine besondere Brisanz. Bezogen auf unseren Fall wäre ein solcher Schaden der Produktionsausfall beim Auftraggeber. Je länger ein solcher Ausfall dauert, desto größer wird die Wahrscheinlichkeit des Umsatz- und Gewinnausfalls beim Logistiker. Ist die Ursache einer solchen Produktionsunterbrechung ein versicherbarer Sachschaden, besteht für den Auftraggeber grundsätzlich die Möglichkeit, solche Rückwirkungsschäden bei einem seiner Dienstleister im Rahmen seiner Betriebsunterbrechungsversicherung zu versichern. Möglichkeiten zum Risikotransfer sind also vorhanden. Unabhängig von der Versicherbarkeit sind aus Sicht des Logistikers entsprechende vertragliche Regelungen mit dem Auftraggeber notwendig. Ist ein „Cost-Plus-Modell" vereinbart, erübrigt sich diese Diskussion – der Auftraggeber bezahlt ohnehin die für den Betrieb des Lagers entstehenden Kosten zuzüglich der vereinbarten Zuschläge.

16.3.3 Leistungsbeschreibung

Die Leistungsbeschreibung beschreibt detailliert die vom Logistiker zu erbringende Dienstleistung. Auch wird darin festgelegt, für welchen Arbeitsschritt welche Vorleistungen durch den Auftraggeber erbracht werden müssen. Ziel sollte sein, die Leistungsbeschreibung so zu formulieren, dass ein unbeteiligter Dritter (zum Beispiel ein Richter) beurteilen kann, welche Vertragspartei was wann zu tun hat.

Zusammen mit den Mengen- und Strukturdaten dient die Leistungsbeschreibung dem Logistiker als Basis für seine Preiskalkulation. Im Idealfall sind die einzelnen Arbeitsschritte definiert und mit einem entsprechenden Preis versehen. Die Mengen- und Strukturdaten sowie die Leistungsbeschreibung sollten Vertragsbestandteil werden. Ergeben sich im Laufe der Zusammenarbeit Änderungen der Anforderungen seitens des Auftraggebers im Vergleich zu den in der Leistungsbeschreibung definierten Prozessen, besteht zumindest rechtlich die Möglichkeit, hierüber Preisverhandlungen zu führen.

Des Weiteren ist die Leistungsbeschreibung auch für die Zuordnung von Haftungsrisiken notwendig. Die Schnittstellen zwischen den Parteien müssen konkret beschrieben werden, um im Schadenfall die Verantwortung klären zu können. Sind die Schnittstellen nicht eindeutig oder unvollständig beschrieben, führt das im Schadenfall zu unnötigen Streitigkeiten. Auch muss in der Leistungsbeschreibung geregelt werden, wie der Dienstleister beweisen kann, dass er seinen Auftrag im Einzelfall ordnungsgemäß erledigt hat.

Für den Logistikdienstleister ist sie die Basis der von ihm zu erbringenden Dienstleistung. Für den Auftraggeber bedeutet bereits die Erstellung der Leistungsbeschreibung erheblichen zeitlichen Aufwand. Im Übrigen besteht die Gefahr, viele Arbeits- und Prozessschritte als selbstverständlich anzusehen mit der Konsequenz der Nichterwähnung. In unserem Beispielsfall zählt das betreffende Lager bislang zu seinem eigenen Verantwortungsbereich. Die Verantwortlichkeiten und Aufgaben sind klar und über Jahre gewachsen. Mit hoher Wahrscheinlichkeit sind sie jedoch nicht schriftlich dokumentiert worden. Wird das nun in aller Eile nachgeholt, wäre niemandem geholfen.

Sollte der Auftraggeber das Modell Leistungspreise bevorzugen, ist es für den Logistiker unerlässlich, eine detaillierte Leistungsbeschreibung bereits zusammen mit den Ausschreibungsunterlagen zu erhalten. Nur dann ist es ihm möglich, die einzelnen Arbeitsschritte richtig zu bewerten. Ansonsten droht eine Kalkulation basierend auf Annahmen mit allen daraus resultierenden Konsequenzen.

Sofern Leistungsanreize in Form von Bonus-Malus-Regelungen oder reinen Vertragsstrafen vereinbart werden sollen, ist eine saubere Definition der Verantwortlichkeiten, Messpunkte, Ausnahmen, Voraussetzungen etc. unerlässlich. Als Grundlage dient die Leistungsbeschreibung.

Ist keine ausreichende Leistungsbeschreibung vorhanden, wäre das ein weiteres Argument für das oben angesprochene Zwei-Phasen-Modell.

16.3.4 Lademittelmanagement

Unter Lade- oder auch Ladehilfsmitteln verstehen wir Hilfsmittel zur Bildung von Ladeeinheiten. Beispiele dafür sind Paletten, Behälter oder auch Container. Diese Ladehilfsmittel dienen dazu, mehrere Einheiten einer Sendung, zum Beispiel Kartons, zu einer Einheit zusammenzufassen.

Speziell für die Europalette wurde in den 1960er-Jahren ein Tauschpool entwickelt, der inzwischen sogar weite Teile Europas umfasst. Federführend bei diesem Pool ist die European Pallet Association (EPAL). Die Europalette ist eine Mehrwegpalette. Im Rahmen der EPAL ist genau definiert, welche Palette in welcher Beschaffenheit tauschfähig ist. Beladene Europaletten werden bei der Abholung und auch bei der Anlieferung jeweils gegen Leerpaletten getauscht. Die Administration erfolgt in der Regel über einen Palettenschein, auf dem die Anzahl der übernommenen beladenen Europaletten vermerkt ist. Diese Art Gutschrift wird beim Warenempfänger eingelöst. Dieser erhält die Anzahl beladener Europaletten und übergibt dem anliefernden Frachtführer die gleiche Zahl Leerpaletten.

Neben diesem Tauschpool für die Europalette existieren noch andere ähnlich funktionierende Pools wie zum Beispiel Commonwealth Handling Equipment Pool (CHEP). Gemein ist diesen Pools die Funktionsweise.

In unserem Beispielsfall haben wir es mit Europaletten zu tun. Die Fertigprodukte werden auf Europaletten gepackt, über das Förderband in das Lager transportiert und dort eingelagert.

Mangelhafte Palettenverwaltung kann erheblichen negativen Einfluss auf das Unternehmensergebnis haben. Der Verlust einer einzelnen Europalette für sich genommen ist angesichts eines Wertes von circa sechs Euro je Palette ein Bagatellschaden. Im Verlaufe eines Geschäftsjahres kann sich das gesamte Ausmaß aber auf hohe fünfstellige oder gar sechsstellige Beträge summieren und damit die Größenordnung eines Großschadens erreichen.

Für den Logistiker besteht im Falle von Mängeln in der Bestandsführung oder bei den zugrundeliegenden Arbeitsprozessen ein erhebliches finanzielles Risiko. Die Übernahme muss daher gründlich und sorgfältig vorbereitet werden. Im Mittelpunkt stehen folgende Fragestellungen:

- Wie sehen die aktuellen Arbeitsprozesse aus?
- Welche Qualität müssen die Paletten aufweisen, um die Funktionsfähigkeit des Lagers nicht zu gefährden?
- Wie und in welcher Form werden Palettenkonten heute bereits geführt? Wie sehen die aktuellen Kontostände aus?
- Wie hoch ist der jährliche Bedarf an neuen Paletten?

Verluste an Ladehilfsmitteln können nicht versichert werden. Es handelt sich um ein Risiko, das der Logistiker selbst zu tragen hat und im Zweifel zu Lasten seiner Marge geht.

Dieses Risiko und deren finanzielle Konsequenzen sind in direktem Zusammenhang mit dem Preis-/Abrechnungsmodell zu sehen. Sollten leistungsabhängige Preise gelten, ist der Logistiker gezwungen, dieses Risiko in vollem Umfang in der Kalkulation zu berücksichtigen. Im Falle von „Cost-Plus“ wären diese Kosten Bestandteil der für den Betrieb des Lagers anfallenden Kosten. Sofern die bestehenden Arbeitsprozesse unklar oder unzureichend sein sollten, spräche das wiederum für die Vereinbarung des oben genannten Zwei-Phasen-Modells.

16.3.5 Haftungsrisiken

Outsourcing wie in unserem Beispiel führt in der Praxis zum Transfer von Risiken vom Auftraggeber an den Logistikdienstleister, zum Beispiel bei Beschädigung oder Verlust der vertragsgegenständlichen Waren. Treten solche Schäden vor dem Outsourcing ein, handelt es sich in aller Regel um typische Eigenschäden. Das eigene Personal verursacht die Schäden an der Ware des eigenen Unternehmens. Die finanziellen Folgen gehen zu Lasten der Gewinn- und Verlustrechnung des Eigentümers.

Mit dem sprichwörtlichen Wechsel des Türschildes verändert sich dieses Bild jedoch grundlegend. „Warum?“, wird sich mancher fragen, bleiben doch Faktoren wie der Lagerort, die zu lagernden Güter, die Arbeitsprozesse und das Personal unverändert. Einzig das Türschild am Lager wird gewechselt. Dort wird zukünftig nicht mehr der Name des Produzenten, sondern der des Logistikdienstleisters genannt. Dieser verpflichtet sich durch einen Vertrag zur Erbringung der vereinbarten Leistungen. Mittels dieses Kunstgriffes werden die Risiken vom Auftraggeber auf den Logistiker übertragen. Dieser haftet ab Übernahme der Verantwortung im Rahmen der vertraglichen Vereinbarungen gegenüber seinem Auftraggeber. Diese vertragliche Haftung kann seitens des Logistikers im Rahmen einer Verkehrshaftungsversicherung versichert werden. Damit ist der bisherige Eigenschaden des Auftraggebers versicherbar geworden.

Haftung kostet jedoch Geld. Diese Binsenweisheit wird leider zu oft außer Acht gelassen. Der Risikotransfer an einen Versicherer erfolgt gegen Bezahlung von Versicherungsprämien. Trägt der Logistiker einen Teil des Risikos selbst, zum Beispiel durch Vereinbarung einer Selbstbeteiligung im Versicherungsvertrag, fällt die Versicherungsprämie geringer aus. Kalkuliert der Logistiker die anteiligen Kosten der von ihm im Rahmen der Selbstbeteiligung zu tragenden Schäden nicht in seine Preise ein, schmälern diese Schadenkosten später seine Marge.

Der Logistiker muss daher die Haftungskosten in sein Angebot einkalkulieren. Zur Vermeidung unnötiger Kosten ist daher zu empfehlen, im Rahmen der gemeinsamen Risikoanalyse zwischen Auftraggeber und Dienstleister unter Abwägung der Kosten-Nutzen-Aspekte festzulegen, wofür der Logistiker haften soll und in welcher Höhe.

Vorausgesetzt der Logistiker berücksichtigt die Haftungskosten in seiner Kalkulation und damit in den Preisen, werden betriebswirtschaftlich gesehen aus Sicht des Auftraggebers bisherige variable, nur im tatsächlichen Schadenfall entstehende Kosten, nun zu fixen Kosten.

Bevor wir einzelne Haftungsrisiken analysieren, noch eine grundsätzliche Anmerkung zum Haftungsprinzip: Verschuldensunabhängige Haftung für Lagerleistungen kann der Dienstleister nicht übernehmen. Das Leitbild des deutschen Gesetzes für die Haftung des Lagerhalters entspricht der Verschuldenshaftung mit umgekehrter Beweislast (§§ 467 HGB ff.). Der Lagerhalter haftet nach dem Gesetz nur für eigenes Verschulden, wobei er sich entlasten muss. Immer wieder kommt es vor, dass Auftraggeber verschuldensunabhängige Haftung von ihrem Lagerhalter erwarten. Das kann nicht akzeptiert werden, da es sich um ein nicht versicherbares Risiko handelt.

Doch auch auf den Auftraggeber kommen neue Risiken zu. So sieht er sich durch das Outsourcing plötzlich mit den Haftungsrisiken als Einlagerer nach § 468 HGB sowie der Frage der Haftung für mögliche Rückwirkungsschäden beim Logistiker konfrontiert.

Zur Vermeidung böser Überraschungen ist es für den Logistiker unbedingt erforderlich, seinen Versicherungsmakler oder Versicherer zeitnah einzubinden. Im Idealfall erfolgt diese Einbindung bereits zu Beginn der Ausschreibung.

Wegen der hohen Bedeutung für den Erfolg eines solchen Projektes sollen nachfolgend die wichtigsten Haftungsrisiken näher beleuchtet werden.

Bestands- und Inventurdifferenzen

Im Unterschied zu einem klassischen Güterschaden sind Inventurdifferenzen keinem konkreten Schadenereignis zuzuordnen. Aus welchem Grund ein einzelnes Warenstück bei der Inventur fehlt, kann nicht nachvollzogen werden.

Betreibt der Eigentümer die Lagerhaltung seiner Waren selbst, sind mögliche Bestands- und Inventurdifferenzen sein eigenes kaufmännisches Risiko und gehen zu seinen Lasten. Er kann dieses Eigenschadenrisiko nicht versichern.

Wird dagegen die Lagerhaltung durch einen Dienstleister vorgenommen, haftet dieser im Rahmen der vertraglichen Vereinbarungen für das Risiko. Der Dienstleister hat im Rahmen einer Verkehrshaftungsversicherung die Möglichkeit, dieses Haftungsrisiko zu versichern.

Für den Lagerhalter sind Bestands- und Inventurdifferenzen das am häufigsten vorkommende Risiko. Je höher die Umschlagshäufigkeit des Lagerbestandes, desto höher ist das Risiko von Bestandsdifferenzen: Selbst bei gleichbleibender Qualität (keine Änderung bei der Quote an Differenzen im Verhältnis zur Summe der bewegten Warenwerte) erhöht sich doch der absolute Betrag.

Für den kommerziellen Erfolg des Logistikers ist die Handhabung dieses Risikos daher von hoher Bedeutung.

Bezogen auf die Frage, ob und in welcher Höhe der Logistikdienstleister für Inventurdifferenzen haften soll, ergeben sich verschiedene Möglichkeiten. Denkbar sind beispielsweise folgende Varianten:

- Der Logistiker haftet nach den Allgemeinen Deutschen Spediteurbedingungen (ADSp).
- Der Logistikdienstleister haftet bis zur Höhe einer definierten Obergrenze pro Jahr.
- Beide Parteien vereinbaren einen Freibetrag pro Jahr. Der Logistiker haftet nur für die Inventurdifferenzen oberhalb dieses Freibetrages bis zu Erreichung einer vereinbarten Obergrenze pro Jahr.
- Die Vertragsparteien vereinbaren einen Korridor für Inventurdifferenzen. Dieser basiert auf den Zahlen der vergangenen drei bis fünf Jahre. Je länger der Bezugszeitraum ist, desto eher besteht die Wahrscheinlichkeit, dass Sondereffekte, die es immer wieder geben kann, entsprechende Berücksichtigung finden. Solange sich die zukünftigen Inventurdifferenzen innerhalb dieses Korridors bewegen, besteht keine Haftung des Logistikers. Liegt ein besseres Ergebnis vor, erhält der Dienstleister einen zuvor definierten Bonus, im umgekehrten Falle ist ein definierter Malus vom Logistiker zu bezahlen.

Welche Informationen sind für die konkrete Bewertung dieses Risikos notwendig?

- Soll der Dienstleister für Bestands- und Inventurdifferenzen überhaupt haften? In welcher Höhe? Mit welchem Freibetrag?
- Wie sehen die Bestands- und Inventurdifferenzen der vergangenen drei bis fünf Jahre aus?
- Wie wurden diese ermittelt?
- Wurden ausschließlich Mengendifferenzen bezogen auf die Warenstücke bewertet?
- Auf welcher Ebene soll Bestandsverantwortung und damit Haftung durch den Logistiker übernommen werden (Stück Ware, Abgabeeinheit, NVE[1] etc.)?
- Systemische Lagerbuchführung: Wird es eine Systemtrennung zwischen dem bestehenden System des Kunden und einem vom Dienstleister neu zu installierenden System

[1] NVE = Nummer der Versandeinheit.

geben, oder sollen die Bestände weiterhin direkt im System des Kunden gebucht werden? Wenn ja, wie wird sichergestellt, dass der Dienstleister über bestandsverändernde Buchungen durch den Auftraggeber unverzüglich informiert wird?

Diese Fragestellungen sind nur gemeinsam zwischen Auftraggeber und Logistiker zu klären.

Grundsätzlich muss der Logistiker zwei Kostenkomponenten in die Risikobewertung und damit seine Preiskalkulation einbeziehen:

- Anteilige Versicherungsprämie für die Versicherung des Risikos;
- Kosten für die nicht versicherten Risiken, zum Beispiel die Selbstbeteiligung aus dem Versicherungsvertrag.

Steht fest, wofür und in welcher Höhe der Logistiker zu haften hat, ist anhand der Schadenzahlen der vergangenen Jahre eine präzise Kalkulation möglich.

Bevor der Logistiker die Bestandsverantwortung und damit die Haftung für Bestands- und Inventurdifferenzen übernimmt, sollte unbedingt gemeinsam mit dem Auftraggeber eine genaue Analyse der bestehenden Arbeitsprozesse und Schnittstellen durchgeführt werden. Warum? Die bisherigen Arbeitsprozesse sind auf das produzierende Unternehmen mit angeschlossener Lagerhaltung ausgerichtet. Das bedeutet nicht automatisch eine Eignung für die Einbindung eines Dritten. Gleiches gilt für die Schnittstellen zwischen den beteiligten Parteien. Diese müssen möglicherweise ganz neu definiert oder präzisiert werden. Grundsätzlich trägt der Logistiker die Beweislast. Er muss schlüssig nachweisen, den Auftrag vollständig und einwandfrei erledigt zu haben. Hierzu sind entsprechend angepasste Arbeitsprozesse in der Logistik erforderlich.

Besonderes Augenmerk ist auf die Übernahmeinventur zu richten. Der Dienstleister kann nur dann die Bestandsverantwortung und eine Haftung für Inventurdifferenzen übernehmen, wenn eine qualitativ hochwertige Übernahmeinventur durchgeführt wurde. Zur Vermeidung eventueller Streitigkeiten oder von Missverständnissen ist die Beauftragung eines externen Sachverständigen zu empfehlen.

Güterschäden

Unter dieser Überschrift werden der Verlust oder die Beschädigung von vertragsgegenständlicher Ware zusammengefasst. In dem Vertrag muss aus Sicht des Logistikers unter allen Umständen eine klare Haftungsregelung einschließlich einer Haftungshöchstgrenze vereinbart werden. Die Haftung nach den gesetzlichen Bestimmungen (§ 467 ff. HGB) wäre der Höhe nach unbeschränkt. Für eine vertragliche Regelung sind verschiedene Varianten, die durchaus auch kombiniert werden können, denkbar:

- Haftung nach den Allgemeinen Deutschen Spediteurbedingungen (ADSp).
- Der Logistiker haftet für alle schuldhaft verursachten und nachgewiesenen Schäden bis zu einer pro Schadenereignis definierten Haftungsobergrenze.

- Vereinbarung einer Bagatellschadengrenze: Der Logistiker haftet für den einzelnen Schaden, sofern der Schaden höher als die vertraglich definierte Bagatellschadengrenze ist. Auch hier wird eine Höchsthaftung des Logistikers je Schadenereignis definiert.
- Freigrenze: Der Logistiker haftet lediglich für die Schadenfälle, welche eine definierte Freigrenze pro Jahr übersteigen. Diese Freigrenze basiert auf den Schadenerfahrungen der letzten drei bis fünf Jahre. Die Haftung des Logistikers oberhalb der Freigrenze ist jedoch auf einen Höchstbetrag je Schadenereignis beschränkt.

Für die konkrete Bewertung dieses Risikos steht an erster Stelle die Frage nach der durch den Logistiker dem Grunde und der Höhe nach zu übernehmenden Haftung. Daran schließt sich nahtlos die Frage nach der Schadenhistorie der letzten drei bis fünf Jahre an. Die Antwort gibt Aufschluss über die Frage nach Eintrittswahrscheinlichkeiten und Schadenhöhe.

Sollte die Risikoaufnahme eine hohe Zahl an Reklamationen seitens der Warenempfänger ergeben, ist auch die Reklamationsbearbeitung durch den Auftraggeber in die Betrachtungen einzubeziehen. Wird sehr kulant gehandelt, gehen die finanziellen Auswirkungen nach dem Outsourcing auf den Logistiker über, sofern nicht entsprechende Regelungen zwischen den Parteien getroffen werden.

Die vom Logistiker zu kalkulierenden Haftungskosten setzen sich aus der anteiligen Versicherungsprämie und den im Rahmen der Selbstbeteiligung aus eigener Tasche zu tragenden Risiken zusammen.

Beispiel: Beträgt die Selbstbeteiligung € 5000 je Schadenereignis, kann der Logistiker anhand der Schadenhistorie sehr genau den jährlichen Betrag der auf diese Selbstbeteiligung entfallenden Risiken kalkulieren.

Das Risiko der Haftung für Güterschäden kann seitens des Logistikers an Versicherer transferiert werden.

Besonderes Augenmerk muss aber auf mögliche Großschäden gerichtet werden, die durch Verschulden des Lagerhalters entstehen. Die wichtigste Frage ist die nach dem maximalen Schadenrisiko. Also: Welche Summe kann ein solcher Güterschaden maximal erreichen? Oder anders gefragt: Wie hoch ist der maximal zu lagernde Wert der Güter in diesem Lager?

Kann darüber hinaus ein noch höherer Schaden entstehen, zum Beispiel durch das Übergreifen des verschuldeten Feuerschadens auf die Produktionsanlage des Kunden? Die Antworten auf diese Fragen sind für den Logistiker von elementarer Bedeutung, damit er seinen Versicherungsschutz auf das notwendige Maß anpassen kann.

Ergibt die Risikoaufnahme ein Schadenpotential von zum Beispiel € 100 Mio., wird ein kleines oder mittelständisches Logistikunternehmen erhebliche Schwierigkeiten bekommen, den dafür notwendigen Haftpflichtversicherungsschutz zu erhalten. Das Großschadenrisiko und deren Konsequenzen, welche bis zur Existenzgefährdung des Logistikdienstleisters reichen können, sprechen für ein gemeinsames Versicherungskonzept mit entsprechenden vertraglichen Regelungen.

Güterfolge- und reine Vermögensschäden

In diesem Abschnitt behandeln wir Vermögensschäden, die dem Auftraggeber bei nicht vertragskonformem Betrieb des Lagers entstehen können. Die Ursache eines Güterfolgeschadens ist ein vorausgegangener Güterschaden, während der reine Vermögensschaden unabhängig von einem Güter- oder Sachschaden zu sehen ist.

In unserem Beispielsfall bestehen aus Sicht des Auftraggebers die beiden Hauptrisiken in einem möglichen Produktionsausfall bzw. der Produktionsunterbrechung oder in Umsatz- und Gewinnausfällen durch nicht vollständige bzw. gar nicht erfolgte Lieferung an die eigenen Kunden.

Beide Themen hängen direkt mit der Funktionsfähigkeit der Lagertechnik (automatisiertes Lager) zusammen. Fällt die Lagertechnik aus, drohen beide Szenarien gleichermaßen.

Die konkrete Risikoidentifikation muss in partnerschaftlicher Zusammenarbeit zwischen Auftraggeber und Auftragnehmer durchgeführt werden. Die zu behandelnden Themen drehen sich um folgende Fragestellungen:

- Was passiert bei einem Ausfall des automatischen Hochregallagers (HRL)? Wie sind die Reaktions- und Pufferzeiten?
- In welchem Zustand befinden sich das HRL im Allgemeinen und die Technik im Besonderen? Hintergrund: Mit zunehmendem Alter steigt die Ausfallwahrscheinlichkeit durch Verschleiß. Zur Klärung dieser Frage wäre ein neutrales Gutachten sehr hilfreich.
- Wie sieht es generell mit der Verfügbarkeit von Ersatzteilen für die Lagertechnik aus?
- Welches sind die besonders kritischen Teile? Verfügbarkeit dieser Teile?
- Wartungsverträge? Wird die Wartung von einem Dienstleister übernommen oder durch eigenes Personal? Wie sehen die Wartungsverträge aus?
- Notfallkonzept: Wie sieht das bestehende Notfallkonzept aus?

Der schlimmste anzunehmende Fall dürfte der Produktionsstillstand beim Auftraggeber sein. In einem solchen Fall geht es nicht nur um die daraus resultierenden direkten Kosten, sondern vor allen Dingen um die Lieferfähigkeit und damit die Erfüllung vertraglicher Verpflichtungen. Die Konsequenzen einer solchen Betriebsunterbrechung können in Umsatz- und Gewinnausfall, in an Kunden zu zahlende Vertragsstrafen, in Verlust von Kunden und in Reputationsverlust bestehen.

Die Eintrittswahrscheinlichkeit dieser Risiken steigt mit zunehmendem Alter der Lagertechnik. Die Auswirkungen im Falle des Risikoeintritts wären erheblich. Es ist davon auszugehen, dass sehr schnell mit einem Großschaden zu rechnen ist. Die Relevanz der Risiken ist daher enorm, weshalb Maßnahmen zur Risikovermeidung oberste Priorität haben müssen. In unserem Beispiel wäre ein umfassendes, detailliert ausgearbeitetes Notfallkonzept erforderlich. Leider stellt sich in der Praxis immer wieder heraus, dass ein solches Konzept überhaupt nicht oder nur in Teilen existiert.

In unserem Fall ist ein solches Notfallkonzept auch Voraussetzung für die Risikobewertung durch einen Verkehrshaftungsversicherer. Üblicherweise fällt die Funktionsfähigkeit der Lagertechnik in die Risikosphäre des Lagerhalters und damit des Logistikers. Ist er auf Grund technischer Schwierigkeiten nicht in der Lage, seine Aufträge zu erfüllen, haftet der Logistiker im Rahmen der vertraglichen Regelungen. In diesem Fall greift dieser Standard deutlich zu kurz. Dieses überwiegende Großschadenrisiko vermag der Logistiker selbst nicht zu schultern. Er ist auf den Risikotransfer an seinen Verkehrshaftungsversicherer angewiesen. Von hoher Bedeutung ist daher die Frage, ob, und wenn ja, unter welchen Auflagen und Einschränkungen dieser Versicherer bereit ist, Deckungsschutz zur Verfügung zu stellen.

Die Risikosituation verändert sich allein durch den Vorgang des Outsourcings in keiner Weise. Beide Parteien sollten daher die Frage der Haftung des Logistikers sehr genau und kritisch prüfen. Solange nicht einmal ein Notfallkonzept vorliegt, sollte dem Logistiker auf keinen Fall die Haftung für diese Risiken aufgebürdet werden. Das wäre nicht im Sinne einer dauerhaften und fairen Partnerschaft. Eine sich anbietende Lösungsmöglichkeit bestünde in einem umfassenden Haftungs- und Regressverzicht.

Sonstige Sachschäden

Neben dem Verlust oder der Beschädigung der Kundenware sind weitere sogenannte Sachschäden denkbar, beispielsweise Schäden am Gebäude oder anderen Einrichtungsgegenständen.

In dem Beispielsfall liegt das größte Risiko in einem vom Logistiker verursachten, auf die Produktionsstätte des Auftraggebers übergreifenden Schaden, zum Beispiel in Form eines Feuerschadens.

Das Outsourcing ändert auch in diesem Fall nichts an der Risikobewertung und den notwendigen Maßnahmen zur Risikosteuerung. Im Unterschied zu früher besteht nach dem Outsourcing jedoch eine Regressmöglichkeit gegen den Schadenverursacher.

Der Auftraggeber hat sein Eigentum und damit auch die Produktionsanlage inklusive der Gebäude auch weiterhin gegen das Risiko Feuer und/oder andere Gefahren versichert. Für diesen Versicherer verbessert sich die Situation durch das Outsourcing. Er verfügt nun über eine Regressmöglichkeit gegen den schadenverursachenden Lagerhalter. Diese Risikoverbesserung spiegelt sich in aller Regel nicht in Prämienersparnissen für den Auftraggeber wider. Im Gegenteil: Soll der Logistiker für von ihm verschuldete Feuerschäden haften, würde die Versicherungswirtschaft für ein und dasselbe Risiko zweimal Versicherungsprämie erhalten, denn der Logistiker ist gezwungen, dieses existenzbedrohende Haftungsrisiko zu versichern. Die anfallenden Versicherungskosten werden entweder in die Preise einkalkuliert oder gehen zu Lasten seiner Marge.

Als Alternative wäre ein Haftungsausschluss für den Logistiker möglich. Der Auftraggeber müsste in diesem Fall seinen Versicherer davon in Kenntnis setzen. Auswirkungen auf dessen Versicherungsvertrag sind nicht zu erwarten. Für den Versicherer ändert sich im Grunde die Risikosituation nicht.

Eine andere Möglichkeit bestünde in der Aufnahme des Logistikers in den Versicherungsvertrag des Auftraggebers als mitversicherte Partei.

16.3.6 Versicherungen

In diesem Kapitel werden die sich aus diesem Beispielsfall ergebenden besonderen versicherungsrelevanten Themen beleuchtet. Auch hier sei der Hinweis erlaubt, dass dieses Kapitel keine Beratung durch Versicherungsmakler oder andere Fachleute ersetzen soll oder kann. Ziel ist es, Denkanstöße zu geben und Lösungsansätze aufzuzeigen.

Versicherung der Güter

Der Auftraggeber hat seine Waren im Rahmen einer All-Gefahren-Versicherung versichert. Diese Versicherung deckt somit natürlich auch mögliche Großschäden, wie zum Beispiel Feuerschäden, ab. Art und Umfang dieser Versicherungsdeckung werden durch das Outsourcing nicht verändert.

Für den Versicherer verändert sich die Risikosituation nicht zum Negativen. Im Gegenteil: Deckungsumfang, versicherte Risiken, Versicherungssummen, Präventivmaßnahmen, Eintrittswahrscheinlichkeiten usw. bleiben unverändert. Durch die Vergabe der Lagerhaltung an einen externen Dienstleister besteht im Falle eines durch diesen Logistiker verschuldeten Güterschadens eine Regressmöglichkeit. Der Versicherer des Auftraggebers wird somit – zumindest theoretisch – bessergestellt. Dieser Umstand dürfte sich mit hoher Wahrscheinlichkeit nicht in der Höhe der vom Auftraggeber zu bezahlenden Versicherungsprämie widerspiegeln.

Anders der Logistiker. Er ist zwecks Vermeidung existenzbedrohender Risiken dazu gezwungen, sein Haftungsrisiko zu versichern.

Die Versicherungswirtschaft würde somit für ein und dasselbe Risiko zweimal die Versicherungsprämie kassieren. Outsourcing hat vor allen Dingen das Ziel, Kosten einzusparen. In unserem Fall würden jedoch höhere Kosten entstehen.

Zur Vermeidung dieser höheren Kosten bieten sich im Grunde zwei Lösungsmöglichkeiten an:

- Die Vertragsparteien vereinbaren einen umfassenden Haftungs- und Regressverzicht für alle Schäden, die durch die Sachversicherung des Auftraggebers gedeckt sind.
- Der Logistikdienstleister wird als Mitversicherter in den Versicherungsvertrag des Auftraggebers aufgenommen.

Beide Varianten erfordern ein partnerschaftliches Miteinander von Auftraggeber und Logistiker.

Versicherung der vom Logistiker zu übernehmenden Unternehmenswerte

Diese sind vor dem Outsourcing im Rahmen der Sachversicherung des Auftraggebers versichert. Die Vertragsparteien müssen Einigkeit darüber erzielen, ob der bestehende Versicherungsschutz fortgeführt werden soll. Im Falle von übergreifenden Sachschäden ist die Abwicklung aus einer Hand (ein Versicherer) immer von Vorteil. Im Übrigen würde für den Auftraggeber weiterhin vollständige Transparenz im Hinblick auf die Versicherungskosten bestehen.

Aus den genannten Gründen sollten Auftraggeber und Logistiker überlegen, ob es nicht sinnvoll ist, den bisherigen Versicherungsvertrag bestehen zu lassen. Es wäre in diesem Fall lediglich eine Ergänzung notwendig: Der Logistiker müsste als Mitversicherter in diese Police aufgenommen werden. Damit wäre sichergestellt, dass auch er im Schadenfall Ansprüche gegen den Versicherer geltend machen könnte.

Eine solche Regelung setzt ein entsprechendes Maß an Transparenz über den Inhalt des Versicherungsvertrages voraus – zum Beispiel über den Umfang der Versicherung, die Ausschlüsse vom Versicherungsschutz, wesentliche Obliegenheiten und die Höhe der Selbstbeteiligung.

16.3.7 Vertragsstrafen

In solchen oder ähnlich gelagerten Fällen ist die Vereinbarung von Vertragsstrafen nicht unüblich. Begründet wird die Forderung nach einer solchen Regelung meist mit dem vermeintlichen Anreiz für den Dienstleister, auch tatsächlich die versprochene Leistung zu erbringen. Die Sinnhaftigkeit solcher Regelungen darf dennoch durchaus bestritten werden.

Basis ist die Messung der Qualität der Leistung des Dienstleisters mittels Erhebung von definierten Kennzahlen. Sie werden mit vereinbarten Zielgrößen verglichen. Werden diese nicht erreicht, ist mit Konsequenzen in Form von Vertragsstrafen zu rechnen.

Die Messung der Qualität durch Erfassung von Kennzahlen stellt – sofern einfach und unbürokratisch möglich – für sich genommen kein Risiko dar, wird doch der Zweck verfolgt, Transparenz zu schaffen, verbunden mit dem Ziel, bestehende Mängel erkennen zu können und in der Folge abzustellen. Um diesen Nutzen überhaupt erreichen zu können, sind die dafür notwendigen Voraussetzungen zu schaffen. Dazu zählen unter anderem:

- Systemtechnische Gegebenheiten zur Messung der vereinbarten Kennzahlen. (In welchem System werden die Kennzahlen nach welchen Kriterien erfasst?)
- Die Vereinbarung der tatsächlich relevanten Kennzahlen.
- Ein gemeinsames Verständnis beider Parteien über die Bedeutung und den Inhalt der jeweiligen Kennzahl.
- Die zu vereinbarenden Zielgrößen müssen unter normalen Umständen erreichbar sein.

In unserem Beispielfall wäre durch den Logistiker kritisch zu hinterfragen, ob die zukünftig erwartete Leistung bereits regelmäßig in der geforderten Qualität erbracht wird. Liegen die Voraussetzungen für die Messung der Leistungskennzahlen bereits vor oder müssen diese erst geschaffen werden? Im Übrigen muss Transparenz über die Leistungskennzahlen der letzten drei bis fünf Jahre geschaffen werden.

Basis der zu erbringenden Leistungen, der Leistungskennzahlen, der zu erreichenden Zielgrößen und damit letztlich der gesamten Vertragsstrafenregelung ist die ausführliche Leistungsbeschreibung. Natürlich sind alle Abweichungen festzuhalten. In die Wertung dürfen jedoch nur die tatsächlich auch vom Logistiker verursachten Abweichungen einfließen. Auch aus diesem Grund ist die Definition der vom Auftraggeber zu erbringenden Vorleistungen erforderlich.

Sind die Voraussetzungen für die Einführung eines solchen Systems noch nicht vorhanden, könnte auch dieser Umstand für die Vereinbarung eines Zwei-Phasen-Modells sprechen: In der ersten Phase werden die Kennzahlen erstmals erfasst und gemeinsam bewertet. Ist das System eingespielt und zuverlässig, tritt Phase zwei mit der dazugehörigen Vertragsstrafenregelung in Kraft.

Zum Schluss noch zwei weitere, vor allen Dingen für den Logistiker wichtige Aspekte:

Vertragsstrafen zählen zu den nicht versicherbaren Risiken. Es handelt sich damit um ein rein kommerzielles Risiko.

Mit der Vereinbarung von Leistungskennzahlen werden die wesentlichen Vertragspflichten des Logistikers festgelegt. Sofern die vereinbarten Kennzahlen dauerhaft deutlich nicht erreicht werden, besteht zusätzlich zu der anfallenden Vertragsstrafe noch das Risiko der außerordentlichen Kündigung des Vertrages durch den Auftraggeber gepaart mit möglichen Schadenersatzansprüchen. Beide Parteien sollten auch über diesen Punkt nachdenken und entsprechende vertragliche Regelungen vereinbaren.

16.4 Zusammenfassung

Dieser Beispielfall birgt für beide Seiten nicht nur Chancen, sondern auch Risiken. Im schlimmsten Fall können diese sogar existenzbedrohend sein. Nicht nur der Logistikdienstleister muss sich daher mit den Risiken auseinandersetzen, sondern auch der Auftraggeber. Er ist auf eine zuverlässige und qualitativ hochwertige Logistik angewiesen. Anderenfalls wäre der eigene Unternehmenserfolg gefährdet.

Die besprochenen, unterschiedlichen Aspekte sollen aufzeigen, wie wichtig umfassendes Risikomanagement gerade in Outsourcing-Projekten für beide Vertragsparteien ist. Ganzheitliche und für beide Seiten gleichermaßen befriedigende Lösungen sind nur gemeinsam und in partnerschaftlichem Einvernehmen zwischen Auftraggeber und Dienstleister möglich.

Literatur

Hartel, D.H. (Hrsg.): Fallstudien in der Logistik – Praxisbeispiele aus Logistikdienstleistung, Industrie und Handel. BVL (Bundesvereinigung Logistik) Schriftenreihe Wirtschaft & Logistik, DVV Media Group GmbH, Deutscher Verkehrsverlag, Hamburg (2012)

Hector, B. (Hrsg.): Risikomanagement in der Logistik. Deutscher Verkehrsverlag, Hamburg (2006)

Siebrandt, M.: Professionelles Risikomanagement in der Logistik – Praxishandbuch mit Arbeitshilfen und Beispielen. DVV Media Group GmbH, Deutscher Verkehrsverlag, Hamburg (2010)
ten Hompel, M., Heidenblut, V.: Taschenlexikon Logistik. Abkürzungen, Definitionen und Erläuterungen der wichtigsten Begriffe aus Materialfluss und Logistik, 3. Aufl., Springer-Verlag, Berlin (2011)

Michael Siebrandt ist ausgebildeter Speditionskaufmann, Verkehrsfachwirt und zertifizierter Risikomanager. Außerdem ist er Autor des Handbuchs „Professionelles Risikomanagement in der Logistik". Seit 1986 ist er direkt oder im Umfeld des Wirtschaftsbereichs Logistik tätig. Zu seinen bisherigen beruflichen Stationen zählen ebenso Logistikunternehmen wie ein Versicherungsmakler und ein Erstversicherer.

Katastrophen- und Risikomanagement in der humanitären Logistik

17

Dorit Schumann-Bölsche

Inhaltsverzeichnis

D. Schumann-Bölsche (✉)
Hochschule Fulda, Fulda, Deutschland
E-Mail: dorit.schumann@w.hs-fulda.de

M. Huth, F. Romeike (Hrsg.), *Risikomanagement in der Logistik*,
DOI 10.1007/978-3-658-05896-8_17

17.1 Bedeutung, Zielsetzung und Zielgruppe des Beitrags

„Es ist wahrscheinlich, dass etwas Unwahrscheinliches passiert.“, so eine Aussage von Aristoteles, die sowohl für das Thema Risikomanagement als auch für die humanitäre Logistik Gültigkeit hat. Risikomanagement hat etwas mit Eintrittswahrscheinlichkeiten sowie mit Schadensausmaßen zu tun, und die humanitäre Logistik wird relevant, wenn Katastrophen mit bestimmten Wahrscheinlichkeiten und Schadensausmaßen eintreten können oder bereits eingetreten sind. Wenngleich Katastrophen zeitlich punktuell und lokal unwahrscheinlich sind, so sind sie im Zeitablauf und weltweit wahrscheinlich. Es hätte vorher kein Mensch nach Zeit, Ort und Ausmaß punktuell korrekt vorhersagen können, dass

- im Jahr 2010 durch das Erdbeben auf Haiti über 200 Tsd. Menschen sterben würden,
- im Jahr 2011 durch den Tsunami, das Erdbeben und die nachfolgenden Explosionen in Fukushima in Japan ein ökonomischer Schaden in Höhe von 210 Mrd. € entstehen würde und
- im Jahr 2013 durch den Zyklon Haiyan auf den Philippinen fast 8000 Menschen sterben würden (siehe auch Tab. 17.1 in Abschn. 17.2.2 mit den dort angegebenen Quellen).

Dass aber Katastrophen weltweit auftreten können, und zwar Naturkatastrophen ebenso wie technische Katastrophen, darüber liegen Erfahrungswerte und statistische Daten vor (vgl. z. B. CRED 2010–2014).

Dieser Beitrag richtet sich an alle Akteure in humanitären Supply Chains, insbesondere an Akteure mit Bezug zu logistischen Prozessen in diesen Supply Chains: Non-Governmental Organizations (NGOs), staatliche und politische Organisationen, UN-Organisationen sowie Privatunternehmen, zum Beispiel Logistikdienstleister, IT-Dienstleister, Handel, Industrie und Rohstofflieferanten (Bölsche 2009, S. 50 ff.; Cozzolino 2012, S. 33 ff.; Hellingrath et al. 2013, S. 335 ff.). Sie sollen für die Bedeutung des Katastrophen- und Risikomanagements im Rahmen der humanitären Logistik sensibilisiert werden. Dabei soll die nachfolgende Definition für die humanitäre Logistik gelten:

> Humanitarian Logistics is defined as the process of planning, implementing and controlling the efficient and [effective] flow and storage of goods and materials, as well as related information, from the point of origin to the point of consumption for the purpose of alleviating the suffering of vulnerable people.(Thomas und Kopczak 2005, S. 2 mit Anpassung: „effective“ anstelle von „cost-effective“)

Grundlegend werden nachfolgend Zusammenhänge zwischen Risiko(-management) und Katastrophen(-management) aufgezeigt, um darauf aufbauend die Einsatzpotenziale eines Risikomanagements für die humanitäre Logistik zu verdeutlichen. Durch ein systematisches Katastrophen- und Risikomanagement für die humanitäre Logistik sollen sowohl die Phase der Katastrophenbewältigung (Response) als auch die Phase der Katastrophenvorsorge (Preparedness) und die Zusammenhänge zwischen den beiden Phasen Beachtung finden, um so bei den logistischen Zielgrößen der humanitären Logistik – Logistikkosten und Logistikservice – hohe Zielerreichungsgrade im jeweiligen Zielsystem der beteiligten

Tab. 17.1 Auswirkungen weltweiter Naturkatastrophen in den Jahren 2009 bis 2013; die jeweiligen Maximalwerte sind hervorgehoben. (Quelle: Eigene Darstellung, zusammengestellt aus CRED 2010–2014 sowie www.emdat.be) (Bei abweichenden Werten in den Jahresberichten ist jeweils der aktuellste Wert übernommen worden)

Jahr	*Anzahl* Natur-katast-rophen	*Getötete* Menschen	*Betroffene* Menschen (in Millionen, gerundet)	*Ökonomische* Schäden (in Milliarden, gerundet)
2009	343	10.885 (davon 1117 Erdbeben Indonesien, 295 Erdbeben Italien)	199 (davon 39 Flut China)	48 (davon 5 Wintersturm Frankreich/Spanien und 2,5 Erdbeben Italien)
2010	*385*	*297.598* (davon *222.500 Erdbeben Haiti*, 55.736 Hitzewelle Russland)	217 (davon 134 Flut China, 20 Flut Pakistan, 4 Erdbeben Haiti)	124 (davon 30 Flut Chile, 18 Flut China, 8 Erdbeben Haiti, 6 Wintersturm Europa)
2011	332	30.773 (davon 19.846 Tsunami/Erdbeben Japan, 604 Edbeben Türkei	*245* (davon 68 Flut China, *159 China gesamt* durch weitere Fluten, Dürren und Stürme)	*366* (davon *210 Tsunami/Erdbeben Japan*, 40 Flut Thailand)
2012	357	9655 (davon 1901 Zyklon Philippinen, 480 Flut Pakistan)	125 (davon 17 Flut China, 45 China gesamt durch weitere Fluten und Stürme)	157 (davon 50 Hurricane Sandy USA, 20 Dürre USA, 16 Erdbeben Italien)
2013	315	22.279 (davon 7986 Zyklon Philippinen, 6054 Flut Indien, 760 Hitzewelle GB)	95 (davon 27 China, 25 Pakistan)	116 (davon 38 China, 18 Deutschland)

Akteure zu erzielen (zum Beispiel Bölsche 2009, S. 78 und 86). Dadurch erhalten Akteure in der humanitären Logistik eine Vorstellung über den möglichen Auf- und Ausbau eines eigenen, aber auch übergreifenden Katastrophen- und Risikomanagementsystems, wobei „übergreifend" in vielfältiger Art verstanden werden kann, zum Beispiel im Sinne von länderübergreifend, branchenübergreifend und/oder prozessübergreifend. Organisationen, die sich bereits mit Themen wie Risiken/Katastrophen oder humanitärer Logistik befassen, können die Überlegungen dieses Beitrags zum Anlass nehmen, die Themen Risikomanagement, Katastrophenmanagement und humanitäre Logistik stärker miteinander zu verzahnen. Angesprochen sind damit zum Beispiel international und branchenübergreifend tätige Akteure wie das Logistics Cluster (www.logcluster.org) des United Nations World Food Programme (UN WFP) oder EU-weite Entwicklungen im Bereich der EU-Horizon 2020 Forschungsprogramme, insbesondere im Bereich der Katastrophen-Resilienz (http://ec.europa.eu/programmes/horizon2020/, mit Links zu Ausschreibungen und Dokumenten im Bereich Disaster Resilience).

17.2 Risiken und Katastrophen

17.2.1 Risiko: Begriffsdefinition

In diesem Buch ist der Begriff des Risikos bereits mehrfach behandelt worden (siehe vor allem die grundlegende Auseinandersetzung mit dem Begriff in Abschn. 3.2). Aus diesem Grund sollen an dieser Stelle lediglich kurze Begriffserläuterungen gegeben werden, nicht aber eine ausführliche Begriffsherleitung erfolgen. Als Risiko im weiteren Sinn soll die Gefahr einer negativen Abweichung tatsächlicher Größen von geplanten Größen verstanden werden. Im Falle positiver Abweichungen wird der Begriff der Chance verwendet. Sofern sich Eintrittswahrscheinlichkeiten solcher Abweichungen ermitteln lassen, so wird von Risiko im engeren Sinn (i. e. S.) gesprochen, andernfalls von einer Situation der Ungewissheit. Risiken i. e. S. lassen sich formal normativ durch eine Multiplikation der möglichen Schadensausmaße mit den jeweiligen zugehörigen Eintrittswahrscheinlichkeiten quantifizieren (zusammengestellt u. a. aus Ammann 2011, S. 194; Kulmhofer 2007, S. 9 ff.; Schulte 2013, S. 705; Tandler 2013, S. 197 f.).

17.2.2 Katastrophen: Begriffsdefinition und Auswirkungen

Ebenso wie für den Begriff des Risikos gibt es auch für Katastrophen mehrere Definitionen (Adam 2006, S. 59 ff.). In diesem Beitrag wird der Begriffsdefinition des Centre for Research on the Epidemiology of Disasters (CRED) gefolgt; dieses Institut erstellt die Emergency Database sowie die statistischen Jahresberichte für weltweite Katastrophen; hierzu zählen sowohl Naturkatastrophen als auch technische Katastrophen (www.emdat.be sowie CRED 2010–2013).

> A disaster is a situation or event which overwhelms local capacity, necessitating a request to a national or international level for external assistance; an unforeseen and often sudden event that causes great damage, destruction and human suffering.(Guha-Sapir et al. 2014, S. 7)

Katastrophen werden in den Statistiken des CRED mit ihren Auswirkungen auf Menschen und mit einer Dokumentation der ökonomischen Schäden erfasst, und zwar immer dann, wenn mindestens eines der folgenden Kriterien erfüllt ist beziehungsweise Schwellenwerte überschritten sind (Guha-Sapir et al. 2014, S. 7 f.):

- Zehn oder mehr Menschen werden als getötet gemeldet.
- 100 oder mehr Menschen werden als betroffen gemeldet (Menschen, die sofortige Hilfe benötigen, insbesondere verletzte, heimatlose, evakuierte Menschen).
- Deklaration durch einen Staat als Notfall.
- Ruf nach internationaler Hilfe.

Eine Zusammenfassung der Jahresstatistiken zeigt Tab. 17.1 mit den finanziellen Schäden und Auswirkungen auf Menschen, die in den Jahren 2009–2013 durch Naturkatastrophen verursacht worden sind. Hinzu kommen technische Katastrophen sowie Folgen von Krisen und Kriegen.

Die oben angegebenen Begriffsdefinitionen verdeutlichen, dass zwischen Risiken und Katastrophen enge Zusammenhänge bestehen. Mit „unforseen and often sudden event" in der Katastrophendefinition werden Risiken mit Eintrittswahrscheinlichkeiten als Ursache für spätere Schäden angesprochen; und mit „great damage, destruction and human suffering" finden die negativen Wirkungen beziehungsweise Schadensausmaße dieser Katastrophen Berücksichtigung. In den vorliegenden Situationen der Unsicherheit stellen Katastrophen demnach Risiken dar. Die Schadensausmaße lassen sich nicht vorhersagen, sondern nur durch Prognosen abschätzen. Ein Blick auf Tab. 17.1 dokumentiert, dass das jährliche Auftreten von Naturkatastrophen mit erheblichen Auswirkungen auf Menschen und/oder die Wirtschaft als sehr wahrscheinlich angesehen werden kann.

17.2.3 Katastrophenarten und Auswirkungen

Die Art der Katastrophen, ihre Eintrittswahrscheinlichkeiten sowie Auswirkungen unterscheiden sich gravierend (Ammann 2011, S. 194–197). So gibt es (siehe Kategorisierungen in Guha-Sapir et al. 2014)

- akute Katastrophen, wie Erdbeben, Tsunamis und Vulkanausbrüche, deren Eintritt mittel- bis langfristig kaum vorhersagbar ist (teilweise sind Vorhersagen nur im Sekunden-, Minuten- oder Stundenbereich möglich), und
- permanente Katastrophen, wie Dürren und dadurch verursachte Hungerkatastrophen, deren Eintritt in einigen Gebieten, wie der afrikanischen Sahel-Zone, sich über mehrere Jahre erstrecken kann und die mit hoher Eintrittswahrscheinlichkeit regelmäßig auftreten können (Dürren tauchen in Tab. 17.1 als Beispiele nicht auf, da die Auswirkungen erst über die Jahre summiert Höchstwerte in den Schadensausmaßen annehmen).

Wenngleich die Auswirkungen permanenter Katastrophen in Tab. 17.1 nicht explizit erkennbar sind, so ist die Hungersituation in 20 Ländern der Welt sehr ernst oder gravierend (IFRI 2012, S. 7 f.). Die aktuellen Schätzungen der UN besagen, dass weltweit etwa 870 Mio. Menschen hungern, 852 Mio. von ihnen leben in Entwicklungsländern. Im ersten Millenniumsentwicklungsziel der UN wird unter anderem eine Halbierung des Anteils der hungernden Weltbevölkerung zwischen 1990 und 2015 angestrebt. Der aktuelle Bericht über die Erreichung der Millenniumsentwicklungsziele zeigt jedoch, dass der Anteil der hungernden Menschen in Schwellen- und Entwicklungsländern bei etwa 15 % stagniert. Besonders gravierend ist die Situation in Sub-Sahara Afrika mit einem 27 %igen Anteil unterernährter Menschen. Das Millenniumsentwicklungsziel für diese Region wurde für das Jahr 2015 unterhalb von 20 % formuliert und ist damit nicht mehr erreichbar (Bölsche und Herbinger 2014; FAO 2013, S. 67; UN 2013, S. 10; Welthungerhilfe 2013, S. 2). Auch dieser Absatz zeigt den Zusammenhang zwischen Katastrophe (Dürre beziehungsweise Hunger) und Risiko. Die Eintrittswahrscheinlichkeit für das Verfehlen des Millenniumsentwicklungsziels liegt bei nahezu 100 %; mit verheerenden Auswirkungen auf die Menschen in Sub-Sahara Akrika (eine Aufbereitung der statistischen Datengrundlagen für Tansania findet sich in Ngewe 2011, S. 227 ff.).

Durch die Kombination mehrerer Ereignisse werden Katastrophen komplex, und die Auswirkungen nehmen tendenziell ein höheres Niveau an. Als Beispiele können hier benannt werden (Bölsche und Herbinger 2014; CRED 2010, S. 15 mit dem Spezialthema „Storms in Europe and Asia"; CRED 2012, S. 18 mit dem Spezialthema „Drought and the complexity of its impacts")

- die Verstärkung von Dürren, Hunger und Kriegen/Konflikten in Afrika,
- die Kombination aus langfristiger Klimaerwärmung und der Stärke von Stürmen sowie
- die Kombination von Naturkatastrophen mit technischen Katastrophen, wie in Fukushima, Japan im Jahr 2011.

Je nachdem, ob eine Katastrophe in einem ökonomisch weit entwickelten Land auftritt oder in einem Schwellen- oder Entwicklungsland, sind die Auswirkungen nach Art und Höhe unterschiedlich: In Schwellen- und Entwicklungsländern sind stärkere Auswirkungen auf das Leben und die Gesundheit der Menschen zu erwarten, während Katastrophen in industrialisierten Ländern höhere ökonomische Auswirkungen verursachen. Tabelle 17.1 gibt hierzu repräsentative Beispiele: Mehr als 200.000 Todesopfer forderte das Erdbeben auf Haiti im Jahr 2010 (in Entwicklungsländern ist aufgrund schadensanfälliger Bausubstanzen im Vergleich zu Industrieländern mit zehn bis 100 mal mehr Toten in Bezug auf die Gesamtbevölkerung zu rechnen; Ammann 2011, S. 196); die ökonomischen Folgen sind in absoluten Werten gemessen vergleichsweise gering. Demgegenüber sind in Fukushima in Japan zuvor nicht bekannte ökonomische Schäden in Höhe von 210 Mrd. € entstanden.

17.2.4 Katastrophen und Risiken als Grundlage für Katastrophen- und Risikomanagement

Für den Aufbau eines Katastrophen- und Risikomanagements sind die in diesem Kapitel exemplarisch angegebenen Daten von hoher Bedeutung. Denn sie stehen stellvertretend für Erfahrungswerte und statistische Datengrundlagen, mit denen sich Wissenschaft und Praxis Eintrittswahrscheinlichkeiten und Schadensausmaßen nähern können. So kann die Wahrscheinlichkeit, dass in 2014 und in den Folgejahren jährlich 300 und mehr Katastrophen weltweit auftreten werden, als sehr hoch eingeschätzt werden; ebenso ist die Wahrscheinlichkeit sehr hoch, dass China von Stürmen und Fluten, Pakistan von Erdbeben und Überschwemmungen sowie Europa von Stürmen und Fluten betroffen sein wird; und das

Verfehlen des Millenniumsziels der UN für die hungernde Bevölkerung in Sub-Sahara Afrika gilt als nahezu sicher.

Wenn ein Risiko als Gefahr einer negativen Abweichung tatsächlicher Größen von geplanten Größen verstanden wird, dann sind die in diesem Kapitel skizzierten Datengrundlagen und daraus ermittelten Größen als Planungsgrundlage für das Katastrophen- und Risikomanagement von hoher Bedeutung. Es bedarf demnach fundierter statistischer Analysen auf Basis der vorhandenen Daten, die bislang lediglich für einzelne Regionen – nicht aber weltweit – vorliegen. Je weniger Analysen und Prognoserechnungen für die Planung vorliegen, desto weniger kann bereits vorbeugend im Rahmen der Katastrophenvorsorge gehandelt werden und desto kostenintensiver können Maßnahmen in der Katastrophenbewältigung werden. Hierbei ist zu beachten:

> Emergency response is extremely costly. It is estimated that every dollar spent on prevention today saves four dollars in emergency response tomorrow. There is no economic sense in spending money on emergency response alone. Years of investment can disappear in minutes if risk reduction and prevention are ignored.(Larson 2011, S. 15)

Aus den angegebenen Gründen widmen sich die nachfolgenden Kapitel einem Katastrophen- und Risikomanagement, das sowohl die Phase der Katastrophenbewältigung als auch die Phase der Katastrophenvorsorge berücksichtigt. Die Zielgrößen der humanitären Logistik bilden im Rahmen dieser Überlegungen eine wichtige Grundlage, denn Planung – und damit auch die Abweichung von geplanten Größen – kann nur auf der Grundlage von Zielen erfolgen. Und dies sind in der humanitären Logistik die beiden – häufig konfliktären – Zielgrößen (Bölsche 2009, S. 88; Schulte 2013, S. 7 ff.):

- Logistikkosten: zum Beispiel Kosten für Lebensmittel, Kosten für die Errichtung der logistischen Leistungsbereitschaft, Personalkosten, Kapitalbindungskosten.
- Logistikservice: zum Beispiel zeitnahe und zuverlässige Versorgung der Bevölkerung, Flexibilität in Bezug auf die Rahmenbedingungen wie zerstörte Infrastruktur und politische Rahmenbedingungen, Informationsbereitschaft und -fähigkeit.

17.3 Entwicklung eines integrierten Katastrophen- und Risikomanagements

Die in diesem Beitrag herausgearbeiteten Zusammenhänge zwischen Katastrophen und Risiken gelten gleichermaßen für Katastrophen- und Risikomanagement, die beide den Charakter von Kreisläufen aufweisen. Zielsetzung des Katastrophenmanagements ist das Verhindern, Verringern und Begrenzen menschlicher, physischer, wirtschaftlicher und ökologischer Verluste, die im Zusammenhang mit Katastrophen (potenziell) erlitten werden (Bölsche 2009, S. 45; Tufinkgi 2006, S. 97).

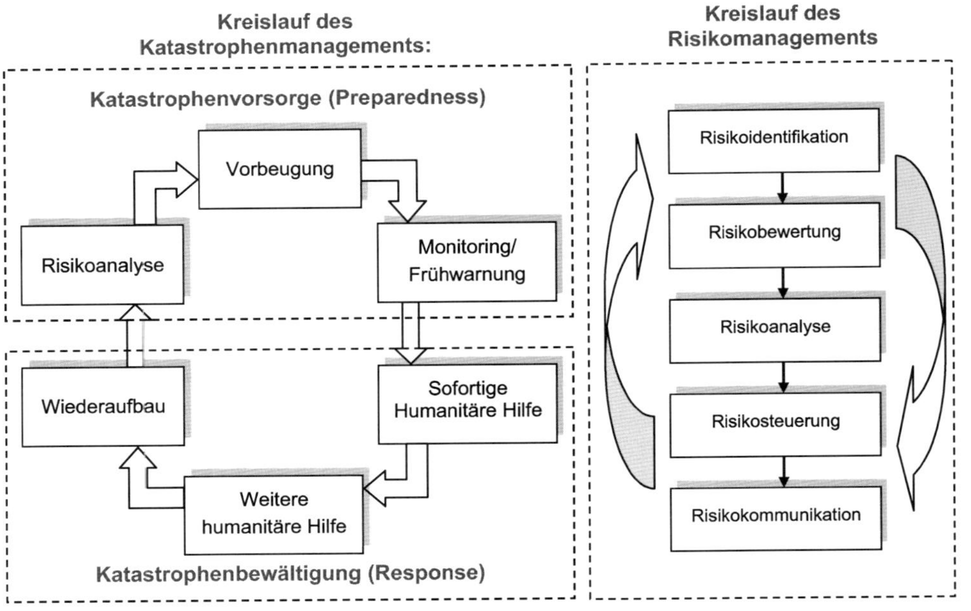

Abb. 17.1 Katastrophenmanagement als Kreislauf und Risikomanagement als Kreislauf. (Quellen: BKK 2014; Bölsche 2009, S. 46; Kulmhofer 2007, S. 52; Schulte 2013, S. 708)

Während sich das Katastrophenmanagement aus den Phasen einer Katastrophenvorsorge und -bewältigung (vgl. Abb. 17.1, linker Teil) zusammensetzt, handelt es sich beim Risikomanagement um einen Kreislauf mit den Phasen Risikoidentifikation, Risikobewertung, Risikoanalyse, Risikosteuerung und Risikokommunikation (vgl. Abb. 17.1, rechter Teil). Als kontinuierlich ablaufendes, systematisches Verfahren mit Blick auf die Möglichkeiten einer Reduzierung beziehungsweise Akzeptanz von Risiken, führt es zum zielgerichteten Umgang mit Risiken. Die Einteilung und Benennung der Phasen unterscheidet sich teilweise in den vorliegenden Quellen (so sprechen zum Beispiel einige Autoren beim Katastrophenmanagement von drei Phasen – Vorsorge, Intervention und Instandsetzung); die Grundgedanken und -aussagen sind aber vergleichbar (Adam 2006, S. 89 ff.; Ammann 2011, S. 197 f.; BKK 2014; Bölsche 2009, S. 45 ff.; Kulmhofer 2007, S. 52 ff.; Schulte 2013, S. 707 ff.). Zusammenhänge der beiden Managementkonzepte sind erkennbar, denn im Falle der humanitären Logistik befasst sich das Risikomanagement mit Katastrophen und deren Auswirkungen und das Katastrophenmanagement beinhaltet unter anderem Risikoanalysen.

Während die humanitäre Hilfe und der Katastrophenschutz traditionell stärker mit Begriffen des Katastrophenmanagements vertraut sind, handelt es sich beim Risikomanagement eher um die Begriffswelt privatwirtschaftlich orientierter Unternehmen. In den organisationsübergreifenden Supply Chains der humanitären Logistik arbeiten beide Gruppen von Organisationen zusammen, sodass eine Integration der beiden eng miteinander verwandten Ansätze sinnvoll ist. Des Weiteren weist zum Beispiel Larson in „Risky business – what humanitarians can learn from business logisticians – and vice versa“ darauf hin, dass sich Methoden des Supply Chain Risk Management aus der Privatwirtschaft durchaus für die humanitäre Logistik eignen (Larson 2011, S. 15 f.). Zugleich ermöglicht ein Wissenstransfer aus dem humanitären Sektor in die Unternehmenswelt, zu lernen, wie man schnell und flexibel auf veränderte Rahmenbedingungen reagieren kann. Mit dem Thema „Cross Sector Cooperation in Disaster Relief Management“ befasst sich ein Buch zur Humanitären Logistik mit Schnittstellenthemen zum Katastrophen- und Risikomanagement (Cozzolino 2012).

Nachfolgend wird eine Zusammenführung eines integrierten Katastrophen- und Risikomanagements vorgenommen (vgl. Abb. 17.2). Dabei findet auch Berücksichtigung, dass sich die humanitäre Logistik – trotz vieler Fortschritte in den vergangenen Jahren – immer noch zu wenig mit der Katastrophenvorsorge vor dem Eintritt einer Katastrophe befasst. In diesem Zusammenhang erklärt Ammann: „Katastrophenhilfe setzt häufig zu spät ein.“ (Ammann 2011, S. 193) Logistik, Wissenstransfer, Aus- und Weiterbildung,

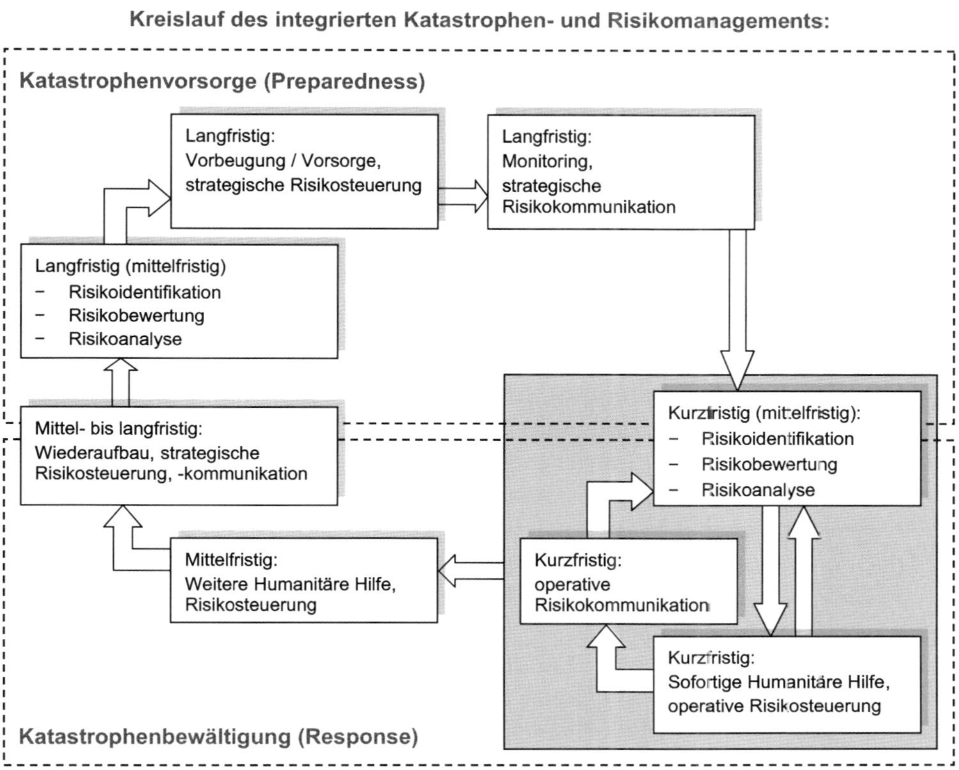

Abb. 17.2 Integriertes Katastrophen- und Risikomanagement. (Quelle: Eigene Darstellung)

finanzielle Ressourcen und übergreifende Zusammenarbeit werden als Schlüsselbausteine einer Katastrophenvorsorge benannt (Tomasini und van Wassenhove 2009, S. 55 ff.).

In Abb. 17.2 tauchen alle Begriffe aus Abb. 17.1 nun in einem integrierten Konzept auf. Die kurzfristig ausgerichteten Bestandteile des Katastrophen- und Risikomanagements werden in einem eigenen Regelkreis dargestellt (graues Feld), der bei Bedarf in kurzen Zeitabständen mehrfach durchlaufen wird. Dieser operativ ausgerichtete Regelkreis ist in ein strategisches Katastrophen- und Risikomanagement eingebunden, das langfristig ausgerichtet ist und sich stärker der Vorsorge und Vorbeugung widmet. Geeignete Maßnahmen der mittel- bis langfristigen strategischen Risikosteuerung beziehungsweise Katastrophenvorsorge sollten so ausgerichtet sein, dass im Falle des tatsächlichen Eintritts einer Katastrophe die negativen Auswirkungen weniger gravierend sind.

Auch wenn die Begriffe des operativen und strategischen Risikomanagements jeweils identisch sind, so unterscheiden sie sich doch in ihren Inhalten. So sollte die strategische Risikoidentifikation, -bewertung und -analyse zum Beispiel auf der Grundlage statistischer Daten, wie der Emergency Database des CRED, erfolgen, und die Bewertung sowie Analyse der Risiken sollte fundiert auf Basis von Risikoerwartungswerten, Prognoserechnungen, Simulationen und Szenarioanalysen vorgenommen werden. Im Bereich des operativen Risikomanagements sind solche methodischen Fundierungen aufgrund des Zeitdrucks in der Regel nicht möglich und sinnvoll – Beurteilungen müssen häufig spontan „auf den ersten Blick" erfolgen. Dennoch sollten auch mittel- bis kurzfristig methodische Fundierungen nicht ausgeschlossen werden. So eignet sich das Konzept der schwachen Signale zum Beispiel dazu, ein Katastrophenereignis früher zu erkennen und damit den zeitlichen Vorlauf für die humanitären Hilfsmaßnahmen beziehungsweise die operative Risikosteuerung zu verlängern (vgl. zum Beispiel Tandler 2013, S. 210 ff.). Aus diesem Grund hat der grau unterlegte Kreislauf des operativen Katastrophen- und Risikomanagements auch Überlappungen zur strategisch ausgerichteten Katastrophenvorsorge. Das Monitoring und die Risikokommunikation sollten strategisch in ein Berichtswesen für Entscheidungsträger eingebunden sein, während operativ teilweise „auf Zuruf" agiert werden muss. Die Maßnahmen der Risikosteuerung werden im nachfolgenden Kapitel näher betrachtet.

Das in Abb. 17.2 vorgestellte integrierte Katastrophen- und Risikomanagement bietet für Organisationen der humanitären Hilfe den Vorteil, dass sich die Methoden des Risikomanagements aus der Privatwirtschaft (vgl. die vorangehenden Kapitel in diesem Buch) in die Kenntnisse zum Katastrophenmanagement einbinden lassen. Für privatwirtschaftlich orientierte Unternehmen lassen sich Überlegungen des Katastrophenmanagements in die bekannten Konzepte des Risikomanagements einbauen. Durch diesen Wissenstransfer lassen sich Risiken mit ihren Ausprägungen, Eintrittswahrscheinlichkeit und Schadensausmaß, für beide Branchen und auch branchenübergreifend für Supply Chains und humanitäre Logistikketten reduzieren. Voraussetzung sind Maßnahmen der Risikosteuerung, die in geeigneter Weise mit ihrer operativen und strategischen Ausrichtung miteinander verzahnt werden. Dieser Blick auf mögliche Maßnahmen der Risikosteuerung wird im nachfolgenden Abschnitt – mit besonderem Blick auf die Zielgrößen der humanitären Logistik – vertieft.

Einige Anpassungen sind jedoch vorzunehmen, wenn Methoden des Risikomanagements aus der privatwirtschaftlich ausgerichteten Logistik auf die humanitäre Hilfe übertragen werden. So sind die Auswirkungen von Risiken nicht nur ökonomisch zu erfassen, zu bewerten, zu analysieren, zu steuern und zu kommunizieren, sondern auch mit ihren Auswirkungen auf die Gesundheit und das Leben von Menschen (ergänzend gegebenenfalls auch mit ihren sozialen und politischen Auswirkungen). Des Weiteren ist die Kategorisierung von Risiken aus dem wirtschaftlichen Bereich an geeignete Kategorien aus dem Katastrophenmanagement anzupassen oder zu ergänzen, zum Beispiel eine Integration von Katastrophenarten, wie sie in diesem Beitrag skizziert worden sind (vgl. European Commission 2010).

17.4 Einsatzpotenziale des Katastrophen- und Risikomanagements für die humanitäre Logistik

Nach der Entwicklung des integrierten Katastrophen- und Risikomanagements sollen nun die Potenziale für die humanitäre Logistik herausgearbeitet werden (Definition und Zielgrößen der humanitären Logistik siehe Abschns. 17.2.1 und 17.2.2). Eine Konzentration auf den Bereich der humanitären Logistik ist sinnvoll, denn

> [die humanitäre] Logistik ist als der zentrale Faktor in der Katastrophenhilfe einzustufen. So sorgt die Logistik dafür, dass die betroffenen Personen schnellstmöglich mit Nahrung, Medizin und Unterkünften versorgt werden. Gleichzeitig sind die lokalen Infrastrukturen meist teilweise oder vollständig zerstört und müssen wieder aufgebaut werden [...] Die Logistik stellt den größten Kostenfaktor in der Katastrophenhilfe dar. So beläuft sich der Anteil Logistik-bezogener Ausgaben in der Nothilfe auf 40–60 % [...].(Hellingrath et al. 2013, S. 331)

Demnach beeinflussen die Erreichungsgrade der Zielgrößen der humanitären Logistik – Logistikkosten und Logistikservice – maßgeblich die Auswirkungen von Katastrophen auf betroffene Menschen sowie die ökonomischen Folgen von Katastrophen. Die Evaluationen des Logistics Clusters, die regelmäßig durch das UN World Food Programme durchgeführt werden, dokumentieren Schwachstellen und damit Risiken, die in der humanitären Logistik bestehen. Hierzu zählen zum Beispiel für die Einsätze in Haiti, den Süd-Sudan und weitere Katastrophengebiete Schwachstellen im Bereich der Beschaffungslogistik und der Zollabwicklung, fehlende Logistikkapazitäten, Serviceprobleme bei kleineren Hilfsorganisationen und Koordinationsprobleme (UN WFP 2012). Ein integriertes Katastrophen- und Risikomanagement kann dazu beitragen, Logistikkosten zu reduzieren und/oder den Logistikservice zu verbessern. Beides kann Menschenleben retten beziehungsweise die Gesundheit von Menschen erhalten. Wenn es gelingt, Logistikkosten (beziehungsweise Risiken in Bezug auf die Logistikkosten) zu reduzieren, so stehen mehr Mittel für die Kernaufgaben der humanitären Hilfe zur Verfügung. Sofern es gelingt, den

Logistikservice zu erhöhen (beziehungsweise Risiken in Bezug auf den Logistikservice zu reduzieren), so erreichen die richtigen Hilfsgüter (nach Art, Menge und Qualität) schneller die betroffenen Orte und Menschen.

Wird das Katastrophen- und Risikomanagement auf die humanitäre Logistik ausgerichtet, so sind als Risiken all diejenigen zu identifizieren, zu bewerten und zu analysieren, die Logistikkosten und Logistikservice beeinflussen beziehungsweise Abweichungen von geplanten Logistikkosten und -servicegrößen für die jeweils beteiligten Akteure darstellen. Als typische Risiken der humanitären Logistik gelten:

- Nahrungsmittelverluste und Verluste bei Medikamenten während der Lagerung und/ oder während des Transports mit unterschiedlichen Ursachen, zum Beispiel begrenzte Haltbarkeit, Diebstahl.
- Transportkostenerhöhung, da aufgrund einer Knappheit von Transportangeboten nach dem Eintritt einer Katastrophe Logistikdienstleister die Transportpreise erhöhen.
- Lieferzeitverzögerungen aufgrund von Verzögerungen bei der Zollabwicklung.
- Folgen der Korruption: Logistikkostenerhöhung oder zeitliche Verzögerungen.
- Nicht gewünschte Sachspenden nehmen Logistikkapazitäten in Anspruch (Kosten der Entsorgung; Servicebeeinträchtigungen sind die Folge).
- Lieferengpässe bei Lieferanten für benötigte Hilfsgüter.
- Fehlende Kapazitäten (Logistik, IT ...) erfordern einen teuren Einkauf der Kapazitäten oder verringern den Service.
- Zerstörung der Infrastruktur durch eine Katastrophe (Häfen, Flughäfen, Brücken, Straßen ...) mit Folgen für Kosten und Service.
- Stromausfall, Netzausfall und fehlende Energie können den Logistikservice beeinträchtigen.
- Koordinationsprobleme (Kommunikation und Sprache, Interkulturalität, Kultur unterschiedlicher Branchen) zwischen den Akteuren der humanitären Logistikkette erhöhen die Kosten oder führen zu einer Beeinträchtigung des Service.
- Know-how- und Bildungsprobleme mit vielfältigen Folgen für Logistikkosten und Logistikservice.

Die Auflistung der identifizierten Risiken ist weder vollständig noch ist sie als Prioritätenliste zu verstehen. Sie soll dazu beitragen, ein Verständnis für charakteristische Risiken der humanitären Logistik zu entwickeln. Identifiziert werden können diese Risiken unter anderem durch Ergebnisveröffentlichungen des Arbeitskreises Humanitäre Logistik der Bundesvereinigung Logistik oder durch die bereits benannten Evaluationen des UN World Food Programme (siehe zum Beispiel Baumgarten et al. 2011; UN WFP 2012). Diese Risiken lassen sich mit den bekannten Methoden der Risikobewertung (zum Beispiel Risikoerwartungswerte, Risikoportfolios, Simulationen, Szenario-Berechnungen), die in diesem Sammelband in den vorangehenden Kapiteln bereits ausführlich vorgestellt worden sind, bewerten und mit ihren Auswirkungen auf Logistikkosten und Logistikservice sowie mit

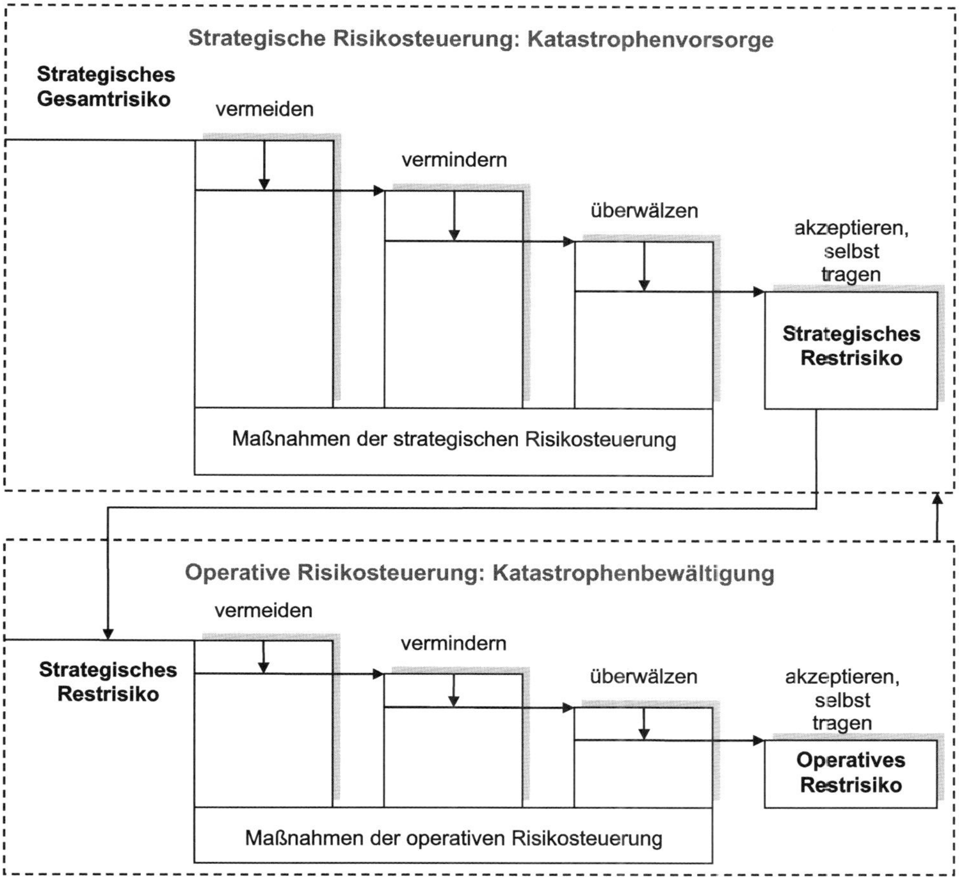

Abb. 17.3 Strategische und operative Risikosteuerung. (Quelle: Eigene Darstellung, entwickelt aus Kulmhofer 2007, S. 91; Schulte 2013, S. 708–710)

den weitergehenden Folgen für die betroffenen Menschen, die Wirtschaft und die Politik analysieren.

Um die Einsatzpotenziale des Katastrophen- und Risikomanagements für die humanitäre Logistik erschließen zu können, sind die Maßnahmen der Risikosteuerung von besonderer Bedeutung, denn von allen benannten Phasen des Risikomanagements, von der Identifikation bis zur Kommunikation, ist die Risikosteuerung diejenige Phase, durch die eine Verringerung des Risikoniveaus angestrebt wird. Dieses Bestreben wird durch Abb. 17.3 dargestellt. Dabei werden bekannte Darstellungen aus dem Risikomanagement von Unternehmen im Sinne eines integrierten Katastrophen- und Risikomanagements erweitert. Neu in der Darstellung sind die Unterteilung in operative und strategische Risiken sowie der Bezug zu den Phasen des Katastrophenmanagements (Vorsorge und Bewältigung). Das strategische Gesamtrisiko der humanitären Logistik sollte durch Vermeidung, Verminderung und Überwälzung der identifizierten Risiken bis auf ein strategisches Restrisiko reduziert werden. Da durch eine Katastrophenvorsorge für die humanitäre Logistik nicht alle Eventualitäten ausgeschlossen werden können beziehungsweise dies aus wirtschaftlichen Gründen nicht mehr sinnvoll ist, verbleibt ein strategisches Restrisiko. Dieses kann operativ im Rahmen der Katastrophenbewältigung gegebenenfalls noch weiter reduziert werden – die Handlungsmöglichkeiten sind nun aber aufgrund des Zeitdrucks begrenzt, sodass auch operativ ein Restrisiko verbleibt. Wechselwirkungen zwischen operativen und strategischen Maßnahmen der Risikosteuerung sind bei der Umsetzung zu beachten.

> Entscheidend ist, dass alle möglichen Maßnahmen in die Planung einbezogen und nach gleichen und transparenten Kriterien beurteilt werden. Dabei ist auch der unterschiedlichen Wirkungsweise, der Funktionssicherheit und Bewährung, aber auch der zeitlichen Wirksamkeit der Maßnahmen Rechnung zu tragen.(Ammann 2011, S. 2011)

Nachvollziehbar werden Maßnahmen der Risikosteuerung und ihre Einsatzpotenziale für die humanitäre Logistik, wenn Best Practice-Lösungen benannt werden. Die folgenden Beispiele aus der humanitären Logistik richten sich zugleich auf Abb. 17.2 und 17.3. Mit Blick auf Abb. 17.2 und das dort dargestellte integrierte Kreislaufmodell lassen sich die Maßnahmen der strategischen Risikosteuerung dem Feld oben links in der Katastrophenvorsorge zuordnen (langfristig: Vorbeugung/Vorsorge, strategische Risikosteuerung). Die operative Risikosteuerung befindet sich im Feld unten rechts in der Katastrophenbewältigung (kurzfristig: sofortige humanitäre Hilfe, operative Risikosteuerung). Mit Blick auf Abb. 17.3 handelt es sich um strategische und/oder operative Maßnahmen, die dazu beitragen können, Risiken der humanitären Logistik zu reduzieren:

- Durch die Projekte Get Airports Ready for Disaster (GARD) beziehungsweise Get Seaports Ready for Disaster (GSRD) wird im Sinne eines strategischen Risikomanagements an Flug- und Seehäfen in potenziell gefährdeten Gebieten eine logistische Leistungsbereitschaft für den Katastrophenfall aufgebaut. Hierzu zählen Infrastruktur, Vorbereitung der logistischen Abläufe, Schulungen und weitere Maßnahmen. Dabei arbeiten internationale Unternehmen, Hilfsorganisationen und Akteure vor Ort eng zusammen. Auch wenn diese Projekte zunächst lediglich Kosten verursachen, so zeigt sich langfristig, dass die logistischen Zielerreichungsgrade im Falle von tatsächlichen Katastrophenfällen erheblich gesteigert werden (Hellingrath et al. 2013, S. 350 f.).
- Weitere Beispiele lassen sich für den Aufbau einer logistischen Leistungsbereitschaft – im Sinne eines strategisch ausgerichteten Risikomanagements – benennen, hierzu zählen die Emergency Response Units der Rotkreuzbewegung mit dem mobilen Rotkreuz-Krankenhaus (60 bis 144 Betten und zahlreiche Stationen), Basisgesundheitsstationen (für bis zu 30.000 Menschen) sowie Anlagen der Trinkwasseraufbereitung und

der Seuchenvorsorge. Diese Einheiten werden in Modulen verpackt in Berlin-Schönefeld gelagert und lassen sich im Falle einer Katastrophe innerhalb weniger Tage ausfliegen und vor Ort aufbauen. An dieser Stelle setzt dann die operative Umsetzung (und das operative Risikomanagement) an. Aufgrund der umfangreichen Aktivitäten auf der strategischen Ebene (Modulbauweise, Lagerung aller Module und Schulung des Personals) kann die operative Umsetzung in standardisierten Prozessen zu geringen und planbaren Logistikkosten sowie einem guten Logistikservice ablaufen. In Schwellen- und Entwicklungsländern verbleiben die mobilen Krankenhäuser und Gesundheitsstationen nach einigen Katastropheneinsätzen in den betroffenen Ländern, so dass diese Einheiten auch langfristig zur Stabilisierung des Gesundheitswesens beitragen können (Müller und Jäger 2011, S. 69–74).

- Auch der Aufbau weltweiter Zentrallager durch UN-Organisationen beziehungsweise Hilfsorganisationen sowie der Aufbau eigener Fuhrparks, Flugzeuge oder Hubschrauber und Containerschiffe (zum Beispiel durch das UN World Food Programme) zählen zur Errichtung einer strategisch ausgerichteten Leistungsbereitschaft für Katastrophenfälle. Für die Planung der Touren und Standorte lassen sich Methoden aus der Standort- und Tourenplanung einsetzen und bei Bedarf EDV-technisch unterstützen (Bölsche 2009, S. 137 ff. und 159 ff.).
- Sofern keine eigenen Lager mit Beständen und Transportkapazitäten aufgebaut werden, lässt sich auf der strategischen Ebene auch das Instrument der Koordination einsetzen, zum Beispiel auf der Grundlage strategisch ausgerichteter Rahmenverträge zwischen Hilfsorganisationen, Logistikdienstleistern, Lieferanten und gegebenenfalls anderen Akteuren. Durch entsprechende Verträge lässt sich vermeiden, dass eine Angebotsknappheit von Logistikdienstleistungen oder Gütern (nach einer Katastrophe) das Preisniveau auf der Angebotsseite gravierend ansteigen lässt.
- Die IT-Ausstattung zählt ebenfalls zum Aufbau der logistischen Infrastruktur, die im Rahmen der strategischen Risikosteuerung aufgebaut werden sollte. Im Katastrophenmanagement ist insbesondere zu beachten, dass in den betroffenen Gebieten besondere Bedingungen für Netzwerke, Energie- und Internet-Zugang gelten. Einfache IT-Lösungen, die strategisch entwickelt und operativ unter den besonderen Rahmenbedingungen genutzt werden können, sollten entwickelt werden, um die Risiken zu hoher Logistikkosten beziehungsweise eines beeinträchtigten Logistikservices bei IT- oder Stromausfall zu reduzieren. Ein aktuelles Best Practice-Beispiel ist das Projekt „SMS for Life", durch das die Nachschubbestellung von Medikamenten standardisiert über SMS erfolgt. Ein Pilotprojekt ist durch das Unternehmen Novartis mit Partnern aus Tansania (unter anderem IT, Logistik, Bildung, Politik) umgesetzt worden; andere afrikanische Länder folgen dem Beispiel. Zu den Erfolgen zählt unter anderem eine deutliche Reduzierung von „Out-of-Stock"-Situationen für Malariamedikamente (Novartis 2014).
- Es geht im Rahmen der Katastrophenvorsorge und strategischen Risikosteuerung jedoch nicht immer darum, die Kapazitäten der logistischen Leistungsbereitschaft weiter auf- und auszubauen. Auch einfache Lösungen, die mit geringen Kapazitäten und damit

zu geringen Logistikkosten einen guten Logistikservice ermöglichen, lassen sich als sinnvolle Maßnahmen der Risikosteuerung einbinden. Als Beispiel lässt sich das UN World Food Programme benennen, das entsprechende Projekte zur Lebensmittelversorgung in Schwellen- und Entwicklungsländern initiiert hat. Hierzu zählt zum Beispiel die Versorgung von jährlich ca. sechs Millionen Menschen mit Bargeld beziehungsweise Lebensmittelgutscheinen (Cash and Vouchers), von ca. 25 Mio. Kindern in Schulen (School Meals, inklusive der Mitnahme von Lebensmitteln für weitere Familienmitglieder) sowie durch „Purchase 4 Progress" die Integration von Farmern vor Ort in die Logistikkette (Bölsche und Herbinger 2014, S. 88).
- Eine wichtige Koordinations- und Informationsplattform für das Katastrophen- und Risikomanagement ist das Logistics Cluster der UN, das für Katastrophengebiete aktuelle logistikbezogene Informationen für alle Akteure bereitstellt und Koordinationsfragen für Einsatzgebiete klärt. So finden sich im Logistics Cluster zum Beispiel Karten mit Informationen über beschädigte Infrastruktur, verfügbare Lagerkapazitäten usw. (www.logcluster.org). Das Logistics Cluster richtet sich zwar auch auf die Vorsorge, der Schwerpunkt der Aktivitäten setzt aber erst in der Phase der Katastrophenbewältigung ein. An dieser Stelle ist das Logistics Cluster ausbaufähig, sodass sich weitere Potenziale für ein strategisches Katastrophen- und Risikomanagement erschließen lassen könnten.

Akteure der humanitären Logistik finden durch diese Best-Practice-Beispiele Anregungen für die Umsetzung der strategischen Risikosteuerung sowie zur Verzahnung mit dem operativen Risikomanagement. Durch die Auswahl der Beispiele wird deutlich, dass Ansatzpunkte zur Reduzierung und Steuerung der Risiken bei den unterschiedlichen Akteuren der humanitären Supply Chain vorhanden sind. In den vorangehenden Aufzählungen finden sich ebenfalls bereits Hinweise über erforderliche Weiterentwicklungen in der strategischen Risikosteuerung zur humanitären Logistik. So wird das Logistics Cluster als eine mögliche Plattform benannt, durch die Information und Koordination in der Phase der Katastrophenvorsorge ausbaufähig sind. Über das bereits operativ für Katastropheneinsätze verfügbare Kartenmaterial hinaus ließen sich Karten sowie Tabellen mit Eintrittswahrscheinlichkeiten und Schadensausmaßen sowie weiteren statistisch relevanten Maßen für Katastrophenarten entwickeln und zur Verfügung stellen. Zu den wichtigen Blöcken der strategischen Risikosteuerung, bei denen noch weiterer Handlungsbedarf besteht, zählt auch die Aus- und Weiterbildung zur humanitären Logistik (siehe hierzu ausführlich Bölsche 2013, S. 46 ff.).

Für die Zukunft besteht ein Bedarf, das Katastrophen- und Risikomanagement sowie die Maßnahmen der Risikosteuerung noch stärker als bisher übergreifend auszurichten: Das Zusammenwirken aller Akteure der humanitären Supply Chain – unter Berücksichtigung der unterschiedlichen Branchen, Kulturen, Länder und weiterer Rahmenbedingungen – ist in noch stärkerem Maße erforderlich, um auf die zu erwartenden Katastrophen und Risiken der Zukunft vorbereitet zu sein.

Dieser Beitrag umfasst zunächst erste Überlegungen eines integrierten Katastrophen- und Risikomanagements mit seinen Möglichkeiten für die humanitäre Logistik. Es soll dennoch nicht versäumt werden, abschließend einige der Grenzen eines solchen Katastrophen- und Risikomanagements zu benennen. Grenzen bestehen unter anderem

- in der möglicherweise fehlenden Akzeptanz bei den Akteuren in der humanitären Logistik,
- in der fehlenden Güte der Risikoprognosen,
- in der Auswahl geeigneter Methoden der Risikoidentifikation, -bewertung und -analyse,
- in Fragen der übergreifend standardisierten Kommunikation,
- in der Komplexität bei der Umsetzung – gegebenenfalls bis zur Unwirtschaftlichkeit –,

und letztendlich bleibt festzuhalten, dass sich die Risiken nicht auf Risikoerwartungswerte „Null" reduzieren lassen. Dies sind nur einige Beispiele für Grenzen, die den weiteren Forschungs- und Entwicklungsbedarf aufzeigen.

17.5 Fazit

Dieser Beitrag behandelt Zusammenhänge zwischen Risiken, Katastrophen, Risiko- und Katastrophenmanagement sowie humanitärer Logistik. Als wichtiges Ergebnis wird ein integriertes Katastrophen- und Risikomanagementsystem entwickelt und mit seinen Einsatzpotenzialen für die humanitäre Logistik vorgestellt. Besondere Beachtung finden dabei Maßnahmen der Risikosteuerung, mit Best Practice-Beispielen, durch die sich Risiken der humanitären Logistik reduzieren lassen.

Literatur

Adam, V.: Hochwasser-Katastrophenmanagement – Wirkungsprüfung der Hochwasservorsorge und -bewältigung österreichischer Gemeinden. Dt. Univ.-Verl., Wiesbaden (2006)

Ammann, W.J.: Integrales Risikomanagement und humanitäre Logistik. In: Baumgarten, H. et al. (Hrsg.) Humanitäre Logistik – Herausforderungen und Potenziale der Logistik in der humanitären Hilfe, S. 192–207. DVV Media Group, Hamburg (2011)

Baumgarten, H. et al. (Hrsg.): Humanitäre Logistik – Herausforderungen und Potenziale der Logistik in der humanitären Hilfe. DVV Media Group, Hamburg (2011)

BKK (Bundesamt für Bevölkerungsschutz und Katastrophenhilfe): Risikomanagement. http://www.bbk.bund.de/DE/AufgabenundAusstattung/Risikomanagement/risikomanagement_node.html (2014). Zugegriffen: 07. Nov. 2014

Bölsche, D.: Internationales Katastrophenmanagement – Logistik und Supply Chain Management. Nomos, Baden-Baden (2009)

Bölsche, D.: Training and education in humanitarian logistics. In: Hellingrath, B. et al. (Hrsg.) Managing humanitarian supply chains: Strategies, practices and research, S. 46–61. DVV Media Gropu, Hamburg (2013)
Bölsche, D., Herbinger, W.: Ernährungssicherheit durch humanitäre Logistik. In: Imhof-Rudolph, H. (Hrsg.) Ernährung garantiert? Ernährungssicherheit im 21. Jahrhundert, S. 79–96. WeltTrends, Potsdam (2014)
Cozzolino, A.: Humanitarian logistics – cross-sector cooperation in disaster relief management. Springer, Heidelberg (2012)
CRED (Centre for Research on the Epidemiology of Disasters), 2013 disasters in numbers. http://www.emdat.be/publications (2013). Zugegriffen: 01. Juni 2014
European Commission: Commission Staff Working Paper – Risk Assessment and Mapping Guidelines for Disaster Management, SEC (2010) 1626 final, Brüssel (2010)
FAO (Food and Agriculture Organization of the United Nations): FAO Statistical Yearbook 2013, www.fao.org. Zugegriffen: 01. Juni 2014
Guha-Sapir, D., et al.: Annual disaster statistical data review 2013 – the numbers and trends. CRED, Brüssel (2014)
Hellingrath, B. et al.: Erfolgsfaktor humanitäre Logistik. In: Wimmer, T., Hucke, S. (Hrsg.) 30. Deutscher Logistik-Kongress – Impulse, Ideen, Innovationen, S. 329–363. DVV Media Group, Hamburg (2013)
IFRI (International Food Policy Research Institute/Concern Worldwide/Welthungerhilfe): Welthungerindex 2012, Washington u. a. (2012)
Kulmhofer, A.: Ergebnisse der Krisen- und Katastrophenforschung – Ein interdisziplinärer Ansatz. LIT, Wien (2007)
Larson, P.D.: Risky business – what humanitarians can learn from business logisticians – and vice versa. In: Christopher, M., Tatham, P. (Hrsg.) Humanitarian logistics – meeting the challenge of preparing for and responding to disasters, S. 15–31. Kogan Page, London (2011)
Müller, J., Jäger, J.: Die Notfallteams des Deutschen Roten Kreuzes (DRK) im Einsatz. In: Baumgarten, H. et al. (Hrsg.), Humanitäre Logistik – Herausforderungen und Potenziale der Logistik in der humanitären Hilfe, S. 227–234. DVV Media Group, Hamburg (2011)
Ngewe, G.W.: Hunger catastrophe and logistical preventive measures pursued – Tanzania. In: Baumgarten, H. et al. (Hrsg.), Humanitäre Logistik – Herausforderungen und Potenziale der Logistik in der humanitären Hilfe, S. 227–234. DVV Media Group, Hamburg (2011)
Novartis A.G.: SMS for life, http://www.malaria.novartis.com/innovation/sms-for-life/ (2014). Zugegriffen: 07. Nov. 2014
Schulte, C.: Logistik – Wege zur Optimierung der Supply Chain, 6. Aufl. Oldenbourg, München (2013)
Tandler, S.M.: Supply Chain Safety Management – Konzeption und Gestaltungsempfehlungen für lean-agile Supply Chains. Springer Gabler, Wiesbaden (2013)
Thomas, A., Kopczak, L.: From Logistics to Supply Chain Management – The path forward in the humanitarian sector. Fritz Institute (Hrsg.) (2005). www.fritzinstitute.org. Zugegriffen: 01. Juni 2014
Tomasini, R., van Wassenhove, L.: Humanitarian Logistics. Palgrave Macmillan, London (2009)
Tufinkgi, P.: Logistik im Kontext internationaler Katastrophenhilfe – Entwicklung eines logistischen Referenzmodells für Katastrophenfälle. Haupt Verlag, Bern (2006)
UN (United Nations): The Millennium Development Goals Report 2013. UN, New York (2013)
UN WFP (United Nations World Food Programme u. a.): Joint Evaluation of the Global Logistics Cluster Vol. I. Full Report. Rom (2012)
Welthungerhilfe: Hunger – Ausmaß, Verbreitung, Ursachen – Die häufigsten Fragen zum Thema. Deutsche Welthungerhilfe e. V., Bonn (2013). www.welthungerhilfe.de. Zugegriffen: 01. Juni 2014

Prof. Dr. Dorit Schumann-Bölsche ist Professorin für Logistik am Fachbereich Wirtschaft der Hochschule Fulda und zugleich Vizepräsidentin für Forschung der Hochschule. Seit 2005 widmet sie sich in Forschung, Lehre und Wissenstransfer dem Thema der Humanitären Logistik sowie dem Katastrophenmanagement, unter anderem als Leiterin einer Arbeitsgruppe für den Arbeitskreis Humanitäre Logistik der Bundesvereinigung Logistik sowie als Beiratsmitglied des House of Logistics and Mobility (HOLM). Am HOLM betreut sie eine Forschergruppe, die sich mehreren wissenschaftlichen und anwendungsbezogenen Themenstellungen zur humanitären Logistik widmet. Sie ist mit dem Themengebiet in internationale Netzwerke eingebunden, hierzu zählen UN-Organisationen, Hilfsorganisationen, Universitäten sowie weitere Organisationen.

Sachverzeichnis

M. Huth, F. Romeike (Hrsg.), *Risikomanagement in der Logistik*,
DOI 10.1007/978-3-658-05896-8

S

12492902R00242

Printed in Poland
by Amazon Fulfillment
Poland Sp. z o.o., Wrocław